LA TECHNIQUE PRATIQUE

DES

COURANTS ALTERNATIFS

A L'USAGE DES ÉLECTRICIENS ET DES INGÉNIEURS

PAR

Giuseppe SARTORI

INGÉNIEUR

PROFESSEUR D'ÉLECTROTECHNIQUE A L'INSTITUT ROYAL TECHNIQUE SUPÉRIEUR DE MILAN
PROFESSEUR SPÉCIAL D'ÉLECTROTECHNIQUE A L'ÉCOLE I. R. INDUSTRIELLE DE L'ÉTAT
ET A L'ÉCOLE I. R. SUPÉRIEURE DE CONSTRUCTIONS NAVALES A TRIESTE

DEUXIÈME ÉDITION FRANÇAISE

Traduite de l'italien, revue et corrigée

PAR

J.-A. MONTPELLIER

RÉDACTEUR EN CHEF DE L'« ÉLECTRICIEN »

TOME SECOND

DÉVELOPPEMENTS ET CALCULS PRATIQUES
RELATIFS AUX PHÉNOMÈNES DU COURANT ALTERNATIF

(NOUVEAU TIRAGE)

PARIS (VIᵉ)

H. DUNOD ET E. PINAT, ÉDITEURS

47 et 49, Quai des Grands-Augustins

—

1916

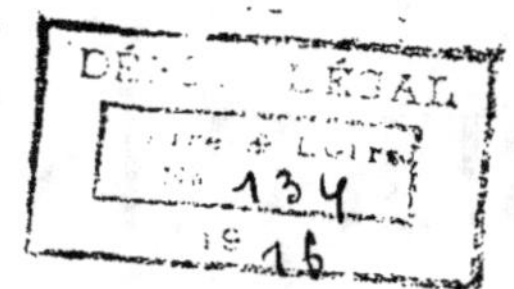

LA TECHNIQUE PRATIQUE

DES

COURANTS ALTERNATIFS

TOME SECOND

**DÉVELOPPEMENTS ET CALCULS PRATIQUES
RELATIFS AUX PHÉNOMÈNES DU COURANT ALTERNATIF**

LA TECHNIQUE PRATIQUE

DES

COURANTS ALTERNATIFS

A L'USAGE DES ÉLECTRICIENS ET DES INGÉNIEURS

PAR

Giuseppe SARTORI

INGÉNIEUR

PROFESSEUR D'ÉLECTROTECHNIQUE A L'INSTITUT ROYAL TECHNIQUE SUPÉRIEUR DE MILAN

PROFESSEUR SPÉCIAL D'ÉLECTROTECHNIQUE A L'ÉCOLE I. R. INDUSTRIELLE DE L'ÉTAT

ET A L'ÉCOLE I. R. SUPÉRIEURE DE CONSTRUCTIONS NAVALES A TRIESTE

DEUXIÈME ÉDITION FRANÇAISE

Traduite de l'italien, revue et corrigée

PAR

J.-A. MONTPELLIER

RÉDACTEUR EN CHEF DE L'« ÉLECTRICIEN »

TOME SECOND

DÉVELOPPEMENTS ET CALCULS PRATIQUES
RELATIFS AUX PHÉNOMÈNES DU COURANT ALTERNATIF

NOUVEAU TIRAGE

PARIS (VIᵉ)

H. DUNOD et E. PINAT, ÉDITEURS

47 et 49, Quai des Grands-Augustins

1916

AVIS DU TRADUCTEUR

La première édition de cet ouvrage étant épuisée, nous
en publions aujourd'hui une deuxième, et nous avons pro-
fité de cette occasion pour revoir soigneusement le texte et
effectuer certaines corrections.

Nous avons également pensé être utile à nos lecteurs
en reproduisant à la fin de l'ouvrage les formules usuelles
avec indication de la page où se trouvent les explications
les concernant.

J. A. M.

PRÉFACE DE LA PREMIÈRE ÉDITION

Ce second volume est la reproduction des leçons sur les courants alternatifs qui ont été professées au cours d'électrotechnique de l'École supérieure I. R. de Constructions navales à Trieste. Nous avons pensé qu'il était utile de développer plus complètement certains points qui avaient été traités sommairement dans le cours afin de rendre ce livre plus complet et de lui permettre d'être utilement consulté par un plus grand nombre de lecteurs. Naturellement l'exposé élémentaire et descriptif des phénomènes du courant alternatif a été supprimé, puisqu'il constitue la matière du premier volume de cet ouvrage.

Nous pensons qu'il n'est pas superflu de faire remarquer ici que, dans notre enseignement, toutes les fois que l'on aborde l'étude d'un nouveau phénomène, nous commençons toujours par l'étudier au point de vue physique et descriptif ; ce n'est qu'après avoir acquis la conviction que tous les auditeurs ont parfaitement compris le mécanisme du phénomène et la fonction précise d'une machine que nous abordons les calculs pratiques et les développements complémentaires.

En procédant ainsi, nous avons toujours obtenu d'excellents résultats, parce qu'il est certain que, même l'ingénieur familiarisé avec la méthode mathématique, lorsqu'il s'agit d'étudier un phénomène, arrive plus facilement à se rendre compte du fonctionnement d'un appareil ou d'une machine lorsqu'il s'est préalablement formé une idée nette et précise des phénomènes qui se produisent en les examinant d'abord au point de vue purement physique. Au contraire, en accumulant formules sur formules, il n'est pas toujours facile de les interpréter exactement, tandis que leur interprétation n'exige aucun effort lorsqu'on quitte le domaine des abstractions pour entrer dans celui de la réalité. Cette méthode d'étude a, en outre, le grand avantage de rendre plus faciles les applications du calcul aux cas de la pratique.

Il est certain que, dans notre enseignement à l'École supérieure de Constructions navales, l'étude élémentaire et pratique des phénomènes du courant alternatif présente un caractère plus synthétique que celui que l'on trouve dans le premier volume de cet ouvrage, parce que ce dernier s'adresse à toute une catégorie de lecteurs plus modestes. Mais il ne faut pas perdre de vue que la lecture de ce premier volume est loin d'être inutile et nous dirons même qu'elle est indispensable pour quiconque veut connaître d'abord les principes fondamentaux des phénomènes étudiés. C'est pourquoi, dans le second volume, l'étude des divers phénomènes se présente dans le même ordre et avec la même division en chapitres, ceux du second volume constituant en quelque sorte la suite des mêmes chapitres du premier.

Les applications numériques qui se trouvent dans le présent volume faciliteront beaucoup l'intelligence du texte, car seules les applications pratiques permettent d'acquérir une connaissance complète des phénomènes. Grâce à ces applications numériques, le lecteur pourra acquérir l'habitude et la pratique des calculs mathématiques et géométriques. Sans exemples pratiques, l'enseignement reste lettre morte et un livre sans exemple peut être comparé à une maison sans porte.

Ce livre a été écrit principalement pour les électriciens qui ne s'intéressent qu'indirectement à la partie construction des machines et appareils et aux calculs y relatifs. Il s'adresse surtout à ceux qui désirent acquérir une connaissance complète des alternateurs, des transformateurs, des moteurs, etc., au point de vue de leur emploi dans l'industrie et non au point de vue de leur construction. Cette catégorie de lecteurs est du reste la plus nombreuse.

Nous croyons inutile d'ajouter qu'en rédigeant cet ouvrage nous avons consulté avec grand profit les meilleurs traités sur la matière récemment publiés, ainsi que les notes et mémoires dus aux savants les plus éminents qui s'occupent des applications industrielles. Il n'est pas douteux que notre travail ne laisse à désirer en quelques points; mais notre programme est modeste et nous n'avons cherché qu'à faciliter à tous l'étude des phénomènes du courant alternatif.

En terminant, nous sommes heureux d'adresser nos remerciements à notre collègue, l'ingénieur Michelangelo Besso, qui a bien voulu rédiger spécialement pour ce volume la Note relative à l'*extension des opérations* de la numération.

G. SARTORI.

Trieste, juin 1903.

LA TECHNIQUE

DES

COURANTS ALTERNATIFS

CHAPITRE PREMIER

PHÉNOMÈNES PÉRIODIQUES ET MANIÈRE DE LES REPRÉSENTER

1. Quantités scalaires et quantités vectorielles[1]. — « Les quantités que l'on a à considérer dans l'étude des phénomènes physiques peuvent être divisées en deux catégories.

« Les quantités appartenant à la première sont celles qui peuvent être complètement définies simplement par un nombre faisant connaître le rapport de la quantité considérée à une autre quantité de même espèce prise comme unité. Ces quantités sont dites *scalaires*. Comme exemple de quantités de cette catégorie, on peut citer la longueur d'une ligne, le volume d'un solide géométrique, la masse d'un corps, la pression hydrostatique à l'intérieur d'un liquide, la densité d'un corps, la température en un point de l'espace, etc.

« A la seconde catégorie appartiennent les quantités qui ont non seulement une grandeur, mais aussi une direction et qui ne peuvent être complètement définies qu'au moyen de trois données, comme, par exemple, à l'aide d'une longueur et de deux angles ou à l'aide de trois composantes parallèles à trois axes coordonnés. Ces quantités ont reçu le nom de *quantités vectorielles* ou de *vecteurs* : une de ces quantités, dans un plan donné, peut toujours être représentée au moyen de l'angle qu'elle

---

1. Ferraris, *Lezioni di Elettrotecnica*.

fait avec une ligne prise comme origine et avec un **segment** proportionnel à sa dimension.

« Un segment quelconque OA (*fig.* 1) est la représentation géométrique d'un vecteur ayant pour direction OA et pour valeur numérique la longueur de OA prise à une échelle convenable. Dans la représentation d'un vecteur, le choix du point d'origine O, duquel part le segment, est entièrement arbitraire.

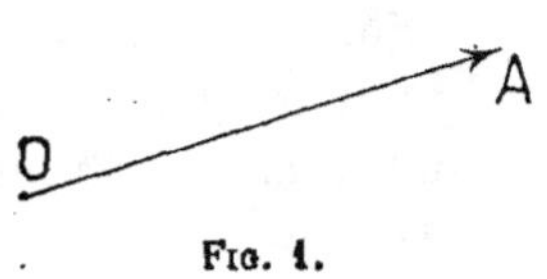

Fig. 1.

« Deux vecteurs sont égaux, lorsqu'ils ont la même grandeur et la même direction.

« Comme exemples de quantités vectorielles, on peut citer la force appliquée à un point matériel, l'accélération que cette force lui imprime, la vitesse du mouvement de ce point et le déplacement qu'il subit.

« Lorsqu'on considère le déplacement d'un point matériel dans deux directions, déplacement que l'on peut représenter par deux vecteurs, il en résulte la notion de la somme de deux quantités vectorielles.

« Si on fait subir à un point matériel un déplacement OA (*fig.* 2) et ensuite un autre déplacement AB, on peut dire que l'on ajoute ainsi les deux déplacements OA et AB. L'effet obtenu est d'amener le point O en B ; mais on peut aussi l'obtenir directement en déplaçant ce point suivant OB. Il est donc logique d'admettre que OB est le vecteur résultant des deux vecteurs OA et AB.

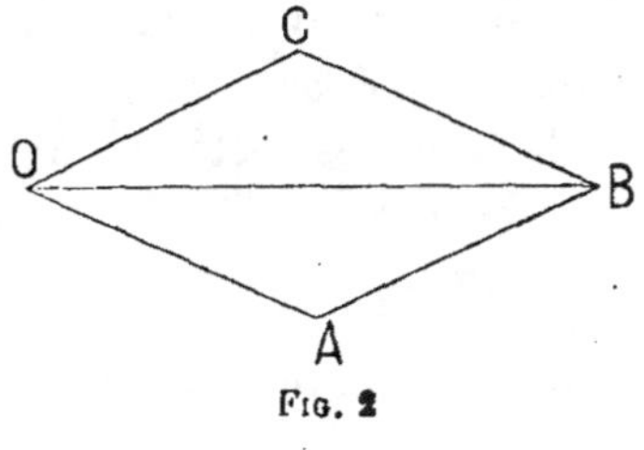

Fig. 2

« Le vecteur OB peut également être considéré comme la somme des deux vecteurs OC et CB qui, au point de vue vectoriel, sont respectivement égaux à AB et OA. Donc la somme de deux vecteurs est indépendante de l'ordre dans lequel ils sont considérés.

« Comme on le voit, la composition des vecteurs est une opération identique à la composition des forces. OB peut être appelé indifféremment *somme* des deux vecteurs OA et AB ou bien *vecteur résultant*, OA et AB étant les *vecteurs composants*.

« Par suite, on peut énoncer les propositions suivantes :

« Le vecteur total ou résultant de deux vecteurs donnés est le vecteur représenté par la diagonale du parallélogramme ou par la ligne qui ferme le triangle dont les côtés sont respectivement égaux et parallèles aux vecteurs donnés.

« Le vecteur total ou résultant de plusieurs vecteurs est le vecteur représenté par le segment qui ferme le polygone dont les côtés sont parallèles et égaux aux vecteurs donnés **pris** dans un ordre quelconque.

« La somme des vecteurs est nulle lorsque le polygone des vecteurs composants est fermé sur lui-même.

« Comme cas particulier, la somme des deux vecteurs OA, AB est nulle lorsque le point B vient en O ; par suite :

$$OA + AO = 0, \qquad \text{d'où} \qquad OA = - AO.$$

« Deux vecteurs égaux, mais de direction opposée, doivent être considérés comme étant de signe contraire et leur somme est nulle.

« En s'appuyant sur les considérations qui précèdent, on peut appeler *vecteur différence* la différence de deux autres vecteurs. Ainsi, d'après les propositions et définitions déjà énoncées, on a (*fig.* 3)

$$AB = AO + OB = OB + AO = OB - OA.$$

« Le vecteur AB peut donc être appelé vecteur différence des deux vecteurs OB et OA.

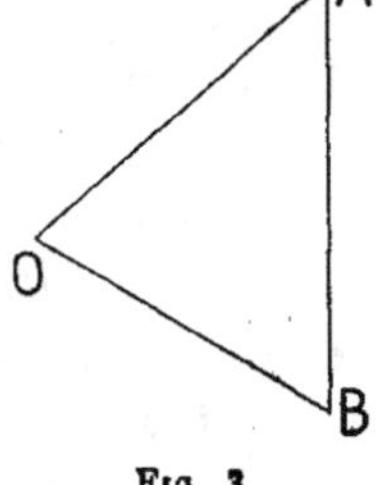

Fig. 3.

« Enfin on peut ajouter que la projection sur une ligne d'un vecteur total est égale à la somme des projections des vecteurs composants. »

2. Mouvement circula re uniforme et mouvement harmonique simple. — Rappelant ce qui a été dit dans le tome I, § 13, on peut maintenant compléter les notions exposées en disant que, v étant la vitesse linéaire d'un point P se déplaçant circulairement d'un mouvement uniforme, ω la vitesse angulaire et r le rayon OP, on a

$$v = \omega r \qquad et \qquad \omega = \frac{v}{r}.$$

Comme exemple de mouvement harmonique simple, on a défini celui d'un point P′, projection de P, c'est-à-dire, d'une manière générale, la projection sur un diamètre du mouvement uniforme d'un point sur un cercle dit *cercle auxiliaire*.

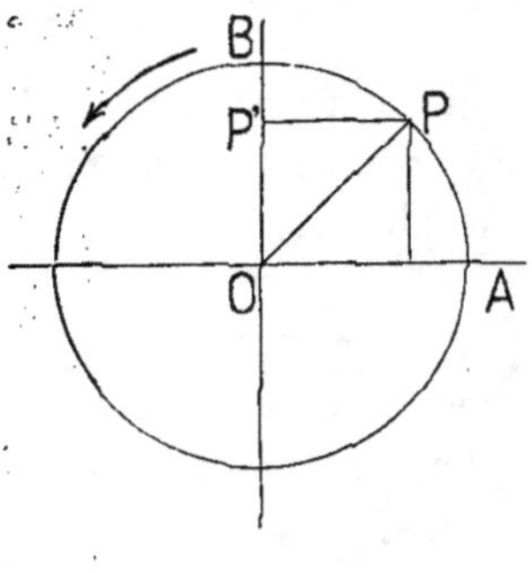

Fig. 4.

Les positions des points P et P′ (*fig.* 4) peuvent être représentées à l'aide de vecteurs : la première par le vecteur OP de longueur constante, dont une extrémité est fixe et l'autre mobile et animée d'un mouvement uniforme ; la seconde à l'aide du vecteur OP′, projection du vecteur OP sur une ligne (diamètre). On peut appeler le premier, comme l'a indiqué le professeur Ferraris, *vecteur tournant* et le second, *vecteur alternatif*. A chaque vecteur alternatif correspond un vecteur tournant qui peut servir à représenter le premier.

Un vecteur tournant a une longueur constante, mais une direction variable ; un vecteur alternatif a une longueur et un sens variables, positifs ou négatifs ; mais sa direction est toujours celle d'une même ligne droite.

Soient maintenant deux vecteurs alternatifs ayant même période le long d'une même droite. A ces deux vecteurs alternatifs correspondent deux vecteurs tournants ; à chaque instant les vecteurs tournants font un angle de valeur déterminée avec la ligne des vecteurs alternatifs correspondants.

Si ces angles sont égaux, on dit que les vecteurs alternatifs sont en concordance de phase. Si, au contraire, les angles n'ont pas la même valeur, leur différence constante est appelée *différence de phase* des vecteurs alternatifs, c'est-à-dire que l'un d'eux est *en retard* ou *en avance* par rapport à l'autre.

3. Variation instantanée d'un vecteur alternatif et manière de la représenter. — De ce qui précède, il est évident que l'expression algébrique d'un vecteur alternatif est

$$R \sin \alpha \qquad \text{ou} \qquad R \cos \alpha,$$

α étant un angle dont la valeur varie d'une manière constante avec le temps. Si ω est la vitesse angulaire,

$$\alpha = \omega t,$$

l'origine des temps étant choisie de manière que pour elle le vecteur alternatif soit zéro. Si l'origine des temps est prise arbitrairement, on a d'une manière générale

$$\alpha = \omega t + \varphi \, ;$$

cette quantité φ est appelée *phase* du vecteur. Deux vecteurs alternatifs sont dits en concordance de phase si, ayant la même origine des temps, ils ont des phases égales.

On appelle *période* le temps T tel que

$$\omega T = 2\pi, \tag{1}$$

d'où

$$T = \frac{2\pi}{\omega}.$$

Si f est le nombre de périodes par seconde, c'est-à-dire la fréquence,

$$T = \frac{1}{f} \, ;$$

par conséquent,

$$\omega = 2\pi f. \tag{2}$$

La résultante de deux vecteurs alternatifs en concordance de phase sur la même ligne est aussi un vecteur alternatif repré-

sentant la somme algébrique des vecteurs tournants correspondants.

Si les deux vecteurs alternatifs ne sont pas en concordance
de phase, leur résultante est encore un vecteur alternatif auquel
correspond un vecteur tournant qui est la somme géométrique
des vecteurs tournants composants. La phase du vecteur alternatif résultant est intermédiaire entre celles des vecteurs composants.

Lorsqu'un vecteur alternatif varie d'une quantité Δv pendant un temps très court Δt, l'expression

$$\frac{\Delta v}{\Delta t}$$

donne la valeur de la variation du vecteur pendant l'unité de
temps.

Si un vecteur a pour expression

$$v = \text{R} \sin \alpha = \text{R} \sin \omega t,$$

la variation instantanée est

$$\gamma = \frac{dv}{dt} = \omega \text{R} \cos \omega t \,[1],$$

et cette variation instantanée peut être représentée par un
vecteur alternatif d'amplitude ωR et dont le vecteur tournant

---

[1]. Pour les lecteurs qui ne sont pas familiarisés avec le calcul différentiel, on
peut faire remarquer que

$$\Delta v = \text{R} \sin (\alpha + \Delta\alpha) - \text{R} \sin \alpha.$$

En développant, on a

$$\Delta v = \text{R} (\sin \alpha \cos \Delta\alpha + \sin \Delta\alpha \cos \alpha - \sin \alpha);$$

$\Delta\alpha$ étant très petit, $\cos \Delta\alpha$ peut être considéré comme étant égal à 1 et $\Delta\alpha$ être
substitué à $\sin \Delta\alpha$.

Par suite, on a

$$\Delta v = \text{R}\Delta\alpha \cos \alpha;$$

mais $\Delta\alpha = \omega \Delta t$ et, en substituant, il vient

$$\Delta v = \text{R}\omega\Delta t \cos \alpha,$$

c'est-à-dire :

$$\frac{\Delta v}{\Delta t} = \omega \text{R} \cos \alpha = \omega \text{R} \cos \omega t.$$

correspondant précède de $\frac{\pi}{2} = 90°$ le vecteur tournant principal en ce qui concerne la phase.
Cela signifie aussi que les vecteurs v et γ ont entre eux une différence de phase de $\frac{\pi}{2}$. En effet, on peut écrire :

$$\omega R \cos \omega t = \omega R \sin \left(\omega t + \frac{\pi}{2}\right),$$

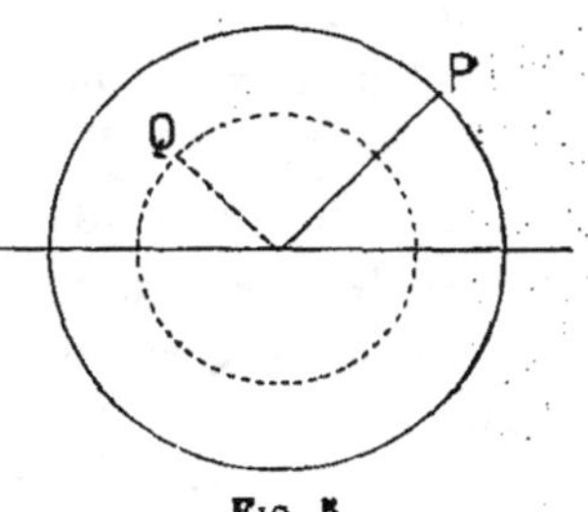

Fig. 5.

v représentant la vitesse d'un mouvement harmonique et γ son accélération. La figure 5 se rapporte à ce cas.

4. Lignes dérivées. — Il arrive souvent que l'on a à tracer des courbes dont les ordonnées représentent les variations instantanées successives d'une fonction déterminée donnée graphiquement. Ces courbes sont appelées *courbes* ou *lignes dérivées*, parce que c'est avec une dérivée que l'on trouve la variation instantanée d'une fonction donnée analytiquement.

Ainsi, par exemple, dans le cas de l'induction

$$e = -\frac{\Delta \Phi}{\Delta t},$$

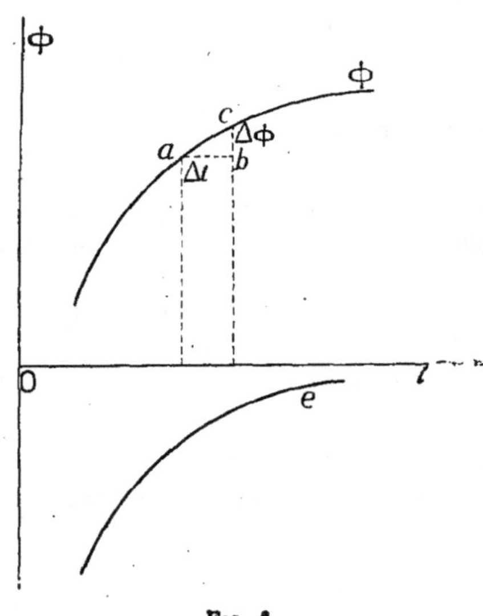

Fig. 6

si on construit une courbe en portant en ordonnées les valeurs de e correspondant à des temps successifs très courts (*fig.* 6), on obtient la ligne dérivée du flux Φ.

Lorsque Δt est très petit, ac se confond avec la tangente en *a* et, par suite, à la limite, $\dfrac{\Delta \Phi}{\Delta t}$ égale la tangente trigonométrique de l'angle formé par la tangente géométrique en *a* avec l'axe des temps ; ce résultat est bien connu.

En prenant un certain nombre de points sur la courbe Φ, en traçant les tangentes, calculant leurs valeurs et les portant aux temps correspondants en grandeur et en signe, on obtient les points de la ligne dérivée.

5. Manière de représenter les grandeurs alternatives sinusoïdales. — On peut avoir recours à deux méthodes pour représenter les grandeurs alternatives sinusoïdales : la *méthode graphique* et la *méthode symbolique*.

MÉTHODE GRAPHIQUE. — Une grandeur qui varie avec le temps comme un sinus peut être représentée par une sinusoïde ou encore par un vecteur alternatif représentant, à son tour, le vecteur tournant qui lui correspond. Il ne faut pas perdre de vue que les valeurs instantanées d'un vecteur alternatif sont données par la projection du vecteur tournant sur une ligne perpendiculaire à la première. Le mouvement est toujours considéré comme se produisant dans le sens dans lequel on mesure les angles, c'est-à-dire dans le sens opposé au mouvement des aiguilles d'une montre.

On peut avoir une seconde grandeur sinusoïdale de même période, mais dont les valeurs maxima et minima sont décalées en retard d'un temps τ par rapport à la première. Cette seconde grandeur se représente par un second vecteur décalé de l'angle $\varphi = \omega\tau$ par rapport au premier (*fig.* 7). Quelquefois la quantité ω, qui représente la vitesse angulaire des vecteurs tournants, est appelée *pulsation*. Il convient de rappeler que OP est décalé en avance par rapport à OQ, tandis que OQ est décalé en retard par rapport

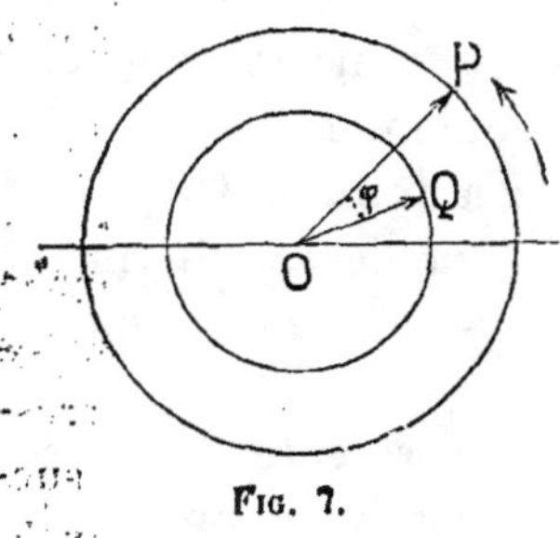

FIG. 7.

à OP. Dans le mouvement de rotation des deux vecteurs circulaires, on les suppose toujours décalés entre eux de l'angle φ.

La somme de plusieurs vecteurs alternatifs ayant même pulsation est représentée par la somme géométrique des vecteurs tournants correspondants. En réalité, la projection du vecteur tournant résultant est la somme des projections des divers vecteurs tournants composants.

Les valeurs successives d'un vecteur alternatif peuvent également être représentées par la corde d'une circonférence ayant pour diamètre l'amplitude du vecteur (*fig.* 8). Il faut démontrer que OP′ = OP′₁.

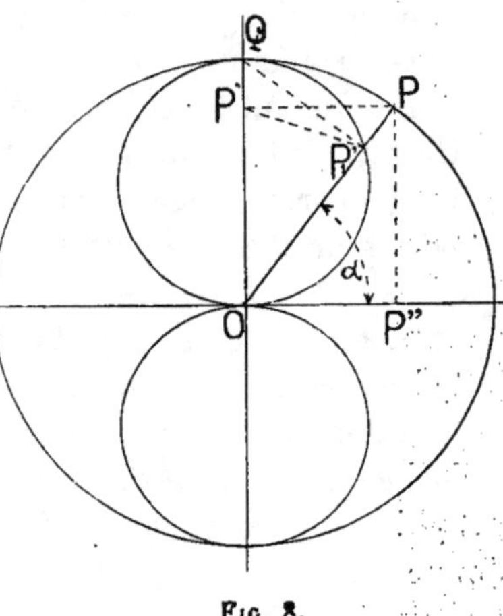

Fig. 8.

$$OP' = OP \sin \alpha.$$

Dans le triangle OP′₁Q, on a

$$OP'_1 = OQ \cos\left(\frac{\pi}{2} - \alpha\right) = OQ \sin \alpha.$$

Comme OP = OQ, il en résulte que

$$OP' = OP'_1.$$

Par conséquent, les segments du vecteur tournant interceptés par les deux cercles intérieurs représentent les valeurs instantanées d'une grandeur sinusoïdale d'amplitude OQ.

Cette manière de représenter les grandeurs alternatives sinusoïdales est d'un grand secours dans l'étude de nombreux cas qui se présentent dans la pratique.

La méthode graphique, consistant à représenter à l'aide de vecteurs tournants des grandeurs dont les variations suivent une loi harmonique, permet de résoudre très rapidement un grand nombre de problèmes, tandis que la méthode analytique, où les grandeurs sont exprimées par des fonctions trigonométriques, est toujours assez longue et laborieuse. *La raison en est que les fonctions analytiques donnent les valeurs cherchées en fonction du temps*, c'est-à-dire donnent *leurs valeurs successives instantanées*, tandis que les diagrammes polaires fournissent *les valeurs maxima et les relations de phase, qui sont les éléments les plus intéressants au point de vue de la pratique*, tout en permettant de déterminer aussi *les valeurs successives instantanées* des diverses grandeurs considérées lorsqu'on fait tourner le diagramme polaire et que l'on projette les vecteurs sur un axe fixe.

6. MÉTHODE SYMBOLIQUE. — Il arrive parfois que la méthode graphique appliquée à *la détermination de certaines valeurs* donne des résultats incertains, par exemple lorsque les vecteurs présentent une *très petite différence de phase ou encore lorsqu'un des vecteurs a une très petite amplitude et l'autre une très grande*. Dans ce cas, *la méthode symbolique peut être employée avec avantage*, car elle possède l'exactitude du calcul analytique et la *clarté de la représentation graphiques*

Une fonction sinusoïdale exprimée trigonométriquement par

$$i = I_0 \cos \omega t$$

est *représentée en grandeur et en phase par un vecteur tournant* OI (*fig.* 9), déterminé analytiquement par les coordonnée. rectangulaires du point I :

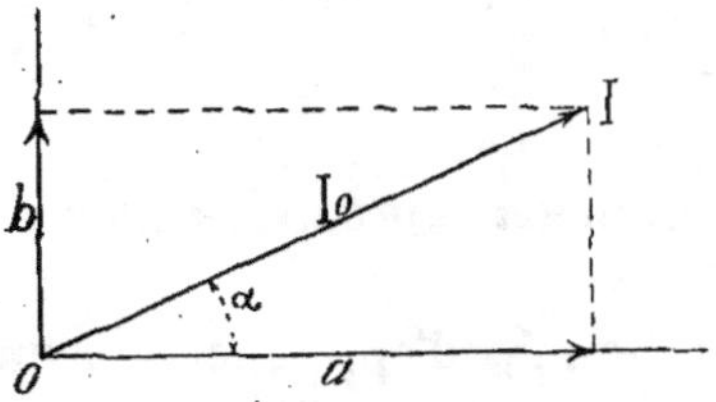

$$a = I_0 \cos \alpha \qquad \text{et} \qquad b = I_0 \sin \alpha$$

si $\alpha = \omega t$.

Lorsque les fonctions sinusoïdales sont semblables à tout instant, on peut les additionner ou les soustraire, en additionnant ou en retranchant algébriquement leurs composantes rectangulaires et composant ensuite les deux nouvelles coordonnées qui, dans le cas de

Fig. 9.

deux fonctions, seraient

$$a_0 = a_1 + a_2, \qquad b_0 = b_1 + b_2.$$

Quant à l'amplitude et à la phase du vecteur I_0 (*fig. 9*), on a :

$$I_0 = \sqrt{a^2 + b^2}, \qquad \tan g\, \alpha = \frac{b}{a}.$$

Donc la grandeur alternative peut être exprimée sous la forme abrégée

$$(I_0) = a + jb,$$

dans laquelle le symbole j accompagne la composante verticale pour permettre de la distinguer de la composante horizontale.

Cela constitue une méthode abrégée d'écriture. Le vecteur alternatif d'amplitude I_0 est représenté par un vecteur tournant dont les projections orthogonales, au moment considéré sont a et b qui, additionnées géométriquement (loi du parallélogramme), donnent pour résultante I_0 et dont le rapport des valeurs absolues $\dfrac{b}{a}$ donne la tangente trigonométrique de l'angle mesurant la phase.

Il est important de retenir que les quantités a et b sont vectorielles et non scalaires et que leur somme est un *nombre complexe*. Le symbole j ne peut pas être un coefficient numérique, mais seulement une racine de l'équation

$$j = \sqrt{-1},$$

comme on le verra exposé plus complètement dans la note qui se trouve à la fin de ce chapitre.

On peut démontrer qu'il est rationnel d'appliquer le symbole $j = \sqrt{-1}$ à un segment vertical, si l'on porte horizontalement les segments positifs et négatifs correspondant aux quantités réelles.

Si PQ (*fig.* 10) est une perpendiculaire abaissée sur le diamètre AB de la circonférence BPA, on sait que

$$\frac{BQ}{QP} = \frac{QP}{QA},$$

c'est-à-dire

$$BQ \cdot QA = (QP)^2.$$

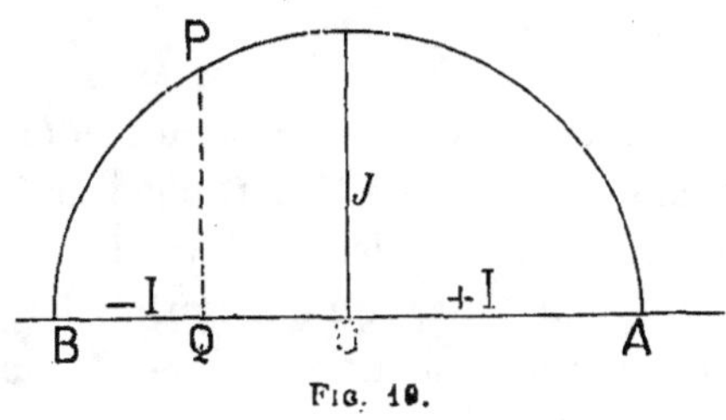

Fig. 19.

Cette propriété s'applique également au rayon vertical j; par conséquent

$$BO \cdot OA = j^2.$$

Or, si l'on considère comme positives toutes les quantités portées sur OA, et comme négatives toutes celles qui sont portées sur OB, on a pour le rayon

$$(+ 1)(- 1) = j^2 = - 1,$$

d'où

$$j = \sqrt{-1}.$$

Puisque toutes les quantités positives peuvent être affectées du coefficient $+ 1$ et les quantités négatives, c'est-à-dire opposées, du coefficient $- 1$, les quantités tracées le long de la verticale pourront être affectées du symbole $\sqrt{-1} = j$ qui n'a aucune signification, du moins dans le cas de l'idée que l'on se fait ordinairement des quantités positives et négatives, mais qui comporte néanmoins une conception générale d'une très grande portée (voir la note à la fin du chapitre).

Une expression contenant le symbole $\sqrt{-1}$ est appelée *quantité imaginaire*, mais il serait plus rationnel de la désigner sous le nom de *quantité vectorielle*, puisqu'elle sert à représenter un vecteur. Pour distinguer les expressions de ce genre des grandeurs réelles (positives ou négatives), on les place entre parenthèses.

En résumé, pour une grandeur alternative, on a :

$$\text{valeur symbolique } (I_0) = a + jb \text{ (en grandeur et en phase)}; \quad (3)$$

$$\text{amplitude} = \text{valeur réelle } I_0 = \sqrt{a^2 + b^2} \text{ (en grandeur seulement)}; \quad (4)$$

$$\text{phase } \alpha = \text{arc tang } \frac{b}{a}. \quad (5)$$

Une grandeur alternative $a + jb$ ayant même amplitude qu'une autre, mais dont la phase diffère de 180°, est représentée symboliquement par un vecteur de direction opposée, $- a - jb$, ce qui veut dire qu'en multipliant un vecteur alternatif exprimé symboliquement par $- 1$, on donne à ce vecteur une avance d'une demi-période.

D'autre part,

$$j\,(a + jb) = ja - b = - b + ja,$$

qui représente un vecteur d'égale amplitude $\sqrt{a^2 + b^2}$, mais décalé de 90° en avance par rapport au premier. Donc, en multipliant un vecteur alternatif par j, on lui donne une avance de 1/4 de période, et en le multipliant par $- j$, on le retarde de la même quantité.

On peut écrire

$$e^{j\alpha} = \cos\alpha + j\sin\alpha.$$

Par suite, pour

$$(I_0) = a + jb = I_0\,(\cos\alpha + j\sin\alpha),$$

on a immédiatement

$$(I_0) = I_0 e^{j\alpha}, \quad (6)$$

qui est une autre expression symbolique d'une grandeur sinusoïdale d'amplitude I_0 et de phase α.

Quant à la rotation que les lignes représentant les grandeurs alternatives sinusoïdales sont supposées avoir, on peut les exprimer à l'aide d'un *facteur tournant* (u) consistant en un segment égal à l'unité et dont la direction est donnée à chaque instant par l'angle ωt ; puisque I_0 est un **segment fixe**, le produit $(I_0)\,(u)$ est représenté par un segment de même grandeur tournant à la vitesse angulaire ω et qui, pour un temps $t = 0$, occupe la position de (I_0).

Par suite, on a

$$(u) = \cos \omega t + j \sin \omega t.$$

Ce facteur (u) peut être sous-entendu dans les formules, comme on sous-entend la rotation du vecteur (I_0)[1].

Sans s'étendre plus longuement sur les opérations relatives aux nombres complexes, on peut dire qu'étant données des grandeurs alternatives sur lesquelles il faut effectuer les opérations d'addition, de soustraction, de multiplication, de division, etc., ces opérations peuvent être effectuées graphiquement et trigonométriquement, c'est-à-dire en exprimant symboliquement chacune de ces grandeurs et en opérant alors, suivant les règles ordinaires, sur ces nombres particuliers ; il faut remarquer que le résultat obtenu est encore un nombre complexe duquel, en séparant la partie réelle A de la partie imaginaire jB, on déduit l'amplitude du nouveau vecteur alternatif de $\sqrt{A^2 + B^2}$, ainsi que la phase, à l'aide du rapport $\dfrac{B}{A}$.

L'emploi de la représentation symbolique des fonctions alternatives est souvent très utile dans l'étude des courants alternatifs, parce que les calculs sont bien simplifiés, d'autant plus que la solution d'équations différentielles du premier degré, comme il s'en rencontre souvent dans cette étude, est réduite à celle d'équations algébriques.

Afin de donner plus de clarté à ce qui va être exposé dans les divers chapitres qui suivent, il faut se rappeler, comme on le démontre dans la note qui termine celui-ci, que le produit de deux nombres complexes est encore un nombre complexe. Cela veut dire qu'étant donnée l'expression symbolique d'une

1. **Voir Donati**, *Introduzione all' Elettrotecnica*, p. 280.

grandeur vectorielle, on peut passer à une autre expression symbolique, correspondant à un autre vecteur, en multipliant la première de ces expressions par un facteur symbolique convenable (voir le dernier alinéa de la note). Si, par exemple, le facteur symbolique est $r - jx$ et que la quantité soit

$$I_0 = i' + ji'',$$

le résultat de la multiplication se traduit graphiquement ainsi : la nouvelle quantité complexe a pour composantes $i' \sqrt{r^2 + x^2}$ et $i'' \sqrt{r^2 + x^2}$ qui subissent une rotation dans le sens direct d'un angle φ dont la valeur est donnée par $\tang \varphi = \dfrac{x}{r}$. En d'autres termes, le nouveau vecteur se déduit du précédent en modifiant sa valeur absolue dans le rapport de 1 à $\sqrt{r^2 + x^2}$ et avec une rotation ayant pour valeur l'angle φ.

L'expression symbolique $r - jx$ n'est pas, par suite, un vecteur comme $i' + ji''$, parce que, dans un diagramme polaire de grandeurs alternatives, représentées à l'aide de leurs vecteurs tournants correspondants, elle ne peut occuper aucune position. C'est plutôt un *opérateur*, puisque son emploi donne la possibilité de passer de l'un à l'autre des vecteurs réels du diagramme. C'est pourquoi il est indispensable de s'habituer à distinguer à première vue, dans les quantités complexes qui se trouvent dans un problème donné, les véritables vecteurs des simples opérateurs.

NOTE SUR L'EXTENSION DES OPÉRATIONS DE LA NUMÉRATION

Par l'Ingénieur MICHELANGELO BESSO

La numération ou opération de compter conduit à la conception des nombres entiers et positifs. En restant dans le domaine de l'indivisibilité, tout problème dont la solution ne peut être obtenue en nombres entiers et positifs doit être considéré comme insoluble.

Si, par exemple, on demande en combien de files il faut disposer a personnes, chaque file devant en comprendre un nombre b, le

nombre de files est donné par l'expression $\dfrac{a}{b}$, à condition toutefois
que le problème soit soluble, Mais, si, par exemple, le nombre de
personnes est de 13 et que chaque file en comporte 3, le problème
est insoluble; il en est ainsi toutes les fois que a n'est pas divisible
par b.

Dans le système des nombres entiers, rien ne s'oppose à ce que
l'on considère l'expression $\dfrac{a}{b}$ comme le *symbole* d'une opération qui
peut être effectuée sur un nombre quelconque c, à la condition que
son produit par a soit un multiple de b.

Afin de préciser la signification des opérations effectuées avec ce
symbole, il suffit d'établir par définition

$$\frac{a}{b} \cdot c = \frac{ac}{b},$$

en considérant comme égaux deux facteurs de la forme $\dfrac{a}{b}$ si, appliqués à un même nombre, ils donnent le même résultat.

Il y a des cas dans lesquels $\dfrac{a}{b}$ a un sens concret, lorsque l'opération
numérique s'applique à des unités divisibles, chacune d'elles formant
un tout homogène. Le problème de la division de 5 pommes entre
7 personnes peut se résoudre en divisant chaque pomme en 7 parties
égales et en attribuant 5 de ces parties à chaque personne; la solution de ce problème conduit à l'expression $\dfrac{1}{7}$, indiquant une valeur
concrète qui, prise 7 fois, donne l'unité. Cette expression n'est pas un
nombre dans le sens donné à ce mot dans l'enseignement le plus élémentaire, lorsqu'il s'agit seulement de nombres entiers et positifs;
c'est une nouvelle conception numérique qui, comme on le voit, s'applique à un problème déterminé, mais peut aussi n'avoir aucun sens
à elle seule.

On a d'abord étudié le cas de la division qui amène à la conception de la *fraction;* mais, pour procéder systématiquement, il aurait
fallu examiner d'abord la nouvelle conception numérique résultant de
l'opération de la soustraction, lorsqu'il s'agit de soustraire un nombre
d'un autre plus petit que lui. L'opération de la division a été examinée en premier lieu, car la notion de la fraction est familière à tout
le monde. En ce qui concerne la soustraction, si on a, par exemple,

un tas de pommes contenant a pommes et qu'il faille en enlever un nombre égal à b, une fois le prélèvement fait, le reste est représenté par l'expression $\alpha = a - b$. Si b est plus grand que a, le problème est insoluble ; mais on peut, comme pour les nombres fractionnaires, effectuer les opérations arithmétiques sur le symbole $\alpha = a - b$, en étendant à celui-ci les règles admises pour effectuer les opérations sur les nombres entiers positifs :

$$a + b = b + a; \qquad a + (b + c) = (a + b) + c; \qquad a(b + c) = ab + ac;$$
$$a(bc) = (ab)c; \qquad ab = ba.$$

En opérant de cette manière sur des expressions contenant un pareil symbole α, dit *nombre négatif*, on peut effectuer toutes les opérations arithmétiques comme avec les nombres positifs. Cela suffit pour justifier l'emploi de ces nombres négatifs afin de simplifier l'énoncé des problèmes ainsi que leur solution, même si l'on n'avait pas une interprétation du nombre négatif. Mais il y a des cas dans lesquels on peut donner à $a - b$ un sens concret, même pour b plus grand que a.

Soit à déterminer à combien de mètres à droite d'un point donné se trouve le lieu auquel on se rend, en mesurant a mètres vers la droite du point de départ et b mètres sur la gauche du point auquel on est arrivé. Si a est plus grand que b, le point d'arrivée est à $a - b$ mètres à droite du point de départ. Le nombre de mètres vers la gauche entre alors dans le résultat avec un signe négatif. Rien ne s'oppose à ce que l'on affecte toujours du signe positif le nombre de mètres mesurés dans un sens et du signe négatif ceux qui sont mesurés en sens inverse. On a alors

$$a + (- a) = 0,$$

c'est-à-dire, en mesurant a mètres dans un sens et puis une fois autant en sens inverse, on arrive à un point qui se confond avec le point de départ, et l'on a

[1] $a + (- b) = a - b$, si a est plus grand que b,
[2] $a + (- b) = - (b - a)$, si b est plus grand que a.

La première de ces expressions donne la solution pour tous les cas si l'on remarque que

$$- (b - a) = a - b,$$

parce que l'on a toujours

$$c - (b - a) = c + a - b \qquad \text{pour} \qquad c > b - a,$$

expression que l'on peut facilement démontrer sans sortir du domaine des nombres positifs.

Cette interprétation du nombre négatif n'est, du reste, d'aucune utilité lorsqu'il s'agit de la multiplication ; c'est pourquoi, par exemple, l'expression

$$(- a)(- b) = + ab$$

constitue une difficulté pour ceux qui commencent l'étude de l'algèbre.

La multiplication par un multiplicateur négatif n'a jusqu'ici aucun sens pour celui qui est arrivé à la conception du nombre négatif au moyen de l'interprétation géométrique. Une définition exacte de cette opération s'obtient lorsqu'on remarque que cette défi-nition doit être de nature à ne pas conduire à une contradiction avec les opérations algébriques sur des quantités positives.

On peut démontrer, pour $a > b$, $c > d$, que

$$(a - b)(c - d) = ac - bc - ad + bd.$$

On a vu que

$$a + (- b) = a - b;$$

on a donc aussi

$$(a - b)(c - d) = (a + [- b])(c + [- d]) = ac + [- b].c + a.[- d] + [- b].[- d];$$

en comparant ce résultat au précédent, on voit qu'il est nécessaire d'admettre que

$$[- b].[- d] = + bd.$$

Le nombre $- a$ *peut* donc être représenté géométriquement, mais c'est *toujours* le *symbole* d'une ou plutôt d'autant d'opérations qu'il y a d'opérations arithmétiques, indépendamment de la représentation géométrique.

D'autres opérations, telles par exemple que la mesure du cercle ou l'extraction des racines d'un nombre positif, conduisent à de nouvelles conceptions arithmétiques. Il est facile de prouver que $\sqrt{2}$ ne peut être ni un nombre entier, ni une fraction et, par suite, la diagonale d'un carré ne peut être mesurée exactement, sans sortir du domaine des nombres rationnels, en prenant un des côtés comme unité de mesure.

On peut obtenir des fractions α et β dont le carré est inférieur ou supérieur à 2, la différence étant inférieure à une fraction quelconque donnée, si petite que soit cette dernière ; on dit alors que $\sqrt{2}$ est plus grand que α et plus petit que β, et l'on définit ainsi une nouvelle conception numérique $\sqrt{2}$.

Cette conception numérique, ainsi introduite et à laquelle s'appliquent les règles des opérations énoncées page 18, a reçu le nom de *nombre irrationnel*. Le nombre irrationnel est susceptible d'une interprétation concrète seulement dans le cas des *quantités continues* dont on ne peut ici préciser la définition ; on dira seulement que le temps, les longueurs, les surfaces, les volumes sont des quantités continues.

Une autre extension du système des nombres est le *nombre imaginaire* que l'on peut définir comme étant un nombre qui, multiplié par lui-même, donne comme produit un nombre négatif. Le nombre cherché ne peut être ni positif, ni négatif, parce que l'un aussi bien que l'autre, multiplié par un nombre de même signe, donnerait un résultat positif.

Suivant toujours la même méthode, rien n'empêche d'utiliser une nouvelle conception numérique

$$i = \sqrt{-1},$$

parce que, dans les expressions qui la contiennent, il est possible d'appliquer toutes les règles du calcul [1].

Par définition, $ii = -1$; les expressions

$$i(b+c) = ib + ic$$
$$i(bc) = (ib)c$$
$$ib = bi$$
$$i(ib) = (i^2)b = -b,$$

n'impliquent aucune contradiction et définissent les produits dans lesquels i entre comme facteur ; les expressions

$$a + bi = bi + a$$
$$a + (bi + c) = (a + bi) + c,$$

1. Pour représenter $\sqrt{-1}$, les mathématiciens emploient le symbole i au lieu de j. En électrotechnique, on emploie de préférence le symbole j, parce que l'on réserve le symbole i pour représenter la valeur instantanée d'un courant variable.

définissent les sommes dans lesquelles ont été introduits des multiples de i.

bi n'est ni positif ni négatif, parce que $(bi)^2 = -b^2$ et $a + bi$ ne peut s'annuler que si a et b sont l'un et l'autre égaux à zéro.

Avec ces règles, le calcul au moyen des *quantités complexes*, nom que l'on donne aux expressions dans lesquelles on a ajouté des multiples de i (*unité imaginaire*), est parfaitement défini. L'emploi de l'unité imaginaire, trouvée en cherchant à résoudre l'équation $a^2 = -1$, permet les *généralisations* les plus importantes des résultats algébriques. On peut prouver que, sans sortir du domaine des nombres complexes précédemment définis, toute équation algébrique a au moins une racine. Tout polynôme peut être décomposé en un nombre de facteurs de la forme

$$x - (a + bi),$$

égal au degré du polynôme, ce que l'on exprime en disant que chaque équation a un nombre de racines égal à son degré.

En d'autres termes, tout problème d'algèbre dans lequel les coefficients sont des nombres réels ou complexes peut être résolu sans qu'il soit nécessaire de recourir à une autre extension du système des nombres.

Les nombres complexes se prêtent aussi à une interprétation géométrique. On trace sur un plan deux lignes perpendiculaires (*fig.* 11) (axes des coordonnées) ; sur la ligne horizontale (axe des abscisses), on porte, à partir du pied de la perpendiculaire O (origine), un segment (abscisse) comportant a unités de longueur, dans un sens déterminé si a est positif, dans le sens contraire si a est négatif, et l'on arrive ainsi au point A. Sur la ligne perpendiculaire (axe des ordonnées) et à partir du même point O, on porte b unités de longueur, dans un sens déterminé si b est positif, en sens contraire si b est

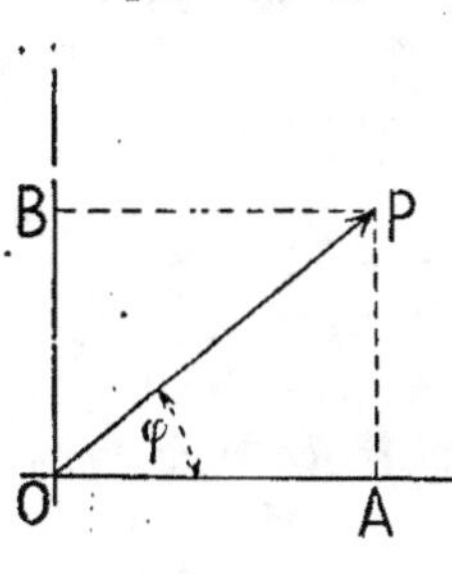

Fig. 11.

négatif (ordonnées), et l'on atteint le point B. Du point A et du point B on trace deux parallèles aux axes des coordonnées. La ligne qui relie les points O et P peut être considérée comme représentant le nombre complexe $a + bi$.

En opérant ainsi (*fig.* 12), la somme des deux nombres complexes

$a_1 + b_1 i$ et $a_2 + b_2 i$ est représentée par la diagonale OP_s du parallélogramme des vecteurs OP_1 et OP_2. Il faut considérer que cette opération géométrique peut être dé-
crite de la manière suivante : on
porte l'extrémité O du segment
OP_2 sur l'extrémité P_1 du segment OP_1 en transportant OP_2
parallèlement à lui-même. L'extrémité P_s de P_1P_s équipollente
à OP_2 reliée par une droite à O
est la représentation géométrique
de la somme des nombres complexes représentés par OP_1 et
OP_2.

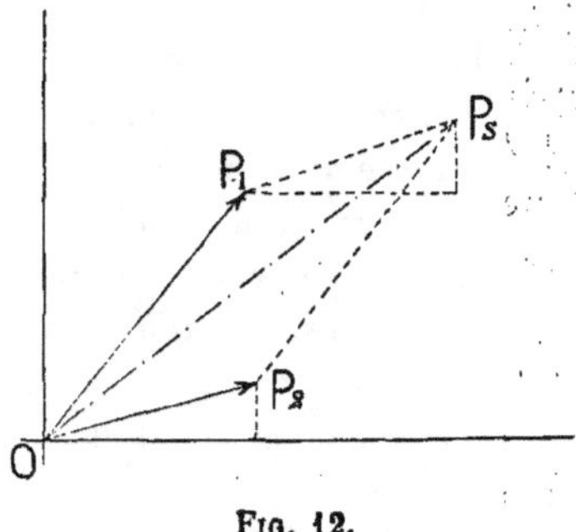

Fig. 12.

Il y a lieu de faire remarquer que cette opération concorde pour
les nombres réels, positifs ou négatifs, avec la méthode habituelle
employée en géométrie pour représenter une somme; donc, l'opération décrite constitue ainsi une généralisation du système.

Il faut remarquer également que la composition des forces dans
un plan correspond à l'addition des nombres complexes représentés
par leurs vecteurs, ce qui montre que l'emploi des nombres complexes
est susceptible de recevoir de nombreuses applications.

*Tout vecteur dans un plan ou toute quantité pouvant être repré-
sentée par un tel vecteur peut aussi être représentée au moyen d'un
nombre complexe.*

Le produit de deux nombres complexes peut être développé suivant
le procédé déjà indiqué, c'est-à-dire comme il suit :

$$(a_2 + b_2 i)(a_1 + b_1 i) = a_1 a_2 - b_1 b_2 + (a_1 b_2 + a_2 b_1) i.$$

Le vecteur qui correspond au produit s'obtient du vecteur correspondant au multiplicande *en opérant sur lui comme on devrait opérer sur le vecteur unité pour obtenir le vecteur multiplicateur*, c'est-
à-dire en faisant tourner le premier de l'angle compris entre le
deuxième et le troisième et en faisant varier sa longueur dans le
même rapport.

On observe en effet (*fig.* 11) que

$$a + bi = \sqrt{a^2 + b^2}\left(\frac{a}{\sqrt{a^2 + b^2}} + \frac{b}{\sqrt{a^2 + b^2}}\,i\right);$$

$$\frac{a}{\sqrt{a^2 + b^2}}$$

est le cosinus et

$$\frac{b}{\sqrt{a^2 + b^2}}$$

le sinus de l'angle φ, formé par le vecteur que représente le nombre $a + bi$ avec l'axe des abscisses vers lequel est dirigé le vecteur unité. Donc

$$a + bi = \sqrt{a^2 + b^2}\,(\cos \varphi + \sin \varphi \cdot i),$$
$$(a_2 + b_2 i)(a_1 + b_1 i) = \sqrt{a_2^2 + b_2^2} \cdot \sqrt{a_1^2 + b_1^2}\,([\cos\varphi_1 \cos\varphi_2 - \sin\varphi_1 \sin\varphi_2]$$
$$+ [\cos\varphi_1 \sin\varphi_2 + \cos\varphi_2 \sin\varphi_1]\,i).$$

On sait par la trigonométrie que

$$\cos\varphi_1 \cos\varphi_2 - \sin\varphi_1 \sin\varphi_2 = \cos(\varphi_1 + \varphi_2)$$
$$\cos\varphi_1 \sin\varphi_2 + \cos\varphi_2 \sin\varphi_1 = \sin(\varphi_1 + \varphi_2);$$

donc le produit de deux nombres complexes est :

$$\sqrt{a_2^2 + b_2^2}\,(\cos\varphi_2 + \sin\varphi_2 \cdot i) \cdot \sqrt{a_1^2 + b_1^2}\,(\cos\varphi_1 + \sin\varphi_1 \cdot i) =$$
$$= \sqrt{a_2^2 + b_2^2} \cdot \sqrt{a_1^2 + b_1^2}\,(\cos[\varphi_1 + \varphi_2] + \sin[\varphi_1 + \varphi_2] \cdot i),$$

expression qui représente précisément l'opération géométrique (*fig.* 13) indiquée plus haut. Dans la figure, on a :

$$OQ = OP_p \cos(\varphi_1 + \varphi_2)$$
$$QP_p = OP_p \sin(\varphi_1 + \varphi_2).$$

Ce genre d'opérations comporte comme cas particulier la manière de représenter le produit de facteurs positifs et négatifs ; on observe tout particulièrement l'évidence qui en résulte pour le signe du produit de deux facteurs négatifs.

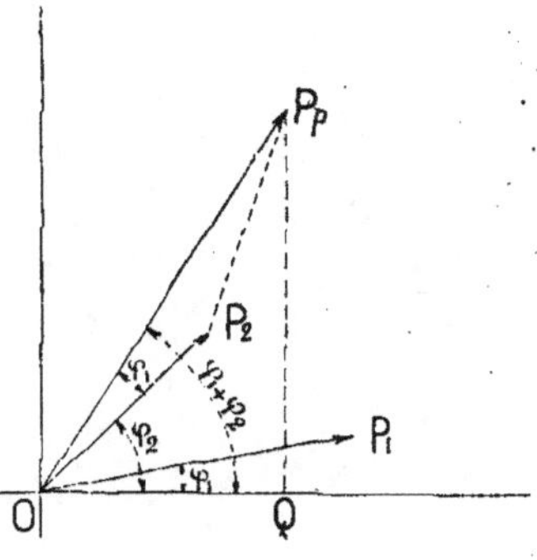

Fig. 13.

Les grandeurs alternatives sinusoïdales qui, comme on l'a vu, peuvent être représentées à l'aide de vecteurs dans un plan, peuvent aussi, d'après ce qui précède, être représentées par des nombres complexes. Du nombre complexe qui représente une grandeur alternative on passe à celui qui correspond à une autre différant de la première par la valeur absolue et la phase, en multipliant le premier par un facteur complexe (*opérateur*) de valeur égale à l'angle formé par les deux vecteurs représentant lesdites grandeurs alternatives, c'est-à-dire à leur différence de phase. C'est sur ce principe qu'est basé l'emploi des impédances et des admittances complexes.

CHAPITRE II

PHÉNOMÈNES D'INDUCTION ÉLECTROMAGNÉTIQUE

7. Loi fondamentale de l'électromagnétisme. — Comme, dans ce chapitre, on aura souvent à employer l'expression *travail électromagnétique d'un courant*, il est utile de rappeler d'abord la loi fondamentale de l'électromagnétisme. Cette loi dit que, si un conducteur de longueur l est parcouru par un courant d'intensité I (intensité exprimée en unités absolues) et se trouve placé perpendiculairement à la direction d'un champ magnétique uniforme, ayant une intensité $\mathcal{H}$ (*fig.* 14), ce conducteur tend à se déplacer perpendiculairement au plan formé par le courant et par le champ avec une force donnée par l'expression

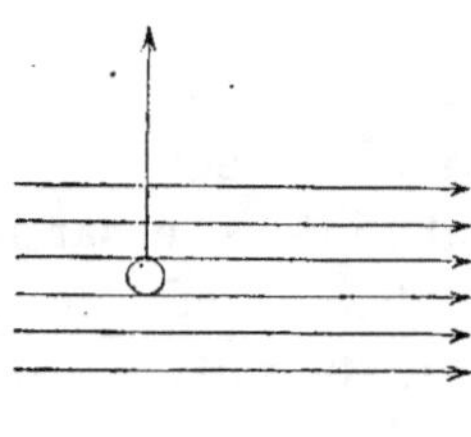

Fig. 14.

$$f = \mathcal{H}Il.$$

Si, par exemple,

$$\mathcal{H} = 10\ 000 \text{ gauss}$$
$$l = 10 \text{ cm}$$
$$I = 5 \text{ ampères,}$$

on a :

$$f = 10\ 000 \cdot 10 \cdot 0{,}5 = 50\ 000 \text{ dynes}$$

et, puisque 1 gramme vaut 981 dynes, la valeur de f expriméc en grammes est

$$f = \frac{50\,000}{981} = 51 \text{ grammes.}$$

Le *sens du mouvement* est indiqué par le pouce de la *main gauche* lorsque l'index donne la direction du flux et le médium le sens du courant dans le conducteur, les trois doigts étant placés perpendiculairement l'un par rapport à l'autre.

Quant au travail effectué dans un temps Δt, travail qui sera représenté par ΔW, il est donné par l'expression $f\Delta s$, Δs étant le déplacement effectué par le conducteur dans le champ magnétique.

Par conséquent,

$$\Delta W = \mathcal{H}Il\Delta s.$$

Mais il faut remarquer que $\mathcal{H}l\Delta s$ est le flux coupé par le conducteur dans son mouvement. En représentant ce flux par $\Delta\Phi$, on a

$$\Delta W = I\Delta\Phi, \tag{7}$$

c'est-à-dire que le travail électromagnétique élémentaire est donné par le produit obtenu en multipliant l'intensité par le flux coupé. Ainsi, pour l'exemple déjà cité, à chaque centimètre de déplacement du conducteur correspond un travail de

$$50\,000 \cdot 1 = 50\,000 \text{ ergs.}$$

Sachant qu'il faut 98 100 000 ergs pour produire 1 kilogrammètre, le travail effectué a pour valeur 0,000 51 kilogrammètre. On peut aussi le calculer directement, sachant que la force en jeu est de 51 grammes :

$$0,051 \text{ kg} \cdot 0,01 \text{ m} = 0,000\,51 \text{ kgm.}$$

8. Écrans magnétiques. — Un cas qui paraît paradoxal est celui d'un conducteur isolé, entouré par un tube de fer, le tout étant placé dans un champ magnétique, puisque le tube constitue un écran magnétique (*fig.* 15). Sous l'influence du champ magnétique, ce tube prend une certaine aimantation dont l'action compense à l'intérieur celle qui est exercée par le champ magnétique extérieur. Le champ $\mathcal{H}$ à l'intérieur du tube est ainsi neutralisé. De même, l'induction magnétique, produite par ce champ sur le courant qui parcourt le fil, est nulle. Mais il ne faut pas en déduire pour cela que l'action totale, exercée sur tout le système, est également nulle. En réalité, sous l'action du champ magnétique, il se développe par induction dans le tube deux lignes polaires N et S. Si le courant dans le conducteur c a la direction d'arrière en avant,

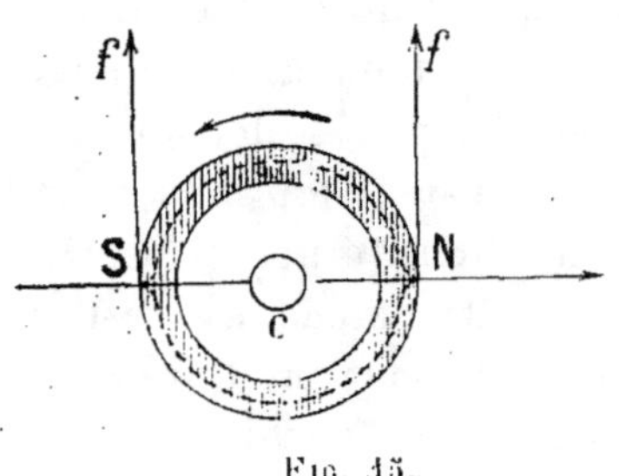

Fig. 15.

il produit deux champs qui se ferment par le fer du tube. Dans ces conditions, les deux pôles N et S, placés dans ce champ magnétique circulaire, tendent à se déplacer tous deux dans une direction unique. Il s'ensuit que le tube de fer même, tout en ne donnant passage à aucun courant, est soumis à une action magnétique perpendiculaire aussi bien au champ magnétique qu'au courant et égale à la force électromagnétique qui agirait sur le conducteur si l'écran n'existait pas.

Dans ce cas et dans des cas analogues, il ne faut pas oublier que l'*action magnétique s'exerce sur le fer et non sur le conducteur;* ce fait présente une grande importance au point de vue de la construction des machines dans lesquelles un grand nombre de conducteurs sont logés dans des trous pratiqués le long de la périphérie des organes fixe ou mobile.

9. Valeur de la force électromotrice due à l'induction électromagnétique. — Si un circuit de résistance R est le siège d'une force électromotrice constante E, on sait que le courant qui prend naissance a une intensité donnée par l'expression

$$I = \frac{E}{R}$$

et que l'énergie électrique produite par la génératrice est

totalement transformée en chaleur tant que le courant ne produit pas d'autre travail. Par conséquent,

$$EI = RI^2.$$

Mais, si le circuit est placé dans un champ magnétique, le phénomène change d'aspect. Le courant tend à se déplacer dans le champ et à produire un travail. On peut se demander si, dans ces conditions, le courant reste constant, ou bien si son intensité augmente ou diminue. Son intensité ne peut certainement pas augmenter, parce que cette intensité I est un maximum que la force électromotrice E peut produire à travers la résistance R; si la génératrice doit fournir, indépendamment du travail thermique, un travail mécanique, on ne peut pas admettre que l'intensité du courant augmente, car ce serait contraire au principe de la conservation de l'énergie. Pour la même raison, cette intensité ne doit pas rester constante, puisque, si elle effectue un travail, sa valeur doit diminuer, ce qui, du reste, correspond à ce qui se passe dans beaucoup d'autres phénomènes naturels.

Un exemple fera mieux comprendre ce fait. Soit, **par exemple**, $E = 100$ volts, $R = 10$ ohms; si le circuit n'est pas soumis à l'influence d'un champ magnétique, on a $I = 10$ ampères.

Mais, si le circuit se trouve dans un champ magnétique, il effectue en se déplaçant un certain travail en absorbant de l'énergie fournie par la génératrice, soit, par exemple, 200 watts par seconde; dans ces conditions, si i est l'intensité du courant dans le circuit, on doit avoir, pour satisfaire **à la** loi de la conservation de l'énergie,

$$Ei = Ri^2 + 200,$$

et, en remplaçant les symboles par leurs valeurs,

$$100 \cdot i = 10 \cdot i^2 + 200.$$

Les seules valeurs de i qui satisfassent à cette équation sont $i = 7,24$ et $i = 2,76$, toutes deux inférieures à 10. On peut donc admettre, dans le cas où le courant effectue un travail électromagnétique,

$$Ei\Delta t = Ri^2\Delta t + \Delta W,$$

expression qui montre que l'énergie fournie par la génératrice dans un temps très petit Δt est transformée partiellement en chaleur et partiellement en travail mécanique.

On a déjà vu [formule (7)] que

$$\Delta W = i\Delta\Phi,$$

par suite

$$Ei\Delta t = Ri^2\Delta t + i\Delta\Phi.$$

En divisant le tout par $i\Delta t$, on obtient

$$E = Ri + \frac{\Delta\Phi}{\Delta t}.$$

Or, pour que cette égalité subsiste, Ri étant la chute de potentiel due à la résistance ohmique, la quantité $\dfrac{\Delta\Phi}{\Delta t}$ doit être homogène à une force électromotrice et on peut la représenter par e. On peut alors écrire, pour le temps pendant lequel le courant effectue un travail extérieur,

$$E = Ri + e,$$

d'où

$$i = \frac{E - e}{R}.$$

L'expérience confirme pleinement ce résultat.

Lorsqu'un courant, en dehors de l'échauffement du circuit, effectue un travail en vertu d'une action électromagnétique, l'intensité diminue et, puisque la loi d'Ohm doit toujours être satisfaite, on peut en conclure que l'affaiblissement du courant est dû à la production d'une force électromotrice qui agit en sens contraire de la force électromotrice principale et à laquelle on donne le nom de *force électromotrice d'induction*.

Pour constater ce fait, il suffit de prendre un petit moteur à courant continu et d'insérer un ampèremètre dans le circuit principal. Si, avec la main, on empêche le moteur de tourner, le courant prend une certaine valeur et alors l'énergie qu'absorbe le moteur est transformée en chaleur; mais, dès que l'on cesse d'immobiliser le moteur, permettant ainsi à la force électromagnétique d'exercer son action, on voit l'intensité du courant diminuer jusqu'à une limite minimum, correspondant au travail électrique dépensé dans le moteur par suite des frottements, des courants parasites, des phénomènes d'hystérésis et aussi pour produire un travail utile lorsque c'est le cas.

10. Si la force électromotrice de la génératrice baisse graduellement jusqu'à une valeur nulle, la formule est encore :

$$i = - \frac{e}{R}.$$

Toutefois ce cas ne peut pratiquement être réalisé, parce que, si $E = 0$, il ne peut y avoir production de courant et, par conséquent, il ne se développe pas de force électromagnétique ni de variations de flux $\Delta\Phi$. Du reste

$$i = - \frac{e}{R}$$

est une absurdité, le courant pouvant très bien avoir un sens ou un autre, sans que le phénomène cesse de se produire; mais, lorsqu'il s'agit d'une quantité physique, elle ne peut jamais devenir plus petite que zéro.

11. Mais si, au contraire, au lieu de laisser le circuit effectuer un travail sous l'action de la force électromagnétique, on dépense un travail dans ce circuit pour vaincre l'action de cette force électromagnétique et le déplacer en sens inverse de celui dans lequel il tend naturellement à se mouvoir, ΔW n'est plus positif, mais bien négatif, c'est-à-dire que :

$$Ei\Delta t = Ri^2\Delta t - \Delta W$$

ou encore

$$Ei\Delta t + \Delta W = Ri^2\Delta t,$$

équation qui montre, dans le cas qui vient d'être cité, que la quantité d'énergie électrique fournie au circuit et l'énergie mécanique dépensée sont transformées en chaleur.

En substituant à ΔW sa valeur $i\Delta\Phi$ qui, dans ce cas, doit changer de signe, et en divisant ensuite par $i\Delta t$, on a, en prenant toujours $e = -\dfrac{\Delta\Phi}{\Delta t}$, comme on le démontrera plus loin,

$$E + e = Ri,$$

d'où

$$i = \frac{E + e}{R}.$$

Dans ce cas, l'intensité du courant tend à augmenter, et cela est en parfaite concordance avec la loi de la conservation de l'énergie. Dans ces conditions, et l'expérience le confirme, on produit une force électromotrice d'induction, mais qui, maintenant, est de même sens que E, à laquelle elle s'ajoute algébriquement.

Il faut remarquer que

$$e = -\frac{\Delta\Phi}{\Delta t}$$

est tout à fait indépendant de l'intensité du courant qui, avant la mise en marche du moteur, circulait dans le conducteur, et que e se produit même si le courant venait à cesser complètement, c'est-à-dire si $E = 0$. La formule donne en réalité, dans ce cas :

$$i = \frac{e}{R},$$

quantité physique bien définie, parce qu'elle est supérieure à zéro. Comme conséquence de ce fait, on peut en déduire que, toutes les fois que l'on déplace un conducteur dans un champ magnétique, en coupant les lignes de force, c'est-à-dire si on déplace un circuit de manière à ce que le flux de force qui le traverse varie, il se produit toujours une force électromotrice d'induction.

12. Les deux cas considérés sont tous deux très intéressants au point de vue des applications industrielles.

Dans le premier, une dépense de courant produit un travail

mécanique (moteur électrique) ; dans le second, une dépense d'énergie mécanique, que le circuit soit parcouru ou non par un courant, donne lieu à la production d'une force électromotrice (dynamo) qui donne naissance à un courant, pourvu que le circuit soit fermé. Dans le second cas, on peut aussi comprendre celui dans lequel la force électromotrice est due non à une dépense d'énergie mécanique pour mettre le circuit en mouvement, mais à l'action de simples variations de flux dues aux variations de l'intensité du courant qui produit le champ magnétique (transformateur).

On a exposé dans le tome I, chapitre II, la nature de cette force électromotrice d'induction, sa durée et sa direction.

On a constaté que la valeur de cette force électromotrice était exprimée par le rapport de l'augmentation du flux $\Delta\Phi$ et du temps Δt pendant lequel cette augmentation se produit, rapport qui est, à la limite, la dérivée du flux par rapport au temps

$$e = -\frac{d\Phi}{dt}.$$

13. Cette expression est, en ce qui concerne le signe, en concordance avec la loi de Lenz.

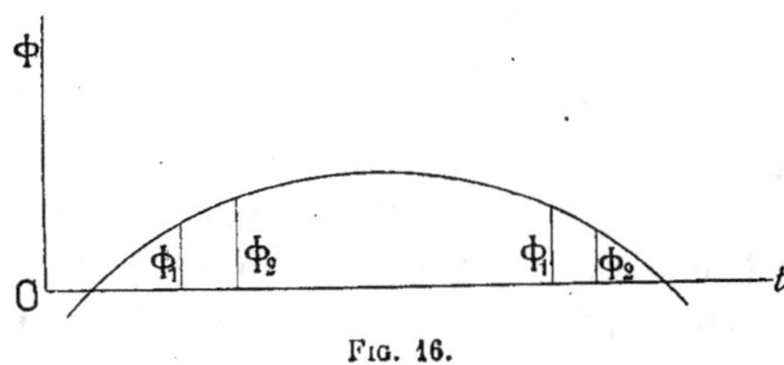

Fig. 16.

Si le flux augmente (*fig.* 16), la variation

$$\Delta\Phi = \Phi_2 - \Phi_1$$

est positive. Mais la force électromotrice, tendant à produire un courant qui donne naissance à un flux de sens contraire au flux inducteur, est négative par rapport au courant inducteur. Par conséquent, on a :

$$e = -\frac{d\Phi}{dt}. \tag{8}$$

Ainsi exprimée, la formule tient également compte du cas de la diminution du flux dans le circuit. En effet, dans ce cas, la variation

$$\Delta\Phi = \Phi_2 - \Phi_1$$

est négative. Par conséquent e est positif, c'est-à-dire que le courant induit tend à produire un flux de même sens que le flux inducteur qui décroît, ce qui est parfaitement conforme à ce que l'on a constaté expérimentalement (Voir tome I, chap. ɪɪ).

La force électromotrice d'induction est nulle lorsque le flux atteint son maximum, parce qu'alors la dérivée est nulle. Il est à noter précisément que la variation d'une fonction s'annule lorsqu'elle atteint sa valeur maximum.

Un exemple numérique permettra de mieux comprendre ce qui précède.

14. Exemple numérique. — Une spire de 10 cm de diamètre est placée dans un champ magnétique ayant une intensité de 12 000 gauss, de manière que cette spire soit perpendiculaire à la direction du champ magnétique. En un cinquantième de seconde, la spire a tourné de 90° et, par conséquent, le flux de force est à ce moment réduit à zéro. Il s'agit de calculer la valeur moyenne de la force électromotrice induite pendant ce temps.

La force électromotrice varie comme l'indique la courbe (*fig.* 17). Sa valeur moyenne est donnée par la variation moyenne du flux, ou plus simplement par l'expression

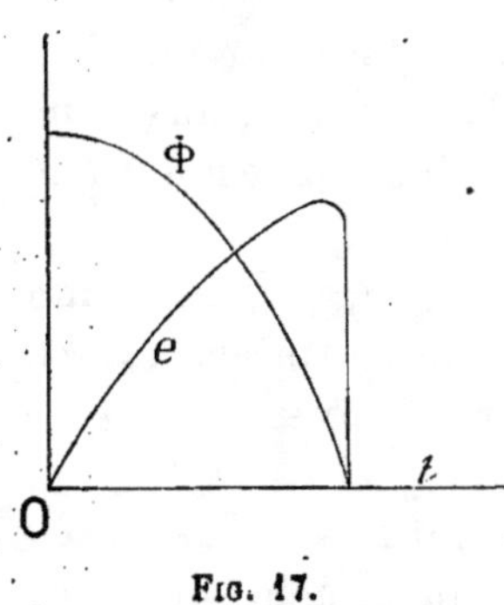

Fɪɢ. 17.

$$e = \frac{\Phi}{t}.$$

L'aire de la spire étant de 78,54 cm², le flux produit est

$$\Phi = 78,54 \, . \, 12\,000 = 942\,480;$$

par conséquent

$$e = \frac{942\,480}{\dfrac{1}{50}} = 942\,480 \, . \, 50 = 47\,124\,000 \text{ unités absolues;}$$

mais, comme il faut 10^8 unités absolues pour 1 volt, la force électromotrice moyenne, exprimée en volts, est

$$e = 0,47 \text{ volt.}$$

15. Force électromotrice d'induction produite dans une bobine. — On a vu dans le tome I, chap. III, § **22**, que, si un circuit soumis à l'induction comporte plusieurs spires subissant chacune les mêmes variations de flux, les forces électromotrices induites dans les diverses spires s'ajoutent; la force électromotrice totale due à l'induction **est** alors donnée par l'expression

$$n \frac{d\Phi}{dt} = \frac{d\,(n\Phi)}{dt}.$$

Ce résultat peut être interprété comme si l'on avait une seule spire traversée par un flux égal à $n\Phi$. Dans ces conditions, on peut même dire qu'une bobine est traversée par un flux total $n\Phi$, c'est-à-dire égal au produit de la valeur du flux dans une spire par le nombre de ces spires. Ce flux total est désigné sous le nom de *flux embrassé* par le circuit.

Dans le cas de l'exemple cité plus haut, si, au lieu d'une spire unique, on avait une bobine formée de 10 spires, la force électromotrice induite aurait pour valeur 4,7 volts.

16. Influence des écrans magnétiques sur les phénomènes d'induction. — Il arrive fréquemment dans les dynamos employées dans l'industrie que les enroulements de l'induit sont logés à l'intérieur d'une masse de fer ; cette masse, augmentant l'intensité du champ magnétique, paraîtrait devoir empêcher les phénomènes d'induction de se produire dans les conducteurs de cet enroulement. Or, l'expérience prouve que les conducteurs ainsi protégés des actions magnétiques sont néanmoins soumis aux effets de l'induction électromagnétique et deviennent, par conséquent, le siège d'une force électromotrice si on les déplace dans le champ, aussi bien que si la masse de fer n'existait pas. Ce phénomène s'explique si l'on remarque que l'intensité du champ est certainement nulle à l'intérieur de la masse de fer (*fig.* 18), parce que l'intensité du champ principal est à peu près exactement compensée par celle du champ développé par induction dans le fer (§ 8) ; mais, si le système est en mouvement, les lignes de force de compensation le sont aussi, tandis que celles du champ principal restent fixes. Ces dernières sont coupées par le conducteur intérieur et, par conséquent, le phénomène d'induction se produit encore comme si le tube de fer ou la masse de fer n'existait pas.

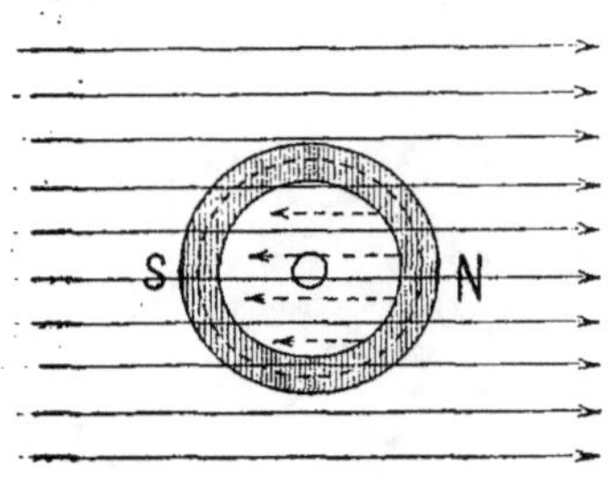

Fig. 18.

Du reste, s'il n'en était pas ainsi, comme le fait si justement observer M. Janet[1], il serait possible, à l'aide des phénomènes d'induction, de produire un courant constant dans une spire se mouvant dans un champ magnétique uniforme, en protégeant, à l'aide d'un tube de fer, un des conducteurs qui coupe les lignes de force. En faisant mouvoir le champ par rapport à la spire, on supprimerait également tout contact glissant. C'est pourquoi les diverses tentatives faites pour réaliser des machines fondées sur ce principe ont toujours abouti à un insuccès complet, ce qui constitue un argument indirect en faveur de l'explication donnée ci-dessus, explication qui est sans doute celle qui convient le mieux.

<hr>

1. *Leçons sur l'électricité,* p. 85.

Du reste, tous les alternateurs actuels ont un système induit partiellement et même complètement protégé par du fer ; ce dispositif non seulement reporte sur le fer la force électromagnétique (Voir § 8), mais réduit aussi dans une large mesure la réluctance du circuit magnétique, sans pour cela s'opposer au phénomène de l'induction électromagnétique.

CHAPITRE III

PHÉNOMÈNES D'INDUCTION MUTUELLE ET DE SELF-INDUCTION

17. Coefficients d'induction mutuelle et de self-induction. — Lorsque deux circuits, comprenant ou non du fer, ont une position et une forme telles que l'un d'eux est embrassé par une partie ou par la totalité du flux produit par le passage du courant dans l'autre, le flux total embrassé par un circuit, dans le cas d'un courant ayant une intensité égale à l'unité absolue, prend un nom particulier. De même, le flux total dans la bobine où circule le courant prend aussi une désignation spéciale.

Soit un noyau portant deux enroulements A et B, le premier comportant n_1 spires et le second n_2 spires. On fait passer dans la bobine A un courant exactement de 10 ampères (1 unité absolue d'intensité). Soit Φ_1 le flux produit par ce courant que l'on suppose constant dans tout le noyau, en négligeant les fuites magnétiques.

En se reportant à la définition du flux total donnée § 15, on a $n_2\Phi_1$ pour expression du flux total agissant sur la bobine B et $n_1\Phi_1$ pour le flux total agissant sur A.

En représentant le *coefficient d'induction mutuelle* entre les deux circuits par le symbole L_m et celui de *self-induction* dans la bobine A par L_{s_1}, on a toujours

$$n_2\Phi_1 = L_m,$$
$$n_1\Phi_1 = L_{s_1}.$$

Si les deux bobines ont un même nombre de spires, si le circuit magnétique est exempt de fuites ou même s'il y en a, si, enfin, les deux bobines sont concentriques, à spires serrées et que leurs enroulements aient la même longueur, les deux coefficients peuvent être pratiquement considérés comme égaux.

Si maintenant, au lieu de faire passer le courant dans la bobine **A**, on le fait passer dans la bobine B, il se produit un flux Φ_2 qui n'a pas la même valeur que Φ_1, si le nombre de spires respectif des deux bobines n_1 et n_2 n'est pas le même. Dans ces conditions, le coefficient de self-induction de B ou son *inductance*, suivant l'expression habituellement employée, est représentée par l'expression

$$n_2\Phi_2 = L_{s2};$$

mais le coefficient d'induction mutuelle sera toujours L_m, parce que

$$n_1\Phi_1 = n_2\Phi_2,$$

relation qui se comprend facilement pour peu que l'on y réfléchisse et qu'il est, du reste, facile de démontrer (Voir la note à la fin du chapitre).

Afin de développer plus clairement les considérations relatives à ces deux coefficients, il suffit de prendre un exemple parmi les cas qui se présentent dans la pratique.

18. Soit un noyau de fer (*fig.* 19) muni de deux bobines ayant respectivement n_1 et n_2 spires. On peut se proposer de calculer les valeurs de L_m et de L_{s1} et L_{s2}.

On sait qu'en général la valeur du flux est donnée en unités absolues par l'expression

$$\Phi = \frac{4\pi ni}{\sum \frac{1}{\mu}\frac{l}{s}}$$

si i est exprimé en unités absolues d'intensité, ou bien par

$$\Phi = \frac{0{,}4\pi ni}{\sum \frac{1}{\mu}\frac{l}{s}} = \frac{1{,}26 \cdot ni}{\sum \frac{1}{\mu}\frac{l}{s}}$$

lorsque i est exprimé en ampères.

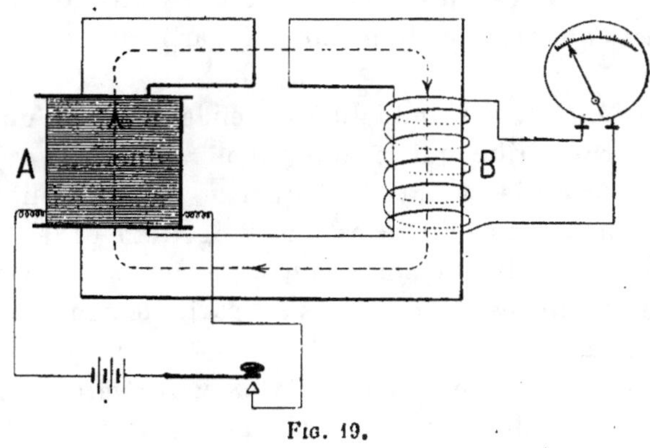

Fig. 19.

Les valeurs des coefficients d'induction exprimant les flux *embrassés* par les circuits, dans le cas où $i = 1$, sont

$$L_{s1} = \frac{4\pi n_1}{\sum \frac{1}{\mu}\frac{l}{s}}\, n_1, \qquad L_{s2} = \frac{4\pi n_2}{\sum \frac{1}{\mu}\frac{l}{s}}\, n_2, \qquad L_m = \frac{4\pi}{\sum \frac{1}{\mu}\frac{l}{s}}\, n_1 n_2$$

et l'on a, par suite,

$$L_{s1} = \frac{4\pi n_1^2}{\sum \frac{1}{\mu}\frac{l}{s}}, \qquad L_{s2} = \frac{4\pi n_2^2}{\sum \frac{1}{\mu}\frac{l}{s}}, \qquad L_m = \frac{4\pi n_1 n_2}{\sum \frac{1}{\mu}\frac{l}{s}}. \qquad (9)$$

On en conclut que les coefficients de self-induction croissent en raison du carré du nombre de spires. Puisque de ce nombre de spires dépend la quantité d'énergie accumulée dans le circuit sous forme de champ magnétique, on voit pourquoi la force électromotrice d'induction, principalement au moment de l'ouverture du circuit, peut atteindre une valeur très grande, pouvant détériorer sérieusement les isolants à cause de l'augmentation de la différence de potentiel existant entre les diverses spires et aussi parce que les effets destructifs de l'étincelle de rupture deviennent rapidement considérables.

Lorsque les bobines sont roulées sur une carcasse métallique en zinc, en laiton ou en cuivre, ces effets sont fortement atténués parce que, au moment de la cessation du flux, il se développe dans la carcasse métallique des courants de Foucault intenses qui absorbent une notable partie de l'énergie du champ magnétique.

Les coefficients de self-induction dépendent aussi d'un coefficient de perméabilité qui a une valeur variant avec l'état magnétique du milieu à travers lequel le flux s'établit. Si le flux s'établit à travers l'air, μ est alors égal à 1 et les coefficients de self-induction restent constants; mais, si le milieu traversé par le flux est entièrement ou partiellement constitué par du fer, μ varie.

C'est pour cela que les coefficients L_{s1} et L_{s2} varient suivant l'état magnétique du fer; le coefficient L_m varie également pour les mêmes raisons. Pourtant, si le fer se trouve loin de son point de saturation, μ peut être considéré pratiquement comme constant; il en est de même des coefficients L_{s1}, L_{s2} et L_m. Lorsque le flux varie, on se contente de prendre sa valeur moyenne.

19. Exemple numérique. — On se propose de trouver la valeur des trois coefficients d'induction avec un noyau ayant les dimensions indiquées sur la figure 20, les deux bobines ayant respectivement 500 et 250 spires. Le courant que l'on fait passer successivement dans chacune des bobines a une intensité de 10 ampères (1 unité absolue d'intensité). Le fer ayant servi à établir le noyau a les valeurs de perméabilité μ suivantes :

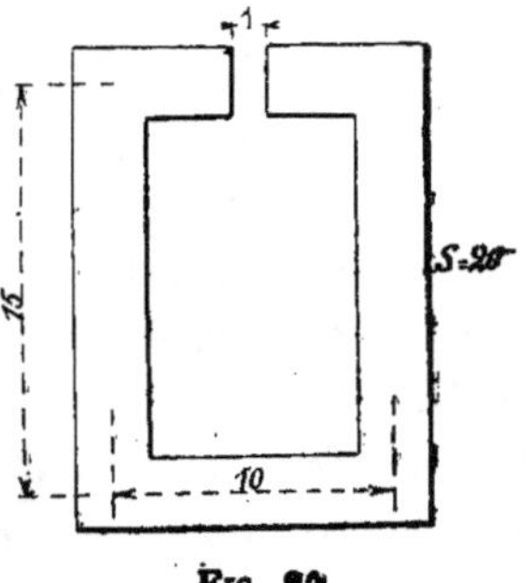

Fig. 20.

Valeurs de $\mathfrak{B}$ exprimées en gauss	Valeurs de μ
5 000	2 500
6 000	2 460
7 000	2 440
8 000	· 2 375
9 000	2 250
10 000	2 000
11 000	1 700
12 000	1 400
13 000	1 050
14 000	800
15 000	500

On fait passer le courant de 10 ampères dans la bobine **A** et l'on admet que l'induction $\mathfrak{B}$ doit être de 5 000 gauss,

$$\mathfrak{B} = \frac{\Phi}{s} = 5\,000 \text{ gauss};$$

on prend alors comme valeur de première approximation $\mu = 2\,500$.

En substituant, on a

$$\Phi = \frac{1,26 \cdot 500 \cdot 10}{\frac{1}{2\,500} \cdot \frac{49}{20} + \frac{1}{1} \cdot \frac{1}{20}} = \frac{6\,300}{0,00098 + 0,05} = 126\,000,$$

expression dans laquelle 49 cm est la longueur du circuit magnétique constitué par du fer et 1 cm la largeur de l'entrefer.

L'induction dans le fer est, par suite,

$$\mathfrak{B} = \frac{\Phi}{s} = \frac{126\,000}{20} = 6\,300 \text{ gauss par cm}^2,$$

valeur à laquelle correspond, pour le coefficient μ, non pas 2 500 comme on l'avait admis *a priori*, mais bien 2 453 environ.

Ce calcul ne sert qu'à vérifier si les valeurs admises pour μ sont exactes; c'est pourquoi, dans le cas actuel, un calcul plus approché est inutile, parce que les variations de μ n'ont qu'une influence minime sur la valeur de la réluctance du circuit magnétique qui est due, en majeure partie, à l'air de l'entrefer. Toutefois, si la largeur de l'entrefer était très faible ou s'il n'y en avait pas, ce qui serait le cas d'un circuit magnétique homogène, il serait indispensable d'effectuer un calcul plus complet pour obtenir des valeurs de μ plus exactes.

En ce qui concerne la seconde bobine ayant 250 spires, le flux et, par conséquent, la valeur de l'induction $\mathfrak{B}$ doivent être réduits de moitié. Par suite μ peut encore être évalué à 2 500, puisqu'il est admis que sa valeur reste constante pour des inductions inférieures à 5 000 gauss. On a, en conséquence, en représentant par L_{s1} et L_{s2} les coefficients de self-induction respectifs des deux bobines et par L_m le coefficient d'induction mutuelle,

$$L_{s1} = \frac{4\pi n_1^2}{\sum \frac{1}{\mu} \frac{l}{s}} = \frac{12,6 \cdot 250\,000}{0,05} = 63\,000\,000,$$

$$L_{s2} = \frac{4\pi n_2^2}{\sum \frac{1}{\mu} \frac{l}{s}} = \frac{12,6 \cdot 62\,500}{0,05} = 15\,750\,000,$$

$$L_m = \frac{4\pi n_1 n_2}{\sum \frac{1}{\mu} \frac{l}{s}} = \frac{12,6 \cdot 500 \cdot 250}{0,05} = 31\,500\,000.$$

Ces valeurs sont exprimées en unités absolues, c'est-à-dire en centimètres, puisque les coefficients d'induction sont des quantités homogènes à une longueur, comme on le verra plus loin, § 22. Pour exprimer ces valeurs en unités pratiques, il suffit de les diviser par 10^9.

L'unité pratique de coefficient de self-induction est appelée *henry*; c'est l'induction d'un circuit lorsque la force électromotrice induite dans ce circuit est égale à 1 volt et que le courant inducteur varie à raison de 1 ampère par seconde. Naturellement la même unité est applicable au coefficient d'induction mutuelle et exprime alors le coefficient pour deux circuits lorsque la force électromotrice induite dans l'un d'eux est de 1 volt et que le courant inducteur dans l'autre varie à raison de 1 ampère par seconde.

Les valeurs trouvées ci-dessus, exprimées en unités absolues, sont en unités pratiques, c'est-à-dire en *henrys*,

$$L_{s1} = 0,063,$$
$$L_{s2} = 0,01575,$$
$$L_m = 0,0315.$$

Dans l'exemple cité, on a

$$(n_1 n_2{}^2) = n_1^2 \cdot n_2^2,$$

et il se vérifie que

$$L_m^2 = L_{s1}L_{s2}, \qquad \text{c'est-à-dire que} \qquad L_m = \sqrt{L_{s1}L_{s2}}.$$

20. Il convient, toutefois, de faire remarquer que le cas de
l'exemple numérique qui vient d'être exposé est purement
théorique. Dans la pratique, les conditions admises ne
peuvent être obtenues qu'approximativement à cause des
fuites magnétiques. S'il y a dispersion du flux, c'est-à-dire si
les lignes de force produites par un circuit ne traversent pas
intégralement l'autre circuit, l'on a

$$L_m^2 < L_{s1}L_{s2};$$

et, si f est un coefficient approprié, on peut écrire

$$L_m = f\,\frac{4\pi n_1 n_2}{\sum \frac{1}{\mu}\frac{l}{s}},$$

étant admis que, pour μ, il faut prendre une valeur moyenne
unique pour les trois coefficients. On a, par conséquent :

$$L_{s1}L_{s2} - L_m = (1 - f)\,L_{s1}L_{s2},$$

expression qui permet de calculer f, à moins que l'on ne puisse
déterminer expérimentalement les valeurs de L_{s1}, L_{s2} et L_m.

Si une partie du circuit magnétique à travers lequel se
ferme le flux est mobile, comme c'est le cas de tous les alternateurs (*fig.* 21), le coefficient de self-induction d'une spire a,
par exemple, varie alors continuellement et il est nécessaire
d'introduire dans les calculs une valeur moyenne. On indi-

quera ultérieurement comment se détermine pratiquement cette valeur moyenne.

Dans certains cas particuliers, on peut aussi avoir à déterminer les valeurs du coefficient de self-induction d'un circuit ou du coefficient d'induction mutuelle de deux circuits; au lieu d'effectuer immédiatement cette détermination,

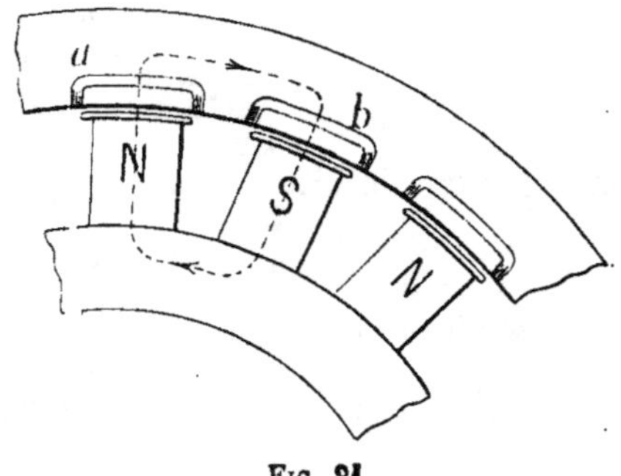

Fio. 21.

il est préférable de la faire seulement lorsque le cas se présente.

21. Énergie accumulée dans le champ magnétique. —

On a déjà fait remarquer dans le tome I, § 23, qu'un champ magnétique constituait une réserve d'énergie. Il convient maintenant de rechercher quelle est la quantité d'énergie ainsi emmagasinée.

On sait que, pendant la période variable d'établissement du courant dans un circuit, l'intensité du courant a pour valeur à chaque instant

$$i = \frac{E - e}{R},$$

expression qui peut aussi s'écrire

$$E = Ri + e$$

ou encore, en multipliant par i,

$$Ei = Ri^2 + ei.$$

Cette expression, très importante, signifie que, pendant la période variable, l'énergie Ei fournie par la génératrice est partiellement transformée en chaleur et partiellement en une forme de l'énergie autre que la chaleur. Cette seconde partie de l'énergie ainsi transformée s'accumule sous forme de champ magnétique, transformation qui ne pourrait se produire s'il n'y avait pas production d'une force électromotrice de self-induction.

Si, dans un temps très court Δt, le flux total d'une bobine augmente de N unités, la force électromotrice induite est, en laissant de côté son signe,

$$e = \frac{N}{\Delta t},$$

et la quantité d'énergie accumulée pendant l'unité de temps est, par conséquent,

$$ei = \frac{N}{\Delta t}\, i.$$

Pendant le temps Δt dans lequel se produit l'augmentation, l'énergie accumulée est

$$ei\Delta t = Ni \text{ ergs.}$$

Soit OBDG (*fig.* 22) la courbe représentant les variations du flux total[1] suivant l'intensité du courant, le circuit comportant du fer. Si l'intensité du courant augmente de AB à CD,

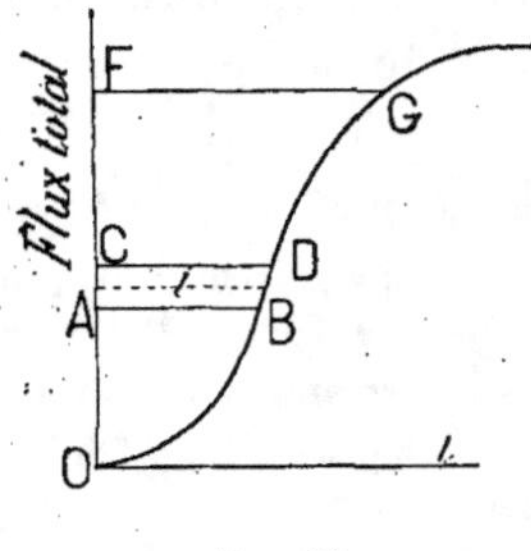

Fig. 22.

le flux total augmente de AC. Si BD est petit, on peut le considérer comme une droite et considérer que, pendant l'augmentation N du flux total, le courant a une intensité moyenne i. Dans ces conditions, l'augmentation de dépense d'énergie est donnée par la surface ABDC $= Ni$ ergs. On comprend qu'en faisant varier l'intensité du courant depuis zéro jusqu'à FG, la valeur de l'énergie accumulée dans le champ magnétique soit donnée par la surface OBDGF.

22. Si le milieu dans lequel s'établit le flux est de perméabilité constante, le rapport de i au flux total est alors représenté

---

1. Le flux total est, ainsi qu'on l'a vu § 15, le flux qui traverse une spire multiplié par le nombre de spires.

par une ligne droite (*fig.* 23). Pour une intensité déterminée i, le flux total est Li et l'énergie accumulée (surface OAB) est. égale à la moitié de $Li \cdot i$, c'est-à-dire à

$$\frac{1}{2} Li^2,\qquad\qquad(10)$$

que l'on désigne par *énergie intrinsèque du courant*[1].

On comprend dès lors pourquoi la quantité L est homogène à une longueur et doit, par conséquent, être évaluée en centimètres si on l'exprime en unités absolues. Si l'on utilise en effet une balance de lord Kelvin ou un électrodynamomètre pour mesurer l'intensité du courant i, on sait que la force qui tend à déplacer l'organe mobile de ces instruments par rapport à l'organe fixe est

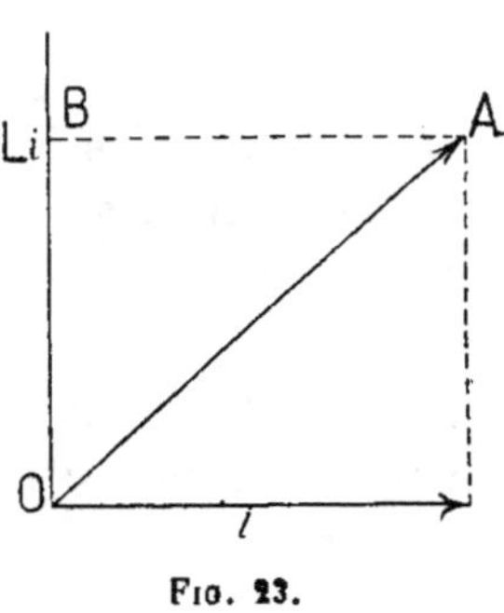

Fig. 23.

proportionnelle au carré de l'intensité du courant (tome I, § 33) et à la perméabilité μ du milieu ambiant. Dans le système électromagnétique, μ est un nombre et cette unité n'a pas de dimensions; donc, dans ce système, le carré de l'in-

---

1. L'analogie qui existe entre cette expression $\frac{1}{2} Li^2$ et celle $\frac{1}{2} Mv^2$, qui représente la force vive ou l'énergie potentielle d'un corps en mouvement, n'est pas un effet du hasard. Cette analogie est encore plus grande lorsqu'il s'agit d'un mobile tournant autour d'un axe, cas dans lequel $\frac{1}{2} K\omega^2$ représente la force vive, K étant le moment d'inertie du système; ce cas est comparable au coefficient de self-induction d'un circuit électrique. La dérivée de cette expression par rapport au temps, c'est-à-dire la quantité $K\omega \frac{d\omega}{dt}$, représente le travail $C\omega$ effectué pendant l'unité de temps par le couple moteur C. On a, par conséquent, $C = K \frac{d\omega}{dt}$ comme expression du couple agissant sur le système. Par analogie, la dérivée de l'expression $\frac{1}{2} Li^2$ donne $ei = Li \frac{di}{dt}$, d'où l'on tire $e = L \frac{di}{dt}$; cette dernière expression représente, en laissant le signe de côté, la force électromotrice de self-induction du circuit.

De même que, dans un système mécanique, le travail effectué par le couple C s'accumule, de même le travail produit par la force électromotrice e s'accumule dans le circuit électrique.

tensité d'un courant représente une force qu'il suffit de multiplier par une longueur pour obtenir la valeur du travail effectué. La quantité $\frac{1}{2} Li^2$ représente donc le travail effectué par le courant pendant la période variable. Il faut remarquer que, si L est exprimé en henrys et i en ampères, le flux total sera exprimé en unités $C. G. S.$ par

$$10^9 L . i\, 10^{-1} = 10^8 Li,$$

et l'énergie accumulée, exprimée en ergs, sera

$$\frac{1}{2}\, 10^8 Li . 10^{-1} i = 10^7 \frac{1}{2}\, Li^2.$$

Ainsi, pour la bobine A de l'exemple donné dans le § 19 et pour laquelle on a trouvé $L = 0{,}063$ lorsque le courant a une intensité de 10 ampères, l'énergie accumulée dans le champ est

$$10^7 . \frac{1}{2} . 0{,}063 . 10 = 3\,150\,000 \text{ ergs,}$$

soit

$$\frac{3\,150\,000}{981 . 10^5} = \frac{31}{981} = 0{,}03 \text{ kilogrammètre environ.}$$

23. Énergie absorbée par le phénomène d'hystérésis.

— Si le circuit dans lequel s'établit le flux ne comporte pas de fer, en supprimant le courant on annule complètement le flux et l'énergie intrinsèque du courant est totalement restituée sous forme de courant induit.

Mais, lorsque le circuit comporte du fer, l'énergie OBGF (*fig.* 24) n'est pas entièrement restituée à cause de l'*hystérésis*. Seule la partie GHF est restituée et l'autre partie, donnée par l'aire OBGH, est transformée en chaleur dans le fer.

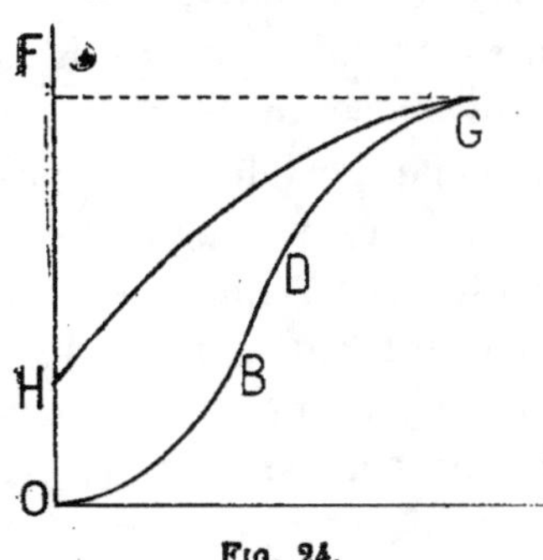

Fig. 24.

Dans le cas particulier où le noyau de fer subit de véritables cycles complets d'aimantation dans les deux sens (c'est le cas du noyau d'induit dans toutes les dynamos), la perte d'énergie par cycle et par centimètre cube de matière est donnée avec une approximation suffisante, d'après Steinmetz, par la formule :

$$\frac{W}{V} = \eta \, \mathfrak{B}^{1,6}, \tag{11}$$

dans laquelle η est le *coefficient d'hystérésis*, qui varie entre 0,001 6 et 0,002 6, et $\mathfrak{B}$ l'induction maximum dans le fer par cycle.

24. Expression générale de l'intensité du courant dans un circuit. — De ce qui a été exposé précédemment, il résulte que la valeur de l'intensité du courant dans un circuit dépend, pendant la période variable, non seulement de la force électromotrice de la source, mais aussi des forces électromotrices d'induction qui sont dues aux variations mêmes de l'intensité. Ces forces électromotrices d'induction sont seulement dues à la self-induction si le circuit est unique ; mais, si le flux rencontre sur son parcours un second circuit, que l'on peut admettre fermé sur lui-même ou sur une résistance donnée, il se produit alors dans ce second circuit un courant qui donne lieu également à la production d'un flux qui s'ajoute algébriquement, à chaque instant, à celui que produit le premier circuit. La force électromotrice totale qui réagit sur l'établissement du courant est due aux variations de ce flux combiné. On a déjà vu que ce flux secondaire est de sens opposé au flux principal lorsque l'intensité du courant augmente et qu'il est, au contraire, de même sens lorsque l'intensité diminue. Alors, si i_1 est l'intensité du courant qui, *à un moment donné*, parcourt la bobine A et i_2 celle du courant qui, *au même instant*, circule dans la bobine B, le flux embrassé par le premier circuit est

$$\Phi_1 = L_{s_1} i_1 + L_m i_2,$$

tandis que celui qui coupe le second circuit est

$$\Phi_2 = L_{s_2} i_2 + L_m i_1.$$

S'il n'y a pas de fuites magnétiques, pratiquement $\Phi_1 = \Phi_2$, si $L_{s_1} = L_{s_2} = L_m$. En un temps infiniment court Δt, ces flux auront subi une variation $\Delta\Phi_1$ et $\Delta\Phi_2$, et les forces électromotrices induites dans le premier et dans le second circuit seront

$$e_1 = -\frac{\Delta\Phi_1}{\Delta t}, \qquad e_2 = -\frac{\Delta\Phi_2}{\Delta t}.$$

La force électromotrice e_1 s'ajoute algébriquement à la force électromotrice de la source pour faire circuler le courant dans le premier circuit; dans le second circuit, au contraire, la force électromotrice e_2 est seule à agir.

Pour simplifier la question, on peut considérer comme constants les coefficients de self-induction et d'induction mutuelle; alors les variations des flux sont dues aux variations des intensités de courant et l'on peut, par suite, écrire en ce qui concerne le premier circuit :

$$E + e_1 = r_1 i_1$$

$$E - \frac{\Delta\Phi_1}{\Delta t} = r_1 i_1$$

$$E = r_1 i_1 + \frac{\Delta\Phi_1}{\Delta t} = r_1 i_1 + L_{s1}\frac{\Delta i_1}{\Delta t} + L_m\frac{\Delta i_2}{\Delta t}.$$

De même, pour le second circuit, on a

$$E = r_2 i_2 + L_{s_2}\frac{\Delta i_2}{\Delta t} + L_m\frac{\Delta i_1}{\Delta t} = 0.$$

En indiquant, pour abréger, par i_1' et i_2' les variations moyennes des intensités i_1 et i_2 dans un temps très court Δt, on a les deux équations :

$$\begin{aligned} E &= r_1 i_1 + L_{s_1} i_1' + L_m i_2' \\ 0 &= r_2 i_2 + L_{s_2} i_2' + L_m i_1' \end{aligned} \qquad (12)$$

Ces deux formules ne sont autre chose que l'interprétation algébrique qui avait été déjà déduite du raisonnement exposé pages 51 et suivantes du tome I.

En multipliant la première par L_{s_2}, la seconde par L_m et en effectuant la soustraction, on a

$$i_1' = - \frac{L_{s_2} E + L_m r_2 i_2 - L_{s_2} r_1 i_1}{L_{s_1} L_{s_2} - L_m^2}.$$ (12 bis)

Inversement, en multipliant la première par L_m et la seconde par L_{s_1}, on a

$$i_2' = - \frac{L_m E - L_m r_1 i_1 + L_{s_1} r_2 i_2}{L_{s_1} L_{s_2} - L_m^2}.$$ (12 ter)

Ces deux expressions, en permettant de calculer les variations successives de l'intensité dans les circuits, servent à déterminer leur allure par rapport au temps. On peut appliquer ces données aux deux circuits A et B dont on a déjà déterminé les coefficients de self-induction et d'induction mutuelle.

25. Il y a lieu d'observer que, dans le cas particulier qui vient d'être développé, on a admis qu'il n'y avait pas de déperdition de flux et que, par conséquent, on avait

$$L_{s_1} L_{s_2} = L_m^2.$$

Dans ce cas particulier, les dénominateurs des deux expressions i_1' et i_2' s'annuleraient et, en conséquence, on aurait i_1' et i_2' toujours égaux à l'infini, ce qui est absurde. C'est pourquoi, si pratiquement il est possible de réaliser la condition $L_{s_1} = L_{s_2}$, en ayant deux bobines identiques et disposées symétriquement sur un même noyau, on ne peut obtenir $L_m = \sqrt{L_{s_1} L_{s_2}}$; si, pour obtenir cette dernière condition, on superposait les deux circuits, on n'aurait plus alors $L_{s_1} = L_{s_2}$, parce que, dans ce cas, une des deux bobines devrait occuper exactement la place de l'autre pour obtenir le résultat cherché, ce qui est matériellement impossible. Donc l'égalité $L_{s_1} L_{s_2} = L_m^2$ est purement théorique. Dans la pratique on peut obtenir que $L_{s_1} L_{s_2} - L_m^2$ soit très petit, mais jamais nul[1]. Ainsi, pour développer l'exemple cité, on pourra prendre $f = 0,95$.

---

1. Dans les bobines, dites sans self-induction, les couches de fil sont en nombre pair et chacune de ces couches est roulée en sens inverse de la précédente. On a ainsi pratiquement $L_s = 0$; on peut obtenir le même résultat en enroulant un fil doublé.

26. APPLICATIONS NUMÉRIQUES. — 1° Dans un circuit ayant une résistance ohmique égale à 2 ohms et dont le coefficient de self-induction est de 0,06 henry, on fait agir une force électromotrice de 10 volts. Au moment où l'on ferme le circuit, la force électromotrice commence à agir et le courant est nul. Dans ce cas, la première formule (12) donne, puisque $L_m = 0$,

$$10 = 0 + 0,06 i',$$

de laquelle on tire

$$i' = \frac{10}{0,06} = 166,66 ;$$

c'est-à-dire que le courant commence à s'établir dans le circuit, son intensité augmentant à raison de 166,66 ampères par seconde.

Lorsque le courant a atteint une valeur déterminée, par exemple 3 ampères, la même formule donne

$$10 = 2.3 + 0,06 i',$$

de laquelle on déduit

$$i' = \frac{4}{0,06} = 66,66,$$

c'est-à-dire qu'à ce moment l'intensité du courant augmente à raison de 66,66 ampères par seconde.

Il est facile de voir que, lorsque l'intensité du courant a atteint la valeur

$$\frac{10}{2} = 5,$$

la variation i' s'annule, c'est-à-dire que l'intensité, à partir de ce moment, se maintient constante.

2° Lorsque l'on a deux circuits placés à proximité l'un de l'autre pour lesquels

$$E = 10 \text{ volts,}$$
$$r_1 = r_2 = 5 \text{ ohms,}$$
$$L_{s_1} = L_{s_2} = 0,05 \text{ henry,}$$
$$L_m = 0,04 \text{ henry,}$$

les calculs doivent s'effectuer de la manière suivante.

Puisque $r_1 = r_2 = r$ et $L_{s_1} = L_{s_2} = L$, les formules (12 *bis*) et (12 *ter*) se réduisent à

$$i_1' = \frac{L(E - ri_1) + L_m ri_2}{L^2 - L_m^2},$$

$$i_2' = -\frac{L_m(E - ri_1) + Lri_2}{L^2 - L_m^2}.$$

Remplaçant les lettres par leurs valeurs, on a

$$\frac{\Delta i_1}{\Delta t} = i_1' = 555,5 - 277,7i_1 + 222,2i_2,$$

$$\frac{\Delta i_2}{\Delta t} = i_2' = -444,4 + 222,2i_1 - 277,7i_2.$$

A l'instant $t = 0$, on a $i_1 = 0$ et $i_2 = 0$ et, par conséquent, la variation de l'intensité du courant est en raison de $i'_1 = 555,5$ ampères dans le premier circuit et de $i''_2 = -444,4$ ampères dans le second, par unité de temps, c'est-à-dire par seconde.

Si, comme on l'a déjà admis, on suppose que, dans un temps très court Δt, les intensités restent constantes avec leurs valeurs moyennes, l'intensité prendra la valeur de 0,5 ampère après un intervalle de temps donné par

$$\frac{\Delta i_1}{\Delta t} = 555,5 = \frac{0,5}{\Delta t},$$

d'où l'on déduit

$$\Delta t = \frac{0,5}{555,5} = 0,0009 \text{ seconde},$$

et, dans ce même temps, l'intensité dans le second circuit augmente de

$$\frac{\Delta i_2}{0,0009} = -444,4,$$

d'où

$$\Delta i_2 = -0,40.$$

Après ce premier intervalle de temps, on a

$$i_1 = 0,5, \qquad i_2 = -0,40$$

et, par conséquent, pour l'intervalle de temps qui suit, les formules deviennent

$$i'_1 = 555,5 - 277,7 \cdot 0,5 - 222,2 \cdot 0,40 = 328,$$
$$i'_2 = - 444,4 + 222,2 \cdot 0,5 + 277,7 \cdot 0,40 = - 222,2.$$

En d'autres termes, après un temps de 0,0009 de seconde à partir de la fermeture du circuit, l'intensité du courant varie, dans le premier circuit, dans le rapport de 328 ampères par seconde, tandis que, dans le second circuit, cette intensité varie à raison de 222,2 ampères par seconde.

L'augmentation suivante de 0,5 ampère se produit dans le premier circuit dans un temps de

$$\frac{0,5}{328} = 0,0015 \text{ seconde,}$$

et, dans ce même temps, l'intensité du courant dans le second circuit augmente de $0,0015 (- 222,2) = - 0,333$ ampère.

Donc, après $0,0009 + 0,0015 = 0,0024$ seconde, l'intensité du courant dans les deux circuits est

$$i_1 = 1, \qquad i_2 \times 0,733.$$

En substituant, on obtient deux autres valeurs pour i'_1 et pour i'_2 et il faudra un autre intervalle de temps Δt pour permettre au courant d'augmenter encore de 0,5 ampère. On calcule ensuite l'augmentation de i_2 et ainsi de suite. En traçant un diagramme des valeurs successives, on obtient deux courbes analogues à celles de la figure 25, et l'on peut ainsi déterminer le temps nécessaire pour que l'intensité du courant atteigne sa valeur normale de

$$2 \text{ ampères} = \frac{E}{r} = \frac{10}{5}$$

dans le premier circuit.

A la rigueur, la courbe de l'intensité peut être considérée comme asymptotique ; mais, pratiquement, elle atteint sa valeur définitive lorsque les variations tendent à s'annuler. Il ne faut pas oublier qu'il s'agit d'une approximation, parce que l'intensité du courant varie d'une façon continue et non par à-coups. Mais, dans la pratique, cette approximation est plus que suffisante.

27. Si le second circuit n'existait pas, le phénomène se produirait avec une allure différente, comme l'indique la ligne pointillée (*fig.* 25).

Dans ce cas, on aurait simplement

$$E = ri + Li', \qquad \text{d'où} \qquad i' = \frac{E - ri}{L}; \tag{13}$$

de cette expression, on déduit, en l'intégrant,

$$i = \frac{E}{r} - \frac{E}{r} e^{-\frac{r}{L}t}, \tag{14}$$

dans laquelle e est la base des logarithmes naturels.

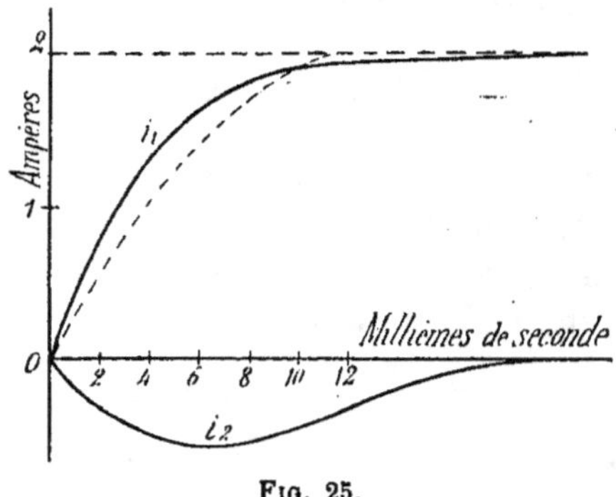

Fig. 25.

Lorsque le circuit est interrompu, l'équation de l'intensité du courant devient au contraire

$$i = \frac{E}{r} e^{-\frac{r}{L}t}. \tag{15}$$

Comme le temps nécessaire pour que le courant s'établisse ou s'annule dépend directement de L et inversement de r, on a donné le nom de *constante de temps* du circuit au rapport $\frac{L}{r}$.

Comme on le voit, on peut réduire cette constante de temps, soit en diminuant la valeur de L, soit en augmentant celle de r. La présence d'un circuit soumis à l'induction mutuelle correspond à une diminution du coefficient de self-induction du premier circuit, toujours sous la réserve faite page 52 du tome I.

NOTE SUR LA VALEUR DU COEFFICIENT D'INDUCTION MUTUELLE

Soient deux circuits A et B de forme donnée et disposés dans une position déterminée ; lorsqu'un courant i circule en A, il produit toujours un flux Φ qui agit sur le circuit B ; le même courant i circulant en B donne toujours naissance à un flux Φ_i agissant sur A.

Pour simplifier la démonstration, on peut supposer que les deux circuits sont parallèles (*fig.* 26), et soit Φ_i au lieu de Φ la valeur du flux agissant sur le circuit A lorsqu'un courant i circule en B, les deux circuits étant parcourus par des courants constants i.

Fig. 26.   Fig. 27.

Si on déplace le circuit B de manière à l'amener dans un plan perpendiculaire à celui de A (*fig.* 27), la variation de flux qu'il subit est Φ, puisque, dans cette position, il n'est plus traversé par le champ provenant de A. Le travail effectué est, comme on le sait, égal à Φi.

En replaçant B dans sa position primitive, on déplace ensuite A, comme on l'a fait pour B, de manière qu'il soit situé dans un plan perpendiculaire à celui de B. Le travail effectué dans les mêmes conditions, par suite de ce déplacement, est égal à $\Phi_i i$.

Mais, si les positions respectives finales des deux circuits sont égales après leur déplacement, l'énergie potentielle du système doit varier dans les deux cas d'une même quantité. Par conséquent, $\Phi i = \Phi_i i$ et, par suite, $\Phi = \Phi_i$, comme on l'avait énoncé.

Cette démonstration, exacte pour deux circuits qui sont d'abord parallèles, puis disposés dans un plan perpendiculaire l'un par rapport à l'autre, n'est pas générale ; il faudrait pour cela la preuve qu'il existe une position pour laquelle on obtient une valeur nulle tant pour Φ que pour Φ_i. Cette position est celle pour laquelle la distance entre les deux circuits est égale à l'infini.

CHAPITRE IV

COURANT ALTERNATIF ET IMPÉDANCE D'UN CIRCUIT

28. Valeur de la force électromotrice nécessaire pour qu'un courant alternatif de valeur déterminée s'établisse dans un circuit. — Si un circuit n'agit pas par induction mutuelle sur un autre circuit placé sur le parcours du flux, on sait, d'après ce qui a été exposé à la fin du chapitre précédent, que, pour un courant dont l'intensité varie à tout instant, on a

$$e = ri + Li'.$$

Dans ce cas, e est également variable.

Si l'intensité du courant varie suivant une loi harmonique, comme on peut le supposer pour simplifier l'explication, cette intensité, à l'instant t, aura une valeur que l'on peut exprimer d'une manière générale par

$$i = I_0 \sin (\omega t - \varphi), \tag{16}$$

dans laquelle I_0 est sa valeur maximum (amplitude de la sinusoïde), ω la pulsation $= \dfrac{2\pi}{T}$, T la période et φ le retard de phase du courant par rapport à la force électromotrice principale que l'on peut représenter par

$$e = E_0 \sin \omega t. \tag{17}$$

Soit, en effet, une spire (*fig.* 28) se déplaçant d'un mouvement uniforme dans un champ magnétique d'intensité constante $\mathcal{H}$ et soit Φ_0 le flux maximum qui la traverse aux temps $t = 0$, $t = \frac{1}{2}T$, T, etc. Après un certain temps, cette spire aura décrit un angle $\alpha = \omega t$ et, à ce moment, elle sera traversée par un flux

$$\Phi = \Phi_0 \cos \omega t.$$

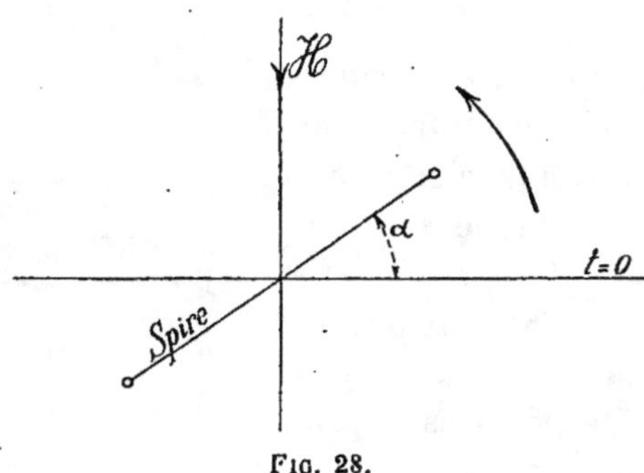

Fig. 28.

Par suite, la force électromotrice induite sera

$$e = -\frac{d\Phi}{dt} = -\Phi_0 \frac{d \cos \omega t}{dt} = -\Phi_0 \omega \,(-\sin \omega t) = +\omega \Phi_0 \sin \omega t.$$

Pour $\omega t = \dfrac{\pi}{2}$, $\sin \dfrac{\pi}{2} = 1$ et e prend sa valeur maximum; donc

$$e = E_0 \sin \omega t,$$

E_0 étant égal à $\omega \Phi_0$.

Il faut remarquer que

$$i = \frac{e - Li'}{r}$$

et que, à la limite,

$$i' = \frac{\Delta i}{\Delta t}$$

devient la dérivée $\dfrac{di}{dt}$ de la fonction; en substituant, en intégrant et en admettant L constant, on a

$$i = \frac{E_0}{\sqrt{r^2 + \omega^2 L^2}} \sin (\omega t - \varphi). \tag{18}$$

Des expressions (16), (17) et (18) on déduit aussi

$$e = I_0 \sqrt{r^2 + \omega^2 L^2} \sin \omega t.$$

29. Les considérations développées dans le chapitre IV du tome I permettent d'arriver au résultat voulu sans qu'il soit nécessaire de faire usage du calcul infinitésimal.

La force électromotrice principale, la force électromotrice de self-induction, la force électromotrice résultante, l'intensité sont autant de grandeurs vectorielles alternatives d'amplitudes et de phases déterminées, mais ayant toutes la même période. On peut les représenter sur un diagramme unique au moyen de leurs vecteurs tournants correspondants.

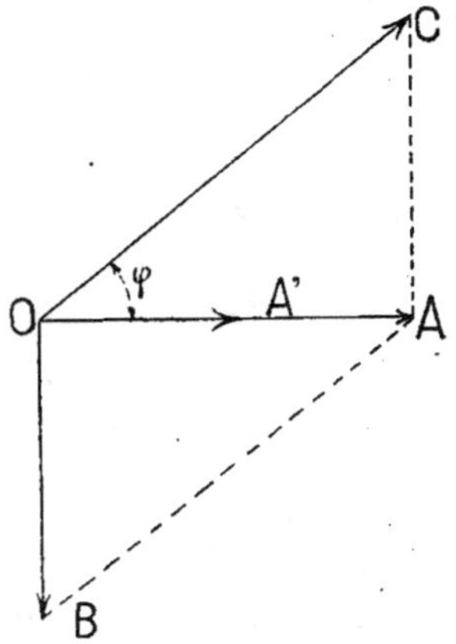

Soient OA (*fig.* 29) le vecteur de la force électromotrice résultante et OA' celui de l'intensité en concordance de phase avec le premier :

$$OA = r \cdot OA'.$$

FIG. 29.

La force électromotrice de self-induction est en retard de $\frac{1}{4}$ de période par rapport à cette résultante et, par suite, son vecteur OB est décalé de 90° en arrière par rapport à OA. BA donne en grandeur et en phase la valeur équipollente du vecteur OC qui représente la force électromotrice alternative nécessaire cherchée.

Il faut remarquer que $OA' = I_0$ et que, par suite, $OA = rI_0$. Il s'agit maintenant de déterminer la valeur OB. Dans le chapitre I, § 3, on a vu que la variation instantanée d'une fonction harmonique est représentée par un vecteur dont l'amplitude est égale à celle de la fonction multipliée par la pulsation. Le cas développé dans le paragraphe précédent en est un exemple et, alors, la fonction harmonique variable est le flux

$$\Phi = LI_0 \sin \alpha$$

et, par conséquent,

$$OB = \omega LI_0,$$

en admettant que L soit constant.

Le vecteur de la variation instantanée est décalé de $\frac{1}{4}$ de période par rapport à celui de la fonction variable, qui est ici en retard, parce que, à tout instant, la force électromotrice de self-induction est égale à $-\dfrac{\Delta\Phi}{\Delta t}$.

Connaissant OA et OB ainsi que leur phase, le vecteur OC est parfaitement déterminé en grandeur et en phase. On indique par φ l'angle COA, donnant le retard de l'intensité par rapport à la force électromotrice principale, et on pose

$$e = E_0 \sin \omega t.$$

On peut donc écrire

$$i = I_0 (\sin \omega t - \varphi),$$

sachant déjà qu'il s'agit d'une fonction ayant même période, mais ayant une amplitude et une phase différentes.

D'autre part, dans le triangle OCA, $CA = \omega LI_0$; on a donc :

$$OA = OC \cos \varphi \qquad \text{et aussi} \qquad rI_0 = E_0 \cos \varphi.$$
$$AC = OC \sin \varphi \qquad \text{et aussi} \qquad \omega LI_0 = E_0 \sin \varphi.$$
$$CA = OA \tang \varphi \qquad \text{et aussi} \qquad \omega LI_0 = rI_0 \tang \varphi.$$

En élevant au carré et en ajoutant les deux premières expressions, on a

$$(rI_0)^2 + (\omega LI_0)^2 = E_0^2 (\sin^2\varphi + \cos^2\varphi) = E_0^2,$$

c'est-à-dire

$$I_0^2 (r^2 + \omega^2 L^2) = E_0^2$$

et, par conséquent,

$$I_0 = \frac{E_0}{\sqrt{r^2 + \omega^2 L^2}}.$$

Finalement, la valeur de l'intensité du courant est donnée par l'expression

$$i = \frac{E_0}{\sqrt{r^2 + \omega^2 L^2}} \sin(\omega t - \varphi).$$

La valeur du décalage en retard φ est donnée par

$$\tang \varphi = \frac{\omega L I_0}{r I_0},$$

c'est-à-dire

$$\tang \varphi = \frac{\omega L}{r}. \qquad\qquad (19)$$

Ces deux résultats sont ici exprimés sous une forme algébrique et, par conséquent, quantitative, tandis que, dans le chapitre ɪv du tome I, on était arrivé aux mêmes résultats simplement par le raisonnement et par un procédé simplement qualitatif.

Il convient de compléter les considérations précédentes en faisant remarquer que la quantité ωL est homogène à une résistance et, comme telle, doit pouvoir s'additionner avec une résistance et donner un nombre abstrait si on divise la résistance par ce nombre. En exprimant L en henrys, ω en radians par seconde, ωL représente des ohms et $\omega L I_0$ une force électromotrice en volts. Le produit ωL est appelé *réactance*. Le radical $\sqrt{r^2 + \omega^2 L^2}$ est désigné sous le nom d'*impédance* ou de *résistance apparente*.

30. APPLICATION NUMÉRIQUE. — Soit une force électromotrice

$$e = 150 \sin \omega t,$$

agissant sur un circuit dont la résistance est égale à 2 ohms et dont le coefficient de self-induction $L = 0{,}01$ henry. La période $T = \dfrac{1}{50}$ seconde.

On voit d'abord que

$$\omega = \frac{2\pi}{T} = 2 \cdot 3{,}14 \cdot 50 = 314.$$

La réactance est

$$\omega L = 314 \cdot 0,01 = 3,14 \text{ ohms};$$

l'impédance a pour valeur

$$\sqrt{r^2 + \omega^2 L^2} = \sqrt{4 + (3,14)^2} = \sqrt{13,86} = 3,72 \text{ ohms.}$$

Le décalage de phase est

$$\tan \varphi = \frac{\omega L}{r} = \frac{3,14}{2} = 1,57,$$

d'où

$$\varphi = 57^\circ 30'.$$

La valeur de l'intensité maximum du courant est la suivante :

$$I_0 = \frac{E_0}{\sqrt{r^2 + \omega^2 L^2}} = \frac{150}{3,72} =: 40,32 \text{ ampères.}$$

L'intensité du courant dans le circuit à **un moment quelconque** t de la période est

$$i = 40,32 \sin (\omega t - 57^\circ 30').$$

Pour calculer un certain nombre de valeurs de i, il suffit d'exprimer t en fonction de la période

$$\left(t = 0, \ \frac{T}{n}, \ 2\frac{T}{n}, \ 3\frac{T}{n}, \ 4\frac{T}{n}, \text{ etc.} \right).$$

Dans le cas où L est égal à zéro, c'est-à-dire nul, $\tan \varphi = 0$ et l'intensité est alors en concordance de phase avec la force électromotrice agissante ; sa valeur est donnée à chaque instant par l'expression

$$i = \frac{150}{2} \sin \omega t = 75 \sin \omega t.$$

31. On voit donc, soit par l'exemple donné, soit par l'interprétation des formules trouvées, que la self-induction produit les deux effets suivants (Voir également tome I, § 26) :

1° L'intensité du courant est décalée en retard par rapport à la force électromotrice agissante, d'un temps τ dont la valeur est donnée par l'expression $\omega \tau = \varphi$, dans laquelle φ est la phase, comme on le sait. Ce retard augmente en même temps que croît la pulsation ω et, d'autre part, avec l'augmentation de la constante de temps du circuit (§ 27), c'est-à-dire que ce retard est directement proportionnel à la réactance et inversement proportionnel à la résistance. Il est nul lorsque $r = \infty$ (circuit ouvert) et maximum lorsque $\omega L = \infty$ ou $r = 0$, cas irréalisables dans la pratique. Le décalage serait alors de 90°. Le retard de phase de l'intensité par rapport à la force électromotrice peut, par conséquent, varier depuis 0° jusqu'à 90°; il est de 45° si $\omega L = r$;

2° Lorsqu'on dit que

$$I_0 < \frac{E_0}{Z}.$$

cela signifie que la self-induction réduit l'efficacité de la force électromotrice agissante, en produisant une augmentation apparente de la résistance du circuit de r jusqu'à $\sqrt{r^2 + \omega^2 L^2} = Z$.

Si la période est longue, la résistance vraie de r tend à prédominer; si, au contraire, la période est courte, c'est-à-dire si la fréquence est très grande, c'est la réactance ωL qui l'emporte.

Il est utile d'insister sur ce fait que l'augmentation de résistance n'est qu'apparente, puisqu'elle est produite par la seule action d'une force électromotrice de sens opposé; s'il s'agissait d'une résistance vraie, la self-induction entraînerait même une perte d'énergie par effet Joule, ce qui n'est pas exact. On verra ultérieurement que, si la self-induction réduit l'efficacité de la force électromotrice agissante et si l'on veut transmettre une quantité déterminée d'énergie électrique, il faut élever la valeur de cette force électromotrice agissante d'une quantité suffisante pour équilibrer les effets de la self-induction. Cette augmentation, du moins au point de vue théorique, n'entraîne aucune dépense de travail, car, pour établir une force électromotrice, une force suffit et non un travail.

32. Triangle des forces électromotrices. — Soient les trois vecteurs tournants (*fig.* 30) correspondant aux vecteurs alternatifs des trois forces électromotrices : agissante, de self-induction et résultante. Il y a entre eux la relation déjà connue

$$E_0^2 = (rI_0)^2 + (\omega L I_0)^2.$$

Ce sont les côtés d'un triangle rectangle dont E_0 est l'hypo-

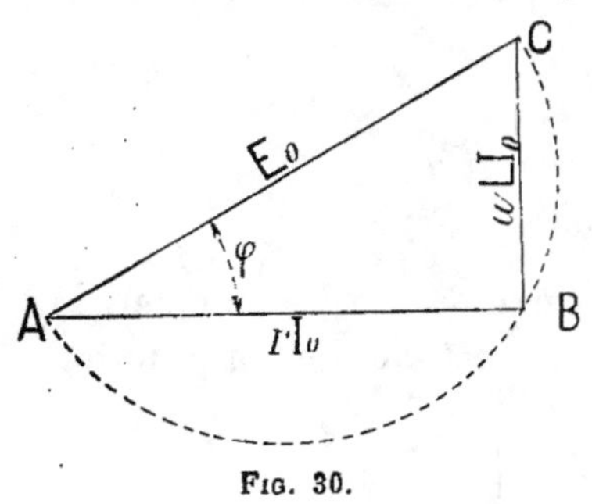

FIG. 30.

ténuse. L'angle B est toujours un angle droit. Si, E_0 restant constant, r ou bien ωL varient, le point B se déplace le long de la circonférence qui a E_0 pour diamètre.

E_0 représente la force électromotrice agissante dans le circuit et nécessaire pour vaincre l'impédance ;

$E_0 \cos \varphi = rI_0$ représente la force électromotrice composante nécessaire pour vaincre la résistance ohmique, et c'est la composante véritablement utile ;

$E_0 \sin \varphi = \omega L I_0$ représente l'autre composante qui sert à vaincre la réactance.

Il faut remarquer que les grandeurs relatives des vecteurs tournants ne changent pas et que leurs phases respectives restent les mêmes si ces grandeurs diminuent suivant un rapport déterminé. En divisant par I_0, on obtient un triangle dont les côtés perpendiculaires l'un à l'autre représentent respectivement la résistance ohmique et la réactance et où l'hypoténuse figure l'impédance (*fig.* 31). Si l'impédance reste constante, r et ωL peuvent varier ; mais le point B doit toujours se trouver sur la circonférence ayant l'impédance comme diamètre. On

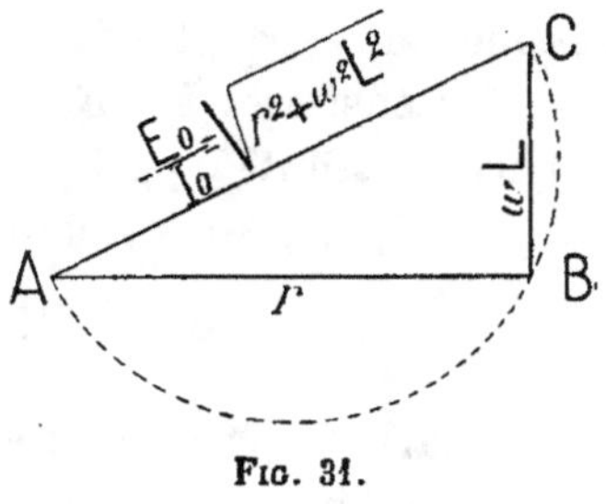

FIG. 31.

obtient ainsi trois segments correspondant à l'impédance, à la résistance et à la réactance, formant entre eux les mêmes

angles que les vecteurs tournants qui représentent respectivement les trois forces électromotrices considérées.

33. Représentation symbolique. — Si l'on pose, pour
abréger, $\omega L = x$, l'impédance est représentée symboliquement
par (Voir § 6)

$$Z = r - jx, \qquad (20$$

sa grandeur réelle étant donnée par (*fig.* 32)

$$Z = \sqrt{r^2 + x^2}.$$

Il faut écrire $- jx$ et non $+ jx$, parce que le vecteur de la
force électromotrice de self-induction est décalé en retard
de 90° sur celui de l'in-
tensité (*fig.* 29), et, si l'on
représente par (E) et par
(I) la force électromotrice
agissante et l'intensité
exprimées symbolique-
ment, on peut écrire

$$(I) = \frac{(E)}{(Z)} \qquad (21)$$

et aussi

$$I_a - jI_b = \frac{E_a - jE_b}{r - jx},$$

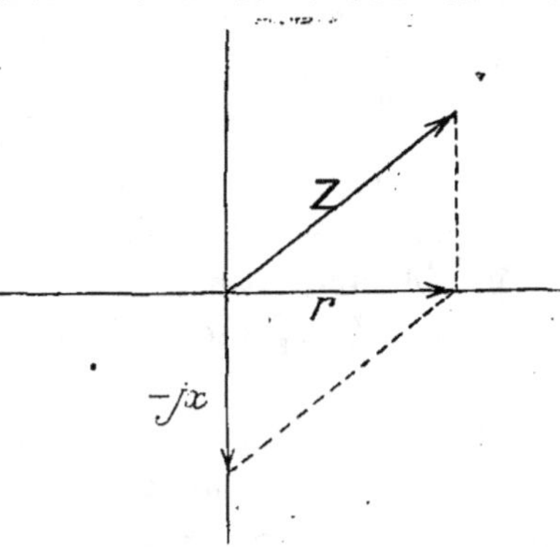

FIG. 32.

expression dans laquelle I_a et I_b sont les composantes du vecteur de l'intensité et E_a, E_b, les composantes de la force électromotrice agissante que l'on a déjà trouvée être $E_0 \cos \varphi$ et
$E_0 \sin \varphi$ (§ 32). En substituant, on a

$$(I) = \frac{E_0 \cos \varphi - jE_0 \sin \varphi}{r - jx}.$$

Pour séparer la partie réelle de la partie imaginaire de cette
quantité complexe, on multiplie le numérateur et le dénominateur par $(r + jx)$. On a alors, en se rappelant que $j^2 = -1$,

$$(I) = \frac{E_0 (\cos \varphi - j \sin \varphi)(r + jx)}{(r - jx)(r + jx)} = E_0 \frac{(r \cos \varphi - jr \sin \varphi + jx \cos \varphi + x \sin \varphi)}{r^2 + x^2}$$

C'est pourquoi

$$I_a - jI_b = \frac{E_0}{r^2 + x^2}(r\cos\varphi + x\sin\varphi) - j\frac{E_0}{r^2 + x^2}(r\sin\varphi - x\cos\varphi).$$

Cette égalité ne peut subsister qu'à la condition que les parties réelles et imaginaires des deux quantités complexes soient égales. Par conséquent

$$I_a = \frac{E_0}{r^2 + x^2}(r\cos\varphi + x\sin\varphi),$$

$$I_b = \frac{E_0}{r^2 + x^2}(r\sin\varphi + x\cos\varphi).$$

D'autre part, si I_0 est le vecteur de l'intensité, il doit être

$$I_0 = \sqrt{I_a^2 + I_b^2}.$$

En effectuant l'opération indiquée, on trouve

$$I_0 = \frac{E_0}{r^2 + x^2}\sqrt{r^2 + x^2} = \frac{E_0}{\sqrt{r^2 + x^2}} = \frac{E_0}{\sqrt{r^2 + \omega^2 L^2}},$$

comme précisément cela doit être.

L'expression symbolique

$$(I) = \frac{(E)}{(Z)} \tag{21}$$

est parfaitement analogue à celle qui exprime la loi d'Ohm. Tous les résultats que l'on peut déduire de cette loi peuvent être appliqués au cas des courants alternatifs, mais à la condition que toutes les grandeurs soient exprimées symboliquement, et cela parce que, dans le cas de résistances purement ohmiques, les opérations d'addition et de soustraction sont à effectuer arithmétiquement, tandis que, dans le cas de l'impédance, ces mêmes opérations doivent être effectuées géométriquement.

34. Dans certains cas, il peut être utile d'écrire

$$(I) = (E)\,(Y), \tag{22}$$

(Y) étant la réciproque de (Z). Cette grandeur symbolique (Y) a reçu le nom d'*admittance*, qui indique que l'intensité du

courant pouvant passer dans un circuit est d'autant plus **grande**
que son impédance est plus faible.

Ainsi que le fait remarquer M. Steinmetz dans son **ouvrage**
classique **sur** *les Courants alternatifs*[1], ouvrage dans lequel **il**
emploie toujours la méthode symbolique, **on** peut écrire

$$(Y) = g + jb \tag{23}$$

et on obtient, par substitution,

$$g + jb = \frac{1}{r - jx} = \frac{r + jx}{(r - jx)\,(r + jx)} = \frac{r + jx}{r^2 + x^2} = \frac{r + jx}{Z^2},$$

d'où l'on déduit pour les composantes **de** l'admittance :

$$g = \frac{r}{Z^2}, \qquad b = \frac{x}{Z^2}, \tag{24}$$

$$\mathbf{Y} = \sqrt{g^2 + b^2} = \sqrt{\frac{r^2 + x^2}{Z^4}} = \frac{1}{Z}.$$

35. Impédances reliées en tension. — Si plusieurs impédances Z_1, Z_2, Z_3 sont reliées en tension, l'impédance totale **est**
la somme géométrique de ces impédances, étant admis qu'elles
sont représentées par leurs vecteurs. Cette somme s'obtient
très facilement si on exprime ces vecteurs à l'aide de **la**
méthode symbolique.

$$(Z_1) = r_1 - jx_1, \qquad (Z_2) = r_2 - jx_2, \qquad (Z_3) = r_3 - jx_3 \ldots$$

En représentant par (Z_t) l'impédance totale, **on a**

$$(Z_t) = (r_1 + r_2 + r_3 + \ldots) - j\,(x_1 + x_2 + x_3 + \ldots)$$

En valeur absolue (amplitude de la somme des vecteurs),
on obtient

$$Z_t = \sqrt{\{(r_1 + r_2 + r_3 + \ldots)^2 + (x_1 + x_2 + x_3 + \ldots)^2\}},$$

valeur bien différente de celle que l'on obtiendrait par l'addition arithmétique des diverses impédances :

$$Z_1 = \sqrt{r_1^2 + x_1^2}, \qquad Z_2 = \sqrt{r_2^2 + x_2^2}, \qquad Z_3 = \sqrt{r_3^2 + x_3^2}.$$

1. Steinmetz, *Théorie et calcul des phénomènes du courant alternatif*, traduction française par Henri Mouzet.

36. Impédances placées en dérivation. — Lorsque plusieurs impédances sont en dérivation (*fig.* 33) entre deux points

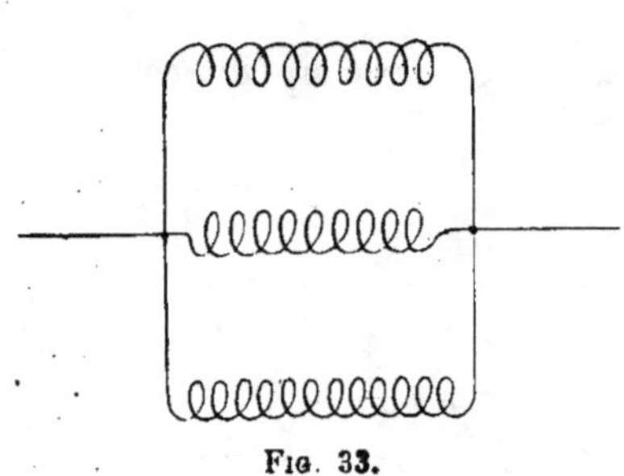

Fig. 33.

entre lesquels existe une différence de potentiel, les courants se répartissent en rapport inverse des impédances respectives. La loi de Kirchhoff est encore applicable, mais elle ne se vérifie seulement qu'instant par instant, d'autant plus que les divers courants ont généralement une phase différente. L'intensité respective de chacun de ces courants s'exprime symboliquement de la manière suivante :

$$(I_1) = \frac{U}{Z_1} = (U)\,(Y_1), \quad (I_2) = \frac{(U_2)}{(Z_2)} = (U_2)\,(Y_2), \quad (I_3) = \frac{(U_3)}{(Z_3)} = (U_3)\,(Y_3), \text{ etc.}$$

L'intensité totale est la somme géométrique de toutes les intensités, c'est-à-dire

$$(I_t) = (I_1) + (I_2) + (I_3) + \ldots = \frac{(U)}{(Z_t)} = (U)\,(Y_t),$$

si (Z_t) et (Y_t) indiquent respectivement l'impédance totale et l'admittance totale. Il est facile de voir que l'on a

$$\frac{1}{(Z_t)} = \frac{1}{(Z_1)} + \frac{1}{(Z_2)} + \frac{1}{(Z_3)} + \ldots = (Y_t) = (Y_1) + (Y_2) + (Y_3) + \ldots$$

et, par conséquent,

$$(Z_t) = \frac{1}{\dfrac{1}{(Z_1)} + \dfrac{1}{(Z_2)} + \dfrac{1}{(Z_3)} + \ldots}.$$

Dans ce cas, il est plus commode de recourir à la conception de l'admittance, en se rappelant que l'admittance totale est la somme des diverses admittances. Cette règle est analogue à celle qui est relative au courant continu, règle qui énonce que la *conductance* d'un groupe de résistances placées en dérivation est égale à la somme des diverses conductances.

37. Il est à noter, en ce qui concerne les impédances en dérivation, que, pour avoir

$$YZ = 1, \qquad (25)$$

l'emploi de l'hyperbole équilatère peut être d'un grand secours dans la résolution de ce genre de problèmes.

L'hyperbole équilatère $YZ = 1$ (*fig.* 34) étant tracée, on transporte en Oa l'impédance OZ obtenue à l'aide de ses deux composantes r et x.

Le segment $\overline{ab}$ est, en valeur absolue, l'admittance $Y = \dfrac{1}{Z}$.

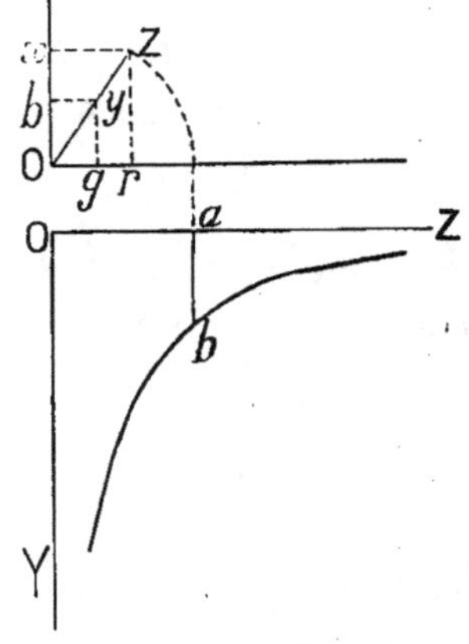

Fɪɢ. 34.

En transportant $\overline{ab}$ le long du vecteur de Z en Oy, les composantes g et b du vecteur donnent les composantes de l'admittance ; mais il ne faut pas oublier que ce n'est pas $(Y) = g - jb$, mais bien $(Y) = g + jb$.

Cette construction est parfaitement justifiée. En effet, dans la figure, on a

$$\frac{Y}{Z} = \frac{g}{r}, \qquad \text{d'où} \qquad g = r\frac{Y}{Z} = r\frac{1}{Z^2}.$$

Par analogie, on a aussi :

$$\frac{Y}{Z} = \frac{b}{x}, \qquad \text{d'où} \qquad b = x\frac{Y}{Z} = x\frac{1}{Z^2}.$$

Ce sont précisément les mêmes valeurs qui ont été déjà trouvées pour les composantes de l'admittance.

38. EXEMPLE NUMÉRIQUE. — I. Un circuit, parcouru par un courant alternatif de fréquence 42, présente deux impédances 1 et 2 en série avec trois autres 3, 4, 5, placées en dérivation (*fig.* 35). Calculer l'impédance totale du circuit.

On a les valeurs respectives suivantes :

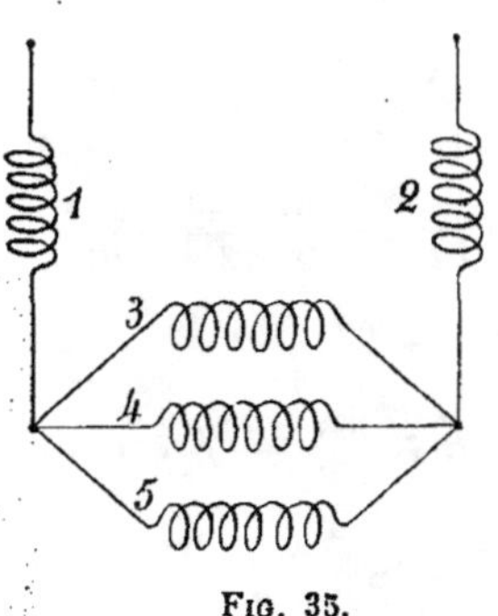

FIG. 35.

$r_1 = 5$ ohms	$L_1 = 0,05$ henry
$r_2 = 3$	$L_2 = 0,03$
$r_3 = 10$	$L_3 = 0,05$
$r_4 = 2$	$L_4 = 0,02$
$r_5 = 6$	$L_5 = 0,03$

En multipliant les coefficients de self-induction L_1, L_2, L_3, ... par $\omega = 2\pi \cdot 42 = 264$, on a les réactances et les impédances partielles :

$$(Z_1) = 5 - j13,20$$
$$(Z_2) = 3 - j\ 7,92$$
$$(Z_3) = 10 - j13,20$$
$$(Z_4) = 2 - j\ 5,28$$
$$(Z_5) = 6 - j\ 7,92$$

Pour les **trois** impédances en dérivation, on a en valeurs absolues

$$Z_3 = \sqrt{(10^2 + 13,20)^2} = \sqrt{274,24}$$
$$Z_4 = \sqrt{(2^2 + 5,28)^2} = \sqrt{31,87}$$
$$Z_5 = \sqrt{(6^2 + 7,92)^2} = \sqrt{118,73}.$$

Les composantes de l'admittance des circuits 3, 4 et 5 sont alors

$$g_3 = \frac{10}{274,24} = 0,036 \qquad b_3 = \frac{13,20}{274,24} = 0,0482$$
$$g_4 = \frac{2}{31,87} = 0,062 \qquad b_4 = \frac{5,28}{31,87} = 0,166$$
$$g_5 = \frac{6}{118,73} = 0,05 \qquad b_5 = \frac{7,92}{118,73} = 0,066.$$

L'admittance totale du groupe des trois dérivations est, par conséquent,

$$(Y) = (0,036 + 0,062 + 0,05) + j(0,0482 + 0,166 + 0,066),$$
$$(Y) = 0,148 + j \cdot 0,2802.$$

Par suite, l'impédance du groupe est

$$(Z) = \frac{1}{(Y)} = \frac{1}{0,148 + j \cdot 0,2802}$$
$$= \frac{0,148 - j0,2802}{(0,148 + j \cdot 0,2802)(0,148 - j \cdot 0,2802)} = \frac{0,148 - j \cdot 0,2802}{0,022 + 0,0784}$$
$$(Z) = \frac{0,148}{0,1} - j\frac{0,2802}{0,1} = 1,48 - j \cdot 2,802.$$

L'impédance totale sera maintenant $(Z_1) + (Z) + (Z_2)$, c'est-à-dire

$$(Z_t) = (5 + 1,48 + 3) - j(13,20 + 2,80 + 7,92),$$
$$(Z_t) = 9,48 - j \cdot 23,92$$

et, en valeur absolue,

$$Z_t = \sqrt{(9,48)^2 + (23,92)^2} = \sqrt{661} = 25,70 \text{ ohms.}$$

11. Une bobine de 0,3 ohm de résistance, ayant 180 spires, est roulée sur un noyau de fer feuilleté ayant les dimensions indiquées sur le dessin (*fig.* 36). Ce noyau a une épaisseur de 5,88 cm et le papier interposé entre les tôles réduit la section utile pour le passage du flux à 85 0/0. Cette section est donc

$$S = 5 \cdot 5,88 \cdot 0,85 = 25 \text{ cm}^2.$$

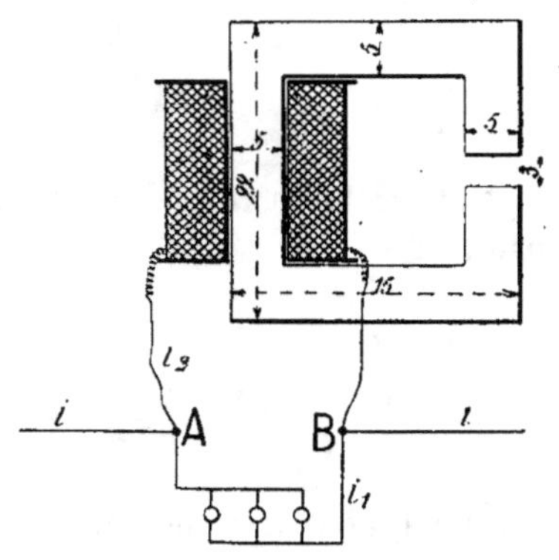

Fig. 36.

La bobine est montée en dérivation entre deux points A et B d'un circuit parcouru par un courant alternatif. La différence de potentiel entre A et B est

$$u = 100 \sin 300t \qquad \text{en ayant} \qquad T = \frac{1}{48}.$$

Entre ces points A et B est placé en dérivation un groupe de 3 lampes à incandescence montées en parallèle, chacune d'elles ayant à chaud une résistance de 60 ohms.

Calculer l'intensité du courant dans les deux dérivations, leur phase par rapport à la tension agissante, l'intensité totale du courant dans le circuit principal, ainsi que la phase de cette dernière.

Il y a lieu d'abord de remarquer que le groupe de lampes ne présente pas de self-induction appréciable et, par conséquent, l'intensité du courant dans le groupe de lampes est en concordance de phase avec la différence de potentiel u et est représentée par l'expression

$$i_1 = \frac{u}{\frac{60}{3}} = \frac{100}{20}\sin 300t.$$

$$i_1 = 5 \sin 300t.$$

On calcule l'inductance L de la bobine en admettant pour μ la valeur 2 000 :

$$L = \frac{4\pi n^2}{\sum \frac{1}{\mu}\cdot\frac{l}{s}} = 4 \cdot 3{,}14 \cdot (180)^2 \frac{1}{\frac{1}{2\,000}\cdot\frac{53}{25} + \frac{0{,}3}{27{,}5}};$$

en prenant comme section de l'entrefer celle du fer augmentée de 10 0/0, on a

$$L = \frac{406\,944}{0{,}00106 + 0{,}00109} = \frac{406\,944}{0{,}00215} = 189\,000\,000 \text{ unités } C.\,G.\,S,$$

ce qui donne en unités pratiques

$$L = 189\,000\,000 \cdot 10^{-9} = 0{,}189 \text{ henry.}$$

L'impédance de la bobine est, par conséquent, exprimée en valeur symbolique,

$$(Z_2) = 0{,}3 - j300 \cdot 0{,}189 = 0{,}3 - j56{,}7,$$

et en valeur absolue,

$$Z_2 = \sqrt{(0{,}3)^2 + (56{,}7)^2} = 57 \text{ ohms.}$$

L'intensité du courant dans l'enroulement a, par suite, pour valeur

$$i_2 = \frac{100}{52} \sin(300t - \varphi).$$

Quant au décalage en retard φ, on a (formule 19)

$$\tan\varphi = \frac{\omega L}{r} = \frac{51,6}{0,3} = 172,$$

d'où l'on déduit

$$\varphi = 89° 20'.$$

Cela signifie que l'intensité du courant dans la bobine est presque en quadrature avec la tension agissante. Mais on verra ultérieurement que ce résultat n'est pas rigoureusement exact, parce que, par suite de la présence du fer qui absorbe de l'énergie, de l'hystérésis et des courants de Foucault, le décalage est moindre.

Les vecteurs tournants des trois grandeurs u, i_1, i_2 ont respectivement une amplitude égale à

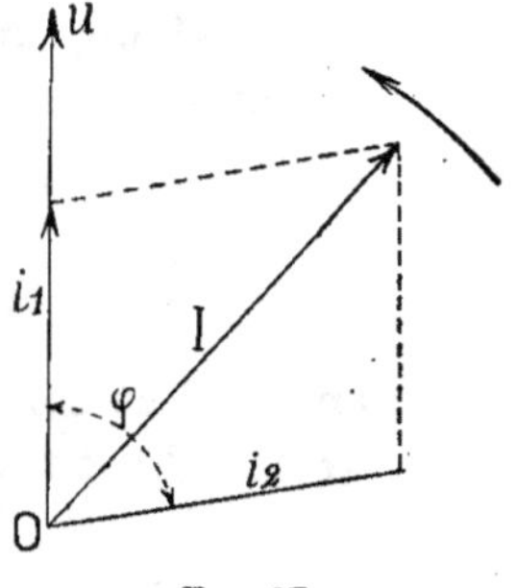

100, 5 et $\frac{100}{57}$. Celui de i_1 est en concordance de phase avec u et celui de i_2 est décalé en retard de presque 90° (*fig.* 37).

En composant graphiquement i_1 avec i_2, on obtient le vecteur I de l'intensité du courant dans le reste du circuit, vecteur qui détermine aussi sa phase.

Fig. 37.

Avec la méthode symbolique, au contraire, on calcule d'abord l'impédance complexe que présentent les deux dérivations, et on a

$$(Z_1) = 20$$
$$(Z_2) = 0,3 - j56,7.$$

C'est pourquoi

$$(Z) = \frac{1}{\dfrac{1}{20} + \dfrac{1}{0,3 - j56,7}} \cdot$$

$$(Z) = \frac{6 - j1\,134}{20,3 - j56,7} = \frac{(6 - j1\,134)(20,3 + j56,7)}{(20,3 - j56,7)(20,3 + j56,7)} \cdot$$

En effectuant les opérations, on trouve

$$(Z) = \frac{53\,373 - j20\,640}{3\,074,56} = 17,2 - j6,71$$

et, en valeur absolue,

$$Z = \sqrt{(17,2)^2 + (6,71)^2} = \sqrt{340,86} = 18,45.$$

L'intensité totale sera, par conséquent,

$$i = \frac{100}{18,45}\sin(300t - \Psi),$$

et la valeur de Ψ est donnée par

$$\tan \Psi = \frac{6,71}{17,2} = 0,38.$$
$$\Psi = 21°.$$

Ces résultats peuvent être contrôlés, à titre d'exercice, par la méthode graphique.

CHAPITRE V

VALEURS PARTICULIÈRES
DES GRANDEURS ÉLECTRIQUES PÉRIODIQUES
INSTRUMENTS DE MESURE

39. Valeurs maximum, moyenne, efficace et facteur de forme des grandeurs électriques alternatives. — La *valeur moyenne* d'une grandeur alternative, par exemple d'une force électromotrice, présente une grande importance dans la construction des alternateurs. Cette valeur moyenne est donnée par la moyenne des ordonnées de la courbe représentative pendant une demi-période, la valeur moyenne pendant une période étant égale à zéro.

Ainsi, si Φ est le flux qui traverse une spire d'un induit d'alternateur lorsqu'elle se trouve en regard d'un pôle N (*fig.* 38),

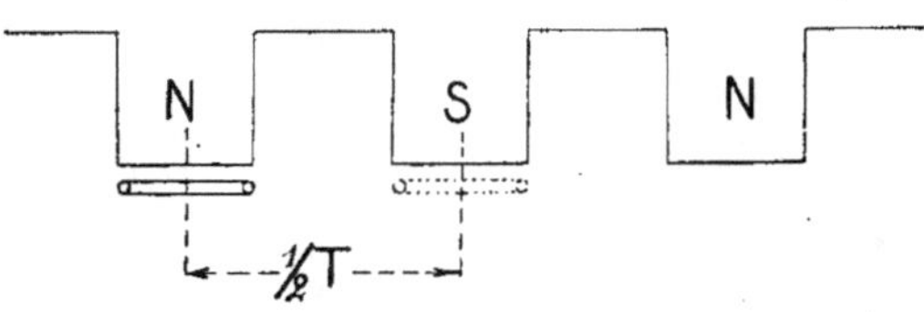

Fig. 38.

ce flux sera — Φ lorsque cette spire se trouvera en face d'un pôle S. Pendant le temps $\frac{1}{2} T$ correspondant au trajet de cette spire d'un pôle à l'autre, la variation du flux est

$$- \Phi - (+ \Phi) = - 2\Phi$$

et, par conséquent, la valeur moyenne de la force électromotrice induite pendant ce temps est

$$\text{valeur moyenne de la force électromotrice} = -\frac{-2\Phi}{\frac{1}{2}T} = \frac{4\Phi}{T} \cdot 10^{-8}\ \text{volt.}$$

Si, au lieu d'une spire, on a une bobine ayant n spires identiques, la force électromotrice est alors n fois plus grande.

Dans d'autres cas, c'est la *valeur maximum* des grandeurs alternatives qu'il importe de connaître : ainsi, par exemple, lorsqu'il s'agit de lignes de transport électrique d'énergie et d'appareils à haute tension dont l'isolement doit être particulièrement soigné, ce qu'il est essentiel de connaître, c'est plutôt la valeur maximum de la tension que sa valeur moyenne.

40. Dans le cas d'une grandeur simplement harmonique, la valeur moyenne est

$$\frac{2}{\pi} = 0{,}637 \text{ de la valeur maximum.}$$

Cela est facile à démontrer en remarquant que, d'après la formule [17], on a

$$\frac{1}{\frac{1}{2}T}\int_0^{\frac{T}{2}} e\,dt = \frac{2E_0}{T}\int_0^{\frac{T}{2}} \sin \omega t\,dt = \frac{2}{\pi}E_0.$$

On peut le démontrer d'une autre manière et sans avoir recours au calcul intégral en opérant de la manière suivante :

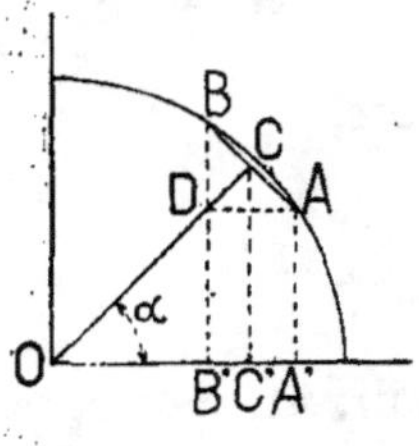

On divise $\frac{1}{4}$ de circonférence en n parties, telles que AB, égales et très petites. Du point C (*fig.* 39), milieu de AB, et des points A et D, on mène des perpendiculaires et on trace la ligne AD parallèle à A'B'; par suite de la similitude des triangles, on a

Fig. 39.

$$\sin \alpha = \frac{CC'}{OC} = \frac{AD}{AB} = \frac{A'B'}{AB}.$$

En faisant la somme de toutes les valeurs successives que l'on obtient pour chaque élément AB, on a

$$\Sigma \sin \alpha = \frac{\Sigma A'B'}{AB} = \frac{1}{AB} \cdot r = r \cdot \frac{1}{\frac{\frac{1}{4} \cdot 2\pi r}{n}}$$

$$\Sigma \sin \alpha = \frac{2n}{\pi} \cdot$$

La valeur moyenne est

$$\frac{\Sigma \sin \alpha}{n} = \frac{2}{\pi} \cdot$$

41. On a défini, dans le chapitre v du tome I, la *valeur efficace* d'une grandeur alternative et l'on a dit que, dans le cas d'une grandeur d'allure sinusoïdale, cette valeur efficace est égale à

$$\frac{1}{\sqrt{2}} = 0,707 \text{ de la valeur maximum.}$$

Pour le démontrer, il suffit de remarquer que

$$\sqrt{\text{valeur moyenne } \Sigma \sin^2 \omega t} = \frac{1}{\sqrt{2}} \cdot$$

On divise la demi-circonfé-rence en n parties égales (*fig.* 40), on prend les carrés des valeurs successives du sinus, on addi-tionne et on divise par n, l'on obtient alors

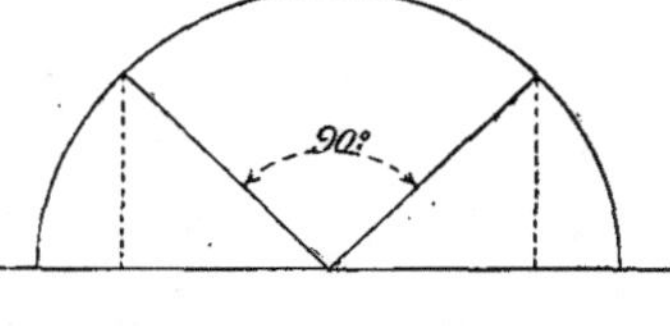

Fig. 40.

$$\text{valeur moyenne } \Sigma \sin^2 \omega t = \frac{\Sigma \sin^2 \omega t}{n} \cdot$$

On peut aussi prendre $\frac{n}{2}$ paires de valeurs et, si chaque paire de valeurs correspond à $\sin \omega t$ et à $\sin (90 + \omega t) = \cos \omega t$, on a également

$$\text{valeur moyenne } \Sigma \sin^2 \omega t = \frac{\Sigma_0^{\frac{n}{2}} (\sin^2 \omega t + \cos^2 \omega t)}{n},$$

et, puisque $\sin^2 \omega t + \cos^2 \omega t = 1$, on a aussi

$$\text{valeur moyenne } \Sigma \sin^2 \omega t = \frac{\frac{n}{2}}{n} = \frac{1}{2}.$$

Par conséquent

$$\text{valeur efficace} = \sqrt{\text{valeur moyenne } \Sigma \sin^2 \omega t} = \frac{1}{\sqrt{2}}.$$

En résumé, pour les grandeurs sinusoïdales, on a

$$
\begin{aligned}
&\text{Force électromotrice moyenne} = \frac{2}{\pi}\,\text{force électromotrice maximum}\\[4pt]
&\text{Force électromotrice efficace} = \frac{1}{\sqrt{2}}\,\text{force électromotrice maximum}\\[6pt]
&\left.\begin{array}{l}\text{Force électromotrice moyenne}\\\text{Intensité moyenne}\end{array}\right\} = 0{,}637 \left\{\begin{array}{l}\text{force électromotrice maximum}\\\text{intensité maximum}\end{array}\right.\\[6pt]
&\left.\begin{array}{l}\text{Force électromotrice efficace}\\\text{Intensité efficace}\end{array}\right\} = 0{,}707 \left\{\begin{array}{l}\text{force électromotrice maximum}\\\text{intensité maximum}\end{array}\right.
\end{aligned}
\tag{26}
$$

42. Rappelant ce qui a été dit § 32, chapitre ɪv, à propos du triangle des forces électromotrices dont les angles ne varient pas, si on réduit tous les côtés dans la même proportion, on voit que la propriété de ce triangle reste la même, si aux valeurs maxima (amplitude) on substitue les valeurs efficaces (*fig.* 41).

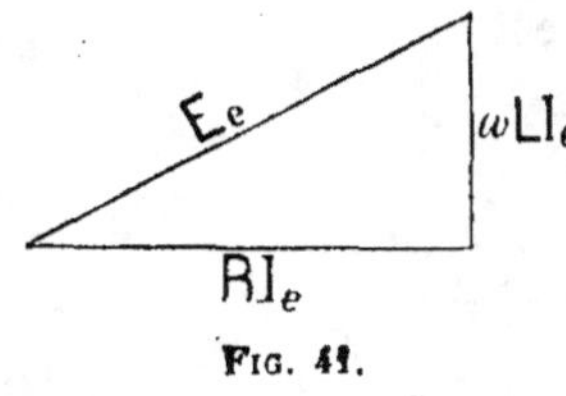

Fɪɢ. 41.

43. Si les courbes, au lieu d'être sinusoïdales, ont différentes allures (*fig.* 42), la valeur efficace ne peut être obtenue qu'en prenant la racine carrée de l'ordonnée moyenne du diagramme, dont les ordonnées sont les carrés de celles de la courbe donnée. Le rapport entre cette valeur et la valeur moyenne de la grandeur alternative est appelé *facteur de forme* (Fleming) et varie d'environ 1,1 à 1,4 dans les alternateurs industriels. Pour une grandeur sinusoïdale, le facteur de forme est

$$\frac{0,707}{0,637} = 1,11.$$

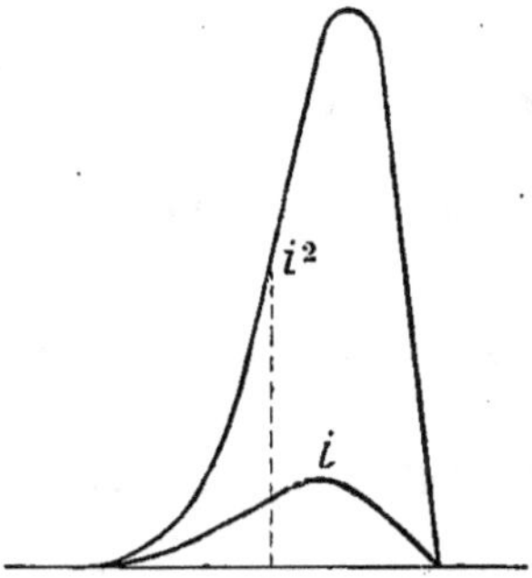

44. Puissance d'un courant alternatif.

— La puissance moyenne d'un courant alternatif est donnée par l'expression

$$W = E_e I_e$$

Fig. 42.

dans le cas d'un circuit non inductif; on peut le démontrer, indépendamment des considérations développées dans le **tome I**, chapitre v, de la manière suivante :

Le circuit n'étant pas inductif, à chaque instant

$$i = \frac{e}{R},$$

et la puissance instantanée à l'instant t est

$$i \cdot e = \frac{e^2}{R}.$$

La puissance moyenne est, par conséquent,

$$P = \text{puissance moyenne} = \frac{(\text{valeur moyenne de la f. é. m.})^2}{R}$$

Mais le numérateur de la fraction est E_e^2, par suite

$$P = \frac{E_e^2}{R} = E_e \frac{E_e}{R}$$

et aussi

$$P = E_e I_e \tag{27}$$

et ce résultat est exact, *quelle que soit* la forme du courant alternatif.

On sait déjà que, si le circuit présente de l'induction,

$$P = kE_eI_e,$$

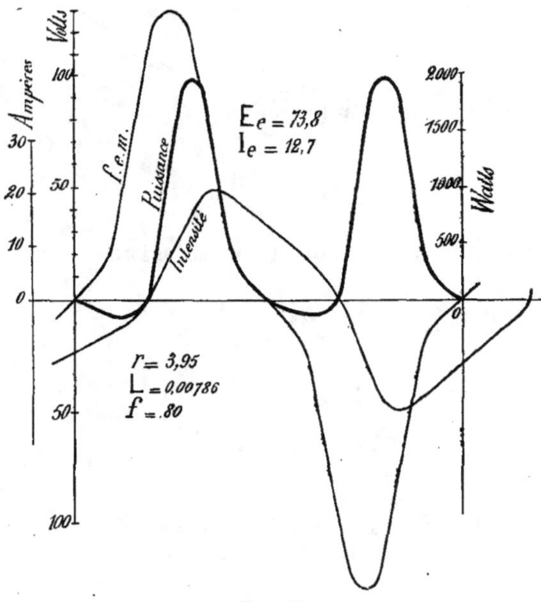

Fig. 43.

expression dans laquelle k est le facteur de puissance. Par exemple, pour les deux courbes de la figure 43, on trouve par la méthode graphique

$$\text{puissance moyenne } P = 637 \text{ watts,}$$

tandis que la puissance apparente

$$E_eI_e = 927 \text{ watts.}$$

Il en résulte que, dans ce cas, le facteur de puissance est

$$k = \frac{637}{927} = 0,68.$$

Pour le cas particulier dans lequel les deux grandeurs sont sinusoïdales et sont représentées par les vecteurs tournants correspondants E_0 et I_0, décalés d'un angle φ (*fig. 44*), on trouve facilement que $k = \cos\varphi$.

Il faut se rappeler que

$$E_e = \frac{1}{\sqrt{2}} E_0, \qquad I_e = \frac{1}{\sqrt{2}} I_0,$$

et que le travail pendant une période est

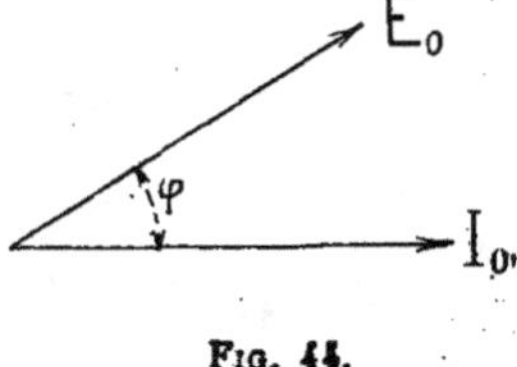

FIG. 44.

$$W = RI_e^2 T = R\frac{I_0^2}{2} T.$$

On a alors comme expression de la puissance (travail par seconde)

$$P = R\frac{I_0^2}{2} \cdot T \cdot \frac{1}{T} = RI_0 \cdot \frac{I_0}{2}.$$

Mais on a vu dans le § 32 que

$$RI_0 = E_0 \cos\varphi;$$

par conséquent

$$P = \frac{1}{2} E_0 I_0 \cos\varphi = \frac{E_0}{\sqrt{2}} \frac{I_0}{\sqrt{2}} \cos\varphi$$

et enfin

$$P = E_e I_e \cos\varphi. \tag{28}$$

45. Il n'est pas superflu d'insister sur ce fait que la self-induction, tout en déterminant un décalage de phase entre l'intensité et la force électromotrice, n'implique pas une perte d'énergie, mais réduit l'efficacité ou la puissance d'un alternateur donné. Soient deux alternateurs de 200 kilovolts-ampères chacun de puissance apparente sous une tension de 2000 volts efficaces, chacun d'eux étant commandé par un moteur qui lui est spécialement affecté. Cela veut dire que chaque alternateur peut fournir normalement

$$\frac{200\,000}{2\,000} = 100 \text{ ampères.}$$

Si la charge sur le réseau de distribution est de 200 kilowatts et présente un facteur de puissance égal à 0,5, il suffira alors

d'un *courant* de 200 *ampères* pour obtenir cette puissance.
En effet

$$\frac{1}{2} \cdot 2\,000 \cdot 200 = 200\,000 \text{ watts}.$$

Dans ces conditions, chacun des deux alternateurs devra
fournir un courant de 100 ampères efficaces; mais, en réalité,
chacun d'eux ne fonctionne qu'à demi-charge et, par suite, le
travail fourni, pour lequel un seul moteur suffirait, exige que
deux machines soient mises simultanément en service, chacune d'elles supportant la moitié de la charge. Si le facteur
de puissance avait été égal à 1, un seul *moteur et un seul alternateur auraient suffi* pour assurer le service.

Il faut également remarquer que, *pour une charge donnée
et une différence de potentiel déterminée, l'intensité du courant varie en raison inverse du facteur de puissance.* Autrement
dit, *la quantité d'énergie dissipée* sous forme de chaleur dans
le circuit est en raison inverse du carré du facteur de puissance.
Au contraire, *la chute de potentiel dans une ligne de transmission varie seulement en raison inverse de ce facteur de puissance.*

C'est pour ces motifs qu'il y a tout intérêt à obtenir un
facteur de puissance élevé; on peut l'augmenter de manière à le
rendre voisin de l'unité, soit en employant des condensateurs
ou des moteurs synchrones surexcités, comme on l'a vu anté-
rieurement (Voir tome I, § 46 et 94).

46. On a déjà vu que

$$P = \frac{R I_0^2}{2};$$

mais cette expression peut également s'écrire d'une autre
manière en remplaçant I_0 par sa valeur

$$P = \frac{R}{2} \cdot \frac{E_0^2}{R^2 + \omega^2 L^2} = \frac{1}{2} \cdot \frac{E_0^2}{R + \dfrac{\omega^2 L^2}{R}}.$$

Le dénominateur, qui est la somme de deux quantités dont
le produit est constant (étant donné que ωL ne varie pas),

devient minimum lorsque

$$R = \frac{\omega^2 L^2}{R},$$

c'est-à-dire pour $R = \omega L$. La puissance développée dans le circuit est alors maximum,

$$P = \frac{E_0^2}{4R},$$

et la phase est $\frac{1}{8}$ $\left(\text{tang } \varphi = 1 \; ; \; \varphi = 45° = \frac{1}{8} \text{ de période} \right)$.

47. Soient enfin les deux grandeurs E_e et I_e exprimées symboliquement.

$$(E_e) = E_e \left[\cos \omega t + j \sin \omega t \right]$$
$$(I_e) = I_e \left[\cos (\omega t - \varphi) + j \sin (\omega t - \varphi) \right].$$

Pour calculer la puissance, on serait amené à effectuer la multiplication ; mais l'expression obtenue ne mettrait nullement en évidence l'expression vraie de la puissance, qui est, comme on le sait,

$$P = E_e I_e \cos \varphi.$$

Si, au contraire, on remplace $+j$ par $-j$ dans une des deux expressions et si on effectue la multiplication (voir la note à la fin du chapitre), on obtient une quantité complexe dont la partie réelle est précisément

$$P = E_e I_e \cos \varphi.$$

Il résulte de cela que, pour calculer la puissance, lorsque les grandeurs alternatives sont exprimées symboliquement, il faut changer le signe de j dans une des deux expressions et, une fois le produit obtenu, ne prendre seulement que la partie réelle. Il ne faut pas oublier que les grandeurs sur lesquelles on opère doivent être des valeurs efficaces.

Enfin, si on prend comme origine des phases la phase de l'une des quantités (E_e) ou (I_e), cette quantité est réelle ; il suffit alors, sans faire aucun changement, d'effectuer la multiplication et la valeur de la puissance est donnée par la partie réelle du produit obtenu.

48. Courant énergétique ou watté et courant inénergétique ou déwatté. — Les considérations développées dans le chapitre V du tome I, en ce qui concerne les composantes du courant, une énergétique et l'autre inénergétique ou magnétisante, permettent d'établir que, dans le cas de grandeurs sinusoïdales, le courant énergétique $= I_e \cos \varphi$ est en phase avec la tension et que le courant magnétisant $= I_e \sin \varphi$ est décalé en retard de 90° par rapport à la tension.

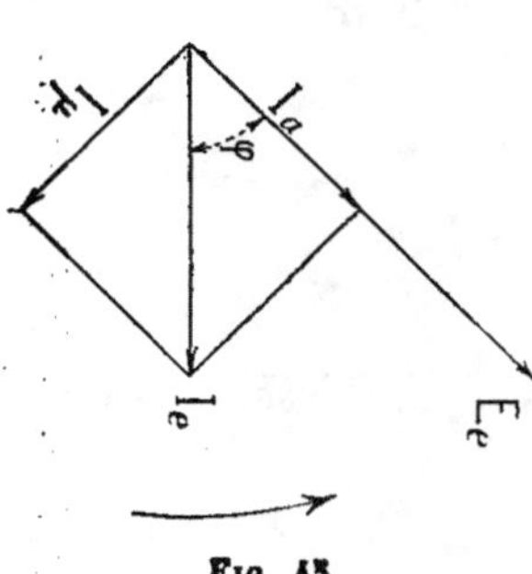

Fig. 45.

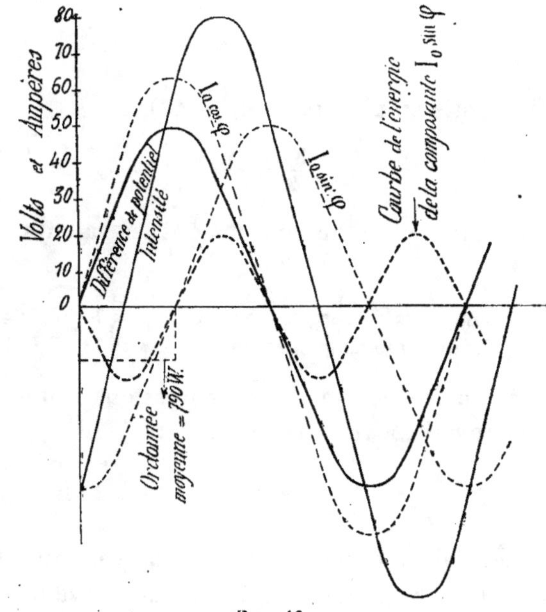

Fig. 46.

Soit un cas pratique correspondant aux figures 45 et 46.

On a une bobine pour laquelle

$$r = 0,5 \text{ ohm}, \qquad L = 0,0013 \text{ henry};$$

soient $E_0 = \sqrt{2}$, $E_e = 50$ volts la valeur maximum de la force électromotrice agissante et $f = 50$ la fréquence.

On a ($fig.$ 47)

$$\tan g \,\varphi = \frac{2 \cdot 3,14 \cdot 50 \cdot 0,0013}{0,5} = 0,80 \quad \text{et} \quad \varphi = 38°40'.$$

L'impédance est :

$$Z = \sqrt{r^2 + \omega^2 L^2} = \sqrt{(0,5)^2 + (2 \cdot 3,14 \cdot 50)^2 \cdot (0,0013)^2} = 0,64.$$

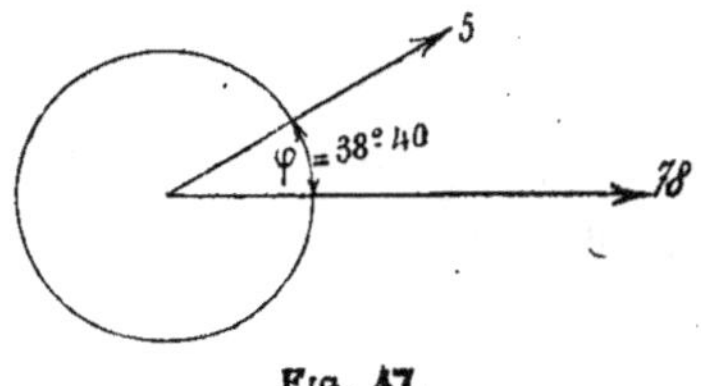

Fig. 47.

L'intensité maximum est ($fig.$ 47) :

$$I_0 = \frac{E_0}{Z} = \frac{50}{0,64} = 78 \text{ ampères.}$$

Les composantes du courant ont les valeurs respectives sui-vantes :

Composante énergétique : $I_0 \cos \varphi = 78 \cdot 0,78 = 60,84$
Composante magnétisante : $I_0 \sin \varphi = 78 \cdot 0,625 = 48,75$.

La première de ces deux expressions donne pour la puis-sance (travail moyen par seconde) :

$$P = \frac{E_e I_0}{2} \cos \varphi = 25 \cdot 60,84 = 1\,521 \text{ watts.}$$

La seconde indique un travail moyen nul. Il est pourtant intéressant de rechercher la valeur moyenne positive de ce travail, annulée ensuite par la valeur négative. Il résulte du diagramme que l'ordonnée moyenne est de 790 watts ; comme ce travail positif s'effectue en $\dfrac{1}{200}$ de seconde, le travail moyen positif du courant magnétisant est

$$790 \, \frac{1}{200} = 3,95 \text{ joules} = 0,40 \text{ kilogrammètre.}$$

Ce travail correspond exactement à l'énergie intrinsèque du courant [formule (10)] :

$$\frac{1}{2} \, LI_0^2 = \frac{1}{2} \cdot 0,0013 \cdot (78)^2 = 3,95 \text{ joules.}$$

L'échauffement total dans le circuit est

$$P = r \left(\frac{I_0}{\sqrt{2}} \right)^2 = rI_e^2 = 0,5 \cdot (55,20)^2 = 1\,521 \text{ watts,}$$

et les échauffements respectifs dus à chacune des composantes sont

$$p_1 = r \left(\frac{I_0 \cos \varphi}{\sqrt{2}} \right)^2 = 0,5 \cdot (43,2)^2 = 890 \text{ watts,}$$

$$p_2 = r \left(\frac{I_0 \sin \varphi}{\sqrt{2}} \right)^2 = 0,5 \cdot (34,5)^2 = 631 \text{ watts,}$$

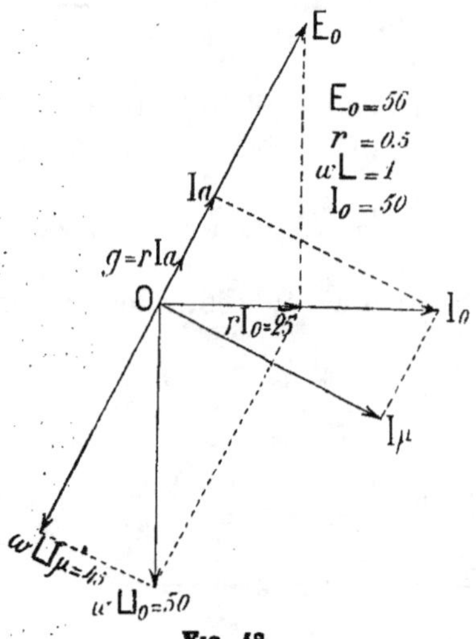

Fig. 48.

dont la somme correspond à celle de l'échauffement total et en même temps au travail moyen du courant dans le circuit, travail qui est entièrement thermique.

49. La décomposition du courant en ses deux composantes, une I_a énergétique (*fig.* 48) et l'autre I_μ magnétisante, permet de considérer le phénomène de la self-induction d'une autre manière. La composante I_μ sert à maintenir le champ, et c'est à elle qu'est dû le phénomène de la self-induction. La force électromotrice de self-induction est $\omega L I_\mu$ et de sens opposé à E_0. La force électromotrice résultante est donc $rI_a = E_0 - \omega L I_\mu$, que l'on obtient en multipliant la composante énergétique du courant par la résistance.

La composante I_μ du courant ne peut exister seule dans le circuit parce que, pour annuler la composante énergétique, on ne devrait avoir aucun dégagement de chaleur. Il faudrait pour cela que $r = 0$, ce qui est inadmissible. Mais il peut arriver que l'on approche de très près de la condition $\varphi = 90°$, en rendant r très petit et L très grand.

50. Composantes de la force électromotrice alternative.

— De même que le courant alternatif peut être décomposé en deux composantes à angle droit, l'une énergétique, l'autre magnétisante, on peut également décomposer la force électromotrice en une *composante active* $E \cos \varphi$ en phase avec le courant et en une *composante réactive* $E \sin \varphi$ qui est précisément la force électromotrice de self-induction.

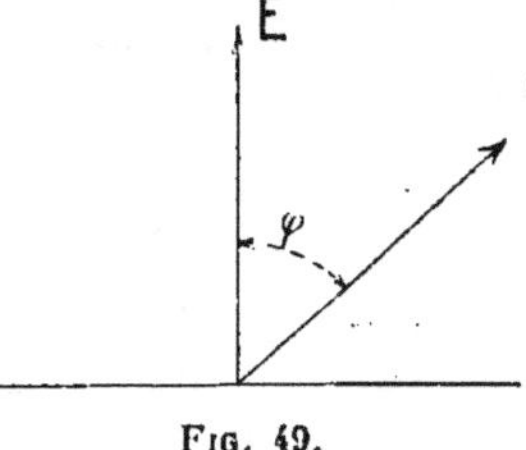

Fig. 49.

En examinant la figure 49, on voit qu'il est possible d'écrire

$$\frac{\text{compos. active de la f. é. m.}}{\text{intensité totale}} = \frac{E \cos \varphi}{I} = r \text{ (résistance ohmique)};$$

en rappelant que l'*admittance* exprimée symboliquement est

$$(Y) = \frac{1}{(Z)} = \frac{1}{r - jx} = g + jb,$$

on a aussi

$$\frac{\text{composante énergétique du courant}}{\text{force électromotrice}} = \frac{I \cos \varphi}{E} = \frac{r \dfrac{I}{Z}}{ZI} = \frac{r}{Z^2} = g,$$

$$\frac{\text{comp. réactive de la f. é. m.}}{\text{intensité du courant}} = \frac{E \sin \varphi}{I} = Z \sin \varphi = x,$$

et cela, parce que pour

$$\sin^2 \varphi = 1 - \cos^2 \varphi = 1 - \frac{r^2}{r^2 + x^2}$$

$$\sin \varphi = \frac{\sqrt{r^2 + x^2 - r^2}}{\sqrt{r^2 + x^2}} = \frac{x}{\sqrt{r^2 + x^2}},$$

on a

$$Z \sin \varphi = Z \frac{x}{Z} = x.$$

Enfin,

$$\frac{\text{composante magnétisante du courant}}{\text{force électromotrice}} = \frac{I \sin \varphi}{E} = \frac{I \frac{x}{Z}}{ZI} = \frac{x}{Z^2} = b,$$

expressions que l'on aura à utiliser ultérieurement.

En résumé, l'on a

$$r = \frac{E \cos \varphi}{I} = Z \cos \varphi, \qquad x = \frac{E \sin \varphi}{I} = Z \sin \varphi$$
$$g = \frac{I \cos \varphi}{E} = \frac{r}{Z^2}, \qquad b = \frac{I \sin \varphi}{E} = \frac{x}{Z^2} \qquad (29)$$

51. Exemple numérique. — 1° Trouver les différentes grandeurs relatives à une bobine sans fer ayant un coefficient de self-induction $L = 0,02$ henry et une résistance de 2 ohms, lorsque, à ses bornes, on applique une différence de potentiel efficace de 20 volts avec une fréquence de 50 périodes par seconde.

En ce qui concerne l'impédance, on a

$$(Z) = r - j\omega L,$$
$$Z = \sqrt{r^2 + \omega^2 L^2} = \sqrt{4 + (314)^2 . (0,02)^2} = 6,6 \text{ ohms.}$$

Le courant a une intensité efficace de :

$$I_e = \frac{U_e}{Z} = \frac{20}{6,6} = 3,03 \text{ ampères,}$$

et le décalage en retard est

$$\operatorname{tang} \varphi = \frac{\omega L}{r} = \frac{6,28}{2} = 3,14,$$

d'où

$$\varphi = 72°,$$

ou encore

$$\cos \varphi = \frac{r}{Z} = \frac{2}{6,6} = 0,303, \qquad \varphi = 72°.$$

Les composantes énergétique et magnétisante ont respectivement les valeurs efficaces suivantes :

$$I_a = I_e \cos \varphi = 3,03 \cdot 0,303 = 0,918 \text{ ampère}$$
$$I_\mu = I_e \sin \varphi = 3,03 \cdot 0,951 = 2,88 \text{ ampères.}$$

Les valeurs maxima pour ces diverses grandeurs sont

$$U_0 = 28,6, \qquad I_0 = 4,32, \qquad I_{a0} = 1,32, \qquad I_{\mu 0} = 4,14.$$

La puissance absorbée par la bobine est

$$P = R I_e^2 = 2 \cdot (3,03)^2 = 18,36 \text{ watts,}$$

ou bien

$$U_e I_e \cos \varphi = 20 \cdot 3,03 \cdot 0,303 = 18,36 \text{ watts.}$$

2° Pour la détermination du coefficient de self-induction d'une bobine sans fer dont la résistance ohmique est de 2 ohms, on applique à ses bornes une différence de potentiel de 15 volts efficaces avec une fréquence de 40 périodes par seconde. On observe à l'ampèremètre un courant de 2,5 ampères. Calculer la valeur de L.

On a

$$Z = \frac{U_e}{I_e} = \frac{15}{2,5} = 6 \text{ ohms} = \sqrt{r^2 + \omega^2 L^2},$$

d'où

$$L = \sqrt{\frac{Z^2 - r^2}{\omega^2}} = 0,0217 \text{ henry}$$

$$\cos \varphi = \frac{r}{Z} = \frac{2}{6} = 0,333, \qquad \varphi = 70°.$$

NOTE

On a dit que, si les deux quantités E_e et I_e étaient exprimées symboliquement, leur produit ne donnait pas la valeur vraie de la puissance. Cela s'explique par ce fait que la puissance est une fonction de fréquence double de celle des quantités dont elle dépend (voir tome I, *fig.* 40), tandis que le produit de ces dernières est représenté par un vecteur de même fréquence. En se basant sur cette observation, on peut chercher l'expression de la puissance au moyen d'expressions symboliques.

Soient les deux quantités alternatives :

$$(E) = e_1 + je_2, \qquad (I) = i_1 + ji_2.$$

Leur produit est

$$(EI) = e_1 i_1 + j^2 e_2 i_2 + j (e_1 i_2 + e_2 i_1),$$

Si on remplace j^2 et j par leurs valeurs respectives — 1 et $\sqrt{-1}$, alors (EI) n'a plus aucune signification; mais si, au contraire, on prend pour j^2 la valeur $+ 1$ qui fait tourner le segment $e_2 i_2$ de 360° au lieu de 180° seulement, on le met en concordance de phase avec le vecteur $e_1 i_1$; pour que l'on arrive à ce résultat, comme l'a montré M. Steinmetz [1], il faut que les vecteurs EI tournent en sens contraire et alors

$$P = (\overline{EI}) = e_1 i_1 + e_2 i_2 + j (e_1 i_2 - e_2 i_1),$$

expression dans laquelle EI est surmonté d'un trait pour indiquer que la fréquence est maintenant doublée.

En d'autres termes, en changeant de signe une des composantes imaginaires des quantités données et en effectuant ensuite le produit, on obtient la valeur de la puissance. En remplaçant e_1, e_2, i_1, i_2 par leurs valeurs, on a

$$P = \overline{E_c I_c} = E_c I_e \left\{ \cos \varphi + j \sin \varphi \right\}.$$

Par suite, on voit que la puissance est susceptible d'être aussi représentée graphiquement. La puissance apparente $E_c I_c$ comporte une puissance active $E_c I_c \cos \varphi$ et une puissance réactive $E_e I_e \sin \varphi$. Évidemment le triangle des puissances est semblable à celui déjà connu des forces électromotrices ou à celui de l'impédance. Par analogie avec la définition donnée du facteur de puissance (cos φ), on désigne parfois sous le nom de *facteur de réactance* la valeur de (sin φ).

Mais la puissance réactive $E_c I_c \sin \varphi$ doit être considérée comme un vecteur tournant ayant une fréquence double de celle de l'intensité (*fig.* 46) et d'amplitude égale à $E_c I_c \sin \varphi$. En effet, les amplitudes des quantités alternatives en jeu pour cette puissance sont

$$E_0 = E_e \sqrt{2} \qquad \text{et} \qquad I_0 \sin \varphi = \sqrt{2} I_c \sin \varphi.$$

[1]. *Transactions of the American Institute of Electrical Engineers*, volume XVI.

Alors la courbe de la puissance réactive est donnée par

$$P_r = E_0 \sin \omega t \cdot I_0 \sin \varphi \cdot \sin\left(\omega t - \frac{\pi}{2}\right) = \frac{1}{2} E_0 I_0 \sin \varphi \cdot \sin 2\omega t.$$

La valeur maximum de cette fonction est

$$\frac{1}{2} E_0 I_0 \sin \varphi = E_e I_e \sin \varphi;$$

et sa valeur moyenne

$$\frac{2}{\pi} E_e I_e \sin \varphi = 0{,}637 E_e I_e \sin \varphi.$$

Donc, pour le cas précédemment développé dans lequel on a trouvé graphiquement que l'ordonnée moyenne du diagramme de la puissance réactive donne 790 watts (§ 48), on trouve maintenant

$$0{,}637 E_e I_e \sin \varphi = 0{,}637 \cdot \frac{50}{\sqrt{2}} \cdot \frac{78}{\sqrt{2}} \cdot 0{,}625 = 790 \text{ watts,}$$

comme cela doit être.

CHAPITRE VI

FORME DES COURBES
DES GRANDEURS ALTERNATIVES

**52. Méthodes et instruments servant à relever la forme
des courbes des grandeurs alternatives.** — La méthode
classique utilisée pour relever la forme des grandeurs électriques alternatives est celle de M. Joubert dite *méthode par
points*.

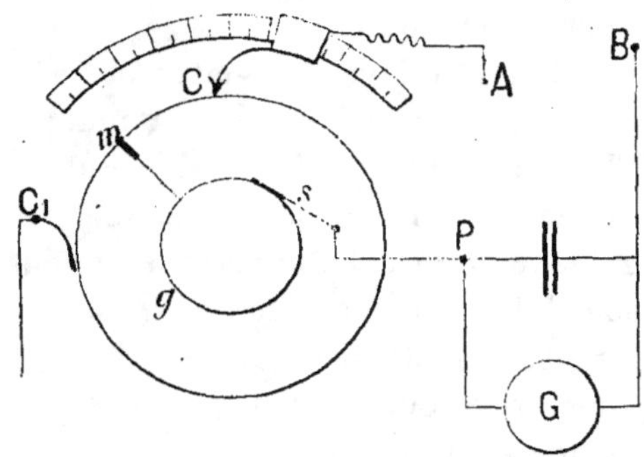

Fig. 50.

Un disque isolant en ébonite ou en fibre (*fig.* 50) porte sur
sa périphérie un contact métallique m qui, une fois par tour,
vient toucher, pendant un temps très court, un balai C relié à
l'une des bornes A d'un alternateur ou de l'appareil récepteur
sur lequel on veut relever la courbe de tension. Le contact m,
par l'intermédiaire de la chape métallique g et du balai s, est
en communication avec une des armatures d'un condensateur,

l'autre armature étant reliée à la borne B de l'alternateur. Un électromètre sensible ou un voltmètre électrostatique est mis en dérivation sur le condensateur.

Si le disque tourne avec une fréquence identique à celle du courant, le contact m rencontre le balai C toujours au même moment d'une période. Le condensateur se charge alors et l'aiguille indicatrice de l'instrument dévie d'une façon permanente ; sa déviation est proportionnelle à la différence de potentiel existant entre les points A et B à l'instant où se produit le contact. L'appareil étant ainsi réglé, on peut procéder à la détermination des valeurs successives de la différence de potentiel en déplaçant, à l'aide d'une vis micrométrique, le balai C le long d'un arc de cercle divisé et en notant, pour chaque nouvelle position, la déviation de l'aiguille indicatrice de l'instrument de mesure.

En reportant les diverses valeurs des déviations sur un diagramme et en reliant les divers points par une courbe, on obtient la courbe de la tension.

Mais, si la tension à relever est élevée et l'échelle du voltmètre ou de l'électromètre suffisante pour indiquer le maximum de la différence de potentiel, la détermination des faibles valeurs est incertaine. On peut alors modifier la méthode en utilisant un galvanomètre balistique dont on peut faire varier à volonté la sensibilité à l'aide d'un *shunt*.

Pour chaque position donnée au balai C, il faut charger le condensateur au moins pendant une dizaine de secondes, afin d'être certain qu'il existe entre les armatures la même différence de potentiel que celle qu'il y a entre A et B au moment où se produit le contact. Cela fait, on décharge le condensateur à travers le galvanomètre (*fig.* 51). La déviation obtenue est proportionnelle à la

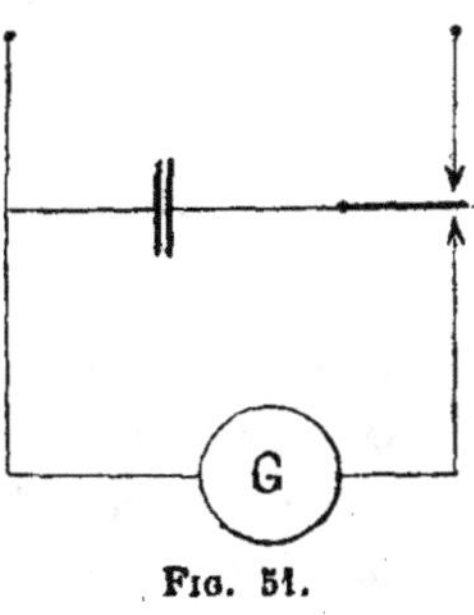

Fig. 51.

différence de potentiel existant entre les armatures du condensateur et, par suite, à celle qu'il y a entre les points A et B.

Si on veut relever la courbe de l'intensité, il suffit de relever la courbe de la tension aux bornes d'une résistance connue, ordinairement assez faible et complètement dépourvue de self-induction. Les valeurs de la tension obtenues sont ensuite divisées par la valeur de la résistance connue et l'on obtient ainsi les valeurs successives de l'intensité.

53. Lorsqu'on dispose d'un rhéostat approprié, on peut employer une méthode de réduction à zéro, en employant un dispositif potentiométrique qui est à recommander tout particulièrement lorsqu'on veut relever la courbe de l'intensité comme on l'a indiqué précédemment. A l'aide d'une source de force

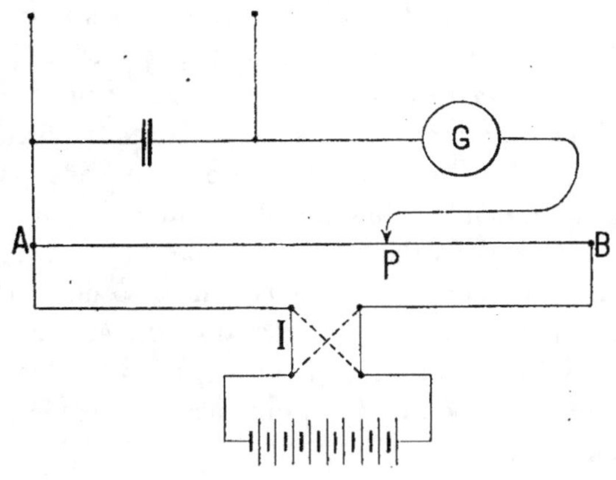

Fig. 52.

électromotrice, on produit le long d'un fil calibré AB (*fig.* 52) une chute de potentiel. En déplaçant le contact P, on trouve par tâtonnement la différence de potentiel AP qui équilibre exactement celle qui existe entre les armatures du condensateur. On se sert ensuite d'un voltmètre de précision ou d'un galvanomètre étalonné pour mesurer exactement la différence de potentiel entre A et P. A l'aide d'un inverseur I, on renverse le sens du courant dans le fil calibré AB lorsque la tension change de signe.

Il est entendu que les valeurs successives s'obtiennent en

déplaçant le balai C de quantités égales chaque fois. Pour que ces intervalles soient relativement grands, afin qu'il soit possible de relever un grand nombre de points, il faut que la course du balai C, correspondant à une période T, soit très grande. On peut, à cet effet, monter le contact m sur la périphérie de l'organe mobile de l'alternateur et placer sur l'organe fixe la règle divisée circulaire qui porte le balai C. Mais ce dispositif n'est pas toujours commode à réaliser, ni toujours possible.

Il est alors préférable de faire tourner le disque portant le contact m à l'aide d'un moteur synchrone ayant un petit nombre de pôles afin que sa vitesse angulaire soit grande et que le déplacement de m pendant une période soit, par exemple, le 1/4 ou la 1/2 de la circonférence. En utilisant un petit moteur synchrone, on peut également relever les courbes sans qu'il soit nécessaire d'avoir l'alternateur à sa disposition.

La durée du contact ne doit être ni trop courte ni trop longue ; dans le premier cas, la charge du condensateur est incertaine ; dans le second, les indications ne sont pas plus exactes, parce que, pendant la durée du contact, la tension peut subir un écart considérable. On obtient de bons résultats lorsque la durée du contact est d'environ 1/20 de la période. Les surfaces qui viennent en contact doivent être argentées, parce que, dans le cas où elles viendraient à s'oxyder, on aurait néanmoins une bonne communication, l'oxyde d'argent étant bon conducteur.

54. En étudiant le dispositif déjà indiqué (*fig.* 50) pour l'emploi du galvanomètre balistique, il est facile de voir que le contact mobile peut aussi effectuer la décharge du condensateur si, après le balai C, on en place un second C_1 relié au galvanomètre.

Comme, dans ce cas, le condensateur se décharge avec une lenteur relative, à cause de la résistance du galvanomètre que le courant doit traverser, il faut que le contact de C_1 sur m soit prolongé. On peut alors, au lieu d'un disque, utiliser un tam-

bour métallique entaillé comme le montre la figure 53 et
animé naturellement d'un mouvement synchrone. Avec cette
disposition, le galvanomètre ne se trouve pas dans le circuit
pendant la charge du condensateur et, pendant le reste de la
rotation, il se trouve relié avec lui.

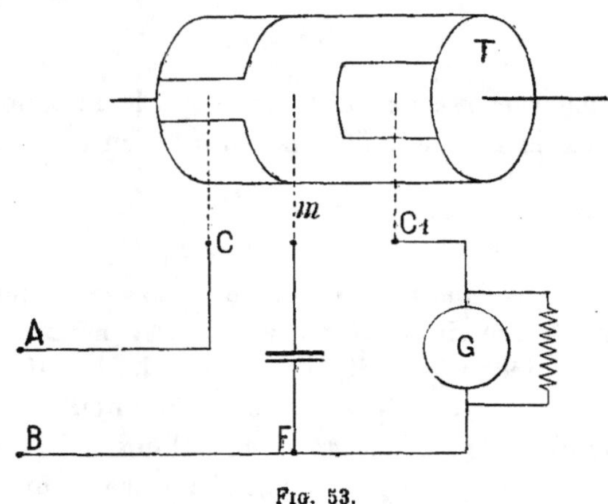

Fig. 53.

Pour obtenir les divers points successifs, il suffit de déplacer les balais ou, au moins, les deux balais C et C_1.

Si le tambour fait n tours par seconde, il y aura n charges
suivies de n décharges identiques du condensateur. Le galvanomètre reçoit donc par seconde une quantité d'électricité
égale à

$$nCu,$$

C étant la capacité du condensateur et u la différence de potentiel existant entre les bornes A et B au moment où se produit
le contact. Si le nombre des décharges est suffisamment grand
(au moins 15 par seconde si la période des oscillations de la
partie mobile est de l'ordre de la seconde), le galvanomètre
dévie d'une manière permanente, identique à celle que produirait un courant continu qui débiterait, pendant le même
temps, la même quantité d'électricité[1], c'est-à-dire un courant

1. Ce fait a été mis en évidence pour la première fois par Pouillet (*Comptes
Rendus de l'Acad. des Sciences*, tome IV, 1857.

continu

$$i = nCu.$$

La déviation δ de l'équipage mobile du galvanomètre est en rapport avec la différence de potentiel à mesurer par la relation

$$\delta = knCu,$$

si la décharge passe entièrement dans le galvanomètre. Si, au contraire, le galvanomètre est shunté, on a

$$\delta = k \frac{s}{s + g} nCu.$$

La sensibilité peut être modifiée en faisant varier s ou C, parce que n est d'ordinaire invariable. La constante de temps du circuit de décharge doit avoir une valeur telle qu'entre une charge et celle qui la suit immédiatement le condensateur ait le temps de se décharger complètement. C'est pourquoi on doit vérifier expérimentalement si un changement de capacité a une influence perturbatrice sur la différence de potentiel à mesurer. En faisant varier la capacité, la déviation du galvanomètre doit augmenter proportionnellement comme l'indique la formule; c'est pourquoi il faut employer des étalons de capacité, c'est-à-dire des condensateurs préalablement étalonnés.

55. Hospitalier a imaginé un instrument fondé sur la méthode qui vient d'être décrite et auquel il a donné le nom d'*ondographe*. Avec cet instrument, on peut obtenir automatiquement l'inscription de la courbe sur une feuille de papier. Le dispositif employé est le suivant :

Le tambour, au lieu de tourner synchroniquement, retarde légèrement sur le mouvement synchrone du moteur qui l'actionne par l'intermédiaire d'un train d'engrenages calculé à cet effet. En effet, ce tambour effectue un tour complet, non en un temps T, mais en un temps $T - \tau$, τ étant une fraction très petite de T. Les balais restent fixes, car il n'est plus nécessaire de les faire participer au mouvement. Il est facile de comprendre que, dans ces conditions, le contact de charge du condensateur se produise à tous les instants successifs de la période et que l'équipage mobile du galvanomètre se déplace assez lentement pour pouvoir enregistrer la forme de la courbe sur un tambour animé d'un mouvement de rotation. Dans l'ondographe d'Hospitalier, il suffit de 15 secondes pour enregistrer la courbe complète d'une tension alternative ayant une fréquence d'environ 50 périodes.

On peut également enregistrer la courbe de la puissance en remplaçant le galvanomètre par un wattmètre dont l'enroulement en gros fil est intercalé dans le circuit principal, tandis que l'enroulement en fil fin est mis en dérivation entre les points C_1 et F.

Ces diverses méthodes sont suffisamment pratiques et les mesures peuvent être effectuées par tout le monde. Mais elles présentent cet inconvénient que, pendant le temps nécessaire pour relever une courbe, cette dernière peut avoir subi des variations ; les résultats peuvent, par suite, ne pas présenter une grande exactitude.

56. Il y a une autre catégorie d'instruments appelés *oscillographes* qui permettent d'obtenir sur un écran l'image lumineuse de la courbe du phénomène observé. Ces instruments sont de deux sortes : les oscillographes à fer doux et les oscillographes bifilaires ; tous deux ont été imaginés par M. Blondel.

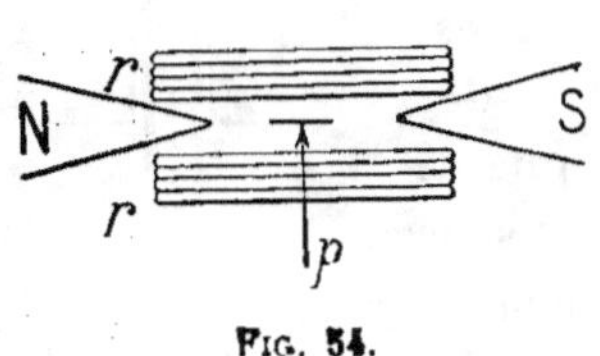

Fig. 54.

L'oscillographe à fer doux est constitué par une petite palette très mince de fer doux p (*fig.* 54), montée sur pointes, pivotant dans des crapaudines en agate et maintenue dans une direction déterminée par les pôles N et S d'un puissant aimant placé dans son voisinage. Lorsqu'un courant passe dans les bobines r, r, la palette se place dans la direction du champ résultant. Comme elle est très mobile, si le courant qui passe dans les bobines est alternatif, elle suit constamment la direction du champ qui varie à chaque instant et permet d'obtenir la forme de la courbe par le procédé suivant.

Sur la palette p est fixé un miroir plan de très petites dimensions. Un rayon lumineux qui frappe ce miroir est dévié suivant les mouvements de la palette dans le sens horizontal. Ce même rayon lumineux est reçu sur un miroir tournant d'un mouvement uniforme; il est dévié dans une direction perpendiculaire sur un écran où, à cause de la persistance des images lumineuses sur la rétine, on voit la forme de la courbe du courant alternatif passant dans les bobines r, r. Au lieu d'utiliser un miroir tournant, on peut employer un dispositif stroboscopique.

L'image de la courbe n'est reproduite exactement que dans des conditions déterminées de périodicité et d'amortissement de la partie mobile. Il n'y a pas lieu d'entrer ici dans des détails à ce sujet, car il est préférable de consulter le mémoire original de M. Blondel[1].

L'oscillographe bifilaire est un galvanomètre d'Arsonval de modèle spécial ne comportant qu'une spire. Entre les pôles très développés d'un puissant aimant ou d'un électro-aimant (*fig.* 55) est disposée une spire de fil très fin ou de ruban de bronze phosphoreux dont les extrémités, passant sur deux poulies en os ou en ivoire, sont fixées à un ressort ou à un poids qui permet de donner aux deux côtés de la spire une tension identique. Lorsque cette spire est parcourue par un courant, par suite des forces électromagnétiques qui se développent, chacun des côtés de la spire est dévié en sens opposé, c'est-à-dire que le plan de la spire

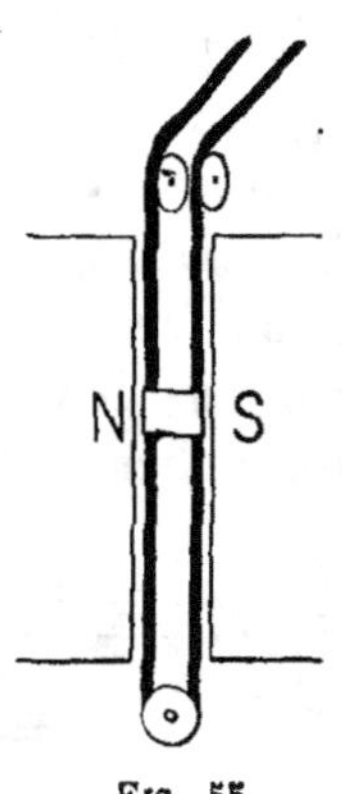

Fig. 55.

subit une certaine torsion. Si le courant parcourant la spire est alternatif, la spire oscille synchroniquement. Sur le milieu de la spire est collé un petit miroir plan recevant un rayon

---

1. *Éclairage électrique*, octobre 1902.

émis par une source lumineuse appropriée. Grâce à une disposition spéciale, analogue à celle qui a été déjà décrite, on peut faire apparaître l'image lumineuse de la courbe sur un écran et, au besoin, la photographier.

Comme dans l'autre modèle d'oscillographe, l'exactitude de l'image de la courbe n'est obtenue que dans des conditions déterminées de périodicité et d'amortissement de l'équipage mobile. La périodicité doit être très grande, c'est-à-dire que la spire abandonnée à elle-même doit effectuer des oscillations de l'ordre du millième de seconde pour pouvoir obéir instantanément aux actions électromagnétiques auxquelles elle est soumise ; mais l'équipage mobile doit aussi posséder un certain amortissement, afin d'éviter que les vibrations propres de la spire ne viennent s'ajouter à l'action du courant, ce qui produirait une courbe dentelée et, par conséquent, inexacte. Généralement, dans ce modèle d'oscillographe, l'amortissement est obtenu à l'aide d'un liquide transparent (baume de Canada, huiles diverses, etc.), dans lequel est plongé l'équipage mobile de l'instrument.

57. Analyse algébrique d'une grandeur électrique alternative. — Dans le chapitre vi du tome I, on a montré la possibilité de décomposer une courbe complexe en plusieurs courbes d'allure sinusoïdale, dont l'une, fondamentale, est de période égale à celle du phénomène à analyser et les autres, harmoniques, ont chacune une période, une amplitude et une phase différentes.

Il est utile de compléter maintenant cette étude en analysant une courbe, donnée algébriquement, à l'aide d'une équation.

Il convient de rappeler que le célèbre mathématicien Fourier a montré le premier comment une fonction périodique, si complexe soit-elle, peut être toujours représentée par une somme de sinusoïdes. Le degré d'exactitude atteint par ce mode de représentation est d'autant plus élevé que le nombre de fonctions sinusoïdales composantes est plus grand.

Ainsi, pour le cas d'une force électromotrice alternative de période T, qui est fonction périodique du temps, on a, d'après Fourier

$$f(t) = E_1 \sin\left(2\pi \frac{t}{T} + \varphi_1\right) + E_2 \sin\left(2\pi \frac{t}{\frac{T}{2}} + \varphi_2\right) + E_3 \sin\left(2\pi \frac{t}{\frac{T}{3}} + \varphi_3\right) + \ldots$$

c'est-à-dire

$$f(t) = E_1 \sin(\omega t + \varphi_1) + E_2 \sin(2\omega t + \varphi_2) + E_3 \sin(3\omega t + \varphi_3) + \ldots$$

Le premier terme de la seconde expression donne la sinusoïde fondamentale de période T; les autres termes, harmoniques, ont des périodes égales à $\dfrac{T}{2}$, $\dfrac{T}{3}$, $\dfrac{T}{4}$, etc., c'est-à-dire sont des sinusoïdes de fréquence double, triple, quadruple, etc., ayant leur phase et leur amplitude propres.

Plus une courbe s'écarte de la sinusoïde fondamentale et plus grand est le nombre des harmoniques nécessaires pour la représenter exactement; réciproquement, le degré d'approximation de ce mode de représentation dépend du nombre d'harmoniques employé; de même, lorsqu'il s'agit d'un nombre fractionnaire, l'approximation est d'autant plus grande que le nombre de décimales considéré est plus élevé.

On a déjà vu que

$$E_1 \sin(\omega t + \varphi_1) = E_1 \sin \omega t \cos \varphi_1 + E_1 \cos \omega t \sin \varphi_1,$$
$$E_2 \sin(2\omega t + \varphi_2) = E_2 \sin 2\omega t \cos \varphi_2 + E_2 \cos 2\omega t \sin \varphi_2,$$

et ainsi de suite.

En posant :

$$A_1 = E_1 \cos \varphi_1, \qquad B_1 = E_1 \sin \varphi_1$$
$$A_2 = E_2 \cos \varphi_2, \qquad B_2 = E_2 \sin \varphi_2$$

etc., la fonction devient alors .

$$f(t) = A_1 \sin \omega t + B_1 \cos \omega t + A_2 \sin 2\omega t + B_2 \cos 2\omega t$$
$$+ A_3 \sin 3\omega t + B_3 \cos 3\omega t + A_4 \sin 4\omega t + B_4 \cos 4\omega t + \ldots$$

58. Ce qui précède s'applique au cas général. Mais, pour le cas particulier de grandeurs électriques alternatives (force électromotrice, intensité, différence de potentiel, etc.), la formule précédente est susceptible d'une notable simplification, parce que, comme on va le démontrer, dans les courbes admettant un axe de symétrie[1], les harmoniques d'ordre pair sont nuls. En ce qui concerne les grandeurs électriques, l'axe des temps est toujours un axe de symétrie.

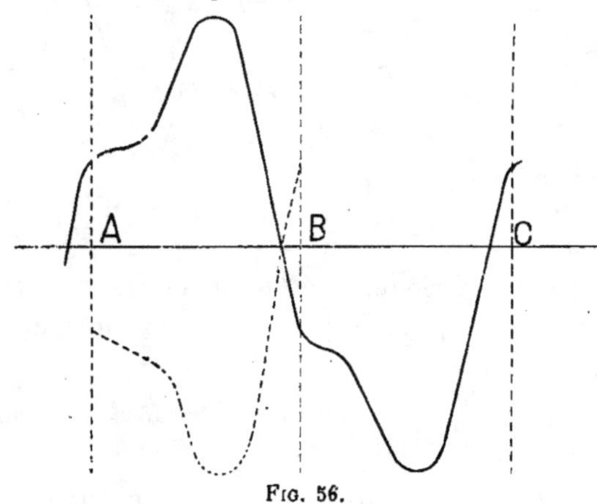

Fig. 56.

Soit une courbe périodique quelconque, symétrique par rapport à l'axe des temps (*fig.* 56). On divise la période en deux parties égales AB et BC et on transporte la partie BC sur AB; dans la partie AB, la somme des ordonnées est constamment nulle. On emploie la même construction pour deux courbes, une de fréquence égale, l'autre de fréquence différente.

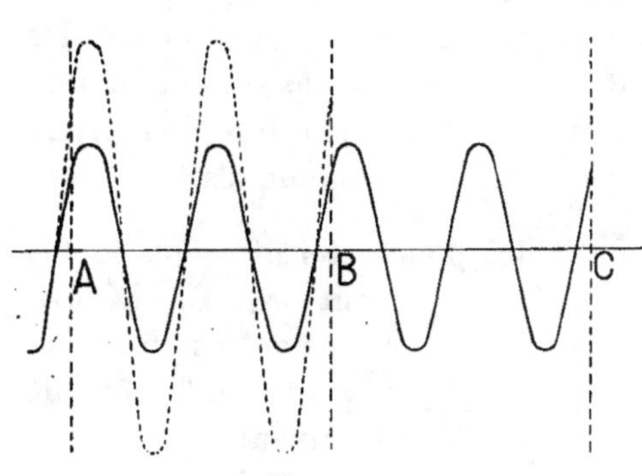

Fig. 57.

On voit immédiatement que, pour la courbe de fréquence $2n$ (*fig.* 57), en effectuant le transport de la partie BC sur AB, les ordonnées s'ajoutent, tandis que,

1. Il s'agit d'un mode particulier de symétrie que la figure 56 montre nettement.

pour la courbe de fréquence $2n + 1$ (*fig.* 58), les ordonnées se retranchent réciproquement. On doit en déduire que la courbe donnée (*fig.* 56) admet seulement des composantes d'ordre impair. C'est là précisément le cas des grandeurs électriques mentionnées, parce

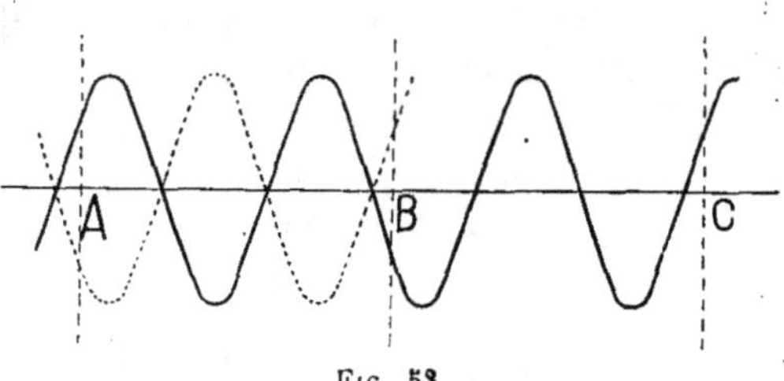

Fig. 58.

que toutes les demi-périodes présentent les mêmes valeurs au signe près, ce qui fait qu'elles peuvent être représentées par la formule simplifiée :

$$f(t) = A_1 \sin \omega t + B_1 \cos \omega t + A_3 \sin 3\omega t + B_3 \cos 3\omega t + A_5 \sin 5\omega t + B_5 \cos 5\omega t + A_7 \sin 7\omega t + B_7 \cos 7\omega t + \dots$$

Pratiquement, toute courbe de force électromotrice, de tension, d'intensité, de flux peut être représentée par 6 termes, c'est-à-dire par 3 courbes : 1 courbe fondamentale et 2 courbes harmoniques, l'une du troisième ordre, l'autre du cinquième ordre. La courbe étant donnée graphiquement, pour l'exprimer algébriquement il suffit de trouver les 6 coefficients, A_1, B_1, A_3, B_3, A_5, B_5. Si l'on désire obtenir une plus grande précision, on peut déterminer un plus grand nombre de coefficients et, par suite, d'harmoniques.

59. Il existe plusieurs méthodes pour déterminer les coefficients A_1, B_1, A_3, B_3, etc.; une des plus simples est certainement la suivante.

On divise la demi-période de la courbe en 6 parties égales (*fig.* 59). Soient O, e_1, e_2, e_3, e_4, e_5, O, les ordonnées

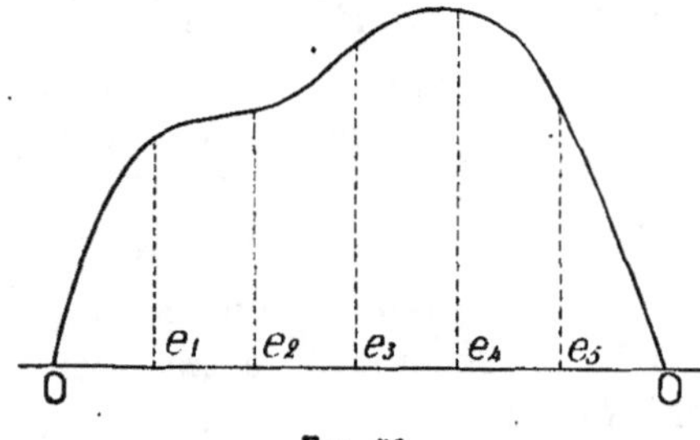

Fig. 59.

correspondantes. (Si l'on voulait 8 coefficients, il faudrait diviser la demi-période en 8 parties; pour 10, on diviserait en 10 et ainsi de suite.)

Les valeurs correspondantes de ωt pour les 6 points obtenus sont

$$0 \qquad \frac{\pi}{6} \qquad \frac{\pi}{3} \qquad \frac{\pi}{2} \qquad \frac{2\pi}{3} \qquad \frac{5\pi}{6} \qquad \pi$$

$$0° \qquad 30° \qquad 60° \qquad 90° \qquad 120° \qquad 150° \qquad 180°$$

En rappelant que

$$\sin 30° = \cos 60° = \frac{1}{2}, \qquad \cos 30° = \sin 60° = \frac{\sqrt{3}}{2},$$

on a, en introduisant les différentes valeurs dans la formule générale, les six équations suivantes :

$$\omega t = 0 \qquad\qquad B_1 + B_3 + B_5 = 0 \qquad\qquad [a]$$

$$\omega t = \frac{\pi}{6} \qquad \frac{1}{2} A_1 + \frac{\sqrt{3}}{2} B_1 + A_3 + \frac{1}{2} A_5 - \frac{\sqrt{3}}{2} B_5 = e_1 \qquad [b]$$

$$\omega t = \frac{\pi}{3} \qquad \frac{\sqrt{3}}{2} A_1 + \frac{1}{2} B_1 - B_3 - \frac{\sqrt{3}}{2} A_5 + \frac{1}{2} B_5 = e_2 \qquad [c]$$

$$\omega t = \frac{\pi}{2} \qquad\qquad A_1 - A_3 + A_5 = e_3 \qquad\qquad [d]$$

$$\omega t = \frac{2\pi}{3} \qquad \frac{\sqrt{3}}{2} A_1 - \frac{1}{2} B_1 + B_3 - \frac{\sqrt{3}}{2} A_5 - \frac{1}{2} B_5 = e_4 \qquad [e]$$

$$\omega t = \frac{5\pi}{6} \qquad \frac{1}{2} A_1 - \frac{\sqrt{3}}{2} B_1 + A_3 + \frac{1}{2} A_5 + \frac{\sqrt{3}}{2} B_5 = e_5 \qquad [f]$$

Ces équations permettent de trouver les valeurs des six coefficients exprimés en fonction des quantités connues e_1, e_2, e_3, e_4, e_5.

En additionnant [b] et [f] ainsi que [c] et [e], on a :

$$A_1 + 2A_3 + A_5 = e_1 + e_5 \qquad\qquad [g]$$
$$\sqrt{3}\, A_1 - \sqrt{3}\, A_5 = e_2 + e_4. \qquad\qquad [h]$$

L'équation [d] peut alors s'écrire

$$2A_1 - 2A_3 + 2A_5 = 2e_3. \qquad\qquad [i]$$

En additionnant [g] et [i], on a

$$3A_1 + 3A_5 = e_1 + 2e_3 + e_5,$$

et, en divisant par $\sqrt{3}$ et en additionnant avec [h], on obtient :

$$2\sqrt{3}\,A_1 = e_2 + e_4 + \frac{1}{\sqrt{3}}(c_1 + 2c_3 + c_5);$$

d'où l'on déduit :

[1] $A_1 = \frac{1}{6}\left\{\, e_1 + 2e_3 + e_5 + \sqrt{3}\,(e_2 + e_4)\,\right\}.$

Des autres équations on tire :

[2] $A_3 = \frac{1}{3}(c_1 - e_3 + e_5)$

[3] $A_5 = \frac{1}{6}\left\{\, c_1 + 2e_3 + c_5 - \sqrt{3}\,(c_2 + e_4)\,\right\}.$

Maintenant, en retranchant [f] de [b] et [c] de [e], on obtient :

$$\sqrt{3}\,B_1 - \sqrt{3}\,B_3 = c_1 - e_5.$$
$$B_1 - 2B_3 + B_5 = c_2 - c_4.$$

Ces deux équations, conjointement avec l'équation [a], donnent

[4] $B_1 = \frac{1}{6}\left\{\, c_2 - e_4 + \sqrt{3}\,(c_1 - c_3)\,\right\}$

[5] $B_3 = \frac{1}{3}(c_4 - c_2)$

[6] $B_5 = \frac{1}{6}\left\{\, e_2 - c_4 - \sqrt{3}\,(e_1 - e_5)\,\right\}.$

Ainsi, par exemple, pour la courbe de force électromotrice,

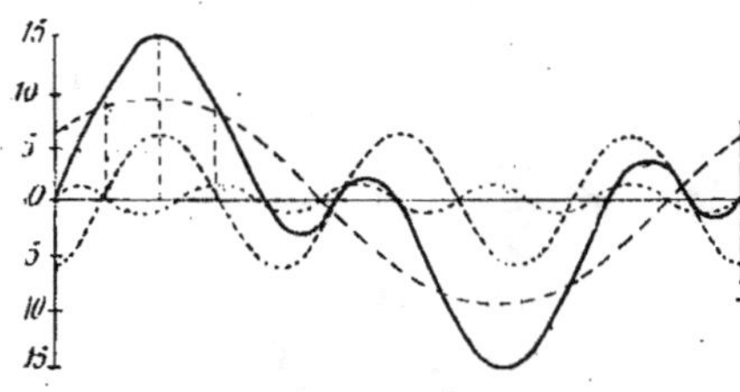

Fig. 60.

représentée par un trait plein sur le diagramme (*fig* 60), on trouve :

$$e_1 = 9{,}7, \qquad e_2 = 15{,}06, \qquad e_3 = 9$$
$$e_4 = -2{,}05, \qquad e_5 = -0{,}7$$

En substituant, on obtient :

$$A_1 = 8, \qquad A_3 = 0, \qquad A_5 = 1,$$
$$B_1 = 6, \qquad B_3 = -6, \qquad B_5 = 0.$$

La fonction sera, par conséquent, représentée par l'expression

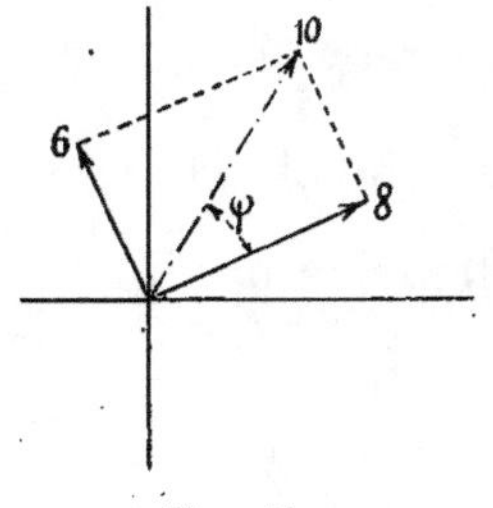

Fig. 61.

$$8 \sin \omega t + 6 \cos \omega t - 6 \cos 3\omega t + \sin 5\omega t.$$

Les deux premiers termes qui représentent deux fonctions harmoniques simples d'égale période peuvent être réunis en un seul, parce que (*fig.* 61)

$$\sqrt{8^2 + 6^2} = 10,$$

et l'on peut donc écrire

$$8 \sin \omega t + 6 \cos \omega t = 10 \sin (\omega t + \varphi)$$

d'où

$$\tang \varphi = \frac{6}{8} = \frac{3}{4}, \qquad \varphi = 37°.$$

Par suite, la fonction est

$$e = 10 \sin (\omega t + \varphi) - 6 \cos 3\omega t + \sin 5\omega t.$$

Les trois courbes, une fondamentale, les deux autres harmoniques, sont tracées en pointillé sur le diagramme (*fig.* 60).

60. Si l'on veut exprimer symboliquement la **valeur efficace** de cette force électromotrice, il faut chercher les composantes du vecteur, en faisant d'abord $\omega t = 0$ et puis $\omega t = \frac{\pi}{2}$; on divise ensuite les valeurs obtenues par $\sqrt{2}$ ou on les multiplie par 0,707.

On trouve ainsi :

$$e_i^I = 0,707 \cdot 10 \sin 37° = 4,242 \qquad e_{II}^I = 0,707 \cdot 10 \cos 37° = 5,64$$
$$e_i^{III} = 0,707 \cdot 6 \cos 0° = 4,242 \qquad e_{II}^{III} = 0,707 \cdot 6 \cos 270° = 0$$
$$e_i^V = 0,707 \cdot 1 \sin 0° = 0 \qquad e_{II}^V = 0,707 \cdot 1 \sin 90° = 0,70$$

et, par conséquent,

$$(E_e) = (4,242 + j_I \cdot 5,64) + (4,242 + j_{III} \cdot 0) + (0 + j_V \cdot 0,70).$$

$\Big($Les indices I, III, v dont sont affectés les symboles des quantités imaginaires indiquent que leurs vecteurs respectifs ont pour période $T, \dfrac{T}{3}, \dfrac{T}{5}\Big).$

61. Analyse graphique d'une grandeur électrique alternative. — La méthode de représentation à l'aide de vecteurs, qui donne d'intéressants résultats, se prête aussi, comme l'a indiqué M. Wedmore [1], à l'analyse d'une courbe de force électromotrice, de tension, d'intensité ou de flux. C'est pourquoi, si une courbe peut être représentée par trois ou plusieurs sinusoïdes, ces dernières à leur tour peuvent être représentées par leurs vecteurs. Dans l'exemple précédent, on les a aussi individualisées.

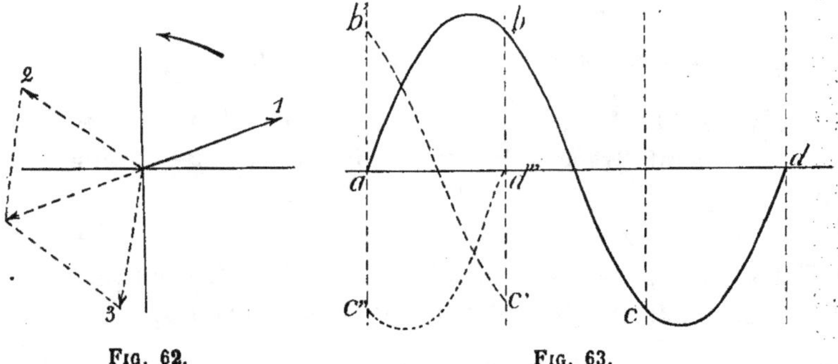

Fig. 62. Fig. 63.

Or, pour un vecteur qui tourne avec une fréquence f, si on

1. *Journal of the Institution of Electrical Engineers*, vol. XXV, p. 224.

considère les positions qu'il occupe au bout du temps 0, $\frac{T}{3}$, $2\frac{T}{3}$ (*fig.* 62), on reconnaît que la somme des trois vecteurs 1, 2 et 3 est nulle. Cela montre que, si on divise une sinusoïde *abcd* (*fig.* 63) en trois parties égales et que l'on transporte les portions *bc* et *cd* en *b'c'* et en *c"d"*, la somme des ordonnées des trois courbes *ab*, *b'c'* et *c"d"* est constamment nulle. Mais si le vecteur, au lieu d'avoir une fréquence *f*, a une fréquence 3*f* (*fig.* 64), alors, aux temps *T*, $\frac{T}{3}$ et $2\frac{T}{3}$, le vecteur passe de nouveau par la même position et la somme des vecteurs est trois fois plus grande. Il en est de même pour tout vecteur ayant une fréquence multiple de 3. Il en résulte qu'en divisant la période d'une courbe en trois parties égales et en ajoutant les

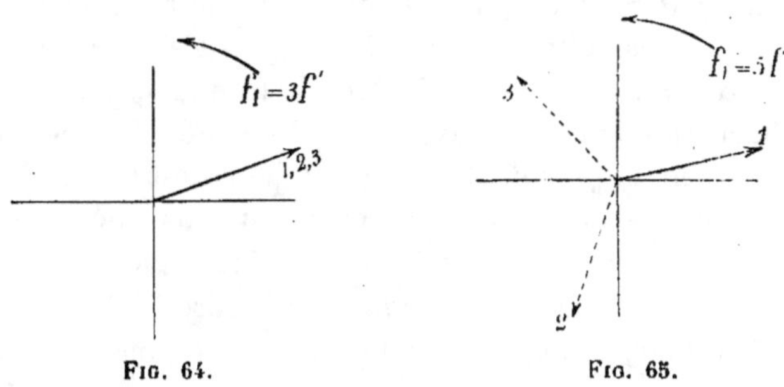

Fig. 64.   Fig. 65.

ordonnées de ces trois parties, on obtient une nouvelle courbe qui contient les harmoniques du troisième ordre et des ordres multiples de trois, mais ayant une amplitude triple. Aucune harmonique d'un autre ordre ne peut entrer dans cette courbe. En réalité, étant donné qu'il existerait un harmonique du 5ᵉ ordre, son vecteur prendrait aux temps 0, $\frac{T}{3}$ et $2\frac{T}{3}$ les trois positions respectives indiquées figure 65; comme ces positions sont à 120° l'une de l'autre, leur somme est nulle. Mais il y a lieu d'observer que les harmoniques de l'ordre 6, 12, 18, etc., ne peuvent être compris dans la courbe si cette dernière est symétrique par rapport à l'axe des temps, comme on l'a déjà vu § 58 ; par conséquent, des harmoniques de fréquence 9, 15, etc., pourront, au contraire, être compris dans cette courbe.

Pourtant, si la courbe qui résulte de l'addition des ordonnées est une sinusoïde parfaite ou pouvant être pratiquement considérée comme telle, alors l'harmonique triple n'en contient pas d'autres. Si la courbe, au contraire, diffère beaucoup de la sinusoïde, il faut alors diviser la courbe fondamentale en 9 parties, les transporter toutes sur un segment unique et faire la somme des ordonnées. La courbe résultante est un harmonique du 9ᵉ ordre, mais avec des amplitudes qui sont, par suite de la méthode employée, 9 fois plus grandes.

La courbe de fréquence 9 une fois tracée, en retranchant ses ordonnées de celles de la courbe de fréquence 3, précédemment trouvée, on obtient ainsi une simplification de cette dernière, car elle se résout de la sorte en deux sinusoïdes, une de fréquence triple et l'autre de fréquence 9. Ordinairement l'harmonique du 9ᵉ ordre est négligeable et, en ce qui concerne les harmoniques du 3ᵉ ordre et leurs multiples, la première méthode de division en 3 parties est plus que suffisante.

Mais la courbe donnée peut contenir aussi, comme on l'a dit ci-dessus, des harmoniques de l'ordre 5, 7, 11, etc. Pour les déterminer, on suit la même méthode, mais en ne perdant pas de vue ce qui se passe pour un vecteur de fréquence $5f$.

Si on prend des intervalles de temps de $\dfrac{T}{5}$, $2\dfrac{T}{5}$, $3\dfrac{T}{5}$, ..., ce vecteur repasse par les mêmes positions aux temps considérés, et il en est de même pour tout vecteur de fréquence multiple de 5. La courbe donnée est alors divisée en 5 parties égales que l'on transporte sur un même segment et on fait la somme des ordonnées ; si la somme obtenue est constamment nulle, on doit en conclure que la courbe donnée ne contient pas d'harmoniques du 5ᵉ ordre ni de ses multiples. Si, au contraire, le résultat de l'addition est une courbe, cette courbe comprend des harmoniques de l'ordre 5, 10, 15, etc., avec une amplitude cinq fois plus grande et, dans ce cas, ceux de l'ordre 10 doivent être supprimés; la décomposition de la courbe s'effectue alors comme on l'a indiqué précédemment.

Le même procédé est appliqué pour les harmoniques du 7e ordre et leurs multiples.

Enfin, une fois que l'on a obtenu tous les harmoniques composants, on additionne, instant par instant, toutes leurs ordonnées et l'on soustrait le segment obtenu des ordonnées de la courbe donnée. Les points obtenus sont ceux de la sinusoïde fondamentale de fréquence f.

On a déjà remarqué que, dans la pratique, les courbes de force électromotrice et d'intensité contiennent rarement plus d'un harmonique du 3e ordre et plus d'un harmonique du 5e ordre. La méthode est, par suite, très simplifiée, surtout si, pour transporter les diverses portions de courbe sur un segment unique, on emploie du papier à calquer, ou mieux du papier calque divisé au millimètre.

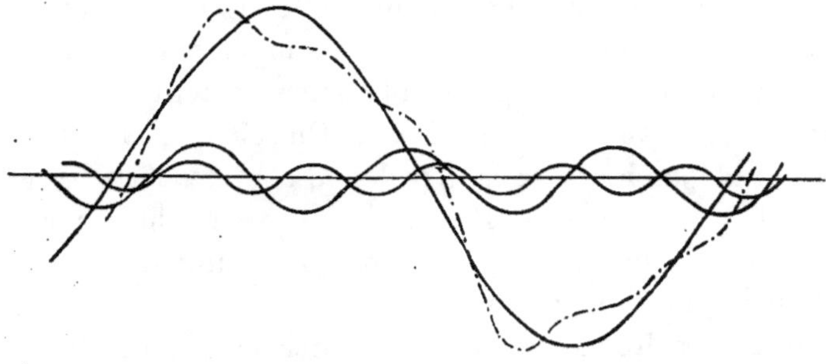

Fig. 66.

A titre d'exemple, voici un graphique (*fig.* 66) à échelle réduite, d'une courbe de force électromotrice dont on a obtenu les diverses composantes par la méthode graphique qui vient d'être indiquée et dont les résultats ont été ensuite contrôlés par la méthode algébrique.

La courbe représente la fonction

$$f(t) = 100 \sin \omega t + 20 \sin \left(3\omega t - \frac{\pi}{3}\right) - 10 \sin \left(5\omega t + \frac{\pi}{4}\right).$$

62. Effets dus aux harmoniques. — Soit à analyser une courbe donnée de force électromotrice en déterminant la sinusoïde fondamentale et les harmoniques composants et soit à déterminer la forme de la courbe de l'intensité dans le circuit sur lequel agit cette force électromotrice.

D'après le principe de la méthode de superposition des effets, on peut dire que la courbe résultante est, à chaque instant, la somme des intensités des courants produits par les diverses forces électromotrices agissantes de fréquence 1, 3, 5, 7, etc.

Si le circuit ne comporte seulement qu'une résistance ohmique, alors, sauf la différence d'échelle, la courbe de la force électromotrice peut représenter celle de l'intensité et, dans ce cas, la courbe de l'intensité a la même allure que celle de la force électromotrice agissante. Les valeurs successives de l'intensité s'obtiennent en divisant les ordonnées de la force électromotrice agissante par la résistance du circuit.

Mais il n'en est plus de même si le circuit présente des phénomènes d'induction ou bien s'il comporte une capacité.

Pour le moment, on va considérer seulement le cas d'un circuit présentant de la self-induction. On sait que la réactance n'est pas indépendante de la fréquence comme l'est la résistance[1]. Plus la fréquence est grande, plus sensibles sont les effets de la self-induction, effets qui se traduisent par une réduction de l'intensité du courant et par un décalage de phase de l'intensité par rapport à la force électromotrice.

L'exemple numérique donné plus loin (§ 63) montre comment il faut procéder pour obtenir la courbe de l'intensité. Toutefois, il y a lieu de remarquer que, si les harmoniques ont pour effet de rendre pointue la courbe de force électromotrice, celle de l'intensité, au contraire, prend une forme aplatie. En examinant le cas limite, c'est-à-dire celui d'un circuit dans lequel la résistance est négligeable par

---

1. Cette propriété de la résistance n'est pas rigoureusement exacte, car, comme on le verra dans l'étude des lignes de transmission, les conducteurs de grande section ne sont pas exempts d'inductance.

rapport à l'inductance [l'intensité est alors décalée d'environ 90° par rapport à la force électromotrice (*fig.* 67)], on voit que

$$rI = E - Li'$$

devient alors

$$E = Li',$$

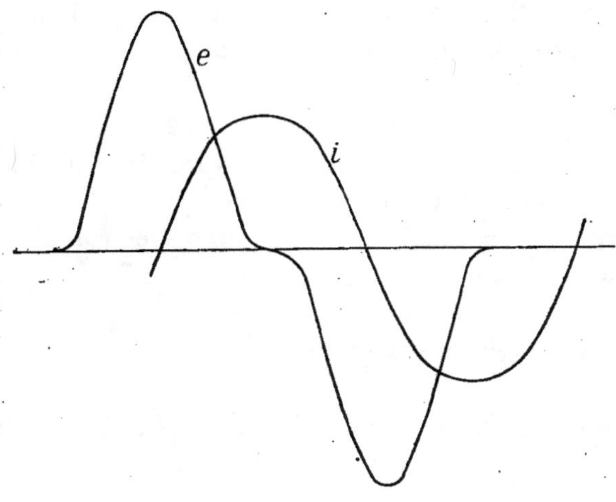

Fig. 67.

c'est-à-dire que les valeurs de i' $\left(i' = \dfrac{di}{dt},\right.$ variation de i pendant l'unité de temps $\Big)$ sont proportionnelles à E.

Il en résulte que l'intensité augmente d'autant plus brusquement que la forme de la courbe de force électromotrice est plus pointue; mais la courbe de l'intensité s'aplatit lorsque la force électromotrice tend à être annulée. Réciproquement, si la forme de la courbe de force électromotrice est aplatie, par suite de la présence de certains harmoniques déterminés, et si la réactance du circuit est grande par rapport à la résistance, la forme de la courbe de l'intensité devient pointue.

Lorsque le circuit présente une perméabilité constante, ce qui se produit pour l'intensité se produit également pour le flux. Or, le fer n'ayant pas une perméabilité constante, il en résulte qu'en général la courbe du flux diffère de celle de l'intensité et a ordinairement une forme plus aplatie.

A égalité de valeur efficace, une courbe d'intensité affectant une forme aplatie est préférable, en ce qui concerne les phénomènes d'hystérésis, parce que les pertes dues à ces phénomènes dépendent de la valeur maximum du flux. A cet égard, les courbes de force électromotrice ayant une forme allongée sont préférables à celles qui ont une allure parfaitement sinusoïdale.

63. EXEMPLE NUMÉRIQUE. — Trouver l'expression de l'intensité du courant dans un circuit pour lequel $r = 0,001$ ohm, $L = 0,5$ henry et $f = 50$, lorsque la force électromotrice agissante est de la forme

$$e = 50 \sin \omega t + 20 \sin \left(3\omega t + \frac{\pi}{3}\right).$$

En développant, comme on l'a précédemment indiqué, on obtient

$$I_{I_0} = 0,32 \qquad \varphi_1 = 89° 38'$$
$$I_{III_0} = 0,042 \qquad \varphi_2 = 89° 52$$

L'équation de l'intensité est donc

$$i = 0,32 \sin (\omega t - 89° 38') + 0,042 \sin \left(3\omega t + \frac{\pi}{3} - 89° 52'\right).$$

64. Courbes sinusoïdales équivalentes. — Signification de l'expression facteur de puissance. — Dans le paragraphe 62, on a admis le principe de la superposition des effets ; on peut maintenant compléter cette étude en disant que chaque courant produit dans le circuit un effet particulier, comme si les autres n'existaient pas et que l'effet résultant est la somme des effets particuliers. En se fondant sur cette assertion, si on a un courant d'intensité

$$i = I_{I_0} \sin (\omega t - \varphi_1) + I_{III_0} \sin (3\omega t - \varphi_3),$$

la valeur efficace de i sera, d'après ce qui a été déjà dit,

$$I_e^2 = \frac{I_{I_0}^2}{2} + \frac{I_{III_0}^2}{2},$$

expression qu'il est facile de démontrer.

En effet, on a

$$i^2 = I_{I_0}^2 \sin^2(\omega t - \varphi_1) + I_{III_0}^2 \sin^2(3\omega t - \varphi_3) + 2 I_{I_0} I_{III_0} \sin(\omega t - \varphi_1)\sin(3\omega t - \varphi_3)$$

et, par conséquent,

$$\text{valeur moyenne } i^2 = I_e^2 = \frac{1}{2} I_{I_0}^2 + \frac{1}{2} I_{III_0}^2 +$$

$$+ I_{I_0} I_{III_0} \text{ valeur moyenne } \big\{ 2 \sin(\omega t - \varphi_1)\sin(3\omega t - \varphi_3) \big\}.$$

En général, on a

$$2 \sin \alpha \sin \beta = \cos(\alpha - \beta) - \cos(\alpha + \beta),$$

différence de deux fonctions sinusoïdales. Puisque **leur valeur moyenne** particulière par période est nulle, **la valeur moyenne** de leur différence reste également nulle.

On a donc, par conséquent,

$$I_0^2 = \frac{1}{2} I_{I_0}^2 + \frac{1}{2} I_{III_0}^2,$$

ce qu'il fallait démontrer, résultat que l'on peut étendre à un nombre quelconque d'harmoniques composants.

En effectuant l'extraction de la racine, **on a**

$$I_e = \frac{1}{\sqrt{2}} \sqrt{I_{I_0}^2 + I_{III_0}^2}.$$

On arrive **ainsi à** ce résultat important que *la valeur efficace d'une fonction périodique complexe est égale à la racine carrée de la somme des carrés des amplitudes de ses sinusoïdes composantes divisée par $\sqrt{2}$*. Cette valeur dépend uniquement des amplitudes et est tout à fait indépendante de leurs phases respectives.

Pour le cas de la puissance, on arrive à cet autre résultat important : *La puissance d'un courant alternatif quelconque est égale à la somme des puissances particulières de ses harmoniques composants.*

Alors, à l'aide de trois instruments : voltmètre, ampèremètre et wattmètre, on relève les valeurs efficaces de la tension agissant dans le circuit, de l'intensité du courant qui le traverse et de la puissance moyenne développée ; quoique l'on sache que les courbes de la tension et de l'intensité ne sont pas sinusoïdales, on peut admettre que le phénomène est dû à une tension et à une intensité de courant sinusoïdales décalées entre elles d'un angle dont le cosinus est le rapport entre les watts utiles et les watts apparents. Ces deux courbes ont reçu le nom de *courbes équivalentes*, précisément parce que leurs valeurs efficaces correspondent à celle de la fonction complexe dont, en réalité, dépend le phénomène. C'est pour cela que le *facteur de puissance k*, exprimé comme le cosinus d'un angle de retard, n'a aucune signification lorsque les courbes représentatives de la tension et de l'intensité sont plus ou moins déformées, telles qu'elles se présentent en réalité dans les circuits parcourus par des courants alternatifs ; mais ce facteur de puissance peut prendre une signification, lorsque l'on considère les courbes équivalentes qui, ayant les mêmes valeurs efficaces que les courbes réelles, produisent la même puissance vraie.

Donc, en général, à une courbe déformée représentant une grandeur électrique alternative, on peut substituer une courbe équivalente ayant même valeur efficace, mais de phase convenable. C'est à ce point de vue que l'on peut, d'ores et déjà, considérer les diverses grandeurs électriques (force électromotrice, tension, intensité, flux) comme ayant une allure simplement sinusoïdale. Cela facilite énormément la solution des divers problèmes, en ce sens que, si le phénomène a réellement une allure simplement harmonique, il n'est pas nécessaire d'effectuer de substitution ; si, au contraire, l'allure est complexe, il faut substituer à la courbe une courbe sinusoïdale équivalente, ayant une valeur efficace identique, mais convenablement décalée de phase. Il ne faut pas oublier que cette simplification ne peut être employée lorsque les courbes sont fortement déformées, principalement si le circuit présente de la capacité et de la self-induction, c'est-à-dire s'il alimente des moteurs synchrones.

CHAPITRE VII

EFFETS PRODUITS PAR UNE CAPACITÉ DANS UN CIRCUIT PARCOURU PAR UN COURANT ALTERNATIF.

65. Circuit comprenant une seule capacité. — Les phénomènes auxquels donne lieu l'intercalation d'une capacité dans un circuit parcouru par un courant alternatif ont été exposés dans le chapitre vii du tome I au seul point de vue physique et descriptif; il est nécessaire maintenant de considérer ces mêmes phénomènes au point de vue des calculs que l'on peut avoir à effectuer.

Le cas le plus simple est celui d'un condensateur intercalé entre deux points entre lesquels existe une différence de potentiel alternative (*fig.* 68). Il convient de rappeler que

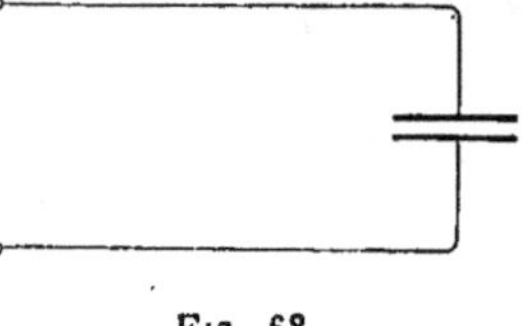

Fig. 68.

$$q = CU \qquad (30)$$

(Voir tome I, § 42).

La quantité d'énergie accumulée dans un condensateur chargé est facile à calculer. Si u croît proportionnellement avec q, pour une augmentation de la quantité d'électricité Δq dans le condensateur, il y a augmentation de la différence de potentiel Δu entre ses armatures. Il faut retenir que, dans l'intervalle de temps pendant lequel la charge augmente de Δq, la différence de potentiel entre les armatures acquiert une valeur moyenne u, et l'énergie accumulée pendant ce laps de temps est $u\Delta q$, représentée graphiquement par l'aire d'un trapèze *abcd* (*fig.* 69). Il s'ensuit que l'aire oUq représente l'énergie accumulée dans le condensateur, lorsque la différence de potentiel entre les armatures est égale à U ; on a donc

$$\text{énergie accumulée} = \tfrac{1}{2}\,qU = \tfrac{1}{2}\,CU^2 = \tfrac{1}{2}\,q^2\,\tfrac{1}{C}.$$

Ainsi, pour un condensateur ayant une capacité de 2,5 microfarads dont les armatures sont soumises à une tension de 1 000 volts (non alternative bien entendu), l'énergie accumulée a pour valeur

$$\tfrac{1}{2}\,0,000\,0025\,.\,(1\,000)^2 = 1,25 \text{ joule,}$$

ce qui équivaut à

$$1,25\,.\,0,102 = 0,1275 \text{ kilogrammètre.}$$

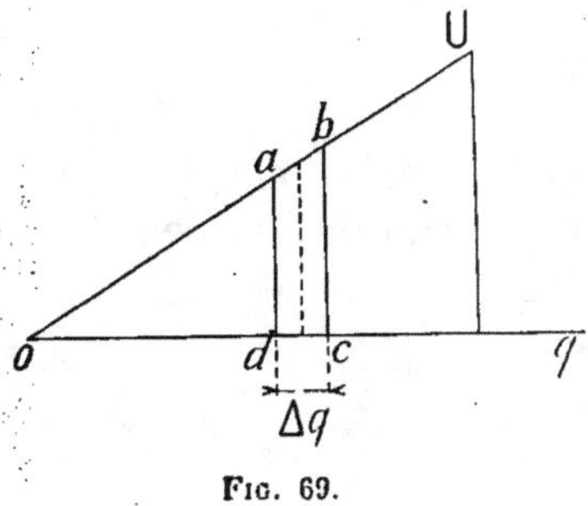

Fig. 69.

En ce qui concerne le courant de charge ou de décharge, il y a lieu de remarquer que, si Δq est la quantité élémentaire d'électricité transportée pendant le temps Δt, l'intensité du courant pendant ce laps de temps est donnée par

$$i\Delta t = \Delta q,$$

et par suite

$$i = \frac{\Delta q}{\Delta t} = C\,\frac{\Delta u}{\Delta t}.$$

et enfin, à la limite, la valeur instantanée du courant de charge ou de décharge est donc

$$i = \frac{dq}{dt} = C\,\frac{du}{dt}. \tag{31}$$

Pour que i soit de même signe que Δq ou Δu, il faut que i soit positif lorsque u augmente (variation positive) et négatif lorsque u diminue (variation négative). Le courant qui traverse le condensateur précède donc de $\dfrac{\pi}{2}$ $\left(\dfrac{1}{4}\ \text{de période}\right)$ la tension aux bornes, lorsque cette tension varie comme les ordonnées d'une sinusoïde (*fig.* 70).

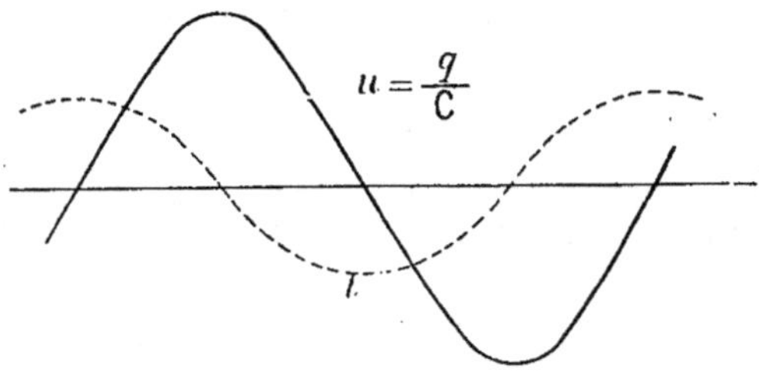

Fig. 70.

Dans ces conditions, si on représente la charge q par un vecteur tournant Q_0 ($Q_0 =$ valeur maximum), l'intensité i du courant est représentée par un autre vecteur tournant I_0 ($I_0 =$ valeur maximum de l'intensité) décalé de $\dfrac{\pi}{2}$ en avance par rapport à Q_0 (*fig.* 71).

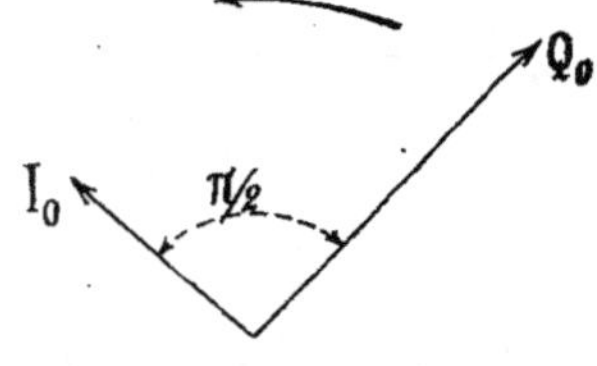

Fig. 71.

On sait (§ 3) que l'amplitude d'un vecteur représentant les variations d'une autre fonction vectorielle est donnée par l'amplitude de cette dernière multipliée par la pulsation ; par conséquent

$$I_0 = \omega Q_0 = \omega C U_0.$$

De cette expression on déduit

$$U_0 = \frac{I_0}{\omega C}. \tag{32}$$

Cette expression montre que, si l'on intercale un condensateur dans un circuit parcouru par un courant alternatif d'intensité maximum I_0, la différence de potentiel produite par ce condensateur dans le circuit est inversement proportionnelle à la pulsation ω et à la capacité. Ce phénomène présente des inconvénients dans la pratique, parce que, si l'on limite l'action du condensateur au rôle de produire un effet inverse à celui de la self-induction (voir tome I, § 45), on n'obtient des tensions modérées antagonistes U_0 que par l'emploi de très grandes capacités, étant donné les faibles fréquences (environ 50) que l'on utilise actuellement. Dans le cas de tensions très élevées, lorsqu'il s'agit de combattre les effets d'une self-induction également très grande, le condensateur peut être avantageusement utilisé dans la pratique, d'autant mieux qu'alors, avec une intensité modérée du courant et pour une tension donnée maximum U_0 à produire, C diminue dans la même proportion que I.

Il est utile toutefois de faire remarquer que le prix d'un condensateur s'élève rapidement avec la valeur de la tension, ce qui compense l'avantage provenant d'une capacité plus faible. L'emploi économique des condensateurs est donc limité aux cas où l'on se trouve en présence de fréquences élevées.

En rappelant l'observation faite § 44, tome I, qui dit que l'effet de la différence de potentiel u existant entre les armatures du condensateur est égal à celle d'une force électromotrice alternative de sens contraire et d'égale amplitude agissant dans le circuit, on peut généralement remplacer le condensateur par une force électromotrice alternative ayant pour valeur maximum $\dfrac{I_0}{\omega C}$ et décalée en avance de $\dfrac{\pi}{2}$ sur l'intensité du courant traversant le circuit. La quantité $\dfrac{1}{\omega C}$ est appelée capacitance.

Si la tension à ses bornes est alternative, l'intensité du courant qui la traverse, d'après la formule (31), a pour valeur

$$i = U_0 \omega C \cos \omega t$$
$$i = \frac{U_0}{\dfrac{1}{\omega C}} \sin\left(\omega t + \frac{\pi}{2}\right).$$

66. Circuit présentant de la self-induction et de la capacité. — Si le circuit comprend un condensateur et des

appareils dans lesquels le courant alternatif produit un flux
alternatif (*fig.* 72), il est évident qu'à chaque instant la force
électromotrice de l'alternateur doit équilibrer la somme de
trois forces électromotrices : celle absorbée par la résistance
ohmique de la totalité du circuit, celle due aux variations du flux
et celle produite par les variations de charge du condensateur.
A un instant quelconque, cette
somme est, par conséquent,

$$ri + Li' + u,$$

u étant la différence de potentiel
aux bornes du condensateur à
l'instant considéré.

En employant la méthode graphique, l'on a trois vecteurs

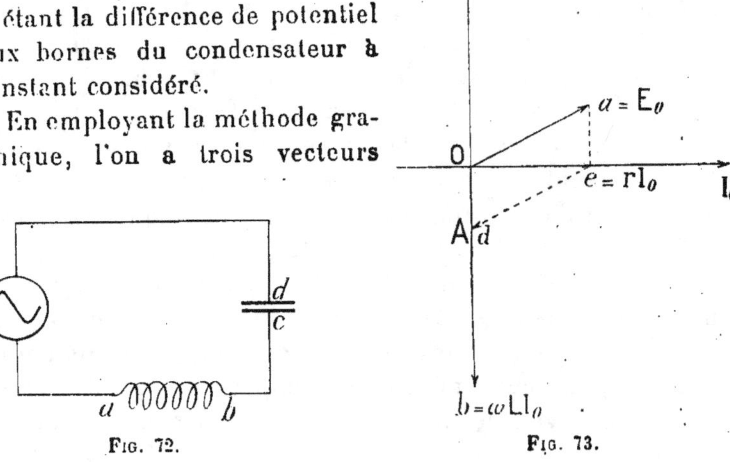

Fig. 72.   Fig. 73.

(*fig.* 73) : l'un rI_0 en concordance de phase avec l'intensité,
un deuxième $\omega L I_0$ en retard de $\dfrac{\pi}{2}$ sur l'intensité et enfin un
troisième $\dfrac{I_0}{\omega C}$ en avance de $\dfrac{\pi}{2}$ sur l'intensité.

Ces deux derniers, additionnés algébriquement, donnent un
vecteur résultant OA. La valeur rI_0 doit être la résultante
de OA et de E_0, valeur maximum de la force électromotrice
nécessaire pour produire l'intensité maximum du courant I_0
dans le circuit. La figure 73 est la représentation vectorielle
de la figure 59, tome I. Les vecteurs a, b, c, d, e correspondent
aux sinusoïdes de cette figure.

Le diagramme n'est nullement modifié (sauf l'échelle) si, au lieu de considérer les valeurs maxima des grandeurs alternatives, on considère leurs valeurs efficaces.

D'après le graphique (*fig.* 73), on a

$$OA = I_0 \left(\omega L - \frac{1}{\omega C} \right)$$

et, par suite,

$$E_0^2 = r^2 I_0^2 + I_0^2 \left(\omega L - \frac{1}{\omega C} \right)^2 = I_0^2 \left\{ r^2 + \left(\omega L - \frac{1}{\omega C} \right)^2 \right\},$$

d'où l'on tire

$$E_0 = I_0 \sqrt{ r^2 + \left(\omega L - \frac{1}{\omega C} \right)^2 }$$

et aussi

$$I_0 = \frac{E_0}{\sqrt{ r^2 + \left(\omega L - \frac{1}{\omega C} \right)^2 }}.$$

Si l'équation de la force électromotrice agissante est

$$e = E_0 \sin \omega t$$

alors

$$i = \frac{E_0}{\sqrt{ r^2 + \left(\omega L - \frac{1}{\omega C} \right)^2 }} \sin \omega t - \varphi, \tag{33}$$

et le retard φ est donné par l'expression

$$\tan \varphi = \frac{\omega L - \frac{1}{\omega C}}{r}. \tag{34}$$

Comme on le voit, la présence d'un condensateur produit l'effet d'une self-induction négative et, par conséquent, tend à annuler les effets de la self-induction du circuit.

Si l'inductance prédomine :

$$\omega L > \frac{1}{\omega C},$$

l'angle φ est positif et l'intensité est décalée en retard par rapport à la force électromotrice ; si, au contraire, la capacitance est prédominante :

$$\frac{1}{\omega C} > \omega L,$$

alors φ est négatif et le retard se change en **avance** ; l'intensité du courant est alors en avance de phase sur la force électromotrice agissant dans le circuit.

La quantité

$$\omega L - \frac{1}{\omega C} \qquad (35)$$

est appelée *réactance totale* du circuit.

Lorsque $L = 0$, alors

$$i = \frac{E_0}{\sqrt{r^2 + \frac{1}{\omega^2 C^2}}} \sin(\omega t - \varphi) \qquad \text{et} \qquad \tan\varphi = -\frac{1}{\omega C r}$$

Donc, la présence d'un condensateur tend à réduire l'efficacité de la force électromotrice agissante par rapport à l'intensité du courant produit. Si $C = 0$, $i = 0$ et le courant ne peut s'établir dans le circuit ; c'est ce qui se produit dans le cas d'une interruption de ce dernier.

Si au contraire $C = \infty$, tout se passe comme s'il n'y avait pas de condensateur.

L'action d'un condensateur se réduit par conséquent à une *impédance* que l'on peut exprimer symboliquement par

$$(Z) = r + j\,\frac{1}{\omega C}.$$

L'impédance totale d'un circuit comprenant une résistance, une self-induction et une capacité en série est donc

$$(Z) = r - j\left(\omega L - \frac{1}{\omega C}\right). \qquad (36)$$

67. Exemple numérique. — Soit, par exemple, une tension efficace de 500 volts avec une fréquence $f = 50$ produite par un alternateur. On applique cette tension aux extrémités d'un circuit ayant une résistance de 5 ohms et pour lequel le coefficient de self-induction est $L = 0,2$ henry ; un condensateur ayant une capacité $C = 20$ microfarads est intercalé dans ce circuit. Calculer la valeur efficace de l'intensité dans le circuit et la tension efficace aux bornes du condensateur et de la bobine inductive.

L'impédance totale est

$$(Z) = r - j \left(\omega L - \frac{1}{\omega C} \right) = 5 - j \left(314 \cdot 0,2 - \frac{1}{314 \cdot 0,00002} \right).$$

$$(Z) = 5 - j \left(62,8 - \frac{1}{0,00620} \right) = 5 - j(-96,20),$$

$$Z = \sqrt{25 + (-96,20)^2} = 96,25 \text{ ohms.}$$

Par conséquent, l'intensité efficace du courant est

$$I_e = \frac{500}{96,25} = 5,20 \text{ ampères.}$$

Le retard de phase est donné par l'expression

$$\tan g\, \varphi = -\frac{96,20}{5} = -19,24,$$

ce qui correspond à

$$\varphi = 87° 4' 20'',$$

c'est-à-dire que l'intensité est décalée en avance d'environ 87°.

La tension efficace aux bornes de la bobine inductive est

$$\omega L I_e = 62,8 \cdot 5,20 = 326,56 \text{ volts,}$$

et aux bornes du condensateur

$$\frac{I_e}{\omega C} = \frac{5,20}{0,00628} = 828 \text{ volts,}$$

tension supérieure de 62 % à la tension efficace aux extrémités du circuit.

68. Condition de résonance. — La formule (36) donnant

l'impédance totale d'un circuit :

$$(Z) = r - j \left(\omega L - \frac{1}{\omega C} \right),$$

montre comment la capacitance tend à annuler les effets de l'inductance, ainsi qu'on l'a déjà exposé dans le tome I, § 45. Les deux effets tendent à se neutraliser et cette neutralisation est complète lorsque

$$\omega L = \frac{1}{\omega C},$$

c'est-à-dire lorsque se vérifie la condition dite *condition de résonance :*

$$\omega^2 LC = 1.$$

Il faut remarquer que

$$\omega = \frac{2\pi}{T};$$

il y a donc résonance lorsque

$$T = 2\pi \sqrt{LC}. \tag{37}$$

Dans ce cas, l'impédance se réduit à la seule résistance ohmique du circuit, l'intensité du courant reste en concordance de phase avec la force électromotrice agissante dont l'efficacité n'est pas modifiée.

La conception de la résonance est rendue évidente par ce fait que le second membre de l'égalité (37), $2\pi \sqrt{LC}$, est la *période propre d'oscillation du circuit* (Voir la note à la fin de ce chapitre).

Les tensions élevées que l'on constate dans ces conditions aux extrémités de certaines parties du circuit s'expliquent, au point de vue physique, par ce fait que la force électromotrice agissante ne fait que provoquer les oscillations propres du circuit. C'est ainsi qu'un pendule qui reçoit à intervalles réguliers une légère impulsion et dont les intervalles se suivent avec une périodicité qui est précisément celle qui correspond à ses propres oscillations, voit son mouvement s'amplifier de plus

en plus. C'est précisément par la superposition rythmique
d'impulsions, ayant même période que celle du système que
l'on veut faire vibrer ou osciller, que s'expliquent tous les phénomènes de résonance.

Dans le cas déjà examiné, si on suppose que $C = 50$ microfarads, de manière que

$$\omega L = 62{,}8 = \frac{1}{314 \cdot 0{,}000\,050},$$

l'intensité du courant devient alors

$$I_e = \frac{500}{5} = 100 \text{ ampères.}$$

La tension efficace aux bornes de la bobine inductive ou
bien aux bornes du condensateur est alors

$$62{,}8 \cdot 100 = 6\,280 \text{ volts,}$$

valeur qui est 12 fois plus élevée que la tension normale, qui
est de 500 volts.

Il faut, par suite, prendre de très grandes précautions dans
la manœuvre des appareils montés de cette manière lorsque
les effets de résonance peuvent se produire, tant au point de
vue de la sécurité des personnes que pour éviter la détériora-
tion des appareils.

La surélévation de tension est due à ce fait qu'en éliminant
la réactance, le courant prend instantanément une intensité
très grande. Pour atténuer cet effet, s'il n'est pas possible
de modifier la réactance, il suffit d'intercaler dans le circuit
de grandes résistances ohmiques. Mais, si l'élévation de tension ne cause aucun danger, on peut alors disposer le
circuit pour obtenir la condition de résonance afin d'augmenter l'intensité du courant, étant admis que l'on n'a recours à
cet expédient que tout autant que la force électromotrice ou la
tension agissante ne permet pas d'obtenir le résultat voulu.

Les phénomènes qui font que des câbles sont détériorés, phénomènes dont il a été déjà question dans le § 45 du tome I et

dont on aura encore à s'occuper à propos des conducteurs pour courant alternatif (chap. XIX), sont précisément causés par des effets de résonance qui se produisent dans certains cas particuliers.

69. Circuit comprenant une bobine de self-induction et une capacité en dérivation.

— Dans ce cas, ce ne sont pas les diverses forces électromotrices que l'on doit ajouter géométriquement pour obtenir la valeur de la force électromotrice nécessaire pour produire un courant d'intensité déterminée, mais bien les diverses intensités de courant afin de connaître la valeur totale de l'intensité dans le circuit.

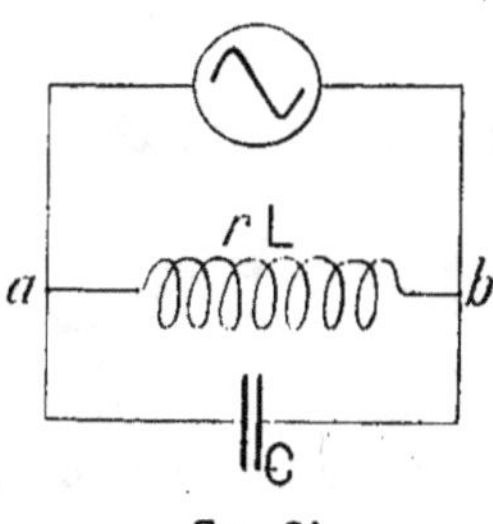

Fig. 74.

Si U est la différence de potentiel existant entre les points a, b (*fig.* 74), la valeur maximum de l'intensité dans la bobine de self-induction est[1]

$$I_{s_0} = \frac{U_0}{\sqrt{r^2 + \omega^2 L^2}}. \qquad \tang \varphi_s = \frac{\omega L}{r};$$

tandis que, dans le condensateur, l'intensité est

$$I_{c_0} = \frac{U_0}{\frac{1}{\omega C}} = \omega C U_0, \qquad \varphi_c = -\frac{\pi}{2},$$

φ indiquant toujours un décalage en retard.

L'intensité totale du courant (*fig.* 75) est donnée par la somme géométrique des deux intensités I_{s_0} et I_{c_0}.

Le problème se résout facilement en calculant l'*admittance* totale du groupe. On a

$$(Z_s) = r - j\omega L \qquad \text{et} \qquad (Z_c) = j\frac{1}{\omega C}.$$

---

1. Dans les formules de ce paragraphe, les quantités affectées de l'indice s se rapportent aux parties du circuit dans lesquelles il se produit des phénomènes de self-induction ; celles qui sont affectées de l'indice c se rapportent à celles dans lesquelles il y a un condensateur.

D'après ce qui a été dit § 34,

$$(Y_s) = \frac{r}{r^2 + \omega^2 L^2} + j\frac{\omega L}{r^2 + \omega^2 L^2} \qquad \text{et} \qquad (Y_c) = -j\,\frac{\dfrac{1}{\omega C}}{\dfrac{1}{\omega^2 C^2}} = -j\omega C.$$

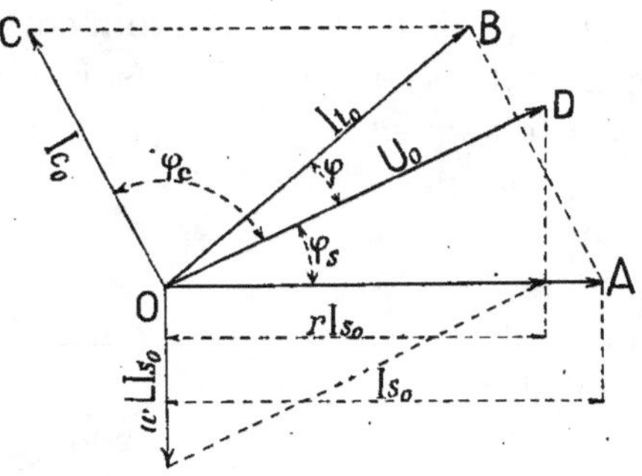

Fig. 75.

Par conséquent,

$$(Y_t) = \frac{r}{r^2 + \omega^2 L^2} + j\left\{ \frac{\omega L}{r^2 + \omega^2 L^2} - \omega C \right\}$$

et l'intensité est

$$I_{t_0} = U_0 Y. \tag{38}$$

La différence de phase entre l'intensité totale et la tension U_0 est donnée par

$$\operatorname{tang}\varphi = \frac{\dfrac{\omega L}{r^2 + \omega^2 L^2} - \omega C}{\dfrac{r}{r^2 + \omega^2 L^2}}$$

ou bien

$$\operatorname{tang}\varphi = \frac{\omega L - \omega C\,(r^2 + \omega^2 L^2)}{r}. \tag{39}$$

70. Si la capacité était variable, le vecteur $OC = I_{c_0}$ changerait d'amplitude; mais rien ne serait modifié en ce qui concerne la différence de phase. L'intensité totale I_{t_0} atteindrait *sa valeur minimum* pour $\varphi = 0$, parce que, dans ce cas, elle coïnciderait avec le vecteur U_0 qui est perpendiculaire à AB équivalent à I_{c_0}. Avec une capacité plus petite ou plus grande que celle qui correspond à ce cas particulier, l'intensité I_{t_0} est toujours plus grande ; mais, dans le premier cas, l'intensité est décalée en retard par rapport à U_0 et, dans le second cas, elle est décalée en avance.

On a déjà expliqué (§ 46, tome I) comment l'on doit interpréter physiquement ce fait que l'intensité totale du courant circulant dans la ligne peut être en concordance de phase avec la tension U_0. Avec l'aide des vecteurs, l'explication de ce fait est rendue plus claire. En décomposant I_s en deux composantes (*fig.* 76), l'une I_a active et l'autre I_μ magnétisante, si cette dernière est égale à I_c, il se produit dans le circuit local constitué par la bobine de self-induction et le condensateur un courant local qui ne se propage pas dans les autres parties du circuit.

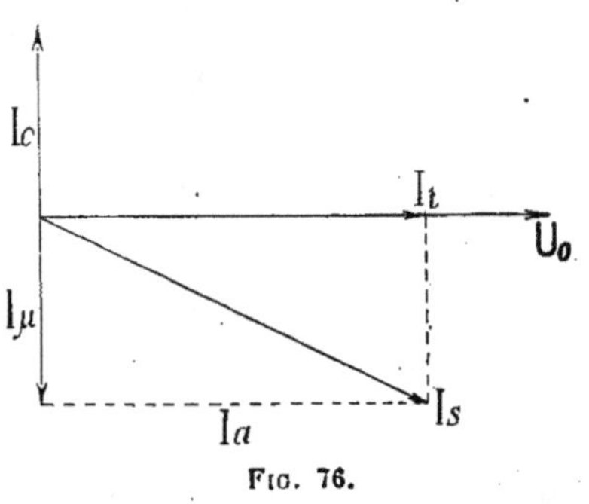

Fig. 76.

La capacité C qui convient dans ce cas, pour un circuit inductif déterminé, s'obtient immédiatement par l'expression (39) dans laquelle on fait $\varphi = 0$:

$$\omega L - \omega C \, (r^2 + \omega^2 L^2) = 0,$$

d'où l'on tire

$$C = \frac{L}{r^2 + \omega^2 L^2}.$$

En conséquence de ce qui précède, si l'on place en dérivation aux bornes d'un appareil présentant de la self-induction un condensateur approprié, l'intensité du courant dans la ligne peut être très inférieure à celle du courant qui circule dans cet appareil ou dans le condensateur. Il suffit d'intercaler deux ampèremètres, l'un dans le fil de ligne, l'autre entre les points a et b (*fig.* 74), pour mettre le fait en évidence.

Ce cas est analogue à celui de la surélévation de tension dont il a été question dans le § 68 à propos de la résonance (Voir également, tome I, § 45 et 46).

L'augmentation de l'intensité du courant dans un circuit comprenant une self-induction et une capacité en dérivation peut être mise en évidence à l'aide du dispositif mécanique suivant.

Un axe rigide porte à l'une de ses extrémités un poids et à l'autre un ressort en spirale dont la partie inférieure est fixe. En appliquant une corde sur le milieu de l'axe et en faisant agir sur cette corde une force alternative, on constate que les déplacements de l'extrémité de l'axe sont grandement amplifiés comparativement aux déplacements que subit le point d'application de la force alternative sur la corde.

71. Exemple numérique. — Aux extrémités d'une ligne de transmission à courant alternatif simple sous la tension de 1 000 volts efficaces, est intercalé un moteur qui consomme 100 ampères en fournissant une puissance déterminée ; un wattmètre intercalé dans le circuit indique que la puissance vraie absorbée n'est que de 86 kilowatts. La fréquence étant de 50 périodes par seconde, trouver la capacité du condensateur qui, monté en dérivation, réduit la puissance apparente à la valeur de la puissance réelle.

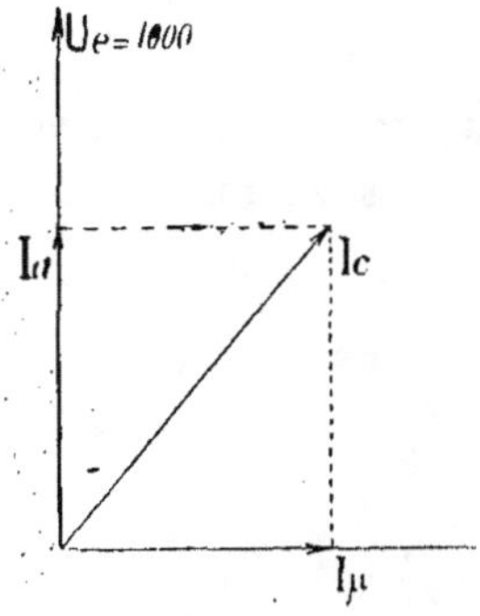

Ce cas est assez complexe, parce que jusqu'à présent on n'a pas examiné le cas d'un courant alternatif qui, indépendamment de l'échauffement des conducteurs et de la production d'un champ alternatif, fournit encore un travail extérieur. Mais les considérations qui vont être développées permettront de voir immédiatement de quelle manière ce cas particulier doit être traité.

Fig. 77.

Si la puissance réelle est de 86 kilowatts, tandis que la puissance apparente est de 100 kilovolts-ampères, l'intensité est décalée en retard sur la tension d'un angle φ dont la valeur est

$$\cos\varphi = \frac{86}{100} = 0,86, \qquad \varphi = 30^\circ 40'.$$

L'intensité du courant qui traverse le moteur a une composante énergétique

$$I_a = 100 \cdot 0,86 = 86 \text{ ampères}$$

et une composante magnétisante

$$I_\mu = 100 \sin\varphi = 100 \cdot 0,51 = 51 \text{ ampères.}$$

Le courant énergétique I_a sert à compenser les pertes produites par l'échauffement des enroulements, par les frottements, par la production de courants de Foucault et par hystérésis (il sera traité de ces dernières pertes dans le chapitre suivant) et enfin à produire le travail extérieur.

La composante magnétisante I_μ sert à maintenir le champ magnétique alternatif et c'est celle que le condensateur doit alternativement absorber et restituer. Par conséquent, cette composante doit avoir pour valeur

$$I_\mu = I_c = \omega U.$$

On a déjà donné l'expression

$$I_{c_0} = \omega C U_0$$

comme représentant la valeur maximum; mais cette expression est également valable pour représenter la valeur efficace. En substituant, on a, par conséquent,

$$51 = 1\,000\omega C,$$

et, puisque $\omega = 314$, on a

$$C = \frac{51}{314\,000} = 0,000\,165 \text{ farad,}$$

c'est-à-dire que, pour obtenir le résultat cherché, il faut un condensateur ayant une capacité de 165 microfarads.

72. Effet produit par les harmoniques dans un circuit comprenant un condensateur. — Jusqu'à présent on a toujours supposé que le condensateur était placé en tension ou en dérivation sur un circuit parcouru par un courant alternatif parfaitement sinusoïdal. Lorsqu'il n'en est pas ainsi, il faut décomposer la vraie courbe en ses harmoniques composants, examiner le phénomène dû à chacun de ces harmoniques et effectuer la somme géométrique des divers résultats obtenus.

On a déjà vu que l'inductance a pour effet d'atténuer l'amplitude des harmoniques des ondes du courant et cela parce que

$$I = \frac{U}{\sqrt{r^2 + \omega^2 L^2}}.$$

Plus grande est la valeur que prend ω, plus faible devient la valeur de I.

Dans le cas où il y a un condensateur on a le contraire:

$$I = \frac{U}{\sqrt{r^2 + \dfrac{1}{\omega^2 C^2}}}$$

et on voit que l'effet produit doit être opposé au premier, puisque I prend une valeur d'autant plus grande que ω a lui-même une valeur plus élevée. Au lieu d'atténuer l'amplitude des harmoniques supérieurs comme le fait l'inductance, la capacitance, au contraire, l'augmente en produisant de véritables distorsions.

En appliquant ce qui précède à l'exemple donné par M. Hay[1], dans lequel une différence de potentiel donnée de (*fig.* 78)

$$u = 2\,000 \sin \omega t - 600 \sin 3\omega t$$

est appliquée à un condensateur de 15,9 microfarads de capacité, la fréquence f étant de 100 périodes par seconde, on a

$$\omega = 2\pi f = 200\pi, \qquad 3\omega = 600\pi.$$
$$\omega C = 0,01, \qquad 3\omega C = 0,03.$$

1. Hay, *Alternate Current Working*, p. 191.

Lorsque $i = \omega CU$, l'intensité du courant dans le conden--sateur est donnée par l'expression

$$i = 20 \sin\left(\omega t + \frac{\pi}{2}\right) - 18 \sin\left(3\omega t + \frac{\pi}{2}\right);$$

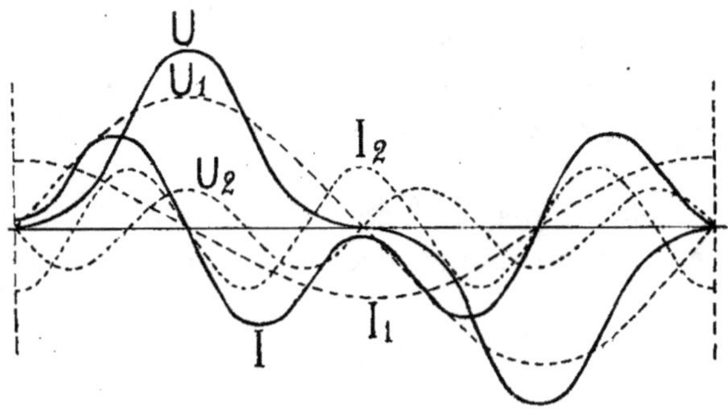

Fig. 78.

comme le montre la figure, la forme de la courbe de l'Intensité s'éloigne beaucoup de celle d'une sinusoïde, tandis que la courbe de la tension, si elle n'est pas une sinusoïde, n'en diffère guère.

73. Impédance réelle présentée par un condensateur.

— On a considéré jusqu'ici le condensateur comme parfait et pouvant restituer lors de la décharge toute l'énergie accumulée pendant la charge. Mais, comme on l'a déjà fait remarquer (§ 47, tome I), le condensateur absorbe une certaine quantité d'énergie w en s'échauffant, par suite d'un phénomène auquel M. Steinmetz a donné le nom d'*hystérésis diélectrique*. Cette quantité d'énergie est proportionnelle au carré de l'intensité du courant qui le traverse, mais le coefficient de proportionnalité x est difficile à déterminer.

Quoi qu'il en soit, le phénomène se présente comme si le condensateur avait une sorte de résistance telle que son impédance doive exactement être exprimée par

$$(Z_c) = r + j \frac{1}{\omega C},$$

l'intensité étant ainsi décalée en avance par rapport à la tension d'une quantité un peu inférieure à $\frac{\pi}{2}$. Évidemment, l'énergie dissipée est égale à $I_a U$ (*fig.* 79) pendant que l'on a toujours

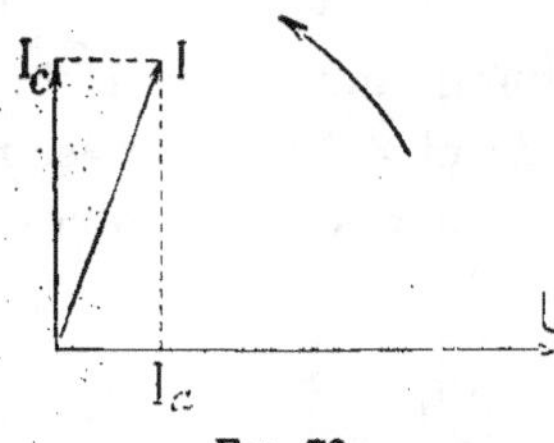

FIG. 79.

$$I_c = \omega C U.$$

74. EXEMPLES NUMÉRIQUES. — 1° Entre les points A et B (*fig.* 80), on maintient une tension sinusoïdale

$$u = U_0 \sin \omega t$$

et l'on intercale un condensateur de capacité C et une bobine de self-induction dont le coefficient de self-induction est L et dont la résistance ohmique est négligeable. Chercher la condition pour laquelle l'intensité

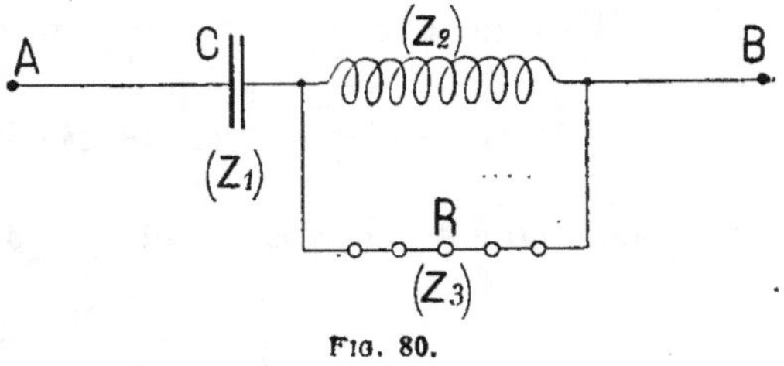

FIG. 80.

du courant dans la résistance non inductive R (constituée par exemple par des lampes à incandescence) et mise en dérivation aux bornes de la bobine de self-induction, est indépendante de la résistance même R (distribution à intensité constante).

Il ne faut pas oublier que, sous réserve de la composition géométrique, les théorèmes de Kirchhoff sont applicables également aux courants alternatifs en substituant aux résistances les impédances particulières.

Dans ces conditions, en supprimant les parenthèses pour plus de simplicité, on a

$$i = \frac{U}{Z_1 + \dfrac{Z_2 Z_3}{Z_2 + Z_3}}$$

comme intensité totale.

Le courant se subdivise proportionnellement aux impédances respectives des deux branches Z_2 et Z_3. En représentant par x et par y les intensités respectives dans chaque branche, on a

$$\frac{x}{\frac{1}{Z_2}} = \frac{y}{\frac{1}{Z_3}} = \frac{i}{\frac{1}{Z_2} + \frac{1}{Z_3}} = \frac{Z_2 Z_3}{Z_2 + Z_3}\, i,$$

d'où

$$y = \frac{Z_2 Z_3}{Z_2 + Z_3} \cdot \frac{1}{Z_3} \cdot i = \frac{Z_2}{Z_2 + Z_3} \cdot \frac{U}{Z_1 + \dfrac{Z_2 Z_3}{Z_2 + Z_3}}$$

$$y = \frac{U Z_2}{Z_1 Z_2 + Z_1 Z_3 + Z_2 Z_3}\cdot$$

Il y a lieu de remarquer maintenant que

$$Z_1 = + j\,\frac{1}{\omega C}, \qquad Z_2 = -\,j\omega L, \qquad Z_3 = R.$$

Par conséquent, en substituant ces valeurs, on obtient :

$$i_3 = -\,\frac{j\omega L U}{\dfrac{L}{C} + Rj\left(\dfrac{1}{\omega C} - \omega L\right)},$$

expression de la forme

$$i_3 = -\,\frac{jd}{a + jb} = \frac{-\,jd\,(a - jb)}{a^2 + b^2}$$

$$i_3 = -\,\frac{bd + jad}{a^2 + b^2}.$$

La valeur absolue de l'intensité i_3 est

$$i_3 = \sqrt{\frac{d^2(a^2 + b^2)}{(a^2 + b^2)^2}} = \frac{d}{\sqrt{a^2 + b^2}}$$

et, par suite, en substituant :

$$i_3 = \frac{\omega L U}{\sqrt{\dfrac{L^2}{C^2} + R^2\left(\dfrac{1}{\omega C} - \omega L\right)^2}}$$

Cette intensité dépend de la valeur de R ; mais, si on choisit

la capacité ou la self-induction de manière à ce qu'il y ait
résonance:

$$\frac{1}{\omega C} = \omega L,$$

on obtient alors le résultat cherché, c'est-à-dire de rendre l'intensité du courant dans le circuit R absolument indépendante
de la résistance et de maintenir, par conséquent, l'intensité
constante, quelles que soient les variations de la résistance.

Ce fait a été signalé, pour la première fois, par M. Boucherot, qui le considère comme un procédé pratique (dans la
limite d'emploi industriel des condensateurs) pour transformer une distribution à potentiel constant en une distribution
à intensité constante. L'intensité constante a pour valeur

$$i_3 = U\omega C = \frac{U}{\omega L}$$

C'est ainsi que, si l'on désire utiliser ce procédé pour rendre
possible l'emploi des nouvelles lampes Auer à filament d'osmium et qui exigent de 20 à 25 volts, en les montant en série
sur un circuit ordinaire à 100 volts efficaces, si les lampes
demandent 1 ampère, la capacité nécessaire pour une fréquence égale à 50 doit être

$$C = \frac{1}{\omega U} = \frac{1}{314 \cdot 100} = 30 \text{ microfarads}$$

et le coefficient de self-induction correspondant,

$$L = \frac{1}{C\omega^2} = \frac{1}{0,00003 \cdot (314)^2} = 0,33 \text{ henry,}$$

2° Par suite de l'impédance du circuit, la tension aux bornes
d'un groupe de lampes (*fig.* 81) s'est abaissée, pour une certaine charge (10 ampères), de 100 volts à 96 volts. Sachant que
la portion de circuit qui se trouve en avant des lampes a
comme résistance $r = 0,2$ ohm, comme coefficient de self-induction $L = 0,01$ henry et que la fréquence $f = 50$, calcu-

ler la capacité du condensateur qu'il convient d'intercaler en

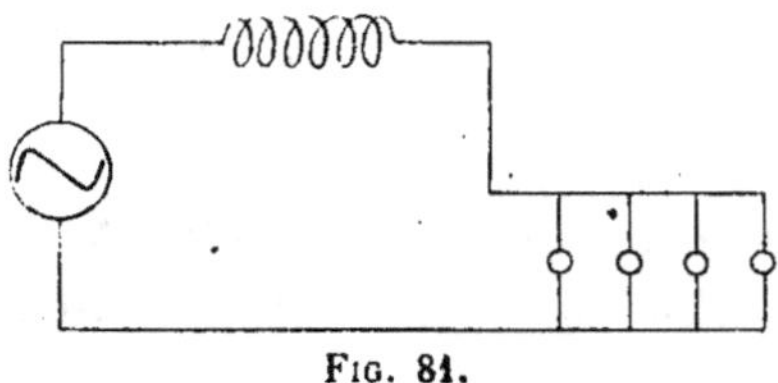

FIG. 81.

série pour élever de nouveau la tension à 100 volts aux bornes du groupe de lampes.

Soient (*fig.* 82)

$$OA = 96$$
$$AB = rI = 2$$
$$BD = \omega LI = 31.$$

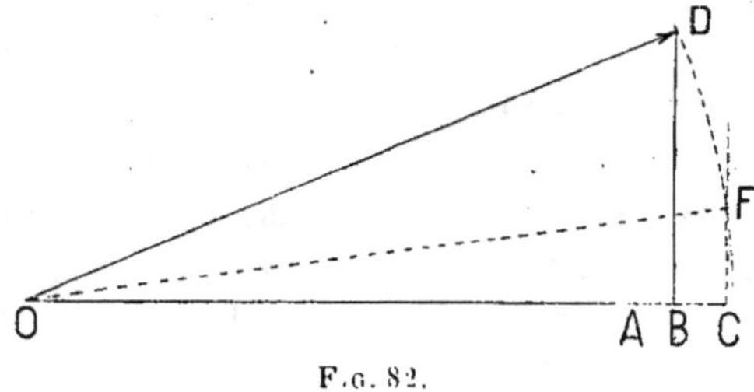

FIG. 82.

$OD = E$, c'est-à-dire la force électromotrice développée par l'alternateur.

En portant $AC = 4$ à l'extrémité de OA, ce qui équivaut à rendre $OA = 100$, on élève par le point C une perpendiculaire jusqu'à la rencontre de F, circonférence décrite avec un rayon égal à E et avec le point O comme centre.

CF donne la valeur de la force électromotrice supplémentaire qui se produit dans le circuit après l'insertion du condensateur, en négligeant l'augmentation que subit AB par suite de l'augmentation de l'intensité.

La force électromotrice est alors donnée par

$$E = \sqrt{(96 + 2)^2 + (31,4)^2} = \sqrt{10\ 500} = 103 \text{ volts.}$$

Si, sous la tension de 96 volts, les lampes consomment 10 ampères, sous 100 volts elles doivent absorber, avec une assez grande approximation, 10,42 ampères et, par conséquent, l'impédance totale du circuit est :

$$Z = \frac{103}{10,42} = 9,88 \text{ ohms.}$$

La résistance du groupe de lampes étant

$$\frac{100}{10,42} = 9,6 \text{ ohms,}$$

l'expression symbolique de (Z) est alors

$$(Z) = (9,6 + 0,2) - j\left(314 \cdot 0,01 - \frac{1}{314C}\right),$$

et en valeur absolue

$$Z^2 = (9,88)^2 = (9,8)^2 + \left(3,14 - \frac{1}{314C}\right)^2,$$
$$(9,88)^2 - (9,8)^2 = 1,57 = \left(3,14 - \frac{1}{314C}\right),$$

expression de laquelle on déduit

$$C = 0,001682 \text{ farad.}$$

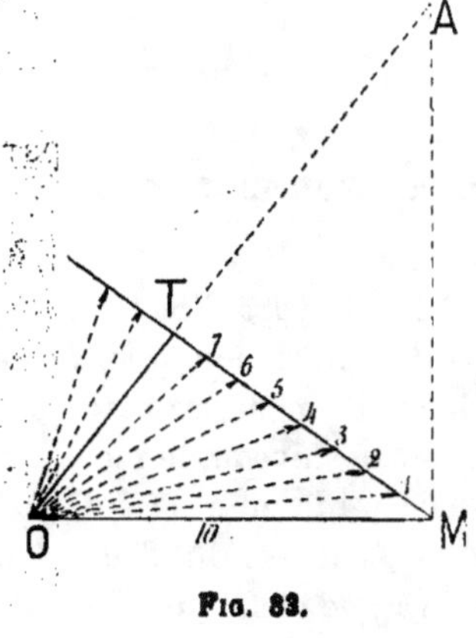

Fig. 83.

Pour obtenir le modeste résultat d'accroître d'environ 4 % la tension aux bornes d'un groupe de lampes absorbant environ 1 kilowatt et cela sans modifier la force électromotrice ni la fréquence, il faudrait utiliser un condensateur d'une capacité de 1 682 microfarads qui, s'il était isolé avec du papier paraffiné, aurait, au minimum, un volume de 1 mètre cube.

3° Trouver la variation de l'intensité totale I_t et la phase φ par rapport à la tension $U = 100$ volts aux bornes d'un alternateur, lorsque la capacité C montée en dérivation sur une bobine de self-induction varie de manière à réaliser successivement pour valeurs de I_c : 1, 2, 3, 4, ... ampères, étant donné que

$$r = 6 \text{ ohms,}$$
$$L = 0,0127 \text{ henry,}$$
$$f = 100.$$

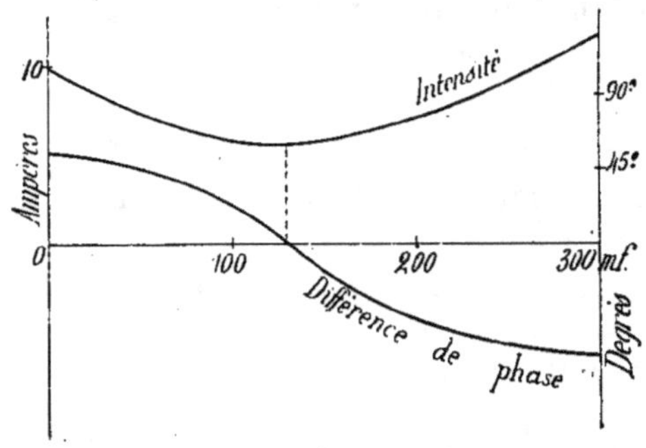

Fig. 84.

La solution de ce problème est donnée par les deux figures 83 et 84.

NOTE

PÉRIODE D'OSCILLATION PROPRE D'UN CIRCUIT

Si l'on considère l'exemple emprunté à l'hydraulique qui a été donné dans le § 45 du tome I, il n'est pas difficile de comprendre pourquoi, lorsque l'on arrête brusquement le mouvement des réservoirs A et B, au moment où ils se trouvent au même niveau, le mouvement du liquide ne cesse pas aussitôt, mais accomplit une série d'oscillations avant de reprendre l'état de repos. Cela est dû d'abord à la force vive acquise qui fait que le diaphragme élastique dépasse sa position d'équilibre et puis à ce que ce même diaphragme, tendant à reprendre sa position d'équilibre, imprime au liquide un mouvement de sens contraire. Ainsi se produit une série continue de transformations de force vive en énergie de déformation élastique et réciproquement, transformations qui donnent lieu à des oscillations qui vont en s'amortissant graduellement, grâce au frottement du liquide sur les parois.

Il en est de même pour un volant muni d'un ressort tendant à le maintenir dans une position déterminée. On sait également que, dans ce cas, le volant une fois déplacé de sa position tend à y revenir, mais en oscillant autour de sa position de repos exactement comme le ferait un pendule. Par suite des frottements, les oscillations s'amortissent graduellement et ont une période constante donnée par l'expression

$$T_0 = 2\pi \sqrt{\frac{K}{C_e}},$$

dans laquelle K est le moment d'inertie du volant et C_e le couple élastique qui entretient l'oscillation, mais correspondant au radian, c'est-à-dire la dérivée première de la puissance par rapport à l'angle absolu décrit par le volant et divisé par la vitesse angulaire.

Par conséquent, si C est le couple élastique pour un déplacement égal à l'unité, θC est le couple pour un déplacement quelconque θ et $\theta C\omega$ est la puissance correspondante à ce moment. Il s'ensuit que

$$C_e = \frac{\frac{\partial}{\partial \theta}(\theta C\omega)}{\omega} = C.$$

Il y a lieu de remarquer que, la quantité ω n'étant pas constante, on devrait introduire ici la conception de la dérivée partielle.

Dans un circuit électrique, il se produit un phénomène qui présente beaucoup d'analogie avec ceux qui précèdent, si ce circuit présente de la self-induction et de la capacité, lorsqu'on interrompt brusquement le courant qui le parcourt. Il se produit alors des oscillations qui décroissent graduellement, c'est-à-dire que le courant est rapidement inversé et s'annule en un temps relativement très court, lorsque l'énergie emmagasinée dans le circuit s'est entièrement transformée en chaleur. La période de cette oscillation est

$$T_0 = 2\pi \sqrt{LC}$$

et l'on peut le démontrer directement ; mais on peut déduire aussi cette période du cas mécanique, si on considère que L (flux total par unité de courant) est assimilable au moment d'inertie du volant. Quant au couple élastique qui maintient l'oscillation, il est à remarquer que, dans le cas électrique, c'est la différence de potentiel existant entre les armatures du condensateur qui maintient l'oscillation.

$$u = \frac{q}{C}.$$

Puisque la quantité d'électricité correspond, dans l'exemple mécanique, au déplacement angulaire, il s'ensuit que la grandeur électrique analogue au couple élastique égal à l'unité est $\frac{1}{C}$. En substituant, on a pour l'exemple électrique l'expression

$$T_0 = 2\pi \sqrt{\frac{L}{\frac{1}{C}}} = 2\pi \sqrt{LC},$$

qui représente ce que l'on appelle *période d'oscillation propre* du circuit.

CHAPITRE VIII

BOBINES DE RÉACTANCE

75. Vecteur du flux lorsque le circuit comporte du fer.
— Le flux produit par un courant alternatif est également une
grandeur alternative et conséquemment peut être représenté
par un vecteur, à la condition toutefois que le courant alternatif ait une allure sinusoïdale, que le coefficient de perméabilité soit constant et que le phénomène d'hystérésis soit négligeable. Mais, si ces conditions ne sont pas remplies, on peut
considérer le flux comme une grandeur alternative pouvant
être représentée par un vecteur tournant et il devient alors
nécessaire d'exposer certaines considérations pour justifier ce
mode de représentation.

En effet, si le circuit comporte du fer, le travail d'hystérésis déforme la courbe du flux, qui n'est plus sinusoïdale, alors
que celle de l'intensité l'est; mais, réciproquement, on peut
toujours trouver une forme de courbe d'intensité telle que le
flux produit par le courant ait une allure parfaitement harmonique et cette courbe est facile à déterminer.

Soit :

$$\mathfrak{B} = \mathfrak{B}_0 \cos \omega t,$$

l'induction produite par le courant dont la forme de la courbe
est à déterminer. On suppose connu le cycle d'hystérésis du fer
employé pour une induction maximum $\mathfrak{B}_0$, cycle qui, comme
on le sait, est indépendant du temps employé pour l'effectuer.

Soit $A\mathfrak{B}_0C...$ (*fig.* 85) la courbe représentant l'induction

$\mathfrak{B} = \dfrac{\Phi}{S}$ en fonction du temps. Si $\mathfrak{F}$ est la force magnétomotrice $4\pi ni$ (i étant exprimé en unités *G. G. S.*), on a :

$$\Phi = \frac{\mathfrak{F}}{\mathfrak{R}}, \qquad \mathfrak{B} = \frac{\mathfrak{F}}{\mathfrak{R}S}.$$

On prend alors sur la courbe du flux un point P où l'induction est PP'. A ce point correspond sur le cycle d'hystérésis le point p de la branche ascendante, qui permet de déterminer la force magnétromotrice Op' et, par conséquent, la **valeur** de l'intensité du courant qui est proportionnelle à cette force. **On**

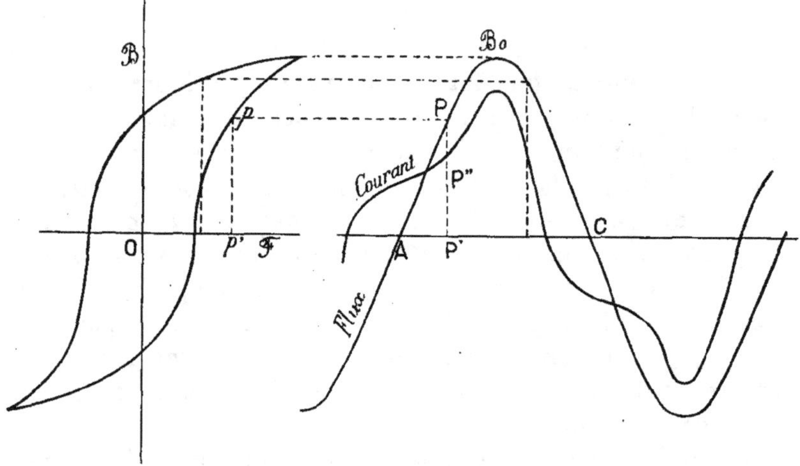

Fig. 85.

porte alors la valeur de cette intensité en P'P''. On répète cette construction pour tous les autres points de la courbe du flux et, en reliant tous les points P'' obtenus, on a la *courbe d'intensité pouvant produire un flux sinusoïdal* avec le cycle donné d'hystérésis. Cette courbe n'est pas une sinusoïde; plus l'induction augmente dans le fer, plus la pointe de la courbe d'intensité est accentuée.

Le phénomène Joule étant laissé de côté, la puissance dépensée par l'hystérésis est la moyenne des produits des valeurs de l'intensité, déterminées, comme il vient d'être dit, par les différences de potentiel aux bornes du circuit.

76. Mais à la courbe d'intensité ainsi obtenue on peut substituer la *courbe équivalente* (Voir § 64) qui a la même valeur efficace et est décalée de phase de manière que l'énergie qui en dépend lui corresponde néanmoins. Soit C′ cette courbe décalée en avance par rapport à la courbe C de l'intensité (*fig.* 86). La

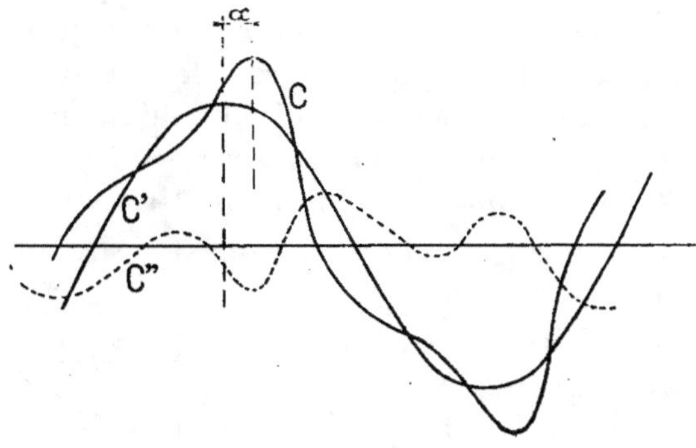

Fɪɢ. 86.

différence entre la courbe C et la courbe C′ donne une troisième courbe C″, dont la fréquence est trois fois plus grande que celle de C′. On peut dire que, si une tension alternative sinusoïdale agit aux bornes d'une bobine de réactance, l'hystérésis introduit une harmonique de troisième ordre dans la courbe de l'intensité. Il est à remarquer que le flux sinusoïdal est en phase avec la courbe d'intensité C, parce que leurs maxima coïncident, même si, à cause de la distorsion, leurs points nuls ne coïncident pas ; au contraire, *la courbe équivalente de l'intensité* C′ *précède celle du flux* d'un intervalle de temps qui peut être représenté par un déplacement angulaire α.

En ce qui concerne l'harmonique d'ordre supérieur, il est à remarquer que, pour que l'intensité du courant C soit telle qu'elle corresponde à la même quantité d'énergie que celle due au courant C′, il faut que C′ soit un courant *inactif* en ce sens que l'énergie moyenne qui lui correspond se réduit à zéro. On peut, par conséquent, la négliger dans les calculs relatifs à la consommation d'énergie et tenir compte seulement du courant équivalent. Donc, dans les applications pratiques, on peut négliger l'harmonique de 3° ordre et remplacer l'onde déformée C par l'onde sinusoïdale C', en n'oubliant pas que l'harmonique peut être une cause de trouble et ne peut devenir notable que seulement dans certains cas très rares, par exemple lorsque la fréquence de l'harmonique est très proche de celle à laquelle correspond la *condition de résonance* du circuit.

En résumé, on peut dire que le courant équivalent C' est celui qui, avec une avance z, peut produire un flux sinusoïdal Φ, et c'est pour cela que l'on dit que *l'hystérésis détermine un décalage en retard du flux par rapport au courant qui lui donne naissance.*

Les considérations qui viennent d'être exposées étaient nécessaires pour justifier la représentation du flux et du courant au moyen de vecteurs, lorsque le circuit comporte du fer.

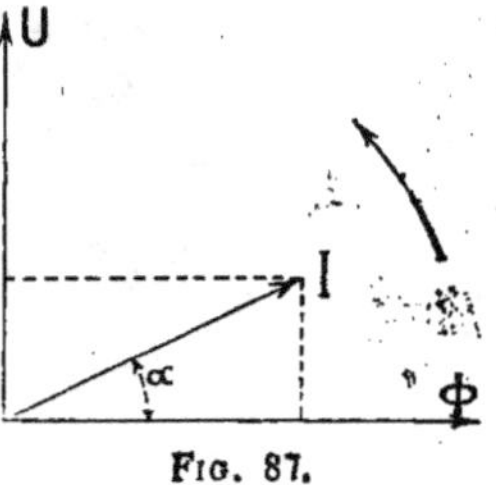

Fig. 87.

On voit immédiatement que le courant équivalent peut être remplacé par ses deux composantes (*fig.* 87).

L'une,

$$I \cos z, \tag{40}$$

est en concordance de phase avec le flux, c'est elle qui produit le flux (composante magnétisante); l'autre,

$$I \sin z \tag{41}$$

(composante énergétique), correspond à l'énergie absorbée par le travail d'hystérésis.

Au point de vue physique, ce résultat peut être interprété de la manière suivante : un courant alternatif agissant d'abord sur une bobine dépourvue de fer et ayant une résistance ohmique négligeable, l'intensité et le flux sont décalés en retard de 90° sur la force électromotrice, parce qu'il n'y a pas consommation d'énergie pour faire circuler le courant. Mais, si le circuit comporte du fer, le flux est encore décalé en retard de $\frac{\pi}{2}$ sur la force électromotrice ; mais l'intensité est en avance sur le flux, précisément parce qu'il faut fournir une composante énergétique $I \sin \alpha = I_a$, qui, multipliée par E, donne la valeur du travail absorbé par le phénomène d'hystérésis. L'autre composante $I \cos \alpha = I_\mu$ est celle qui maintient le flux.

77. Admittance correspondant à l'hystérésis. — Puisque l'effet de l'hystérésis se réduit à produire un décalage en avance de l'intensité par rapport au flux et une diminution du décalage en retard de l'intensité par rapport à la force électromotrice, on peut traiter le problème de l'hystérésis en admettant que ce phénomène correspond à l'introduction dans le circuit d'une réactance ou d'une admittance.

Les composantes de l'admittance sont, comme on l'a vu, formule (29) :

$$g = \frac{\text{composante énergétique du courant}}{\text{force électromotrice}},$$

$$b = \frac{\text{composante magnétisante du courant}}{\text{force électromotrice}}.$$

Pour rétablir, d'après la méthode imaginée par Steinmetz, une formule qui permette de déterminer g et b et, par conséquent, le retard α, connaissant seulement les dimensions du noyau et l'induction maximum à laquelle il est soumis, il faut remarquer que, dans les conditions supposées de l'expérience, la tension agissante (que, dans la formule, on devra substituer à la force électromotrice) a une valeur qui ne dépasse que d'un très faible pourcentage la force électromotrice induite par le flux (force électromotrice de self-induction). C'est pourquoi la différence entre les deux, c'est-à-dire la force électromotrice résultante, doit suffire pour faire circuler le courant à travers la résistance ohmique de la bobine.

Dans le temps $\frac{T}{2}$, le flux varie de $2\Phi_0$ (de $-\Phi_0$ à $+\Phi_0$) ;

par conséquent

$$E_{moy} = \frac{2\Phi}{\frac{T}{2}} = \frac{4\Phi_0}{T} \qquad E_{max} = \frac{\pi}{2} \cdot \frac{4\Phi_0}{T} = \omega\Phi_0,$$

pour une spire, valeurs exprimées en unités $C.\ G.\ S.$; donc, la valeur efficace en volts de la force électromotrice induite pour n spires est

$$E_{eff.} = \frac{\omega\Phi_0 n}{\sqrt{2}}\ 10^{-8} = \frac{2\pi f}{\sqrt{2}}\ \mathfrak{B}sn10^{-8},$$

$\mathfrak{B}$ étant l'induction maximum à laquelle le noyau est soumis.

En remplaçant par cette valeur $E_{eff.}$ celle de la tension dans les formules de g et de b, on commet une erreur pratiquement négligeable.

Soient I_{μ_0} et I_{a_0} les valeurs maxima des composantes de I_0 (courant équivalent). Si on considère comme négligeables les fuites magnétiques, on peut considérer le flux comme constant dans tout le circuit magnétique et admettre que les spires sont uniformément distribuées sur tout le parcours du flux, même si en réalité elles en occupent seulement une partie. Alors, si n est le nombre de spires par centimètre de longueur du circuit magnétique, l'intensité du champ est $4\pi n_1 I_{\mu_0}$ (I_{μ_0} étant exprimé en unités $C.\ G.\ S.$). Si I_{μ_0} est exprimé en ampères, l'expression devient $0,4\pi n_1 I_{\mu_0}$.

L'induction maximum produite est

$$\mathfrak{B} = 0,4\pi\mu n_1 I_{\mu_0}$$

et, si l'on représente par I_μ la valeur efficace de la composante magnétisante, on a

$$\mathfrak{B} = 0,4\pi\mu n_1 I_\mu\ \sqrt{2},$$

d'où

$$I_\mu = \frac{\mathfrak{B}}{0,4\ \sqrt{2}\ \pi\mu n_1} = \frac{\mathfrak{B}}{1,78\mu n_1}.$$

Cette formule n'a de valeur que dans le cas où le circuit magnétique est fermé ; mais, généralement, on a, si I_μ est exprimé en ampères,

$$\Phi_0 = \frac{0,4\pi n I_\mu \sqrt{2}}{\sum \frac{1}{\mu}\frac{l}{s}}.$$

En posant $\sum \dfrac{1}{\mu}\dfrac{l}{s} = \Re$, on a

$$I_\mu = \frac{\Phi_0 \Re}{1,78 n}. \tag{42}$$

n étant maintenant le nombre total de spires.

Ce qui précède se rapporte à la composante magnétisante.

78. En ce qui concerne la composante énergétique I_a, si on représente par W_h la perte en watts due à l'hystérésis par cycle et par centimètre cube de matière, on a, d'après Steinmetz,

$$W_h = \eta \mathfrak{B}^{1,6} 10^{-7},$$

expression dans laquelle η est un coefficient qui varie de 0,002 à 0,0045. On peut admettre que, pour les matières suivantes, on a :

<pre>
Fil de fer très doux................   η = 0,0018
Tôles de fer très minces............   0,0012
Bonnes tôles minces.................   0,002
Tôles épaisses.....................   0,003
Tôles très ordinaires..............   0,004 à 0,0045
</pre>

Pour les tôles fournies par des maisons spéciales, on peut prendre $\eta = 0,0012$ à $0,0016$.

Si I_a est la valeur efficace du courant énergétique correspondant au travail d'hystérésis, on a

$$U_{eff.}\, I_a = W_h f V = W_h f s l,$$

expression dans laquelle V est le volume en centimètres cubes du fer employé.

En substituant à $U_{eff.}$ la valeur approchée $E_{eff.}$, on a

$$I_a = \frac{W_h f s l}{\dfrac{2\pi f}{\sqrt{2}} \mathfrak{B} s n\, 10^{-8}} = \frac{\sqrt{2}}{2\pi} \cdot \frac{W_h}{\mathfrak{B} n_1 10^{-8}};$$

en remplaçant W_h par sa valeur, on a

$$I_a = \frac{\sqrt{2}}{2\pi} \cdot \frac{\eta \mathfrak{B}^{1,6} 10^{-7}}{\mathfrak{B} n_1 10^{-8}} = \frac{\sqrt{2}}{2\pi} \cdot \frac{\eta \mathfrak{B}^{0,6} \cdot 10}{n_1},$$

c'est-à-dire

$$I_a = 2,25 \, \frac{\eta \mathfrak{B}^{0,6}}{n_1}. \tag{43}$$

Dans la pratique, on peut évaluer la perte en introduisant dans la formule le poids m en kilogrammes du fer du noyau. Le poids spécifique des tôles étant 7,9, on a

$$7,9 \, \frac{V}{1\,000} = m \text{ kilogrammes};$$

en substituant et en réduisant, on obtient pour la perte de puissance

$$126,6 \eta f \mathfrak{B}^{1,6} m 10^{-7} \text{ watts[1]}. \tag{44}$$

79. Étant donné que

$$I_{eff.} = \sqrt{I_a{}^2 + I_\mu{}^2},$$

on a alors immédiatement :

$$\tan\alpha = \frac{I_a}{I_\mu} = \frac{\dfrac{\sqrt{2}}{2\pi} \cdot \dfrac{\eta \mathfrak{B}^{0,6}}{n_1} 10}{\dfrac{\mathfrak{B}}{0,4 \, \sqrt{2\pi} \, \mu n_1}}$$

$$\tan\alpha = \frac{4\mu\eta}{\mathfrak{B}^{0,4}}; \tag{45}$$

résultat très intéressant parce qu'il montre que le retard, produit par l'hystérésis, lorsque les noyaux ont leur circuit fermé, est indépendant de la fréquence, du nombre de spires et de la forme ainsi que de la section du circuit magnétique, tant que

---

1. Il est à remarquer que, dans la pratique, il n'est pas rare de constater que les pertes réelles sont supérieures à celles que l'on déduit théoriquement de la formule de M. Steinmetz. Ce fait est dû à ce que l'exposant 1,6 de l'induction $\mathfrak{B}$ est probablement un peu faible et que les coefficients η, donnés également par M. Steinmetz, sont un peu bas ; cela peut être justifié chez certains constructeurs par cette raison que les tôles sont recuites avant d'être assemblées pour former le noyau, opération qui, incontestablement, exerce une action favorable en diminuant les pertes. Dans ces conditions, le coefficient η doit toujours être déterminé expérimentalement sur des échantillons prélevés dans le lot de tôles que l'on doit employer. Cet essai s'effectue au moyen d'un *hystérésimètre*.

l'induction $\mathfrak{B}$ n'est pas modifiée. C'est pourquoi, dans les transformateurs où le circuit magnétique est toujours fermé, α varie de 30° à 50°.

80. Les composantes de l'admittance correspondant à l'hystérésis sont donc, en substituant et simplifiant,

$$\left.\begin{aligned} g &= \frac{I_a}{E_{eff}} = \frac{1}{2} \cdot \frac{r_i l}{\pi^2 f n^2 \mathfrak{B}^{0,4} s}\, 10^9 \\[2mm] b &= \frac{I_\mu}{E_{eff}} = \frac{1}{0,8\pi^2 \mu s n_i^2 l}\, 10^8 \end{aligned}\right\} \tag{46}$$

A l'aide de ces valeurs, on peut calculer celles de r et de x de l'impédance correspondante.

La valeur absolue de l'admittance peut être déterminée à l'aide de la formule

$$Y = \sqrt{g^2 + b^2}$$

ou bien encore par la suivante :

$$Y = \frac{I_{eff}}{E_{eff}} = \sqrt{\frac{I_a^2}{E_{eff}^2} + \frac{I_\mu^2}{E_{eff}^2}}. \tag{47}$$

Si le circuit magnétique n'est pas homogène, c'est-à-dire s'il est formé de plusieurs matières, on ne peut obtenir seulement pour Y qu'une valeur approximative en introduisant à la place de I la seule composante magnétisante. En observant que

$$\Phi_0 = \frac{0,4\pi n \sqrt{2} I_\mu}{\mathfrak{R}}$$

et

$$E_{eff} = \frac{\omega \Phi n}{\sqrt{2}}\, 10^{-8},$$

on a

$$Y = \frac{I_{eff}}{E_{eff}} = \frac{\dfrac{\mathfrak{R}\Phi}{0,4\pi n \sqrt{2}}}{\dfrac{\omega \Phi n}{\sqrt{2}}\, 10^{-8}}$$

$$Y = \frac{\mathfrak{R}\, 10^{-8}}{0,8\pi^2 f n^2}. \tag{48}$$

formule admissible seulement pour le cas où I_a est négligeable par rapport à I_μ. En particulier, si le circuit comprend du fer et de l'air, c'est-à-dire un entrefer, on a

$$Y = \frac{10^8}{0,8\pi^2 f n^2}\, (\mathcal{R}_1 + \mathcal{R}_2), \qquad (49)$$

c'est-à-dire que l'admittance totale est la somme des admittances que l'on a pour les deux réluctances prises séparément, celle du fer et celle de l'air.

Mais il faut remarquer qu'il n'y a pas dissipation d'énergie dans l'air lorsqu'il se produit un flux dans l'entrefer ; des deux composantes g et b, la seule qui puisse subir une modification du fait de l'entrefer est seulement b. En effet, le courant énergétique dépend seulement de la perte et non de la réluctance.

81. Influence des entrefers. — Comme on l'a déjà fait remarquer dans le paragraphe 50 du tome I, les entrefers plats sont presque toujours inévitables dans la construction des noyaux pour appareils à courant alternatif. Il est donc utile d'examiner l'influence qu'ils peuvent exercer.

On a vu qu'en général I_μ est la valeur efficace de la composante magnétisante exprimée en ampères :

$$I_\mu = \frac{\mathcal{B}}{1,78\mu n_1} = \frac{\mathcal{B}l}{1,78\mu n}\cdot$$

Soit δ l'épaisseur totale de tous les entre fers qui se trouvent sur le parcours du flux et $\mathcal{B}$ l'induction maximum à travers ces joints.

Généralement, pour un courant constant, on a

$$\mathcal{B} = \frac{0,4\pi n I_0}{\dfrac{1}{\mu} l},$$

et, dans le cas actuel, pour $\mu = 1$,

$$\mathcal{B} = 0,4\pi\, \frac{n}{\delta}\, I_0 = 1,78\, \frac{n}{\delta}\, I_0,$$

et le nombre d'ampères-tours efficaces nécessaire pour vaincre la réluctance présentée par les joints est donnée par

$$nI_e = \frac{\mathfrak{B}\delta}{1,78}.$$

si I_{eff} est la valeur efficace du courant alternatif qui a pour maximum I_0.

Le courant magnétisant total a donc pour valeur

$$I_\mu = \frac{\mathfrak{B}l}{1,78\mu n} + \frac{\mathfrak{B}\delta}{1,78n},$$

ou bien encore

$$I_\mu = \frac{\mathfrak{B}}{1,78n}\left(\frac{l}{\mu} + \delta\right), \tag{50}$$

l et δ étant exprimés en centimètres. Dans les transformateurs à courants alternatifs, le terme $\dfrac{l}{\mu} + \delta$ varie de 0,25 à 0,35, suivant que ces transformateurs sont de grandes ou de petites dimensions (Kapp).

Pour mieux faire comprendre l'influence des entrefers des joints, on peut citer un exemple donné par M. G. Kapp dans son excellent livre sur *les Transformateurs à courant alternatif*.

Soit une bobine de self-induction (transformateur ayant son circuit secondaire ouvert) sans entrefer pour laquelle $I_\mu = 5$ ampères et $I_a = 2$ ampères.

L'intensité totale $I = \sqrt{5^2 + 2^2} = 5,38$ et cela pour $l = 100$ et $\mu = 2\,000$.

Avec un noyau identique, mais ayant un entrefer $\delta = 0,2$ cm, on a

$$\frac{l}{\mu} = \frac{1}{20} \qquad \text{et} \qquad \frac{l}{\mu} + \delta = 0,05 + 0,2 = 0,25.$$

L'intensité du courant magnétisant augmentant proportionnellement à la réluctance [formule (42)] sera dans le rapport

$$\frac{0,05}{0,25} = \frac{5}{x},$$

$$x = \frac{0,25 \cdot 5}{0,05} = 25 \text{ ampères.}$$

L'intensité totale devient donc

$$I = \sqrt{(25)^2 + 2^2} = \sqrt{629} = 25,08 \text{ ampères.}$$

La présence d'un entrefer, dont la longueur n'est que $\dfrac{1}{500}$ de celle du fer, a pour effet de rendre l'intensité cinq fois plus grande, si l'on veut, bien entendu, obtenir une induction de même valeur.

Dans ce cas, I_a devient presque négligeable par rapport à I_μ, puisqu'il ne représente que 8 $_0/^0$, et l'on voit, par conséquent, comment, dans ce cas et dans des cas analogues, on peut employer, pour calculer l'admittance, la formule approchée (48) précédemment trouvée.

82. Influence de la résistance ohmique de la bobine. —

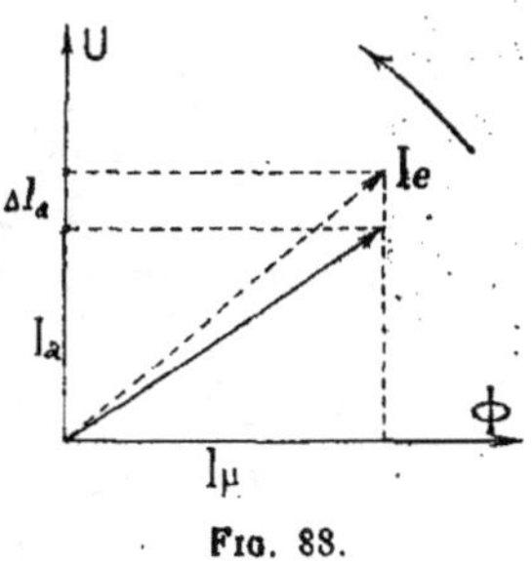

Fig. 88.

Jusqu'ici on a supposé que la résistance ohmique du conducteur parcouru par le courant alternatif était négligeable, ce qui se présente très souvent dans la pratique. Mais, lorsque la résistance est telle qu'elle entraîne un pourcentage de pertes non négligeable, il faut alors déterminer l'augmentation ΔI_a (*fig.* 88) qu'il faut donner à l'intensité du courant énergétique, augmentation dont la valeur est donnée en grandeur par l'expression

$$E_{eff}\Delta i_a = rI_{eff}^2,$$

r étant la résistance ohmique du conducteur. Cela détermine une avance de phase de l'intensité par rapport à la phase de la force électromotrice agissant sur le circuit, et cette perte amène une augmentation de la composante g de l'admittance. En représentant par g_r cette augmentation, on a

$$g_r = \frac{P}{E_{eff}^2} = \frac{rI_{eff}^2}{E_{eff}^2}. \tag{51}$$

83. Courants de Foucault. — Une autre cause de pertes, due à la présence du fer, sont les courants de Foucault produits par les forces électromotrices induites dans la masse, courants qui tendent à se fermer par un circuit de faible résistance. Afin d'augmenter la résistance électrique s'opposant au passage de ces courants, on divise le fer dans la direction du flux en constituant le noyau, comme on l'a déjà dit dans le paragraphe 50 du tome I, à l'aide de paquets de tôles isolées entre elles par du papier.

De même on isole les boulons qui servent à maintenir les paquets de tôles.

Les courants de Foucault, qui sont peu importants si les tôles ne dépassent pas 0,3 mm d'épaisseur, ne déforment pas l'onde du courant primaire, mais ils agissent de la même manière que le ferait la résistance ohmique de la bobine, en nécessitant seulement, à cause de cela, une augmentation de l'intensité de la composante énergétique du courant total et en diminuant, par conséquent, le décalage entre l'intensité et la force électromotrice. Par suite, les courants de Foucault influent seulement sur la composante g de l'admittance totale que présente la bobine de réactance. A la rigueur, il y aurait lieu de tenir compte du flux supplémentaire produit par ces courants.

M. Steinmetz a indiqué une méthode permettant d'évaluer numériquement cette influence. Il a trouvé que les pertes dues aux courants de Foucault par cycle et par unité de volume étaient suffisamment bien représentées par l'expression

$$W_f = \varepsilon \gamma f \, \mathfrak{B}^2 \text{ ergs,}$$

dans laquelle ε est un coefficient approprié, f la fréquence et γ le coefficient de conductance du fer $= 10^5$.

Par conséquent, par unité de temps et pour un volume donné de fer, on a

$$p_f = \varepsilon \gamma f^2 \mathfrak{B}^2 V \text{ ergs} = \varepsilon f^2 \mathfrak{B}^2 V 10^5 \text{ ergs par seconde,}$$

ou bien, en watts,

$$p_f = \varepsilon f^2 \mathfrak{B}^2 V 10^5 10^{-7} = \varepsilon f^2 \mathfrak{B}^2 V 10^{-2} \text{ watts.}$$

En substituant et en réduisant, la composante de l'admittance due aux courants de Foucault étant représentée par g_f, on a

$$g_f = \frac{p_f}{E_{eff}^2} = \frac{\varepsilon l}{2\pi^2 s n^2}\, 10^{14},$$

valeur indépendante de l'induction $\mathfrak{B}$.

Pour les tôles, M. Steinmetz a trouvé

$$\varepsilon = \frac{\pi^2}{6}\, l^2 10^{-9},$$

l étant l'épaisseur des tôles exprimée en centimètres. Par conséquent,

$$p_f = \frac{\pi^2}{6}\, l^2 f^2 \mathfrak{B}^2 V 10^{-11} = 1{,}64 l^2 f^2 \mathfrak{B}^2 V 10^{-11}\ \text{watts},$$

$$p_f = 0{,}164 l^2 f^2 \mathfrak{B}^2 V 10^{-10}\ \text{watts}. \tag{52}$$

En introduisant, comme précédemment, le poids m exprimé en kilogrammes, on obtient

$$p_f = 20{,}7 l^2 f^2 \mathfrak{B}^2 m 10^{-10}\ \text{watts}. \tag{53}$$

En ce qui concerne les pertes dans le fer, il y a tout intérêt à consulter le chapitre II de l'ouvrage de M. G. Kapp sur *les Transformateurs*.

84. Conclusion.

— Les considérations qui viennent d'être développées permettent maintenant d'établir que la formule

$$\tan \varphi = \frac{\omega L}{r},$$

de laquelle on déduit le retard φ d'un courant alternatif par rapport à la force électromotrice agissant sur le circuit, n'est seulement valable que dans le cas où le circuit ne comporte pas de fer, cas dans lequel les pertes se réduisent à celles dues à l'effet Joule. Lorsque le circuit comprend du fer, cette formule n'est plus applicable et doit être remplacée par la suivante :

$$\tan \varphi = \frac{I_\mu}{I_a} = \frac{b}{g_h + g_f + g_r},$$

qui donne l'admittance totale du circuit exprimée symboliquement par

$$(Y) = (g_h + g_f + g_r) + jb,$$

et, en valeur absolue, par

$$Y = \sqrt{(g_h + g_f + g_r)^2 + b^2}.$$

Les composantes g_h, g_f et g_r, dues respectivement à l'hystérésis, aux courants de Foucault et à la résistance, se déterminent à l'aide des formules données dans les paragraphes 80,
82 et 83.

85. Détermination de la composante énergétique. —
L'auteur a imaginé un dispositif permettant de relever directement la composante énergétique qui parcourt un circuit,
détermination qui ne nécessite que quelques lectures sur un
instrument unique. Voici la description de cette méthode.

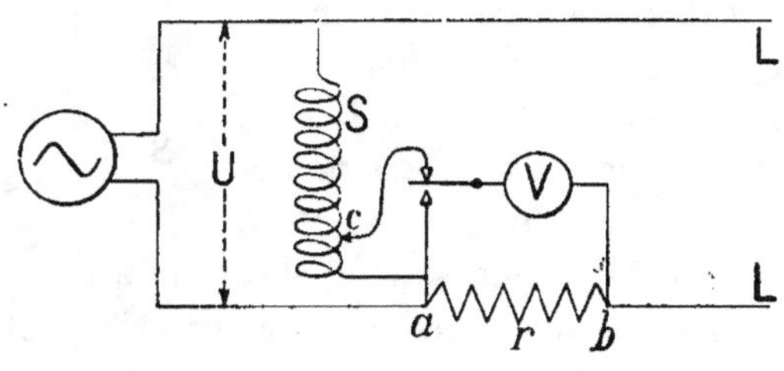

Fig. 89.

Soient L, L (*fig.* 89) les conducteurs principaux de l'installation
qui alimente les récepteurs sous une différence de potentiel U.
On place en dérivation une bobine ayant une résistance ohmique
négligeable, mais ayant une grande self-induction et construite
de manière à ce que l'on puisse établir un contact c avec l'une
quelconque des spires ou groupes de spires. Sur un des conducteurs principaux, on intercale en série une résistance purement
ohmique r de valeur connue. V est un galvanomètre, gradué
en ampèremètre et étalonné par rapport à la résistance choisie r,
de manière à pouvoir lire directement les intensités en
ampères. A l'aide d'un commutateur, cet instrument peut

être relié soit entre les points *a* et *b*, soit entre les points *b* et *c*, soit enfin entre *a* et *c*.

On peut démontrer maintenant que, si on déplace le point *c*, lorsque la connexion est établie entre *b* et *c*, on obtient une position pour laquelle la déviation de l'instrument est minimum ; dans ces conditions, si on relie l'instrument à *a* et à *c*, il donne la valeur de la composante énergétique cherchée.

Dans la figure 90, U est le vecteur de la tension appliquée et *I* celui de l'intensité du courant total qui traverse la résistance *r*. La force contre-électromotrice de self-induction en S peut être représentée par un vecteur de sens opposé à U, étant admis que la résistance ohmique de la bobine est négligeable. Sur ce vecteur, on prend la portion de force électromotrice *ac* qui, ajoutée à la tension *ab*, intervient (en composant géométriquement) pour produire la déviation de l'index de l'instrument quand il est relié en *b* et *c*.

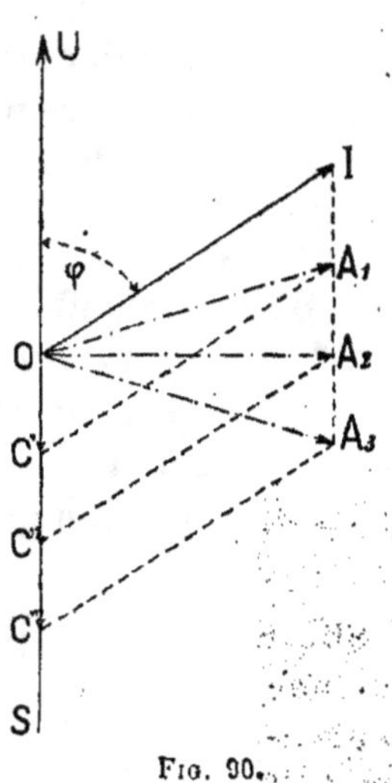

Fig. 90.

La tension *ab*, dans le diagramme vectoriel, est représentée en grandeur et en phase par le vecteur de *I*. Lorsque l'on relie l'instrument aux points *b* et *c*, on mesure alors la somme géométrique de la tension *ab* (vecteur I) et de la tension *ac* (vecteur OC), c'est-à-dire que l'on mesure une tension composée représentée par le vecteur OA. Il résulte clairement de l'examen du diagramme qu'il y a une position de *c* qui correspond à une force électromotrice *ac*, telle que l'indication donnée par A est minimum et correspond, dans ce cas, au vecteur OA₂. Mais OA₂ est précisément la composante $I \sin \varphi$ du courant et, puisque l'instrument est étalonné en ampèremètre, la valeur de cette composante, pour une charge donnée, peut être obtenue en déplaçant lentement le point *c* et en notant la déviation minimum de l'instrument.

Il suffit alors de relier l'instrument aux points a et c ; la déviation indique la valeur de la composante énergétique cherchée. Mais il y a lieu de faire remarquer que, si une légère erreur est commise dans l'évaluation de la déviation minimum lorsque, l'instrument étant relié aux points b et c, on déplace le point c, cela entraîne une grande erreur dans la détermination de la tension ac et, par suite, dans la détermination de la composante énergétique. Il s'ensuit qu'il est préférable de relever la tension ac pour deux positions différentes du contact c, mais telles que la tension composée bc (vecteur OA) reste égale dans les deux cas, et l'on prend la moyenne des deux résultats.

Pour obtenir des résultats valables, il faut que le courant absorbé par le galvanomètre soit extrêmement faible ; s'il en était autrement, la tension ac ne serait plus en opposition de phase avec U.

86. Exemples numériques. — 1° Un wattmètre, intercalé sur une bobine de réactance de 0,124 ohm de résistance et pourvue d'un noyau de fer, indique que la puissance absorbée est de 30,4 watts. L'intensité du courant est de 0,91 ampère efficace et la différence de potentiel de 50 volts efficaces.

Il faut déterminer cosinus φ, I_μ, I_a, la force contre-électromotrice de self-induction et les pertes par effet Joule, par hystérésis et par courants de Foucault.

Sans rien préjuger de la forme des courbes d'intensité et de tension, on peut supposer que les valeurs données se rapportent à des courbes équivalentes. On a alors :

Facteur de puissance :

$$\cos \varphi = \frac{30,4}{50 \cdot 0,91} = 0,664, \qquad \varphi = 48° 30'.$$

Les composantes du courant sont les suivantes :

$$50 I_a = 30,4, \qquad I_a = \frac{30,4}{50} = 0,608 \text{ ampère}$$

$$I_\mu^2 = I^2 - I_a^2 = (0,91)^2 - (0,608)^2, \qquad I_\mu = 0,686 \text{ ampère}.$$

La force contre-électromotrice de self-induction est

$$E_s^2 = U^2 - (rI)^2 = (50)^2 - (0,124 \cdot 0,91)^2$$
$$E_s^2 = (50)^2 - (0,113)^2, \qquad E_s = 50 \text{ volts environ.}$$

(On a ainsi la confirmation de ce fait qu'il est possible de substituer la force électromotrice de self-induction à la tension agissante lorsqu'on veut établir des formules pratiques.)

Pertes par effet Joule :

$$(0,91)^2 \cdot 0,124 = 0,1027 \text{ watt.}$$

Pertes par hystérésis et par courants de Foucault :

$$30,4 - 0,1027 = 30,3 \text{ watts.}$$

Les composantes de l'admittance sont :

$$g = \frac{I_a}{U} = \frac{I \cos\varphi}{U} = \frac{0,91 \cdot 0,664}{50} = \frac{0,608}{50} = 0,012$$
$$b = \frac{I_\mu}{U} = \frac{I \sin\varphi}{U} = \frac{0,91 \cdot 0,75}{50} = \frac{0,686}{50} = 0,0137.$$

Admittance de la bobine :

$$(Y) = 0,012 + j0,0137,$$

qui, exprimée en valeur absolue, est

$$(Y) = \sqrt{(0,012)^2 + (0,0137)^2} = 0,0182.$$

Comme vérification, on a

$$I = UY = 50 \cdot 0182 = 0,91 \text{ ampère.}$$

2° Pour un arc de 8 ampères, on emploie une tension de 50 volts à 60 périodes et l'on réduit la tension avec une bobine de réactance ayant 40 cm de longueur et 3,5 cm de diamètre. Combien de spires faut-il mettre sur la bobine pour que la différence de potentiel aux bornes de la lampe soit de 29 volts?

En admettant que le facteur de puissance de la lampe à arc soit égal à 1, on fixe la résistance de la bobine à 0,33 ohm et l'induction $\mathfrak{B}$ à 6000 unités *C. G. S.*

La chute de potentiel dans la bobine sera $0,33 \cdot 8 = 2,64$ volts.

Pour la force contre-électromotrice de self-induction, on a (*fig.* 91)

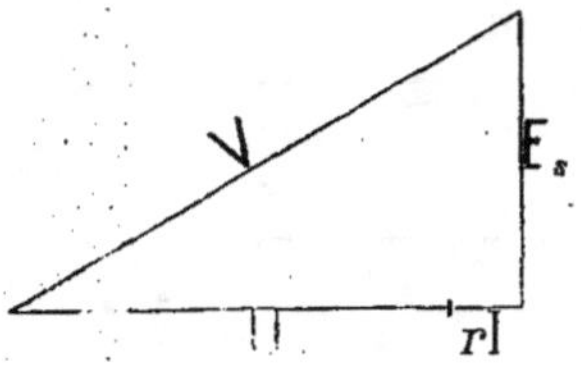

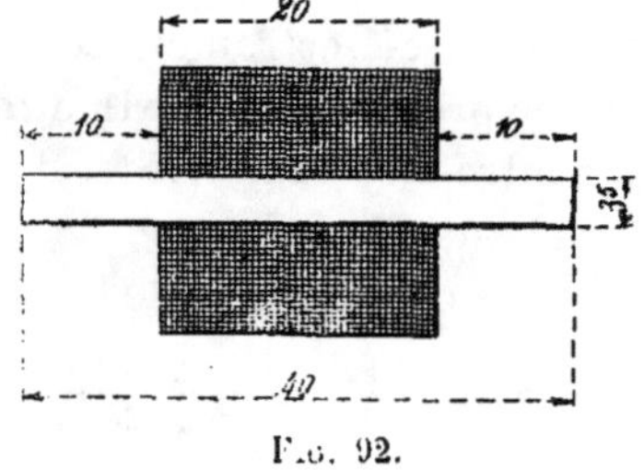

Fig. 91.

$$E_s = \sqrt{(50)^2 - (29 + 2,64)^2} = 38,7 \text{ volts.}$$

La section du fer est de 9,6 cm² et le papier interposé entre les tôles réduit cette section de 20 0/0; la section nette du fer est donc

$$s = 9,6 \cdot 0,8 = 7,68 \text{ centimètres carrés.}$$

Par conséquent, la valeur du flux total est

$$\Phi = 7,68 \cdot 6\,000 = 49\,000 \text{ unités } C.\ G.\ S.$$

Pour déterminer la réluctance $\mathcal{R}$, on peut se servir de la formule empirique de Feldmann $\mathcal{R} = \dfrac{1}{2\pi R}$, R étant le rayon d'une sphère équivalente en surface à la partie du noyau dépassant la bobine sur un côté.

Fig. 92.

Si on donne à la bobine 20 cm de longueur (*fig.* 92), on a

$$4\pi R^2 = \frac{\pi}{4}(3,5)^2 + (\pi \cdot 3,5 \cdot 10) = 120 \text{ centimètres carrés}$$

$$R = 3,09 \text{ centimètres}$$

$$\mathcal{R} = \frac{1}{2\pi \cdot 3,09} = 0,0516.$$

Alors, de l'expression

$$E_s = \sqrt{2}\,\pi f n \Phi 10^{-8},$$

on déduit

$$n = \frac{E_s 10^8}{4,44 f \Phi} = 290 \text{ spires environ.}$$

Par conséquent, le courant magnétisant [formule (42)] a pour valeur

$$I_\mu = \frac{\Phi \mathcal{R}}{1,78 n} = 6 \text{ ampères environ.}$$

3° Le noyau de fer ayant les dimensions indiquées dans l'application précédente est placé dans une bobine de 320 spires et ayant une résistance ohmique de 0,32 ohm.

Les bornes de cette bobine sont reliées à celles d'une lampe à incandescence consommant 3 ampères sous 25 volts (*fig*. 93). Calculer l'intensité du courant dans le fil de ligne lorsque $f = 50$.

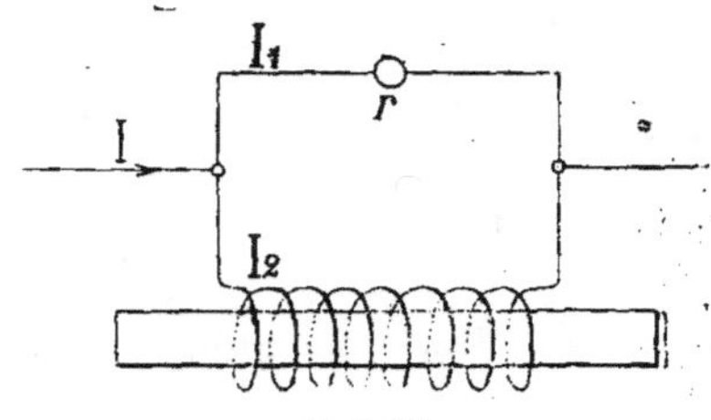

Fig. 93.

Ne connaissant pas l'intensité I_2 du courant dans la bobine, on ne peut calculer exactement la valeur de la force contre-électromotrice de self-induction.

Comme première approximation, on peut admettre que cette force contre-électromotrice est égale à 25 volts, différence de potentiel aux bornes.

Dans ces conditions,

$$\Phi = \frac{E_s 10^8}{4,44\,fn} = \frac{25 \cdot 10^8}{4,44 \cdot 50 \cdot 320} = 35\,100 \text{ unités } C.\ G.\ S.$$

Pour calculer la composante magnétisante I_μ, il suffit de connaître la valeur de la réluctance $\mathcal{R}$, qui peut être déterminée à l'aide de la formule empirique de Feldmann, déjà citée. Mais, toutes les fois que la chose est possible, il est préférable de déterminer directement par expérience la valeur de l'intensité du courant magnétisant.

Supposons que, sous la tension de 25 volts, la bobine exige 4 ampères et que la puissance absorbée, mesurée avec un wattmètre, soit de 12,5 watts. Dans ces conditions

$$E_s^2 = (25)^2 - (r_2 I_2)^2 = (25)^2 - (1,28)^2 = (24,95)^2.$$

On a alors comme valeur de deuxième approximation

$$\Phi = 35\,000 \text{ unités } C.\ G.\ S.,$$
$$p_2 = 25 \cdot I_a = 12,5 \text{ watts,} \qquad I_a = 0,5 \text{ ampère,}$$
$$I_\mu^2 = 4^2 - (0,5)^2 = 16 - 0,25 = 15,75, \qquad I_\mu = 3,95 \text{ ampères.}$$
$$\mathcal{R} = \frac{1,78\,n I_\mu}{\Phi} = 0,065 \text{ œrsted.}$$

En ce qui concerne le calcul de l'admittance de la bobine, on a :

Pertes par effet Joule :

$$p = (3,95)^2 \cdot 0,32 = 5,12 \text{ watts.}$$

Pertes par hystérésis :

$$p_h = \eta \mathfrak{B}^{1,6} slf 10^{-7} = 2,14 \text{ watts,}$$

étant donné que

$$\eta = 0,0024, \qquad s = 0,8 \frac{\pi}{4}(3,5)^2, \qquad l = 40, \qquad f = 50,$$

et

$$\mathfrak{B} = \frac{35\,000}{0,8 \frac{\pi}{4}(3,5)^2}.$$

Les pertes par courants de Foucault sont négligeables.
Composantes de l'admittance de la bobine :

$$g_2 = \frac{5,12 + 2,14}{(25)^2} = \frac{7,26}{(25)^2} = 0,012.$$
$$b_2 = \frac{I_x}{U} = \frac{4}{25} = 0,16,$$
$$Y_2 = 0,012 + j0,16.$$

Admittance de la lampe :

$$g_1 = \frac{3 \cdot 25}{(25)^2} = 0,12.$$

Admittance totale du groupe :

$$(Y_t) = (g_1 + g_2) + jb_2 = (0,12 + 0,012) + j0,16,$$
$$(Y_t) = 0,132 + j0,16,$$

et, en valeur absolue,

$$Y_t = \sqrt{(0,132)^2 + (0,16)^2} = 0,208.$$

Intensité du courant dans le fil de ligne :

$$I = UY_t = 25 \cdot 0,208 = 5,2 \text{ ampères.}$$

Décalage de phase entre l'intensité et la tension appliquée :

$$\tan\varphi = \frac{0,16}{0,132} = 1,21, \qquad \varphi = 50° 10'.$$

4° On suppose que plusieurs groupes, identiques à celui dont il vient d'être question, soient montés en série (*fig.* 94); il s'agit de calculer l'élévation de la tension aux bornes d'**une** bobine si la lampe qui lui correspond s'éteint et de combien il faudra modifier la tension appliquée aux extrémités du circuit pour maintenir une intensité constante dans la ligne.

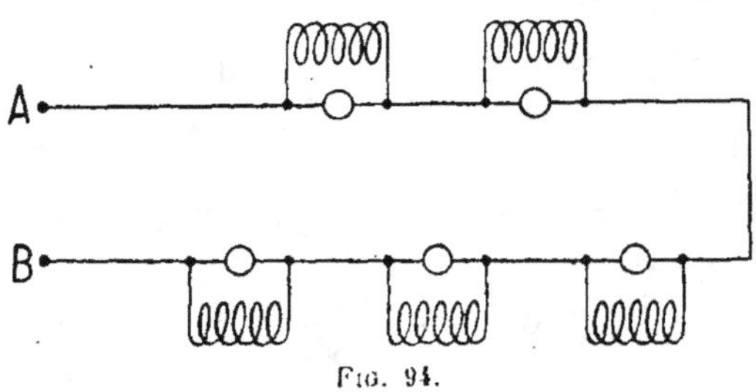

Fig. 94.

En retirant une lampe du circuit, tout le courant d'une intensité de 5,2 ampères, en admettant que cette intensité reste constante, passe par la bobine et l'on peut, comme toujours, le remplacer par ses deux composantes, une énergétique I_a et l'autre magnétisante I_μ. Si, comme première approximation, on admet que $I_\mu = 5,2$ ampères et que la réluctance $\mathcal{R} = 0,065$ œrsted reste constante, on a

$$\Phi = \frac{1,78 n I_\mu}{\mathcal{R}} = 46\,780 \text{ maxwells ou unités } C.\ G.\ S.,$$

et, en conséquence,

$$E_s = 4,44 f n \Phi 10^{-8} = 33 \text{ volts.}$$

Différence de potentiel aux bornes :

$$U^2 = E_s^2 + (rI)^2 = (33)^2 + (0,32\ .\ 5,2)^2 = (33)^2 = (1,66)^2$$
$$U = 33,10 \text{ volts.}$$

On peut donc prendre E_s à la place de U sans erreur appréciable.

L'induction dans le noyau, dont la section nette est de

7,68 cm², est

$$\frac{46\,780}{7,68} = 6\,094 \text{ maxwells.}$$

Les pertes par hystérésis sont :

$$w = \eta \mathfrak{B}^{1,6} sfl 10^{-7} = 3,50 \text{ watts.}$$

Les pertes par effet Joule sont :

$$rI^2 = 0,32 \, . \, (5,2)^2 = 9 \text{ watts.}$$

Les pertes totales sont :

$$3,50 + 9 = 12,50 \text{ watts.}$$

La composante énergétique du courant est :

$$I_a = \frac{1,250}{33,1} = 0,38 \text{ ampère}$$

et la composante magnétisante :

$$I_\mu = \sqrt{(5,2)^2 - (0,38)^2} = 5,18 \text{ ampères.}$$

Pour trouver de combien la différence de potentiel aux extrémités du circuit doit être modifiée pour que l'intensité reste constante, on peut recourir à la méthode graphique.

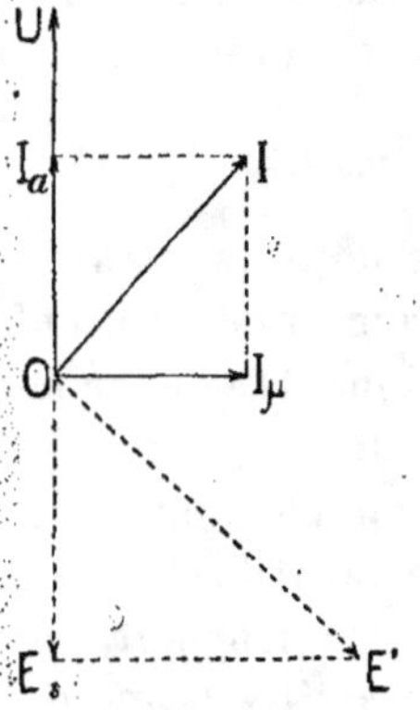

Pour une lampe en fonctionnement, la force électromotrice due à la bobine de réactance est E_s (*fig.* 95), la bobine étant parcourue par le courant magnétisant I_μ et par une partie très faible de I_a que l'on peut négliger. Au contraire, pour une lampe éteinte, la totalité du courant I passe dans la bobine et la force contre-électromotrice augmente proportionnellement et devient E'_s.

Fig. 95.

S'il y a cinq lampes, U (*fig.* 96) donne la différence de potentiel aux extrémités du circuit, $5u$ étant la tension nécessaire au fonctionnement des lampes et $r_1 I$ celle qui est absorbée par la ligne.

Si une des lampes vient à s'éteindre, les lampes ne nécessitent
que $4u$; mais il se produit une force contre-électromotrice

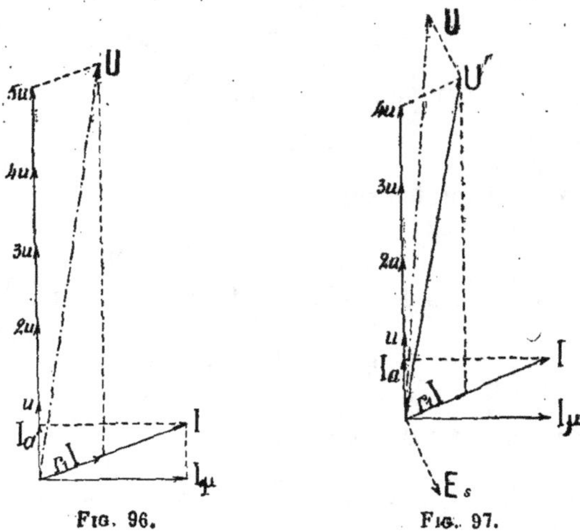

FIG. 96.   FIG. 97.

$E'_s > E_s$ (*fig.* 97). Les quatre lampes restant en fonctionnement et la ligne exigent ensemble une tension totale de

$$U' = \sqrt{(4u)^2 + (r_1 I)^2 - 2 \cdot 4u \cdot r_1 I \cos(\widehat{U'4u})}.$$

Cette tension U' doit être la résultante de la tension appliquée au circuit et de la force contre-électromotrice de la bobine
correspondant à la lampe éteinte; en pratique, la tension nécessaire reste encore la même U qu'au début.

Si la composante magnétisante I_μ est convenablement choisie, le système est auto-régulateur; du reste, il l'est pratiquement. L'intensité reste constante si U reste constant, même
si le nombre de lampes en service est réduit à la moitié du
nombre total.

Pour obtenir un calcul rigoureux, la méthode symbolique
est tout indiquée dans ce cas.

5° Un circuit inductif AB (*fig.* 98) absorbe un courant efficace de 30 ampères sous une différence de potentiel qui n'est
pas donnée. Si l'on n'a pas de wattmètre à sa disposition, on

ne peut déterminer la puissance absorbée. Mais on sait qu'en intercalant entre les points d'alimentation une résistance CD, de 5 ohms, n'ayant pas de self-induction, cette résistance est traversée par un courant de 20 ampères efficaces, tandis que l'ampèremètre de ligne indique 45 ampères, la tension restant constante. Déterminer la puissance absorbée par le circuit inductif.

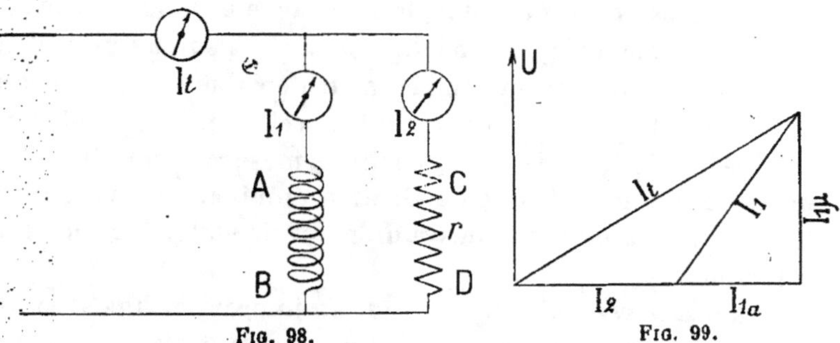

Fig. 98.   Fig. 99.

On observe d'abord que, si I_2 est l'intensité efficace dans la résistance r, le produit rI_2 donne la valeur de la tension efficace d'alimentation et, par conséquent, rI_2I_1 sera la puissance apparente absorbée par le circuit inductif.

Mais la somme géométrique des intensités I_1 et I_2 doit correspondre à I_t (*fig.* 99). En remplaçant I_1 par ses composantes, une énergétique en phase avec I_2, l'autre magnétisante, on a :

$$I_t^2 = (I_2 + I_{1a})^2 + I_{1\mu}^2 = I_2^2 + 2I_2I_{1a} + I_{1a}^2 + I_{1\mu}^2,$$

c'est-à-dire

$$I_t^2 = I_2^2 + 2I_2I_{1a} + I_1^2,$$

d'où l'on tire

$$I_{1a} = \frac{I_t^2 - (I_1^2 + I_2^2)}{2I_2}.$$

D'autre part, comme on l'a dit, rI_2 étant la tension appliquée, on a comme valeur de la puissance absorbée

$$P = rI_2 \cdot I_{1a} = rI_2 \frac{I_t^2 - (I_1^2 + I_2^2)}{2I_2}$$

$$P = \frac{r}{2} \left\{ I_t^2 - (I_1^2 + I_2^2) \right\}.$$

Dans le cas actuel, on a

$$P = \frac{r}{2} \left\{ (45)^2 - [(30)^2 + (20)^2] \right\} = 1\,812 \text{ watts.}$$

Cette méthode, qui permet de déterminer la puissance d'un courant alternatif sans employer de wattmètre, est connue sous le nom de *méthode des trois ampèremètres* et peut, dans beaucoup de cas, être employée avec avantage. Elle peut aussi servir à déterminer le décalage de phase des deux courants.

Mais il est nécessaire que la résistance et l'inductance des trois ampèremètres soit négligeable. On peut aussi utiliser successivement le même ampèremètre en l'intercalant successivement dans les trois circuits ; cette manière d'opérer est préférable lorsque les intensités à mesurer sont du même ordre de grandeur, parce qu'ainsi on élimine, jusqu'à un certain point, les erreurs dues à un mauvais étalonnage de trois instruments.

Quant à la résistance r, on peut en improviser une avec une série de lampes à incandescence ; mais il faut alors avoir à sa disposition un voltmètre pour mesurer la différence de potentiel appliquée à ces lampes et en déduire la valeur de la résistance en divisant la différence de potentiel par l'intensité.

Au lieu de trois ampèremètres, on peut employer *trois voltmètres* ; la résistance ohmique est alors dans ce cas mise en série et l'on doit relever la tension totale, la tension aux bornes du circuit inductif et enfin la tension aux bornes de la résistance ohmique.

CHAPITRE IX

SYSTÈMES DE COURANTS ALTERNATIFS
ET MESURES S'Y RAPPORTANT

87. Tensions et intensités dans un système diphasé à trois conducteurs. — Il y a lieu d'examiner pourquoi les deux forces électromotrices que l'on suppose être exactement en quadrature dans un système diphasé à trois conducteurs ne produisent pas deux courants également en quadrature (*fig.* 100), étant admis que le système est parfaitement équilibré.

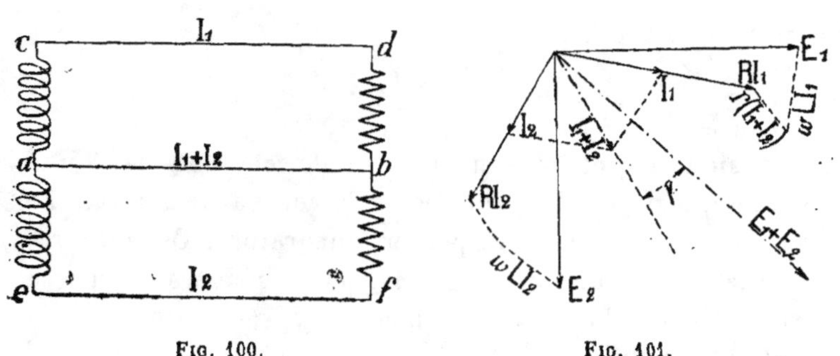

Fig. 100.   Fig. 101.

Soient $I_1 + I_2$ le vecteur de la somme des intensités dans le troisième fil (*fig.* 101) décalé d'un certain angle γ par rapport au vecteur représentant la somme des deux forces électromotrices E_1 et E_2. Soient r la résistance du conducteur ab supposé non inductif, R la résistance et L le coefficient de self-induction des deux parties de circuit $acdb$ et $aefb$; on a à un moment quelconque de la période

$$e_1 = Ri_1 + r(i_1 + i_2) + Li_1',$$
$$e_2 = Ri_2 + r(i_1 + i_2) + Li_2',$$

i_1' et i_2' étant les variations par unité de temps des deux intensités à l'instant considéré.

En faisant la somme de ces deux équations, après avoir effectué les réductions, on a

$$(i_1 + i_2)\left(1 + \frac{r}{R + r}\right) + \frac{L}{R + r}(i_1' + i_2') = \frac{e_1 + e_2}{R + r},$$

ou encore

$$e_1 + e_2 = (i_1 + i_2)(R + 2r) + L(i_1' + i_2'),$$

équation de la forme

$$e = (R + 2r)i + L\frac{di}{dt}.$$

D'après ce que l'on a vu, le décalage de phase entre

$$i = i_1 + i_2 \qquad \text{et} \qquad e = e_1 + e_2$$

est donné par l'expression

$$\tan\gamma = \frac{\omega L}{R + 2r}.$$

Les tensions RI_1 et RI_2 sont, à cause de cela, décalées d'une façon différente de E_1 et E_2 comme on le voit sur le diagramme et il s'ensuit qu'elles ne sont pas en quadrature. Dans la pratique toutefois, la discordance n'est pas considérable, parce que, si r est petit, la chute de tension $r(I_1 + I_2)$ qui en résulte est également faible.

Si cette chute de tension devient négligeable, il n'y a que la réactance qui influe sur le décalage ; les courants sont tous deux décalés en retard de $\varphi = \text{arc tang}\frac{\omega L}{R}$ et ils restent encore en quadrature.

Il est superflu d'insister plus longuement sur ce système, qui, au point de vue pratique, n'a plus que peu d'importance.

88. Tensions et intensités dans un système triphasé équilibré à trois conducteurs. — Dans le cas d'un système triphasé, si les trois circuits sont également chargés et qu'ils aient un facteur de puissance identique, par le seul fait de la symétrie, les intensités sont également décalées par rapport aux forces électromotrices et aux tensions appliquées, et précisément de $\frac{1}{3}$ de période, soit de 120°.

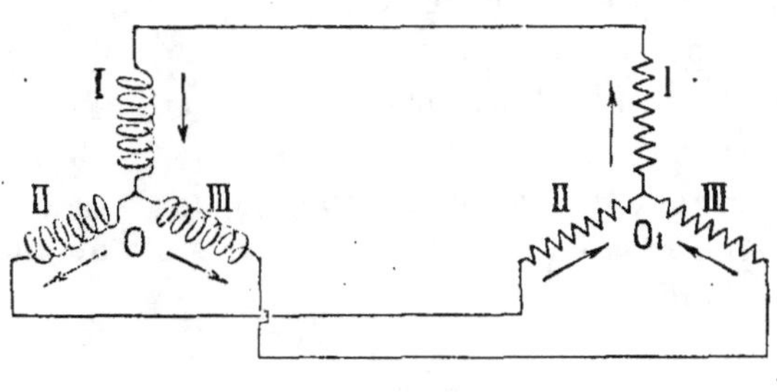

Fɪɢ. 102.

Ainsi, si les circuits de la génératrice ainsi que ceux du récepteur sont montés en étoile (*fig.* 102), R étant la résistance d'un circuit entre O et O_1 et L le coefficient de self-induction, le vecteur RI_1 (*fig.* 103) donne la valeur de la force électromotrice résultante, décalée par rapport à la force électromotrice principale de $\varphi = \text{arc tang} \dfrac{\omega L}{R}$. En déduisant de RI_1 la chute de potentiel due à la résistance de l'un des circuits du récepteur et de l'un des conducteurs de ligne, on a la valeur de la tension résultante appliquée aux extrémités de l'un des circuits du récepteur, en supposant que ce dernier ne présente pas de self-induction.

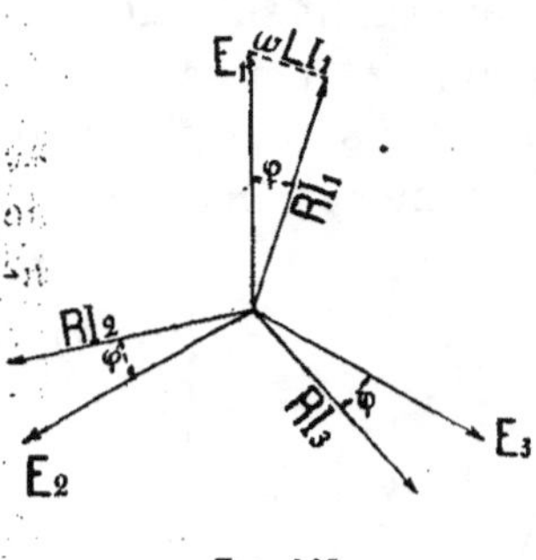

Fɪɢ. 103.

Les trois forces électromotrices RI_1, RI_2, RI_3 restent décalées entre elles de 120° et constituent aussi un système triphasé.

Si maintenant on désigne par $u_{1.2}$, $u_{2.3}$ et $u_{3.1}$ (*fig.* 104) les différences de potentiel au départ entre deux conducteurs de la ligne, on voit que ces différences de potentiel sont représentées par les segments tracés sur le diagramme et obtenus par la différence géométrique des vecteurs U_1, U_2, U_3 représentant les différences de potentiel existant entre le point neutre O et les bornes de la génératrice.

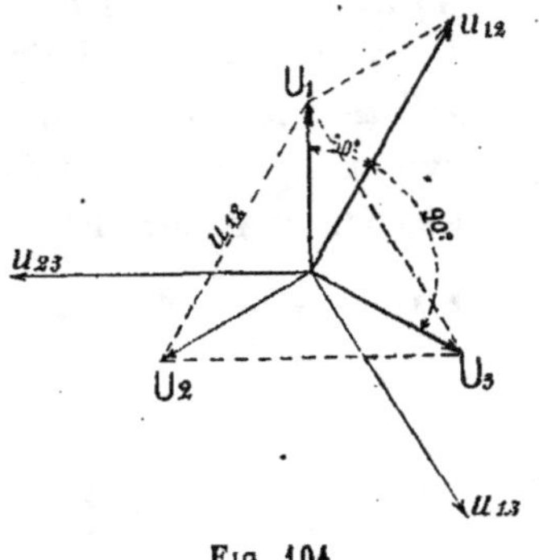

Fig. 104.

Ces grandeurs varient toujours sinusoïdalement et on a, par suite du mode même de construction,

$$u = U \sqrt{3} ;$$

le vecteur $u_{1.2}$ est décalé de 30° en retard par rapport au vecteur U_1 et de 90° en avance par rapport au vecteur U_3.

Si le récepteur ainsi que la ligne n'ont pas de réactance, les intensités I_1, I_2, I_3 sont respectivement en concordance de phase avec les tensions U_1, U_2, U_3; dans le cas contraire, il y a décalage en retard, retard positif ou négatif suivant que c'est la réactance positive ou négative qui prédomine.

Si la génératrice a ses circuits montés en étoile et alimente un récepteur dont les circuits sont montés en triangle (*fig.* 105)

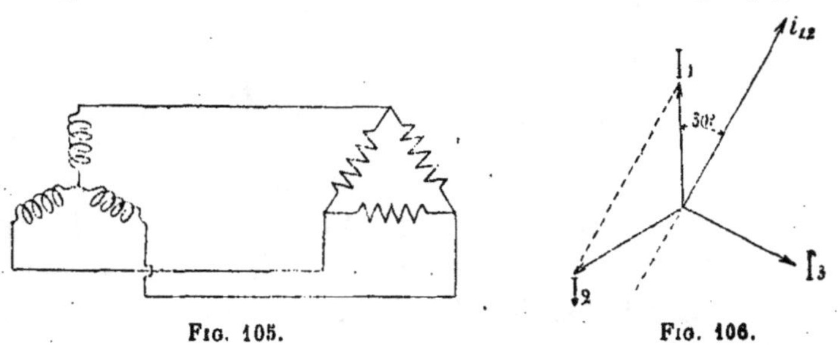

Fig. 105.

Fig. 106.

et supposés équilibrés, on a alors dans les circuits du récepteur des courants $i_{1.2}$, $i_{2.3}$, $i_{3.1}$ (*fig.* 106) et, en admettant que les courbes de courant soient sinusoïdales, on a

$$i = I\sqrt{3},$$

avec un décalage de 30° en retard par rapport à une des composantes et de 120° + 30° = 150° en retard ou de

$$360° - 150° = 210°$$

en avance par rapport à l'autre composante.

Si le circuit n'a pas de réactance, les différences de potentiel $u_{1.2}$, $u_{2.3}$, $u_{3.1}$ sont en concordance de phase avec les intensités $i_{1.2}$, $i_{2.3}$, $i_{3.1}$.

89. Tensions et intensités dans un système triphasé non équilibré à trois conducteurs. — Soit une transmission entre une génératrice ayant ses circuits montés en étoile ou en triangle et un récepteur monté en triangle, seule disposition permettant, à l'aide de trois conducteurs, de faire varier la charge des trois branches dans de grandes limites.

Soient U_1, U_2, U_3, les différences de potentiel à un instant quelconque entre deux conducteurs au départ (*fig.* 107); R, la

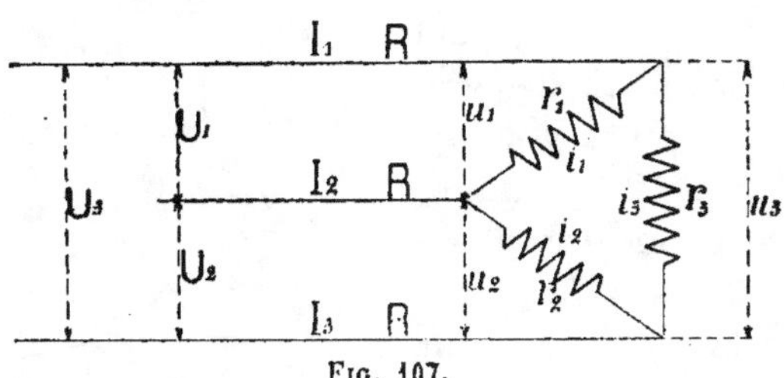

Fig. 107.

résistance commune des trois conducteurs de ligne; I_1, I_2, I_3, l'intensité des courants dans ces conducteurs; r_1, r_2, r_3, la résistance des trois circuits du récepteur que, pour simplifier, on suppose sans inductance; i_1, i_2, i_3, les intensités des courants qui les parcourent, et u_1, u_2, u_3, les différences de potentiel à l'arrivée.

D'après la loi d'Ohm et la première loi de Kirchhoff, les trois équations doivent à tout instant satisfaire à la relation

$$[1] \quad \begin{cases} U_1 - R(I_1 - I_2) - u_1 = 0 \\ U_2 - R(I_2 - I_3) - u_2 = 0 \\ U_3 - R(I_3 - I_1) - u_3 = 0. \end{cases}$$

On a d'autre part

$$[2] \quad \begin{cases} u_1 = r_1 i_1 \\ u_2 = r_2 i_2 \\ u_3 = r_3 i_3; \end{cases}$$

et, puisque l'on doit avoir

$$U_1 + U_2 + U_3 = 0,$$

on doit également avoir pour [1]

$$u_1 + u_2 + u_3 = 0.$$

On a également

$$[3] \quad \begin{cases} I_1 = i_1 - i_3 \\ I_2 = i_2 - i_1 \\ I_3 = i_3 - i_2, \end{cases}$$

on a donc aussi

$$I_1 + I_2 + I_3 = 0.$$

La somme des intensités dans les trois lignes reste constamment nulle, ce que l'on peut contrôler par la méthode graphique en traçant trois vecteurs i_1, i_2, i_3 (*fig.* 108) à 120°, d'amplitude différente, et en traçant les vecteurs des différences I_1, I_2, I_3.

Les trois vecteurs i_1, i_2, i_3 ne forment pas un système triphasé dans le sens ordinaire de ce mot (somme constamment nulle), tandis que les trois vecteurs I_1, I_2, I_3 le constituent (*fig.* 108), ce dont il est facile de se convaincre en les projetant sur un axe quelconque et en faisant la somme de ces projections (valeurs instantanées).

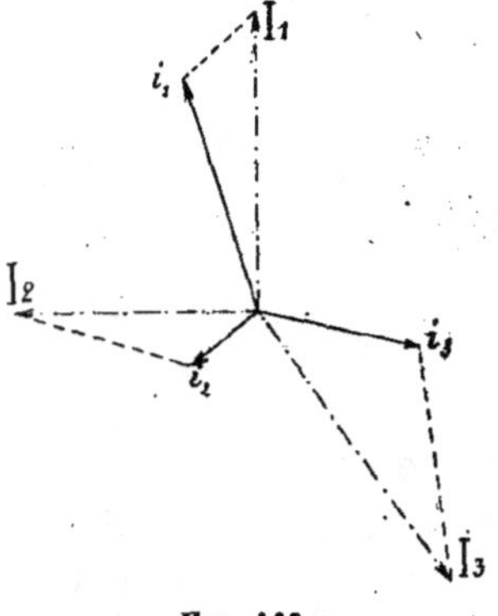

Fig. 108.

On voit aussi que leurs phases ne sont plus à 120° (*fig.* 108) et que, par conséquent, il en est de même pour les tensions dont dépendent les intensités.

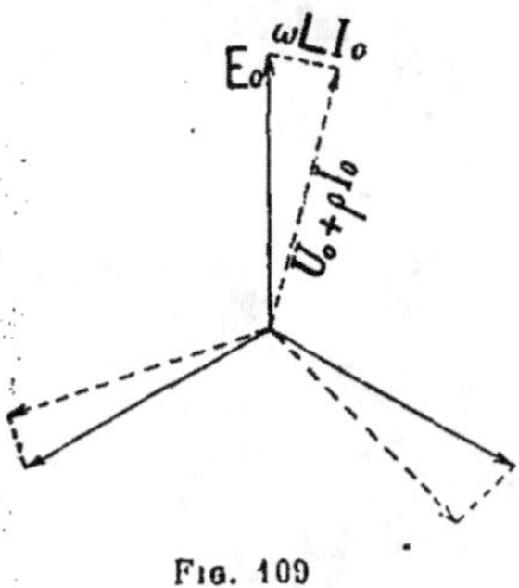

Fig. 109

Au départ, les tensions ont en réalité un décalage différent de 120° à cause des diverses forces électromotrices de self-induction $\omega L I_0$ qui agissent sur chaque branche particulière. Dans la figure 109, U_0 représente la tension simple aux bornes de la génératrice, ρ la résistance intérieure du circuit, et L l'inductance de ce circuit.

Des expressions (3) on déduit :

$$[4] \quad \begin{cases} I_1 - I_2 = 2i_1 - i_2 - i_3 \\ I_2 - I_3 = 2i_2 - i_3 - i_1 \\ I_3 - I_1 = 2i_3 - i_1 - i_2; \end{cases}$$

par conséquent la formule [1] peut s'écrire de la manière suivante :

$$[5] \quad \begin{cases} u_1 = U_1 - R\,(2i_1 - i_2 - i_3) = U_1 + R\,(i_2 + i_3 - 2i_1) \\ u_2 = U_2 - R\,(2i_2 - i_3 - i_1) = U_2 + R\,(i_3 + i_1 - 2i_2)\,. \\ u_3 = U_3 - R\,(2i_3 - i_1 - i_2) = U_3 + R\,(i_1 + i_2 - 2i_3). \end{cases}$$

En retranchant la seconde expression de la première, on a

$$u_1 - u_2 = U_1 - U_2 + R\,(i_2 + i_3 - 2i_1 - i_3 - i_1 + 2i_2) = U_1 - U_2 + 3R\,(i_2 - i_1)$$

et on a aussi, par rapport à [2],

$$U_1 - U_2 = u_1 - u_2 - 3R\left(\frac{u_2}{r_2} - \frac{u_1}{r_1}\right)$$

ou bien

$$U_1 - U_2 = \frac{r_1 + 3R}{r_1}\,u_1 - \frac{r_2 + 3R}{r_2}\,u_2.$$

De même, en remarquant que $u_3 = -\,(u_1 + u_2)$, on peut trouver les valeurs de $U_2 - U_3$ également en fonction de u_1

et de u_2 ; l'opération effectuée, on a

$$U_2 - U_3 = \frac{r_3 + 3R}{r_3} u_1 + \frac{2r_2 r_3 + 3Rr_2 + 3Rr_3}{r_2 r_3} u_2.$$

En posant

$$\frac{r_1 + 3R}{r_1} = q_1, \quad \frac{r_2 + 3R}{r_2} = q_2, \quad \frac{r_3 + 3R}{r_3} = q_3, \quad Q_1 = q_2 + q_3,$$

les équations deviennent

$$\begin{cases} U_1 - U_2 = q_1 u_1 - q_2 u_2 \\ U_2 - U_3 = q_3 u_1 + Q_1 u_2. \end{cases}$$

De la première de ces équations, on tire

$$u_2 = \frac{q_1 u_1 - (U_1 - U_2)}{q_2},$$

et la seconde devient, après substitution,

$$U_2 - U_3 = q_3 u_1 + Q_1 \frac{q_1 u_1 - (U_1 - U_2)}{q_2}$$

et, par suite, on a finalement

$$u_1 = \frac{(U_2 - U_3)\, q_2 + (U_1 - U_2)\, Q_1}{q_2 q_3 + Q_1 q_1}.$$

Si on pose

$$Q_2 = q_1 + q_3, \qquad Q_3 = q_1 + q_2,$$

on obtient d'une manière analogue les équations de u_2 et de u_3, et l'on peut, par suite, écrire

$$[6] \quad \begin{cases} u_1 = \dfrac{(U_2 - U_3)\, q_2 + (U_1 - U_2)\, Q_1}{q_2 q_3 + Q_1 q_1} \\[2mm] u_2 = \dfrac{(U_3 - U_1)\, q_3 + (U_2 - U_3)\, Q_2}{q_1 q_3 + Q_2 q_2} \\[2mm] u_3 = \dfrac{(U_1 - U_2)\, q_1 + (U_3 - U_1)\, Q_3}{q_1 q_2 + Q_3 q_3} \end{cases}$$

90. Ayant éliminé ainsi les valeurs de l'intensité dans les équations donnant la valeur des tensions u_1, u_2, u_3 aux bornes du récepteur, valeurs qui restent par conséquent exprimées en fonction des résistances et des différences de potentiel au départ,.on doit examiner séparément les deux cas de la génératrice montée en triangle et de la génératrice montée en étoile.

On peut admettre que les valeurs efficaces des trois forces électromotrices e_1, e_2, e_3 (*fig.* 110) produites dans les trois circuits de la génératrice sont égales.

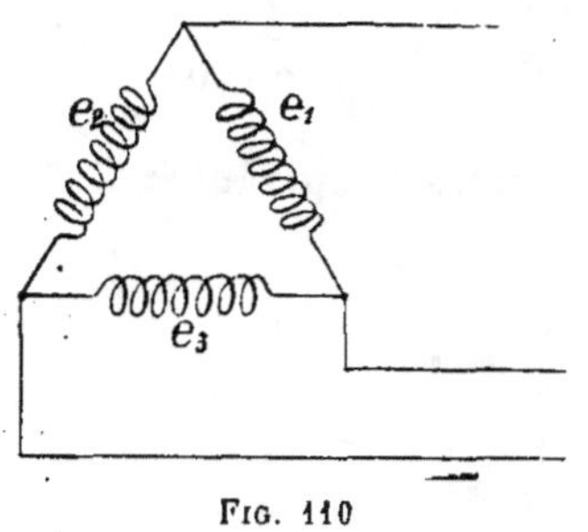

FIG. 110

Mais les trois différences de potentiel U_1, U_2, U_3 ne seront pas égales, ni également décalées de phase, même si les circuits ont des résistances identiques, parce que généralement les valeurs efficaces des intensités dans les trois conducteurs et, par suite, dans les trois circuits de la génératrice sont différentes.

Si, à un instant quelconque t, les trois forces électromotrices ont pour valeur respective

$$[7] \quad \begin{cases} e_1 = E_0 \sin \omega t \\ e_2 = E_0 \sin \left(\omega t - \dfrac{2\pi}{3} \right) \\ e_3 = E_0 \sin \left(\omega t - \dfrac{4\pi}{3} \right), \end{cases}$$

les différences de potentiel qui sont en concordance de phase avec les intensités, en admettant que le circuit extérieur ne présente pas d'inductance, sont généralement exprimées par la relation

$$U = U_0 \sin (\omega t - \varphi),$$

dans laquelle U_0 et φ prennent des valeurs différentes pour chacune des tensions, si L est le coefficient de self-induction moyen d'un des circuits de la génératrice et ρ sa résistance (*fig.* 111), valeurs qui sont

$$\operatorname{tang} \varphi = \frac{\omega L I_0}{U_0 + \rho I_0},$$

$$U_0 = \sqrt{E_0^2 - (\omega L I_0)^2} - \rho I_0 ;$$

I_0, valeur maximum, ayant une valeur différente pour chaque circuit. Mais, si l'on voulait tenir compte de ces variations, le problème deviendrait trop compliqué. Pour le simplifier, on va admettre que les trois tensions sont pratiquement égales et également décalées de phase. Par

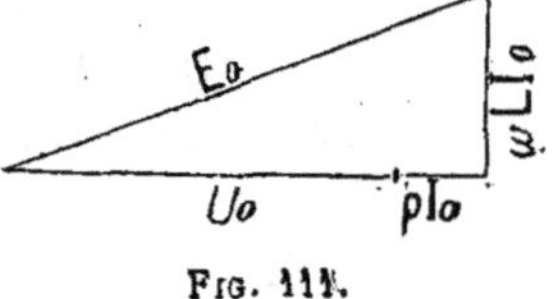

Fig. 111.

suite, on peut les représenter de la manière suivante :

$$[8] \quad \begin{cases} U_1 = U_0 \sin (\omega t - \varphi) \\ U_2 = U_0 \sin \left(\omega t - \dfrac{2\pi}{3} - \varphi \right) \\ U_3 = U_0 \sin \left(\omega t - \dfrac{4\pi}{3} - \varphi \right). \end{cases}$$

Dans ces conditions,

$$U_1 - U_2 = U_0 \left\{ \sin (\omega t - \varphi) - \sin \left(\omega t - \dfrac{2\pi}{3} - \varphi \right) \right\};$$

en développant et réduisant convenablement, on obtient également

$$U_1 - U_2 = U_0 \sqrt{3} \cos \left(\omega t - \dfrac{\pi}{3} - \varphi \right).$$

Par un procédé analogue, on obtient immédiatement les valeurs de $U_2 - U_3$ et de $U_3 - U_1$, et l'on a, par suite :

$$[9] \quad \begin{cases} U_1 - U_2 = U_0 \sqrt{3} \cos \left(\omega t - \dfrac{\pi}{3} - \varphi \right) \\ U_2 - U_3 = U_0 \sqrt{3} \cos (\omega t - \varphi) \\ U_3 - U_1 = U_0 \sqrt{3} \cos \left(\omega t - \dfrac{2\pi}{3} - \varphi \right). \end{cases}$$

En substituant ces valeurs à celles des équations [6], on exprime u_1, u_2, u_3 en fonction de U_0 et de φ, ainsi que des autres quantités q_1, q_2, q_3, Q_1, Q_2, Q_3.

On a alors

$$u_1 = \frac{1}{q_1 Q_1 + q_2 q_3} \left\{ U_0 \sqrt{3} \cos \left(\omega t - \dfrac{\pi}{3} - \varphi \right) Q_1 - U_0 \sqrt{3} \cos (\omega t - \varphi) q_2 \right\}.$$

qui donne, en développant,

$$u_1 = \frac{1}{q_1 Q_1 + q_2 q_3} \left\{ \frac{\sqrt{3}}{2}\, U_0\, (Q_1 - 2q_2) \cos(\omega t - \varphi) + \frac{3}{2}\, U_0 Q_1 \sin(\omega t - \varphi) \right\}.$$

Le binôme entre parenthèses peut être mis sous une autre forme. En réalité, on a généralement

$$\mathrm{A} \cos \alpha + \mathrm{B} \sin \alpha = \mathrm{X} \sin(\alpha + \theta) = \mathrm{X} \sin \alpha \cos \theta + \mathrm{X} \cos \alpha \sin \theta.$$

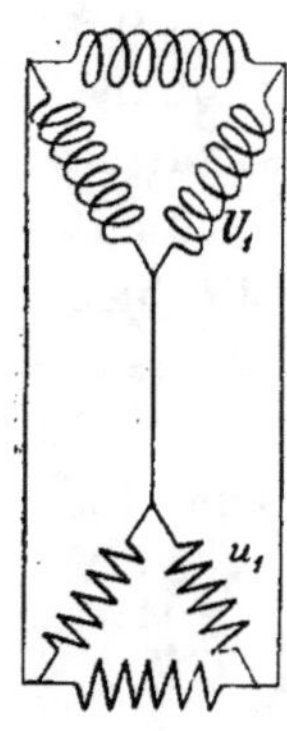

Pour que l'identité subsiste, il faut que séparément

$$\begin{cases} \mathrm{A} = \mathrm{X} \sin \theta \\ \mathrm{B} = \mathrm{X} \cos \theta. \end{cases}$$

En divisant la première de ces égalités par la seconde, on a

$$\operatorname{tang} \theta = \frac{\mathrm{A}}{\mathrm{B}}.$$

En élevant au carré les deux équations de condition et en faisant la somme, on a

$$\mathrm{X} = \sqrt{\mathrm{A}^2 + \mathrm{B}^2}.$$

Fig. 112.

On peut donc écrire

$$u_1 = \frac{1}{q_1 Q_1 + q_2 q_3} \sqrt{ \left(\frac{\sqrt{3}}{2}\, U_0\, (Q_1 - 2q_2) \right)^2 + \left(\frac{3}{2}\, U_0 Q_1 \right)^2 }\, \sin(\omega t - \varphi + \theta)$$

ou bien

$$u_1 = \frac{U_0 \sqrt{3}}{q_1 Q_1 + q_2 q_3} \sqrt{ \left(\frac{\sqrt{3}}{2}\, Q_1 \right)^2 + \left(\frac{1}{2}\, Q_1 - q_2 \right)^2 }\, \sin(\omega t - \varphi + \theta).$$

Donc, si on pose

$$\operatorname{tang} \theta_1 = \frac{\frac{1}{2} Q_1 - q_2}{\frac{\sqrt{3}}{2} Q_1}\;; \quad \operatorname{tang} \theta_2 = \frac{\frac{1}{2} Q_2 - q_3}{\frac{\sqrt{3}}{2} Q_2}\;; \quad \operatorname{tang} \theta_3 = \frac{\frac{1}{2} Q_3 - q_1}{\frac{\sqrt{3}}{2} Q_3},$$

on a, comme expressions des tensions aux bornes du récepteur, lorsque la génératrice est montée en triangle (*fig.* 112):

$$[10]\begin{cases} u_1 = \dfrac{U_0\sqrt{3}}{q_1 Q_1 + q_2 q_3}\sqrt{\left(\dfrac{\sqrt{3}}{2}Q_1\right)^2 + \left(\dfrac{1}{2}Q_1 - q_2\right)^2}\,\sin(\omega t - \varphi + \theta_1) \\[2ex] u_2 = \dfrac{U_0\sqrt{3}}{q_2 Q_2 + q_1 q_3}\sqrt{\left(\dfrac{\sqrt{3}}{2}Q_2\right)^2 + \left(\dfrac{1}{2}Q_2 - q_3\right)^2}\,\sin\left(\omega t - \dfrac{2\pi}{3} - \varphi + \theta_2\right) \\[2ex] u_3 = \dfrac{U_0\sqrt{3}}{q_3 Q_3 + q_1 q_2}\sqrt{\left(\dfrac{\sqrt{3}}{2}Q_3\right)^2 + \left(\dfrac{1}{2}Q_3 - q_1\right)^2}\,\sin\left(\omega t - \dfrac{4\pi}{3} - \varphi + \theta_3\right). \end{cases}$$

91. Ces formules sont obtenues en partant de l'hypothèse que la force électromotrice de la génératrice reste constante ; mais, en pratique, c'est la différence de potentiel aux bornes qui se maintient constante lorsqu'on fait varier convenablement l'excitation. Dans ce cas, les formules sont encore applicables et il suffit de rendre $\varphi = 0$ et de prendre pour U_0 la valeur maximum de la différence de potentiel existante.

Dans ces conditions, les valeurs efficaces des tensions u_1, u_2, u_3 sont :

$$[11]\begin{cases} u_{eff.1} = \dfrac{\sqrt{3}}{\sqrt{2}}\cdot\dfrac{U_0}{q_1 Q_1 + q_2 q_3}\sqrt{\left(\dfrac{\sqrt{3}}{2}Q_1\right)^2 + \left(\dfrac{1}{2}Q_1 - q_2\right)^2} \\[2ex] u_{eff.2} = \dfrac{\sqrt{3}}{\sqrt{2}}\cdot\dfrac{U_0}{q_2 Q_2 + q_1 q_3}\sqrt{\left(\dfrac{\sqrt{3}}{2}Q_2\right)^2 + \left(\dfrac{1}{2}Q_2 - q_3\right)^2} \\[2ex] u_{eff.3} = \dfrac{\sqrt{3}}{\sqrt{2}}\cdot\dfrac{U_0}{q_3 Q_3 + q_1 q_2}\sqrt{\left(\dfrac{\sqrt{3}}{2}Q_3\right)^2 + \left(\dfrac{1}{2}Q_3 - q_1\right)^2} \end{cases}$$

ce sont ces formules qui sont utilisées dans la pratique et que l'on peut également employer dans le cas d'une génératrice

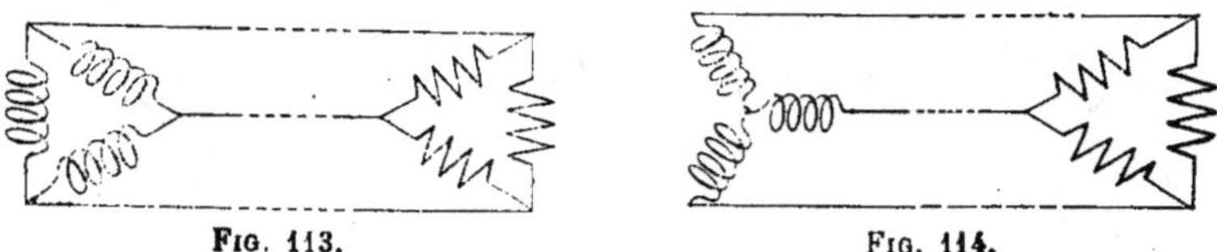

Fig. 113.   Fig. 114.

montée en étoile, lorsque U_0 représente l'amplitude des tensions composées aux bornes (*fig.* 113 et 114).

Si les trois branches, non inductives, sont également chargées, alors $r_1 = r_2 = r_3 = r$ et, par suite,

$$u_{eff.1} = u_{eff.2} = u_{eff.3} = \frac{U_0}{\sqrt{2}} \cdot \frac{r}{3R + r}.$$

92. EXEMPLE NUMÉRIQUE. — On a au départ une différence de potentiel de 3000 volts efficaces et une charge complète et égale sur les trois branches ayant $r_1 = r_2 = r_3 = 255$ ohms; $R = 15$ ohms.

Dans ce cas, on a

$$u_{eff.1} = u_{eff.2} = u_{eff.3} = 2\,700 \text{ volts}$$

Si l'on suppose que l'une des trois branches soit supprimée, on a alors

$$r_1 = r_2 = r = 255 \text{ ohms}, \qquad r_3 = \infty,$$

En effectuant les opérations, on trouve

$$q_1 = q_2 = 1{,}17, \qquad q_3 = 1$$
$$Q_1 = Q_2 = 2{,}17, \qquad Q_3 = 2{,}34.$$

En substituant ces valeurs dans l'équation (11) et en notant que $U_0 = 3\,000\,\sqrt{2}$, on trouve

$$u_{eff.1} = u_{eff.2} = 2\,700 \text{ volts}, \qquad u_{eff.3} = 2\,781 \text{ volts}.$$

Donc, aux extrémités du troisième circuit d'utilisation, on aura une différence de potentiel supérieure de $3\,^0/_0$ à celle des deux autres branches.

Si ensuite on supprime un autre circuit (c'est le cas limite et le plus défavorable), on a alors

$$r_1 = 255 \text{ ohms}, \qquad r_2 = r_3 = \infty$$

et on trouve

$$q_1 = 1{,}17, \qquad q_2 = q_3 = 1$$
$$Q_1 = 2, \qquad Q_2 = Q_3 = 2{,}17$$

et, par conséquent,

$$u_{eff.1} = 2\,695 \text{ volts}, \qquad u_{eff.2} = 2\,901 \text{ volts}.$$

Dans ces conditions, les différences de tension atteignent 7,62 $^0/_0$.

93. Si les circuits de la génératrice étaient montés en étoile au lieu d'être montés en triangle, les formules [10], établies en admettant que la force électromotrice est constante, seraient différentes parce que le vecteur U_0, qui représente la différence entre les vecteurs U_{0_1} et U_{0_2}, tension aux bornes de la génératrice, serait décalé de λ par rapport à E_0 au lieu d'être décalé de φ (*fig.* 115). Mais puisque, dans ce cas, au point de vue pratique, ce n'est pas la force électromotrice qui est maintenue constante, mais bien la tension, les formules [11] sont applicables, comme on l'a déjà fait remarquer. En effet, les

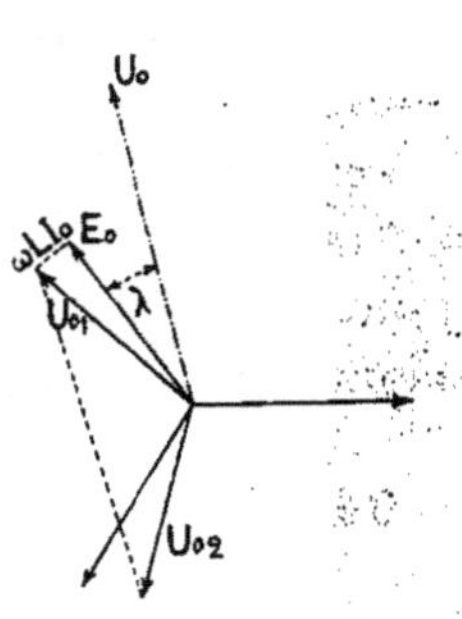

Fig. 115.

deux schémas (*fig.* 113 et 114) ont été tracés pour qu'ils se rapportent à ces formules [11].

Donc, dans les deux cas, les plus fortes variations de tension sont de 7,6 $^0/_0$; mais, en réalité, dans la pratique, elles ne dépassent jamais 4 à 5 $^0/_0$, parce que la différence d'équilibre des charges sur les trois branches n'est jamais supérieure à 50 $^0/_0$, si la distribution a été soigneusement étudiée.

La régulation obtenue au moyen de l'introduction d'une bobine de réactance dans les conducteurs de ligne n'est pas applicable, parce que sa présence modifierait aussi les tensions et les phases respectives au départ de la ligne.

On arriverait beaucoup mieux au but cherché en modifiant la résistance ohmique R des conducteurs de la ligne; mais cela entraînerait une dépense supplémentaire d'énergie. Dans tous les cas, on ne peut, à l'aide d'instruments placés à la station génératrice, se rendre compte des variations de charge aux points d'utilisation; il faut employer à cet effet des fils pilotes, dont l'installation nécessite une dépense notable.

Aucun de ces moyens de régulation n'est utilisé dans la pra-

tique, d'autant plus qu'ordinairement il y a des transformateurs
dans le circuit; lorsque ces derniers sont triphasés avec
noyaux magnétiques reliés entre eux, il se produit, comme on
l'a dit dans le paragraphe 80 du tome I, des compensations qui
font que les variations des tensions, produites par des charges
inégalement réparties, sont pratiquement acceptables et ne
dépassent pas 2 à 3 $^0/_0$. Des compensations analogues tendent
aussi à se produire dans l'alternateur triphasé lui-même.

Le seul réglage à effectuer, dans ces conditions, consiste uniquement à faire varier en plus ou moins, à l'aide de l'excitation, la tension de l'alternateur suivant que la charge augmente ou diminue.

**94. Intensités et tensions dans un système triphasé à
quatre conducteurs.** — Le montage en étoile des récepteurs,
qui, comme on l'a expliqué dans le dernier chapitre du tome I,
permet de réaliser une économie notable de la quantité de
cuivre nécessaire pour établir une distribution déterminée,
exige l'emploi d'un quatrième conducteur pour relier les deux

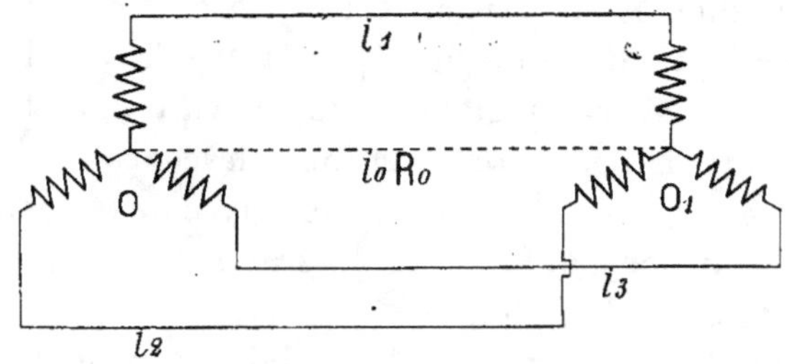

Fig. 116.

centres O et O_1 (*fig.* 116). La détermination des valeurs des intensités et des tensions dans ce cas particulier, la différence de
potentiel U au départ de la ligne étant connue, peut s'effectuer
d'après la méthode développée précédemment dans les paragraphes 89 et suivants, en tenant compte toutefois que, dans
ce cas, on a à chaque instant:

$$i_1 + i_2 + i_3 + i_0 = 0$$

et que l'intensité du courant i_0 détermine dans le fil neutre une chute de tension $u_0 = R_0 i_0$ [1].

Mais il est utile d'étudier ce cas particulier d'une manière plus complète en admettant comme constante non la différence de potentiel au départ, mais bien la force électromotrice induite par les variations de flux dans les enroulements du transformateur triphasé, destiné à alimenter le circuit. Dans le chapitre XVI, consacré aux transformateurs, on verra **que,** même en admettant que le flux dans le primaire soit constant, la force électromotrice induite dans le secondaire ne reste pas constante, mais subit une réduction par suite des dispersions du flux. L'effet dû à cette dispersion du flux peut être ramené à celui produit par une force électromotrice

de self-induction EA (*fig.* 117), en retard de $\frac{\pi}{2}$ sur

le vecteur de l'intensité et de grandeur proportionnelle à I; par conséquent, la tension aux bornes est réduite à OD, à cause de la chute de tension AD due à la résistance de l'enroulement.

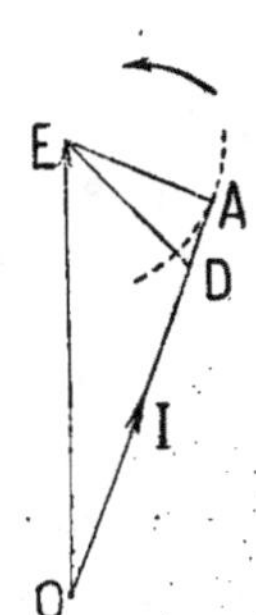

Fig. 117.

Si on admet, pour simplifier, que le circuit en dehors du transformateur soit complètement dépourvu d'inductance (cas d'une distribution pour lampes à incandescence), les intensités restent en concordance de phase avec les tensions aux bornes du transformateur et le diagramme vectoriel se présente comme celui de la figure 118.

Afin de rendre le diagramme plus clair, on peut transporter les vecteurs des trois intensités I_1, I_2, I_3 à l'extrémité des vecteurs E_1, E_2, E_3, et le vecteur I_0, somme géométrique des trois vecteurs I pris en sens inverse (cela parce que, à chaque instant, les trois courants $-i_1$, $-i_2$, $-i_3$, s'ajoutent), représente l'intensité dans le quatrième fil. Puisque ce quatrième fil produit une chute de tension $u_0 = OO_1$, les tensions aux

1. On peut consulter, à ce sujet, la monographie due à l'ingénieur Lenner : *Calcolo grafico di una distribuzione trifase a stella*, publiée dans *l'Elettricista*, en 1900.

extrémités des circuits d'utilisation deviennent O_1U_1, O_1U_2, O_1U_3, si le segment Δ tient compte de la chute de tension ohmique due à la résistance de l'enroulement du transformateur et à la résistance du fil de ligne.

La détermination des valeurs de ces tensions peut s'effectuer analytiquement; mais, comme il est nécessaire d'employer des formules plutôt compliquées, la solution numérique devient très laborieuse pour les cas pratiques. Il est plus simple d'employer la méthode graphique en procédant de la manière suivante :

On fixe les intensités de courant correspondant à la répartition de la charge pour laquelle on veut effectuer le calcul. On détermine les résistances R des trois conducteurs principaux, r des enroulements du transformateur et enfin R_0 du quatrième fil ou fil neutre. Connaissant la valeur x de la réactance qui représente l'action de la dispersion, on procède d'abord à la détermination des points U_1, U_2, U_3. Du point E, extrémité d'un vecteur de force électromotrice (*fig.* 117), on trace un arc de cercle de rayon xI et du point O on mène une tangente. On mène la perpendiculaire EA et on porte en AD un segment $(r + R)\,I$. Le point D de la figure 117 devient le point U du diagramme vectoriel de la figure 118. Les intensités sont en concordance de phase avec les vecteurs OU donnant les tensions à l'arrivée si $R_0 = 0$. En représentant ces intensités à leur échelle sur le diagramme et faisant leur somme que l'on prend en direction opposée, on obtient le vecteur des intensités des courants parcourant le fil neutre. Portant alors en OO_1

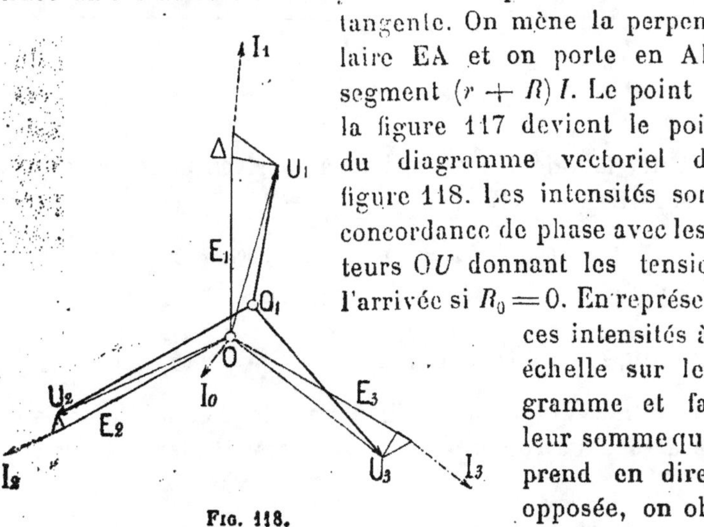

Fig. 118.

la chute de tension $u_0 = R_0 I_0$, on obtient le point O_1 et immédiatement aussi les valeurs cherchées des tensions aux extrémités des circuits d'utilisation.

95. EXEMPLE NUMÉRIQUE. — Une application numérique va permettre de rendre l'explication plus claire.

On a, comme valeur de la force électromotrice induite dans chaque branche, $E = 100$ volts efficaces.

Soient : .

$$r = 0,01, \qquad x = 0,04, \qquad R = 0,05, \qquad R_0 = 0,1 \text{ ohm.}$$

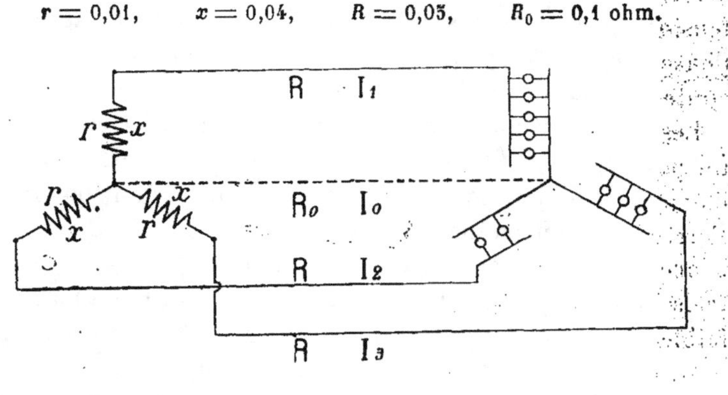

FIG. 119.

Calculer la valeur des tensions à l'arrivée pour une charge ainsi répartie (*fig.* 119) :

$$I_1 = 100, \qquad I_2 = 20, \qquad I_3 = 60 \text{ ampères.}$$

On a :

$$xI_1 = 4 \qquad xI_2 = 0,8 \qquad xI_3 = 2,4 \text{ volts}$$
$$(r + R) I_1 = 6 \qquad (r + R) I_2 = 1,2 \qquad (r + R) I_3 = 3,6 \text{ volts.}$$

Par un tracé graphique, qu'il est facile d'établir d'après ce qui précède, on trouve pour les vecteurs OU les valeurs suivantes :

$$OU_1 = 94, \qquad OU_2 = 98,75, \qquad OU_3 = 95,5 \text{ volts.}$$

En portant le long de ces vecteurs les valeurs efficaces des trois intensités, leur sómme I_0 est de 70 ampères efficaces. Par conséquent, $u_0 = R_0\,I_0 = 7$ volts. Portant ce segment en OO_1, le long de I_0, il représente la somme des trois intensités prises avec leur signe ou en sens contraire, si la somme des vecteurs correspond aux trois intensités prises en sens inverse; on a ainsi le point O_1 et, en mesurant les vecteurs, on trouve finalement

$$O_1U_1 = 88, \qquad O_1U_2 = 105, \qquad O_1U_3 = 96,5 \text{ volts.}$$

On obtient ainsi un écart maximum des tensions dans les diverses branches ne dépassant pas 16 $^0/_0$. L'augmentation de tension dans le deuxième circuit est due à la différence de phase du vecteur OU_2 par rapport à OO_1, qui représente la chute de tension dans le fil neutre.

Les données du problème qui vient d'être exposé ont été un peu exagérées afin de bien mettre en évidence les divers éléments qui concourent à produire l'écart des tensions à l'arrivée. Dans la pratique, on ne se trouve jamais en présence de différences de charges aussi considérables sur les trois branches. Les résistances des conducteurs sont plus faibles et l'effet de la dispersion est beaucoup moindre, surtout, comme on le verra dans le chapitre XII, si le transformateur alimente seulement des lampes à incandescence.

96. Mesure de la puissance dans un système diphasé équilibré ou non. — Il convient de rappeler ici que, dans le cas de courants alternatifs, la mesure de la puissance ne peut se faire, en relevant séparément la tension efficace et l'intensité efficace et en effectuant ensuite le produit de ces deux quantités, qu'à la condition que la charge ne soit pas inductive (lampes à incandescence). Dans tous les autres cas, l'emploi du wattmètre est indispensable.

La puissance dépensée dans chacun des circuits d'un système diphasé se mesure en intercalant la bobine en gros fil du wattmètre dans l'un des conducteurs de ligne et en mettant en dérivation la bobine en fil fin entre ce conducteur et le conducteur du milieu (*fig.* 120). Si les deux circuits sont également chargés et présentent le même facteur de puissance, la puissance totale fournie ou absorbée est le **double** de celle qui a été mesurée sur **un** des circuits.

Lorsque les charges dans les deux circuits sont inégales et que l'on ne dispose pas d'un second wattmètre, il faut effectuer deux mesures successives en ayant soin de préparer les connexions de manière à perdre le moins de temps possible entre les deux

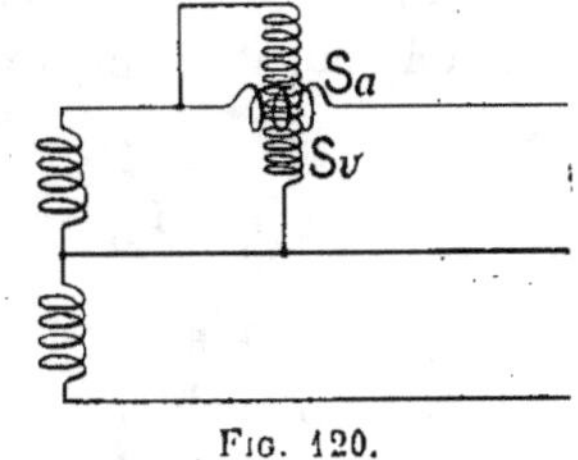

Fig. 120.

lectures, parce que, pendant cet intervalle, un des facteurs de la puissance est susceptible de varier.

97. Mesure de la puissance dans un système triphasé équilibré. — Lorsqu'un système triphasé est équilibré — et c'est le cas lorsqu'il alimente un moteur, — si les deux extrémités d'un des circuits sont accessibles, aussi bien lorsqu'il s'agit d'un montage en étoile que d'un montage en triangle, la puissance totale est le triple de celle que l'on obtient pour l'un des trois circuits. Si p est la valeur de la puissance dans un des circuits, on a

$$P = 3p = 3U_{eff}.I_{eff}.\cos\varphi,$$

expression dans laquelle $U_{eff}.I_{eff}.$ sont les valeurs efficaces de la tension et de l'intensité pour le circuit considéré. En relevant ces valeurs, on obtient le facteur de puissance de chaque circuit par le rapport

$$\cos\varphi = \frac{p}{U_{eff}.I_{eff}.},$$

c'est-à-dire par le rapport de la puissance réelle à la puissance apparente. Lorsqu'on n'a pas à sa disposition de voltmètre ni d'ampèremètre convenables, ou bien lorsqu'on possède ces instruments, mais que l'on n'a pas de wattmètre étalonné, on peut néanmoins calculer le facteur de puissance. Il suffit pour cela d'intercaler sur un des conducteurs principaux la bobine en gros fil du wattmètre et de relier sa bobine en fil fin, d'une

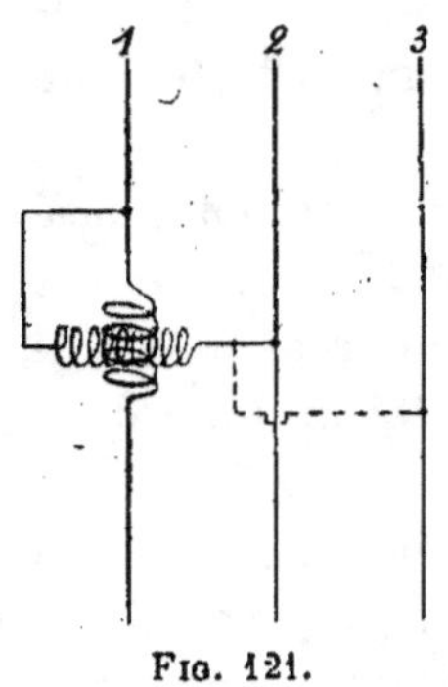

Fig. 121.

part, à ce conducteur et, d'autre part, successivement avec le deuxième et le troisième conducteur (*fig.* 121). On obtient ainsi deux déviations δ et δ_1 de l'index de l'instrument ; si k est la constante de cet instrument, les puissances, dans les deux cas, ont respectivement pour valeur $k\delta$ et $k\delta_1$.

En se reportant aux diagrammes donnés dans le paragraphe 88 et relatifs aux intensités et aux tensions, on remarque que, pour le montage en étoile, on a,

$$k\delta = u_{1.2}I \cos\left(\frac{\pi}{6} - \varphi\right)$$

$$k\delta_1 = u_{1.3}I \cos\left(\frac{\pi}{6} + \varphi\right);$$

en remarquant que, pour un circuit équilibré,

$$u_{1.2} = u_{1.3} = U,$$

on a

$$\delta = \frac{UI}{k} \cos\left(\frac{\pi}{6} - \varphi\right), \qquad \delta_1 = \frac{UI}{k} \cos\left(\frac{\pi}{6} + \varphi\right).$$

En faisant la différence et la somme de ces deux quantités, on obtient

$$\frac{\delta - \delta_1}{\delta + \delta_1} = \frac{\cos\left(\frac{\pi}{6} - \varphi\right) - \cos\left(\frac{\pi}{6} + \varphi\right)}{\cos\left(\frac{\pi}{6} - \varphi\right) + \cos\left(\frac{\pi}{6} + \varphi\right)} = \frac{2 \sin \frac{\pi}{6} \sin \varphi}{2 \cos \frac{\pi}{6} \cos \varphi},$$

d'où

$$\tan \varphi = \sqrt{3} \cdot \frac{\delta - \delta_1}{\delta + \delta_1}.$$

Pour le montage en triangle, le résultat est identique, parce que l'on a

$$k\delta = u_{1.2}I \cos\left(\frac{\pi}{6} + \varphi\right), \qquad k\delta_1 = u_{1.3}I \cos\left(\frac{\pi}{6} - \varphi\right).$$

Comme on l'a fait remarquer précédemment, il n'est pas nécessaire pour effectuer cette mesure que le wattmètre soit étalonné ; il suffit de relever les déviations. Connaissant tangente φ, on en déduit $\cos \varphi$ que l'on prend comme facteur de puissance sous la réserve faite paragraphe 64.

Pour déterminer la puissance lorsque le système polyphasé est monté en étoile et que le point neutre est inaccessible (cas d'une génératrice avec induit mobile), on peut créer un point neutre artificiel en procédant comme cela a été indiqué dans le tome I, paragraphe 59.

Il convient d'examiner maintenant la manière de procéder à la mesure de la puissance dans un système triphasé équilibré, lorsque le point neutre est inaccessible dans le cas d'un montage en étoile, ou bien lorsqu'un des côtés du triangle est inaccessible dans le cas d'un montage en triangle.

a) *Montage en étoile.* — Si le circuit ne présente pas d'inductance et, dans ce cas, il ne peut y avoir de moteurs alimentés, une seule lecture suffit en disposant la bobine en fil fin entre une des bornes et le point neutre.

La puissance totale est alors, i étant en concordance de phase avec u,

$$P = 3ui.$$

En utilisant un ampèremètre pour relever l'intensité i et un voltmètre pour connaître la tension composée U, U étant égal à $u \sqrt{3}$, on a

$$P = 3 \frac{U}{\sqrt{3}} i = \sqrt{3}Ui.$$

Si l'on emploie un wattmètre, comme U est décalé de $\frac{\pi}{6} = 30°$ par rapport à i, la puissance est donnée par l'expression

$$p = Ui \cos 30° = \frac{\sqrt{3}}{2} Ui,$$

d'où

$$Ui \sqrt{3} = 2p,$$

et, par conséquent, la puissance totale est

$$P = 2p,$$

expression qui s'applique au cas d'un montage en étoile avec charges équilibrées et non inductives. Il s'ensuit que la puissance totale est égale à 2 fois celle indiquée par le wattmètre, lorsque la bobine en fil fin est placée en dérivation sur la tension composée.

Il y a lieu de remarquer que l'on ne commet pas d'erreur lorsque la bobine en fil fin, au lieu d'être mise en dérivation sur le conducteur dans lequel est intercalée la bobine en gros fil et sur le conducteur de gauche, est reliée au conducteur de droite, parce que les tensions sont égales en valeurs absolues et que, en ce qui concerne la phase, elles sont décalées respectivement de 30° et de 120° + 30° = 150° avec l'intensité i. Or

$$\cos 30° = \frac{\sqrt{3}}{2} \qquad \text{et} \qquad \cos 150° = -\frac{\sqrt{3}}{2}.$$

Dans ces conditions, les déviations de l'instrument sont identiques, seulement elles sont de signe contraire.

Lorsque le circuit d'utilisation présente de l'inductance, et c'est toujours le cas lorsqu'il y a des moteurs alimentés, une seule lecture n'est plus suffisante. On le comprend facilement en remarquant que l'intensité I_1 (*fig.* 122) est décalée par rapport à u_{12} d'un angle δ différent de 30°, angle qui peut devenir nul ou même négatif.

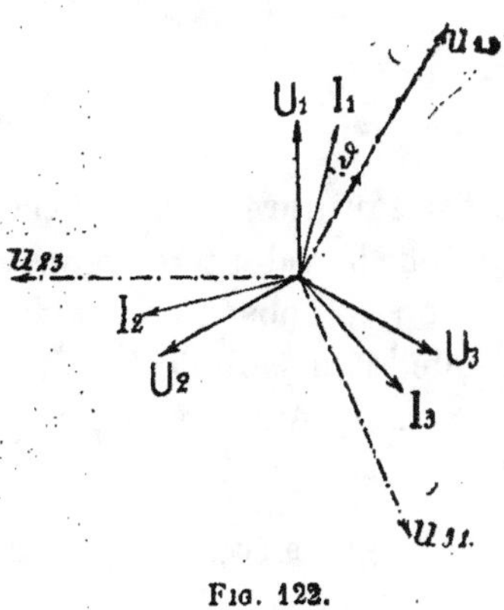

Fig. 122.

Il est alors indispensable d'effectuer deux lectures avec le même wattmètre en procédant comme il va être indiqué.

Pour le démontrer, on écrit l'expression de la puissance instantanée fournie ou absorbée par le système. Si on représente par I_1, I_2, I_3, U_1, U_2, U_3, les valeurs de l'intensité et de la tension à l'instant considéré dans les trois branches du système, on a comme expression de la puissance instantanée

$$p = I_1 U_1 + I_2 U_2 + I_3 U_3 ;$$

comme le système est triphasé,

$$I_1 + I_2 + I_3 = 0,$$

d'où on tire

$$I_3 = - (I_1 + I_2).$$

Par suite, en substituant, on a

$$p = I_1 (U_1 - U_3) + I_2 (U_2 - U_3);$$

Mais, comme l'on a admis un sens pour les directions des vecteurs, on voit que $(U_1 - U_3)$ représente la différence $u_{3.1}$ des tensions prise avec le signe contraire et que $(U_2 - U_3)$ représente la différence de ces deux tensions en grandeur et en signe; on peut donc écrire

$$p = - I_1 u_{3.1} + I_2 u_{2.3}.$$

Mais on sait que

$$I_1 = - (I_2 + I_3) \qquad \text{et} \qquad I_2 = - (I_1 + I_3) ;$$

donc

$$p = I_2 u_{3.1} + I_3 u_{3.1} - I_1 u_{2.3} - I_3 u_{2.3}.$$

Il est à remarquer que le système est équilibré et que, par conséquent, la symétrie est complète; donc la valeur moyenne du produit d'une intensité par la tension composée contraire est constante pour une charge donnée, quelle que soit l'intensité considérée. Par conséquent la puissance moyenne développée ou absorbée par le système se réduit à

$$P = \text{valeur moyenne } I_3 u_{3.1} - \text{valeur moyenne } I_3 u_{2.3},$$

précisément parce que, comme on l'a déjà dit,

$$\text{valeur moyenne } I_2 u_{3.1} = \text{valeur moyenne } I_1 u_{2.3}.$$

L'expression de la puissance moyenne peut également être écrite d'une autre manière :

$$P = \frac{1}{T} \int_0^T I_3 u_{3.1} \cdot dt - \frac{1}{T} \int_0^T I_3 u_{2.3} \cdot dt.$$

Si alors on intercale la bobine en gros fil du wattmètre en I_3 et si celle en fil fin est mise en dérivation d'abord entre 3 et 1, puis entre 3 et 2 (*fig.* 123), on observe deux déviations qui correspondent précisément aux deux valeurs moyennes. En faisant convenablement la somme de ces deux valeurs, on obtient la puissance moyenne totale ; le qualifica-

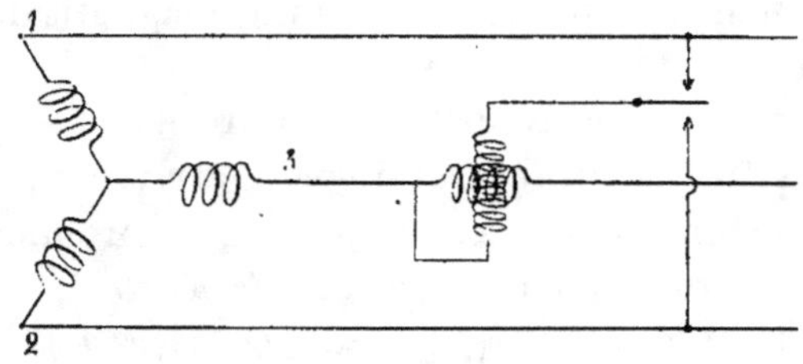

Fig. 123.

tif convenablement est mis avec intention, parce que, comme on va le voir, les deux lectures doivent être tantôt ajoutées, tantôt retranchées l'une de l'autre.

D'après le diagramme des tensions et des intensités, on voit que les deux puissances p_1 et p_2 indiquées par le wattmètre représentent les produits suivants :

$$p_1 = I_3 u_{3.1} \cos(30 - \varphi),$$
$$p_2 = I_3 u_{2.3} \cos(120 + 30 - \varphi),$$

si I et u sont les valeurs efficaces et φ le décalage entre u et I, ou, pour la seconde expression, en prenant en sens opposé le vecteur $u_{2.3}$,

$$p_2 = - I_3 u_{2.3} \cos(30 + \varphi).$$

La puissance moyenne est donc

$$P = p_1 - p_2 = I_3 u_{3.1} \cos(30 - \varphi) + I_3 u_{2.3} \cos(30 + \varphi)$$

Si la déviation du wattmètre lors des deux lectures est toujours de même sens, la puissance moyenne est la somme des deux puissances observées. Si, au contraire, au moment de la seconde lecture, l'index du wattmètre tend à sortir de l'échelle au delà du zéro et que, pour faire la lecture, on soit obligé d'inverser les connexions, la puissance moyenne a alors pour valeur la différence des deux puissances observées.

La possibilité de constater une puissance négative n'est nullement paradoxale si on réfléchit que cosinus $(30 - \varphi)$ est toujours positif, parce que l'angle φ ne peut jamais dépasser 90°, tandis que cosinus $(30 + \varphi)$ devient négatif dès que φ est à peine plus grand que 60°. Ce cas se présente fréquemment, particulièrement lorsque la composante magnétisante est prédominante.

Dans la pratique, on ne peut connaître le sens dans lequel alternent les trois courants et il peut arriver que l'on soit obligé d'inverser les connexions lors de la première lecture. Il suffit de se rappeler que, *lorsque le wattmètre est monté comme l'indique le schéma (fig.* 123*), les lectures doivent être additionnées lorsque les déviations sont de même sens et que l'on doit en faire la différence lorsqu'elles sont de sens contraire.*

Il y a lieu de remarquer que, si $\varphi = 0$, on tombe dans le cas précédent où $P = 2p$.

b) *Montage en triangle.* — Tout ce qui a été exposé précédem-

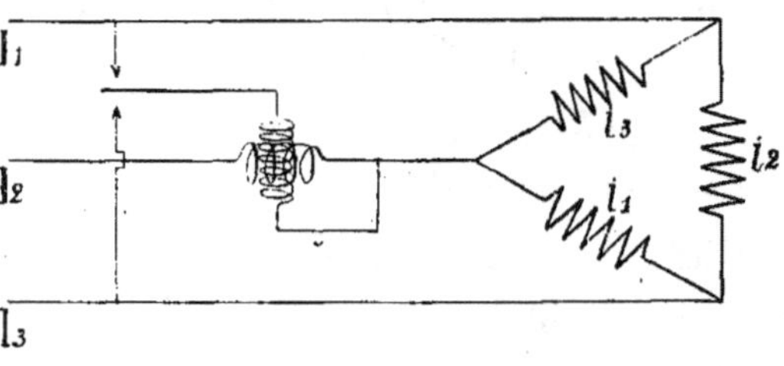

Fig. 124.

ment au sujet du montage en étoile est applicable au montage en triangle à branches inaccessibles (*fig.* 124), parce que si, dans le premier, on a des tensions composées, dans le second on a des intensités composées. Dans ces conditions, si le système est parfaitement équilibré et la charge non inductive ($\varphi = 0$),

$$P = 2p$$

et une seule lecture du wattmètre suffit.

Si, au contraire, la charge est inductive, il est indispensable de faire deux lectures. En réalité la puissance instantanée est encore

$$p = u_1 i_1 + u_2 i_2 + u_3 i_3,$$

et comme

$$u_3 = -(u_1 + u_2),$$

on a aussi

$$p = u_1 i_1 + u_2 i_2 - u_1 i_3 - u_2 i_3$$
$$p = u_1 (i_1 - i_3) + u_2 (i_2 - i_3).$$

Mais

$$i_1 - i_3 = I_2$$
$$i_2 - i_3 = -(i_3 - i_2) = -I_1,$$

par conséquent

$$p = u_1 I_2 - u_2 I_1.$$

D'autre part

$$I_2 = -(I_1 - I_2), \qquad I_1 = -(I_2 + I_3).$$

Il en résulte que

$$p = -u_1 I_1 - u_1 I_3 + u_2 I_2 + u_2 I_3.$$

Comme la valeur moyenne de $u_1 I_1$ est égale à la valeur moyenne de $u_2 I_2$ pour des circuits équilibrés, on a, par suite,

$$P = \text{valeur moyenne } (-u_1 I_3) + \text{valeur moyenne } (u_2 I_3).$$

Il n'est point nécessaire de rappeler les considérations développées précédemment, et il suffit de dire que, si le wattmètre est monté comme l'indique la figure 124, *lorsque l'index dévie toujours dans le même sens lors des deux lectures, les déviations doivent être additionnées et, dans le cas contraire, soustraites l'une à l'autre.*

98. Mesure de la puissance dans un système triphasé non équilibré. — Lorsqu'un système triphasé n'est pas équilibré, ce qui est le cas général, il est alors nécessaire de recourir à l'emploi de trois wattmètres, un par branche ; toutefois on peut effectuer la mesure avec deux de ces instruments convenablement disposés.

Si l'on n'a à sa disposition qu'un seul wattmètre, on peut l'employer successivement pour effectuer la mesure sur chacun des trois circuits ; mais, dans ce cas, les connexions doivent être préparées d'avance afin de pouvoir les établir très rapidement.

Il y a deux cas à considérer : celui du montage en étoile et celui du montage en triangle.

a) *Montage en étoile.* — Si le point neutre de l'étoile est accessible, on peut relever la puissance moyenne fournie ou absorbée par chacun des trois circuits et en faire ensuite la somme ; on obtient ainsi la puissance moyenne totale. Lorsqu'on ne peut atteindre le point neutre, on en crée un artificiel en suivant les indications données paragraphe 59 du tome I et en prenant les précautions voulues. Lorsque l'on fait usage d'un seul wattmètre, les connexions doivent être établies de manière à obtenir toujours une déviation de même sens, le décalage de l'intensité par rapport à la tension ne pouvant jamais dépasser dans ce cas 90°.

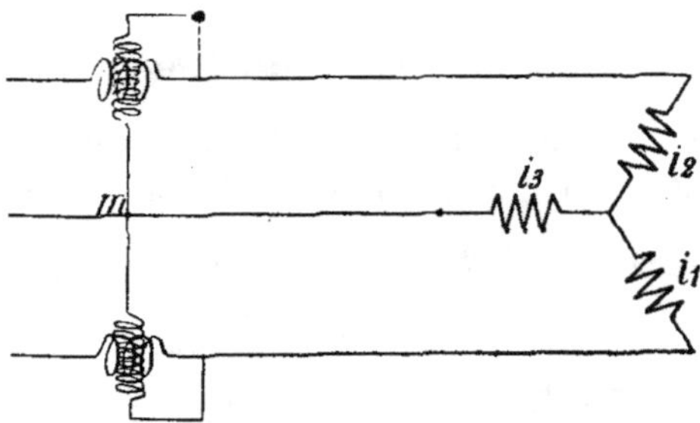

Fig. 125.

La méthode des deux wattmètres (*fig.* 125) est fondée sur la propérité que possède le système triphasé d'avoir toujours la somme des trois courants égale à zéro.

La puissance instantanée est

$$p = u_1 i_1 + u_2 i_2 + u_3 i_3$$

et comme

$$i_1 + i_2 + i_3 = 0,$$

on a

$$p = (u_1 - u_3)\, i_1 + (u_2 - u_3)\, i_2.$$

Par conséquent, en disposant deux wattmètres comme l'indique le schéma (*fig*. 125), leurs indications donnent, l'une la valeur moyenne de $(u_2 - u_3)\, i_2$ et l'autre celle de $(u_1 - u_3)\, i_1$.

Il est à remarquer que les tensions qui agissent sur les bobines en fil fin sont toutes deux dirigées vers le troisième conducteur i_3. Donc, en effectuant la mesure avec un seul wattmètre et en opérant le changement des connexions sans toucher au point d'attache m, si les déviations obtenues sont toujours de même sens, il faut les *ajouter* pour obtenir la puissance moyenne totale ; si, au contraire, les déviations sont de sens opposé, il est alors nécessaire d'inverser les connexions de la bobine en fil fin et les déviations doivent être *retranchées* l'une de l'autre pour obtenir le résultat cherché. Lorsqu'on utilise deux wattmètres, on peut hésiter pour savoir si les deux lectures doivent être ajoutées ou retranchées l'une de l'autre ; il convient alors de procéder d'abord à la vérification des connexions avec un seul wattmètre.

L'explication de ce fait est toujours la même, c'est-à-dire qu'il est dû au retard de phase causé par la réactance, le décalage entre l'intensité du courant qui passe dans la bobine en gros fil et la tension agissant aux bornes de la bobine en fil fin pouvant être supérieur à 90°.

-- b) *Montage en triangle*. — Si les trois côtés du triangle sont accessibles, on peut utiliser trois wattmètres et faire la somme des indications obtenues.

En se servant de la méthode des deux wattmètres, les connexions doivent être établies comme l'indique le schéma (*fig.* 126), c'est-à-dire de la même manière que pour le cas précédent.

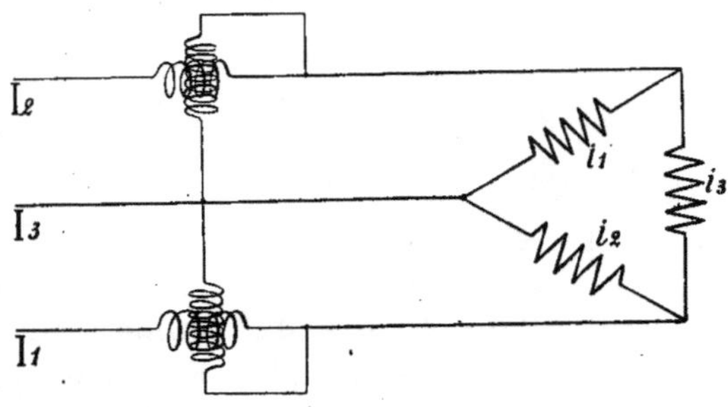

FIG. 126.

On a toujours :

$$p = u_1 i_1 + u_2 i_2 + i_3 u_3.$$

Comme

$$u_1 + u_2 + u_3 = 0,$$

on a

$$p = u_1 i_1 + u_2 i_2 - u_1 i_3 - u_2 i_3$$
$$p = u_1 (i_1 - i_3) + u_2 (i_2 - i_3).$$

Il est superflu de faire remarquer maintenant que, dans ce cas, il faut faire également attention au sens de la déviation et effectuer la somme si les déviations sont de même sens ou faire la différence si elles sont de sens inverse.

CHAPITRE X

CHAMPS MAGNÉTIQUES PRODUITS
PAR LES COURANTS ALTERNATIFS

99. Équation de l'intensité d'un champ tournant lorsque le milieu a une perméabilité constante. — Si deux courants alternatifs

$$i_1 = I_0 \sin \omega t,$$
$$i_2 = I_0 \cos \omega t,$$

ayant même période et même amplitude, mais décalés de $\frac{1}{4}$ de période, circulent dans deux bobines dont les plans sont à $90°$ l'un de l'autre et si l'on admet que les champs alternatifs produits par chacun de ces courants

$$\mathcal{H}_1 = \mathcal{H}_0 \sin \omega t,$$
$$\mathcal{H}_2 = \mathcal{H}_0 \cos \omega t,$$

ont une intensité proportionnelle à celle des courants et sont uniformes dans l'espace compris entre les bobines, le champ tournant Ferraris qui en résulte a une intensité constante

$$\sqrt{\mathcal{H}_1^2 + \mathcal{H}_2^2} = \mathcal{H}_0 \sqrt{\sin^2 \omega t + \cos^2 \omega t} = \mathcal{H}_0,$$

c'est-à-dire la valeur maximum de l'un quelconque des deux champs alternatifs. D'autre part, $\mathcal{H}_1$ et $\mathcal{H}_2$ sont les projections sur des axes normaux d'un vecteur tournant $\mathcal{H}_0$, et par conséquent on a (*fig.* 127)

$$\mathcal{H}_2 = \mathcal{H}_0 \cos \omega t = \mathcal{H}_0 \cos \alpha,$$

c'est-à-dire

$$\alpha = \omega t.$$

L'angle α est donc proportionnel au temps ; en d'autres termes, le vecteur $\mathcal{H}_0$ tourne d'un mouvement uniforme dans le **sens** de la flèche.

La démonstration serait identique dans le cas où il y aurait trois courants. On a ainsi *des champs tournants diphasés, triphasés ou polyphasés*, suivant le nombre de courants alternatifs servant à les produire, chacun de ces champs pouvant être *bipolaire* ou *multipolaire*.

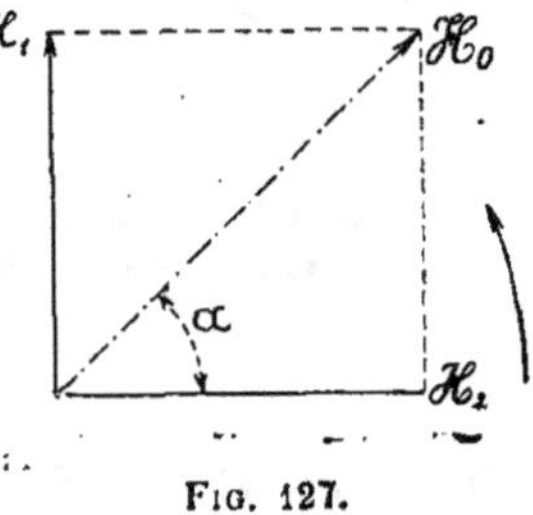

Fig. 127.

Lorsque les phases ne sont pas décalées de $\frac{1}{4}$ de période ou bien si les bobines ne sont pas disposées à 90° l'une de l'autre, le champ résultant est elliptique en ce qui concerne son intensité, mais c'est toujours un champ tournant. Autrement dit, si l'une ou l'autre de ces conditions est réalisée, une des composantes du courant a une amplitude supérieure à celle de l'autre.

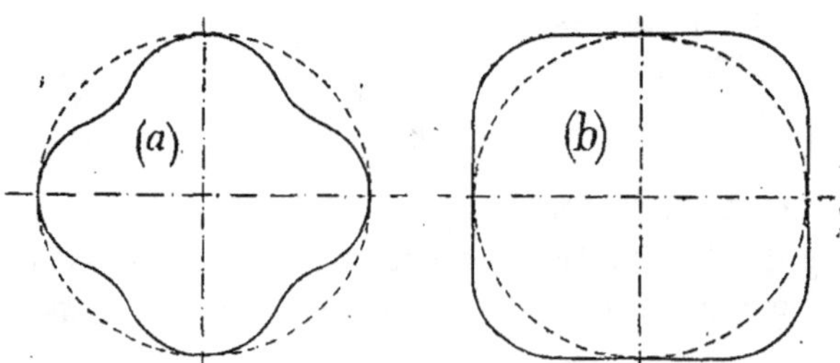

Fig. 128.

En pratique, les courants n'ont pas une allure parfaitement sinusoïdale ; les courbes ont une forme plus pointue ou plus aplatie que la sinusoïde. Pour un champ diphasé on a, dans le premier cas, un champ tournant présentant la configuration *a* (*fig.* 128) et, dans le second, un champ tournant affectant la forme *b*.

D'une manière générale, les harmoniques ont pour effet de produire un champ résultant à contour (lieu de l'extrémité du vecteur) non circulaire plus ou moins déformé, étant toujours admis que le milieu dans lequel se ferment les flux a une perméabilité constante.

100. Champs tournants utilisés industriellement. —

Les champs tournants Ferraris sont utilisés non seulement dans les moteurs appelés à champ tournant, mais aussi dans toutes les combinaisons utilisant ou produisant des courants polyphasés et, par suite aussi, dans les alternateurs polyphasés. Comme, à propos des alternateurs, il sera nécessaire d'avoir présent à l'esprit les phénomènes des champs tournants, il est utile de donner dès à présent quelques indications à leur sujet, quoique la plupart des auteurs n'en parlent que lorsqu'ils traitent des moteurs à champ tournant.

Comme on l'a déjà fait remarquer dans le chapitre x du tome I, les champs tournants utilisés dans l'industrie ont une configuration et une distribution différentes du champ tournant théorique. Le champ tournant, tel que l'a trouvé Ferraris, se produit dans l'air et dans des conditions très simples; les champs magnétiques élémentaires peuvent être représentés par des *vecteurs* et la méthode de la composition des forces avec la règle du parallélogramme est ici pleinement justifiée, et l'expérience confirme ce fait.

Mais on commettrait une grave erreur en appliquant ces considérations aux machines industrielles, car il faut se rendre compte que, dans ce dernier cas, les conditions théoriques ne sont plus satisfaites et que la méthode de la composition des forces suivant la règle du parallélogramme n'est plus applicable, comme, du reste, d'une manière générale, elle ne l'est plus toutes les fois que les grandeurs considérées, telles que la force magnétomotrice totale et le flux total dans un circuit, cessent d'être des vecteurs avec des directions variant dans la totalité de leur parcours.

Si, dans certains cas, on a recours à la méthode des vecteurs pour résoudre un problème, on le fait soit pour simplifier, soit pour arriver plus rapidement à une solution, mais il peut arriver que l'on s'éloigne ainsi des conditions réelles suivant lesquelles se produit le phénomène. Dans d'autres cas, ce mode de représentation est fondé sur des considérations d'un ordre totalement différent.

D'une manière générale, dans l'application de la règle du parallélogramme des forces, on doit nettement distinguer deux cas : celui qui se rapporte à la somme des *grandeurs vectorielles* et celui qui se réfère à la somme des *grandeurs scalaires variant suivant une fonction sinusoïdale du temps.* Si, par exemple, on a deux conducteurs placés dans une masse de fer et parcourus par deux courants alternatifs décalés ou non de phase, la force magnétique en un point **P**

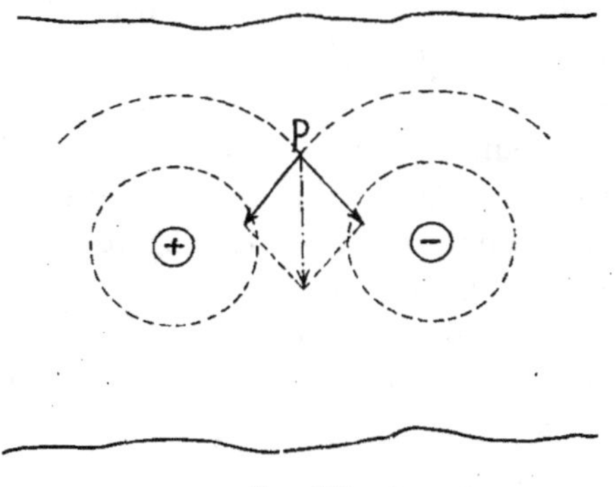

Fig. 129.

(*fig.* 129), pour chacun de ces deux courants, variera scalairement suivant une loi sinusoïdale, et la force résultante s'obtiendra en faisant la somme géométrique des deux composantes ; mais la phase respective de ces deux forces n'a rien à voir avec la phase des courants, car cette phase est donnée par l'inclinaison de ces forces en P ; cette inclinaison, de même que la grandeur des forces elles-mêmes, varie d'un point à un autre.

Afin de rendre plus claire l'explication précédente, on peut considérer le champ tournant sinusoïdal de la figure 130, obtenu par une combinaison polyphasée convenable et placé entre deux cylindres en fer. Dans ce cas, le champ tournant peut

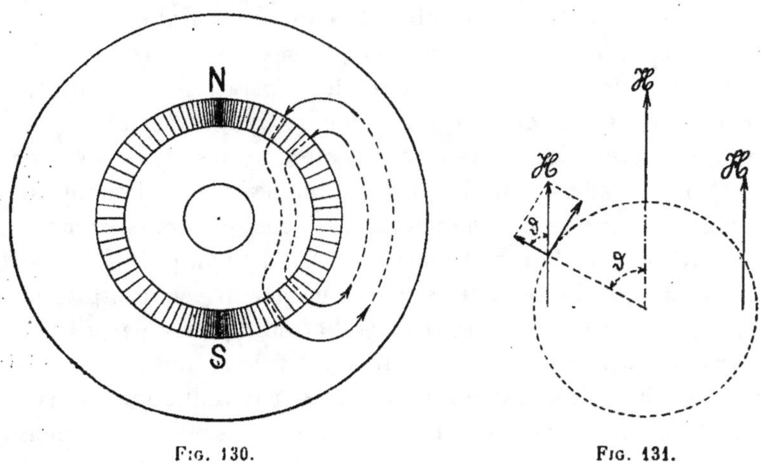

Fig. 130.   Fig. 131.

être représenté encore par un vecteur tournant que l'on admet placé dans un champ *uniforme*, bien qu'il soit *radial*, au moins en ce qui concerne les phénomènes d'induction produits par ce champ sur des conducteurs disposés suivant les génératrices de l'une ou l'autre des surfaces cylindriques qui se font face.

En effet, soit un champ tournant uniforme d'intensité $\mathcal{H}$ (*fig.* 131); en chaque point de la périphérie, la force magnétique peut être décomposée en une composante tangentielle qui n'a aucune action au point de vue des phénomènes d'induction et en une composante radiale $\mathcal{H} \cos \vartheta$ qui est la seule active en ce qui concerne ces phénomènes d'induction.

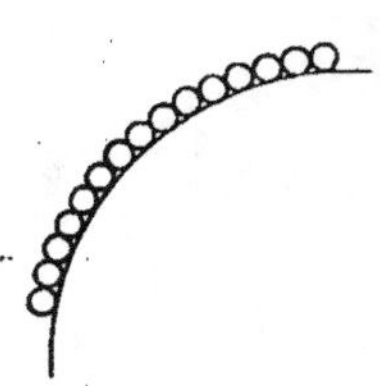

Fig. 132.

On peut donc remplacer le champ radial à configuration sinusoïdale par un champ uniforme représenté par un vecteur. Mais, pour obtenir un champ radial de cette nature, il faudrait que toute la surface cylindrique soit recouverte de conducteurs serrés les uns contre les autres (*fig.* 132), et que chacun d'eux soit parcouru par un courant décalé de phase, par rapport au conducteur voisin, d'une fraction de période correspondant à l'intervalle angulaire séparant ces deux conducteurs, disposition irréalisable dans la pratique.

Pratiquement, le nombre de phases ne dépasse pas 2, **3** ou 6 dans les moteurs et 3 dans les génératrices ; en outre, les conducteurs, quoique répartis également sur la périphérie, sont toujours placés dans des rainures ou dans des trous. Le champ est encore radial, mais il varie non plus sinusoïdalement, mais bien suivant une courbe périodique plus ou moins complexe. D'après ce que l'on sait maintenant, un champ de cette sorte peut être considéré comme constitué par un champ alternatif sinusoïdal et par d'autres champs harmoniques superposés ; ces derniers, comme cela arrive du reste fréquemment, sont compensés par d'autres champs produits par induction. Dans ces conditions, il ne reste comme champ agissant que le champ alternatif principal et on peut donc représenter ce dernier par un vecteur. C'est là ce qui justifie l'observation présentée précédemment que l'emploi de la méthode des vecteurs peut être justifié par des considérations n'ayant aucun rapport avec celles qui découlent de la théorie des champs tournants.

Il était nécessaire de présenter les observations qui précèdent avant de poursuivre cette étude qui, quoique élémentaire, doit néanmoins être rigoureusement exacte au point de vue scientifique, afin d'éviter de donner des idées s'éloignant trop de la réalité.

CHAPITRE XI

ALTERNATEURS

101. Caractéristiques des alternateurs. — De même que
pour les dynamos à courant continu, on peut, pour les alternateurs, tracer des *courbes caractéristiques* qui donnent une
grandeur déterminée en fonction d'une autre. Ces courbes présentent une importance capitale pour les constructeurs et
aussi un grand intérêt pour l'ingénieur électricien qui doit se
rendre compte de la valeur d'une machine ou qui a à en établir les limites d'emploi.

Dans un alternateur donné, la vitesse angulaire est constante,
parce que la fréquence est un élément fixe de l'installation ; le
seul élément que l'on puisse faire varier est l'intensité du courant d'excitation de l'inducteur afin d'obtenir la force électromotrice et par conséquent la tension nécessaire pour satisfaire
aux différentes conditions de charge. Ces conditions ne dépendent pas seulement de la résistance du circuit extérieur,
comme dans les installations à courant continu, mais encore
du facteur de puissance du circuit. Une courbe n'est donc
plus suffisante pour représenter les conditions de fonctionnement en charge, il faudrait avoir recours à une surface.
Pour simplifier, on peut tracer différentes courbes caractéristiques, chacune d'elles se rapportant à une valeur déterminée du facteur de charge, sauf ensuite à interpoler les
valeurs intermédiaires; c'est ainsi du reste que l'on procède
dans la pratique.

Mais, pour peu que l'on y réfléchisse, il est facile de voir qu'il y a de grandes difficultés pour obtenir, par des essais directs, les valeurs successives nécessaires pour le tracé de ces courbes caractéristiques. En effet, s'il est facile de produire une charge déterminée sur un alternateur à l'aide d'une résistance non inductive telle que celle que l'on obtient avec un rhéostat à liquide[1], il n'en est plus de même lorsqu'on veut avoir une charge inductive, à moins que sur le réseau de distribution ne se trouvent installés plusieurs moteurs asynchrones.

Mais, si l'installation comporte au minimum deux alternateurs, on peut créer une certaine charge inductive en alimentant simultanément avec l'un des alternateurs la résistance liquide et l'autre alternateur (qui ne doit plus être relié au moteur qui le commande), fonctionnant alors comme moteur à vide, les deux appareils étant montés en dérivation. En diminuant graduellement l'excitation de ce dernier, on peut faire varier entre certaines limites le facteur de charge complexe du circuit extérieur, parce que, dans le moteur synchrone à courant alternatif, le décalage de phase entre le courant qui l'alimente et la tension varie suivant l'intensité du courant d'excitation (Voir tome I, chap. XIII).

Plusieurs électriciens se sont préoccupés de trouver des méthodes permettant de déterminer rapidement la caractéristique de la tension aux bornes, qui est celle qu'il importe le plus de connaître. Comme cela revient à établir la réaction d'induit pour les diverses conditions de charge et d'excitation d'un alternateur, réaction qui, comme on l'a vu dans le tome I, dépend de diverses circonstances, cette question sera étudiée complètement dans un des paragraphes suivants.

Ces méthodes exigent la connaissance préalable de deux autres caractéristiques, la caractéristique à circuit ouvert et la caractéristique en court circuit.

---

1. Si l'alternateur est à haute tension et produit un courant d'intensité modérée, les deux lames du rhéostat peuvent avoir des dimensions assez restreintes, environ 1 décimètre carré par 10 ampères, et alors la capacitance du rhéostat est négligeable.

102. Caractéristique à circuit ouvert. — On intercale un ampèremètre dans le circuit d'excitation et l'on dispose un voltmètre approprié entre les bornes de l'alternateur. Cela fait, on amène l'alternateur à sa vitesse angulaire normale et, faisant varier progressivement à partir de zéro la valeur de l'intensité du courant d'excitation, on relève les différentes valeurs de la tension qui, dans ce cas, peuvent être considérées comme étant aussi les différentes valeurs de la force électromotrice.

La courbe que l'on obtient en reliant entre eux les différents

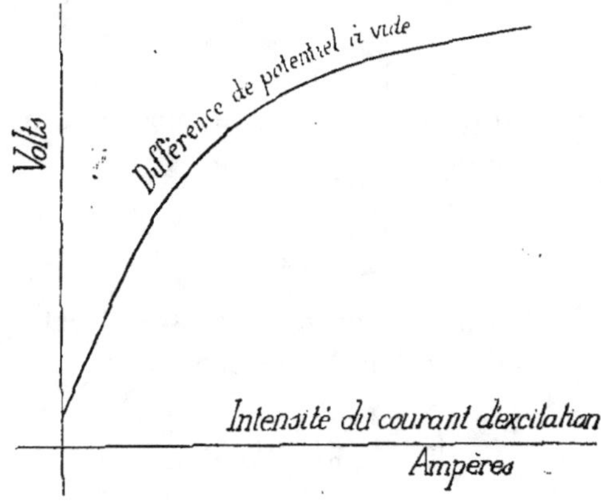

Fig. 133.

points relevés (*fig.* 133) ne passe pas par zéro, à cause du magnétisme rémanent de l'inducteur; elle croît d'abord d'une façon presque verticale, puis s'incline fortement en faisant un coude et, à partir de ce point, elle croît toujours de moins en moins pour des augmentations successives et égales du courant d'excitation jusqu'à ce que le circuit magnétique de l'inducteur soit complètement saturé. Une fois le point de saturation atteint, on peut admettre que la force électromotrice reste pratiquement constante.

103. Caractéristique en court circuit. — La caractéristique en court circuit s'obtient en relevant les valeurs de l'intensité du courant débité par l'alternateur mis en court circuit et en faisant varier progressivement le courant d'excitation.

Il n'est pas nécessaire, pour cet essai, que l'alternateur tourne à sa vitesse angulaire normale. Si l'on admet que la force électromotrice induite dans une spire ait une allure sinusoïdale, on peut dire que le flux qui traverse la spire est, à un instant quelconque,

$$\Phi = \Phi_0 \cos \omega t,$$

parce que, dans ce cas,

$$e = -\frac{d\Phi}{dt} = + \omega \Phi_0 \sin \omega t.$$

La valeur maximum de cette force électromotrice induite est $\omega \Phi_0$, et sa valeur efficace

$$E_e = \frac{\omega \Phi}{\sqrt{2}}.$$

L'intensité du courant dans le court circuit est, par conséquent, dans les conditions de l'expérience,

$$I_{ecc} = \frac{E_e}{\sqrt{R^2 + \omega^2 L^2}},$$

R étant la résistance de la spire et L l'inductance moyenne.

Mais puisque, dans les alternateurs actuels, la résistance R est toujours négligeable comparée à la réactance ωL, on peut écrire

$$I_{ecc} = \frac{1}{\sqrt{2}} \cdot \frac{\omega \Phi_0}{\omega L} = \frac{1}{\sqrt{2}} \cdot \frac{\Phi_0}{L},$$

valeur absolument indépendante de la pulsation ω et, par conséquent, de la vitesse angulaire.

Ce résultat présente une grande importance au point de vue pratique, parce que l'essai en court circuit d'un alternateur peut être effectué à une vitesse angulaire réduite et que, dans tous les cas, il n'est pas nécessaire de maintenir une vitesse angulaire constante.

Pour un alternateur simple, il suffit d'intercaler, à l'aide de conducteurs de section convenable, un ampèremètre entre les bornes. Lorsque l'alternateur comporte trois circuits, l'établissement de la caractéristique en court circuit doit s'effectuer suivant les conditions de fonctionnement de la machine ; en effet, si l'alternateur fonctionne comme alternateur simple, il suffit de relever la caractéristique d'un seul circuit et, dans ce cas, il est nécessaire que le centre de l'enroulement soit accessible; si l'on utilise une tension composée, on opère sur deux circuits ; enfin, si l'alternateur est monté en triangle et que l'on veuille utiliser du courant alternatif simple, il suffit de fermer un seul circuit sur un ampèremètre en ayant soin, naturellement, de détacher les conducteurs correspondant aux autres circuits.

Pour relever la caractéristique d'un alternateur triphasé destiné à fonctionner comme tel, les trois phases doivent être mises en court circuit à travers trois ampèremètres (*fig*. 134) ayant chacun une très faible résistance et, autant que possible, égale pour tous, car une légère différence peut produire des courants d'intensité très différente dans les circuits. En négligeant cette précaution, on s'expose à commettre des erreurs assez notables.

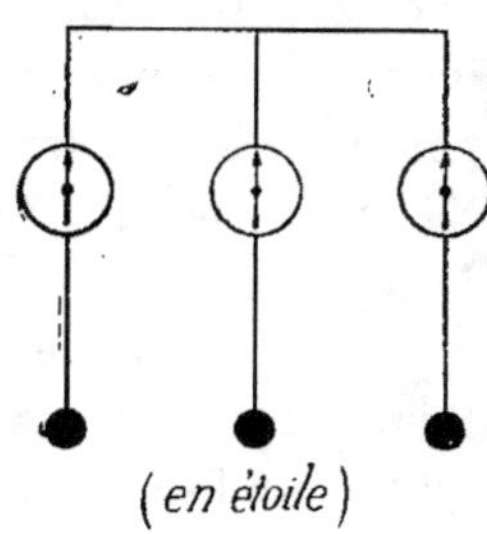

(*en étoile*)

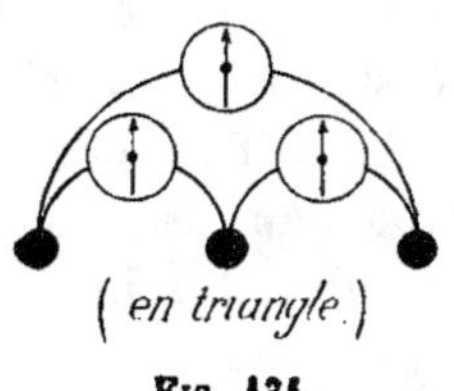

(*en triangle.*)

Fig. 134.

L'intensité du courant de court circuit avec une excitation normale peut au maximum atteindre une valeur six fois plus grande que celle du courant maximum en fonctionnement normal ; c'est pourquoi il faut choisir des ampèremètres convenables pour effectuer ce genre d'essais.

L'intensité du courant de court circuit se maintient sensiblement proportionnelle aux ampères-tours d'excitation tant que le fer est loin de son point de saturation ; la partie correspondante de la caractéristique est, par suite, pratiquement une

ligne droite. Dès que le fer approche de son point de saturation, la caractéristique perd son allure rectiligne et s'infléchit
plus ou moins sur l'axe des abscisses.

104. Prédétermination de la chute de tension. —
Comme on l'a déjà expliqué (tome I, § 73), la chute de tension d'un alternateur est due non pas tant à sa résistance
ohmique, dont l'effet est négligeable, mais surtout à l'action
du flux produit par l'induit, qui est en partie de sens contraire
à celui de l'inducteur, et aux fuites magnétiques dont la valeur
dépend de l'intensité du courant d'excitation et de l'importance et de la nature de la charge que supporte l'alternateur.

Pour étudier cette question, on doit partir de cette suppo-
sition que les courbes de force électromotrice et d'intensité
ont une allure sinusoïdale, ce qui, en réalité, n'est pas exact,
ne serait-ce qu'à cause des phénomènes de self-induction
constamment variables. Mais l'on ne s'éloigne pas beaucoup
de la réalité, parce que l'influence des harmoniques d'ordre
supérieur est considérablement réduite si le flux a une allure
presque sinusoïdale ; on peut admettre que l'on se trouve dans
ce cas toutes les fois que les courants parasites, qui se développent dans les pièces polaires ou mieux dans les circuits
amortisseurs, tendent à s'opposer à la production de flux harmoniques.

Il faut donc admettre que le flux résultant à l'intérieur
d'une spire varie comme les ordonnées d'une sinusoïde et qu'il
peut être représenté à l'aide d'un vecteur alternatif ou par le
vecteur tournant correspondant. Ce vecteur tournant est, à son
tour, la somme des autres vecteurs composants (flux inducteur, flux de l'induit, flux de dispersion) qui peuvent tous
être représentés de la même manière.

105. Il est maintenant nécessaire de donner quelques explications justifiant l'emploi des vecteurs pour représenter ces flux.

Soit, par exemple, le champ polaire d'un alternateur simple
à bobine courte. Le flux inducteur qui traverse une bobine
varie sensiblement comme les ordonnées d'une sinusoïde par

suite du mouvement relatif des deux organes de la machine ;
par conséquent il est rationnel de représenter ce flux par un
vecteur tournant.

La même bobine est aussi traversée par le flux de l'induit
qui, dans un alternateur simple, est immobile par rapport à cette
bobine ; mais le courant que produit ce flux varie sinusoïdalement d'après l'hypothèse émise ; par conséquent il est encore
rationnel de représenter ce flux par un vecteur.

Mais ce flux d'induit, par suite des fuites magnétiques, ne
se ferme pas entièrement par le circuit magnétique que suit
le flux de l'inducteur. Ces fuites magnétiques peuvent être
considérées comme étant proportionnelles à l'intensité du
courant dans l'induit et on peut, par conséquent, admettre
qu'elles donnent naissance à un champ alternatif, pouvant
être aussi représenté par un vecteur, champ dont l'intensité
est proportionnelle à l'intensité du courant induit et en concordance de phase avec lui.

Les fuites magnétiques propres à l'inducteur (dérivations
du flux entre les extrémités polaires voisines, entre deux
noyaux polaires voisins et entre l'inducteur et l'induit sur les
côtés de l'alternateur) doivent être d'abord mesurées, afin que
le flux inducteur, dont la valeur intervient dans le calcul, soit
bien le flux total produit, diminué des pertes dues aux fuites.

On se rend compte ainsi du parcours du flux produit par
l'induit.

Si le décalage de phase est nul, c'est-à-dire si le courant
est nul lorsque les bobines sont en regard des pôles, la réac-

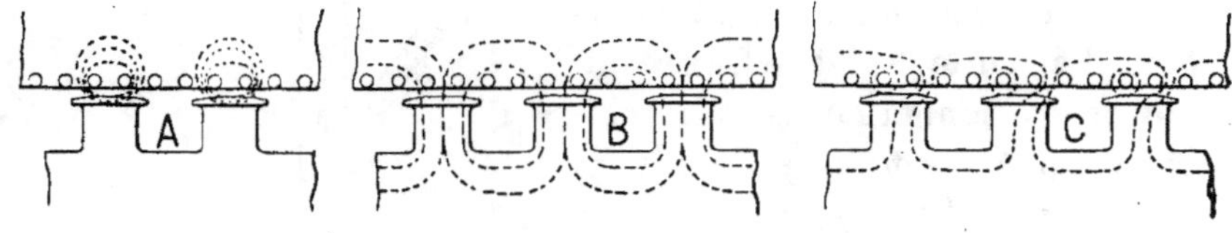

Fig. 135.

tion d'induit est alors *transversale* et le flux de l'induit se
ferme entièrement à travers les extrémités polaires (*fig.* 135, A).

Si, au contraire, le décalage est de 90° $\left(\frac{1}{4}\right.$ de période, ce qui

est le cas limite$\Big)$, le flux de l'induit traverse alors entièrement

l'inducteur et la réaction d'induit est *directe* (*fig*. 135, B).

Entre ces deux cas limites sont compris tous les cas intermédiaires que l'on constate dans la pratique et pour lesquels la réaction d'induit est ordinairement *mixte* (*fig*. 135, C).

Le second cas, celui de la réaction d'induit directe, est sans aucun doute celui qui produit la désaimantation la plus grande, et on constate qu'elle est presque complète lorsqu'on fait fonctionner l'alternateur en court circuit. En réalité, dans ces conditions, la force électromotrice résultante doit suffire pour vaincre la résistance de l'induit, toujours très faible, et avoir par conséquent une valeur très petite. Il s'ensuit également que le flux résultant dans la spire est réduit à un minimum.

106. Afin de mettre ce fait beaucoup mieux en évidence, il suffit de tracer le diagramme des flux (*fig*. 136).

Le flux de l'inducteur Φ_1 est proportionnel aux ampères-tours $\mathcal{F}_1$.

Il en est de même pour le flux de l'induit. Mais la portion OA du flux inducteur traverse seule l'induit à cause des fuites magnétiques; également la portion OB du flux de l'induit pénètre seule dans l'inducteur. Par suite Φ_r est le flux résultant proportionnel à un certain nombre d'ampères-tours résultants $\mathcal{F}_r$. Les vecteurs Φ_r' et Φ_r'' représentent respectivement les flux résultants dans l'inducteur et dans l'induit.

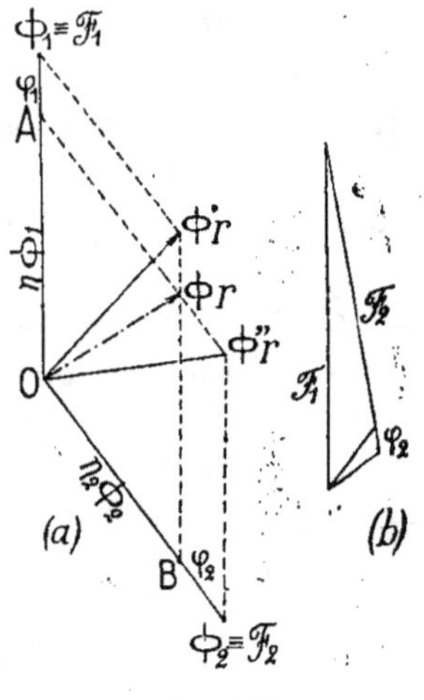

Fig. 136.

Ce diagramme peut être simplifié parce que, dans la plupart des cas, le flux des fuites φ_1 est négligeable. De plus, les vecteurs représentant les fuites étant en concordance de phase avec les vecteurs des flux respectifs et, par conséquent, avec les ampères-tours correspondants, on peut représenter ces fuites par un certain nombre d'ampères-tours, en tenant compte que, pour l'induit, par exemple,

$$\frac{\mathcal{F}_2}{\Phi_2} = \frac{\mathcal{F}_r}{\Phi_r} = \frac{\varphi_2}{\Phi_2 - \eta_2\Phi_2}$$

$$\varphi_2 = \frac{\mathcal{F}_r}{\Phi_r} \Phi_2 (1 - \eta_2).$$

L'alternateur étant en court circuit, Φ_r prend une valeur très petite, comme on l'a déjà fait remarquer, parce que $\mathcal{F}_2$ est presque en opposition de phase par rapport à $\mathcal{F}_1$, et alors, sans erreur sensible, on peut prendre (*fig.* 136, *b*) :

$$\mathcal{F}_1 = \mathcal{F}_2 + \varphi_2,$$

pourvu que φ_2 soit exprimé en unités convenables, comme cela a été expliqué.

Ceci établi, on peut donc dire que, *dans un altern teur en court circuit, les ampères-tours de l'inducteur sont presque complètement équilibrés par les ampères-tours de l'induit ajoutés à ceux qui correspondent aux fuites magnétiques dans l'induit.*

107. Les ampères-tours inducteurs se calculent facilement d'après le type d'alternateur, connaissant la forme du circuit magnétique, la qualité des matières employées, le nombre de spires des bobines d'excitation et l'intensité du courant qui les traverse.

Pour calculer les ampères-tours de l'induit, on a recours à des formules établies d'après les considérations qui suivent, en utilisant la conception des ampères-tours équivalents. Il faut entendre par ampères-tours équivalents les ampères-tours d'une bobine unique à courant continu embrassant la largeur du flux et pouvant faire passer, avec la même réluctance, le même flux total avec une induction constante au lieu d'une induction sinusoïdale.

Soit, pour rendre l'explication plus simple, un enroulement

triphasé (*fig.* 137) parcouru par un système de courants triphasés produisant un champ
magnétique résultant d'intensité constante. Si on considère
le moment où un des courants
a une valeur nulle, par exemple
le courant III, les deux autres
sont alors de sens contraire et
ont une intensité ayant pour
valeur

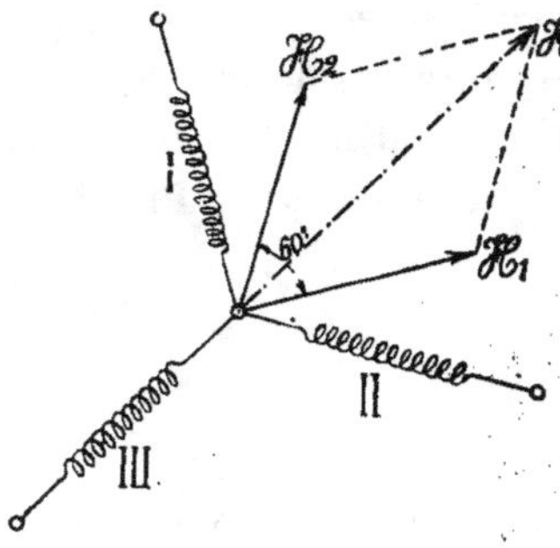

$$I_0 \frac{\sqrt{3}}{2} = 0,867 I_0,$$

Fig. 137.

I_0 représentant toujours la valeur maximum.

En exprimant la valeur des deux courants I et II, à l'instant
considéré, en fonction des valeurs efficaces, on a :

$$0,867 I_e \sqrt{2} = 1,23 I_e$$

Le champ produit par le courant I a la direction $\mathcal{H}_1$ et celui
produit par le courant II, la direction $\mathcal{H}_2$. Ces deux champs sont
décalés l'un par rapport à l'autre de 60° et le champ résultant
est $\mathcal{H}$.

Les ampères-tours correspondant à ce champ résultant sont,
en représentant par $n = \dfrac{N}{2}$ le nombre de spires par phase,

$$2 \cdot n \cdot 1,23 I_e \cos 30° = 2 \cdot 1,23 n I_e \frac{\sqrt{3}}{2} = 2,13 n I_e$$

et ces ampères-tours peuvent être désignés sous le nom d'*ampères-tours équivalents*, en ce sens que le champ résultant $\mathcal{H}$
peut être obtenu par un courant continu d'intensité I_e égale
à 2,13 ampères agissant sur une bobine ayant n spires.

En donnant à l'expression des ampères-tours équivalents la
forme

$$A t_e = K n I_e \sqrt{2}$$

et en posant

$$K n I_e \sqrt{2} = 2,13 n I_e$$

on obtient

$$K = 1,50.$$

Donc, s'il s'agit d'un alternateur triphasé à bobines longues, en représentant par $\frac{N}{2}$ le nombre de spires de chaque phase (N étant le nombre de conducteurs actifs) et par I l'intensité efficace du courant dans l'induit, la valeur des ampères-tours de l'induit est :

$$K \frac{N}{2} I \sqrt{2},$$

le coefficient K variant de 1,5 à 1,7 ; c'est-à-dire que, pour la totalité de l'induit, on prend une valeur qui dépasse de 50 $^0/_0$ au minimum et de 70 $^0/_0$ au maximum les ampères-tours maxima correspondant à une phase.

La valeur 1,7 est ordinairement celle qui est adoptée par les constructeurs, qui comptent toujours largement les ampères-tours en plus à placer sur l'inducteur, afin de compenser les ampères-tours opposés de l'induit.

Si l'on prend seulement deux phases (montage **en étoile**), le nombre maximum d'ampères-tours est alors

$$\frac{N}{2} I \sqrt{2} \sqrt{3}$$

et l'on prend comme valeur des ampères-tours de l'induit la valeur moyenne qui est la suivante, I étant une fonction harmonique :

$$\frac{N}{2} I \sqrt{2} \sqrt{3} \frac{2}{\pi} = 1,56 \frac{N}{2} I.$$

Finalement, **si** on ne considère qu'une seule phase (alternateur simple), on prend comme valeur des ampères-tours d'induit

$$\frac{N}{2} I \sqrt{2} \frac{2}{\pi} = 0,9 \frac{N}{2} I,$$

valeur qui peut être notablement modifiée si les inducteurs sont pourvus de circuits amortisseurs (Voir plus loin)

Les considérations développées précédemment pour justifier l'emploi des formules empiriques ne visent que le cas théorique des flux statiques qui, on le suppose, s'établissent dans l'air. En réalité, il s'agit de considérer les flux **dynamiques** qui s'établissent dans un circuit magnétique plus ou moins perméable. De plus, les enroulements induits sont placés dans des rainures; lorsqu'il s'agit d'alternateurs à pôles alternés avec bobines longues, les enroulements de l'induit se chevauchent partiellement, ce qui a pour effet de réduire l'importance du flux. C'est pour ce motif que, dans un convertisseur avec enroulement en tambour, il faut prendre pour K des valeurs comprises entre 1,30 et 1,35.

M. Blondel[1] a calculé, pour de nombreux cas, la réduction que doit subir le coefficient K suivant le type d'enroulement et la répartition des conducteurs de chaque circuit. Mais il ne faut pas perdre de vue que, dans le mémoire de l'auteur, la lettre N représente le *nombre total de conducteurs actifs de l'induit* au lieu du nombre de conducteurs actifs par phase, comme on l'a supposé.

Donc, connaissant le nombre d'ampères-tours équivalents de l'induit et tenant compte de ceux ni de l'excitation (en désignant par n le nombre de spires excitatrices et par i l'intensité du courant continu qui les parcourt), on peut calculer, par une soustraction, l'équivalent en ampères-tours de la dispersion magnétique produite par l'induit.

108. Pour un décalage intermédiaire φ, compris entre 0° et 90°, de l'intensité par rapport à la force électromotrice, la réaction est également intermédiaire. Toujours en admettant que le courant a une allure sinusoïdale, on peut décomposer ce courant en une composante $I \cos \varphi$ en concordance de phase avec la force électromotrice et en une composante $I \sin \varphi$ en quadrature; la première de ces composantes tend à produire une réaction transversale et la seconde une réaction directe.

1. *Éclairage électrique*, 1895.

Il ressort de ces considérations que la réaction d'induit d'un alternateur, fonctionnant avec une charge inductive, dépend au moins de deux coefficients qui, une fois connus, donnent la possibilité de prédéterminer la chute de tension pour une valeur donnée du facteur de puissance.

La nécessité d'introduire ces deux éléments dans le calcul de la réaction d'induit a été établie par M. Gisbert Kapp, il y a déjà quelques années. Mais il est plus simple de n'avoir recours qu'à un seul élément, ainsi que l'a proposé M. Behn-Eschenburg, en utilisant seulement la courbe de court circuit, méthode qui est très souvent employée à cause de sa rapidité ; on aura du reste à revenir sur ce sujet un peu plus loin.

Plusieurs autres méthodes ont été proposées et, parmi elles, c'est la méthode de M. Potier qui fournit les résultats concordant le mieux avec la réalité ; aussi est-il utile de la décrire.

109. Méthode de M. Potier.

— De ce qui a été exposé précédemment il ressort que les fuites magnétiques ou plutôt la dispersion due à l'induit a une influence qui est loin d'être négligeable, principalement lorsque l'on s'approche du point de saturation et que ce flux de dispersion se ferme presque complètement à travers l'air. Il s'ensuit que, pouvant considérer ce circuit magnétique comme ayant une perméabilité constante, on peut admettre que le champ magnétique produit a constamment une intensité proportionnelle à celle du courant qui circule dans l'induit et est toujours en concordance de phase avec lui. L'axe de ce champ se confond avec celui de réaction transversale lorsque $\varphi = 0$ ou se trouve décalé proportionnellement à l'angle φ. On représente alors par λI la force électromotrice antagoniste produite par ce champ magnétique qui constitue la dispersion de l'induit.

D'autre part aussi, le champ propre de l'induit donne naissance à une force électromotrice antagoniste (force électromotrice de self-induction) qui, à tout instant, doit être déduite de celle due au champ principal. En tenant compte séparément des dispersions qui se produisent, on peut admettre que le champ principal aussi bien que celui dû à l'induit sont proportionnels à leur nombre respectif d'ampères-tours. Le second étant de sens opposé au premier (cas plus commun du retard de phase), le flux utile pour l'induction sera proportionnel à $ni - NI \sqrt{2}$ pour chaque pôle, si n est le nombre de spires par pôle inducteur et N le nombre de spires de l'induit par pôle et par phase. Si alors la caractéristique à vide est donnée en fonction des ampères-tours d'excitation, la force électromotrice ne sera plus $f(ni)$ pour une valeur déterminée du courant d'excitation, c'est-à-dire une fonction de ni, mais bien

$$f\left(ni - NI \sqrt{2}\right).$$

Mais, si la force électromotrice est donnée en fonction de i seulement, alors, par suite de la réaction d'induit, elle devient (l'effet des fuites étant négligé)

$$f\left(i - \frac{N}{n} I \sqrt{2}\right) = f(i - \alpha I),$$

expression dans laquelle α indique le rapport d'équivalence des ampères-tours de l'induit par rapport à ceux de l'inducteur, pourvu que l'on interprète la différence comme différence géométrique ; algébriquement elle ne subsisterait que pour $\cos \varphi = 0$. Si $I = 0$, la force électromotrice à vide est égale à $f(i)$.

En tenant compte maintenant des fuites magnétiques, on peut écrire

$$U = f(i - \alpha I) - \lambda I.$$

Les deux coefficients λ et α étant donc connus ainsi que la caractéristique à vide de l'alternateur (*fig.* 138), voici la méthode permettant de déterminer la force électromotrice nécessaire et, par conséquent, l'excitation correspondante, pour obtenir une différence de potentiel donnée aux bornes lorsqu'il existe un décalage de phase φ entre l'intensité et la tension.

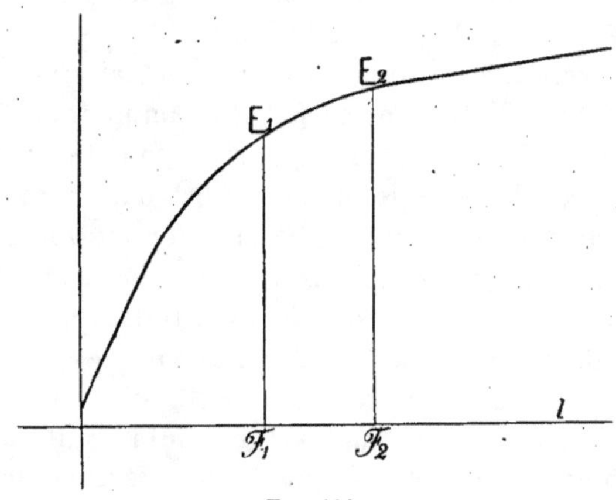

FIG. 138.

Soient U (*fig.* 139) la tension aux bornes et I l'intensité, décalée en retard de φ. La résistance de l'induit absorbe une partie de la force électromotrice RI proportionnelle à I et en

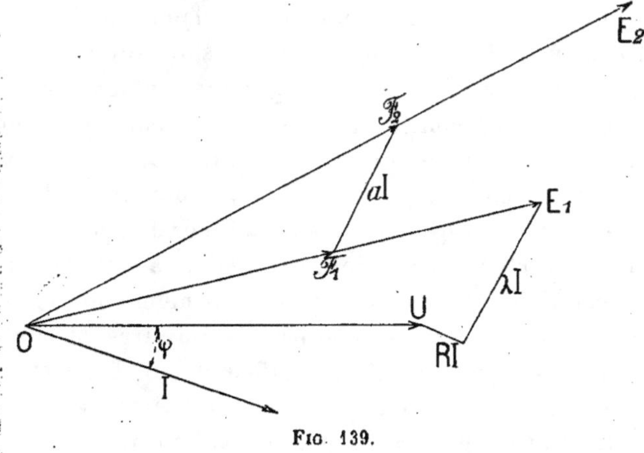

FIG. 139.

concordance de phase avec cette intensité, tandis que λI, force électromotrice antagoniste correspondant aux fuites, est perpendiculaire à I.

Il en résulte que le vecteur E_1 est la force électromotrice nécessaire pour établir la différence de potentiel U, étant admis qu'il n'y a seulement que des fuites magnétiques et qu'il n'y a pas de réaction de la part de l'induit.

Soit $\mathcal{F}_1$ l'excitation en ampères-tours nécessaire pour produire à vide la force électromotrice E_1. En composant $O\mathcal{F}_1$ avec αl (perpendiculaire à I), on tient compte de tous les phénomènes et le vecteur résultant $\mathcal{F}_2$ donne le nombre d'ampères-tours nécessaire pour obtenir la différence de potentiel U lorsque le facteur de puissance est $\cos \varphi$. Mais à un nombre d'ampères-tours d'excitation $\mathcal{F}_2$ correspond sur la caractéristique à vide une force électromotrice E_2 et la différence entre E_2 et U donne la valeur de la chute de tension.

En répétant cette construction un nombre suffisant de fois, on peut obtenir la caractéristique de la différence de potentiel aux bornes pour I constant et φ variable ou bien pour I variable et φ constant.

110. La difficulté d'emploi de cette méthode consiste dans la détermination des deux coefficients α et λ. Il est important de remarquer que le rôle du second coefficient devient prédominant dès que l'on approche de l'état de saturation, parce que, dans ces conditions, une faible augmentation de charge exige une augmentation considérable de l'intensité du courant d'excitation. Il est donc évident, comme le dit M. Potier[1], que c'est sur ce coefficient que le constructeur doit pouvoir agir. Ce coefficient augmente avec la largeur de l'entrefer, avec le degré d'ouverture des rainures ainsi qu'avec leur profondeur ; il est d'autant plus grand, pour un même nombre d'ampères-tours induits, que le nombre de rainures ou de trous par pôle est plus petit. C'est ce coefficient qui, beaucoup plus que le rapport d'équivalence, limite la puissance que peut fournir un alternateur sans exagérer la valeur de l'excitation.

Il semble que le premier de ces coefficients pourrait être calculé directement avec suffisamment d'exactitude en comptant

---

1. *Éclairage électrique*, t. XXIV, p. 141.

le nombre de spires de l'inducteur et de l'induit et en tenant compte de la nature de l'alternateur, alternateur simple à un ou à deux enroulements ou alternateur triphasé. Mais l'expérience montre qu'en appliquant sans modification le coefficient ainsi obtenu, on court le risque de commettre des erreurs très notables et que, pour les éviter, il convient de le réduire quelquefois du quart de sa valeur théorique. Cela est dû à ce que la valeur théorique ne tient pas compte des courants de Foucault qui sont induits dans divers organes de l'alternateur, dans la carcasse de l'induit, dans les pièces polaires, etc. Si l'inducteur est muni de circuits amortisseurs, soit pour modifier le flux et obtenir une force électromotrice d'allure sinusoïdale, soit pour assurer le fonctionnement en parallèle, la valeur réelle de x peut différer beaucoup de sa valeur théorique et il est préférable de recourir à l'expérience pour la déterminer.

En ce qui concerne le coefficient λ, les éléments dont il dépend sont trop nombreux pour qu'il soit possible de lui fixer une valeur théorique suffisamment exacte ; par conséquent la valeur de ce coefficient ne peut être déterminée que par l'expérience.

111. Les fuites magnétiques constituent un champ dont l'intensité est proportionnelle à l'intensité du courant et en phase avec elle. Ce fait se vérifie également lorsque l'alternateur ne fournit que du courant magnétisant, c'est-à-dire décalé de $\frac{1}{4}$ de période par rapport à la force électromotrice.

Si l'on considère un alternateur dans ces conditions de fonctionnement, on voit, d'après ce qui précède, que, si E (*fig.* 140) représente la force électromotrice de l'alternateur fonctionnant à vide avec un courant d'excitation d'intensité i, les fuites magnétiques ont pour effet, si l'intensité est I, de réduire la valeur de la force électromotrice d'une quantité égale à λI ; mais, d'autre part, avec cette valeur de l'intensité dans l'induit, il est nécessaire de fournir à l'inducteur un nombre d'ampères

supplémentaires αI pour obtenir la différence de potentiel U. En
d'autres termes, i_u est la valeur de l'intensité du courant d'excitation nécessaire pour obtenir la tension U, étant admis que φ
égale toujours 90°.

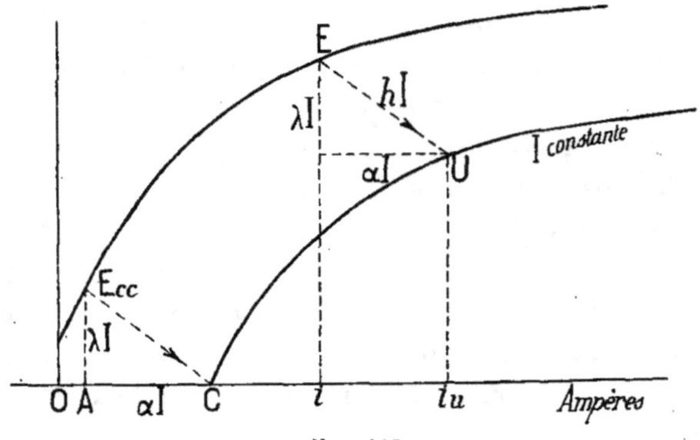

Fig. 140.

Si on détermine expérimentalement l'allure de la courbe
de U en maintenant l'intensité constante (courant magnétisant) et en faisant varier l'intensité du courant d'excitation,
on observe que la courbe de U est très sensiblement la même
que celle de E, lors du fonctionnement à vide, mais déplacée
parallèlement à elle-même d'une quantité hI et précisément
dans la direction de h, h ayant pour valeur

$$h = \sqrt{\alpha^2 + \lambda^2}.$$

Cette courbe coupe l'axe de l'excitation en un point C pour
lequel $U = 0$; cette valeur correspond au cas du court circuit
et donne le nombre d'ampères nécessaire pour obtenir dans
ces conditions l'intensité I_{cc}.

Si cette courbe est établie pour une valeur déterminée de I,
on en déduit immédiatement les valeurs des coefficients α et λ,
et l'expérience prouve que l'on peut pratiquement les considérer comme constantes pour un alternateur déterminé, quelles
que soient les conditions dans lesquelles il fonctionne ; il suffit
donc de déterminer seulement deux points pour l'établir, une
fois que la caractéristique à circuit ouvert est connue.

Lorsque le coefficient α est connu, ou si l'on peut utiliser sa valeur déduite directement de la constitution de l'alternateur en la réduisant d'une manière convenable, on peut calculer la valeur du coefficient λ en faisant fonctionner l'alternateur en court circuit et en obtenant l'intensité I du courant pour une excitation donnée i_1. Il suffit alors de prendre $OA = i_1 - \alpha I$ et du point A mener la verticale; le segment AE_{cc} donne la valeur λI.

Lorsque cela est possible, il est préférable de procéder de la manière suivante : après avoir déterminé la caractéristique à circuit ouvert, on applique une charge purement inductive à l'alternateur en maintenant la vitesse angulaire normale; à cet effet, on ferme son circuit sur les primaires des transformateurs dont les secondaires sont laissés à circuit ouvert, ou bien encore on relie l'alternateur à des moteurs asynchrones fonctionnant à vide ou mieux encore ayant les circuits du rotor ouverts, si la chose est possible, et en empêchant le rotor de tourner. Dans ces conditions, le courant fourni par l'alternateur est presque entièrement un courant magnétisant et, par conséquent, l'intensité est décalée de $\frac{1}{4}$ de période par rapport à la force électromotrice.

On prend note de l'intensité du courant d'excitation i_1, de l'intensité du courant dans l'induit I et de la tension U aux bornes de l'alternateur. Sur le diagramme (*fig.* 141) on marque le point U, qui est un des points de la courbe à établir. On met ensuite l'alternateur en court circuit et l'on diminue l'intensité du courant d'excitation jusqu'à ce que l'ampèremètre, intercalé dans le circuit de l'induit, indique de nouveau la même valeur de I. Soit i_2 l'intensité du courant d'excitation nécessaire pour obtenir ce résultat et OC le segment correspondant sur le diagramme : C est un deuxième point de la courbe.

Il faut encore déterminer la direction que doit prendre la courbe. Cette direction peut être trouvée par tâtonnements en traçant la caractéristique sur une feuille de papier à calquer

et en la plaçant ensuite parallèlement à elle-même dans
diverses directions jusqu'à ce que l'on arrive à la faire passer
par les points **C** et *U*. On peut aussi, comme l'a indiqué

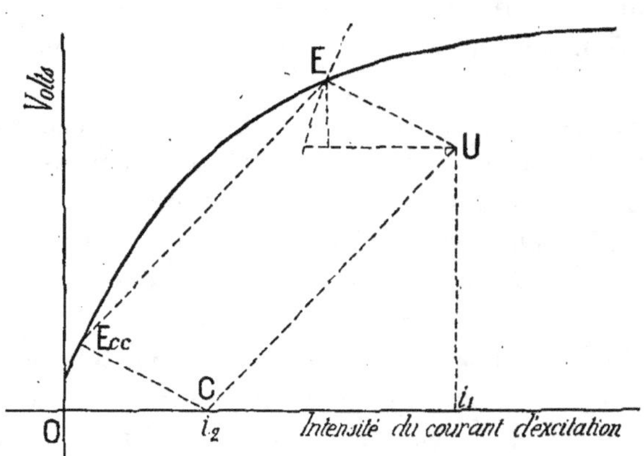

Fig. 141.

M. Fischer-Hinnen[1], tracer sur une feuille de papier à calquer
la ligne OC et le premier trait de la caractéristique à vide et
transporter cette figure parallèlement à la ligne C*U*. Lorsque C
coïncide avec *U*, la courbe déplacée coupe la caractéristique
en *E*. On obtient ainsi $UE = hI$ et, par conséquent, la direction à donner à la courbe.

Ce mode de construction est justifié par ce fait que UE doit
être égal et parallèle à CE_{cc}.

Les deux coefficients α et λ, grâce aux précédentes données
expérimentales, sont complètement déterminés.

Si l'alternateur doit fonctionner avec une avance de phase
au lieu d'un retard, on peut encore utiliser les deux coefficients α et λ pour déterminer, non plus cette fois la chute de
tension, mais bien l'augmentation de cette tension, en se rappelant que, dans ce cas,

$$U = f(i + \alpha I) - \lambda I.$$

1. *Elektrotechnische Zeitschrift*, 1901, p. 1063.

La méthode de M. Potier est très rationnelle et très simple et, comme l'expérience a prouvé qu'elle donne des résultats très voisins de la réalité, on peut l'employer en toute sécurité. Lorsqu'on l'emploie pour déterminer la caractéristique de la tension pour des facteurs de puissance assez éloignés de l'unité ($\cos \varphi = 0,6$ à $0,9$), l'erreur que l'on commet reste dans les limites de 5 à 6 $^0/_0$. Puisque, avec des charges fortement inductives, la chute de tension peut atteindre jusqu'à 30 $^0/_0$, cette méthode permet de se rendre compte avec une exactitude suffisante du fonctionnement d'un alternateur déterminé, étant donné que les conditions de fonctionnement se vérifient pour cet alternateur.

Avec une charge peu inductive ($\cos \varphi = 0,95$ à 1), l'erreur commise devient plus considérable, atteint parfois 15 $^0/_0$ et devient, par conséquent, en valeur absolue, bien supérieure à la chute de tension même que l'on cherche à prédéterminer. Par erreur, il faut entendre la différence entre la valeur calculée de la tension et celle que l'on obtient expérimentalement sur l'alternateur dans des conditions identiques, en exprimant ensuite cette tension en tant pour cent de la tension réelle.

Quoi qu'il en soit, la méthode de M. Potier est la seule qui permette actuellement d'obtenir des résultats valables dans des conditions de saturation du fer de l'alternateur, conditions qui se réalisent presque toujours uniquement pour les charges inductives. Avec des charges non inductives, les alternateurs fonctionnent au contraire dans des conditions telles que le fer est assez loin de son point de saturation, et alors la méthode de M. Behn-Eschenburg donne des résultats satisfaisants. Mais cette méthode, qui va être décrite, donne des résultats moins précis que la précédente, dès que l'intensité du courant d'excitation devient telle que l'on approche du point de saturation du fer.

112. Méthode de M. Behn-Eschenburg. — On admet dans cette méthode que la réaction d'induit (dépendant d'un

coefficient de self-induction apparente à déterminer expérimentalement et variant avec le degré d'excitation des inducteurs)
augmente simplement comme l'intensité du courant dans
l'induit, mais ne dépend pas du retard φ et reste, par conséquent, inaltérée même pour $\varphi = 90°$.

On peut alors la déterminer au moyen de la courbe de court
circuit qui, comme on le voit, est presque une droite, au moins
tant que l'effet des fuites magnétiques est peu accentué, le fer
restant au-dessous de son point de saturation.

On a vu dans le paragraphe 103 qu'en court circuit on a :

$$I_{ecc} = \frac{E_c}{\sqrt{R^2 + \omega^2 L^2}} = \frac{E_c}{R_a},$$

R_a étant la résistance apparente ou impédance moyenne, parce
que, dans un alternateur où les pôles occupent continuellement des positions différentes par rapport aux bobines induites,
on ne peut avoir un coefficient de self-induction L constant,

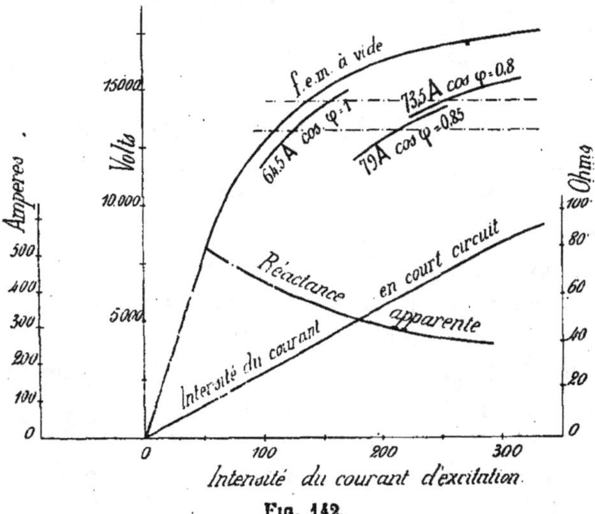

FIG. 142.

d'autant plus que l'induction dans le fer de l'induit varie
pendant la durée de la période. Mais les différences ne sont
pas si considérables qu'on pourrait le supposer de prime abord.

principalement avec les alternateurs polyphasés, lorsqu'une partie au moins de l'inducteur n'est pas feuilletée, comme c'est du reste le cas dans la pratique actuelle.

Sur le diagramme (*fig.* 142) qui se rapporte à un grand alternateur polyphasé Brown-Boveri, on a marqué les valeurs de $R_a = \dfrac{E}{I_{cc}}$ correspondant aux diverses intensités du courant d'excitation et à chacune de ces intensités correspond une valeur déterminée de R_a.

113. La possibilité de représenter la réaction d'induit au moyen d'un seul coefficient empirique de self-induction a sa raison d'être à cause d'une propriété qui va être sommairement exposée.

On fait fonctionner un alternateur en court circuit et on ne tient pas compte de sa résistance intérieure ; dans ces conditions, lorsque l'excitation est amenée au point où l'intensité du courant prend sa valeur normale, si E est la force électromotrice qui correspond à ce degré d'excitation, elle est complètement équilibrée par la réactance apparente ωLI (*fig.* 143). Mais, en réalité, elle est équilibrée par une partie AB de la self-induction correspondant aux fuites magnétiques de l'induit et par une partie BO de l'affaiblissement du champ principal, affaiblissement dû au courant de l'induit.

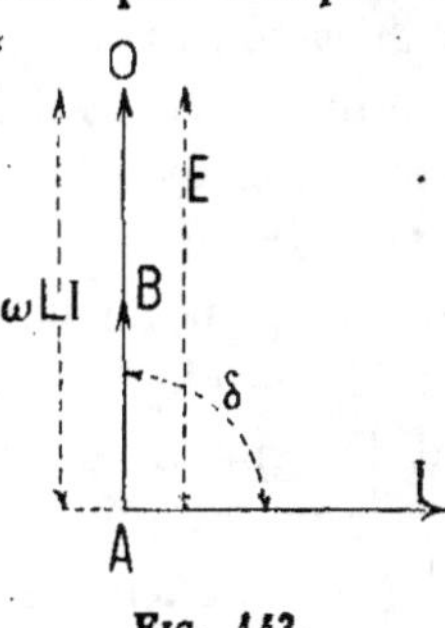

Fig. 143.

Si l'alternateur fonctionne sur un circuit extérieur non inductif, la tension U aux bornes est bien en concordance de phase avec l'intensité I ; mais la force électromotrice reste décalée d'un angle δ par rapport à la tension U à cause de l'inductance que présente l'enroulement (*fig.* 144). Quant à l'action démagnétisante du courant de l'induit, il faut remarquer qu'elle est maximum pour le cas qui vient d'être considéré ($\delta = 90°$) et qu'elle est nulle lorsque le courant dans

d'induit ne produit pas de flux, c'est-à-dire si l'on est en présence d'un enroulement complètement dépourvu de self-induction ($\delta = 0°$).

Alors, sans erreur sen-
sible, on peut admettre que
l'effet démagnétisant de l'induit est proportionnel à
$I \sin \delta$.

Si l'excitation est poussée
au point d'obtenir la même
intensité I et si l'on admet
que l'effet de la self-induc-

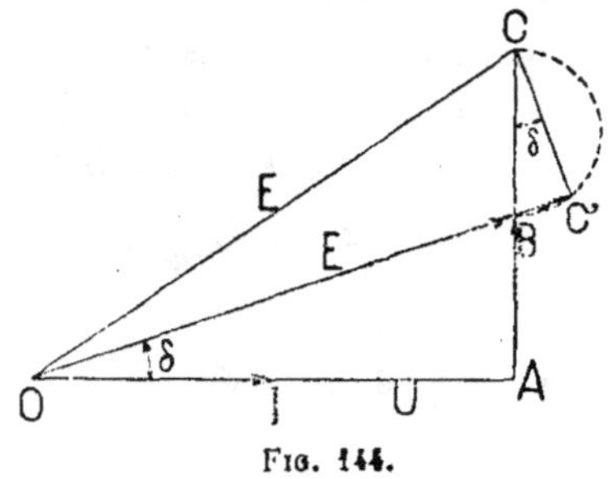

Fig. 144.

tion correspondant aux fuites magnétiques soit encore représentée par AB (ce qui n'est exact qu'avec une large approximation,
parce que l'effet dépend de la position relative des bobines induites et des bobines inductrices, de même que de l'induction),
l'effet démagnétisant peut être représenté par BC′, corde qui
sous-tend un angle δ d'une circonférence de rayon BC représentant toujours l'effet démagnétisant maximum. Il en résulte que
la force électromotrice que produit l'excitation est $E = OC′$.
Mais, comme C′C est perpendiculaire à OC′, il en résulte que
pratiquement OC = OC′. En d'autres termes, on ne commet
pas d'erreur appréciable en disant que la force électromotrice
produite est OC, obtenue en combinant la tension $U = OA$

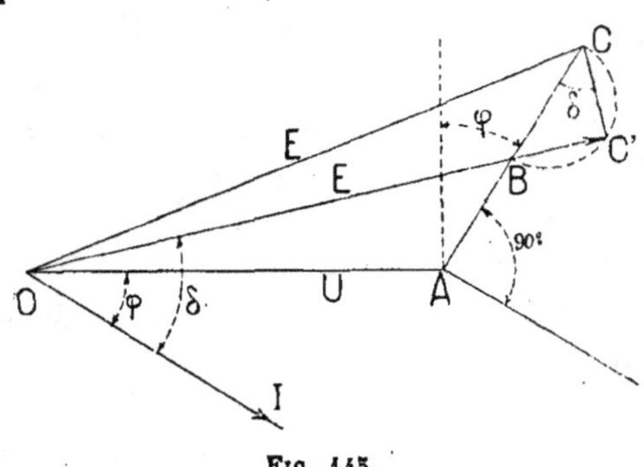

Fig. 145.

avec une force élec-
tromotrice de self-
induction unique et
fictive, donnée par
AC. C'est sur ce
raisonnement qu'est
fondée la méthode
de M. Behn-Eschen-
burg.

Lorsque le circuit
extérieur présente
de la self-induction, l'intensité I du courant est décalée en re-

tard d'un angle φ par rapport à la tension U (*fig.* 145) et la ligne AC se déplace d'un angle φ. Mais BC' représente encore l'action démagnétisante $I \sin \delta$ et OC' est aussi pratiquement égal à OC.

Une démonstration analogue peut être faite dans le cas où l'intensité est décalée en avance par rapport à la tension U par suite de la présence dans le circuit d'un condensateur ou d'un moteur synchrone dans des conditions déterminées d'excitation.

114. Il reste à examiner maintenant la manière de procéder pour déterminer la chute de tension à l'aide de cette méthode.

Soit U la tension de l'alternateur lorsque I est l'intensité du courant décalée en retard d'un angle φ. On a une certaine intensité du courant d'excitation à laquelle correspond une résistance apparente

$$R_a = \sqrt{R^2 + \omega^2 L^2}.$$

Connaissant la valeur de R, on en déduit celle de ωL. Dans ces conditions,

$$\omega L I = e_1$$

est la force électromotrice de self-induction qui est en quadrature avec le vecteur de I. A cette force électromotrice se combine géométriquement une autre force électromotrice $e_2 + e_3$

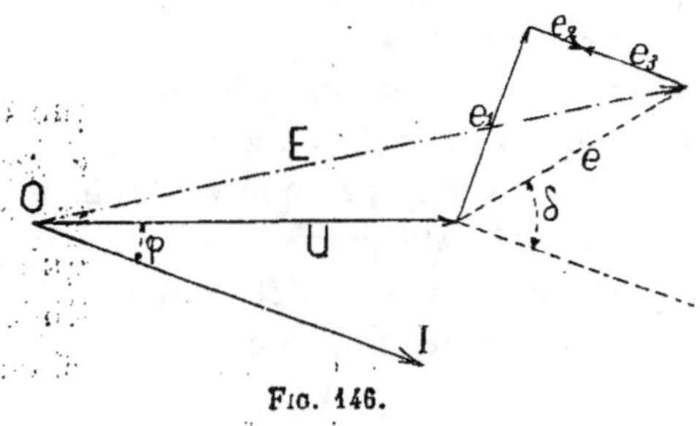

en concordance de phase avec I, e_2 étant la portion de force électromotrice absorbée par la résistance de l'induit et e_3 une force électromotrice tenant compte de l'affaiblissement

Fig. 146.

du champ dû aux courants de Foucault.

La force électromotrice e, somme géométrique de e_1, e_2, e_3 combinées géométriquement avec U, donne la valeur E de la force électromotrice nécessaire pour maintenir l'intensité du courant I lorsque le facteur de puissance est $k = \cos \varphi$.

Pour simplifier le calcul et l'effectuer rapidement, on peut prendre :

$$e_1 = R_a I$$

au lieu de

$$e_1 = \omega L I,$$

parce que, dans les conditions de fonctionnement en court circuit, R peut toujours être négligé par rapport à L.

La construction du diagramme et les essais sont alors considérablement modifiés, comme on le verra par quelques exemples. Il faut remarquer que les valeurs de L obtenues par cette méthode sont tout à fait indépendantes de la forme de la courbe de force électromotrice de l'alternateur et tiennent compte aussi, jusqu'à un certain point, de l'état d'aimantation du fer variant suivant le degré d'excitation; il ne faut pas oublier, dans tous les cas, qu'il s'agit d'un coefficient de self-induction tout à fait empirique, qui doit nécessairement varier suivant que le décalage φ est en retard ou en avance et suivant la variation de l'état de saturation des inducteurs produite par le courant induit. On ne peut donc appliquer efficacement cette méthode que dans le cas où l'alternateur fonctionne dans des conditions analogues à celles qui étaient réalisées lors de la détermination de L, c'est-à-dire avec un décalage de phase voisin de 90° ou plutôt (pour ne pas avoir à s'occuper de la forme des courbes de force électromotrice et d'intensité) avec une charge réelle presque nulle, bien que la charge apparente soit considérable, parce que le flux de réaction de l'alternateur pour une charge déterminée est d'autant plus grand que plus faible est le facteur de puissance.

115. Il résulte des considérations qui précèdent que la courbe obtenue pour R_a est une courbe limite supérieure pour ces valeurs ; par suite, la méthode Behn-Eschenburg peut être considérée comme une méthode pessimiste, puisque la chute de tension qu'elle permet de déterminer est toujours supérieure à la réalité. Cette erreur peut atteindre 30 $^0/_0$ lorsque la détermination est faite pour cos $\varphi = 1$; cette erreur est, du reste, très variable et c'est pourquoi cette méthode, malgré qu'elle soit très souvent employée, ne donne que des indications vagues.

Lorsque c'est le constructeur qui emploie cette méthode, il arrive à établir un alternateur plus puissant qu'il n'est nécessaire; si elle est utilisée par un expert, ce dernier peut en déduire que l'alternateur ne remplit pas les conditions du marché, alors qu'elles sont parfaitement remplies.

Enfin, en ce qui concerne la saturation du fer de l'inducteur, il faut remarquer qu'en utilisant la caractéristique de court circuit pour prédéterminer la chute de tension d'un alternateur, cette opération revient, en réalité, à comparer l'effet produit par un certain nombre d'ampères-tours, effet contraire à celui d'une self-induction. Or cette comparaison est justifiée tant que le fer du circuit magnétique n'est pas saturé, parce que l'action produite par les ampères-tours contraires dépend du degré d'aimantation du fer; c'est pourquoi la courbe de court circuit ne peut être utilisée que dans sa partie droite. Le coefficient de self-induction déduit de la caractéristique en court circuit tient bien compte des fuites magnétiques parce qu'elles dépendent directement de l'intensité du courant dans l'induit; mais, par contre, il n'est tenu compte que partiellement de la diminution de flux utile due à cette intensité du courant dans l'induit. En effet, une intensité déterminée de ce courant peut être obtenue avec des valeurs très différentes du courant d'excitation et, par conséquent, avec des états magnétiques divers, suivant les conditions de fonctionnement du circuit extérieur.

La particularité caractérisant la méthode de M. Behn-Eschenburg est l'emploi d'une résistance apparente mesurée avec la même excitation que celle pour laquelle on veut déterminer la chute de tension. Il est indispensable de tenir compte exactement de cette condition si l'on veut éviter des erreurs très notables. Il faut également remarquer que la méthode de M. Behn-Eschenburg donne des résultats semblables à ceux que l'on obtient avec la méthode de M. Potier tant que le degré de saturation du fer de l'inducteur est négligeable. En effet, avec cette hypothèse, on a dans la figure 139:

$$O\mathcal{F}_1 = k \cdot OE_1$$
$$O\mathcal{F}_2 = k \cdot OE_2$$

et, par conséquent, E_2 vient sur le prolongement de λI; le segment

$$E_1 E_2 = k\alpha I$$

et, finalement,

$$\lambda I + E_1 E_2 = (\lambda + k\alpha)\, I.$$

Dans ces conditions, le diagramme (*fig.* 139) coïncide avec celui de la figure 146, où précisément

$$e_1 = (\lambda + k\alpha)\, I = R_a I.$$

116. Réactance synchrone. — On peut objecter à l'emploi de la méthode du court circuit pour déterminer la résistance apparente de l'induit que l'on obtient une intensité de courant supérieure à la réalité pour une excitation normale et que, pour obtenir le courant d'intensité normale, il suffit d'un courant d'excitation de plus faible intensité.

Pour éviter cet inconvénient, M. Baum [1] a proposé la méthode suivante qu'il sera plus facile de comprendre après avoir complété l'étude des moteurs synchrones.

On fait fonctionner l'alternateur à vide comme moteur synchrone et on amène d'abord l'intensité du courant d'excitation à sa valeur normale. On augmente ensuite l'excitation jusqu'à ce que l'alternateur soit parcouru par un courant d'intensité égale à la moitié environ de l'intensité normale qu'il doit fournir, mais sans dépasser cette valeur, afin d'éviter que l'alternateur fonctionne en dépassant les limites de stabilité,

1. *Electrical World*, t. XXXIX, 1902, p. 724.

car il pourrait se produire des oscillations dangereuses dans l'organe mobile (tome I, chap. XIII).

Puisque l'alternateur fonctionne à vide comme moteur avec une intensité de courant dans l'induit relativement élevée, la tension U appliquée aux bornes et la force électromotrice qu'il développe sont pratiquement en opposition de phase. Il s'ensuit que la force électromotrice e nécessaire pour que le courant I s'établisse dans l'induit est sensiblement donnée par la relation

$$e = U - E.$$

La réactance correspondante est

$$R_a = \frac{e}{I}$$

et est désignée sous le nom de *réactance synchrone* ou encore d'*impédance synchrone* (la résistance ohmique de l'induit étant toujours très faible), parce qu'elle est déterminée à une vitesse qui est en synchronisme avec la fréquence du courant.

Cette méthode donne pour R_a des valeurs qui s'approchent beaucoup plus de la réalité que celles que l'on obtient par la méthode du court circuit; toutefois elle n'est pas à l'abri de toute critique, parce que l'intensité du courant d'excitation doit être poussée au delà de sa valeur normale et que le décalage de phase entre l'intensité et la tension est anormal.

117. Applications de la méthode Behn-Eschenburg. — Pour montrer l'importance de la méthode de M. Behn-Eschenburg, on va examiner quelques-unes de ses applications pratiques et le lecteur pourra en faire une application numérique à deux alternateurs dont les figures 147 et 148 donnent les caractéristiques à vide et en court circuit.

Il y a lieu de remarquer que la courbe de la résistance apparente R_a déduite du rapport $\dfrac{E}{I_{cc}}$ peut être considérée, sans erreur appréciable, comme représentant la réactance apparente ωL de l'alternateur pour diverses valeurs de l'excitation.

puisque, dans les conditions de fonctionnement en court circuit,
la résistance ohmique de l'induit devient négligeable par rapport à ωL.

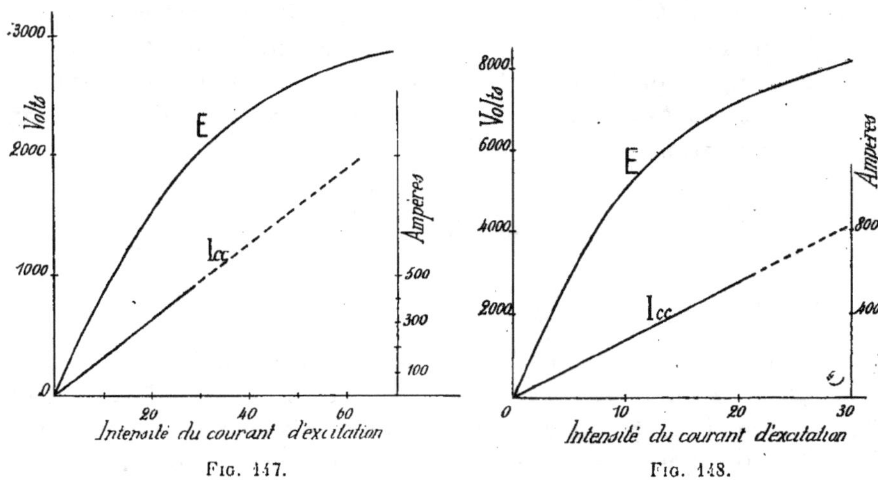

Fig. 147.   Fig. 148.

Quant aux courants de Foucault dont l'effet, comme on
l'a vu, peut être assimilé à une chute de tension, on peut en
tenir compte en supposant que cette chute de tension est du
même ordre de grandeur que celle qui est due à la résistance
ohmique. Pratiquement,
on prend le double de la
valeur réelle de cette dernière.

Dans ces conditions,
si U est la tension aux
bornes de l'alternateur
(*fig.* 149); I, l'intensité
du courant; φ, le retard
de phase, en portant sur

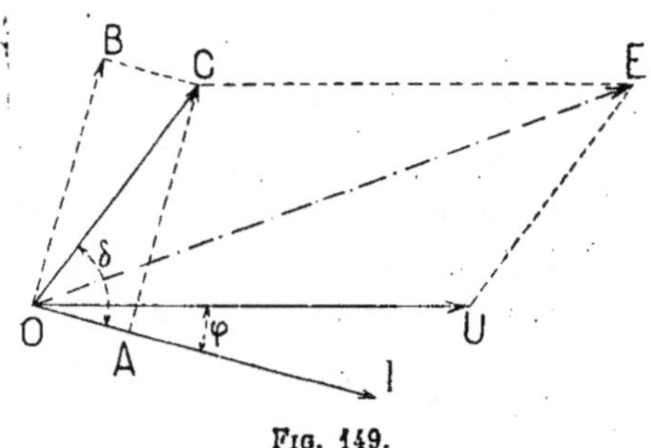

Fig. 149.

la longueur I un segment $OA = 2RI$ et, perpendiculairement
à I, un segment $OB = R_a I$, on a, en composant, le vecteur OC
qui est incliné par rapport à I d'un angle δ dont la valeur est

donnée par

$$\operatorname{tang} \delta = \frac{R_a}{2R}$$

et qui, pour des alternateurs bien établis, diffère très **peu d'un** angle droit.

En composant OC avec U, on obtient la force électromotrice E nécessaire pour obtenir la tension U lorsque l'intensité du courant a la valeur I et que le retard est égal à φ.

$E - U$ est la chute de tension dans ces conditions de charge.

118. Première application. — Pour une intensité donnée du courant d'excitation et pour un facteur de puissance cos φ donné, déterminer les variations de la différence de potentiel par rapport à l'intensité du courant.

Soient U l'axe des vecteurs de la différence de potentiel aux bornes (*fig*. 150) et I celui des intensités correspondantes décalé en retard de φ par rapport à l'axe U.

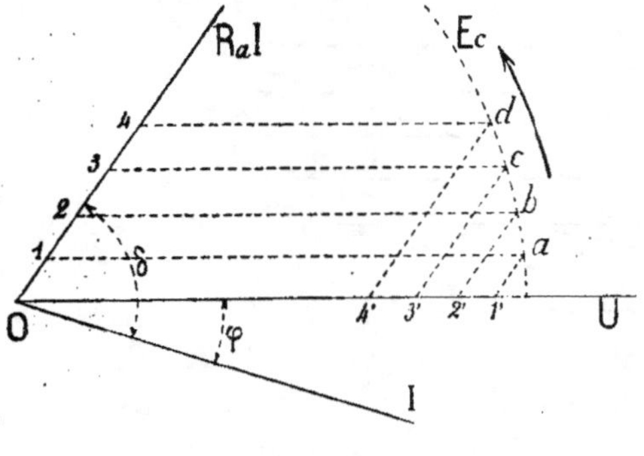

Fig. 150.

En prenant le point O comme centre, on trace une circonférence de rayon OE_0, E_0 étant la force électromotrice à circuit ouvert déduite de la caractéristique pour le degré d'excitation fixé. Sur la droite $R_a I$ faisant avec la droite I un angle δ $\left(\operatorname{tang} \delta = \dfrac{R_a}{2R}\right)$, on porte des segments O1, O2, O3, O4, ..., etc., correspondant aux différentes valeurs de l'intensité multipliées par la résistance R_a de l'induit que l'on peut admettre constante sous la réserve faite précédemment. Des points 1, 2, 3, 4, ..., on mène des lignes parallèles à U en a, b, c, d, ..., jusqu'au point de rencontre avec la circonférence E_0.

Les lignes parallèles à $R_a I$ menées des points a, b, c, d, ...
rencontrent le vecteur de la tension U en des points $1'$, $2'$, $3'$, $4'$, ...
qui déterminent les vecteurs des tensions correspondant aux
diverses valeurs de I.

119. Deuxième application. — Étant donné la différence de
potentiel aux bornes et le facteur de puissance constant du
circuit, déterminer comment on doit faire varier l'excitation
lorsque l'intensité du courant varie, la tension restant constante.

On fait la même construction graphique que pour le problème
précédent en limitant les parallèles au vecteur U à une

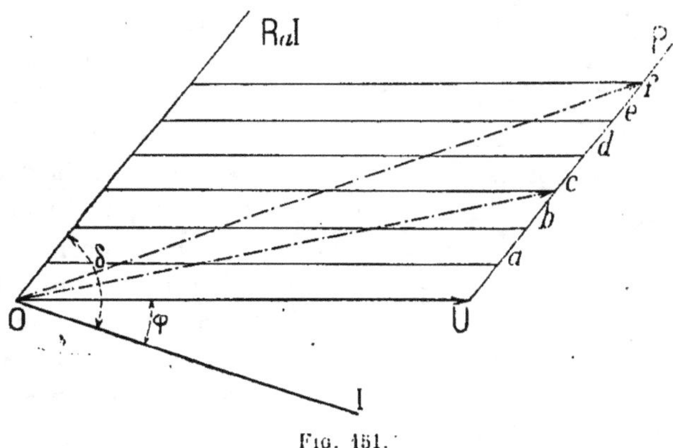

Fig. 151.

droite LP parallèle à $R_a I$ (*fig.* 151). Les vecteurs Oa, Ob, Oc, Od, ...
donnent respectivement les valeurs des forces électromotrices E_0
nécessaires pour obtenir U constant. De la caractéristique de
la force électromotrice à vide, on déduit ensuite les valeurs
correspondantes de l'intensité du courant d'excitation.

Ce diagramme présuppose qu'en faisant varier la force électromotrice à vide et, par conséquent, aussi l'excitation de OU
à Of, la résistance apparente reste pratiquement constante, ce
qui ne se produit généralement pas. Il est donc utile de refaire
une seconde construction graphique en corrigeant convenable-

ment les valeurs de R_a pour chacune des valeurs de la force électromotrice. Au besoin, on pourra refaire une troisième construction graphique, mais, en pratique, la deuxième est bien suffisante.

120. Troisième application. — Déterminer les variations de U lorsque le retard φ est modifié, l'excitation restant constante (par conséquent, aussi la force électromotrice à vide E_0) ainsi que l'intensité.

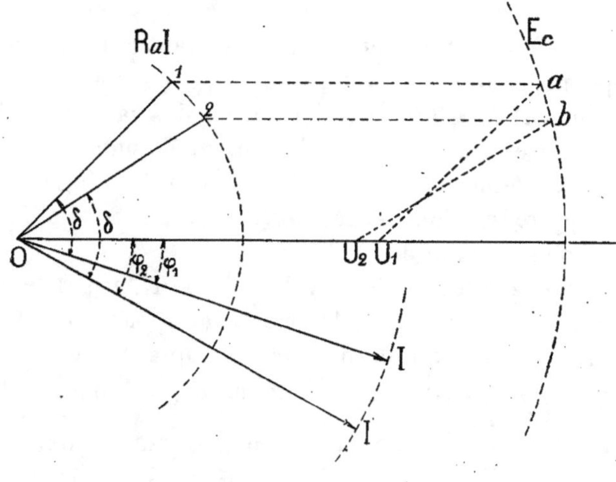

Fig. 152.

On trace trois circonférences de rayons, R_aI, E_0, I, qui sont les grandeurs constantes du problème (*fig.* 152).

Le vecteur de I reste constamment incliné d'un angle δ par rapport à celui de R_aI.

Pour un retard φ_1, du point 1 on mène une parallèle $1a$ à OU et du point a la parallèle à $O1$. Le point U_1 détermine le vecteur OU_1 de la tension correspondant au retard φ.

On procède d'une manière analogue pour les autres valeurs de φ.

On voit immédiatement pourquoi, pour une valeur déterminée de l'excitation, la tension aux bornes est d'autant plus faible que plus grand est le retard φ, c'est-à-dire que, dans un alternateur, la chute de tension, toutes choses égales d'ailleurs, est d'autant plus grande que la charge est plus inductive. Ce fait est dû, comme on le sait déjà, à l'action démagnétisante plus grande due au courant de l'induit.

Si l'angle φ, au lieu d'être en retard, est en avance, le vecteur de I reste au delà du vecteur U; il peut arriver que $U = E_0$ et, dans ce cas, l'effet magnétisant produit par l'avance de phase compense exactement la réaction d'induit.

121. Quatrième application. — Étant données la différence de potentiel que l'on veut maintenir constante et l'intensité du courant dans l'induit, déterminer les variations de l'excitation d'après les variations du facteur de puissance cos φ.

Ce problème ne peut pas être résolu directement, mais bien par approximations successives, comme on l'a fait pour la deuxième application.

On présuppose une chute de tension Δ, et sur le diagramme on cherche la valeur de la résistance apparente correspondant à celle de l'excitation qui produit une force électromotrice $E_0 = U + \Delta$. Avec la valeur de R_a, on peut déterminer δ $\left(\text{tang } \delta = \dfrac{R_a}{2R} \right)$ et l'on trace le diagramme habituel. Si l'on obtient pour E_1 une valeur $U + \Delta$ ou une valeur très approchée, le diagramme est bon; dans le cas contraire, il est nécessaire d'effectuer une seconde opération en corrigeant R_a par rapport à la valeur E_1, indiquée par la première.

On opère de la même manière pour les autres valeurs du retard φ (*fig.* 153). En reliant les extrémités des vecteurs $E_1, E_2, \ldots$ par une courbe, celle-ci donne *le lieu de la force électromotrice* pour I constant et φ variable. Il est évident que si R_a, dans les limites de variation de φ, peut être considéré comme constant, le lieu de la force électromotrice est une circonférence ayant son centre en U.

La constance de R_a, déduite d'après la méthode de M. Behn-Eschenburg, ne se vérifie que pour de faibles variations

de l'intensité du courant d'excitation et tout au plus entre les
limites suffisamment étendues correspondant à la partie droite
de la caractéristique en court circuit, conditions dans lesquelles
un alternateur industriel ne fonctionne jamais ou presque
jamais. Le cas se présente seulement pour un alternateur destiné à alimenter un circuit à faible facteur de puissance et dans
lequel le fer est peu saturé, qui serait utile, au contraire,
pour alimenter un circuit à facteur de puissance élevé.

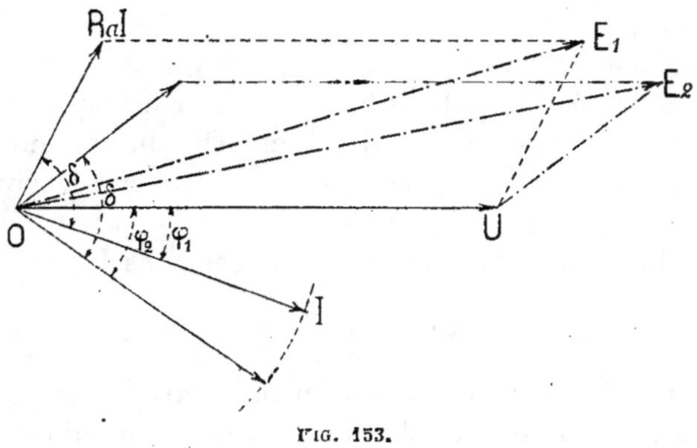

FIG. 153.

Toutefois l'hypothèse de R_a constant pour de faibles variations de l'excitation permet de résoudre rapidement, dans certains cas particuliers, des problèmes intéressants relatifs au fonctionnement des alternateurs.

122. Lignes d'égale puissance. — Dans le chapitre XVII,
consacré à l'étude du couplage en parallèle des alternateurs,
on verra que dans ces conditions particulières de fonctionnement
les divers éléments : intensité, force électromotrice, tension,
phase, etc., ne se modifient pas seulement suivant les conditions de charge, mais aussi suivant les conditions particulières de fonctionnement de chacun des alternateurs couplés
ensemble. Lorsque des alternateurs sont couplés en parallèle, la vitesse angulaire est rigoureusement la même pour
tous ; or, comme pour tous les moteurs ordinairement uti-

lisés, à chaque vitesse angulaire correspond une charge déterminée qui ne varie pas et ne peut pas varier si l'on ne modifie
pas la vitesse angulaire, on peut se demander ce qui se produira si l'on augmente ou si l'on diminue l'intensité du courant
d'excitation, en tenant compte de ce fait que, dans ce cas, la
tension de l'alternateur doit rester invariable, étant liée à celle
qui existe aux barres du tableau de distribution, barres auxquelles sont également reliés les autres alternateurs (Voir tome I,
chap. xvii).

Le problème à résoudre est, par conséquent, le suivant :

Déterminer les variations de la force électromotrice d'un
alternateur lorsqu'on fait varier l'intensité du courant d'excitation, la tension aux bornes de l'alternateur et la puissance
qu'il développe restant invariables.

Il y a lieu d'abord de considérer le cas dans lequel

$$\cos \varphi = 1 \ (\varphi = 0).$$

Le vecteur de l'intensité est alors en phase avec celui de la tension. La chute de tension due à la résistance ohmique et à la
production de courants de Foucault est (*fig.* 154)

$$UV = 2RI_1$$

et la force électromotrice de self-induction est

$$VE_1 = \omega L I_1,$$

L étant le coefficient de self-induction apparente de l'alternateur. Si l'on pose

$$R_a = \sqrt{(2R)^2 + (\omega L)^2},$$

le segment $R_a I_1$ forme avec le vecteur de la tension un angle δ
et

$$\tan \delta = \frac{\omega L}{2R}.$$

Si l'on vient à modifier l'intensité du courant d'excitation,
dans ces conditions le vecteur de U ne change pas, tandis que

celui de I est modifié en grandeur et en phase (Voir tome I, chap. XIII)

$$P = UI_1 = UI_2 \cos\varphi = \text{constante.}$$

On peut admettre que R_a n'a pas varié ; on porte alors en UE_2 (*fig.* 154) un segment R_aI_2 faisant avec I_2 un angle δ. OE_2 est la force électromotrice nécessaire pour obtenir la charge P

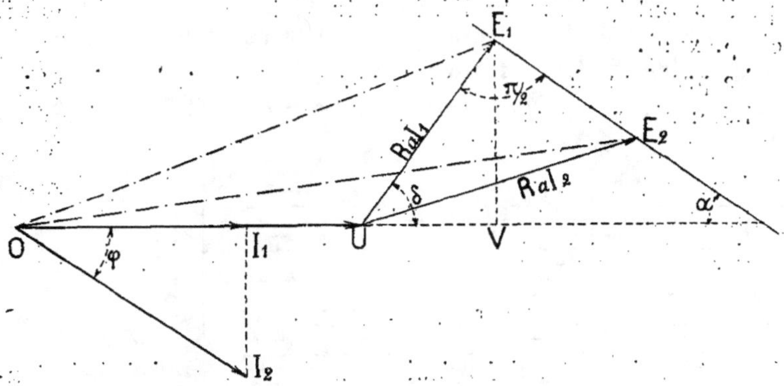

Fig. 154.

sous une tension U et, dans ce cas, l'intensité I_2 est forcément décalée de φ par rapport à la tension.

En effectuant la même construction pour d'autres valeurs de φ et en réunissant par une ligne les points E, on obtient le *lieu de la force électromotrice pour une puissance et une intensité constantes* et, si on admet que R_a reste constant, cette ligne est une droite.

En effet, les vecteurs R_aI_1 et R_aI_2, formant respectivement avec I_1 et I_2 un angle δ, forment entre eux l'angle φ. Il s'ensuit que les triangles OI_1I_2 et UE_1E_2 sont semblables, et, puisque l'angle I_1 est droit, l'angle E_1 est également un angle droit. Cette ligne E_1E_2 forme également avec le vecteur de la tension un angle

$$\alpha = \frac{\pi}{2} - \delta.$$

En négligeant l'effet de la résistance ohmique et des cou-

rants de Foucault par rapport à la réactance ($2R = 0$), alors
$\alpha = 0$, et la ligne qui représente le lieu de la force électromotrice pour une puissance et une intensité constantes est une
droite parallèle au vecteur de la tension.

En réalité, la puissance utile de l'alternateur ne peut pas
rester rigoureusement constante, parce que, à mesure que I
augmente, les pertes par effet Joule augmentent également;
toutefois ces pertes sont assez faibles pour qu'il soit possible
de les négliger et d'utiliser pratiquement la construction graphique qui vient d'être indiquée.

La ligne $E_1 E_2$ est *la linne de puissance constagte.* Si on divise

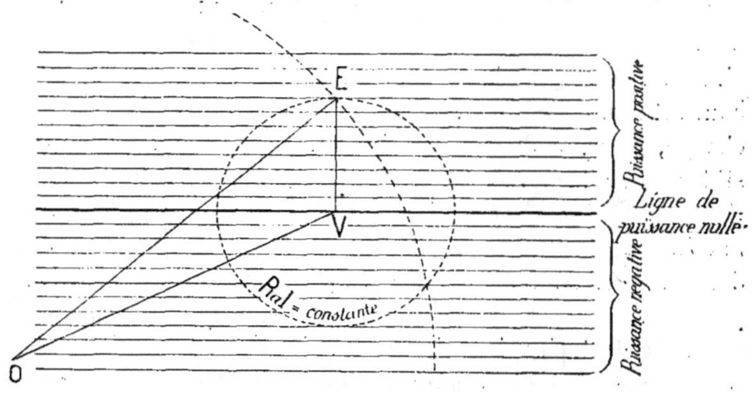

Fig. 155.

le segment VE (*fig.* 155) en un certain nombre de parties
égales et que l'on mène par chacun des points ainsi obtenus
des parallèles à la ligne de puissance, en effectuant cette division de part et d'autre de l'extrémité V, on divise le champ
du diagramme en deux régions : une région de puissance
positive et une région de puissance négative, séparées par une
ligne de puissance nulle passant par l'extrémité du vecteur V
qui reste constant. Mais cela suppose que R_a reste constant
et que $2R$ est négligeable par rapport à R_a.

La première région de ce diagramme se rapporte au fonctionnement de l'alternateur comme génératrice et la seconde à

son fonctionnement comme moteur (Voir chap. XIII, *Moteurs synchrones*); dans le premier cas, l'alternateur fournit de l'énergie au circuit et, dans le second cas, il en emprunte à ce même circuit.

Ce diagramme permet d'obtenir quelques résultats qui, quoique n'étant que très approchés, sont néanmoins très intéressants.

On voit, par exemple, qu'en traçant la circonférence de rayon $R_a I$ = constante, en faisant varier convenablement l'excitation et en faisant débiter un courant d'intensité déterminée, il est possible d'obtenir une valeur quelconque de la puissance, aussi bien positive que négative, entre deux limites parfaitement déterminées par les lignes de puissance tangentes à la circonférence $R_a I$. En outre, on voit qu'avec une intensité de courant donnée et une différence de potentiel déterminée, toute charge, sauf la charge maximum, admet deux valeurs possibles pour la force électromotrice (points d'intersection des lignes de puissance avec la circonférence $R_a I$). Pour une charge maximum obtenue avec une tension U et une intensité I, cette dernière est en concordance de phase avec la différence de potentiel.

Si, au contraire, la puissance varie, l'excitation étant maintenue constante, l'intensité doit alors forcément varier, étant toujours admis que la tension reste constante. Mais, comme la circonférence de rayon E est constante, la force électromotrice devient, elle aussi, tangente à deux lignes de puissance et l'on voit que, pour une certaine excitation, on a une valeur maximum de puissance positive et une de puissance négative. On doit donc en déduire que, pour mettre un alternateur en état de fournir un plus grand travail, il faut renforcer l'excitation.

Si la puissance et la tension aux bornes de l'alternateur restent constantes, lorsqu'on fait varier l'excitation, on modifie la valeur de l'intensité et, en construisant le diagramme montrant comment se produisent les variations de l'intensité en fonction de l'excitation, on obtient la courbe, dite *courbe en V de Mordey*, qui donne des résultats intéressants et dont on aura à s'occuper à propos de l'étude des moteurs synchrones (Voir aussi tome I, § 94).

On peut dire aussi que, lorsqu'un alternateur fonctionne sous une certaine tension pour une charge déterminée, avec un facteur de puissance égal à l'unité, si l'on vient à augmenter l'intensité du courant d'excitation, le courant est décalé **en** retard par rapport à la différence de potentiel, quand l'alternateur fonctionne comme génératrice et, au contraire, est décalé en avance s'il fonctionne comme moteur. C'est sur **cette** propriété des alternateurs qu'est fondé l'emploi du moteur synchrone à courants alternatifs pour fournir aux circuits inducteurs le courant magnétisant qui leur est nécessaire ; le moteur fonctionne alors comme un condensateur industriel (Voir tome I, § 94).

123. Efficacité des circuits amortisseurs. — On a déjà parlé dans le paragraphe 72 du tome I de l'emploi des circuits amortisseurs pour amortir les pulsations du flux résultant dans un alternateur. On peut même ajouter que, s'il s'agit d'un alternateur simple, l'emploi des circuits amortisseurs permet de réduire dans une large mesure la réaction d'induit et, par conséquent, de diminuer la chute de tension.

Dans les alternateurs polyphasés, le flux dû aux courants qui se développent dans l'induit est un flux constant qui tourne dans l'espace avec la même vitesse et dans le même sens que le flux inducteur. Il reste pourtant immobile par rapport aux circuits amortisseurs, qui sont, par suite, sans action sur ce flux et qui n'ont d'autre effet que d'empêcher la production des flux harmoniques qui tendent à se produire. Ces circuits amortisseurs, au contraire, exercent une action lorsque les alternateurs sont couplés en parallèle, action qui sera étudiée ultérieurement.

Dans les alternateurs simples, au contraire, le flux produit par le courant de l'induit est alternatif et, pour montrer l'effet que produisent sur ce flux les circuits amortisseurs, il suffit de rappeler l'intéressant théorème que, presque à la même époque (1890) et sans doute à l'insu l'un de l'autre, Galileo Ferraris et M. Maurice Leblanc ont énoncé à ce sujet.

Ce théorème, exactement analogue au théorème d'optique relatif à la polarisation rotatoire d'un rayon lumineux, est le suivant (Voir aussi tome I, § 95).

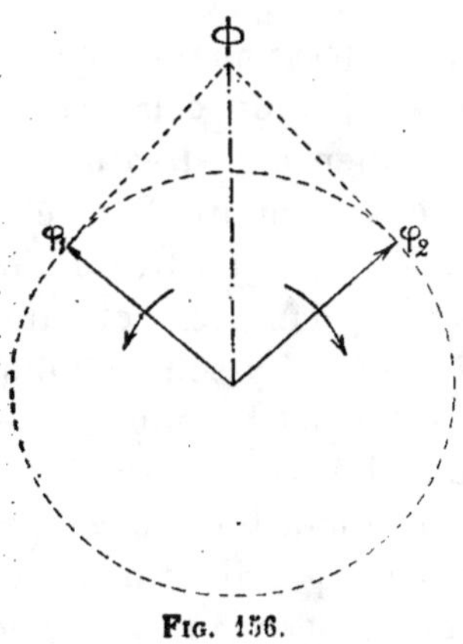

Tout flux alternatif sinusoïdal fixe peut être considéré comme étant l'équivalent de deux flux tournants ayant des vitesses angulaires égales et de sens inverses, correspondant à la fréquence du flux alternatif et ayant leur amplitude égale au demi-maximum du flux fixe considéré.

FIG. 156.

Cette propriété n'est autre chose que l'expression d'une propriété géométrique ou algébrique. En effet, si φ_1 et φ_2 (*fig.* 153) sont deux vecteurs égaux, tournant en sens contraires avec une vitesse angulaire

$$\omega = 2\pi f,$$

à un instant quelconque, leur résultante coïncide toujours avec la bissectrice de l'angle qu'ils forment. Cette résultante est un vecteur alternatif Φ, maximum et égal à $\varphi_1 + \varphi_2 = 2\varphi$ lorsque les deux vecteurs tournants se superposent, et nul lorsque les deux vecteurs tournants sont en opposition de phase.

La période du vecteur alternatif est évidemment $T = \dfrac{1}{f}$.

Donc, le flux alternatif de l'induit d'un alternateur simple peut être considéré comme décomposé en deux flux φ_1, φ_2 tournant n sens contraire avec une vitesse angulaire ω égale à celle de l'inducteur. Il s'ensuit que le flux φ_1 se déplace dans l'espace en même temps que l'inducteur et que leur vitesse relative reste nulle, tandis que le flux φ_2, se déplaçant en sens contraire, a, par rapport à l'inducteur, une vitesse relative égale à 2ω.

Si les pôles de l'inducteur sont munis de circuits amortisseurs, le flux φ_1 n'induit aucune force électromotrice dans ces
circuits et le flux n'est nullement influencé par leur présence. Au contraire, le second flux φ_2 se déplaçant, par rapport
aux circuits amortisseurs, avec une vitesse angulaire double de
celle qui correspond au synchronisme, induit dans ces circuits
des courants intenses ayant une fréquence égale à deux fois la
fréquence des courants produits dans l'induit. Pour être efficaces, ces circuits amortisseurs doivent avoir une très faible résistance et être fermés sur eux-mêmes ; dans ces conditions, le
flux produit par les courants intenses qui y sont induits reste
pratiquement égal et de sens contraire au flux inducteur (action
analogue au fonctionnement d'un alternateur fermé en court
circuit), de manière à n'exercer aucune action en ce qui concerne ses effets de réaction sur le champ principal. En réalité,
la partie du flux due à l'induit et correspondant à φ_2 reste sensiblement annulée, et c'est pourquoi l'augmentation des
ampères-tours inducteurs doit, non pas annuler le flux total
de réaction Φ, mais seulement la moitié de ce flux, soit φ_1, indépendamment des fuites magnétiques. En résumé, l'action des
circuits amortisseurs dans les alternateurs simples consiste à
réduire dans une large proportion la réaction d'induit, rendant ainsi plus faible la chute de tension et diminuant le
ronflement caractéristique de ces machines.

124. Alternateurs à excitation compound. — Les éta-
blissements américains construisent fréquemment des alternateurs à excitation compound, suivant en cela les mêmes principes que ceux que l'on applique dans les dynamos à courant
continu pourvues d'un double enroulement inducteur. A cet
effet, sur l'inducteur de la dynamo excitatrice, on dispose un
second enroulement parcouru par un courant redressé d'intensité proportionnelle à celui que fournit l'induit de l'alternateur. Ce courant auxiliaire est fourni par le secondaire d'un
transformateur dont le primaire est mis en série sur le circuit principal. En donnant des proportions convenables à ce

transformateur, on peut obtenir que l'intensité du courant dans le secondaire soit proportionnelle à celle du courant dans le primaire. Ce courant est redressé par un collecteur monté sur l'arbre de l'alternateur; mais, quoique l'on ait cherché à réduire la production des étincelles par une construction spéciale de ce collecteur, son fonctionnement laisse toujours à désirer, parce que le champ produit par l'inducteur de l'excitatrice reste pulsatoire.

Les constructeurs européens se préoccupent, beaucoup plus que les Américains, de la chute de tension et la réduisent à quelques pour cent par une construction plus rationnelle des alternateurs en suivant les indications données dans la première partie du présent chapitre. Mais les avantages que procurent l'excitation compound et l'excitation hypercompound, pour des alternateurs destinés à alimenter des circuits où la charge est non seulement fortement inductive, mais encore très variable, sont trop évidents pour que la solution du problème par un moyen simple et pratique ne soit pas l'objet de recherches de la part des constructeurs. Déjà quelques bonnes solutions ont été obtenues; elles sont fondées sur la construction d'une excitatrice spéciale.

125. M. Maurice Leblanc, qui s'est beaucoup occupé de ce problème, a présenté, à l'Exposition universelle de Paris, en 1900, une solution élégante et originale fondée sur le principe suivant :

Dans une dynamo à courant continu, l'inducteur est fixe ainsi que les balais, tandis que l'induit est mobile. On peut inverser cette disposition, c'est-à-dire rendre l'induit fixe et faire tourner l'inducteur et les balais. Mais on peut obtenir un champ tournant avec les courants mêmes de l'alternateur, si ce dernier est triphasé ; en combinant convenablement deux enroulements, un en dérivation sur la tension, l'autre en série avec l'intensité, on peut aussi augmenter l'intensité du courant d'excitation proportionnellement à l'intensité du courant fourni à la canalisation par l'alternateur.

Théoriquement, le problème est ainsi résolu ; mais, pratiquement, si aucune difficulté ne s'oppose à la production d'un champ tournant variable, il s'en présente d'autres pour faire tourner les balais sur un collecteur fixe. Il est plus facile de réaliser le dispositif inverse et c'est à quoi est arrivé M. Leblanc, d'une façon très ingénieuse, en renversant les connexions de l'induit sur le collecteur. Dans ces conditions, si le champ se meut avec une vitesse angulaire double de celle de l'induit, en considérant non seulement le mode de connexion spécial des bobines de l'induit avec le collecteur, mais aussi les vitesses relatives de l'inducteur et de l'induit, on trouve que, pour obtenir un courant continu avec cette excitatrice, il suffit que les balais restent fixes [1].

Ce mode d'excitation n'a pas encore été l'objet d'applications pratiques, mais il n'en est pas moins une tentative très ingénieuse de la solution du problème important du compoundage des alternateurs, problème d'autant plus difficile à résoudre qu'il n'y a pas seulement à tenir compte des variations de l'intensité, mais aussi du décalage de phase. Comme il y a deux variables indépendantes, il n'est pas facile de trouver une solution satisfaisante facile à appliquer pratiquement.

M. Boucherot a trouvé une autre solution ingénieuse du même problème, toujours en ayant recours à une excitatrice indépendante. Le champ produit par l'inducteur de cette excitatrice est encore un champ tournant dû aux courants alternatifs de la génératrice passant préalablement dans un autotransformateur spécial. L'induit de cette excitatrice a extérieurement l'aspect d'un induit de dynamo à courant continu et n'en diffère que par ce fait qu'au lieu d'un enroulement ordinaire également réparti, il en possède deux dans chacun desquels le nombre de spires des bobines élémentaires, réparties autour du noyau, varie suivant une fonction sinusoïdale de l'angle de position de ces bobines sur le noyau en forme d'anneau. Pour

1. Voir *Monitore Tecnico*, 20 décembre 1900.

un des enroulements, le nombre de spires de chaque bobine élémentaire varie suivant le sinus de l'angle, tandis que, pour l'autre, il varie suivant le cosinus du même angle. La vitesse angulaire de cet induit doit être en synchronisme avec celle de l'alternateur.

On renverra le lecteur, pour l'étude de la théorie de cette excitatrice, au mémoire original de l'auteur[1] et l'on se bornera à dire que le courant recueilli à l'aide de balais fixes appuyant sur le collecteur, comme dans une dynamo à courant continu, a une intensité variant parfaitement aussi bien suivant les variations de charge que suivant les décalages de phase du courant de l'alternateur et, dans ces conditions, l'excitation de l'alternateur est toujours pratiquement bien compoundée.

M. Boucherot a déjà appliqué pratiquement son ingénieuse excitatrice dans plusieurs stations génératrices destinées à alimenter des moteurs à marche intermittente (mines, ateliers de construction, etc.) et il a obtenu des résultats vraiment très remarquables.

Dans le chapitre xvi, consacré aux convertisseurs, on aura l'occasion de décrire un autre système de compoundage pour alternateurs.

1. *Bulletin de la Société internationale des Électriciens*, juin 1902.

CHAPITRE XII

TRANSFORMATEURS STATIQUES

126. Théorie générale du transformateur. — Dans le chapitre relatif aux phénomènes d'induction mutuelle, on a vu que lorsque deux circuits se trouvent en présence, un sur lequel agit une force électromotrice et l'autre dans lequel se produit une force électromotrice due uniquement à l'induction, dans la période variable, c'est-à-dire pendant le temps dans lequel s'établit le courant dans le premier de ces circuits, on a simultanément les deux équations [12]

$$\begin{cases} E = r_1 i_1 + L_{s_1} i'_1 + L_m i'_2 \\ 0 = r_2 i_2 + L_{s_2} i'_2 + L_m i'_1. \end{cases}$$

Si la force électromotrice qui agit sur le premier circuit est alternative, le phénomène prend un caractère de continuité, en ce sens qu'une force électromotrice alternative se produit dans le second circuit. Toutefois, avant d'appliquer ces deux équations, il convient de remarquer que, dans un véritable transformateur avec fer, les coefficients L_{s_1} et L_{s_2} ne sont pas constants, mais varient durant une période, surtout avec les inductions élevées que les constructeurs utilisent actuellement; il en est de même et pour la même raison pour le coefficient L_m.

Toutefois, en se contentant d'une certaine approximation, on peut prendre pour L_{s_1} et L_{s_2} une valeur moyenne constante et supposer que le transformateur fonctionne sans dispersion. On peut alors avec la plus grande facilité, sans avoir recours aux mathématiques supérieures et en utilisant la méthode symbolique, établir la théorie du transformateur et en déduire d'intéressants résultats, résultats que l'on a exposés dans le chapitre XII du tome I par des déductions, mais un peu dogmatiquement.

On doit admettre que les diverses grandeurs alternatives varient suivant la loi sinusoïdale, ce qui, au premier aspect, peut paraître une hypothèse assez éloignée de la vérité lorsqu'on pense aux déformations que la présence de fer entraîne dans la forme des courbes (Voir chap. VIII).

Quelques explications suffiront pour montrer que cette hypothèse est en réalité justifiée, si la tension du courant d'alimentation aux bornes du primaire peut être représentée par une fonction simplement harmonique.

Dans l'étude du transformateur exposé dans le tome I, on a vu comment, pour chaque régime et par l'effet d'une réaction réciproque, s'établit dans le primaire un flux résultant déterminé que l'on représente par Φ. Si u_1 est la valeur instantanée de la différence de potentiel alternative sinusoïdale appliquée aux bornes du primaire et i_1 l'intensité du courant qui le traverse, n_1 étant le nombre de spires, on a à chaque instant

$$u_1 = r_1 i_1 + n_1 \frac{d\Phi}{dt},$$

expression qui montre que, à chaque instant, la différence de potentiel aux bornes du primaire est la somme des forces électromotrices absorbées par la résistance de l'enroulement, plus celle d'induction produite dans l'enroulement même par les variations instantanées du flux.

Mais, sans erreur appréciable, vis-à-vis de la force électromotrice $n_1 \frac{d\Phi}{dt}$, on peut négliger $r_1 i_1$, qui, dans la pratique, est toujours de l'ordre de $\dfrac{1}{100}$, et l'on peut écrire simplement

$$u_1 = n_1 \frac{d\Phi}{dt},$$

c'est-à-dire que la tension aux bornes est pratiquement égale et de sens contraire à la force électromotrice d'induction due au flux.

Mais, si u_1 varie sinusoïdalement, à plus forte raison, d'après l'hypothèse faite, Φ doit aussi varier de même, et il est important de remarquer que ce résultat est obtenu sans qu'il soit nécessaire de faire la moindre hypothèse sur les propriétés magnétiques du fer qui constitue le noyau du transformateur.

Donc, si Φ, flux résultant, varie sinusoïdalement, la force électromotrice dans le secondaire, qui est

$$e_2 = - n_2 \frac{d\Phi}{dt},$$

varie de la même manière et l'hypothèse faite est, par conséquent, parfaitement justifiée.

C'est l'intensité dans le circuit primaire qui se règle spontanément de manière à remplir cette condition et sa courbe prend une allure plus ou moins éloignée de la sinusoïde, comme on l'a déjà expliqué amplement dans le chapitre viii.

On peut donc dire que, si la courbe de l'intensité de l'alternateur est sinusoïdale, la présence du fer du transformateur peut introduire des harmoniques qui déforment plus ou moins la courbe de la tension aux bornes des circuits, ce qui, en pratique, se vérifie toujours. Mais si, pour l'étude du transformateur, on admet que la tension aux bornes du primaire varie simplement comme une fonction harmonique, la force électromotrice aux bornes du secondaire varie également suivant la même loi.

Il est certain qu'il n'est pas rigoureusement exact que les variations des intensités aient une allure sinusoïdale, mais la pratique confirme suffisamment les données théoriques et, dans ces conditions, si l'hypothèse n'est pas absolument exacte, elle est au moins parfaitement admissible.

Du reste, en appliquant la méthode des imaginaires, on peut jusqu'à un certain point tenir compte des effets d'hystérésis et des courants de Foucault, en modifiant opportunément les valeurs de l'impédance, non celles de l'impédance dans le circuit primaire, comme on l'a vu dans le chapitre VIII, mais bien celles de l'impédance dans le circuit secondaire, comme on le verra plus loin.

Reprenant pour le moment l'équation

$$u_1 = n_1 \frac{d\Phi}{dt}.$$

on remarque que, si dans le fonctionnement du transformateur la valeur u_1 reste constante, la valeur efficace du flux doit également rester constante, comme on l'a déjà admis dans l'étude du transformateur (Voir tome I, chap. XII). Mais, à la rigueur, pour que

$$u_1 = r_1 i_1 + n_1 \frac{d\Phi}{dt},$$

on voit que, lorsque i_1 augmente avec la charge, Φ doit diminuer, parce que u_1 reste constant, et la diminution du flux doit être d'autant plus petite que plus faible est la résistance r_1 de l'enroulement.

127. Il était indispensable de développer les considérations qui précèdent avant d'aborder la théorie générale du transformateur. Pour exposer cette théorie, il convient de partir de l'étude des coefficients d'induction qui, pour plusieurs raisons, est très utile, parce qu'elle permet de suivre exactement le fonctionnement de l'appareil. La théorie simplifiée du flux résultant qui sera développée dans les paragraphes 132 et suivants est, pour les applications pratiques, d'une utilité incontestable, et le lecteur qui croira devoir s'en tenir à cette seule théorie pourra ne pas tenir compte de celle qui va être exposée.

Soient deux circuits embrassés par un flux magnétique produit par les courants qui y circulent (*fig.* 157).

Si on applique au premier de ces circuits une différence de potentiel alternative U_1 simplement harmonique, l'impédance dans ce circuit primaire lorsque le circuit secondaire est ouvert a pour expression

$$(Z_1) = r_1 - j\omega L = r_1 - jx_1,$$

tangente φ_1 étant égale à $\dfrac{x_1}{r_1}$.

Dans ces conditions, l'admittance est

$$(Y_1) = \frac{r_1}{Z_1^2} + j\frac{x_1}{Z_1^2} = \frac{r_1 + jx_1}{Z_1^2}$$

et l'intensité,

$$(I_1) = \frac{(U_1)}{(Z_1)}.$$

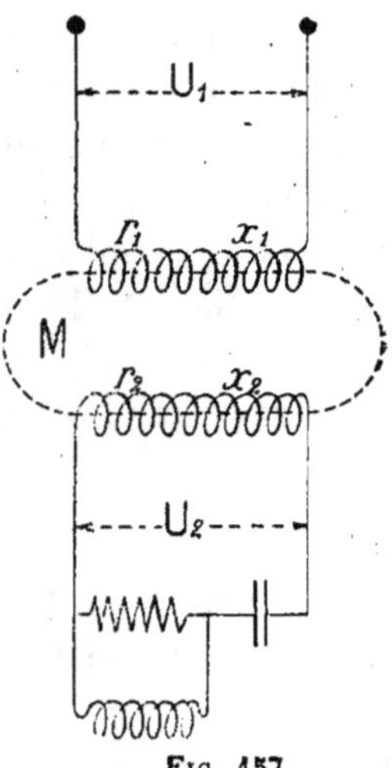

Fig. 157.

Ce courant est formé de deux parties : une composante énergétique et une composante magnétisante, dont les valeurs respectives sont

$$I_{a_1} = \frac{r_1}{Z_1^2}, \qquad I_{\varphi_1} = \frac{x_1}{Z_1^2}.$$

Soit maintenant un circuit secondaire de résistance r'_2 et de réactance x'_2, fermé sur un circuit extérieur ayant une résistance r''_2 et une réactance x''_2. L'impédance complexe de l'ensemble est

$$(Z_2) = (r'_2 + r''_2) - j(x'_2 + x''_2) = r_2 - jx_2$$

et dans ce circuit il s'établira un courant d'intensité I_2.

Indépendamment de la tension U_1 agissant aux bornes du primaire, on a, en outre, à considérer l'action des forces électromotrices suivantes :

Force électromotrice de self-induction dans le primaire.. $= x_1 I_1$

  —   —   secondaire $= x_2 I_2$

Force électromotrice d'induction mutuelle, c'est-à-dire force électromotrice induite dans le secondaire par le primaire.. $= \omega L_m I_1 = x_0 I_1$

Force électromotrice d'induction mutuelle induite dans le primaire par le secondaire........................ $= \omega L_m I_2 = x_0 I_2$

Il ne faut pas oublier que, pour représenter ces forces élec tromotrices par des vecteurs, le vecteur $x_1 I_1$ est perpendiculaire à celui de I_1 avec un retard de $\frac{1}{4}$ de période et qu'il en est de même pour les autres vecteurs des forces électromotrices énumérées.

En appliquant au cas actuel les deux équations simultanées déjà considérées précédemment, on a

$$\begin{cases} E = r_1 i_1 + L_{s_1} i_1' + L_m i_2' \\ 0 = r_2 i_2 + L_{s_2} i_2' + L_m i_1' \end{cases}$$

et, en se servant de la notation symbolique,

$$\begin{cases} U_1 = r_1 I_1 - j x_1 I_1 - j x_0 I_2 = Z_1 I_1 - j x_0 I_2 \\ 0 = r_2 I_2 - j x_2 I_2 - j x_0 I_1 = Z_2 I_2 - j x_0 I_1 \end{cases} \tag{55}$$

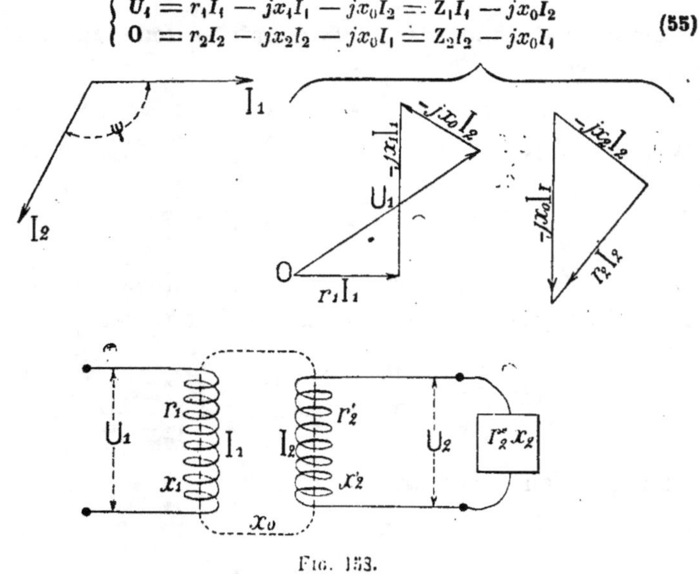

Fig. 153.

Ces équations ne sont que la traduction symbolique des deux diagrammes vectoriels (*fig.* 158) se rapportant aux deux circuits et correspondant aux deux intensités $I_1 I_2$ décalées entre elles d'un angle ψ.

128. On a déjà fait remarquer (t. I, § 79) que la réaction

que le secondaire exerce sur le primaire a pour effet de modifier l'impédance apparente. On peut, par conséquent, admettre
d'une manière générale que

$$U_1 = (Z_1 + Z_m) I_1,$$

expression dans laquelle Z_m représente une nouvelle impédance
qu'il faut ajouter géométriquement à l'impédance réelle Z_1
pour obtenir l'impédance totale Z_t qui paraît exister lorsque
le secondaire est en charge.

De cette dernière équation et de la première des deux équations fondamentales (55), on déduit immédiatement, en
négligeant les parenthèses afin de simplifier,

$$Z_m I_1 = - j x_0 I_2.$$

Mais, de la seconde des deux équations fondamentales, on
déduit aussi

$$Z_2 I_2 = j x_0 I_1.$$

Il s'ensuit que

$$Z_m = - j x_0 \frac{I_2}{I_1} = - j x_0 \frac{\dfrac{j x_0 I_1}{Z_2}}{I_1} = \frac{x_0^2}{Z_2}.$$

Par conséquent, pour une charge déterminée dans le secondaire, l'intensité du courant dans le primaire est

$$I_1 = \frac{U_1}{Z_t} = \frac{U_1}{Z_1 + Z_m} = \frac{U_1}{r_1 - j x_1 + \dfrac{x_0^2}{r_2 - j x_2}}$$

et, puisque l'on a toujours

$$Z_t = R - jX,$$

l'intensité sera décalée en retard sur la tension d'un angle φ_1
donné par l'expression

$$\operatorname{tang} \varphi_1 = \frac{X}{R}.$$

La valeur de I_1 en grandeur et en phase étant connue, la
seconde des équations fondamentales donne immédiatement la

valeur de l'intensité du courant dans le secondaire:

$$I_2 = jx_0 \frac{I_1}{Z_2}.$$

Ce courant est en retard d'un angle φ_2 $\left(\text{tang } \varphi_2 = \dfrac{x_2}{r_2} \right)$ sur le vecteur de $x_0 I_1$, lequel, à son tour, se trouve également décalé en retard de $\dfrac{\pi}{2}$ sur le vecteur de I_1.

En discutant complètement les formules trouvées, on voit que, dans le cas le plus général, l'intensité du courant dans le primaire tend d'abord à *diminuer* lorsque la charge *augmente*; mais, comme le fait observer M. Janet[1], ce cas paradoxal n'a aucune importance au point de vue pratique, parce que, dans les transformateurs industriels, r_1 est très petit par rapport à x_1, de telle sorte que la valeur minimum de I_1, qui correspond au maximum de Z_1, est atteinte pour des valeurs tellement faibles de charge que le phénomène ne s'observe généralement pas; on ne le constate que dans de mauvais transformateurs ayant un enroulement primaire de trop grande résistance.

En réalité, dans les transformateurs bien établis, lorsque la charge du secondaire augmente, l'impédance apparente du circuit primaire diminue progressivement et le vecteur représentant l'intensité se rapproche de plus en plus de celui de la tension.

129. Dans le tome I, paragraphe **77, on** a dit que *le rapport des tensions dans le primaire et dans le secondaire est pratiquement constant et égal au rapport du nombre des spires.* On va voir maintenant qu'il y a beaucoup de conditions à réaliser pour obtenir ce résultat.

L'impédance $Z_2 = r_2 - jx_2$ est due en partie à la bobine secondaire et en partie à la charge extérieure. Par conséquent, on peut écrire

$$Z_2 = r_2 - jx_2 = (r_2' + r_2'') - j(x_2' + x_2'').$$

1. *Leçon sur l'Électricité*, 1ʳᵉ édition, p. 421.

En représentant par U_2 la différence de potentiel aux bornes
lu secondaire, on a

$$U_2 = I_2 \sqrt{(r_2'')^2 + (x_2'')^2}$$

et, en substituant à I_2 sa valeur trouvée,

$$U_2 = \sqrt{(r_2'')^2 + (x_2'')^2} \cdot \frac{jx_0 \dfrac{U_1}{R - jX}}{(r_2' + r_2'') - j(x_2' + x_2'')} \cdot$$

En multipliant d'abord les deux termes du second membre
de cette équation par

$$(r_2' + r_2'') + j(x_2' + x_2''),$$

puis par $R + jX$ et, enfin, en réduisant en valeur absolue par
la méthode habituelle, on obtient

$$U_2 = \frac{x_0 U_1}{\sqrt{R^2 + X^2}} \cdot \frac{\sqrt{(r_2'')^2 + (x_2'')^2}}{\sqrt{(r_2' + r_2'')^2 + (x_2' + x_2'')^2}} \tag{56}$$

qui est l'expression la plus générale de la tension aux bornes
du secondaire en fonction de la tension aux bornes du primaire et de tous les autres éléments connus du transformateur.

Toutefois, pour les transformateurs industriels fonctionnant
dans certaines conditions, l'équation qui précède peut être
très notablement simplifiée.

En effet, on peut toujours négliger r_2' par rapport à r_2'' et,
lorsque le circuit extérieur est peu inductif, on peut aussi
négliger x_2'' par rapport à r_2'' et x_2'' par rapport à x_2'. De plus,
comme on le verra beaucoup mieux à l'aide d'un exemple
numérique, on peut négliger également r_2'' par rapport à x_2'
(Voir la note au bas de la page 265). Dans ces conditions,
l'expression devient alors

$$U_2 = \frac{x_0 U_1}{\sqrt{R^2 + X^2}} \cdot \frac{r_2''}{x_2'} \cdot$$

En développant le radical, on a

$$R - jX = Z_t = r_1 - jx_1 + \frac{x_0^2}{r_2 - jx_2} = r_1 - jx_1 + \frac{x_0^2(r_2 + jx_2)}{r_2^2 + x_2^2} =$$

$$= \left(r_1 + \frac{x_0^2}{r_2^2 + x_2^2}\, r_2 \right) - j \left(x_1 - \frac{x_0^2}{r_2^2 + x_2^2}\, x_2 \right).$$

Dans le binôme représentant R, on peut négliger r_1 par rapport à l'autre terme et, suivant ce qui a été déjà exposé, écrire simplement

$$R = \frac{x_0^2}{x_2'^2}\, r_2''.$$

Quant au binôme qui représente X, il faut remarquer qu'en négligeant r_2 par rapport à x_2, on a

$$X = x_1 - \frac{x_0^2}{x_2}.$$

S'il n'y a pas de déperdition du flux, on peut admettre que

$$L_m^2 = L_{s_1} L_{s_2} \text{ (voir § 19)}$$

ou encore

$$\omega^2 L_m^2 = \omega L_{s_1} \cdot \omega L_{s_2}, \text{ c'est-à-dire } x_0^2 = x_1 x_2,$$

ce qui montre que la valeur de X peut être considérée pratiquement comme nulle.

Il reste donc

$$U_2 = \frac{x_0 U_1}{r_2'' \cdot \dfrac{x_0^2}{x_2'^2}} \cdot \frac{r_2''}{x_2'} = U_1 \frac{x_2'}{x_0}$$

et finalement

$$\frac{U_1}{U_2} = \frac{x_0}{x_2'} = \frac{\omega L_m}{\omega L_{s_2}} = \frac{L_m}{L_{s_2}} = \frac{\sqrt{L_{s_1} L_{s_2}}}{L_{s_2}} = \sqrt{\frac{L_{s_1}}{L_{s_2}}}.$$

On sait, d'autre part, que les coefficients L_{s_1} et L_{s_2} sont proportionnels au carré des nombres de spires (§ 19) et, par conséquent, on peut finalement écrire

$$\frac{U_1}{U_2} = \frac{n_1}{n_2}, \tag{57}$$

égalité qui prouve précisément ce que l'on s'était proposé de démontrer.

Il en résulte que l'expression de transformateur autorégulateur pour tension constante doit être sagement interprétée. En général, on a

$$\frac{U_1}{U_2} = k\,\frac{n_1}{n_2}, \qquad (58)$$

où k est un coefficient très voisin de l'unité, mais supérieur à 1, qui dépend du transformateur et de la nature du circuit qu'il doit alimenter. On a donc, en réalité, une chute de tension qui varie de 1,5 à 3 $^0/_0$ lorsque les transformateurs alimentent des circuits d'éclairage à incandescence, mais qui peut atteindre 10 $^0/_0$ lorsqu'ils doivent alimenter des moteurs. C'est là un fait dont il importe de tenir compte lorsqu'on a à effectuer le choix des transformateurs destinés à une installation déterminée.

Avant de passer à l'exposé de la théorie simplifiée du flux résultant, il importe de donner une application numérique de la théorie qui vient d'être étudiée.

130. EXEMPLE PRATIQUE. — On va appliquer les résultats qui précèdent à un transformateur de 12 kilowatts de puissance (*fig.* 159), étudié par le professeur G. Kapp dans **son excellent ouvrage** sur les transformateurs statiques[1].

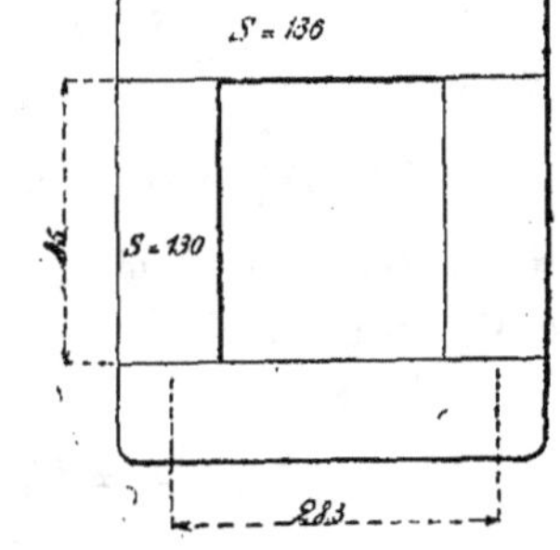

Fig. 159.

Rapport de transformation.................	$\dfrac{2\,000}{100}$
Section moyenne du fer du noyau..........	133 cm²
Longueur moyenne du circuit magnétique...	$l = 150$ cm

$\mathcal{B} = 5000$ gauss; $\mu = 2\,330$; fréquence $= 50$

1. Gisbert Kapp, *Transformateurs à courants alternatifs*, édition française, chap. v, p. 82 et suivantes.

$$\text{Primaire} \begin{cases} n_1 = 1\,365 \\ r_1 = 2,8 \text{ ohms à chaud} \\ \text{fil rond de } 3,4 \text{ millimètres de diamètre} \end{cases}$$

$$\text{Secondaire} \begin{cases} n_2 = 70 \\ r_2' = 0,00682 \text{ ohm à chaud} \\ \text{ruban rectangulaire de } 6.20 = 120 \text{ mm}^2 \end{cases}$$

Le circuit magnétique comporte 4 entrefers dans lesquels sont interposées des feuilles de papier ayant 0,003 cm d'épaisseur, ce qui donne pour la totalité des entrefers $\delta = 0,012$ cm.

Le courant magnétisant à vide a une intensité dont la valeur est donnée par la formule (50) :

$$I_\mu = \frac{\mathfrak{B}}{0,4\,\sqrt{2}\,\pi n_1} \left(\frac{l}{\mu} + \delta\right) = \frac{5\,000}{1,78 \cdot 1\,365} \left(\frac{150}{2\,330} + 0,012\right) = 0,134 \text{ amp. eff.}$$

et le courant énergétique correspondant à la perte due à l'hystérésis, formule (43)[1],

$$I_a = \frac{\sqrt{2}}{2\pi} \cdot \frac{\eta\,\mathfrak{B}^{0,6} \cdot 10}{\dfrac{n_1}{l}} = \frac{1,43}{6,28} \cdot \frac{0,0018 \cdot 5\,000^{0,6} \cdot 10}{\dfrac{1\,365}{150}} = 0,085 \text{ amp. eff.}$$

Il s'ensuit que la perte par hystérésis est de

$$2\,000 \cdot 0,085 = 170 \text{ watts}$$

au lieu de 125 watts, comme l'a indiqué M. G. Kapp. Cette différence est due à ce fait qu'il a choisi pour le coefficient η une valeur trop faible qu'il n'est pas toujours possible d'obtenir dans la pratique.

Par contre, M. Kapp suppose que dans le transformateur on a utilisé des tôles de 0,5 mm d'épaisseur et il trouve, par conséquent, que la perte due aux courants parasites est de 58 watts, tandis qu'actuellement les bons constructeurs utilisent des tôles de 0,4 mm d'épaisseur. Avec cette dernière épaisseur, la perte par courants parasites est, d'après la formule (52),

$$p_f = 0,164\,(sf\mathfrak{B})^2\,V \cdot 10^{-10} = 36,7,$$

---

1. Dans l'expression (43), la lettre n_1 indique le nombre de spires par centimètre de longueur ; dans le cas présent, elle indique le nombre de spires du circuit primaire.

expression dans laquelle V, volume du fer, est égal à 22 500 cm³, puisque le poids du fer est de 178 kg et que sa densité est égale à 7,8 :

$$\frac{178\,000}{7,8} = 22\,500 \text{ cm}^3.$$

On a donc une perte de 200 watts, tout en négligeant la perte par effet Joule. En résumé, le courant énergétique à vide est de

$$\frac{200}{2\,000} = 0,10 \text{ amp. eff.}$$

Par conséquent, l'intensité totale dans le primaire est

$$I_1 = \sqrt{(0,15)^2 + (0,10)^2} = \sqrt{0,0325} = 0,18 \text{ ampère.}$$

Dans ces conditions

$$\text{tang}\,\varphi = \frac{0,15}{0,10} = 0,665 \qquad \text{et} \qquad \varphi = 50°.$$

L'impédance dans le circuit primaire à vide est donc

$$Z_1 = \frac{2\,000}{0,18} = 11\,110 \text{ ohms.}$$

Dans le paragraphe 85, en exposant ce qui se passe dans un circuit comportant du fer, lorsque ce circuit est parcouru par un courant alternatif, on a vu comment on pouvait exprimer l'admittance totale ou l'impédance totale du circuit en tenant compte des différentes pertes. Mais ici on ne pourrait utiliser les formules qui viennent d'être données et qui sont les plus générales, parce qu'elles ont été établies indépendamment des pertes dues à la présence du fer, puisque, au point de vue théorique, ces pertes peuvent être éliminées. Mais ce n'est pas une raison suffisante pour que l'on ne puisse se servir de ces formules ; il suffit, en effet, que l'on ait présent à la mémoire que la perte pour une faible charge constante du secondaire du transformateur est égale à 200 watts, perte causée par la distorsion due à l'hystérésis ; on peut supposer que cette faible charge ne présente pas d'induction et se traduit dans le primaire par une simple augmentation de l'intensité du courant énergétique.

Donc, pour un transformateur pratique, le fonctionnement à vide devrait être celui du transformateur actuellement étudié dans lequel le secondaire serait fermé sur une résistance ohmique absorbant constamment 200 watts et, par suite, de grandeur variable, inversement proportionnelle à l'intensité du courant dans le secondaire, si cette résistance est montée en série sur le circuit d'utilisation, ou bien invariable si elle est montée en dérivation, à la condition que la tension aux bornes du secondaire reste constante.

Cette question, du reste, sera ultérieurement traitée lorsqu'il s'agira de déterminer le rendement du transformateur.

L'impédance dans le primaire du transformateur considéré est donc de 11 110 ohms, et, puisque

$$(Z_1) = r_1 - jx_1, \qquad Z_1 = \sqrt{r_1^2 + x_1^2}$$

et que r_1, résistance du circuit primaire, est de 2,8 ohms seulement, il en résulte que x_1 est presque égal à Z_1. Exactement,

$$x_1^2 = (11\,110)^2 - (2,8)^2 \qquad \text{et} \qquad x_1 = 11\,110 \text{ en chiffres ronds,}$$

ce qui doit être, parce que des 2 000 volts disponibles aux bornes du primaire, il suffit de

$$2,8 \cdot 0,18 = 0,5 \text{ volt}$$

pour vaincre la résistance de l'enroulement primaire lorsque le transformateur fonctionne à vide.

La valeur de x_1 étant connue ainsi que le nombre de spires des enroulements, on peut calculer x_2 et x_0.

En effet

$$\frac{x_1}{x_2} = \frac{n_1^2}{n_2^2} = \frac{(1\,365)^2}{(70)^2} = 380$$

$$x_2 = \frac{x_1}{380} = \frac{11\,110}{380} = 29,23$$

et pour x_0, toujours en supposant nulle la déperdition des flux,

$$x_0 = \sqrt{x_1 x_2} = \sqrt{11\,110 \cdot 29,23} = 570.$$

Dans ces conditions, la valeur réelle de la force électromotrice agissant sur le transformateur à secondaire ouvert est

$$x_0 I_1 = 570 \cdot 0,18 = 102,6 \text{ volts eff.},$$

soit 102,6 volts eff. au lieu de 102,5 volts eff., comme l'a trouvé M. G. Kapp.

131. Il convient maintenant d'examiner le cas où le circuit secondaire a une charge que, pour le moment, on supposera être constituée par des lampes à incandescence (r_2'' variable et $x_2'' = 0$).

L'impédance primaire est modifiée par une impédance supplémentaire que l'on peut exprimer symboliquement par

$$(\mathbf{Z}_m) = \frac{x_0^2}{(r_2' + r_2'') + j x_2'}$$

et, en valeur absolue, par

$$Z_m = \frac{x_0^2}{\sqrt{(r_2' + r_2'')^2 + (x_2')^2}}.$$

En considérant la dispersion comme négligeable et, par conséquent, en admettant que x_0 a une valeur constante, le lieu de Z_m est une circonférence.

On trace deux axes perpendiculaires (*fig.* 160) et, à la distance x_2', parallèlement à l'axe horizontal, on porte dans le sens positif et successivement les segments

$$AB = r_2' \text{ (constant)} \qquad \text{et} \qquad BD = r_2'' \text{ (variable)}.$$

Avec un diamètre OF égal à $\dfrac{x_0^2}{x_2'}$, on trace une circonférence passant par O ; cette circonférence est le lieu de Z_m.

En effet, dans le triangle OZ_mF, on a

$$Z_m = OF \cos \alpha = \frac{x_0^2}{x_2'} \cos \alpha.$$

Mais, dans le triangle AOD, on a aussi

$$AO = OD \cos \alpha, \qquad x_2' = \sqrt{(r_2' + r_2'')^2 + (x_2')^2} \cos \alpha.$$

Par conséquent, en substituant, on a

$$Z_m = \frac{x_0^2}{x_2'} \cdot \frac{x_2'}{\sqrt{(r_2' + r_2'')^2 + (x_2')^2}} = \frac{x_0^2}{\sqrt{(r_2' + r_2'')^2 + (x_2')^2}},$$

qui est précisément la formule précédemment obtenue.

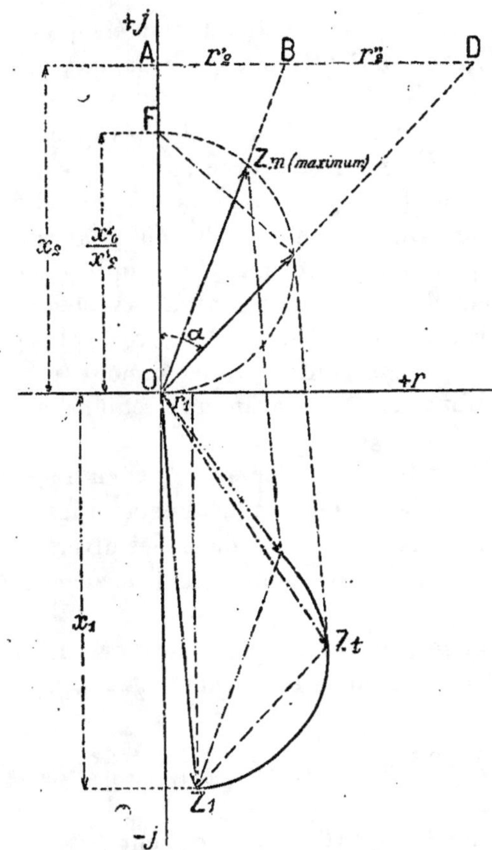

Fig. 160.

On pourrait avoir aussi $OF > x_2'$, mais la construction ne pourrait être utilisée dans ce cas.

Il y a lieu de remarquer que, pour $r_2'' = 0$, on a Z_m maximum, ce qui correspond à la fermeture en court circuit. Au contraire, la valeur minimum $Z_m = 0$ correspond à $r_2 = \infty$, c'est-à-dire au circuit secondaire ouvert.

En portant ensuite x_1 et r_1 sur leurs axes respectifs, on a

$$(Z_1) = r_1 - jx_1,$$

impédance primaire. En effectuant géométriquement la somme de Z_1 et de Z_m, on obtient enfin l'impédance apparente résultante Z_t.

Par suite de la faible valeur de r_1 par rapport à celle de x_1, l'angle que le vecteur Z_1 fait avec l'axe $-j$ est pratiquement inappréciable et alors Z_t est toujours plus grand que Z_m. Mais, dans un transformateur mal établi où r_1 aurait une valeur élevée, il se pourrait que cet angle soit appréciable. Alors, tant que le vecteur de Z_m ne fait pas avec le vecteur de Z_t, qui est fixe, un angle égal ou supérieur à 90°, Z_t reste plus grand que Z_1. Ce fait explique ce qui a été dit précédemment (paragraphe 128) au sujet des transformateurs ayant un circuit primaire de grande résistance.

En prenant les diverses valeurs de r''_2 et en traçant les valeurs correspondantes de Z_m, on a immédiatement les valeurs de Z_t ; il suffit alors de réunir par une courbe les divers points occupés par l'extrémité du vecteur pour obtenir *le lieu de l'impédance totale*.

Dans ce qui suit, on va seulement traiter numériquement le cas d'une charge normale en prenant $r_2 = 0,8$ ohm.

$$(Z_t) = 2,8 - j11\,110 + \frac{(570)^2}{(0,00682 + 0,8) - j29,23}.$$

En effectuant les opérations, on obtient

$$(Z_t) = 2,8 - j11\,110 + 306,4 + j11\,107$$
$$(Z_t) = 309,2 - j3$$
$$Z_t = 309,5.$$

L'intensité du courant dans le primaire, en ne tenant pas

compte du courant absorbé par les pertes dans le fer est

$$I_1 = \frac{2\,000}{309,5} = 6,47 \text{ ampères.}$$

Pratiquement, le courant est en concordance de phase avec la tension agissante, parce que

$$\tan g\,\varphi = \frac{3}{309},$$

valeur très petite.

En ajoutant l'intensité du courant énergétique, inhérent aux pertes dans le fer, intensité qui a été trouvée égale à 0,1 ampère, on a

$$I_1 = 6,57 \text{ ampères.}$$

La force électromotrice induite dans le secondaire, abstraction faite des fuites, est

$$x_0 I_1 = 570 \cdot 6,57 = 3\,745 \text{ volts.}$$

Mais, en réalité (Voir aussi § 142), il y a une déperdition du flux principal égale à environ 0,2 $^0/_0$ et, par conséquent, la force électromotrice induite par le circuit primaire dans le circuit secondaire n'est que de 3738 volts.

Puisque l'impédance dans le secondaire a pour valeur

$$(Z_2) = (0,00682 + 0,8) = j29,23$$

et pour valeur absolue

$$Z_2 = 29,5,$$

l'intensité du courant dans le secondaire est égale à

$$I_2 = \frac{E_2}{Z_2} = \frac{3\,738}{29,5} = 126,7 \text{ ampères eff.}$$

Enfin, la tension aux bornes du secondaire, puisque le circuit extérieur de résistance $r''_2 = 0,8$ est sans inductance,

$$U_2 = r''_2 I_2 = 0,8 \cdot 126,7 = 101 \text{ volts.}$$

M. G. Kapp, au lieu de 101 volts, a trouvé que $U_2 = 100$ volts[1].

La chute de tension du transformateur atteint d'après cela 2,5 %.

Pour compléter cette étude, il reste à déterminer le rendement du transformateur.

La puissance absorbée par le primaire **est**

$$2\,000 \, . \, 6,57 = 13\,140 \text{ watts,}$$

puisque $\text{tang } \varphi_1 = \dfrac{3}{309}$ et que l'on peut alors admettre $\cos \varphi_1 = 1$.

La puissance fournie par le secondaire **a pour** valeur

$$100 \, . \, 126,7 = 12\,670 \text{ watts.}$$

Le rendement est donc

$$\frac{12\,670}{13\,140} = 0,965.$$

M. G. Kapp, dans son étude, a trouvé un rendement de 97 %. Il convient de remarquer que le résultat donné ci-dessus concorde parfaitement avec le calcul des pertes. Ces pertes **sont** les suivantes :

Pertes dans le fer....................	200 watts
Pertes dans le cuivre du primaire.....	117
— du secondaire...	127
Total.........	444 watts

qui correspondent précisément à 3,5 % de la puissance totale.

On procède d'une manière exactement analogue à l'étude du

---

1. Il ne faut pas s'étonner de la valeur élevée (3 738 volts) de la force électromotrice induite dans le secondaire, parce que, en réalité, la force électromotrice qui agit véritablement dans le secondaire, c'est-à-dire celle que l'on considère dans la théorie du flux résultant, ne diffère guère de 100 volts, tension aux bornes. Mais la force électromotrice de self-induction dans le secondaire $x'_2 I_2$ (*fig.* 161) ne diffère guère de $x_0 I_1$ et, en effectuant géométriquement la soustraction de la force électromotrice de self-induction de la force électromotrice induite dans le primaire, on a $(r'_2 + r'_2) I_2$, force électromotrice vraiment appliquée et dont une portion $r'_2 I_2$ sert à vaincre la résistance intérieure du circuit secondaire.

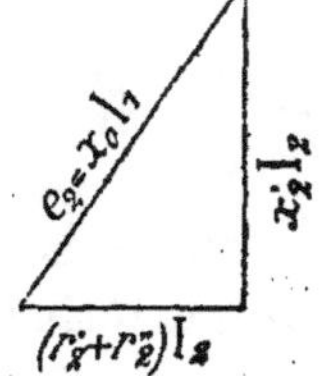

Fɪɢ. 161.

fonctionnement d'un transformateur, lorsque r'' est constant et que x''_2 est variable, comme c'est le cas qui se produit lorsqu'on alimente un moteur asynchrone dont la charge varie.

Enfin, les formules générales déjà établies permettent d'étudier le cas plus complexe d'un circuit dans lequel tantôt r''_2 et tantôt x''_2 varient.

132. Théorie simplifiée du flux résultant. — En reprenant le raisonnement commencé dans le paragraphe 126, relatif à la théorie générale du transformateur, on voit qu'en négligeant la perte de tension due à la résistance ohmique des enroulements, on peut admettre que la force électromotrice dans le secondaire peut être représentée par une fonction simplement harmonique, lorsque la différence de potentiel aux bornes du primaire a aussi une allure harmonique.

Si z''_2 est l'impédance du circuit extérieur alimenté par le secondaire, en négligeant encore la résistance r'_2 de l'enroulement, on peut écrire

$$z''_2 i_2 = - n_2 \frac{d\Phi}{dt} = e_2 = u_2.$$

D'autre part, d'après l'hypothèse émise, on a

$$u_1 = n_1 \frac{d\Phi}{dt}$$

et, en substituant,

$$z''_2 i_2 = - n_2 \frac{u_1}{n_1} = u_2,$$

d'où

$$i_2 = - \frac{n_2}{z''_2 n_1} u_1,$$

expression dans laquelle le rapport $\dfrac{n_2}{z''_2 n_1}$ est une fraction constante tant que z''_2 ne varie pas, ce qui signifie que, décalage de phase à part, l'intensité dans le secondaire a la même forme (en fonction du temps) que la différence de potentiel dans le primaire. D'autre part, la différence de potentiel u_2 est, à tout instant, proportionnelle à i_2, et on peut, par conséquent, en conclure que la différence de potentiel aux bornes du secondaire est représentée, sauf le signe, par la même fonction de temps que la différence de potentiel aux bornes du primaire. Donc

$$u_2 = - \frac{n_2}{n_1} u_1$$

et, si U_1 et U_2 représentent les valeurs efficaces, abstraction faite du signe, on a

$$\frac{U_1}{U_2} = \frac{n_1}{n_2} = m,$$

m étant le rapport de transformation.

Mais, pratiquement, la tension U_2 aux bornes du secondaire ne reste pas égale et constante à $\dfrac{U_1}{m}$ si U_1 ne varie pas et cela pour plusieurs raisons :

1° A cause de la résistance du circuit primaire qui fait que le flux résultant diminue avec l'augmentation de la charge si U_1 est constant;

2° A cause des dérivations magnétiques qui, à mesure que la charge augmente, affaiblissent le flux utile dans le secondaire;

3° A cause de la résistance ohmique du secondaire qui absorbe une faible partie de la force électromotrice induite.

Dans les diagrammes qui suivent, il n'a pas été tenu compte des grandeurs relatives des vecteurs, parce que les figures auraient manqué de clarté, cette remarque étant faite une fois pour toutes.

Ainsi, dans un transformateur en charge, la composante magnétisante n'est qu'une fraction très faible de la composante énergétique du courant $\left(\dfrac{1}{40} \right.$ pour le cas examiné dans les paragraphes précédents$\left. \right)$, et ces deux composantes étant perpendiculaires, leur résultante dans le diagramme reste presque dans la même direction que celle de la composante énergétique.

Lorsque le circuit est dépourvu d'inductance, I_2 est en concordance de phase avec U_2, qui, à son tour, est décalé en retard de $\frac{\pi}{2}$ par rapport à la composante magnétisante I_μ. Alors les courants I_1 et I_2 sont en opposition de phase comme les **tensions**, **et** leur rapport est égal à $\frac{1}{m}$, au moins au-dessus d'une certaine charge ($50\,^0/_0$ de la normale).

133. Si donc, laissant de **côté** les fuites dont il sera question plus loin, il s'établit dans le transformateur un flux résultant de valeur efficace Φ_r, traversant toutes les spires tant du circuit primaire que du circuit secondaire, chacune d'elles, **par** suite des variations du flux, sera le siège d'une force électromotrice de valeur efficace E_{eff}, dont la valeur sera :

$$E_{\text{eff}} = -\,\omega\Phi_r.$$

Dans le primaire agit une force électromotrice $E_1 = n_1 E$ de sens opposé au sens de la tension U_1 appliquée aux bornes ; dans le secondaire, la force électromotrice $E_2 = n_2 E$ donne naissance au courant utilisé dans le circuit extérieur.

Ces deux forces électromotrices, produites par le même flux, sont toutes deux décalées en retard de $\frac{\pi}{2}$ par rapport au vecteur du flux.

Au lieu de porter leurs vecteurs sur une même droite, on en porte un à l'origine du vecteur Φ_r et l'autre à l'extrémité opposée (*fig.* 162).

Si φ_2 est le décalage de phase produit par la réactance du circuit extérieur, la construction donne immédiatement la tension U_2 aux bornes.

Il y a lieu de remarquer ici que la réactance présentée par l'enroulement du secondaire n'est plus à considérer, parce que le flux propre du secondaire est déjà compris dans le flux résultant Φ_r.

En portant sur le prolongement de I_2 le flux Φ_2, le triangle des flux reste fermé par le vecteur Φ_1 qui représente le flux dans le primaire[1] avec lequel le courant dans le primaire I_1 est en

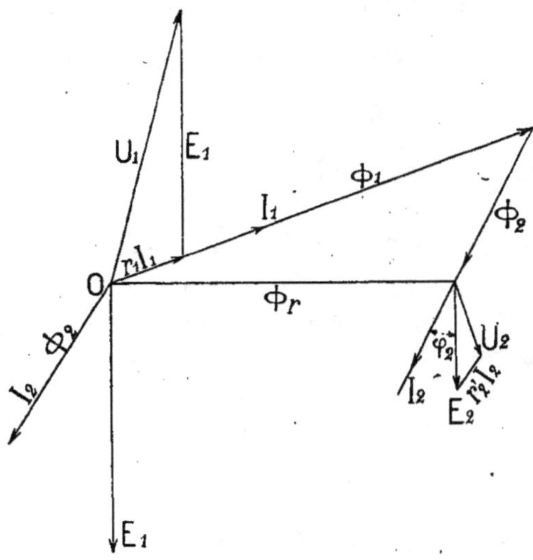

Fig. 162.

concordance de phase. On porte alors en O le segment $r_1 I_1$ et on combine géométriquement ce vecteur avec E_1 ; on obtient ainsi la tension U_1 qu'il est nécessaire d'appliquer aux bornes pour produire le flux Φ_r, précisément parce que, à cause de la présence du courant I_1, il doit y avoir dans le primaire une force électromotrice résultante $r_1 I_1$. Cette construction graphique correspond à l'étude analytique développée dans le paragraphe 127.

Si on remarque que le segment $r_1 I_1$ est pratiquement une fraction extrêmement petite de U_1, on voit que le flux Φ_r est pratiquement décalé en retard de 90° par rapport à la tension dans le primaire. D'autre part, si le facteur de charge du circuit alimenté

1. Il faut remarquer que l'on aura, toujours en tenant compte des déperditions du flux,

$$\Phi_1 = \frac{0{,}4\pi n_1 I_1}{\mathcal{R}}, \qquad \Phi_2 = \frac{0{,}4\pi n_2 I_2}{\mathcal{R}},$$

$\mathcal{R}$ étant la réluctance du noyau.

est négligeable, la tension dans le secondaire est également décalée en retard de 90° par rapport au flux Φ_r. Il en résulte que les deux tensions primaire et secondaire, lorsque $\varphi_2 = 0$, peuvent être considérées comme étant en opposition de phase, propriété qui peut être utilisée dans les wattmètres ou dans les compteurs destinés à mesurer la quantité d'énergie fournie à haute tension, en substituant la tension U_2 à la tension U_1 qui agit réellement; il suffit, à cet effet, de modifier convenablement la constante de l'instrument.

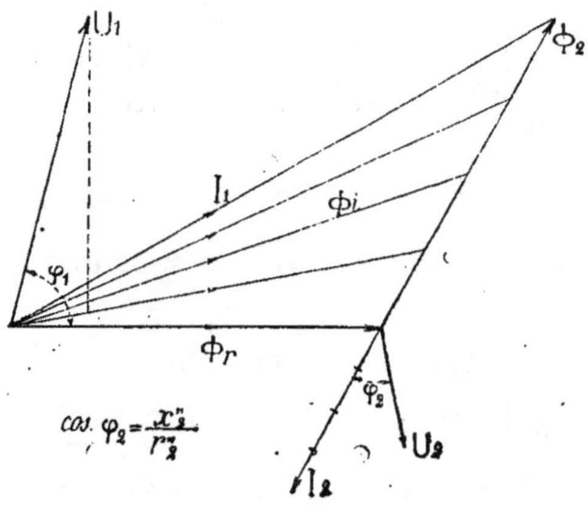

Fig. 163.

D'après le diagramme (*fig.* 163), en prenant pour I_2 diverses valeurs, on voit que I_1 augmente graduellement et que φ diminue de même. Ce fait est important à retenir, parce que le rapport entre la quantité d'énergie absorbée et la quantité d'énergie utilisée pourrait être également obtenu avec une intensité I_1 constante, en faisant varier convenablement le seul décalage de phase. On peut déduire naturellement du principe de la conservation de l'énergie que la quantité d'énergie absorbée par le primaire est pratiquement la même que celle qui est fournie par le secondaire, étant donné le peu d'importance des pertes, mais il est préférable de le démontrer d'une autre manière.

Pour simplifier la démonstration, on peut admettre que $\varphi_2 = 0$. De U_1 (*fig.* 164), on abaisse en P une perpendicu-

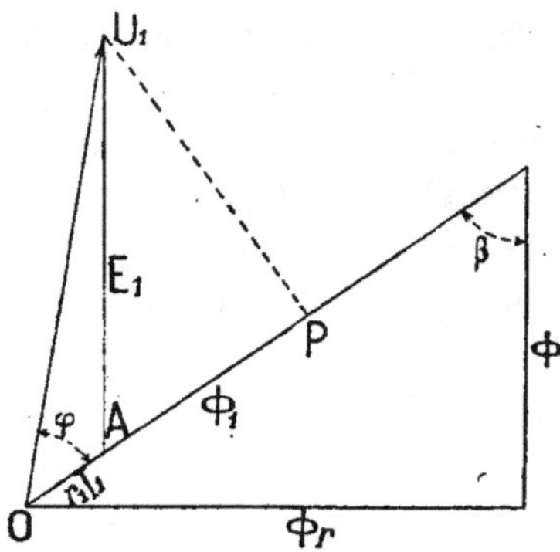

Fig. 164.

laire sur le vecteur du flux Φ_1. Il en résulte que

$$OP = OA + AP$$
$$U_1 \cos\varphi = r_1 I_1 + E_1 \cos\beta$$

ou encore, en multipliant le tout par I_1

$$U_1 I_1 \cos\varphi = r_1 I_1^2 + E_1 I_1 \cos\beta.$$

Le triangle des flux donne

$$\cos\beta = \frac{\Phi_2}{\Phi_1} = \frac{\dfrac{0,4\pi n_2 I_2}{\mathcal{R}}}{\dfrac{0,4\pi n_1 I_1}{\mathcal{R}}} = \frac{n_2 I_2}{n_1 I_1}.$$

Puisque l'on a

$$E_1 = E_2 \frac{n_1}{n_2},$$

on a pour résultat

$$E_1 I_1 \cos\beta = E_2 \frac{n_1}{n_2} I_1 \frac{n_2 I_2}{n_1 I_1} = E_2 I_2$$

et, par conséquent,

$$U_1 I_1 \cos\varphi = r_1 I_1^2 + E_2 I_2,$$

expression qui montre précisément, en laissant de côté les pertes dues à la présence du fer, que la quantité d'énergie empruntée par le primaire à la canalisation est égale aux pertes par effet Joule dans le primaire, plus l'énergie fournie par le secondaire au circuit d'utilisation.

Il y a lieu aussi de remarquer que l'énergie fournie par le secondaire est, comme cela se produit dans les moteurs à courant continu, égale au travail produit par la force électromotrice induite, agissant comme force électromotrice opposée à la différence de potentiel existant aux bornes.

134. Afin de simplifier les explications qui précèdent, on a supposé que le rapport des tensions restait invariable, puisqu'on admettait que le flux résultant était invariable et que la résistance des enroulements était négligeable. Mais, pour les mêmes causes que celles qui ont été exposées paragraphe 132, les hypothèses faites ne se vérifient pas dans la pratique et il est nécessaire d'analyser maintenant en détail les phénomènes qui se produisent.

La résistance du circuit primaire exige dans ce circuit l'action d'une force électromotrice résultante $r_1 I_1$ augmentant de valeur avec la charge, c'est-à-dire croissant avec les valeurs de I_1. Si la tension de la canalisation est constante, E_1 doit forcément diminuer pour que cette condition soit satisfaite. Or E_1 ne peut diminuer qu'autant que le flux résultant Φ_r diminue aussi. Dans ces conditions, E_2 doit également diminuer de valeur et, par conséquent, la tension U_2, déjà plus faible que E_2 à cause de la résistance de l'enroulement du secondaire, doit aussi avoir une valeur moindre.

Si on examine l'action de la réactance dans le circuit d'utilisation on, voit que, si l'intensité du courant I_2, au lieu d'être en concordance de phase avec la force électromotrice induite E_2 (*fig.* 165), est décalée en retard d'un angle φ_2, le même flux résultant ne peut plus être obtenu avec le flux primaire Φ_1, mais bien par un flux $\Phi_1' = OB$ ayant une valeur dépassant de CB celle de $\Phi_1 = OA$.

En réalité, la force électromotrice de self-induction du circuit d'utilisation, réagissant sur la force électromotrice induite

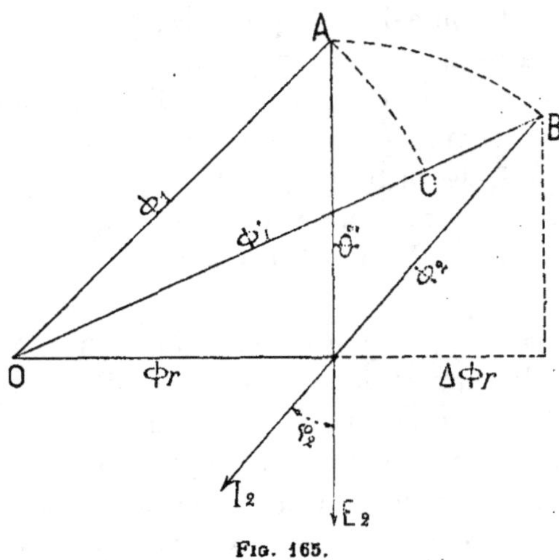

FIG. 165.

par le flux dans le circuit secondaire, affaiblit cette dernière; pour la maintenir constante, il est nécessaire d'augmenter l'excitation d'une certaine valeur correspondant à CB. L'effet inverse se produit, au contraire, lorsque le courant I_2 est décalé en avance pàr rapport à E_2 au lieu d'être décalé en retard (*fig.* 166). Le flux Φ_r est trop intense par rapport à la force électromotrice E, à obtenir et on peut alors le diminuer d'une certaine quantité.

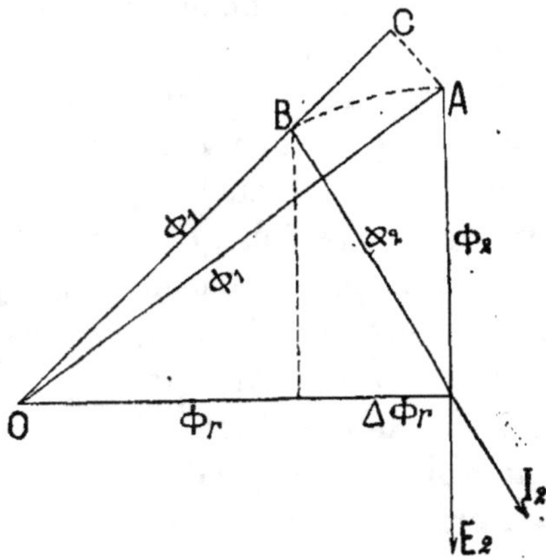

FIG. 166.

Donc, s'il y a décalage en retard pour un courant d'intensité déterminée I_2 dans le secondaire, l'intensité du courant I_1 dans le primaire est d'autant

plus grande que le décalage en retard est plus considérable ;
en cas de court circuit, les deux flux primaire et secondaire
se trouvent en opposition de phase. Il s'ensuit que, dans un
transformateur idéal et sans dispersion, la réactance du circuit
secondaire ne modifie pas le rapport des tensions, mais modifie seulement celui des intensités de courant.

135. Effets produits par les fuites magnétiques. — Il
faut maintenant examiner les effets des fuites magné iques qui
jusqu'à présent ont été négligés.

Dans ce qui précède, on a supposé que les deux enroulements
du transformateur étaient soumis à un flux, unique et égal pour
chacun d'eux, dû à la différence géométrique des flux respectifs
des deux enroulements. Mais, en réalité, il n'en est pas ainsi
parce que ces deux flux qui, pratiquement, sont presque opposés l'un à l'autre, obligent une partie des lignes de force à sortir
du fer en suivant un parcours plus ou moins long, ce qui a pour
résultat de soustraire à leur action inductrice l'enroulement
qu'elles ne traversent pas. C'est pour cette raison qu'actuellement on a le soin, autant que le permettent les difficultés de
construction et les exigences d'un bon isolement, d'intercaler
le circuit secondaire entre les spires du
circuit primaire (Voir tome 1, § 80).

Comme chaque enroulement donne
naissance à la production d'un flux, on
peut admettre que dans un transformateur il se produit les flux suivants :

1° Un flux résultant Φ_r embrassant
toutes les spires tant du primaire que du
secondaire (*fig*. 167)[1] et produisant dans
chacun des enroulements la force électromotrice E dont il a été déjà question ;

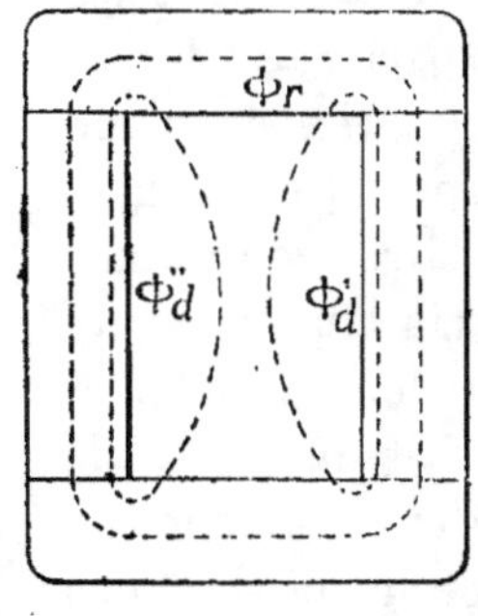

Fig. 167.

2° Un flux de dispersion Φ'_d qui coupe seulement les spires du

---

1. La figure 167 correspond au cas d'un primaire placé sur un des noyaux, le
secondaire étant placé sur l'autre, ce qui pratiquement ne se fait jamais.

primaire ; ce flux est en phase avec le courant I_1 et développe
par induction une force électromotrice e'_d ;

3° Un flux de dispersion Φ''_d en phase avec le courant I_2 et
agissant seulement sur les spires du secondaire dans lequel il
induit une force électromotrice e''_d.

M. le Professeur G. Kapp, dans son remarquable ouvrage
sur les transformateurs, appelle ces deux forces électromotrices
e'_d et e'' *forces électromotrices de self-induction des deux enroule-*
ments ; plusieurs autres auteurs lui donnent la même appel-
lation. Mais il convient de définir plus complètement ces deux
forces électromotrices, parce que le nom de forces électromotrices de self-induction ne concorde pas avec la définition donnée précédemment. Ce sont, sans nul doute, des forces électromotrices de self-induction, puisqu'elles réagissent sur le
courant à qui est dû le flux qui les produit, mais, comme l'expression force électromotrice de self-induction a été jusqu'ici
réservée à la force électromotrice réactive due à la *totalité du*
flux et produite dans le circuit, il est préférable de donner à
ces forces électromotrices la désignation plus exacte de *forces*
électromotrices supplémentaires inhérentes aux flux de disper-
sion. Ce ne sont, en réalité, que des fractions de la véritable
force électromotrice de self-induction qui se produit dans les
enroulements ; elles ne représentent qu'une partie des forces
électromotrices totales de self-induction, partie qui exerce une
action purement locale sur les circuits où elle prend naissance.
Les autres parties des flux primaire et secondaire, communes
aux deux enroulements, combinées géométriquement entre
elles, produisent le flux résultant. Quoique déjà signalé, il
convient d'insister encore une fois sur ce fait que, dans la
théorie du flux résultant, pour un transformateur à dispersion
nulle, les forces électromotrices de self-induction ne sont pas
à considérer, puisqu'il en a été déjà tenu compte, tandis que,
si l'on veut calculer les effets de la dispersion, il faut introduire dans le diagramme des forces électromotrices les forces
électromotrices supplémentaires qui en résultent.

Dans le circuit secondaire, la force électromotrice supplémentaire e''_d étant décalée en retard de 90° par rapport à l'intensité, la tension U_2 disponible aux bornes est réduite en conséquence (*fig.* 168). Dans le circuit primaire, puisque la force électromotrice supplémentaire e'_d ajoute son action à celle de la force électromotrice E_1 opposée à la différence de potentiel U_1, il s'ensuit que, pour des valeurs données de U_1 et de I_1, la valeur de E_1 et, par conséquent, celle de E_2 sont plus faibles que celles que l'on aurait obtenues s'il n'y avait pas de dispersion. En résumé, le rapport $\dfrac{U_1}{U_2}$ au lieu de rester

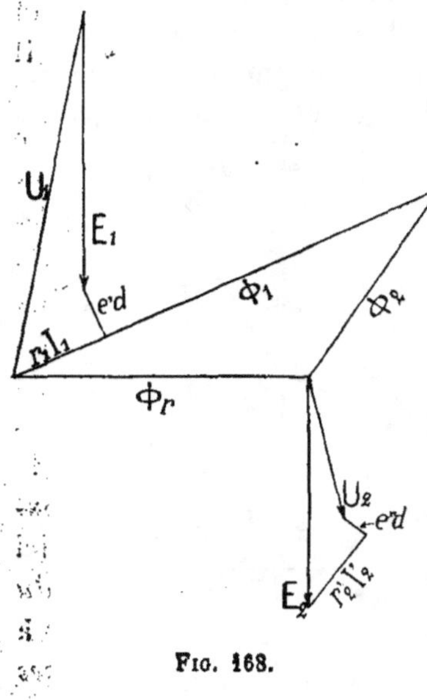

Fig. 168.

constant, subit des modifications continuelles dépendant de la charge, lorsqu'il y a de la dispersion, parce que le flux dispersé est fonction de l'intensité du courant dans le primaire et dans le secondaire.

Plus la dispersion est considérable, plus grande est la chute de tension.

136. On doit à M. G. Kapp une méthode pratique pour la détermination des valeurs des forces électromotrices supplémentaires dues aux flux de dispersion, méthode qui dérive de celle de M. Behn-Eschenburg pour la prédétermination de la chute de tension des alternateurs en court circuit (§ 112).

Soit un transformateur dont le rapport de transformation est égal à l'unité et dont les enroulements ont, par suite, la même résistance et le même nombre de spires.

On construit un triangle ABC (*fig.* 169); on porte AB $= r'_2 I_2$

sur le vecteur de l'intensité et $BC = e''_d$ (supposé connu) perpendiculaire à AB, puisque les flux de dispersion sont en phase avec le courant qui les produit. AC donne alors la valeur de la chute de tension totale dans l'enroulement secondaire; en prenant $OC = E_1 = E_2$, force électromotrice induite par le

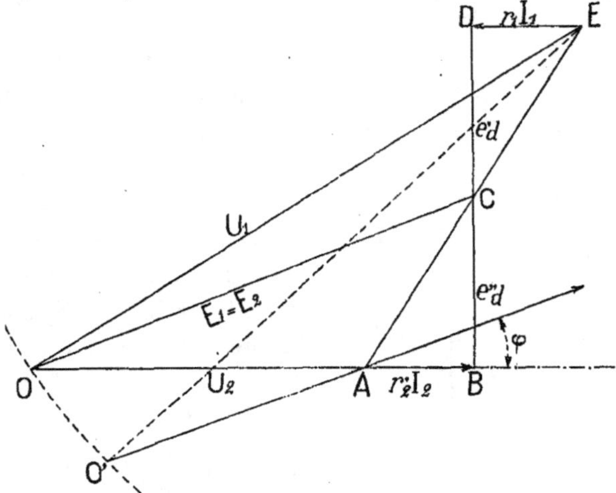

Fig. 169.

flux résultant, et en décrivant une circonférence avec le point C comme centre, on obtient le point O sur le prolongement de BA. Le segment OA donne en grandeur et en phase le vecteur U_2 de la différence de potentiel aux bornes, toujours à la condition que le circuit d'utilisation du secondaire ne soit pas inductif. Si, au contraire, ce circuit présente de l'induction, le retard est φ et la différence de potentiel est alors $O'A < OA$; si le retard était négatif, on aurait $O'A > OA$.

Puisque, dans les conditions normales de charge, les deux intensités I_1 et I_2 peuvent être considérées comme étant presque en opposition de phase, en négligeant le courant magnétisant (voir § 132), et que, dans le cas actuel, ces deux intensités doivent être égales, pourvu que le rapport de transformation m soit égal à 1, on voit sur le diagramme que le triangle CDE, doivent être égales, puisque le rapport de transformation m, est égal à 1, on voit sur le diagramme que le triangle CDE, construit en procédant comme on l'a fait pour le triangle ABC, permet de déterminer le point E, lequel, avec O et O', donne le vecteur de la différence de potentiel U_1 nécessaire pour qu'un courant d'intensité déterminée puisse s'établir dans les enroulements.

Dans ces conditions, AC $=$ CE et la tension U_2 aux bornes reste égale à la différence géométrique existant entre la tension U_1 et la somme AE des pertes de tension AC et CE dans les deux enroulements.

Il convient de ne pas perdre de vue que ce diagramme n'a de valeur que pour une condition de charge déterminée. Lorsque la charge varie, les segments AB, BC, CD, DE varient aussi, et par conséquent U_2 varie, même si U_1 reste constant.

Il faut remarquer qu'en négligeant les chutes de tension dues à la résistance ohmique, on a AE $=$ BD $= 2\,e_d$ et, si $U_2 = 0$, on a alors

$$U_1 = 2c_d.$$

Il s'ensuit, et c'est là précisément sur quoi est fondée la méthode de M. Kapp, que, si l'on met en court circuit le secondaire d'un transformateur (pour lequel $m = 1$) à travers un ampèremètre de résistance et d'inductance négligeables et que l'on règle la tension dans le primaire, à l'aide d'un rhéostat, jusqu'à ce que l'on obtienne dans le secondaire une intensité de courant correspondant à celle pour laquelle on veut déterminer la valeur de la dispersion, la tension U_1 donne, avec une approximation plus que suffisante, la somme des forces électromotrices supplémentaires dues au flux de dispersion. Ce fait se comprend naturellement, puisque la valeur U_{1d} de cette différence de potentiel ne sert qu'à compenser ces deux forces électromotrices, bien entendu toujours à la condition que les résistances soient négligeables.

Pour $m = 1$, on a, d'après ce qui précède,

$$e_d' = e_d'' = \frac{U_{1d}}{2}.$$

Une simple remarque permet de reconnaître que la méthode

de M. **Kapp** est également applicable à un transformateur ordinaire dans lequel le coefficient de transformation m a une valeur quelconque. En effet, quel que soit un transformateur, on peut toujours admettre, au point de vue magnétique et électrique, un *transformateur équivalent* pour lequel $m = 1$.

Soit un transformateur ayant n_1 spires dans le primaire et n_2 spires dans le secondaire, le rapport de transformation est alors

$$\frac{n_1}{n_2} = m.$$

L'enroulement primaire peut être constitué par m bobines ayant chacune n_2 spires. En reliant ces bobines en parallèle, la tension U_1, nécessaire pour qu'un courant I_1 s'établisse dans chaque bobine, a pour valeur

$$\frac{U_1}{m},$$

et l'intensité du courant dans le primaire ainsi modifié est $m\,I_1$.

Si les pertes dans le cuivre des deux enroulements du transformateur primitif sont égales, elles doivent aussi être les mêmes dans le transformateur modifié, puisque la résistance de l'enroulement primaire est m^2 fois plus faible, mais que l'intensité est m fois plus grande. Or, comme la perte est en général égale à RI^2, on voit que la compensation est parfaite.

Dans le transformateur, les flux ont toujours les mêmes valeurs, parce que le nombre d'ampères-tours n'est pas modifié ; par conséquent, les flux de dispersion ne varient pas. On a alors

$$c'_d = \frac{n_1}{n_2}\, e''_d = \frac{n_1}{n_2} \cdot \frac{U_{1d}}{2}.$$

En résumé, dans un transformateur pour lequel on a déterminé la tension U_{1d} nécessaire pour maintenir une intensité donnée dans l'enroulement secondaire, la valeur de e_d est donnée par la moitié de cette tension. Il s'ensuit que $e'_d = e''_d \cdot m$. En d'autres termes, les valeurs des forces électromotrices supplémentaires dues aux flux de dispersion ont comme rapport le rapport même de transformation.

Ces forces électromotrices supplémentaires augmentent avec l'intensité des courants et agissent beaucoup plus que la résistance des enroulements pour abaisser la tension utile aux bornes du secondaire, la tension aux bornes du primaire restant constante, principalement lorsque l'intensité dans le circuit d'utilisation est fortement décalée. C'est pourquoi, dans le cas où il faut alimenter un moteur asynchrone, il convient d'installer un transformateur plus puissant que ne l'exigerait le récepteur à desservir, car, si le moteur à courant alternatif simple, par exemple, démarre avec peine, il est à peu près certain que la cause en est due à une tension insuffisante au moment du démarrage, insuffisance produite par la grande dispersion qui, à cet instant, provient de la valeur élevée de l'intensité du courant presque alors en quadrature avec la tension.

On connaît maintenant les éléments nécessaires pour déterminer, dans un transformateur donné, la chute de tension aux bornes du secondaire sous différentes conditions de charge.

Il est, toutefois, indispensable de faire remarquer que la méthode de M. Kapp, pour la détermination des valeurs des forces électromotrices supplémentaires dues à la dispersion, est une méthode approximative, parce qu'elle est fondée sur des hypothèses qui ne se vérifient qu'incomplètement dans la pratique. C'est ainsi que l'on admet que l'intensité est en quadrature avec la force électromotrice induite lorsque le secondaire est en court circuit, alors que cette hypothèse est loin de se vérifier. De même, on admet que la résistance de l'ampèremètre est négligeable alors que cette résistance peut être du même ordre de grandeur que celle du secondaire du transformateur ; toutefois, lorsque cette résistance est très faible, les résultats obtenus sont suffisamment exacts pour les applications pratiques.

M. le professeur Grassi a traité complètement cette question[1] et a indiqué une méthode permettant de déterminer exac-

1. *Atti dell'Associazione Elettrotecnica Italiana*, vol. IV, p. 191.

.tement les valeurs des forces électromotrices supplémentaires
dues à la dispersion.

137. Prédétermination de la chute de tension. — La
prédétermination de la chute de tension dans un transformateur se déduit facilement des indications données dans le paragraphe précédent. Toutefois, pour arriver à une construction
graphique simple, il faut retenir, et on peut le faire sans erreur
sensible, que, dans le triangle ABC (*fig.* 169), l'angle A reste
constant, ce qui revient à dire que BC (force électromotrice
supplémentaire) est proportionnel à I_2 comme AB.

Dans la **pratique**, en faisant varier la charge du circuit d'utilisation, on modifie simultanément l'intensité et le facteur de
puissance. Dans un diagramme, à moins de recourir à un
abaque, on ne peut tenir compte simultanément des deux
variables, et l'on doit se contenter de traiter les deux cas
séparément.

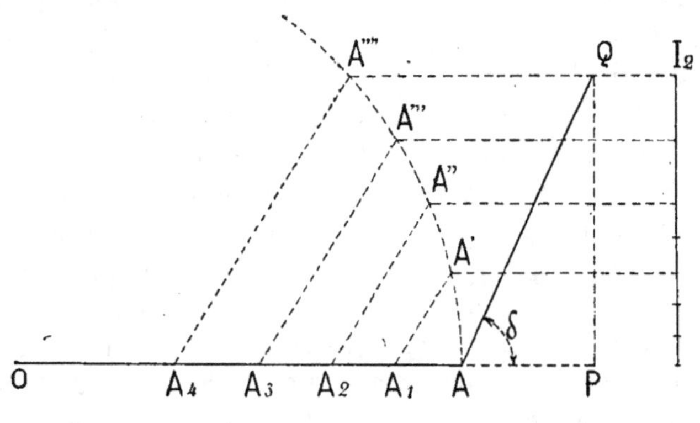

Fɪɢ. 170.

Pʀᴇᴍɪᴇʀ ᴄᴀs : *Intensité variable et cosinus φ constant.* — **Soit**
d'abord φ = 0. On utilise l'hypothèse du transformateur équivalent. En employant la méthode de M. Kapp, on a trouvé pour
la charge maximum

$$U_{1d} = PQ \ (\textit{fig.} \ 170).$$

On admet que ce segment est égal à $2e_d$ et reste proportionnel aux intensités de courant qui sont égales dans un transformateur équivalent.

Dans le transformateur réel, à une échelle déterminée, PQ reste proportionnel à I_2, et l'on peut, par conséquent, représenter la charge en portant des segments le long de PQ.

AP étant la somme des pertes ohmiques dans les deux enroulements, l'angle δ reste constant, comme on l'a déjà admis, et, par conséquent, AQ reste proportionnel à I_2.

Pour $m = 1$, à vide OA $= E_2$ et représente aussi $E_1 = U_1$, toujours en négligeant le courant magnétisant. U_1 reste constant et son vecteur est toujours le rayon d'une circonférence. Pour les diverses valeurs de I_2, on porte sur la circonférence les points A', A", A''', A'''', ... et, par ces points, on trace des parallèles à AQ; on obtient ainsi les points A_1, A_2, A_3, A_4, ..., qui, avec O, déterminent les valeurs de la tension U_2 aux bornes du secondaire.

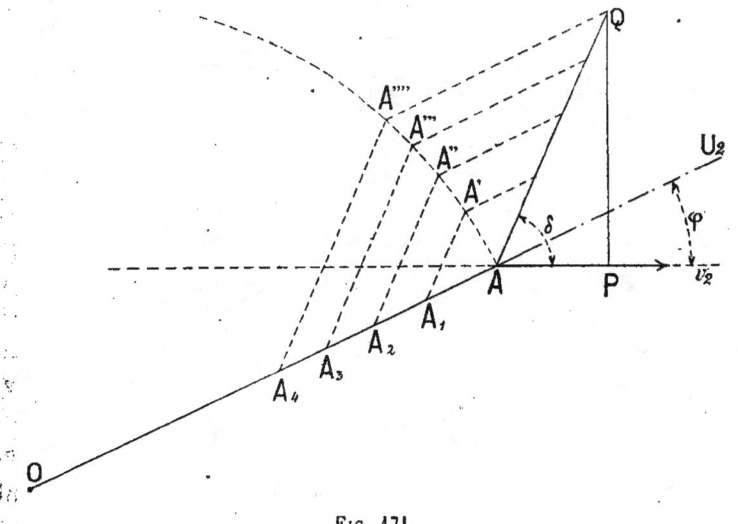

Fig. 171.

Si, au contraire, la charge est inductive, on trace également sur AQ (*fig.* 171) des segments proportionnels aux intensités I_2, mais on détermine les points A', A", A'''... sur la circonférence de rayon E_2 (U_2 à vide) $=$ OA (le point O étant pris comme centre), en traçant des parallèles au vecteur de la tension. On obtient immédiatement les points A_1, A_2, A_3, ... en menant de A′, A″, A‴, ... des parallèles à AQ jusqu'à la rencontre de OA.

DEUXIÈME CAS : *Intensité constante et cosinus φ variable.* — Soient I_2 (*fig.* 172) le vecteur de l'intensité et U_2 celui de la tension pour un décalage donné φ. On construit le triangle habituel APQ en remarquant que, I_2 étant maintenant constant, il reste invariable, même lorsque la valeur de φ change.

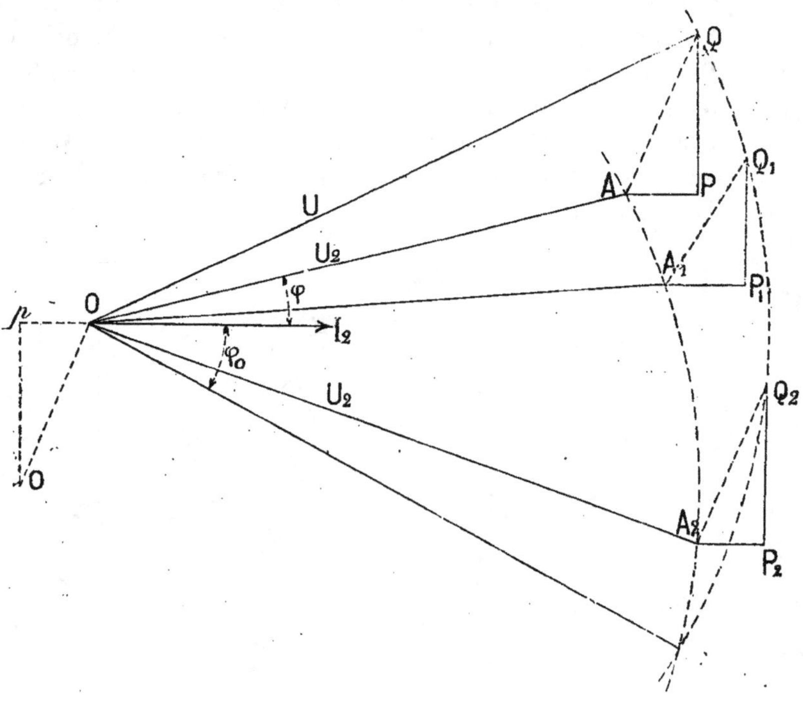

FIG. 172.

OQ est alors le vecteur de la tension primaire U_1. Si cette tension reste constante lorsque φ varie, le point Q se déplace sur la circonférence ayant son centre en O et vient successivement occuper les positions Q_1, Q_2, Q_3, ... Par suite, l'extrémité du vecteur de U_2 vient en A_1, A_2, A_3, ..., points qui, par rapport à Q_1, Q_2, Q_3, ..., occupent une position invariable: Les points A_1, A_2, A_3, ... se trouvent alors sur une circonférence de même rayon, mais ayant son centre en O', centre qui, par rapport à O, occupe une position équipollente à celle du point A par rapport au point Q.

On voit, d'après ce graphique, que la tension diminue à mesure que l'intensité se trouve décalée en retard par rapport à la tension. Si le décalage est négatif, c'est-à-dire si l'intensité est en avance sur la tension, cette dernière tend à augmenter de valeur et, pour une valeur déterminée φ_0, peut devenir égale à U_1. Il convient de rappeler, quoique cela paraisse superflu, que les considérations qui précèdent se rapportent à un transformateur équivalent pour lequel $m = 1$.

Un exemple numérique va permettre d'exposer plus clairement cette méthode et de montrer comment, dans la pratique, on doit procéder pour déterminer la chute de tension lorsque I_2 est constant et cosinus φ variable.

138. Exemple numérique. — Cet exemple est reproduit intégralement d'après l'ouvrage de M. Kapp sur les transformateurs [1]

Soit un transformateur de 60 kilowatts ayant un rapport de transformation de 3000 à 200 volts. La résistance de l'enroulement primaire est de 0,9 ohm et la chute de tension due à cette résistance est de 18 volts. La résistance de l'enroulement secondaire est de 0,0036 ohm et la chute de tension correspondante de 1,08 volt. En réduisant le nombre de spires de la bobine primaire pour le rendre égal à celui de la bobine secondaire, c'est-à-dire en la subdivisant en plusieurs groupes que l'on relie en quantité, la chute de tension dans le primaire devient

$$18 \,\frac{200}{3\,000} = 1{,}20 \text{ volt.}$$

1. *Les Transformateurs à courants alternatifs*, par Gisbert Kapp, édition française, p. 39

Pour déterminer la longueur du segment Op (*fig.* 173), on a comme données les valeurs suivantes :

Chute de tension correspondant à la résistance ohmique dans le primaire... 1,20 volt

Chute de tension correspondant à la résistance ohmique dans le secondaire....................................... 1,08 —

Chute de tension correspondant à la résistance ohmique totale.. 2,28 —

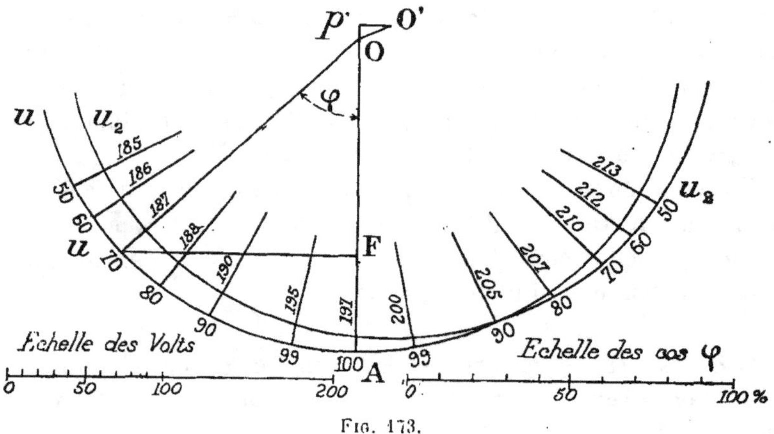

Fig. 173.

On met le secondaire en court circuit sur un ampèremètre et l'on fait passer dans le primaire un courant ayant la fréquence voulue, sous une différence de potentiel telle que l'intensité dans le secondaire soit exactement de 300 ampères. Soit une tension nécessaire de 225 volts qui, réduite au nombre de spires du secondaire, correspond à une tension de 17 volts.

$$225 \frac{200}{3\,000} = 17.$$

On a donc $Op = 2,28$, $pO' = 17$ et $OU = 200$, c'est-à-dire tous les éléments nécessaires pour construire le diagramme (*fig.* 173). OA est le vecteur de l'intensité et la circonférence, ayant 200 pour rayon et son centre en O', limite sur les lignes partant du point O des points U_2 qui, reliés par une droite au point O, donnent les vecteurs de la tension aux bornes du secondaire.

On porte sur OA en OF le facteur de puissance cosinus φ exprimé en centièmes. La ligne qui réunit le point O à la ligne FU rencontre la circonférence U_2 en un point qui correspond à la valeur de la tension OU_2 aux bornes du secondaire pour un décalage de phase donné φ.

En procédant de même pour les différentes valeurs du facteur de puissance, on trouve que, *pour une intensité efficace de* 300 *ampères*, les tensions pour les valeurs positives ou négatives de arc cosinus φ sont les suivantes :

Facteur de puissance $\cos\varphi$ exprimé en %	100	99	90	80	70	60	50
Tension pour un décalage en retard de I_2 sur U_2	197	195	190	188	187	186	185
Tension pour un décalage en avance de I_2 sur U_2	197	200	205	207	210	212	213

Si ce transformateur alimentait seulement des lampes à incandescence ($\cos\varphi = 1$), il présenterait une chute de tension de 1,5 %; au contraire, s'il alimentait des lampes à arc ou des moteurs pour lesquels le facteur de puissance peut s'abaisser jusqu'à 0,7, la chute de tension serait d'environ 6 %. Le transformateur serait bon pour la première application et à peine suffisant pour la seconde.

139. Théorie de l'excitation transportée. — En utilisant la méthode de M. Kapp, il est possible, en tenant compte de la dispersion du transformateur, de déterminer la tension aux bornes du secondaire suivant la charge; mais le diagramme n'indique pas l'intensité du courant primaire ni son décalage de phase par rapport à la tension appliquée, c'est-à-dire que l'on suppose qu'il y a équivalence parfaite entre l'intensité du courant dans le primaire et l'intensité dans le secondaire, aussi bien en grandeur qu'en phase. Une étude plus complète peut être effectuée au moyen du *diagramme circulaire d'Heyland* qui, applicable tout particulièrement aux recherches relatives

aux moteurs asynchrones, peut aussi quelquefois être utilisé
avec avantage pour les transformateurs. En effet, comme on va
le démontrer, dans un transformateur présentant de la dispersion, l'extrémité du vecteur du courant primaire ne se déplace
par le long d'une ligne droite (*fig.* 163, § 133), mais bien le
long d'un arc de cercle (*fig.* 174).

La théorie de l'excitation transportée, due à M. Beddel, théorie
qui s'appuie sur celle des vecteurs
réciproques (inversion), conduit
au diagramme circulaire.

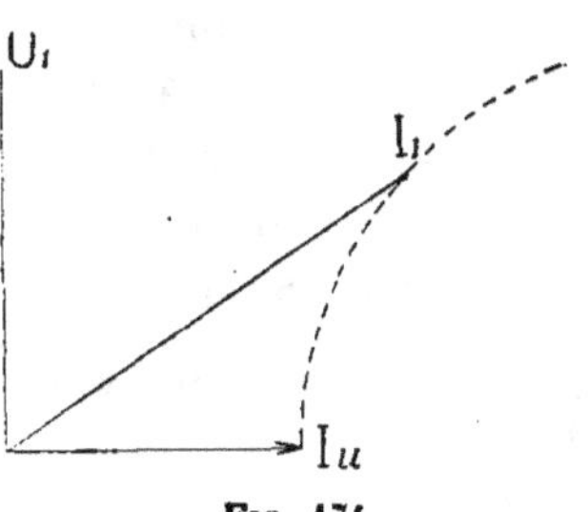

Fio. 174.

La théorie de l'excitation transportée est fondée sur les considérations suivantes : un transformateur statique n'est autre chose,
en dernière analyse, qu'une génératrice à courant alternatif
exigeant une certaine excitation. Cette excitation dans le secondaire est fournie par le primaire; mais, par suite de la
dispersion, toutes les lignes de force produites ne sont pas
utilisées, c'est-à-dire qu'il n'y a qu'une partie de l'excitation
qui soit transportée du primaire au secondaire. De même le
flux produit par le secondaire agit comme flux d'excitation
sur le primaire, mais ce flux n'est pas transmis intégralement
à cause de la dispersion.

Il convient de ne pas oublier qu'en négligeant la résistance
de l'enroulement primaire et la dispersion, le flux résultant,
commun aux deux circuits, peut être considéré comme constant.

Si, au contraire, le transformateur présente de la dispersion,
on ne peut admettre que le flux résultant dans le primaire
reste encore constant, quoique la tension aux bornes de ce primaire soit maintenue constante.

Pour simplifier cette étude, on peut admettre provisoirement
que le courant dans le secondaire est en concordance de phase
avec la force électromotrice induite, dont le vecteur est décalé

en retard de $\frac{\pi}{2}$ par rapport au flux résultant. Si OB (*fig.* 175),

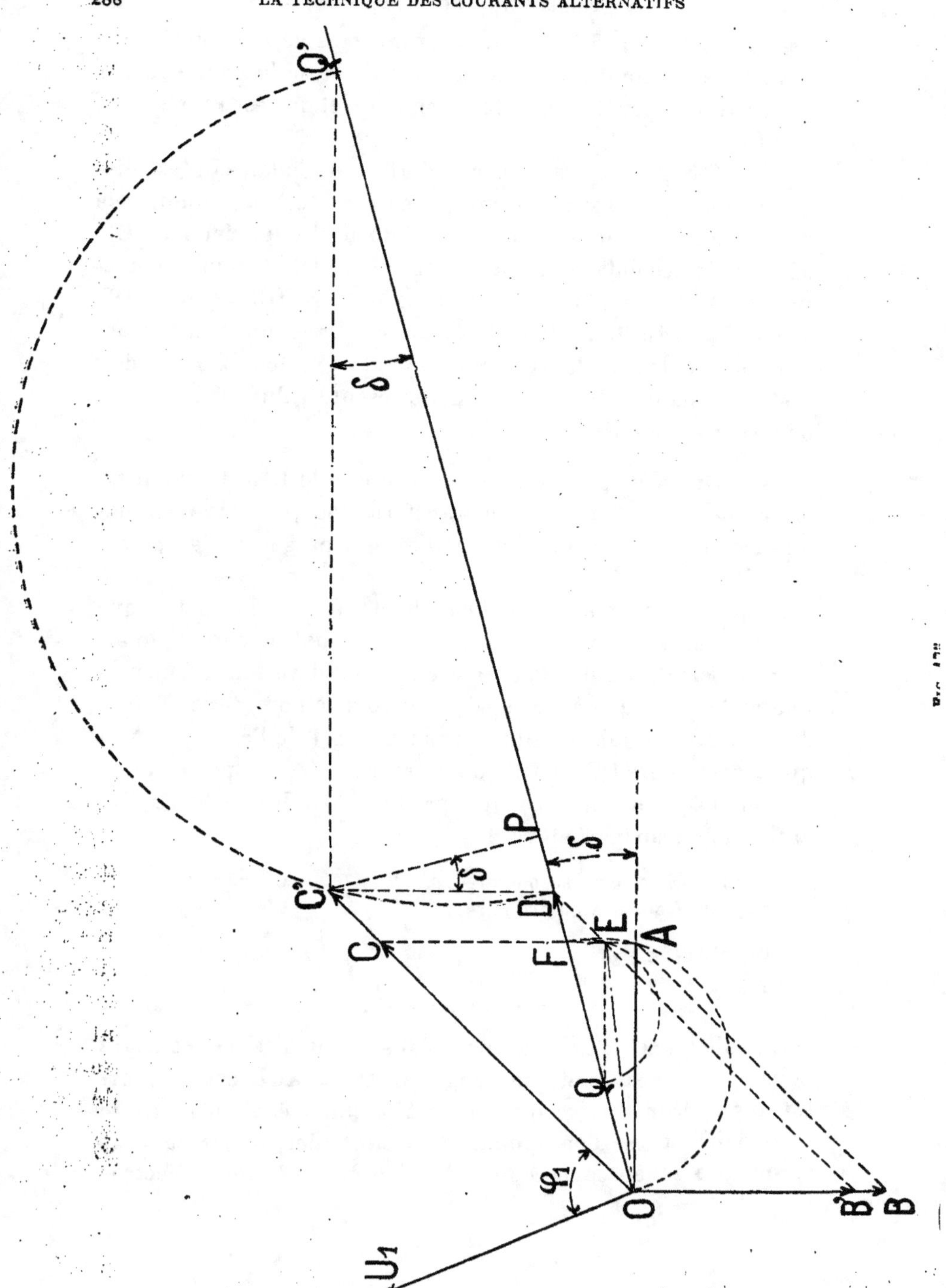

O'
δ
C'
C
D'
D
P
F
E
A
Q
B'
B
O
φ₁
U₁
Fig. 171

est le vecteur du flux dû au courant dans le secondaire, OA est la résultante du flux secondaire OB et de la partie du flux primaire qui pénètre dans le secondaire et qui est représentée par OC.

Toutefois, une certaine partie du flux secondaire BB′ est dispersée et n'agit pas sur le circuit primaire; de même, comme cela a été déjà dit, seule la portion OC du flux total primaire OC′ agit sur le secondaire. Donc, si OA = OB + OC (somme géométrique) est le flux résultant dans le secondaire, OD = ′OB + OC′ est le flux résultant dans le primaire. Dans un transformateur présentant de la dispersion, c'est le vecteur OD qui doit rester constant et le vecteur OE représente le flux commun aux deux enroulements.

140. On va maintenant démontrer que le lieu du point C′, pour une charge variable du transformateur, est une circonférence qui a son centre sur OD et qui passe par les points D et C′.

Si η_1 et η_2 sont deux coefficients de fuite, plus petits que l'unité, représentant non la partie du flux dispersée, mais bien la portion de flux qui se transporte d'un enroulement à l'autre (c'est ce que M. Kapp désigne sous le nom de coefficient de transport en faisant allusion au transport de l'excitation), et que les vecteurs OC′ et OB soient représentés respectivement par Φ_1 et Φ_2, qui sont les flux produits par les courants, les excitations transportées sont

Du primaire au secondaire.............. $OC = \eta_1 \Phi_1$
Du secondaire au primaire.............. $OB = \eta_2 \Phi_2$.

Par suite,

$$CC′ = \Phi_1 (1 - \eta_1)$$
$$B′B = \Phi_2 (1 - \eta_2).$$

On sait que OD, flux résultant dans le primaire, est constant pour r_1 négligeable et que l'angle CAO = AOB est toujours un angle droit, parce que OA est le flux résultant dans le secondaire et que l'on admet, pour simplifier, que le courant secondaire est en concordance de phase avec la force électromotrice. Puisque

$$\frac{DF}{DO} = \frac{C'C}{CO} = \frac{\Phi_1 (1 - \eta_1)}{\Phi_1} = 1 - \eta_1 = \text{constante}$$

et que le point D est fixe, le point F reste également fixe. Il en résulte que le segment OF reste constant, que l'angle en A est droit et que le lieu du point A est une circonférence.

De même, le point E est mobile sur une circonférence. C'est pourquoi

$$\frac{FE}{OB} = \frac{DF}{DO} = 1 - \eta_1 = \text{constante}.$$

$$FE = (1 - \eta_1) \, \eta_2 \Phi_2.$$

D'autre part,

$$EA = OB - OB' = \Phi_2 (1 - \eta_2).$$

Par conséquent,

$$\frac{EA}{FE} = \frac{\Phi_2 (1 - \eta_2)}{\eta_2 \Phi_2 (1 - \eta_1)} = \frac{1 - \eta_2}{\eta_2 (1 - \eta_1)} = \text{constante}.$$

Mais le point F est fixe et le point A se déplace sur une circonférence. Le lieu du point E, qui doit forcément déterminer sur FA deux segments qui doivent être dans un rapport constant, est nécessairement aussi une circonférence. Le diamètre de cette circonférence est FQ, EQ étant parallèle à AO, puisque le rapport indiqué doit être satisfait jusqu'à la limite, lorsque le point A vient en O.

Enfin, en remarquant que CEDC' est un parallélogramme, que le point D est fixe et que le point E se déplace sur une circonférence, il en résulte que le lieu de C' est aussi une circonférence.

Le diamètre DQ' de cette circonférence est déterminé par les rapports suivants :

$$\frac{FQ}{DQ'} = \frac{DE}{OC'} = \frac{CC'}{OC'} = 1 - \eta_1$$

$$DQ' = FQ \, \frac{1}{1 - \eta_1}$$

$$\frac{FQ}{FO} = \frac{FE}{FA} = \frac{FE}{FE + EA} = \frac{\eta_2 (1 - \eta_1)}{1 - \eta_1 \eta_2}$$

$$FQ = FO \, \frac{\eta_2 (1 - \eta_1)}{1 - \eta_1 \eta_2}$$

$$\frac{FO}{OD} = \frac{CO}{OC'} = \frac{\eta_1 \Phi_1}{\Phi_1} = \eta_1$$

$$FQ = OD . \eta_1.$$

Par conséquent,

$$DQ' = \frac{1}{1-\eta_1} \cdot \frac{\eta_2(1-\eta_1)}{1-\eta_1\eta_2} \cdot \eta_1 \cdot OD = OD \cdot \frac{\eta_1\eta_2}{1-\eta_1\eta_2} = OD \cdot \frac{1}{\frac{1}{\eta_1\eta_2}-1},$$

et, en faisant le dénominateur égal à σ, on a

$$DQ' = \frac{OD}{\sigma}.$$

En représentant ensuite par δ l'angle DOA $=$ DCP $=$ DQ'C', on a

$$DC' = DQ' \sin \delta,$$

c'est-à-dire

$$\eta_2\Phi_2 = \frac{OD}{\sigma} \sin \delta$$

$$\Phi_2 = OD \cdot \left(\frac{\eta_1}{1-\eta_1\eta_2}\right) \sin \delta.$$

A chaque point C, déterminé pour les différentes **charges**, correspond un point A, c'est-à-dire qu'à chaque valeur particulière de l'excitation totale du primaire correspond une valeur particulière de l'excitation résultante dans le secondaire. Comme C' se déplace sur une circonférence, de même A doit se mouvoir sur une circonférence, l'angle en A étant droit et le segment OF constant. Or, si OF est constant, cela résulte de ce fait que le coefficient de transport η_1 est considéré comme constant, les droites DC' et FC devant être toujours parallèles et le point D étant fixe.

La tension dans le primaire est perpendiculaire au vecteur constant OD pourvu que pratiquement $r_1 = 0$. Si la charge augmente, Φ_2 augmente également et C' s'éloigne de plus en plus de O ; mais, si on trouve que, pour un transformateur ne présentant pas de dispersion, le décalage va en diminuant graduellement à mesure que la charge augmente, il n'en est plus ainsi lorsque le transformateur a des fuites, ce décalage ayant un minimum pour une charge donnée lorsque le vecteur OC' reste tangent à la circonférence. Puis le décalage croît de nouveau en reprenant sa valeur maximum $\varphi = 90°$ lorsque OC' vient à coïncider avec OD, condition qui se réalise lorsqu'on met le secondaire en court circuit en maintenant la tension constante aux bornes du primaire.

Le diagramme doit être complété, parce que l'on n'a pas encore tenu compte ni des pertes dans le fer, c'est-à-dire du courant énergétique à vide, ni de la réactance possible du circuit secondaire.

On peut également tenir compte des effets d'hystérésis en retardant le vecteur du flux par rapport à celui de l'intensité qui lui donne naissance (courant équivalent, § 75).

Mais, avant de compléter le diagramme comme il vient d'être dit, il y a lieu de remarquer que dans un transformateur industriel, même si le rapport de transformation est très élevé, les deux enroulements occupent des emplacements presque symétriques dans le circuit magnétique ; si on néglige le courant magnétisant et les pertes, les ampères-tours dans le primaire sont égaux à ceux du secondaire et les deux coefficients de transport η_1, η_2 peuvent être considérés aussi comme égaux[1], et l'on peut alors écrire

$$\Phi_2 = \text{OD} \cdot \left(\frac{\eta}{1 - \eta^2} \right) \sin \delta.$$

Si le circuit secondaire présente de la réactance, le diagramme doit alors subir une modification très simple, à la condition toutefois que cette réactance soit constante. En effet, le vecteur de la tension aux bornes du secondaire (en laissant de côté la résistance r_2' de l'enroulement) n'est pas en concordance de phase avec le vecteur OB de l'intensité (*fig.* 176), mais est décalé en avance d'un certain angle dépendant de la valeur de

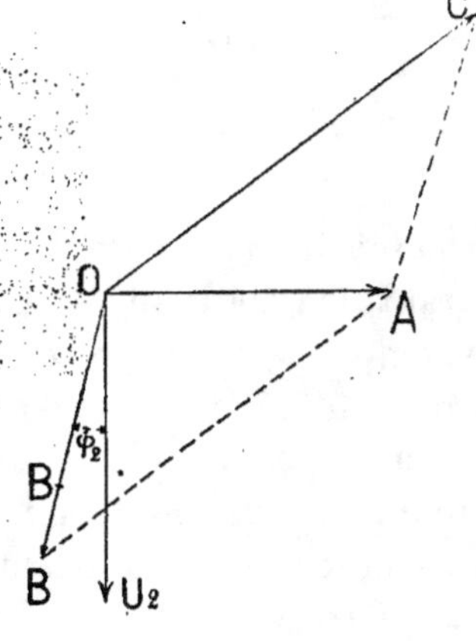

FIG. 176.

la réactance; dans ces conditions, le vecteur OA n'est plus perpendiculaire à OB, mais bien à U_2. Le reste de la construction du diagramme s'effectue comme il a été dit précédemment.

Quant aux pertes dans le fer, on n'en tient pas compte, et l'on admet que les pertes, lors du fonctionnement à vide, correspondent à celles du fonctionnement théorique du secondaire sous une très petite charge (§ 130), comme on va le montrer dans ce qui suit.

141. Pour établir le diagramme, en s'appuyant sur l'hypothèse d'un transformateur pour lequel le rapport de transformation $m = 1$, on procède comme suit, sauf à multiplier ou à diviser, suivant le cas, les résultats obtenus par la valeur réelle de m.

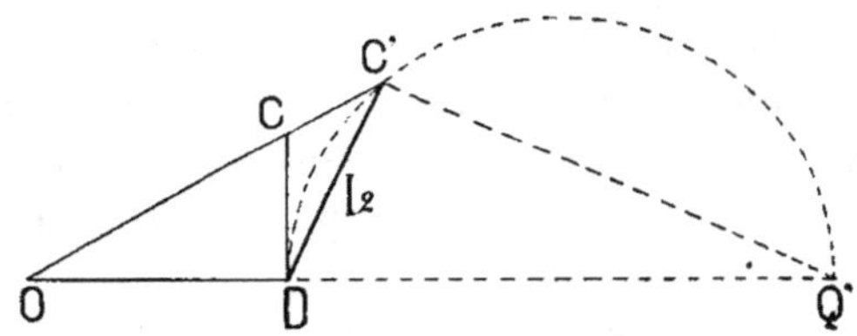

Fig. 177.

Le segment OD (*fig.* 177), auquel la tension aux bornes est perpendiculaire, correspond au courant magnétisant I_μ. On choisit une certaine échelle pour les ampères et on porte en OD la valeur de ce courant magnétisant à vide, valeur que l'on détermine comme on l'a indiqué dans le chapitre VIII ou, mieux, si c'est possible, en la déterminant expérimentalement. Dans ce dernier cas, il faut pouvoir disposer de trois instruments : voltmètre, ampèremètre et wattmètre.

En faisant $DQ' = OD \left(\dfrac{\eta}{1 - \eta^2} \right)$· on a rapidement le diagramme du transformateur sans dispersion et pour le circuit secondaire sans réactance. A chaque intensité de courant I_2 dans le secondaire, correspond une intensité $I_1 = OC'$ dans le primaire, en employant toujours la même échelle que pour OD.

Puisque l'on suppose que $m = 1$, ce qui donne à vide $U_1 = E_2$, $C'Q'$ donne (en grandeur seulement) la tension U_2 aux bornes du secondaire si, en choisissant l'échelle, on admet que $DQ' = U_1$. C'est pourquoi la force électromotrice E_2 est la somme géométrique des tensions U_2 et de la force électromotrice supplémentaire due à la dispersion, force électromotrice proportionnelle à l'intensité I_2 et en concordance de phase avec cette intensité. Le vecteur DC' pouvant représenter cette force électromotrice supplémentaire et l'angle $Q'C'D$ restant droit, le segment $Q'C'$ donne réellement la valeur de la tension U_2 à la même échelle que celle adoptée pour DQ' qui donne la valeur de U_1.

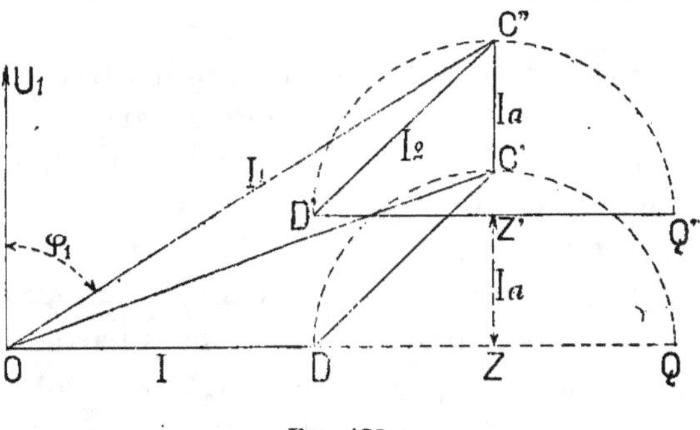

Fig. 178.

On a déjà examiné comment doit être modifié le diagramme lorsque le secondaire présente de la réactance. On va voir maintenant comment on peut tenir compte du courant énergétique à vide, c'est-à-dire des pertes dans le fer. Ayant obtenu la valeur OC' du courant primaire (*fig.* 178) pour un transformateur sans pertes, on y ajoute géométriquement celle du courant énergétique à vide I_a perpendiculaire à I_μ, et l'on obtient ainsi la valeur réelle de I_1 dans le primaire. Cette construction doit être faite à nouveau pour tous les points C' de la circonférence DC'. Il suffit alors de déplacer verticalement le centre Z de la première circonférence de la quantité I_a en Z' pour avoir, une fois pour toutes, la solution du problème. Aux intensités I_2 dans le secondaire correspondent les tensions $C''Q''$

qui sont en concordance de phase et l'on a dans le primaire des intensités I_1 décalées de φ par rapport à la tension agissante U_1.

Comme on l'a dit précédemment, le diagramme circulaire convient très bien à l'étude du fonctionnement des moteurs asynchrones dans lesquels la dispersion et les intensités à vide sont notables. Dans les transformateurs bien construits, pour tension constante, la dispersion est très faible tant que η varie entre 0,9995 et 0,995 et le diagramme circulaire ne présente plus alors un grand intérêt pratique. En effet, pour $\eta = 0,9995$, on a DQ' = 1 000 OD, et pour $\eta = 0,995$, DQ' = 100 OD, c'est-à-dire qu'il y a une très grande disproportion entre les segments.

Mais ce diagramme peut être néanmoins très utile dans l'étude de transformateurs dans lesquels la dispersion est tenue intentionnellement élevée, comme le sont ceux à intensité constante (Voir tome I, § 8).

142. Impédance équivalente au transformateur. — Dans la pratique, le transformateur fait toujours partie d'un système complexe d'appareils (génératrices, lignes, récepteurs, etc.), et l'on peut se demander s'il n'y a pas possibilité d'établir, entre le circuit d'alimentation et le circuit d'utilisation, une dépendance électrique plutôt qu'une dépendance magnétique, ce qui complique notablement l'étude d'un cas aussi complexe.

On reconnaît facilement que cette dépendance électrique peut toujours être supposée existante et, pour simplifier cette étude, on peut avoir recours à la théorie du flux résultant.

Si Φ est le flux résultant, en utilisant la méthode symbolique on a

$$E_1 = -\, j\omega n_1 \Phi \,.\, 10^{-8}$$
$$E_2 = -\, j\omega n_2 \Phi \,.\, 10^{-8}$$

comme expressions des forces électromotrices développées respectivement dans chacun des deux enroulements, étant toujours admis que les différentes grandeurs sinusoïdales sont exprimées symboliquement; on a

$$\Phi = \frac{0,4\pi n_1 I_1}{\mathcal{R}} - \frac{0,4\pi n_2 I_2}{\mathcal{R}}$$

et, en posant

$$\mathcal{K} = \frac{\mathcal{R}}{0,4\pi},$$

$$\mathcal{K}\Phi = n_1 I_1 - n_2 I_2,$$

d'où l'on déduit

$$I_1 = \frac{\mathcal{K}}{n_1}\Phi + \frac{n_2}{n_1} I_2$$

ou encore

$$I_1 = \frac{\mathcal{K}}{n_1} \cdot \frac{E_1}{-j\omega n_1 10^{-8}} + \frac{1}{m} \cdot \frac{E_2}{Z_2},$$

expression dans laquelle $m = \dfrac{n_1}{n_2}$ et Z_2 est l'impédance du seul circuit extérieur plus la résistance ohmique du secondaire, la réactance de ce dernier étant déjà comprise dans le flux résultant que l'on admet invariable et en considérant r_1 comme négligeable. D'autre part, puisque

$$E_2 = \frac{E_1}{m},$$

on a aussi

$$I_1 = E_1 \left\{ \frac{\mathcal{K}}{-j\omega n_1^2 10^{-8}} + \frac{1}{m^2 Z_2} \right\}.$$

En posant $\dfrac{\mathcal{K}}{\omega n_1^2 10^{-8}} = \dfrac{1}{x_c}$, on a

$$I_1 = E_1 \left\{ \frac{1}{-jx_c} + \frac{1}{m^2 Z_2} \right\},$$

équation dont il est facile d'interpréter la signification physique. Elle montre qu'au lieu d'un transformateur on peut considérer deux impédances, une représentée par $-jx_c$ et l'autre par $m^2 Z_2$, reliées en dérivation, la dernière comportant l'appareil récepteur (*fig.* 179).

Ce résultat, suffisant pour un transformateur théorique, c'est-à-dire ne présentant pas de pertes dans le fer, n'ayant pas de fuites magnétiques et dont la résistance de l'enroulement primaire est nulle, ne peut plus être appliqué à un transformateur pratique. Il faut que la *formule* subisse quelques modifications.

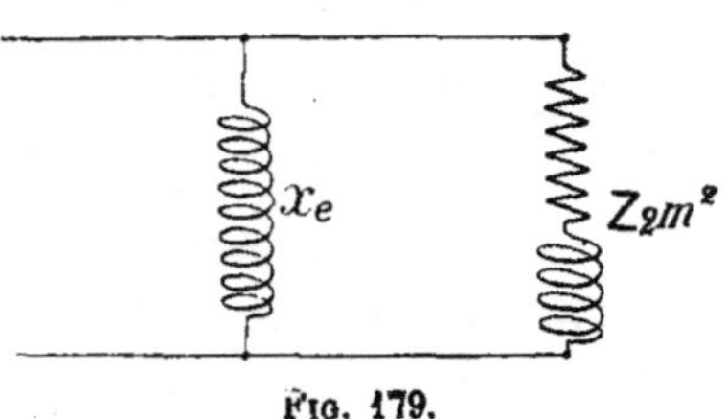

Fig. 179.

Il faut remarquer que, si le circuit du secondaire est ouvert, le second terme du second membre de la formule disparaît, ce qui veut dire que la première impédance tient compte du fonctionnement à vide du transformateur. En voulant y comprendre aussi les pertes par hystérésis et par courants parasites, il faut retenir que l'impédance comporte une résistance ohmique r_e équivalente, c'est-à-dire donnant lieu à des pertes égales avec le courant constant qui traverse l'impédance et qui est le courant à vide.

Quant à la valeur de x_e, elle peut se déduire des dimensions du transformateur, mais il est plus facile de la calculer à l'aide du courant magnétisant.

En ce qui concerne la résistance du primaire, qui est loin d'être négligeable lorsque le transformateur est chaud et en charge, on en tient compte en l'ajoutant à la première impédance.

Pour tenir compte de la dispersion, on fait le raisonnement suivant: en se reportant au diagramme approximatif du transformateur (*fig.* 169), on voit que, pour $m = 1$, la chute de tension due aux fuites magnétiques est égale à deux fois celle qui se produit dans un des enroulements. Alors, si l'essai en court circuit (méthode de M. Kapp) donne pour la chute de tension inductive σU_1, σ étant exprimé en tant pour 100 (tension nécessaire aux bornes du primaire pour obtenir dans le secondaire mis en court circuit une intensité correspondant à la pleine charge), on peut écrire

$$x_f I_2 = \sigma U_1$$

ou encore

$$x_f I_2 = \sigma U_2.$$

Si P est la puissance à pleine charge, on peut admettre

$$I_2 = \frac{P}{U_2}$$

et aussi

$$x_f P = \sigma U_2^2.$$

Mais, comme on doit tout reporter à la tension U_1, en admettant toujours que $U_1 = m U_2$, on a alors

$$x_f m^2 = \frac{\sigma}{P} U_1^2.$$

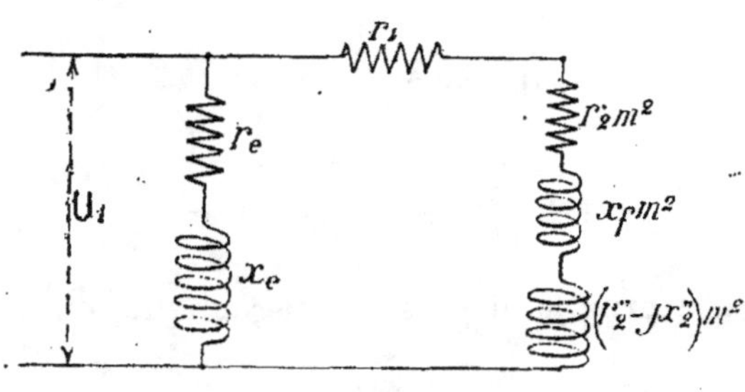

Fig. 180.

La réactance à substituer aux fuites magnétiques du transformateur est donc $x_f m^2$ pour le groupe d'impédance alimenté à la tension U_1 (*fig.* 180).

L'exemple numérique suivant indique la marche à suivre dans les cas pratiques.

143. Exemple numérique. — $P = 30$ kilovolts-ampères; $m = 20$; $U_1 = 2000$; $\sigma = 4\,^0/_0$.

A vide, l'intensité est de 0,6 ampère et les pertes sont de 650 watts. La résistance du primaire r' est de 1,8 ohm et celle du secondaire r'_2 de 0,0032 ohm.

On calcule d'abord l'intensité du courant magnétisant

$$0,6 \cdot 2000 \cdot \cos\varphi = 650$$
$$\cos\varphi = 0,54, \qquad \varphi = 57° 40'.$$

L'intensité du courant magnétisant est

$$I_\mu = 0,6 \sin \varphi = 0,5 \text{ ampère.}$$

La résistance r_e qui se substitue aux pertes est

$$r_e \cdot (0,6)^2 = 650 \text{ watts}$$
$$r_e = 1\,806 \text{ ohms.}$$

Chute de tension ohmique pour la première impédance :

$$1\,806 \cdot 0,6 = 1\,083 \text{ volts.}$$

Il reste donc pour la chute de tension due à l'inductance :

$$(2\,000)^2 - (1\,083)^2 = (1\,679,31)^2 \text{ volts.}$$

Par conséquent,

$$x_e I_\mu = 1\,679,31 \text{ volts}$$

et, par suite,

$$x_e = \frac{1\,679,31}{0,5} = 3\,358,62 \text{ ohms.}$$

En ce qui concerne la dispersion magnétique, on a

$$x_f m^2 = \frac{0,04}{30\,000} \cdot (2\,000)^2 = 5,32 \text{ ohms.}$$

Donc la génératrice fournira, sous la tension de 2 000 volts, un courant d'intensité I_1 ayant pour valeur

$$I_1 = U_1 \left\{ \frac{1}{1\,806 - j3\,358} + \frac{1}{\{(1,8) + (400 \cdot 0,0032) - j5,32\} + (r''_2 - jx''_2)m^2} \right\}$$

400 étant la valeur de m^2 et $r''_2 - jx''_2$ étant l'impédance du seul circuit extérieur (moteurs, ligne, autres transformateurs, etc.).

144. Échauffement des transformateurs. Systèmes de refroidissement.

— On a déjà suffisamment exposé dans le tome I, chapitre XII, les causes qui déterminent l'échauffement des transformateurs et les divers systèmes utilisés pour les refroidir. Il y a lieu maintenant de compléter cette étude

afin de pouvoir prédéterminer l'augmentation de température
et le temps mis pour atteindre cette température, ainsi que pour
pouvoir apprécier l'efficacité des divers systèmes de refroidissement.

Cette partie de l'étude des transformateurs a été magistrale-
ment traitée par M. Kapp dans son livre sur les transformateurs; c'est pourquoi nous renverrons le lecteur qui désirera
de plus amples détails à l'ouvrage original[1], en se bornant
ici à résumer briè-
vement ce sujet.

M. le professeur
Kapp a effectué de
nombreux essais
pour déterminer la
température des
transformateurs, aux
diverses conditions
de charge, afin de
trouver le rapport
existant entre l'aug-
mentation de tempé-
rature et la surface
de refroidissement.
Ces essais ont été
faits exclusivement
sur des transforma-
teurs à enveloppe de
fonte, avec ou sans
bain d'huile. Les
courbes (*fig.* 181)

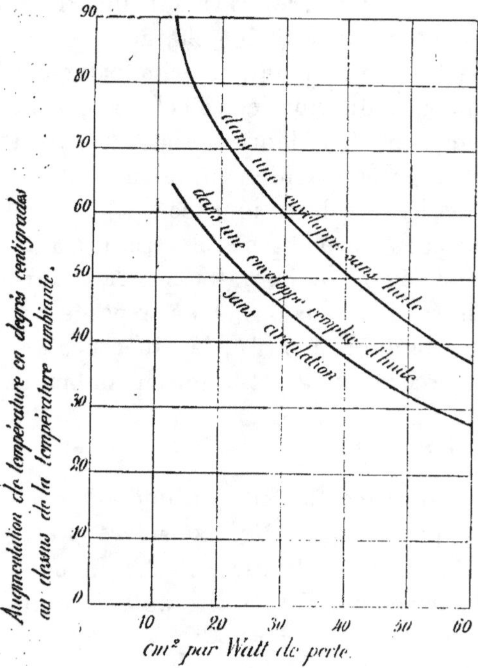

Fig. 181.

donnent les résultats de ces essais.

Les enveloppes des transformateurs étaient directement posées
sur un sol en ciment dans un grand local couvert, de manière
que l'air eût accès de tous côtés et que la chaleur puisse égale-

1. G. **Kapp**, *les Transformateurs à courants alternatifs.*

ment se dissiper par le sol. Dans un local ouvert, l'augmentation de température serait un peu moindre que celle indiquée
par les courbes et, dans un local clos, elle serait un peu plus
élevée. Lorsque l'enveloppe était remplie d'huile, il n'était
employé aucun dispositif mécanique pour assurer la circulation
du liquide.

M. Kapp fait remarquer que, lorsque l'on utilise ces courbes
pour apprécier, à ce point de vue, divers modèles de transformateurs, il ne faut pas perdre de vue que les valeurs indiquées
s'appliquent seulement au régime de la pleine charge.

Or la majeure partie des transformateurs, et principalement
ceux qui servent à alimenter des distributions d'éclairage, sont
bien toujours en charge, mais ne fonctionnent pas toujours à
pleine charge, fait dont il importe de tenir compte en déterminant la perte aux différentes heures de la journée.

Donc, si l'on représente par P la puissance électrique transformée en chaleur, puissance exprimée en watts ; par S, la surface échauffée (surface libre du transformateur exposée au
milieu refroidissant, air ou huile) ; par $\Delta\theta$, la différence de
température existant entre le corps chaud et le milieu ambiant,
on peut écrire

$$P = kS\Delta\theta,$$

expression dans laquelle k est un coefficient qui, quoique augmentant en même temps que $\Delta\theta$, peut être considéré pratiquement comme constant dans les limites d'échauffement
admissibles pour un transformateur, c'est-à-dire ne dépassant
pas 65° C.

En posant

$$s = \frac{S}{P},$$

c'est-à-dire en représentant par s la surface en centimètres
carrés par watt de perte, on a

$$1 = ks\Delta\theta,$$

équation qui représente une hyperbole équilatère.

Les courbes de la figure 181 doivent donc représenter des hyperboles équilatères; mais, en réalité, elles s'en écartent un peu par suite de ce fait que k tend à augmenter en même temps que $\Delta\theta$. Donc, ces courbes permettent d'évaluer l'augmentation probable de température d'un transformateur refroidi par l'air ou par l'huile lorsque la circulation s'effectue naturellement.

Quant au temps nécessaire pour atteindre l'état de régime, M. Kapp estime qu'il peut être calculé avec une approximation suffisante pour les besoins de la pratique à l'aide de la formule suivante :

$$t = 4{,}6 \, \frac{c}{kS} \text{ secondes,}$$

dans laquelle le coefficient c représente le travail en watts-seconde correspondant à la quantité de chaleur nécessaire pour élever de 1° C. la température du transformateur.

En représentant par m_f le poids, exprimé en kilogrammes, du fer dont la chaleur spécifique est égale à 0,11 et par m_c celui du cuivre dont la chaleur spécifique est égale à 0,093, la quantité de chaleur nécessaire pour élever de 1° la température du transformateur est

$$10^3 (0{,}11 m_f + 0{,}093 m_c)$$

et, puisque chaque joule représente 0,24 calorie-gramme, le travail, exprimé en joules ou watts-seconde, est

$$W = 4160 \, (0{,}11 m_f + 0{,}093 m_c).$$

145. Exemple numérique. — L'exemple numérique suivant est emprunté à l'ouvrage de M. Kapp.

Pour un transformateur donné dont la surface $S = 12\,000 \text{ cm}^2$, ayant une charge de 11 kilowatts, on a trouvé que $P = 333$ watts ; si l'on admet que le transformateur soit immergé dans l'huile, on peut prendre $k = 0{,}000\,515$.

De l'équation

$$1 = kS\Delta\theta$$

on déduit
$$\Delta\theta = 45° \text{ C.}$$

Pour évaluer le temps nécessaire pour atteindre cette température, il faut d'abord trouver la valeur de W à l'aide de l'expression :
$$W = 4160 \, (0,11 m_f + 0,093 m_c).$$

Ce transformateur comporte 179 kg de fer et 111,5 kg de cuivre. En effectuant les calculs, on obtient
$$W = 124\,800.$$

En substituant les valeurs aux symboles dans la formule donnée précédemment, on a

$$t = \frac{4,6 \cdot 124\,800}{0,000\,515 \cdot 12\,000} = 93\,000 \text{ secondes} = 26 \text{ heures.}$$

En plaçant le transformateur dans l'huile et en lui faisant toujours supporter une charge de 11 kilowatts, la température finale, qui naturellement sera moins élevée, serait atteinte plus rapidement. L'action refroidissante de l'huile est plus efficace. De la courbe inférieure de la figure 181, on déduit que la valeur de k est maintenant 0,00067. La température finale sera supérieure de 41° C. à la température initiale, et elle sera atteinte en
$$26 \cdot \frac{515}{670} = 20 \text{ heures.}$$

146. M. Kapp a développé dans son livre quelques considérations intéressantes sur l'influence des dimensions des transformateurs et est arrivé aux conclusions suivantes :

1° A égalité de système de refroidissement, d'induction dans le fer et de densité du courant dans le cuivre, la température finale est proportionnelle aux dimensions linéaires, ce qui, en d'autres termes, veut dire qu'à conditions égales la température sera d'autant plus élevée que le transformateur aura de plus grandes dimensions ;

2° Pour obtenir la même température finale, l'effet du dispositif de refroidissement doit augmenter proportionnellement aux dimensions du transformateur ou bien l'induction dans le fer et la densité du courant dans le cuivre doivent être diminuées proportionnellement ;

3° Le temps nécessaire pour atteindre la température finale augmente proportionnellement avec les dimensions linéaires du transformateur et diminue à mesure que le système de refroidissement est plus efficace.

Pour l'interprétation exacte de ces conclusions, on renverra le lecteur à l'ouvrage de M. Kapp.

147. M. Kapp, tout en signalant les avantages que présente le refroidissement artificiel de l'huile à l'aide d'une circulation d'eau, n'a pas donné d'exemple de ce cas particulier. C'est, il est vrai, un cas que tout technicien peut résoudre sans difficulté, mais il est néanmoins utile de le traiter.

Cette question est importante, parce qu'il se présente souvent dans la pratique des cas où un transformateur fonctionne avec surcharge, ce qui exige un meilleur système de refroidissement. Si l'huile ne suffit pas (pratiquement l'emploi du bain d'huile est équivalent au système de ventilation artificiel), il devient indispensable de produire le refroidissement artificiel de l'huile à l'aide d'une circulation d'eau.

Un serpentin immergé dans le bain d'huile et dans lequel on fait circuler constamment de l'eau (Voir tome I, § 81) enlève une quantité de chaleur d'autant plus grande que la quantité d'eau V qui passe par unité de temps est plus considérable et que son augmentation de température $\Delta\theta°$ depuis son entrée jusqu'à sa sortie est également plus grande. Puisque, à chaque calorie absorbée par l'eau correspond un travail de 427 kilogrammètres, c'est-à-dire $\dfrac{425}{75} \cdot 736 = 4\,190$ watts-seconde, on voit que l'eau enlève au transformateur, sous forme de chaleur, une puissance dont la valeur est

$$P = 4{,}19\,V\Delta\theta° \text{ kilowatts,}$$

si V est exprimé en litres par seconde.

Si P représente la puissance, exprimée en kilowatts, qu'il faut emprunter au transformateur pour le maintenir à une température de régime déterminée, l'équation donnée laisse le choix de faire varier V ou $\Delta\theta$, c'est-à-dire de faire varier soit la quantité d'eau à utiliser, soit l'augmentation de température que l'on peut tolérer. Mais cette augmentation de température $\Delta\theta°$ dépend de la surface du serpentin, de la différence $\Delta\theta_1^0$ entre la température moyenne de l'eau

$$\frac{\theta' + \theta''}{2}$$

et celle θ de l'huile, sans laquelle la chaleur ne peut se transmettre, et, enfin, de la conductibilité calorifique de la substance dont est fait le serpentin et de celle de l'huile employée, car, pour cette dernière, il ne faut pas perdre de vue qu'une couche d'environ 5 mm autour du serpentin reste immobile et ne participe pas au mouvement de circulation (Voir tome I, § 81).

Dans ces conditions, si ces divers coefficients sont réunis en un seul c, que l'on détermine expérimentalement sur des transformateurs fonctionnant dans des conditions analogues, on peut écrire

$$P = cS\Delta\theta_1^0,$$

expression dans laquelle $S = \pi dl$ est la surface extérieure du serpentin de diamètre d et de longueur l.

La maison Brown, Boveri et Cie, qui s'est fait une spécialité de la construction de transformateurs à refroidissement forcé, a effectué de nombreuses expériences à la suite desquelles on a pu constater qu'en recourant à l'emploi d'un serpentin en fer immergé dans de l'huile minérale légère, le coefficient c avait une valeur moyenne de 0,001035 pour S exprimé en décimètres carrés.

Il faut remarquer que ces essais ont été faits sur des transformateurs industriels fonctionnant dans des conditions normales ; dans ces conditions, le refroidissement s'opérait partiellement aussi par convection et par radiation des parois de l'enveloppe ; le coefficient trouvé tient compte de cette particularité. Toutefois la quantité de chaleur ainsi enlevée est très faible par rapport à celle qui est absorbée par l'eau, d'autant plus que, pour ces essais, les enveloppes avaient des dimensions à peine suffisantes pour contenir l'huile et avaient une surface lisse, c'est-à-dire ni ondulée ni munie de nervures (Voir *fig.* 162 du tome I).

Par suite, les formules servant de base au calcul deviennent

$$P = 4,19\, V \Delta\theta°$$
$$P = 0,001035\, S \Delta\theta°_1 ;$$

la seconde de ces formules peut seulement s'appliquer à des transformateurs fonctionnant dans des conditions analogues à celles où se trouvaient les transformateurs ayant servi aux essais.

148. EXEMPLE NUMÉRIQUE. — On a un transformateur triphasé de 500 kilovolts-ampères ayant un rendement à pleine charge de 97 $°/_0$. On veut refroidir fortement ce transformateur en faisant circuler 8 litres d'eau à 15° par minute et en ne dépassant pas 60° comme température du bain d'huile, température que l'on peut admettre comme égale à celle du transformateur. On veut calculer la longueur à donner au serpentin en utilisant pour ce dernier un tube de 30 millimètres de diamètre.

On a d'abord

$$P = 500 \cdot 0,03 = 15 \text{ kilowatts.}$$

Par conséquent

$$\Delta\theta° = \frac{15}{4,19\,\dfrac{8}{60}} = 27°.$$

Donc, l'eau entrant à 15° sortira à la température de 15 + 27 = 42°, et sa température moyenne sera

$$\frac{15 + 42}{2} = 28°,5.$$

La différence de température entre l'huile et l'eau sera, par conséquent,

$$\Delta \theta_i = 60° - 28°,5 = 31°,5.$$

La seconde équation permet de calculer la surface refroidissante nécessaire à donner au serpentin :

$$S = \frac{15}{0,001035 \cdot 31°,5} = 460 \text{ dcm}^2,$$

ce qui correspond à une longueur de

$$\frac{460}{\pi 0,3} = 490 \text{ dm} = 49 \text{ mètres,}$$

longueur que, dans la pratique, il sera bon d'augmenter de 10 à 15 % afin de compenser l'erreur possible résultant de l'emploi d'un coefficient empirique.

149. Rendement des transformateurs. — On a vu dans le paragraphe 85 du tome I que les transformateurs que l'on construit actuellement avaient un rendement élevé. Il y a lieu d'examiner maintenant s'il convient, pour l'application que l'on veut réaliser, de choisir un transformateur ayant des pertes égales dans le fer et dans le cuivre ou bien ayant des pertes inégales.

Dans un transformateur, il y a trois causes de pertes : le phénomène d'hystérésis, les courants parasites dans le noyau et l'effet Joule dans les enroulements.

On peut considérer comme constantes les deux pertes dans le noyau, parce que le flux résultant varie en réalité très peu avec la charge ; on les représentera par F.

Les pertes par effet Joule sont proportionnelles au carré de l'intensité des courants. Si on admet que le circuit secondaire ne présente pas d'induction, l'intensité est alors en concordance de phase avec la tension et, puisque cette dernière reste pratiquement constante, l'intensité est proportionnelle à la puissance.

Dans le primaire, le même effet ne se produit pas pour toutes les charges; mais, au delà de 50 $^o/_o$ de la charge normale, l'intensité est proportionnelle à celle qui existe dans le circuit secondaire (voir § 132) et, par conséquent, elle est proportionnelle à la puissance.

Il en résulte qu'en dernière analyse les pertes par effet Joule peuvent être considérées comme proportionnelles au carré de la puissance et elles peuvent être représentées par ζP^2, ζ étant un coefficient convenable dépendant de la résistance ohmique des deux enroulements.

Dans ces conditions, le rendement R peut être exprimé par

$$R = \frac{P}{P + F + \zeta P^2}$$

ou encore par

$$R = \frac{1}{1 + \dfrac{F}{P} + \zeta P}. \tag{59}$$

Il est évident que ce rendement est maximum lorsque la somme

$$\frac{F}{P} + \zeta P$$

est minimum. Mais, comme le produit de ces deux quantités est constant, on sait, comme l'apprend l'algèbre, que la somme est minimum lorsque les deux termes sont égaux [1].

On peut donc dire, d'une manière générale, qu'*un transformateur donné atteint son rendement maximum lorsque les pertes dans le cuivre sont égales aux pertes dans le fer.*

Si l'on admet maintenant qu'à charge normale P_n, les pertes dans le fer soient une fraction α de la puissance utile et que les pertes dans le cuivre soient une fraction β de cette même puissance, on peut écrire

$$F = \alpha P_n$$
$$c P_n^2 = \beta P_n,$$

d'où

$$c = \frac{\beta}{P_n}.$$

---

1. En effet, dans l'égalité $(A + B)^2 = (A - B)^2 + 4AB$, si le produit AB est constant, la somme $(A + B)$ est minimum lorsque $A = B$.

Le rendement R pour une charge P est alors

$$R = \frac{1}{1 + \frac{\alpha P_n}{P} + \frac{\beta}{P_n} P}$$

et il est maximum pour

$$\frac{\alpha P_n}{P} = \frac{\beta}{P_n} P,$$

c'est-à-dire pour

$$P = \sqrt{\frac{\alpha}{\beta} P_n},$$

ce qui veut dire que, si le transformateur doit fonctionner ordinairement au-dessous de sa puissance normale, c'est-à-dire si $P < P_n$, il faut que $\alpha < \beta$; autrement dit, il faut que les pertes dans le fer soient plus faibles que les pertes dans le cuivre à charge normale pour que le transformateur fonctionne avec un bon rendement aux charges voisines de P. Au contraire, si le transformateur devait ordinairement fonctionner avec une surcharge, ce serait la condition opposée qu'il faudrait chercher à réaliser.

Dans les anciens types de transformateurs, le rendement est faible précisément parce qu'ils contiennent relativement peu de cuivre par rapport à la quantité de fer. On peut améliorer leur rendement en ajoutant un certain nombre de spires dans les deux enroulements, ce qui permet de diminuer l'induction dans le fer et, par suite, de diminuer les pertes dues à la présence du fer et d'augmenter, au contraire, les pertes dans le cuivre.

La méthode permettant de déterminer expérimentalement le rendement d'un transformateur sera donnée dans le chapitre XVIII.

150. Transformateurs polyphasés. — Les applications les plus fréquentes des transformateurs sont celles des transformateurs triphasés constitués par trois transformateurs simples ou, ce qui est préférable, par trois transformateurs montés sur un noyau unique à trois colonnes.

Les considérations et les théories développées précédemment pour les transformateurs simples s'appliquent entièrement aux transformateurs triphasés à noyaux reliés entre eux, d'autant plus que, lorsque les transformateurs triphasés ont des charges différentes sur leurs trois branches, les flux restent sensiblement égaux dans les trois noyaux reliés, comme on l'a déjà expliqué dans le paragraphe 80 du tome I.

Il est à remarquer qu'avec un transformateur triphasé on peut obtenir diverses combinaisons de transformation. En admettant que la tension dans le primaire soit de 1 000 volts et que chacun des enroulements soit établi pour un rapport de transformation de 1/10, si on relie les trois enroulements primaires en étoile et si les enroulements secondaires sont également couplés en étoile, la tension composée pour ces derniers sera de 100 volts, tandis que, s'ils sont montés en triangle, la tension ne serait plus que de $\dfrac{100}{\sqrt{3}} = 58$ volts.

Si, au contraire, les primaires sont montés en triangle et les secondaires également en triangle, la tension disponible aux bornes de ces derniers est égale à 100 volts ; mais, si les secondaires sont groupés en étoile, la tension utile devient alors $100\sqrt{3} = 173$ volts. Donc, avec le même transformateur, pourvu qu'il soit convenablement disposé pour effectuer ces différentes combinaisons, on peut obtenir les trois tensions de 58, 100 et 173 volts.

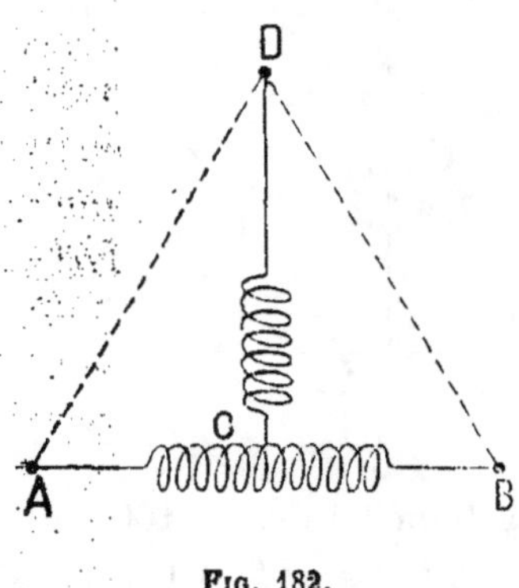

Fig. 182.

Il convient de mentionner ici le dispositif imaginé par M. Scott pour obtenir des courants triphasés avec un système diphasé et réciproquement.

Si, entre les points extrêmes A, B d'un enroulement (*fig.* 182), on maintient une différence de potentiel alternative d'amplitude $2U$, entre les points C, D d'un second enroulement il sera maintenu une différence de potentiel alternative de même fréquence et d'amplitude $\sqrt{3}\,U$, mais décalée de 1/2 période par rapport à la première, C étant le milieu de l'enroulement AB. Dans ces conditions, entre les points A, D et D, B, on pourra disposer de deux différences de potentiel égales, décalées entre elles et également avec la différence de potentiel AB de 1/3 de période. On réalise ainsi un système triphasé avec un système diphasé. Pour s'en rendre compte, il suffit d'examiner la figure 183, dans laquelle les vecteurs

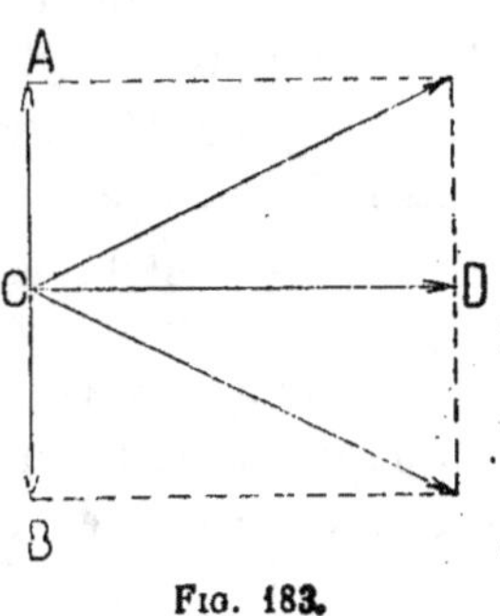

Fig. 183.

$CA = CB = 1$ sont successivement ajoutés à un vecteur $CD = \sqrt{3}$. Dans la pratique, pour réaliser les connexions nécessaires pour passer, par exemple, d'un système diphasé à

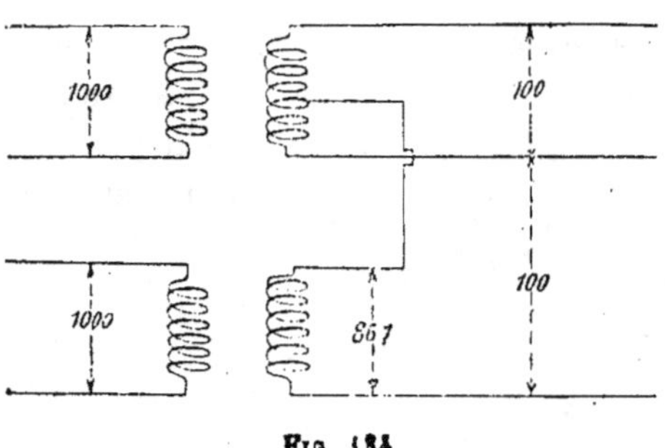

Fig. 184.

1 000 volts de tension efficace à un système triphasé à 100 volts, on les établit comme l'indique le schéma (*fig.* 184). On procède d'une manière analogue pour effectuer la transformation inverse.

151. Auto-transformateurs. — Il a été déjà question des auto-transformateurs de tension ou diviseurs dans le paragraphe 86 du tome I. On peut maintenant compléter les rensei-

gnements déjà donnés en faisant remarquer que l'auto-transformateur, d'un emploi très utile lorsque le rapport de transforma-
tion varie dans les environs de l'unité, a sa raison d'être lorsqu'on relie en tension les deux enroulements et qu'il peut alors être utilisé aussi bien pour abaisser la tension que pour l'augmenter.

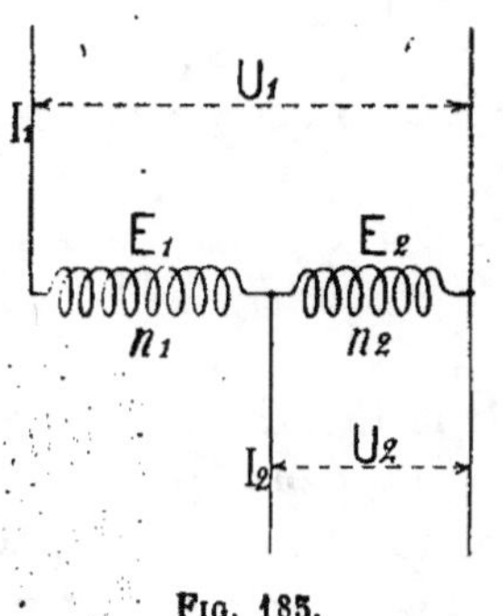

Fig. 185.

En négligeant la résistance ohmique des enroulements, toujours très faible, et en ne tenant pas compte, pour simplifier cette étude, des fuites magnétiques, si E_1 et E_2 sont les forces électromotrices induites dans les enroulements par le flux résultant, dans les conditions du schéma que donne la figure 185 et avec une charge non inductive, on a

$$U_1 = E_1 \pm E_2$$
$$U_2 = E_2,$$

d'où

$$\frac{U_1}{U_2} = \frac{E_1 \pm E_2}{E_2}.$$

L'emploi du double signe (+) et (—) est ici justifié par ce fait que les deux enroulements peuvent être reliés de telle manière que les forces électromotrices peuvent s'ajouter ou se retrancher l'une de l'autre.

Si le circuit d'utilisation est pris en dérivation sur n_1 spires, $U_2 = E_1$ et, par conséquent,

$$\frac{U_1}{U_2} = \frac{E_1 \pm E_2}{E_2}.$$

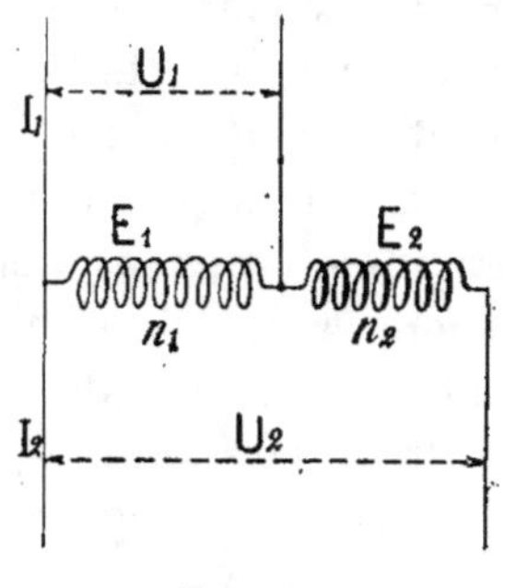

Fig. 186.

Au contraire, dans le cas de la seconde disposition (*fig.* 186), si

$$U_1 = E_1$$
$$U_2 = E_1 \pm E_2$$

et l'on a

$$\frac{U_1}{U_2} = \frac{E_1}{E_1 \pm E_2}.$$

Dans le cas où le circuit primaire serait établi sur n_2 spires, $U_1 = E_2$, et l'on aurait

$$\frac{U_1}{U_2} = \frac{E_2}{E_1 \pm E_2}.$$

D'après ce qui a été déjà dit au sujet de la théorie des transformateurs et d'après les faits admis, on peut, dans les expressions qui donnent les rapports entre les tensions U_1 et U_2 et les valeurs E_1 et E_2, substituer les nombres de spires n_1 et n_2 et l'on a alors (*fig.* 185) :

$$\frac{U_1}{U_2} = \frac{n_1 \pm n_2}{n_2}$$

et (*fig.* 186)

$$\frac{U_1}{U_2} = \frac{n_1}{n_1 \pm n_2}.$$

152. On peut maintenant procéder à la détermination des rapports entre les intensités I_1 et I_2. En négligeant, par rapport à ces intensités, le courant magnétisant nécessaire à vide pour maintenir le flux, on sait que, sans erreur sensible, on peut considérer comme égaux et opposés les flux produits par les courants qui circulent dans les enroulements. D'autre part, en admettant ces intensités inversement proportionnelles aux nombres de spires, on peut représenter par kn_2 l'intensité du courant qui circule dans le premier enroulement et par kn_1 celle du courant qui passe dans le second. On a donc pour le dispositif de la figure 185 :

$$I_1 = kn_2$$
$$I_2 = k\,(n_1 \pm n_2),^-$$

d'où

$$\frac{I_1}{I_2} = \frac{n_2}{n_1 \pm n_2},$$

Si, au contraire, le circuit des récepteurs est relié sur n_1 spires, alors, par analogie avec ce que l'on a trouvé pour le premier cas, on a :

$$\frac{I_1}{I_2} = \frac{n_1}{n_1 \pm n_2}.$$

De même, avec la disposition indiquée dans la figure 186, on a, selon les cas,

$$\frac{I_1}{I_2} = \frac{n_1 \pm n_2}{n_2}$$

ou bien

$$\frac{I_1}{I_2} = \frac{n_1 \pm n_2}{n_1}.$$

De l'énergie fournie par le circuit d'alimentation, une partie seulement est transformée, l'autre passant directement dans le circuit d'utilisation. Ainsi, dans le cas de l'exemple cité paragraphe 86 du tome I, sur les $70.5 = 350$ watts fournis par le circuit d'alimentation, la moitié seulement est transformée, tandis que l'autre moitié passe directement dans le circuit alimenté (lampe à arc). Il faut donc utiliser un auto-transformateur de 175 watts.

La théorie complète du diviseur de tension sera exposée dans une note placée à la fin de ce volume.

CHAPITRE XIII

MOTEURS SYNCHRONES

153. Couple des moteurs synchrones. — On va consi-dérer d'abord un moteur synchrone polyphasé. On a déjà vu dans le tome I, § 89, qu'une fois le synchronisme obtenu, le mouvement de rotation se maintient grâce à l'attraction constante réciproque qui s'exerce entre les pôles de l'inducteur et ceux de l'induit. Mais il faut remarquer que ces pôles ne restent pas toujours en regard l'un de l'autre, parce que, dans ces conditions, les attractions se produiraient alors directement suivant les rayons et que le couple moteur serait nul. Il faut donc qu'il existe entre les deux séries de pôles un décalage angulaire et il importe, pour que la stabilité soit assurée, que ce décalage angulaire ne puisse dépasser la moitié de l'espace compris entre deux pôles consécutifs.

Si ce décalage atteint la valeur de la distance séparant deux pôles consécutifs, le couple moteur devient nul, parce que deux pôles de même nom se trouvent en regard l'un de l'autre ; si le décalage dépasse cette valeur, le couple moteur devient négatif. Pour des raisons de symétrie, le couple présente des valeurs maxima et minima à égale distance des points nuls et justement dans les positions où les pôles de l'organe mobile du moteur restent à égale distance de ceux de l'organe fixe.

Le diagramme du couple se présente comme le montre la figure 187, dans lequel on a porté en abscisses les décalages

angulaires des pôles des deux organes fixe et mobile et en
ordonnées les différentes valeurs du couple, en supposant que

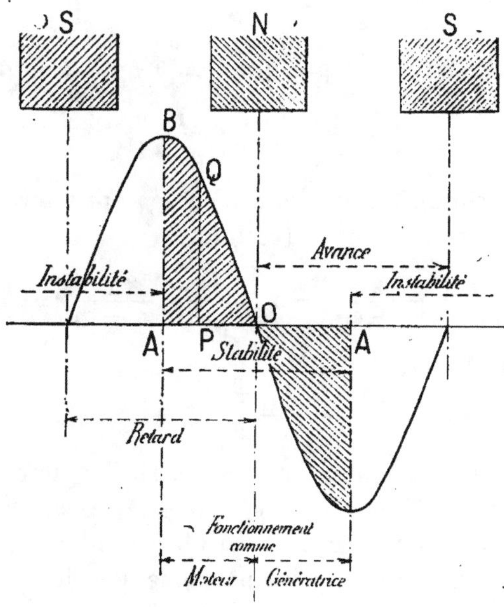

FIG. 187.

l'intensité de ces pôles reste toujours constante, c'est-à-dire que
les intensités de courant qui la produisent restent également

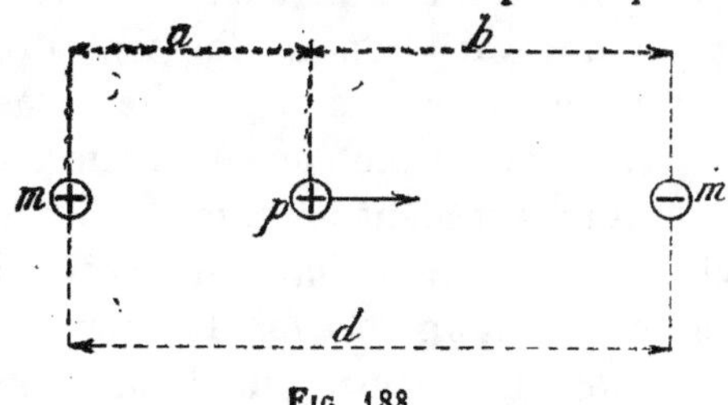

FIG. 188.

constantes. Il est facile
de démontrer que le
couple est maximum
pour la position inter-
médiaire. Si on consi-
dère deux pôles $+ m$
et $- m$ (*fig.* 188) placés à une distance d
et agissant sur un troisième pôle $+ p$ placé sur la droite qui relie
leurs centres, la force qui agit sur le pôle p est

$$F = \frac{mp}{a^2} + \frac{mp}{b^2} = mp \left(\frac{1}{a^2} + \frac{1}{b^2} \right).$$

Cette force devient maximum lorsque le facteur

$$\frac{1}{a^2} + \frac{1}{b^2}$$

devient aussi maximum ; puisque l'on a $b = d - a$,

$$\frac{1}{a^2} + \frac{1}{b^2} = \frac{1}{a^2} + \frac{1}{(d-a)^2} ;$$

l'équation de condition est donnée en égalant à zéro la dérivée par rapport à a de cette expression :

$$\frac{d}{da} \left\{ \frac{1}{a^2} + \frac{1}{(d-a)^2} \right\} = 2 \left(-\frac{1}{a^3} + \frac{1}{(d-a)^3} \right) = 0,$$

d'où l'on déduit

$$a = \frac{d}{2}.$$

Lorsque le moteur fonctionne à vide, son régime correspond au point O (*fig.* 187) et le décalage angulaire est nul. Lorsque le moteur est en charge, c'est-à-dire lorsque l'on applique sur l'arbre un effort résistant, les pôles se décalent en arrière vers A pour occuper une position P à laquelle correspond le couple PQ dont la valeur, à part les frottements, est égale à celle du couple résistant. La région OA est la région de stabilité pour le fonctionnement de la machine comme moteur, parce que, quels que soient l'avance ou le retard accidentels, ces écarts sont promptement corrigés par une variation en sens contraire du couple. Si, par exemple, le moteur retarde par suite d'une plus grande résistance passive, le couple moteur augmente par suite même de ce retard et fournit l'excédent nécessaire pour le compenser. Mais, si l'on vient à appliquer au moteur un couple résistant supérieur au couple maximum, le fonctionnement devient impossible. Par suite des oscillations inévitables, la perte du synchronisme se produit également lorsque le couple résistant est légèrement inférieur au maximum que l'on peut atteindre, principalement si la charge vient à être appliquée brusquement.

Pour obtenir ensuite des décalages angulaires en avance,

correspondant à des couples moteurs négatifs, il suffit d'appliquer au moteur un couple dans le sens de la rotation ; autrement dit, il faut lui fournir un travail extérieur qui doit évidemment être transformé en énergie électrique (fonctionnement du moteur comme génératrice).

Les considérations qui précèdent sont exactes à la condition d'admettre que le courant reste constant dans l'induit ; mais, dans la pratique, les effets obtenus sont un peu différents par suite des réactions réciproques de l'inducteur et de l'induit et aussi de la réactance de l'induit. La forme de la courbe n'est plus symétrique, parce que les limites de stabilité ne correspondent plus à un décalage angulaire de $\frac{\pi}{2}$, mais bien à un décalage $\gamma < \frac{\pi}{2}$ défini par la relation

$$\tan g\,\gamma = \frac{\omega L}{R},$$

ωL étant la réactance et R la résistance ohmique du circuit de l'induit. Afin de ne pas commettre d'erreur, il est nécessaire de ne pas oublier que la position des pôles de l'induit ne dépend pas seulement de la position des conducteurs mêmes, mais aussi de la phase des courants qui y circulent.

154. En ce qui concerne la réaction d'induit, il faut remarquer ce qui suit.

Soit une génératrice excitée de manière à produire une force électromotrice E. Si le courant d'excitation est décalé en retard, la composante magnétisante I_μ produit un flux donnant naissance à une force électromotrice c de sens opposé à E (*fig.* 189, α). Par conséquent, dans une génératrice, un courant d'excitation décalé en retard a un effet démagnétisant.

L'effet contraire se produit lorsque I est en avance sur E ; il y a alors augmentation de l'intensité du champ (*fig.* 189 β).

Lorsque la machine doit fonctionner comme moteur, il suffit alors d'établir aux bornes une différence de potentiel U. Si on veut que le moteur tourne dans le même sens, il suffit que le courant qui y circule soit maintenant de sens opposé au premier ; en effet, pour que la machine fonctionne comme moteur, le décalage de I par rapport à E doit toujours être supérieur à un quart de période. On voit sur la figure 189 γ qu'un courant décalé en retard par rapport à U renforce le champ du moteur. Au contraire, si l'intensité est en avance sur U, la composante magnétisante a pour effet de diminuer l'intensité du champ, e étant de sens opposé à E (*fig.* 189 δ).

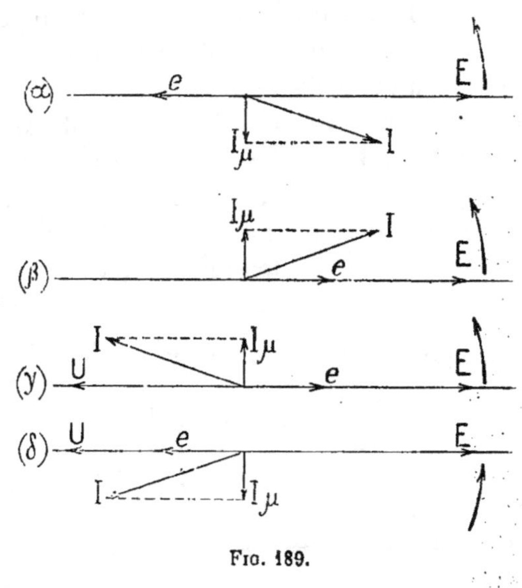

Fig. 189.

Par conséquent, on peut dire aussi que, lorsque I est en avance sur E (force électromotrice du moteur), toujours d'un angle supérieur à $\frac{\pi}{2}$, le champ magnétique est renforcé, tandis que, lorsque I est en retard sur E, toujours d'un angle plus grand que $\frac{\pi}{2}$, le champ magnétique est affaibli.

Réciproquement (voir aussi tome I, § 94), lorsqu'on augmente l'intensité du champ d'un moteur synchrone ayant une charge déterminée, le courant I tend à se mettre en avance par rapport à la tension U (*fig.* 189 δ), précisément parce que dans le moteur la composante I_μ a pour effet de produire une force électromotrice e qui affaiblit E pour donner à cette dernière une valeur qui, retranchée de U, donne la valeur de la composante énergétique I_a dans le circuit de résistance R.

Au contraire, si l'intensité du champ diminue, la composante

I_μ a pour effet de produire une force électromotrice e qui s'ajoute à E, et l'intensité du courant doit, par conséquent, être forcément en retard par rapport à U (*fig.* 189 γ).

155. Lorsque le moteur synchrone est à courant alternatif simple, au lieu d'être à courants polyphasés, l'application du théorème de M. Leblanc permet de ramener l'étude du couple moteur à celui d'un moteur polyphasé. Dans ces conditions, un des deux champs tournants composants se trouve en synchronisme parfait avec l'inducteur de la machine et, par suite, exerce une action identique à celle qui a été indiquée précédemment ; l'autre champ tournant a, par rapport à l'inducteur, une vitesse relative de sens contraire égale à 2ω. Il en résulte que les actions d'attraction et de répulsion se produisent toujours en deux sens contraires et, par conséquent, ne donnent lieu à aucun couple résultant. Ce champ (ou bien les champs, lorsqu'il s'agit d'un moteur multipolaire) donne seulement naissance à des pertes supplémentaires par hystérésis et par courants de Foucault.

Cette considération très simple permet de ramener l'étude du fonctionnement d'un moteur synchrone à courant alternatif simple à celle d'un moteur polyphasé.

156. Diagramme bipolaire de M. Blondel. — L'étude du fonctionnement d'un moteur synchrone en régime permanent est très facilitée lorsqu'on suit la méthode imaginée par M. Blondel[1], grâce à laquelle on peut suivre sur un diagramme unique aussi bien les variations de la force électromotrice que celles de l'intensité. Le principe de cette méthode consiste à prendre pour l'intensité du courant non, comme on le fait habituellement, le même axe de relation et la même échelle que pour la force électromotrice et les tensions, mais bien d'attribuer à l'intensité un axe parfaitement distinct de celui de la force électromotrice et de la tension. L'échelle des intensités est alors prise telle que cette grandeur

1. Blondel. *Moteurs synchrones à courants alternatifs.*

soit représentée en grandeur et en phase par le même vecteur que celui de la force électromotrice résultante dans le circuit

En ce qui concerne la grandeur, si Z représente l'impédance totale du circuit comprenant les réceptrices, la ligne et la génératrice et éventuellement aussi les transformateurs, si E est la force électromotrice résultante de E_1 (force électromotrice efficace de la génératrice que l'on admet constante) et de E_2 (force électromotrice efficace induite dans le moteur que l'on peut obtenir avec la même machine fonctionnant comme génératrice et avec la même intensité du courant d'excitation), puisque

$$E = ZI,$$

il suffit de prendre pour I une échelle en ampères Z fois plus grande que celle de la force électromotrice en volts.

Quant à l'axe de relation, son choix dépend de celui de l'axe de la force électromotrice. A ce sujet, il y a lieu de remarquer qu'il y a deux cas fondamentaux à étudier. D'abord, celui de l'excitation constante du moteur ($E_2 =$ constante) et alors on prend le vecteur E_2 comme axe de relation; puis, celui de l'alimentation à tension constante ($E_1 =$ constante) et alors c'est le vecteur E_1 qu'il faut prendre comme axe.

En procédant de la génératrice à la ligne, de celle-ci au moteur et de ce dernier en remontant au départ, les forces électromotrices E_1 et E_2 dans une transmission à courant alternatif simple sont presque en opposition de phase (*fig.* 190); il en est de même dans un des circuits fermés d'une transmission polyphasée.

On peut donc représenter ces forces électromotrices à l'aide de deux vecteurs dirigés en sens opposé et faisant entre eux un angle δ, comme on le voit sur le diagramme (*fig.* 190) dont l'échelle a été exagérée afin de le rendre plus lisible. Les points A_1 et A_2 donnent la direction du vecteur de la force électromotrice résultante $E = ZI$.

Lorsque la charge augmente, l'intensité I doit devenir plus grande, c'est-à-dire que E doit également avoir une valeur plus grande; en prenant la valeur de E_2 invariable, E_1 doit tourner autour de O, parce que l'angle δ doit augmenter.

Cet angle δ donne la valeur du décalage des deux forces électromotrices, comme si celles-ci étaient mesurées aux bornes de machines couplées en parallèle.

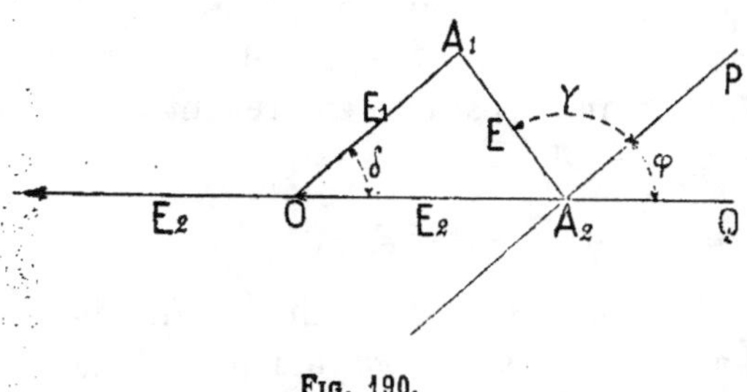

FIG. 190.

En charge, la génératrice tend à se mettre en avance sur la réceptrice : le vecteur E_1 tourne donc dans le sens positif, tel qu'on l'admet en mécanique, c'est-à-dire en sens inverse des aiguilles d'une montre.

Soient X la réactance du circuit complexe et R sa résistance ohmique. En faisant passer par A_2 une droite A_2P (*fig.* 190) faisant avec E un angle γ, tang γ étant égal à $\dfrac{X}{R}$, cette droite donne le vecteur de l'intensité dans l'hypothèse admise, et, si on la reporte parallèlement jusqu'au point O, on voit que ce vecteur est décalé en retard par rapport à E_2 de 180° — φ.

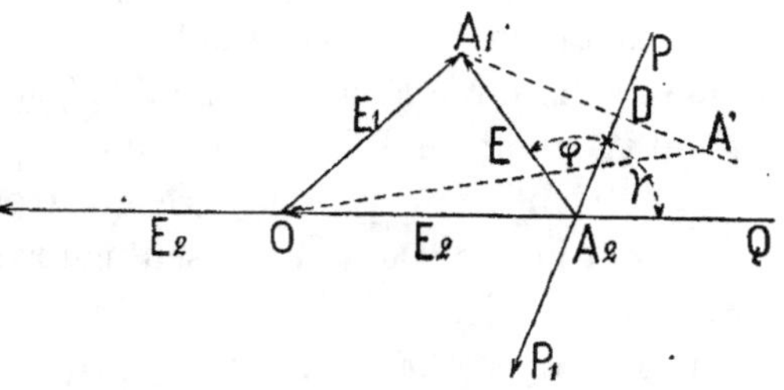

FIG. 191.

M. Blondel a imaginé de renverser l'angle QA_2A_1 de manière que QA_2, qui donne la direction du vecteur E_2, vienne en A_2A_1 et que A_2A_1 vienne en A_2Q (*fig.* 191). Dans ces conditions, le segment A_2A_1 donne toujours la grandeur de la force électromotrice résultante E et de l'intensité I à l'échelle convenable; de plus, une fois la transformation faite, le décalage de phase entre la force électromotrice E_2 et l'intensité est donné par $A_1A_2P_1$.

Le sens positif, pour les composantes énergétiques des courants, composantes qui sont à lire sur P_1P, est donc A_2P_1. En les prenant, au contraire, pour simplifier, sur A_2P, il ne faut pas perdre de vue qu'elles changent de signe. Mais on peut les considérer comme positives en prenant cos φ au lieu de cos $(180° - \varphi)$. En effet

$$E_2 (- I) \cos(180 - \varphi) = E_2 (+ I) \cos \varphi.$$

Le cas représenté figure 191 est identique au cas δ de la figure 189, c'est-à-dire que la composante magnétisante A_1D tend à affaiblir le champ du moteur ou bien à renforcer celui de la génératrice. Si A_1 vient **sur** A_2P, le courant magnétisant s'annule.

Puisque l'on admet que E_2 est constant, on peut dire que, lorsque A_1 est à gauche de A_2P, la composante magnétisante tend à renforcer l'intensité du champ de la génératrice et, au contraire, à la diminuer lorsque A_1 passe à droite. En réalité, si on maintient constante la charge du moteur sans faire varier son excitation ($E_2 = $ constante, $A_2D = $ constante), on fait augmenter la force électromotrice E_1 jusqu'au moment où le point A_1 vient en A'; il doit alors se produire un courant démagnétisant pour que la force électromotrice soit ramenée à la valeur pouvant donner le seul courant énergétique actif A_2P dans le circuit.

Les mêmes phénomènes se produisent dans les convertisseurs.

157. Lignes d'égale puissance pour E_2 constant. — Conditions de stabilité. — De même que dans un moteur à courant continu, la puissance du moteur synchrone est donnée par le produit de la force électromotrice E_2 qu'il développe et de l'intensité du courant qui, dans ce cas, est la composante énergétique. Pourtant, si E_2 reste constant (excitation invariable) et si la charge du moteur ne varie pas, A_2D doit rester invariable (*fig.* 192) et la ligne A_1D, perpendiculaire à A_2D, devient une ligne d'égale puissance dans le sens admis pour cette expression en ce qui concerne les génératrices (Voir § 122). En faisant varier l'excitation de la génératrice, E_1 varie également et le point A_1 se déplace le long de A_1O; dans ces conditions, la force électromotrice résultante E et, par conséquent, les angles δ et φ sont également modifiés.

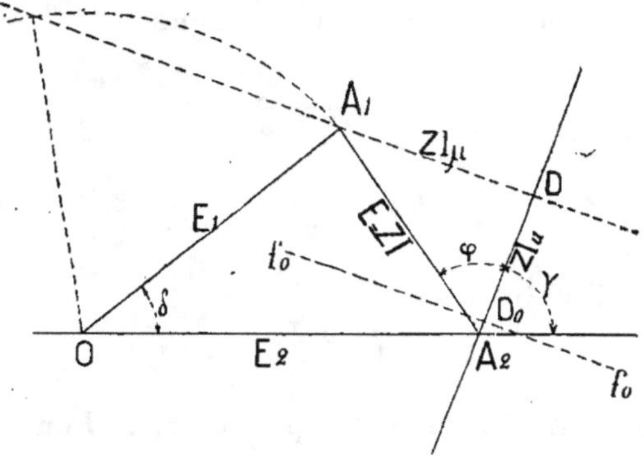

Fig. 192.

Toutes les droites parallèles à A_1D sont des lignes d'égale puissance. Si la droite f_0f_0 est celle qui correspond au fonctionnement à vide, la partie D_0D représente l'énergie mécanique utile disponible sur l'arbre du moteur, précisément parce que (en négligeant la distorsion due à l'hystérésis) les pertes par frottement, par courants de Foucault et par hystérésis peuvent être représentées par un courant énergétique d'intensité proportionnelle à A_2D_0 et que l'on peut considérer pratiquement comme constante, quelle que soit la charge.

La puissance électrique fournie par la génératrice est égale à celle qui est absorbée par le moteur, cette dernière étant augmentée des pertes par effet Joule RI^2.

Pour déterminer maintenant les valeurs de la puissance électrique P_1 de la génératrice et P_2 du moteur, on a

$$P_1 = E_1 I \cos(\varphi + \delta)$$
$$P_2 = E_2 I \cos\varphi.$$

D'autre part,

$$I_a = I \cos \varphi$$
$$I_\mu = I \sin \varphi.$$

En projetant le triangle A_2DA_1 sur OE_2 et en se rappelant la véritable direction des vecteurs, on a

$$ZI \cos (\gamma + \varphi) = ZI_a \cos \gamma - ZI_\mu \sin \gamma.$$

On a vu dans le chapitre v que, lorsque

$$\operatorname{tang} \gamma = \frac{X}{R},$$

on a aussi

$$\cos \gamma = \frac{R}{Z} \qquad \text{et} \qquad \sin \gamma = \frac{X}{Z}$$

et, par conséquent,

$$ZI \cos (\gamma + \varphi) = RI_a - XI_\mu.$$

Le triangle OA_2A_1 permet d'exprimer E_1 et I en fonction des autres quantités :

$$E_1^2 = E_2^2 + ZI^2 + 2E_2ZI \cos (\gamma + \varphi)$$
$$ZI^2 = E_1^2 + E_2^2 - 2E_1E_2 \cos \delta.$$

Enfin, en projetant le triangle OA_2A_1 sur la droite A_2D et sur une ligne perpendiculaire, on a les segments ZI_a et ZI_μ exprimés en fonction des autres quantités, soit

$$ZI_a = E_1 \cos (\gamma - \delta) - E_2 \cos \gamma$$
$$ZI_\mu = E_1 \sin (\gamma - \delta) - E_2 \sin \gamma.$$

On peut maintenant effectuer la substitution :

$$P_1 = E_1I \cos (\varphi + \delta) = E_1I \cos \varphi \cos \delta - E_1I \sin \varphi \sin \delta,$$

et on procède d'une manière analogue pour P_2. Mais

$$I \cos \varphi = I_a = \frac{1}{Z} \left\{ E_1 \cos (\gamma - \delta) - E_2 \cos \gamma \right\}$$

$$I \sin \varphi = I_\mu = \frac{1}{Z} \left\{ E_1 \sin (\gamma - \delta) - E_2 \sin \gamma \right\}.$$

En substituant et en réduisant, on obtient

$$P_1 = \frac{E_1}{Z} \left| E_1 \cos\gamma - E_2 \cos(\gamma + \delta) \right|$$
$$P_2 = \frac{E_2}{Z} \left| E_1 \cos(\gamma - \delta) - E_2 \cos\gamma \right| \tag{60}$$

158. Cette dernière équation montre immédiatement que, pour que le moteur fonctionne à un régime stable, il suffit que $\gamma > \delta$. En effet, avec une même valeur de E_1, on peut avoir deux valeurs différentes de δ, l'une plus grande, l'autre plus petite que γ. Pour obtenir la stabilité de fonctionnement, il faut que, si le moteur vient accidentellement à retarder, le couple moteur augmente spontanément pour corriger les écarts, et inversement lorsqu'il s'agit d'une accélération. En examinant le diagramme, on voit qu'en retardant la vitesse angulaire du moteur, le vecteur E_2 étant opposé à E_1, l'angle δ augmente. Lorsque $\delta < \gamma$, δ augmentant, $\cos(\gamma - \delta)$ augmente aussi et par conséquent, il en est de même pour P_2. Par contre, un régime stable de fonctionnement ne peut être absolument obtenu lorsque $\delta > \gamma$.

Dans le premier cas, on peut se demander comment il est possible d'obtenir la stabilité maximum ; il est évident que ce maximum sera obtenu lorsque, pour un décalage déterminé $\Delta\delta$, la variation de P_2 sera maximum. Dans le cas actuel, c'est-à-dire en maintenant la force électromotrice E_2 constante, cette condition n'est pas réalisable ; elle peut pourtant être obtenue, mais seulement dans le cas où le vecteur de E_1 se trouve parallèle à la ligne de puissance P_2, et alors le point A_1 se trouve à l'infini.

Il y a lieu aussi de remarquer que les points de régime admissible sont compris dans une circonférence ayant son centre en A_2 et de rayon I_m dans l'échelle de ampère (ZI_m dans l'échelle des volts), si I_m est l'intensité maximum que le moteur peut supporter. Les points de régime qui se trouvent en dehors de cette circonférence correspondent à des conditions de marche qui peuvent seulement être maintenues pendant un

temps **très court**, **en** admettant toujours que l'excitation du
moteur reste constante.

Lorsque l'excitation E_1 due à la génératrice reste **constante**, il existe une puissance maximum que l'on peut atteindre et qui correspond à la ligne de puissance tangente à
la circonférence décrite avec un rayon égal à E_1 ($\gamma = \delta$). Il
est évident que, dans la pratique, il importe de se tenir assez
éloigné de cette condition, parce que, dans ce cas, un retard
accidentel du moteur pourrait amener la perte du synchronisme, puisqu'on se trouve dans une condition limite.

159. Exemple numérique. — Deux alternateurs triphasés
identiques d'une puissance de 300 kilovolts-ampères sont installés, l'un comme génératrice, l'autre comme récepteur synchrone, à l'extrémité d'une ligne de 10 kilomètres. Tous deux
ont leur circuit monté en étoile; par suite, la génératrice
peut débiter 100 kilovolts-ampères par phase. La tension composée en charge est de 3 000 volts, ce qui correspond à une ten-
sion de $\dfrac{3\,000}{\sqrt{3}} = 1\,730$ volts par phase. L'intensité **maximum**
du courant dans chaque conducteur de la ligne par circuit
est de :

$$I = \frac{100\,000}{1\,730} = 58 \text{ ampères.}$$

Chaque circuit de l'alternateur a une résistance ohmique de
0,3 ohm et une réactance de 8 ohms. La fréquence est de
50 périodes par seconde.

On peut traiter ce problème comme s'il s'agissait d'une transmission à courant alternatif simple, de puissance égale au tiers
de la puissance totale, en opérant sur un seul des circuits de
la génératrice, un des conducteurs de la ligne et un des circuits
de la réceptrice et en admettant comme nulles la résistance et
la réactance du conducteur reliant les deux centres des enroulements, conducteur qui en réalité n'existe pas.

On admet une perte de ligne de 10 % de l'énergie transmise à pleine charge. La section à donner aux conducteurs

pour que chacun d'eux ait une résistance *r* est donnée par l'expression

$$r (58)^2 = 10\,000 \text{ watts,}$$

de laquelle on déduit $r = 2,7$ ohms, ce qui correspond à une section de 58 mm² et à un diamètre de 8,6 mm.

D'après la formule qui sera donnée dans le chapitre xix, on trouve que, si les trois conducteurs sont distants l'un de l'autre de 60 cm, la réactance pour chaque fil de ligne est de 2,93 ohms.

Par conséquent, dans le cas actuel de la transmission à courant alternatif simple, les quantités R et X ont pour valeurs respectives

$$R = 0,3 + 2,7 + 0,3 = 3,3 \text{ ohms.}$$
$$X = 8 + 2,93 + 8 = 18,93.$$

Donc

$$\tan \gamma = \frac{X}{R} = \frac{18,93}{3,3} = 5,82 \qquad \text{et} \qquad \gamma = 80^\circ\,20'.$$
$$Z = \sqrt{R^2 + X^2} = \sqrt{(3,3)^2 + (18,93)^2} = 19,5 \text{ ohms.}$$

On peut maintenant procéder à la construction du diagramme (*fig.* 193).

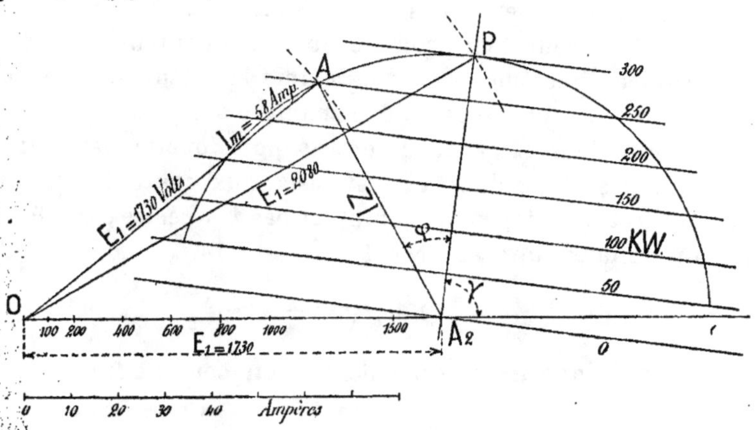

Fig. 193.

Sur une ligne horizontale, on porte un segment OA₂ qui, à l'échelle prise pour les volts (1 mm pour 30 volts), représente la force électromotrice du moteur pour lequel on veut établir le diagramme, et précisément cette force électromotrice normale est

$$\frac{3\,000}{\sqrt{3}} = 1\,730 \text{ volts.}$$

Du point A_2 on mène la ligne A_2P faisant avec le prolongement de OA_2 un angle $\gamma = 80° 20'$ et on porte en A_2P la valeur de l'intensité maximum de 58 ampères, à l'échelle des ampères, qui est :

$$\frac{Z}{30} = \frac{19,5}{30} = 0,65 \text{ mm par ampère.}$$

Avec une intensité de 58 ampères du courant énergétique dans chaque circuit, la puissance électrique du moteur sera égale à trois fois celle d'un des circuits, soit

$$58 \cdot 1\,730 = 100 \text{ kilowatts}$$
$$100 \text{ kw} \cdot 3 = 300 \text{ kw.}$$

On divise alors le segment A_2P en parties égales et l'on obtient, par les différentes lignes tracées parallèlement à la tangente en P, les lignes d'égale puissance.

Si l'on veut tenir compte du rendement du moteur pour déduire directement du diagramme la valeur de la puissance mécanique, on procède de la manière suivante:

Le moteur exige 25 kilowatts pour fonctionner à vide par suite des pertes dues à l'hystérésis, aux courants parasites et aux frottements, en ne comptant pas les pertes par effet Joule qui au maximum absorbent

$$3 \cdot 0,3 (58)^2 = 3 \text{ kw;}$$

ces 25 kilowatts correspondent à un courant énergétique de

$$\frac{58}{300} \cdot 25 = 4,82 \text{ ampères,}$$

On porte le segment correspondant à cette intensité de A_2

vers P ; la partie restante de A_2P représente

$$300 - 25 = 275 \text{ kw}$$

de puissance disponible sur l'arbre du moteur.

Le diagramme montre que, lorsque l'intensité est maximum, si on règle l'excitation de la génératrice de manière que sa force électromotrice soit de 1 730 volts comme pour le moteur, ce dernier développerait une puissance électrique de 250 kilowatts. En précisant, si le moteur avait une charge correspondant à 250 kilowatts, l'intensité maximum dans le circuit serait obtenue lorsque $E_1 = E_2 = 1730$ volts.

Pour que le moteur se trouve dans les conditions voulues pour pouvoir supporter sa charge maximum, il suffirait de porter la force électromotrice E_1 à 2 080 volts, et alors le décalage de phase entre I et E_2 deviendrait nul, $\varphi = 0$.

La génératrice développant cette force électromotrice, le moteur peut supporter les variations de charge depuis zéro jusqu'au maximum, tout en restant dans les conditions de stabilité ; il ne se produira plus de décalage en retard de I par rapport à E_2, mais bien un décalage en avance.

La charge maximum de 300 kilowatts peut également être obtenue avec $E_1 = 1730$ volts ; mais il faut alors que $I = 72$ ampères.

La puissance électrique P_1 développée par la génératrice peut être déterminée facilement pour n'importe quel régime en ajoutant à la puissance P_2 l'énergie $3RI^2$ dissipée par effet Joule.

160. Observations sur les valeurs de Z. — Les considérations qui viennent d'être exposées ainsi que celles qui seront énoncées par la suite sont toutes fondées sur la constance de la réactance Z du circuit complexe. Il s'ensuit que l'on a des diagrammes extrêmement simples qui sont d'un grand secours pour l'étude de l'allure générale des phénomènes. Mais, si l'on veut utiliser ces diagrammes pour l'étude d'un cas pratique, il ne faut pas oublier que l'impédance Z du circuit est variable et

que l'on ne peut tout au plus la considérer comme constante
que dans certaines limites, alors que les machines fonctionnent
assez loin de leur point de saturation et que le décalage de
phase entre la force électromotrice et l'intensité, aussi bien en
ce qui concerne la génératrice que le moteur, n'est pas très
notable.

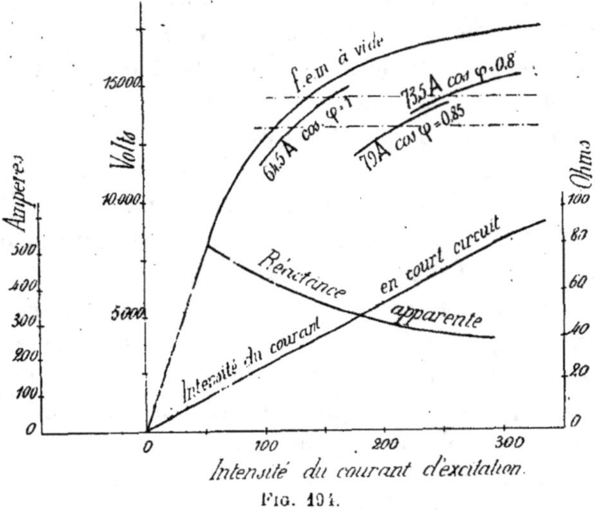

Fig. 194.

Pour se convaincre du fait que Z n'est pas constant, lorsqu'il
s'agit d'un cas de la pratique, il suffit d'examiner le diagramme
(*fig.* 194) donnant la courbe de la résistance apparente ou impédance synchrone (c'est-à-dire à la vitesse angulaire de synchronisme) des alternateurs triphasés de la station centrale
hydraulico-électrique de Paderno. Lorsque la force électromotrice varie de 15000 à 17000 volts, l'impédance, déterminée
au moyen de la courbe de fonctionnement en court circuit,
varie de 52 à 40 ohms, c'est-à-dire de plus de 20 0/0.

Si on a déterminé les coefficients α et λ de la chute de tension (§ 109) par la méthode de Potier, on peut procéder
pour chaque cas à une vérification. En ayant établi sur le diagramme un certain régime pour Z constant et pour en déduire

les valeurs de la force électromotrice et de l'intensité qui y correspondent, on procède de la manière suivante:

En s'appuyant sur les valeurs de la force électromotrice E_2, des coefficients α_2 et λ_2 pour le moteur, de l'intensité I et du décalage φ, on détermine la tension aux bornes du moteur, tension qui doit être majorée de la valeur de la chute en ligne (en partie ohmique, en partie inductive). On obtient ainsi la valeur de la tension aux bornes de la génératrice. A cette tension l'on ajoute encore les deux forces électromotrices $\alpha_1 I$ et $\lambda_1 I$ (α_1 et λ_1 sont les coefficients de la génératrice d'après la méthode de M. Potier), naturellement en tenant compte du décalage de phase entre la tension aux bornes et l'intensité I, et l'on en déduit la valeur de la force électromotrice nécessaire pour obtenir le régime voulu. La valeur de la force électromotrice E_1 ainsi calculée diffère d'autant plus de celle qu'indique le diagramme bipolaire que les machines se trouvent plus près de leur point de saturation.

161. Lignes d'égale puissance pour E_1 constant. — Conditions de stabilité. — Ce cas, au point de vue pratique, est beaucoup plus intéressant que le premier, parce que, habituellement, c'est la tension aux bornes du moteur qui est maintenue constante dans une distribution d'énergie, pourvu que, indépendamment des moteurs synchrones, les autres appareils à alimenter soient analogues aux moteurs synchrones.

On peut, dans ce cas, avoir encore recours au diagramme bipolaire légèrement modifié, en faisant remarquer que, si l'on veut maintenir constante la force électromotrice E_1 de la génératrice, la réactance Z comprend celle de tout le circuit, génératrice, ligne et moteur. Si, au contraire, c'est la tension au tableau de distribution qui est maintenue constante, la réactance comprend celle de la ligne et celle du moteur. Enfin, si le moteur est alimenté à tension constante, il faut tenir compte seulement de la réactance du moteur.

On désignera toujours dans ce qui suit par E_1 la force élec-

tromotrice ou la tension agissante et par Z la réactance correspondant au cas considéré.

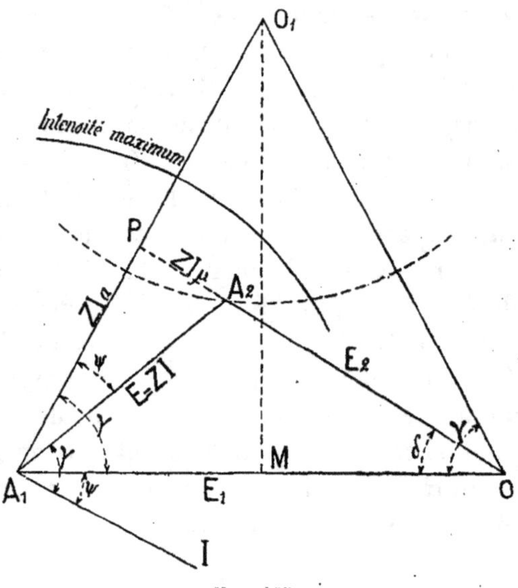

Fig. 195.

On prend le vecteur E_1 comme axe de base pour la force
électromotrice (*fig.* 195) et par le point O on trace le vecteur
de E_2 décalé en retard de l'angle δ par rapport à celui de E_1.
Le vecteur $A_1A_2 = E = ZI$ donne la valeur de la force électromotrice résultante. Par rapport à ce vecteur, celui de l'intensité est décalé en retard d'un angle γ dont la valeur est
donnée par

$$\tan\gamma = \frac{X}{R},$$

indiquant que l'intensité est décalée d'un angle ψ par rapport
à la force électromotrice ou à la tension agissante E_1. On trace
alors la ligne A_1P, décalée en avance d'un angle γ par rapport à E_1 et qui se trouve, par suite, décalée d'un angle ψ par
rapport à E ; cette ligne est, par conséquent, l'origine des
phases de I par rapport à E_1. Dans ces conditions, si on prend,
comme précédemment, le vecteur A_1A_2 comme mesure de I,

les projections de E sur A_1P donnent les composantes énergétiques et les projections de E sur A_2P les composantes magnétisantes du courant.

La puissance électrique fournie au moteur est

$$P_1 = E_1 I_a$$

et la puissance électrique développée par le moteur

$$P_2 = E_1 I_a - R I^2,$$

R étant la résistance du circuit compris entre les points pour lesquels on considère la force électromotrice agissante E_1.

En faisant varier la charge, E_2 restant constant, le point A_2 prend différentes positions déterminées ; de même, en maintenant la charge constante et en faisant varier E_2, le point A_2 occupe aussi des positions déterminées.

Pour ce dernier cas, on peut se demander quel est le lieu du point A_2. Si E_2 reste constant et E_1 variable, on trouve que les lignes d'égale puissance sont des droites ; dans l'autre cas, on peut démontrer facilement que les lignes d'égale puissance sont des circonférences.

Ces lignes sont exprimées en coordonnées polaires par l'équation

$$P_2 = \frac{E_2}{Z} \left\{ E_1 \cos(\gamma - \delta) - E_2 \cos\gamma \right\}.$$

Si l'on veut rapporter cette équation à un système de coordonnées orthogonales, on prend comme origine le point O_1 et comme axe des x la droite OO_1 faisant avec E_1 un angle γ, de manière que OA_1O_1 soit un triangle isocèle, parce qu'alors

$$E_2 \cos(\gamma - \delta) = x.$$

Du point O on trace un axe perpendiculaire pour les ordonnées y, axe qui n'est pas tracé sur la figure 195, et l'on a

$$E_2^2 = x^2 + y^2.$$

On remarque alors que

$$P_2 Z = E_1 E_2 \cos(\gamma - \delta) - E_2^2 \cos\gamma$$

et, en substituant, on peut écrire

$$P_2 Z = E_1 x - (x^2 + y^2) \cos\gamma,$$

c'est-à-dire

$$x^2 + y^2 - \frac{E_1 x}{\cos\gamma} = -\frac{P_2 Z}{\cos\gamma};$$

ou bien aussi, puisque l'on a déjà vu que $\cos\gamma = \dfrac{R}{Z}$,

$$\left(x^2 - \frac{E_1 x}{\cos\gamma}\right) + y^2 = -\frac{P_2 R}{\cos^2\gamma},$$

c'est-à-dire

$$\left(x - \frac{E_1}{2\cos\gamma}\right)^2 + y^2 = \frac{\frac{1}{4} E_1^2 - P_2 R}{\cos^2\gamma},$$

qui est l'équation d'une circonférence dont le centre a pour coordonnée

$$x = \frac{E_1}{2\cos\gamma}, \qquad y = 0.$$

Ce centre est évidemment le point O_1 et le rayon de la circonférence correspondant à la puissance P_2 est

$$\rho = \sqrt{\frac{\frac{1}{4} E_1^2 - P_2 R}{\cos^2\gamma}} = \frac{1}{\cos\gamma}\sqrt{\left(\frac{E_1}{2}\right)^2 - P_2 R}.$$

Il est alors facile, pour obtenir les différentes puissances P_2, de tracer les circonférences correspondantes. Mais, comme pratiquement l'angle γ reste toujours assez grand et que le point O_1 tombe en dehors de la feuille, parce que ρ est également grand, on peut déterminer chaque circonférence à l'aide de ses tangentes aux points où la circonférence coupe les droites $A_1 O_1$ et $O_1 O_1$, tangentes qui sont perpendiculaires à ces droites. C'est ainsi que des points de tangence se trouvent sur $O_1 O$ et $O_1 A_1$ à une distance donnée par l'expression :

$$\frac{E_1}{2\cos\gamma} - \rho = \frac{1}{\cos\gamma}\left\{\frac{E_1}{2} - \sqrt{\left(\frac{E_1}{2}\right)^2 - P_2 R}\right\}.$$

On trace les tangentes approximativement et, à l'aide d'un compas, on trace ensuite les arcs de cercle correspondants, à moins que l'on ne puisse, pour éviter ce tracé, avoir le centre de la circonférence.

La circonférence d'égale puissance passant par A_1 et O correspond à $P_2 = 0$. Entre ces points sont comprises toutes les circonférences correspondant aux divers régimes admissibles du moteur, en remarquant toutefois qu'elles doivent aussi, pour que le fonctionnement soit normal, se trouver comprises à l'intérieur de la circonférence qui, ayant son centre en A_1, détermine l'intensité maximum.

Puisque E_1 reste constant, P_1 reste proportionnel à I_a et les lignes d'égale puissance pour P_1 sont les droites perpendiculaires à A_1O_1 ; donc, la perpendiculaire à A_1O_1 passant par A_1 détermine la valeur nulle de la puissance P_1, puisque $I_a = 0$.

On peut aussi remarquer que les lignes de même phase ψ, c'est-à-dire celles dont les points représentent les régimes pour des phases déterminées ψ de l'intensité I et de la force électromotrice E_1, sont les lignes partant du point A_1. C'est pourquoi les lignes de même phase entre I et E_2 devant, pour chacun de leurs points, faire un angle constant OA_2A_1, sont des circonférences ayant $O\,A_1$ pour corde.

162. Exemple numérique. — Reprenant l'exemple numérique du paragraphe 159, on suppose que la différence de potentiel de la génératrice, mesurée aux barres du tableau de distribution, reste maintenant invariable et est égale à $1\,800\,\sqrt{3} = 3\,100$ volts.

La résistance de chaque circuit considéré séparément est

$$R = 2,7 + 0,3 = 3 \text{ ohms}$$

et la réactance

$$X = 2,93 + 8 = 10,93 \text{ ohms.}$$

Par suite

$$\tan \gamma = \frac{X}{R} = \frac{10,93}{3} = 3,64, \qquad \gamma = 74°\,40'$$

$$Z = \sqrt{(3)^2 + (10,93)^2} = \sqrt{128,46} = 11,35 \text{ ohms.}$$

Choisissant maintenant l'échelle de 1 mm pour 23 volts en-

viron (*fig.* 196), l'échelle des intensités est de $\dfrac{11,35}{23} = 0,493$ mm

par ampère, soit 1 mm pour 2 ampères en chiffres ronds.

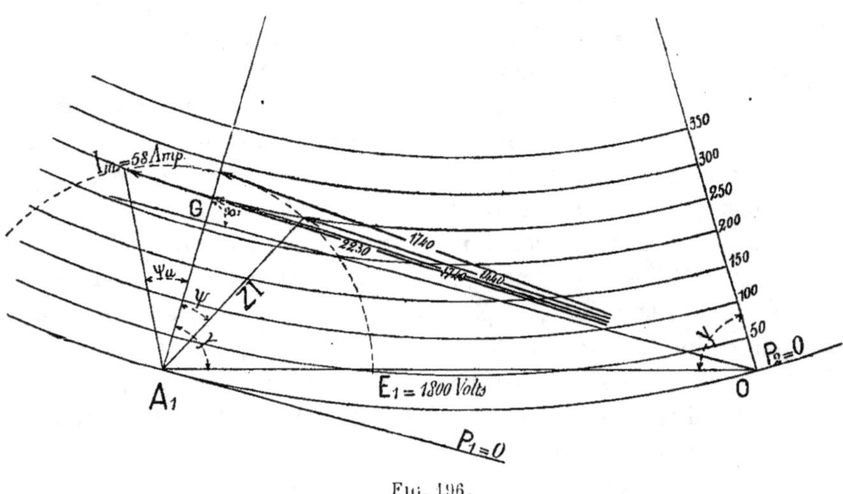

Fig. 196.

Des extrémités du vecteur $OA_1 = E_1 = 1\,800$ volts, on trace
deux droites faisant avec lui un angle $\gamma = 74° 40'$. Ces droites
se rencontrent en un point O_1 qui constitue le centre des différentes circonférences de puissance tracées sur le diagramme.

Mais ce point O_1 peut être mal déterminé à l'aide des deux
angles, parce qu'il suffit d'une très petite erreur dans leur
construction pour qu'il en résulte une grosse erreur dans
la position du point O_1. Il est préférable de déterminer le
rayon qui correspond à la puissance $P_2 = 0$ et qui est évidemment

$$\rho = \frac{E_1}{2 \cos \gamma}$$

et de déterminer ensuite le centre O_1 à l'aide de ce segment.

Les rayons des autres circonférences de puissance figurant
sur le diagramme ont été déterminés d'après la puissance
électrique correspondant à un des circuits ; de même les

valeurs données pour la tension et l'intensité se rapportent seulement à un seul des circuits. Mais, pour chacune des circonférences portées sur le diagramme, on a indiqué la puissance totale, c'est-à-dire la valeur triple de celle qui s'applique à un seul circuit.

On voit sur le diagramme qu'avec l'intensité maximum admissible en marche normale $I_m = 58$ ampères, la puissance électrique maximum est de 280 kilowatts; si l'on veut atteindre 300 kilowatts, en maintenant constante la tension au départ, l'intensité du courant devra dépasser la valeur limite de 58 ampères.

Le moteur peut supporter n'importe quelle charge compatible avec sa puissance pour toutes les valeurs de la force électromotrice E_2 dont les vecteurs, partant de O, ont leur extrémité opposée à l'intérieur de la circonférence déterminant l'intensité maximum. Pour cette intensité maximum, il y a deux valeurs de la force électromotrice E_2 correspondant à une charge déterminée : par exemple, pour une charge de 250 kw, on peut avoir pour E_2 les valeurs de 1 440 volts aussi bien que de 2 230 volts ; mais, dans le premier cas, l'intensité au départ est décalée en retard d'un angle $\psi = 28°$, tandis que, dans le second cas, elle est décalée en avance du même angle par rapport à la tension appliquée. En agissant sur l'excitation du moteur de manière à donner à la force électromotrice E_2 la valeur de 1 740 volts, toujours avec une charge de 250 kw, l'intensité tombe à 51,6 ampères et se trouve en concordance de phase avec la tension agissante E_1.

En traçant par le point O le vecteur OG perpendiculaire à A_1O_1, ce vecteur est tangent à la circonférence correspondant à une puissance de 210 kw et, dans ces conditions de marche et pour cette charge, on obtient le maximum de stabilité de fonctionnement. D'une manière générale, si la force électromotrice E_2 a des valeurs égales ou supérieures à celles qui sont déterminées par les tangentes des circonférences correspondant aux puissances considérées, on obtient les régimes pour lesquels la *stabilité de fonctionnement devient maximum*, c'est-à-dire que, pour une variation déterminée du retard δ entre E_2 et E_1, l'augmentation du couple moteur est maximum et, par conséquent, l'écart est corrigé avec la plus grande rapidité possible. Cette propriété peut être facilement démontrée à l'aide du calcul ; mais, comme elle correspond à une propriété géométrique suffisamment explicite, on peut se passer de cette démonstration.

Il y a donc, pour une charge déterminée, une intensité du courant d'excitation qui assure une stabilité maximum de fonctionnement. Donc, pour obtenir cette stabilité de fonctionnement, il suffit de faire supporter au moteur une charge un peu au-dessous de la charge maximum, environ les trois quarts, parce que, si l'on s'éloigne de cette condition, un écart éventuel peut amener la perte complète du synchronisme.

Le diagramme montre également que, quelle que soit la charge, pour obtenir la stabilité il y a tout avantage à surexciter le moteur, en rendant ainsi ψ négatif, parce que, pour un écart déterminé $\Delta\delta$, le déplacement de l'extrémité du vecteur E_2 est d'autant plus considérable que le vecteur lui-même est plus grand.

163. Oscillations d'un moteur synchrone. — On a analysé dans le tome I, § 95, le phénomène des oscillations qui peuvent compromettre le fonctionnement régulier d'un moteur synchrone. Il reste à examiner maintenant ce phénomène au point de vue quantitatif. Cette étude est d'autant plus utile que ce phénomène présente une importance capitale au point de vue du fonctionnement des convertisseurs ou transformateurs tournants. On se bornera dans ce qui suit à étudier le cas des oscillations produites par des perturbations momentanées.

Il convient de ne pas oublier que les oscillations qui se produisent dans l'organe mobile d'une machine sont contrebalancées par un *couple synchronisant* C_s toujours de sens opposé au décalage α de l'organe mobile par rapport à sa position moyenne. Lorsque le moteur retarde, α est négatif et le couple synchronisant positif et *vice versa* si le moteur avance. En fait, le couple synchronisant n'est autre chose que l'excès de valeur du couple moteur par rapport au couple résistant ; les considérations développées dans les paragraphes précédents permettent d'affirmer que, dans les conditions de stabilité de fonctionnement, ce couple de synchronisation se produit toujours. C'est pourquoi, lorsqu'il s'agit de très faibles décalages, on peut admettre

$$C_s = C\alpha,$$

expression dans laquelle C est la valeur du couple pour l'unité d'angle de décalage α (radian). Mais on sait que, pour une oscillation libre, si K est le moment d'inertie de l'organe mobile et C le couple rapporté à la valeur de 1 radian, la durée de l'oscillation est donnée par l'expression

$$\tau = 2\pi \sqrt{\frac{K}{C}}.$$

Par conséquent, dans le cas actuel,

$$C_s = - \frac{4\pi^2 K}{\tau^2} \cdot \alpha.$$

Si la machine comporte n champs polaires, le décalage des vecteurs des forces électromotrices des deux machines, génératrice et réceptrice, pour une oscillation, est $n\alpha$, et il s'ensuit que

$$d\delta = n \cdot d\alpha.$$

Pour une oscillation, si δ varie, la puissance électrique P_2 absorbée par le moteur varie également, ainsi que celle P_1 fournie par la génératrice ; il en résulte que le couple synchronisant correspond à chaque instant à la variation instantanée de la différence $P_1 - P_2$ entre la puissance fournie et absorbée ; c'est pour cela que l'on peut admettre momentanément que l'oscillation se produit aussi bien dans la génératrice que dans le moteur. Cette variation instantanée, si les deux machines ont le même nombre de pôles, est donnée par l'expression

$$\frac{dP_1}{d\alpha} - \frac{dP_2}{d\alpha} = n\left(\frac{dP_1}{d\delta} - \frac{dP_2}{d\delta}\right).$$

Les formules (60) donnent

$$\frac{dP_1}{d\delta} = \frac{E_1}{Z}\,E_2\sin(\gamma + \delta)$$

$$\frac{dP_2}{d\delta} = \frac{E_2}{Z}\,E_1\sin(\gamma - \delta).$$

Il y a lieu de remarquer que les formules (60) sont déduites du diagramme polaire de M. Blondel, qui permet de déterminer les valeurs absolues de la puissance fournie et de la puissance absorbée. Mais P_2 étant une puissance retardatrice et P_1 une puissance accélératrice, P_2 est de signe contraire à P_1 et l'on a, par conséquent,

$$\frac{dP_1}{d\alpha} - \frac{dP_2}{d\alpha} = n\,\frac{E_1 E_2}{Z}\left\{\sin(\gamma + \delta) + \sin(\gamma - \delta)\right\} = 2n\,\frac{E_1 E_2}{Z}\sin\gamma\cos\delta.$$

Cette expression, qui donne la variation de la puissance synchronisante avec l'angle de décalage, doit être égale au couple synchronisant rapporté au radian, multiplié par la vitesse angulaire moyenne $2\pi N = \dfrac{\omega}{n}$, N étant le nombre de tours par seconde et $\omega = 2\pi f$ la pulsation. Par conséquent,

$$C = \frac{2n^2}{\omega}\cdot\frac{E_1 E_2}{Z}\sin\gamma\cos\delta\,;$$

en substituant, la durée de l'oscillation est donnée par

$$\tau = 2\pi\sqrt{\dfrac{K}{\dfrac{2n^2}{\omega}\cdot\dfrac{E_1 E_2}{Z}\sin\gamma\cos\delta}}\,;$$

c'est-à-dire

$$\tau = \frac{2\pi}{n}\sqrt{\dfrac{K\,\omega}{2\,\dfrac{E_1 E_2}{Z}\cdot\sin\gamma\cos\delta}}.$$

Si les deux machines sont identiques et en supposant que l'impédance du circuit total se réduise à celle des deux machines, la quantité

$$\frac{2E_2}{Z} = \frac{E_2}{\frac{1}{2} Z}$$

représente l'intensité du courant en court circuit I_{2cc} de la seconde machine (moteur) correspondant à la force électromotrice E_2. Par suite

$$\tau = \frac{2\pi}{n} \sqrt{\frac{K\omega}{E_1 I_{2cc} \sin\gamma \cos\delta}}.$$

Si les deux forces électromotrices $E_1 E_2$ sont sensiblement égales, pratiquement l'angle δ est presque égal à zéro et l'on peut prendre $\cos\delta = 1$; dans ce cas, on peut écrire

$$\tau = \frac{2\pi}{n} \sqrt{\frac{K\omega}{2 \frac{E^2}{Z} \sin\gamma}}.$$

Si le moteur, au lieu d'être alimenté par un alternateur spécial, est alimenté par un réseau de distribution de grande capacité, l'effet produit par ses oscillations n'arrive pas jusqu'à la station centrale et la puissance synchronisante est alors due uniquement aux variations de puissance du moteur même. Dans ce cas

$$C = \frac{n^2}{\omega} \cdot \frac{E_1 E_2}{Z} \sin\gamma \cos\delta$$

et, par suite,

$$\tau = \frac{2\pi}{n} \sqrt{\frac{K\omega}{\frac{U^2}{Z} \sin\gamma}},$$

U étant la tension du réseau d'alimentation, à peu près égale à la force électromotrice du moteur. Dans ces conditions, la période d'oscillation augmente notablement:

Les considérations qui précèdent s'appliquent à un moteur

synchrone à courant alternatif simple. Si le moteur est poly-phasé, on peut employer la même formule convenablement modifiée ; si le moteur est diphasé, la puissance apparente $\dfrac{U^2}{Z}$ est doublée et, s'il est triphasé, elle est triplée, étant admis que U est la tension par phase.

164. Exemple numérique. — L'organe mobile d'un moteur triphasé des ateliers d'Oerlikon, essayé par l'auteur, a une puissance de 250 kilovolts-ampères, une tension composée de 3000 volts à la vitesse angulaire de 300 tours par minute et présente un moment d'inertie de 1500 m² kg. Le nombre des champs polaires n est de 10. Dans les conditions normales de fonctionnement, l'impédance synchrone est de 8 ohms par phase et la résistance ohmique de 0,3 ohm.

On a alors

$$Z = 8 = \sqrt{r^2 + x^2} = \sqrt{(0,3)^2 + x^2}$$

et l'on peut prendre $x = 8$ sans erreur appréciable. Le moteur étant directement alimenté par un réseau de distribution à tension constante, l'angle γ est donné par l'expression

$$\tan \gamma = \frac{x}{r} = \frac{8}{0,3} = 26,66, \qquad \text{d'où} \qquad \gamma = 87° 50'.$$

Par conséquent, $\sin \gamma = 0,999$.

Mais, comme le moteur est triphasé, le temps exprimant la durée de l'oscillation proprement dite est

$$\tau = \frac{2\pi}{n} \sqrt{\frac{K\omega}{3\,\dfrac{U^2}{Z}\sin \gamma}}.$$

Si la tension composée est de 3000 volts, la tension du moteur par phase est approximativement, pour δ, très près de zéro (en se rapportant au diagramme bipolaire de M. Blondel, tandis qu'en réalité δ serait près de 180°).

$$\frac{3\,000}{\sqrt{3}} = 1\,740 \text{ volts.}$$

Par suite,

$$\frac{U^2}{Z} = \frac{(1\,740)^2}{8} = 375\,000 \text{ watts,}$$

soit $10^{12} \cdot 3{,}75$ unités $C.\ G.\ S.$

Le moment d'inertie 1500 exprimé en m^2 kg devient $10^{10} \cdot 1{,}5$ en unités $C.\ G.\ S.$ Puisque la pulsation est

$$\omega = 2\pi \cdot \frac{300}{60} \cdot 10 = 314,$$

on a

$$\tau = \frac{6{,}28}{10} \sqrt{\frac{10^{10} \cdot 1{,}500 \cdot 314}{3 \cdot 10^{12} \cdot 3{,}75 \cdot 0{,}999}} = 0{,}425 \text{ seconde.}$$

165. Courbe du courant pour E_1 et P_2 constants et E_2 variable. — Le diagramme de fonctionnement pour E_1 constant, donné paragraphe 161, montre que, pour une certaine puissance P_2, il y a plusieurs régimes possibles à chacun desquels correspondent des valeurs différentes de la force électromotrice E_2 ainsi que de l'intensité I, plus particulièrement des valeurs différentes de la composante magnétisante; forcément, δ et ψ (décalage en retard de I par rapport à E_1) varient aussi.

On voit que, pour une puissance déterminée, en réglant l'excitation de manière que ψ soit positif, l'intensité peut prendre sa valeur maximum. En faisant augmenter graduellement la valeur de E_2, l'intensité et ψ diminuent; lorsque $\psi = 0$, l'intensité atteint le minimum possible parce que la composante magnétisante s'annule. En continuant à augmenter la valeur de E_2, l'intensité augmente de nouveau, tandis que le retard ψ change de signe.

En portant sur un diagramme les valeurs de E_2 ou de l'excitation ainsi que les valeurs correspondantes de l'intensité, on obtient une courbe dont la forme lui a fait donner le nom de

courbe en V de Mordey (*fig.* 197), M. Mordey étant le premier
à l'avoir fait connaître.

Pour trouver rapide-
ment les valeurs de l'in-
tensité, nécessaires pour
établir cette courbe, on
peut utiliser le diagramme
bipolaire indiqué dans le
paragraphe 156. Pour P_2
constant, A_2D étant la
composante énergétique
mesurée à l'échelle des
ampères (*fig.* 198), il suffit
de tracer différentes per-

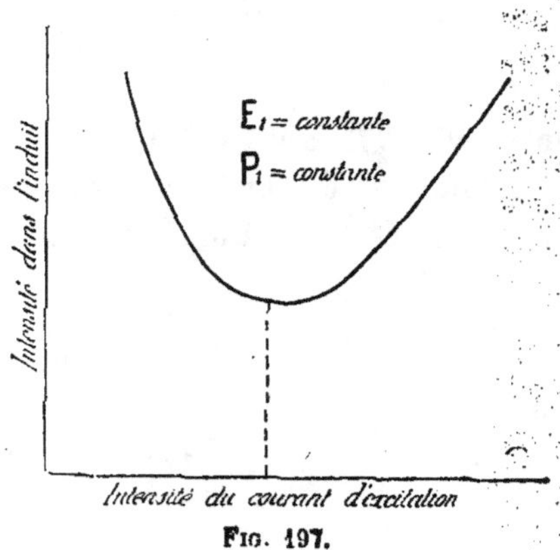

Fig. 197.

pendiculaires à A_2D en choisissant sur l'horizontale des points
O, O_1, O_2, O_3, ... tels que

$$A_2O \cdot A_2D = A_2O_1 \cdot A_2D_1 = ... = E_2I_a = P_2 \text{ constant.}$$

Pour que, dans ces conditions, E_1 soit constant, il suffit de
prendre comme centres les points O, O_1, O_2, ... et, avec un
rayon constant égal
à E_1, marquer sur
les droites tracées
les différents points
A_1. Les vecteurs
$A_2A_1, A_2A'_1, A_2A''_1, ...,$
non tracés sur la
figure 198, donnent
à l'échelle des am-
pères l'intensité de
courant cherchée.

Il ne faut pas
perdre de vue que

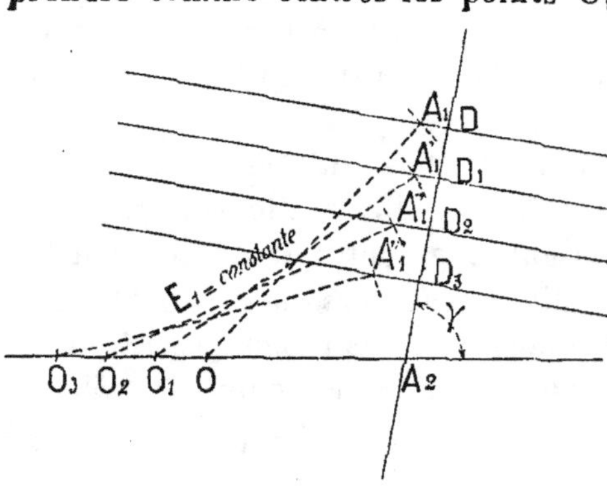

Fig. 198.

la valeur constante de E_1 s'entend pour la tension aux bornes
du moteur. Si c'est la valeur de la tension au départ de la génératrice qui doit être maintenue constante, il faut alors, pour

déterminer les points A_1 sur le diagramme précédent, procéder par tâtonnements et tenir compte de la chute de tension due à l'impédance de la ligne, chute qui augmente proportionnellement à l'intensité du courant, c'est-à-dire qu'il faut faire intervenir dans le calcul l'effet de la résistance et celui de la réactance de la ligne en modifiant la valeur de l'angle γ.

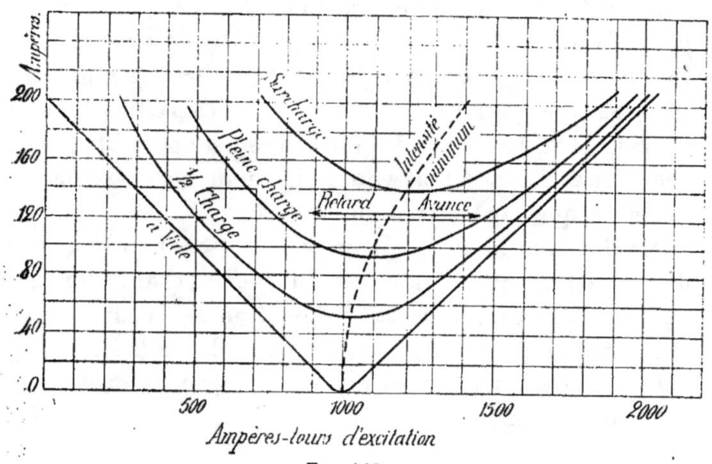

Fig. 199.

On aura ainsi, pour chaque valeur de la puissance P_2, la courbe en V correspondante; cette courbe est d'autant plus arrondie que la puissance P_2 a une valeur plus grande. La figure 199 le montre parfaitement; sur cette courbe sont reportées les *courbes caractéristiques de phase* d'un moteur synchrone ayant une puissance maximum de 140 kilowatts et dont les constantes sont les suivantes :

Résistance intérieure................ **0,1** ohm
Réactance.......................... 5 ohms
Tension d'alimentation............. 100 volts

Théoriquement, la courbe en V du fonctionnement à vide, c'est-à-dire pour $P_2 = 0$, devrait avoir un point de contact avec l'axe des ampères-tours d'excitation; mais, par suite de la puissance absorbée par les frottements, par les courants parasites, etc., lorsqu'on relève directement les valeurs sur une machine, on trouve qu'il y a toujours dans ces conditions une certaine valeur de courant énergétique. Comme on le verra dans le chapitre XVIII, on peut utiliser ce phénomène pour déterminer le rendement d'un moteur synchrone ou d'un alternateur.

Il n'est pas difficile de démontrer que l'équation de la courbe en V est du quatrième degré et que l'on peut la réduire à deux coniques dans le cas seulement où $P = 0$. Dans ce cas, le diagramme est formé de deux ellipses ayant leur point d'intersection sur l'axe des ampères. Les parties de ces ellipses correspondant à la zone de fonctionnement possible sont presque rectilignes, ce que l'on voit clairement en examinant le diagramme que donne la figure 199.

Au diagramme des courbes en V, il est bon d'ajouter celui des courbes qui donne la seule composante magnétisante pour différentes puissances en fonction de l'excitation. De cette manière, la phase ψ et l'intensité du courant énergétique peuvent être déterminées rapidement par la construction d'un triangle rectangle.

166. Emploi d'un moteur synchrone pour compenser les effets de réactance.

— Tous les récepteurs à courant alternatif montés sur une ligne de distribution et comportant du fer exigent un certain courant magnétisant qui, comme on le sait, ne produit aucun travail utile, mais donne lieu à une augmentation de température plus considérable des génératrices et des conducteurs de la ligne.

On ne peut songer à supprimer ce courant magnétisant dans les appareils récepteurs, car il est absolument indispensable pour leur fonctionnement ; mais, si l'on utilise un moteur synchrone qui, comme on le sait, peut donner naissance à un courant décalé en avance par rapport à la tension appliquée, il est possible de fournir aux autres appareils récepteurs le courant magnétisant qui leur est nécessaire, supprimant ainsi cette composante dans la ligne et dans les génératrices, ce qui constitue un avantage appréciable (Voir tome I, § 94, page 267).

Le moteur synchrone doit être monté en dérivation avec les autres appareils récepteurs, ainsi qu'on l'a exposé dans le paragraphe 46 du tome I à propos des condensateurs, les moteurs synchrones surexcités se comportant d'une manière analogue. Avec ce mode de montage, le moteur synchrone se trouve relié en opposition par rapport aux autres récepteurs (moteurs asynchrones, transformateurs, etc.) et, par conséquent, la composante magnétisante est en avance de $\frac{\pi}{2}$ sur la tension et se trouve en retard de la même quantité par rapport aux récepteurs, devenant ainsi un véritable courant magnétisant. On peut ainsi arriver à obtenir une compensation complète.

Il convient, toutefois, de ne pas perdre de vue que le moteur synchrone exige pour démarrer une certaine intensité de courant énergétique et que ce courant, ajouté à celui qui est essentiellement énergétique et nécessaire pour faire fonctionner les récepteurs, est équivalent au courant qu'il faudrait fournir seulement pour ces derniers, si l'on n'utilisait pas un moteur synchrone. L'emploi du moteur synchrone en pareil cas est à éviter, parce que cela conduirait à avoir une machine de plus en service qui grèverait d'autant les dépenses sans qu'il en résulte un avantage quelconque. Il convient alors d'examiner si on ne pourrait pas utiliser un ou plusieurs moteurs synchrones pour suppléer à une partie de l'énergie mécanique que doit fournir la distribution en utilisant des moteurs asynchrones pour l'autre partie. Les moteurs synchrones, avec une excitation convenable, peuvent fournir, indépendamment d'un certain travail mécanique, le courant magnétisant nécessaire aux moteurs asynchrones, sans pour cela dépasser l'intensité maximum que l'induit peut supporter.

Les études et les recherches faites par le professeur Lombardi sur les condensateurs à feuilles de cérésine, construits d'après le procédé dont il est l'inventeur, ainsi que les résultats obtenus par la maison de l'ingénieur V. Tedeschi et Cⁱᵉ, de Turin, qui a le monopole de la fabrication, permettent d'espérer que, dans un avenir peu éloigné, ces condensateurs pourront recevoir des applications industrielles. Il est vrai que les fortes et même très fortes surélévations de tension qui se produisent parfois dans les lignes à courant alternatif, au moment où on les met en charge ou que le courant vient à être interrompu pour une cause quelconque, surélévations de tension qui accompagnent aussi les phénomènes accidentels de résonance (Voir chap. XIX)[1], constituent toujours un risque permanent pour la conservation en bon état des condensateurs. Il résulte d'expériences faites par M. Boucherot que, même avec une tension toujours maintenue constante, les condensateurs sont mis hors de service après un certain temps. Donc, si des recherches techniques permettent, comme cela est probable, de supprimer ou même de tourner cet inconvénient des condensateurs, ces appareils, ne comportant aucun organe en mouvement, étant peu encombrants et ayant une propriété notable de compensation lorsque la tension dans le réseau d'alimentation est élevée, — et c'est aujourd'hui le cas le plus fréquent, — ils seront appelés à rendre de grands services.

Reprenant l'examen de la question des moteurs synchrones, il ressort de l'examen du diagramme donné, paragraphe 161, pour E_1 constant, que le rôle des condensateurs se borne seulement aux excitations E_2 correspondant aux points de régime A_2 situés à droite de la ligne A_1O_1. Un exemple permettra de montrer comment l'on doit procéder pratiquement au choix d'un moteur destiné à servir de compensateur de phase.

167. Exemple numérique. — Un alternateur triphasé, de 500 kilovolts-ampères et de fréquence 50, maintient à l'extrémité d'une canalisation de 20 kilomètres de longueur une tension composée de 3000 volts. Chaque conducteur de la ligne a une résistance de 2,5 ohms et chaque circuit de la génératrice une résistance de 0,3 ohm. L'installation alimente des moteurs dont quelques-uns, par suite des conditions de fonctionnement dans lesquelles ils sont placés, peuvent être des moteurs syn-

---

1. Les courbes de tension se rapprochant toujours suffisamment de la sinusoïde rendent cette éventualité peu probable.

chrones. Il s'agit d'examiner s'il convient d'installer seulement des moteurs asynchrones et un seul moteur synchrone fonctionnant à vide comme compensateur de réactance, ou bien d'installer des moteurs synchrones et asynchrones, toujours dans le but de réduire au minimum l'intensité du courant dans la ligne.

La tension d'alimentation par phase des moteurs asynchrones, en supposant qu'ils soient montés en étoile, est de

$$\frac{3\,000}{\sqrt{3}} = 1\,730 \text{ volts}$$

et chacune des phases consomme 150 kilowatts, en tenant compte des pertes d'énergie dans la ligne. Ces moteurs ont un rendement de 85 % à charge normale et, dans ces conditions, consomment 1/3 de l'intensité normale comme courant magnétisant ; leur facteur de puissance est égal à 0,90. L'intensité normale par phase étant représentée par I, on a :

$$I = \frac{150\,000}{0,85 \,.\, 0,90 \,.\, 1\,730} = 114 \text{ ampères,}$$

et l'intensité du courant magnétisant, presque constante quelle que soit la charge, est

$$I_\mu = \frac{114}{3} = 38 \text{ ampères environ.}$$

A vide, l'intensité du courant énergétique est environ égale à 10 % de l'intensité normale, c'est-à-dire à 11,4 ampères.

On va examiner d'abord le cas du fonctionnement à vide.

Un moteur synchrone ayant seulement à fournir du courant magnétisant à des moteurs asynchrones doit pouvoir supporter, sans un échauffement excessif, un courant ayant une intensité de 38 ampères, intensité à laquelle il faut ajouter celle du courant énergétique nécessaire à son fonctionnement. Soit, en comptant largement, une intensité totale de 45 ampères. Par conséquent, ce moteur devra avoir une puissance de

$$3 \,.\, 45 \,.\, 1\,730 = 235 \text{ kilovolts-ampères,}$$

et, s'il est bien construit, devra avoir un rendement de 90 %,
une résistance par phase r égale à environ 0,25 ohm et une
réactance x de 7 ohms, à la fréquence de 50 périodes par
seconde.

Ce moteur consommant par conséquent

$$235 \cdot 0,10 = 23,5 \text{ kilowatts}$$

pour son fonctionnement à vide, c'est-à-dire environ 8 kilowatts par phase, le courant énergétique à vide aura une intensité de

$$\frac{8\,000}{1\,730} = 4,6 \text{ ampères}$$

et l'intensité totale du courant dans l'induit, pour obtenir
une compensation complète, sera

$$\sqrt{(38)^2 + (4,6)^2} = 38,3 \text{ ampères.}$$

Par conséquent, un moteur pour 45 ampères serait plus que
suffisant.

Il faut examiner maintenant les avantages qu'il présente. Si le
circuit à alimenter ne comporte que des moteurs asynchrones,
l'intensité du courant dans la canalisation à vide est de

$$\sqrt{(11,4)^2 + (38)^2} = 39,6 \text{ ampères.}$$

Avec l'emploi d'un moteur synchrone dont on règle l'excitation jusqu'à ce que l'on obtienne le minimum d'intensité
indiqué par l'ampèremètre inséré sur la ligne, cette dernière
ne sera parcourue que par le courant énergétique.

$$11,4 + 4,6 = 16 \text{ ampères.}$$

On voit que l'emploi du moteur synchrone permet de réduire
l'intensité du courant, lors du fonctionnement à vide, aux $\frac{2}{5}$.

Dans le moteur synchrone ne supportant jamais de charge,
la force électromotrice E_2 est presque en opposition de phase

avec E_1 et a approximativement pour valeur

$$\sqrt{(1\ 730)^2 + (7 \cdot 38,3)^2} = 1\ 752 \text{ volts.}$$

Les pertes d'énergie par effet Joule dans la génératrice et dans la ligne auront pour valeur dans les deux cas :

sans moteur synchrone.... $3(2,5 + 0,30) \cdot (39,6)^2 = 13\ 200$ watts
avec moteur synchrone.... $3(2,5 + 0,30) \cdot (16)^2 = 2\ 215$ watts

Donc, la compensation permet de réaliser une économie de 10 985 watts. Cette économie est réalisable avec n'importe quelle charge. En examinant les conditions particulières de l'installation, on verra s'il convient de réaliser cette économie en installant un moteur d'environ 235 kilovolts-ampères de puissance apparente, dont le prix d'achat est d'environ 20 000 francs, sans compter les dépenses de main-d'œuvre, ou bien s'il est préférable de renoncer à toute compensation. Mais il est très probable, dans le cas considéré, que la compensation obtenue par l'emploi d'un moteur synchrone **ne** serait pas considérée comme pratique.

L'emploi de condensateurs pouvant réaliser les **mêmes** avantages exige l'installation de trois condensateurs, chacun d'eux étant monté en dérivation sur l'une des phases du circuit et ayant une capacité C dont la valeur en microfarads est donnée par la formule (32)

$$I_\mu = \omega C U 10^6,$$

c'est-à-dire, en remplaçant les symboles par leurs valeurs respectives,

$$C = \frac{I_\mu 10^6}{\omega U} = \frac{38\ 000\ 000}{314 \cdot 1\ 730} = 70 \text{ microfarads,}$$

capacité beaucoup trop considérable, par rapport au résultat à atteindre, pour songer à utiliser industriellement ce dispositif.

On va voir maintenant s'il est possible de réaliser également la même ou presque la même économie d'énergie si 150 kilowatts de puissance sur les 450 kilowatts à produire sont fournis à un moteur synchrone et 300 kilowatts à des moteurs asynchrones en surexcitant convenablement le moteur synchrone.

Dans les moteurs asynchrones, l'intensité normale du courant par phase aura pour valeur

$$I = \frac{100\,000}{0,85 \,.\, 0,90 \,.\, 1\,730} = 74 \text{ ampères.}$$

La valeur de l'intensité du courant magnétisant a **alors** pour valeur

$$I_\mu = \frac{74}{3} = 25 \text{ ampères environ.}$$

Quant au moteur synchrone, il absorbera encore, lors du fonctionnement à vide, 4,6 ampères, soit 5 ampères représentant la composante énergétique et, lorsqu'il sera en charge, il lui faudra de plus

$$\frac{50\,000}{1\,730} = 29 \text{ ampères}$$

de courant énergétique, c'est-à-dire 34 ampères au total.

Par conséquent, à pleine charge, on aura sans compensation, mais en réglant le moteur synchrone de manière que $\psi = 0$,

$$I_a = 74 \cos\varphi + 34 = 100,6 \text{ ampères}$$
$$I_\mu = 25 \text{ ampères}$$

par conducteur et, par conséquent, l'intensité totale

$$I = \sqrt{(100,6)^2 + (25)^2} = \sqrt{10\,600} = 103 \text{ ampères.}$$

Si la totalité de la charge a été répartie seulement sur des moteurs asynchrones, l'intensité maximum dans chaque conducteur serait de 114 ampères.

Mais, étant donné que le moteur synchrone supporte 1/3 de

la charge, si on le surexcite de manière que l'intensité du courant dans l'induit soit

$$\sqrt{(34)^2 + (25)^2} = \sqrt{1\,782} = 42,2 \text{ ampères},$$

le courant magnétisant est alors supprimé dans la ligne et dans la génératrice, qui sont alors parcourues par le seul courant actif de 100,6 ampères.

En résumé, avec l'emploi exclusif de moteurs asynchrones, les intensités auront les valeurs suivantes :

$$\text{à vide.............} \quad I = 39,6 \text{ ampères}$$
$$\text{à pleine charge...} \quad I = 114 \text{ ampères}$$

Si, au contraire, l'on installe à l'extrémité de la ligne un moteur synchrone pouvant supporter le $1/3$ de la charge maximum et si on le surexcite de manière à le faire fonctionner comme compensateur de phase, les intensités auront pour valeur :

$$\text{à vide.............} \quad I = 16 \text{ ampères}$$
$$\text{à pleine charge...} \quad I = 100,6 \text{ ampères}$$

Comme on le voit, pour réaliser une économie d'énergie, il y a tout avantage à utiliser un moteur synchrone. Mais la question de savoir s'il convient ou non d'adopter cette disposition doit être examinée pour chaque cas particulier, la solution à intervenir dépendant de circonstances spéciales.

Il y a lieu enfin de remarquer que la force électromotrice E_2 du moteur synchrone atteint presque le maximum :

$$E_2 = \sqrt{(1\,730)^2 + (7 \cdot 42,2)^2} = 1\,755 \text{ volts},$$

et que le moteur doit être choisi en conséquence. Il faut donc utiliser un moteur ayant une puissance de :

$$3 \cdot 1\,755 \cdot 42,2 = 223 \text{ kilovolts-ampères.}$$

168. Surélévation de tension que l'on peut obtenir avec un moteur synchrone. — On vient d'examiner l'emploi d'u moteur synchrone pour combattre les effets de la réactance des appareils récepteurs installés à l'extrémité d'une ligne de transmission. On pourrait surexciter le moteur de manière à décaler l'intensité en avance par rapport à la force électromotrice induite aussi bien dans la génératrice que dans la ligne ; on sait que, dans ce cas, la réaction d'induit a une action magnétisante sur la génératrice et que la tension aux bornes de l'alternateur augmente de la valeur que prend la différence de potentiel à vide en excitant également les inducteurs (Voir tome I, § 72).

Ce phénomène pourrait être utilisé pratiquement lorsque, par suite du faible facteur de puissance de l'installation, la tension de l'alternateur baisse au-dessous de la limite prévue, limitant ainsi l'intensité du courant que peut fournir l'alternateur dont la puissance se trouve ainsi notablement réduite. Avec les anciens types d'alternateur, cette réduction peut être supérieure à 50 $^0/_0$ et, avec les types actuels, elle peut atteindre 25 $^0/_0$.

En ce qui concerne le réseau de distribution, la tension peut être relevée par l'intermédiaire de transformateurs (tome I, § 86) ; mais la génératrice ne gagne rien à l'emploi de ce dispositif, et même, à la rigueur, l'on peut dire que ses conditions de fonctionnement sont rendues plus mauvaises. L'emploi d'un moteur synchrone pour augmenter le facteur de puissance de l'installation est alors doublement avantageux. En premier lieu, il supprime le courant magnétisant de la génératrice et de la ligne, permettant ainsi de réaliser une certaine économie d'énergie et, en second lieu, il met l'alternateur dans de meilleures conditions de fonctionnement, c'est-à-dire que cela permet de le faire fonctionner comme sur une résistance purement ohmique.

On voit que l'économie d'énergie obtenue en compensant la réactance des récepteurs à l'aide d'un compensateur de phase, moteur synchrone ou condensateurs, n'est pas suffisante pour justifier l'emploi de ce dispositif ; mais il présente toujours l'avantage de diminuer la chute de tension de l'alternateur, en rendant sa puissance efficace presque toujours égale à sa puissance apparente, et il est appréciable. Dans ces conditions, il y a tout avantage à utiliser un moteur synchrone, au moins partiellement, comme appareil de transformation d'énergie électrique en énergie mécanique, étant donné, bien entendu, que, malgré les inconvénients qu'il présente, on puisse l'utiliser comme moteur industriel.

CHAPITRE XIV

MOTEURS ASYNCHRONES POLYPHASÉS

169. Expression du couple moteur nécessaire pour déterminer le mouvement d'un induit dans un champ magnétique donné. — Les considérations développées dans le chapitre XIV du tome I, à propos du joint électromagnétique, permettent de trouver l'expression du couple moteur nécessaire pour produire la rotation d'un induit dans un champ magnétique fixe et constant. Cette étude est indispensable pour l'étude des moteurs d'induction.

Cas d'une spire unique. — On va d'abord considérer, pour fixer les idées, le cas d'un rotor ne comportant qu'une seule spire fermée. Si le champ tournant inducteur du joint électromagnétique tourne à une vitesse angulaire ω et que ω' représente la vitesse angulaire du rotor dans des conditions de charge déterminées, le glissement a pour valeur $\omega_1 = \omega - \omega'$. De ce glissement dépend la valeur de l'intensité du courant dans la spire et, puisque le couple moteur est proportionnel au produit de l'intensité du champ par l'intensité du courant circulant dans la spire, on comprend pourquoi la valeur moyenne du couple dépend du glissement et non de la valeur de ω. On peut aussi admettre que $\omega = 0$ et dire que le couple moteur est le même que celui qu'il faudrait appliquer extérieurement à cette spire pour la faire tourner avec une vitesse angulaire ω_1 dans un champ donné s'il s'agissait du fonctionnement comme génératrice (t. I, § 97, page 279).

Il faut donc calculer la valeur du couple moteur nécessaire pour imprimer une vitesse angulaire ω_1 à une spire fermée sur elle-même et placée dans un champ magnétique uniforme et constant.

Soit Φ_1 le flux maximum embrassé par cette spire : la force électromotrice maximum induite est $\omega_1 \Phi_1$ et sa valeur efficace $\dfrac{\omega_1 \Phi_1}{\sqrt{2}}$; l'intensité efficace a alors une valeur donnée par l'expression

$$I_e = \frac{\omega_1 \Phi_1}{\sqrt{2}} \cdot \frac{1}{\sqrt{r^2 + \omega_1^2 L_s^2}},$$

r étant la résistance ohmique et L_s le coefficient de self-induction de la spire.

La puissance dépensée pour faire tourner cet induit se transforme entièrement en chaleur, la spire étant fermée sur elle-même. La valeur moyenne de cette puissance est donc

$$P = r I_e^2 = \frac{r \omega_1^2 \Phi_1^2}{2 \left(r^2 + \omega_1^2 L_s^2\right)}.$$

En représentant par C_m le couple moteur moyen, on a

$$P = C_m \omega_1$$

et, par conséquent, la valeur cherchée de ce couple est donnée par l'expression

$$C_m = \frac{r \Phi_1^2 \omega_1}{2 \left(r^2 + \omega_1^2 L_s^2\right)} = \frac{\Phi_1^2}{2 \left(\dfrac{r}{\omega_1} + \dfrac{\omega_1}{r} L_s^2\right)}.$$

Si la spire était disposée sur un noyau de fer, l'expression du couple moteur resterait identique. Il en serait de même dans le cas où les deux côtés de la spire parallèles à l'axe seraient logés dans des trous pratiqués à la périphérie du noyau de fer ; dans ce dernier cas, les forces magnétiques s'exerceraient sur le fer, et non plus sur le cuivre (§ 8).

Le fer, dans l'organe mobile, consomme une certaine quantité de travail dépensé par les courants parasites et par hystérésis. **Mais**, pratiquement, dans un véritable moteur **asyn**chrone, le glissement ω_1 est très faible et par conséquent **les** pertes sont minimes. Ces pertes restent minimes, même **lors** du démarrage, si ce dernier s'effectue à vide, parce que l'enroulement en court circuit forme écran magnétique (§ **16**) et que le champ utile de l'induit reste fortement affaibli. **Quant** aux pertes, y compris celles résultant des frottements, **elles** seront calculées séparément, l'étude actuelle se bornant **à la** détermination du couple moteur correspondant à **un courant** d'intensité donnée dans la spire.

170. En examinant l'expression donnant la valeur du **couple** moteur, on remarque immédiatement que, si $\omega_1 = 0$, le **couple** s'annule. Puis, comme

$$\frac{dC_m}{d\omega_1} = \frac{\Phi_1^2 r}{2} \cdot \frac{r_1^2 - \omega_1^2 L_s^2}{(r^2 + \omega_1^2 L_s^2)^2},$$

on voit que, pour

$$0 < \omega_1 < \frac{r}{L_s},$$

la dérivée est positive et, **par** conséquent, le couple **moteur,** qui est d'ailleurs positif, augmente de valeur.

Au contraire, pour

$$\omega_1 = \frac{r}{L_s},$$

la dérivée s'annule et C_m atteint alors sa valeur **maximum.**

Enfin, pour

$$\omega_1 > \frac{r}{L_s},$$

la dérivée devient négative et le couple, encore positif, diminue en tendant vers zéro.

La figure 200 montre les variations du

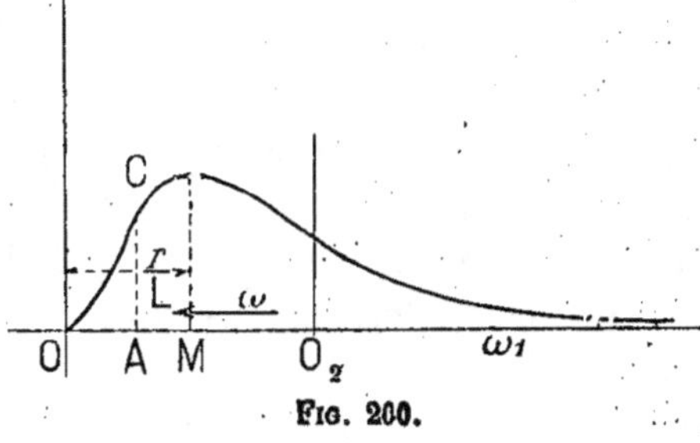

Fig. 200.

couple moteur en fonction de ω_1. Il faut remarquer que **le** diagramme que reproduit la figure 201 (t. I, § 97, page 281) donne, au contraire, la valeur du couple en fonction de ω', vitesse angulaire réelle du rotor, et que les deux courbes coïncident exactement, parce que, dans ce diagramme, ω_1 se compte de V, vers O.

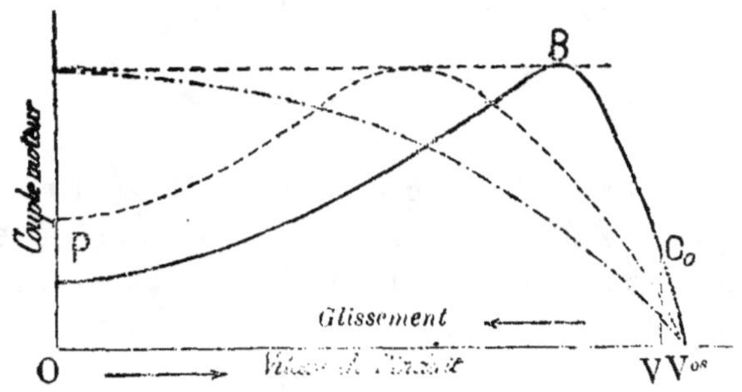

Fig. 201

Dans le chapitre xiv du tome I, on a minutieusement donné l'explication physique du phénomène dû au décalage en retard de l'intensité par rapport à la force électromotrice induite, retard exprimé par

$$\tan \varphi = \omega_1 \frac{Ls}{r}.$$

Lorsque ω_1 est très petit, la réactance est faible et le maximum d'intensité du courant est obtenu dans le point presque le plus favorable; mais, la valeur efficace de l'intensité étant petite, faible est le couple moteur. Si ω_1 augmente, deux effets se produisent : l'intensité augmente de même que le décalage en retard φ. Le premier de ces effets est favorable et est prédominant dès le début; c'est pourquoi le couple moteur augmente de valeur. Puis c'est le second de ces effets, c'est-à-dire le décalage en retard φ, qui prédomine et, quoique l'intensité du courant continue à augmenter, on constate que son maximum est toujours atteint dans les positions les plus défavorables; dans ces conditions, le couple diminue jusqu'à devenir nul lorsque $\omega_1 = \infty$, c'est-à-dire lorsque $\varphi = \dfrac{\pi}{2}$.

La formule

$$C_m = \frac{\Phi_1^2}{2\left(\dfrac{r}{\omega_1} + \dfrac{\omega_1}{r}L_s{}^2\right)}$$

met parfaitement ce fait en évidence. En effet, lorsque ω_1 est très petit, le second terme du dénominateur peut être négligé par rapport au premier, et l'on a

$$C_m = \frac{\Phi_1^2}{2r}\,\omega_1,$$

équation d'une droite comme OC (*fig.* 200) ou comme V_sC_0 (*fig.* 201). Au contraire, lorsque ω_1 est grand, c'est le premier terme du dénominateur qui devient négligeable par rapport au second, et l'on a alors :

$$C_m = \frac{\Phi_1^2 r}{2L_s{}^2}\cdot\frac{1}{\omega_1},$$

équation d'une hyperbole équilatère, dont la partie située à droite de la courbe (*fig.* 200) ou bien à gauche de la courbe (*fig.* 201) représente une partie. Par conséquent, pour de grandes valeurs de ω_1, la puissance ainsi que l'intensité tendent vers des limites déterminées et le couple diminue proportionnellement à ω_1.

Il est à remarquer que la valeur du couple est **maximum** lorsque

$$\omega_1 = \frac{r}{L_s}$$

et, dans ce cas,

$$C_m = \frac{\Phi_1^2}{4L_s},$$

expression dans laquelle ne figure plus la résistance r, ce qui permet de dire que *la valeur maximum du couple moteur est indépendante de r.*

La valeur du couple dépend seulement du quotient $\dfrac{\omega_1}{r}$; par conséquent, pour un couple déterminé, le glissement ω_1 est

proportionnel à la résistance. On verra que ce fait est également exact lorsqu'on maintient constant un des champs résultants dans le moteur.

Pour un glissement déterminé ω_1, C_m atteint sa valeur maximum, comme on vient de le voir, lorsque $r = \omega_1 L_s$, et
puisque, généralement, r étant faible, on a $r < \omega_1 L_s$, l'on se
trouve alors toujours dans la première partie ascendante de la
courbe (*fig.* 200), partie dans laquelle le couple moteur croît
lorsque r augmente, toujours pour une vitesse déterminée.

Ce fait, qui paraît paradoxal, a été déjà expliqué.

L'augmentation de la résistance produit deux effets, diminution du décalage en retard et diminution de l'intensité du
courant ; le premier de ces effets est favorable et le second ne
l'est pas ; tant que $r < \omega_1 L_s$, le premier de ces effets a une action
prédominante.

On peut se demander si le même phénomène se produirait
si, avec la même quantité de cuivre, on faisait n spires au lieu
d'une spire unique. Dans ce cas, la résistance de la bobine et
aussi l'inductance augmenteraient dans le rapport du carré
du nombre de spires et, d'autre part, la force électromotrice
croîtrait proportionnellement au nombre de spires. En étudiant
ce cas particulier, on trouverait pour valeur moyenne du couple
moteur identiquement celle qui a été obtenue dans le cas d'une
spire unique ; cela prouve que la quantité de cuivre ayant été
déterminée pour l'enroulement de l'induit, il est indifférent,
en ce qui concerne le couple moteur, que ce cuivre soit réparti
en un nombre plus ou moins grand de spires.

**171. Cas d'un nombre n de spires uniformément
réparties.** — Si l'induit de la machine, au lieu d'une seule
spire, en comporte n uniformément réparties, chacune d'elles
étant isolée et indépendante des autres, il semble que le
couple moteur doit devenir n fois plus grand. Mais, dans ces
conditions, le flux de réaction d'induit n'est plus produit par
une seule spire, mais bien par n spires qui s'induisent mu-
tuellement.

Il n'est pas difficile de calculer la valeur du flux produit par les courants qui circulent dans les spires en se rappelant (t. I, § 98) que ces courants donnent naissance à un champ magnétique fixe par rapport au champ dû à l'inducteur. Ces deux champs donnent naissance à un flux résultant Φ_r, dont l'action est analogue à celle qui se produit dans une dynamo à courant continu.

Si on considère les courants comme étant produits par le flux résultant Φ_r, il n'y a plus à tenir compte de la self-induction ni de l'induction mutuelle des spires, puisque les flux développés par ces spires sont déjà compris dans le flux résultant Φ_r. On peut donc poser :

$$I_e = \frac{\omega_1 \Phi_r}{r\sqrt{2}}.$$

Dans ces conditions, en employant le même raisonnement que précédemment, la puissance dépensée pour faire tourner les spires, puissance entièrement transformée en chaleur, est donnée par l'expression

$$P = nrI_e^2 = nr\frac{\omega_1^2 \Phi_r^2}{2r^2} = n\frac{\omega_1^2 \Phi_r^2}{2r}.$$

En désignant par $N = 2n$ le nombre de conducteurs actifs,

$$P = \frac{N\omega_1^2 \Phi_r^2}{4r}.$$

Le couple correspondant étant donné par

$$P = C_m \omega_1,$$

on a

$$C_m = \frac{N\omega_1 \Phi_r^2}{4r} = n\frac{\omega_1 \Phi_r^2}{2r}.$$

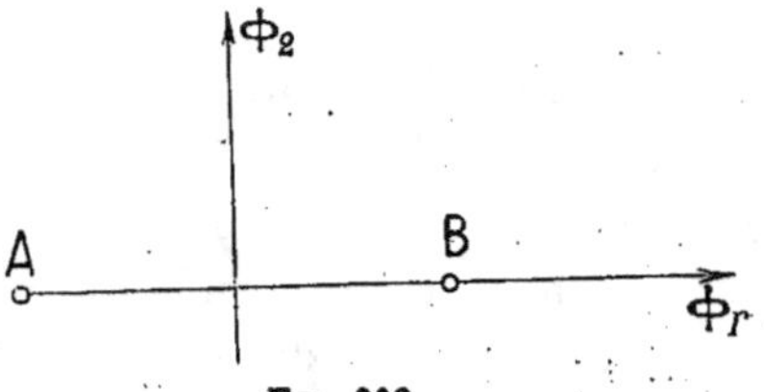

Il reste à déterminer l'expression du flux Φ_r, résultant des flux composants Φ_1 dû à l'inducteur et Φ_2 dû à l'induit.

Soit AB (*fig.* 202) une spire considérée au moment où son

Fig. 202.

plan se trouve dans la direction du champ Φ_r. Par suite des considérations précédentes, on doit admettre, par rapport à ce champ, que la spire ne présente pas de self-induction; dans ces conditions, l'intensité et la force électromotrice atteignent leurs valeurs maxima. L'intensité, pendant le mouvement de rotation de la spire, varie sinusoïdalement et le champ produit par le courant de la spire est alternatif et peut être décomposé en deux champs d'intensité constante, mais tournant en sens contraire l'un de l'autre avec une vitesse angulaire ω_1 (§ 123). Puisque la valeur maximum du flux alternatif est donnée par l'expression

$$L_s I_0 = L_s \frac{\omega_1 \Phi_r}{r},$$

chacun des deux flux tournants en lesquels se décompose le flux alternatif aura pour valeur

$$\frac{1}{2} L_s I_0 = \frac{1}{2} L_s \frac{\omega_1 \Phi_r}{r}.$$

Mais, comme la spire est animée d'une vitesse angulaire ω_1, un des deux flux tournants reste fixe par rapport à Φ_r, auquel il est perpendiculaire en ce qui concerne sa direction, tandis que l'autre tourne à une vitesse angulaire $2\omega_1$. Ce raisonnement se répète pour chacune des spires. Il en résulte que les flux fixes du rotor produisent un flux total

$$\Phi_2 = n \frac{1}{2} L_s I_0 = \frac{N L_s \Phi_r \omega_1}{4r}.$$

Quant aux flux tournants, au nombre de 1 par spire, ils s'équilibrent si les spires sont uniformément réparties, leur somme géométrique étant nulle. On arrive ainsi, par un autre raisonnement, à constater que, dans un induit tournant dans un champ magnétique fixe, les courants alternatifs produisent un champ constant et fixe dans l'espace ayant une direction perpendiculaire au champ résultant inducteur

De même que dans les dynamos à courant continu, ce champ donne naissance à des courants induits et se trouve décalé en avance dans la direction du mouvement. On doit remarquer que Φ_r (*fig.* 203) est le flux résultant des deux flux

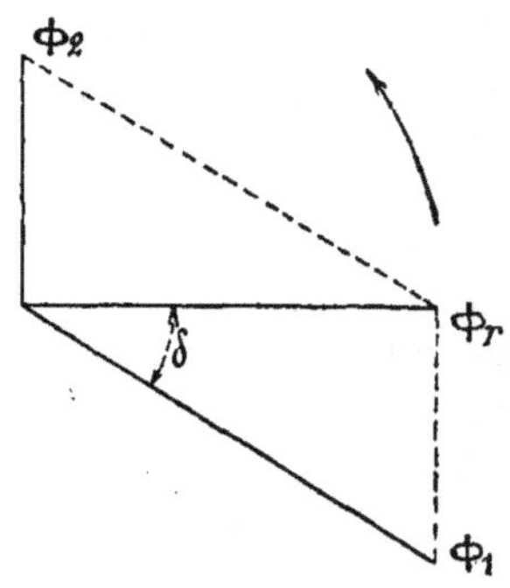

Fig. 203.

Φ_1, flux principal produit par le stator, et Φ_2, flux de réaction dû au rotor; on peut donc immédiatement exprimer Φ_1 en fonction de Φ_r.

En posant

$$L_{s1} = \frac{N L_s}{4} = \frac{n}{2} L_s$$

et comme

$$\tan \delta = \frac{\Phi_2}{\Phi_r}$$

ou aussi

$$\tan \delta = \frac{\omega_1 L_{s1}}{r},$$

il résulte de l'expression déjà trouvée pour Φ_2 que

$$\Phi_r = \Phi_1 \cos \delta = \Phi_1 \frac{r}{\sqrt{r^2 + \omega_1^2 L_{s1}^2}}.$$

En substituant la valeur de Φ_r dans l'expression donnant la valeur du couple et déjà indiquée, on a

$$C_m = \frac{n}{2} \Phi_1^2 \frac{\omega_1 r}{(r^2 + \omega_1^2 L_{s1}^2)}.$$

La valeur de ce couple correspond uniquement à l'action qui s'exerce entre les circuits induit et inducteur. C'est la valeur du couple qu'il suffit d'appliquer à l'arbre de l'induit pour lui imprimer une vitesse angulaire ω_1 en donnant lieu à la production de courants induits correspondants dans les conducteurs, énergie qui est entièrement transformée en chaleur. Mais, en réalité, pour obtenir pratiquement la vitesse angulaire ω_1, il suffit d'augmenter la valeur de ce couple de la quantité nécessaire pour compenser les pertes par frottements et celles dues aux courants de Foucault et aux phénomènes d'hystérésis.

L'expression donnant la valeur du couple pour n spires étant identique, sauf le facteur n, à celle que l'on obtient pour une seule spire, la discussion de cette formule est, par conséquent, la même et il est inutile de la répéter. Si les n spires sont uniformément réparties, la valeur du couple est pratiquement constante et ne varie plus au cours de la période.

172. Expression du couple moteur dans les moteurs à champ tournant. — Dans les paragraphes précédents, on a considéré le cas d'un induit ayant son enroulement en court circuit et mobile dans un champ magnétique que l'on a supposé *constant* et *fixe*, et l'on a déterminé la valeur du couple moteur qu'il était nécessaire de lui appliquer pour lui imprimer une vitesse angulaire ω_1. Dans un moteur à champ tournant, *le champ Φ_1 produit par l'inducteur tourne avec une vitesse angulaire ω, le rotor avec une vitesse angulaire ω'* et, si $\omega_1 = \omega - \omega'$ représente le glissement, les formules précédentes sont applicables en substituant à ω la différence $\omega - \omega'$, en ce sens que C_m devient le couple moteur réellement développé par le moteur lorsque sa vitesse angulaire est égale à ω'.

Au démarrage, lorsque $\omega' = 0$, la valeur du couple est

$$C_m = \frac{n}{2} \cdot \frac{\Phi_1^2 r \omega}{r^2 + \omega^2 L_s^2}.$$

Le rotor prend progressivement une vitesse angulaire ω'

toujours plus grande, et l'on a alors la formule générale

$$C_m = \frac{n}{2} \cdot \frac{\Phi_1^2 r \, (\omega - \omega')}{r^2 + (\omega - \omega')^2 L_{s_1}^2}.$$

$$\tan \delta = \frac{n L_s \, (\omega - \omega')}{2r} = \frac{L_{s_1} \, (\omega - \omega')}{r} \qquad (61)$$

$$\Phi_r = \frac{\Phi_1 r}{\sqrt{r^2 + (\omega - \omega')^2 L_{s_1}^2}}$$

$$\Phi_2 = \frac{\Phi_1 L_{s_1} \, (\omega - \omega')^2}{\sqrt{r^2 + (\omega - \omega')^2 L_{s_1}^2}}.$$

Le flux Φ_2 produit par l'induit est décalé en avance de $\frac{\pi}{2}$ par rapport au flux résultant Φ_r lorsque l'induit tourne, par rapport à l'inducteur, en consommant une certaine quantité d'énergie mécanique (dynamo, c'est-à-dire joint électromagnétique, t. I, § 97). Au contraire, s'il s'agit du fonctionnement comme moteur, le flux de l'induit est décalé en retard de la même quantité et le flux principal Φ_1 est en avance de δ sur le flux résultant et de $\frac{\pi}{2} + \delta$ sur le flux de l'induit.

D'après ce qui a été exposé précédemment, ces flux tournent constamment à une vitesse angulaire ω, quelle que soit la valeur de la vitesse angulaire ω' de l'organe mobile. L'expression

$$\tan \delta = \frac{(\omega - \omega') L_{s_1}}{r}$$

montre que, lorsque la valeur de ω' s'approche de la valeur de ω, l'angle δ devient de plus en plus petit pour devenir nul lorsque le synchronisme est atteint. Alors $\Phi_1 = \Phi_r$, c'est-à-dire que $\Phi_2 = 0$, et cela se conçoit puisque, avec un glissement nul, l'organe mobile n'est le siège d'aucun courant induit.

173. La puissance d'un moteur à champ tournant est

$$P = C_m \omega' = \frac{n}{2} \cdot \frac{\Phi_1^2 r \, (\omega - \omega') \, \omega'}{r^2 + (\omega - \omega')^2 L_{s_1}^2}, \qquad (62)$$

puissance qui devient nulle lorsque $\omega' = 0$, cas du moteur à l'arrêt, ou lorsque $\omega' = \omega$, cas du synchronisme. La **valeur maximum** est obtenue pour une vitesse angulaire

$$\omega' = \frac{\sqrt{r^2 + \omega^2 L_{s_i}^2}\,(\sqrt{r^2 + \omega^2 L_{s_i}^2} - r)}{\omega L_{s_i}^2}$$

qui annule

$$\frac{dP}{d\omega'}.$$

La puissance P varie lorsque ω' diminue, en supposant que Φ_1 reste fixe; mais il suffit d'une légère variation de ω' pour que la valeur de P varie considérablement.

Lorsque $\omega' > \omega$, alors P a une valeur négative, c'est-à-dire que le moteur absorbe de l'énergie mécanique au lieu d'en produire; son rôle est inversé et il fonctionne comme génératrice asynchrone (voir § 194).

174. Constance du flux d'excitation. — Dans tout ce qui précède, on a supposé que le flux principal Φ_1 était constant, sans se préoccuper des moyens pour maintenir sa valeur invariable. Sauf la dernière, toutes les formules données précédemment sont applicables même si Φ_1 est variable. Il y a lieu seulement de faire observer que, si l'on voulait obtenir un flux Φ_1 constant dans un moteur à champ tournant, il suffirait d'alimenter le stator avec un courant d'*intensité constante*. Au contraire, dans la pratique, le stator est toujours alimenté *à tension constante* et, dans ce cas, le flux Φ_1 varie suivant la charge. Avec un courant d'alimentation à tension constante, le flux d'excitation Φ_e résultant de Φ_1 et Φ_2 reste, au contraire, constant, comme cela se produit dans un transformateur alimenté de la même manière, mais à la condition toutefois que la résistance de l'enroulement primaire soit négligeable.

L'analogie du fonctionnement d'un moteur polyphasé et d'un transformateur résulte des considérations suivantes :

On a déjà vu que la position relative des champs est constante pour toutes les valeurs de l'intensité du courant secondaire et, par conséquent, du couple moteur.

Cette position relative reste donc toujours la même si, en arrêtant le moteur, on intercale des résistances dans les circuits induits jusqu'à ce que le courant secondaire ait la même valeur. Dans ces conditions, le moteur fonctionne simplement comme un transformateur ; l'on peut alors lui appliquer le diagramme (*fig.* 175), qui tient compte des fuites magnétiques, fuites qui présentent, dans un moteur, une grande importance à cause de la présence d'un entrefer.

Dans un moteur bipolaire à champ tournant, les vecteurs des flux forment entre eux des angles égaux à ceux des vecteurs représentant les flux alternatifs correspondants du diagramme des transformateurs à courant alternatif simple.

175. Influence des fuites magnétiques. — La théorie des moteurs à champ tournant qui vient d'être exposée dans les paragraphes précédents doit nécessairement être complétée par l'étude de l'influence exercée par les fuites magnétiques. Il est indispensable de donner préalablement quelques détails relatifs aux flux en présence.

Si l'on néglige la résistance des circuits du stator et s'il est alimenté à tension constante, on peut admettre que le champ résultant d'excitation Φ_e reste constant comme dans un transformateur. Mais ce champ produit par le courant d'excitation n'est pas totalement utilisé pour produire les phénomènes d'induction, à cause du flux de dispersion (fuites magnétiques) qui se ferme directement à travers le fer séparant les trous ou rainures qui reçoivent les conducteurs de l'enroulement, flux qui ne coupe pas les circuits du rotor (*fig.* 204). Ces derniers coupent seulement le flux inducteur résultant Φ_r. Le même raisonnement s'applique également au rotor par rapport au stator.

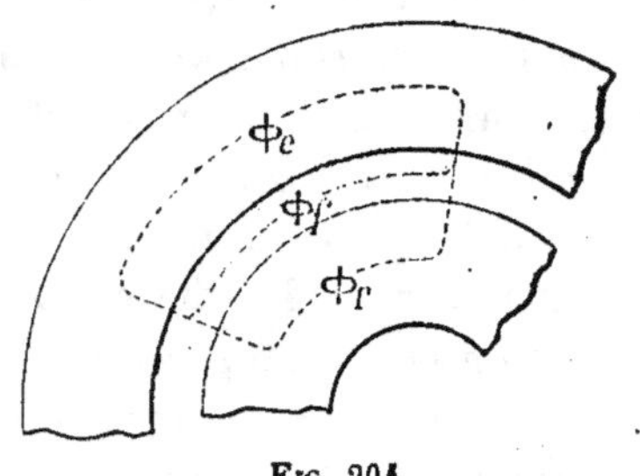

Fig. 204.

On pourrait croire que les flux de dispersion ont une intensité directement proportionnelle à celle des courants, mais il faudrait pour cela que la réluctance des circuits magnétiques de ces divers flux reste constante, ce qui n'est pas, à cause de la saturation des parties de fer qui séparent les trous ou rainures.

Pour tenir compte des différents flux de dispersion, il n'y a qu'à considérer le moteur à champ tournant comme un transformateur présentant de fortes fuites magnétiques et à appliquer l'hypothèse de l'excitation transportée à l'aide d'un diagramme circulaire (§ 139 et suivants).

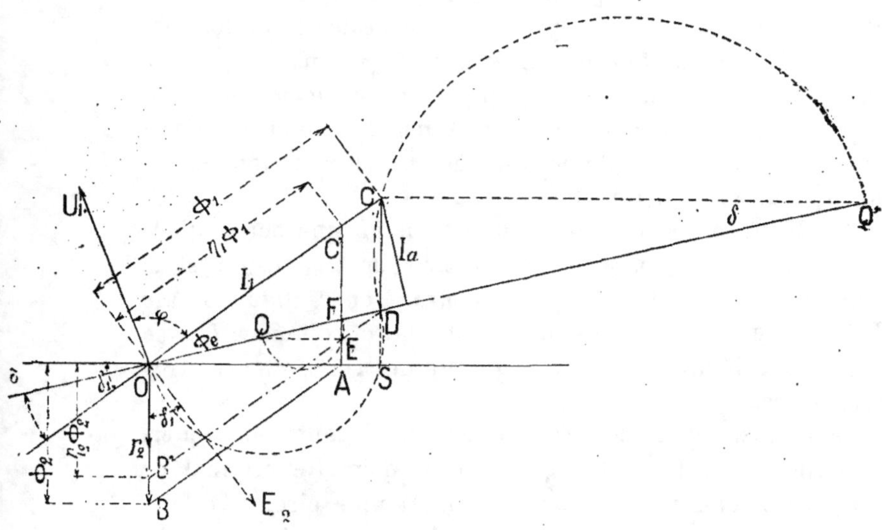

Fig. 205.

De la totalité du flux Φ_1, dû au courant primaire I_1 (*fig.* 205), une partie seulement $\eta_1\Phi_1$ traverse les circuits du rotor. Les courants du rotor produisent un champ Φ_2. La résultante de ces deux flux est OA perpendiculaire au vecteur de I_2 et, par suite, aussi au vecteur du flux Φ_2. Une partie seulement $\eta_2\Phi_2$ du flux Φ_2 produit par le rotor agit sur le stator et, se combinant avec le flux Φ_1, donne naissance à un champ résultant $OD = \Phi_e$. C'est ce champ inducteur que l'on peut considérer pratiquement comme constant, toutes les fois que la résistance du primaire peut être admise comme négligeable. Le vecteur de la tension U_1 agissant aux bornes du stator est perpendiculaire au vecteur OD du champ inducteur Φ_e.

L'extrémité du vecteur Φ_l, proportionnel à I_1, se déplace le long d'une circonférence ayant son centre sur OD.

L'application de cette propriété du transformateur présentant des fuites à un moteur à champ tournant résulte de ce fait que dans un moteur, pour une charge déterminée, les divers flux, qui tournent tous à la même vitesse angulaire ω, conservent sans changement leurs positions respectives dans l'espace, ainsi qu'on l'a déjà démontré paragraphe 171. Ainsi qu'on l'a déjà fait remarquer (t. I, § 98, page 286), les causes qui donnent lieu à une augmentation de l'intensité du courant énergétique dans un rotor et dans le secondaire d'un transformateur sont différentes ; mais cela, pour les raisons déjà données, n'empêche pas qu'il y ait analogie complète dans le fonctionnement d'un moteur et d'un transformateur.

Si de l'extrémité du vecteur Φ_l on mène une perpendiculaire à OD, elle est parallèle au vecteur de la tension et le segment I_a donne la valeur du courant énergétique à une échelle égale à celle qui est prise pour faire coïncider I_1 avec Φ_1. On peut déduire de cette propriété des conséquences très importantes.

Avant d'examiner ces conséquences, il faut remarquer, comme base de cette étude, que dans le mémoire original de M. Heyland[1] et dans la théorie du diagramme circulaire faite par d'autres auteurs, au lieu de recourir à la circonférence indiquée, on utilise la circonférence passant par les points E, F, Q. Les résultats obtenus sont identiques, parce que les segments sont proportionnels.

En réalité, le point E se trouve placé à une distance telle de O que, pour l'échelle à laquelle on détermine les flux, on détermine aussi le *flux commun* aux deux enroulements

____

1. *Elektrotechnische Zeitschrift*, t. XVI, p. 649.

(voir *fig*. 175); ce point E se trouve sur une circonférence dont le centre est sur OD, ainsi qu'on l'a déjà démontré paragraphe 140. De même, le point S se trouve sur une circonférence de diamètre OD. Le segment ED, qui donne la valeur du flux de dispersion du stator, est proportionnel à I_1, et le segment DQ, étant dans un rapport déterminé avec OD, flux résultant constant dans le stator, peut être pris comme mesure de ce flux. Il s'ensuit qu'en ne tenant pas compte de l'échelle, on peut prendre pour cette étude aussi bien le point O et la circonférence DCQ' que le point D et la circonférence FEQ.

176. On verra un peu plus loin (§ 184) quels sont les éléments nécessaires pour déterminer le segment OD et la circonférence DCQ'. Pour le moment on peut les supposer connus. Le segment CD, proportionnel à Φ_2, peut donner la valeur de l'intensité du courant dans le rotor, et le segment CQ' permet de mesurer la valeur du flux résultant dans le rotor, flux duquel dépend la valeur du couple moteur. En fait, le segment correspondant de CQ' est QE dans l'autre circonférence; puisque ce segment est constamment proportionnel à OA, vecteur du flux résultant dans le rotor, le segment CQ' peut représenter le flux résultant à une échelle déterminée. Enfin cos φ est le facteur de puissance du circuit dans le stator.

D'après la théorie du transformateur, exposée précédemment, l'on sait que

$$DQ' = \frac{OD}{\dfrac{1}{\eta_1 \eta_2} - 1};$$

en désignant le dénominateur par σ, on a aussi

$$OD = \sigma \cdot DQ',$$

σ représentant le coefficient de dispersion complexe.

Cette dispersion augmente avec la largeur de l'entrefer et avec le nombre de pôles et, pour un moteur donné, il est inversement proportionnel à l'arc polaire. On peut donc poser, ainsi du reste que l'expérience le confirme[1],

$$\sigma = k \cdot \frac{\Delta}{l},$$

expression dans laquelle Δ est l'entrefer exprimé en centimètres, l la circonférence du stator divisée par le nombre de pôles, également exprimée en centimètres, et k un coefficient numérique qui dépend de la forme et des dimensions des trous ou rainures dans lesquels sont logés les conducteurs et aussi d'autres particularités qui peuvent échapper à l'examen. Dans le cas où le stator a des trous à demi fermés et le rotor des trous complètement fermés, ce qui est le cas le plus fréquent, le coefficient k varie entre 10 et 15, suivant que le moteur est de grande ou de faible puissance.

Ces considérations mettent en évidence que, pour les petits moteurs, l'augmentation du nombre de pôles, afin de réduire leur vitesse angulaire, a une limite qui est rapidement atteinte. Pour pouvoir utiliser un plus grand nombre de pôles, il suffit de diminuer l si l'on ne veut pas modifier le diamètre de la machine; si, au contraire, on ne veut pas modifier l, il faut augmenter le diamètre de la machine et par conséquent aussi, pour des raisons mécaniques, la largeur de l'entrefer.

177. Formule exacte du couple moteur dans les moteurs industriels à champ tournant. — On a vu, paragraphes 172 et 174, que la formule du couple moteur d'un moteur à champ tournant.

$$C_m = \frac{n}{2}\,\Phi_1^2\,\frac{r\omega_1}{r^2 + \omega_1^2 L_1^2},$$

·adoptée par la plupart des auteurs (en admettant toujours que la résistance du primaire est négligeable et qu'il n'y a point de fuites magnétiques), implique tacitement que le stator soit alimenté par un courant constant pour que Φ_1 soit également

1. Behrend, *The induction motor.*

constant. Si, au contraire, comme c'est le cas le plus général,
on l'alimente à potentiel constant, on aurait, pour un moteur
théorique, l'expression

$$C_m = \frac{n}{2r}\,\Phi_r^2\omega_1 = \frac{N}{4r}\,\Phi_r^2\omega_1 = \frac{N}{4}\,\Phi_r^2\,\frac{\omega_1}{r},$$

expression dans laquelle Φ_r est le flux d'excitation constant,
aussi bien dans le stator que dans le rotor, parce que les
fuites magnétiques sont encore négligées. Il est à remarquer
que, dans cette expression, la valeur du couple moteur dépend

seulement de celle de $\frac{\omega_1}{r}$. (L'effet de la résistance du primaire,

beaucoup moins importante du reste, est négligé.)

Dans un moteur industriel, il est possible d'admettre sans
inconvénient que l'effet de la résistance du circuit primaire
est négligeable, c'est-à-dire que le flux inducteur Φ_e dans le
stator est constant et égal à OD (somme géométrique de Φ_1 et
de $\eta_2\Phi_2$) ; mais il est absolument impossible de négliger l'effet
des fuites et il faut, par conséquent, reprendre la formule du
couple moteur afin de chercher une valeur correspondant beaucoup mieux aux exigences de la pratique.

Il faut remarquer aussi que l'expression

$$\tan\delta_1 = \frac{\omega_1 L_{s1}}{r}$$

est également applicable lorsqu'il existe des fuites magnétiques.
C'est pourquoi le vecteur de la force électromotrice E_2 induite
dans le rotor est perpendiculaire à Φ_1. Mais

$$\frac{\omega_1 L_{s1}}{r}$$

représente la tangente de l'angle de retard de l'intensité par
rapport à la force électromotrice, et l'angle formé par I_2 et E_2
est précisément δ_1 par construction. Par conséquent

$$C_m = \frac{N}{4r}\,\Phi_r^2\omega_1 = \frac{N}{4L_{s1}}\,\Phi_r^2\,\tan\delta_1.$$

La quantité Φ_r représente le flux dans le rotor. Ce flux ne reste pas constant dans les moteurs industriels alimentés à potentiel constant à cause des fuites magnétiques. Si on admet, au contraire, que le flux Φ_e reste constant dans le stator, pour les raisons déjà données, l'on n'a plus à rechercher précisément que l'expression du couple en fonction du flux $\Phi_e = OD$.

D'après le diagramme (*fig.* 205), on **a**

$$\frac{OA}{OS} = \frac{\eta_1 \Phi_1}{\Phi_1} = \eta_1.$$

Mais OA représente le flux Φ_r dans le rotor. Par conséquent

$$OA = \Phi_r = \eta_1 OS = \eta_1 \Phi_1 \cos \delta_1 = \eta_1 OD \cos \delta.$$

On a ensuite

$$SD = OS \, \mathrm{tang} \, \delta$$
$$CS = OS \, \mathrm{tang} \, \delta_1$$

et, par conséquent,

$$\frac{SD}{CS} = \frac{\mathrm{tang} \, \delta}{\mathrm{tang} \, \delta_1} = \frac{CS - CD}{CS} = 1 - \frac{CD}{CS} = 1 - \frac{\eta_2 \Phi_2}{CS}.$$

D'autre part, pour $\Phi_2 = C'A$, on **a**

$$\frac{CS}{\Phi_2} = \frac{\Phi_1}{\eta_1 \Phi_1} = \frac{1}{\eta_1},$$

c'est-à-dire

$$CS = \frac{1}{\eta_1} \Phi_2.$$

Par conséquent

$$\frac{\mathrm{tang} \, \delta}{\mathrm{tang} \, \delta_1} = 1 - \eta_1 \eta_2 = \frac{\sigma}{1 + \sigma},$$

en se rappelant que le coefficient de dispersion totale est

$$\sigma = \frac{1}{\eta_1 \eta_2} - 1.$$

En substituant à $\Phi_r = OA$, dans la formule du couple moteur, la valeur trouvée précédemment, on a

$$C_m = \frac{N}{4L_{s_1}}\, \eta_1^2\, (OD)^2\, \cos^2 \delta\, \operatorname{tang} \delta_1.$$

Puisque

$$\operatorname{tang} \delta_1 = \frac{1 + \sigma}{\sigma}\, \operatorname{tang} \delta,$$

on a aussi

$$C_m = \frac{N}{4L_{s_1}}\, \eta_1^2\, (OD)^2 . \cos^2 \delta\, \operatorname{tang} \delta\, \frac{1 + \sigma}{\sigma},$$

c'est-à-dire

$$C_m = \frac{N}{4L_{s_1}}\, \eta_1^2\, (OD)^2\, \frac{1 + \sigma}{\sigma}\, \sin \delta\, \cos \delta.$$

L'angle $CQ'D = \delta$, par conséquent on a

$$CQ' = DQ' \cos \delta = \frac{OD}{\sigma} \cos \delta$$

$$I_a = CQ' \sin \delta = \frac{OD}{\sigma} \sin \delta \cos \delta.$$

Finalement, en substituant et en réduisant, on obtient

$$C_m = \frac{N}{4L_{s_1}}\, I_a\, \frac{\eta_1}{\eta_2}\, OD$$

ou bien encore, en considérant comme égaux les deux coefficients de fuites magnétiques,

$$C_m = \frac{N}{4L_{s_1}}\, I_a . OD.$$

Mesuré à une échelle convenable, le segment I_a donne la valeur du couple moteur. Ce couple, ainsi qu'on le voit, a pratiquement une valeur indépendante de celle de la résistance du rotor, ainsi que cela a été constaté pour le moteur théorique. Mais, à cause de la résistance, à un couple moteur donné correspond un glissement déterminé, justement parce que la valeur de ce couple ne dépend que de celle du rapport $\frac{\omega_1}{r}$. Ce fait se vérifie pour le moteur théorique ne présentant pas de fuites magnétiques; mais il est facile de démontrer qu'il se vérifie également pour un véritable **moteur**. En effet, en reprenant la formule

$$C_m = \frac{N}{4 L_{s_1}} \, \eta_1^2 \, (OD)^2 \cos^2 \delta \, \tang \delta_1,$$

en remplaçant $\tang \delta_1$ par sa valeur $\dfrac{\omega_1 L_{s_1}}{r}$ et en exprimant $\cos \delta$ en fonction de

$$\tang \delta = (1 - \eta_1 \eta_2) \tang \delta_1 = (1 - \eta_1 \eta_2) \frac{\omega_1 L_{s_1}}{r},$$

puis en remplaçant OD par Φ_e, on a

$$C_m = \frac{N}{4} \cdot \frac{\omega_1}{r} \, \Phi_e^2 \eta_1^2 \, \frac{1}{1 + (1 - \eta_1 \eta_2)^2 \, \dfrac{\omega_1^2 L_{s_1}^2}{r^2}}.$$

ou bien

$$C_m = \frac{N}{4} \, \Phi_e^2 \, \frac{1}{\dfrac{1}{\eta_1^2} \cdot \dfrac{r}{\omega_1} + \left(\dfrac{1 - \eta_1 \eta_2}{\eta_1} \right)^2 \dfrac{\omega_1}{r} L_{s_1}^2},$$

expression qui démontre précisément que la valeur du couple moteur ne dépend que de celle de $\dfrac{\omega_1}{r}$. La courbe de C_m se confond avec une droite dans sa première partie lorsque ω_1 est très petit; dans sa dernière partie, au contraire, c'est une hyperbole équilatère lorsque ω_1 est grand.

178. Si l'on veut discuter les valeurs du couple moteur en fonction de la vitesse ω' du rotor, on peut utiliser la courbe (*fig.* 200) donnant C_m en fonction de ω_1 qui, dans le cas actuel, représente le glissement.

Soit $OO^1 = \omega$ la vitesse angulaire du champ; dans ce cas, les segments O^1A comptés à partir de O^1 vers O donnent la vitesse angulaire du rotor ω' et les ordonnées correspondantes AC, les couples respectifs. En effet,

$$O^1A = OO^1 - OA = \omega - \omega_1 = \omega.$$

Suivant que O^1 vient à droite ou à gauche du maximum ou concorde avec lui, on a les trois courbes (figures 206, 207 et 208).

Dans le premier cas, $\omega > \dfrac{r}{L_{s_1}}$, le couple au démarrage augmente avec la vitesse angulaire du rotor, passe par un maximum correspondant à une vitesse angulaire $\omega' = O^1 M = \omega - \dfrac{r}{L_{s_1}}$, et puis diminue.

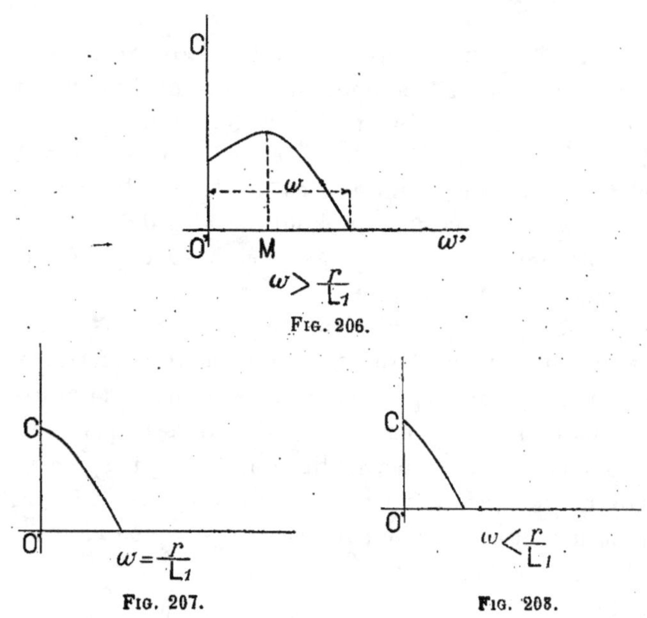

Fig. 206.

Fig. 207.

Fig. 208.

Dans le deuxième cas, lorsque $\omega = \dfrac{r}{L_{s_1}}$, le couple atteint son maximum au démarrage et puis diminue continuellement.

En ce qui concerne le troisième cas, tout se passe comme dans le deuxième, mais dans de plus mauvaises conditions, parce que, au démarrage, le couple est déjà inférieur au maximum et ne peut jamais atteindre cette valeur.

Suivant le service que doit assurer le moteur, on réalise pratiquement les conditions indiquées par l'un ou l'autre des deux premiers types de courbe. Pour les moteurs destinés à la commande de machines, il est préférable d'utiliser un moteur donnant le premier type de courbe ; il est, au contraire, plus avantageux de choisir un moteur réalisant le deuxième type de courbe, principalement lorsqu'il doit, au démarrage, surmonter un couple résistant considérable, comme c'est le cas pour les ascenseurs, les monte-charges, les ponts roulants, la commande des tourelles à bord des navires cuirassés, etc.

179. Cas d'un moteur à cage d'écureuil. — Jusqu'à présent, on a toujours supposé que le rotor était muni d'enroulements identiques indépendants et fermés en court circuit. Lorsque ces circuits sont limités à trois (trois bobines par champ tournant), comme c'est le cas le plus général, les courants qui les parcourent sont décalés de 1/3 de période et constituent ainsi un système triphasé que l'on peut monter en étoile ou en triangle.

Mais, lorsque le rotor, au lieu d'être constitué par un certain nombre de bobines indépendantes fermées en court circuit, est du type à cage d'écureuil, c'est-à-dire formé de conducteurs reliés par leurs extrémités respectivement à deux anneaux de résistance négligeable (t. I, § 102), on pourrait supposer que la distribution des courants est profondément modifiée et que les formules admises jusqu'à présent ne sont plus applicables dans ce cas particulier.

Mais, en réalité, si l'on admet que la résistance des anneaux mettant les conducteurs en court circuit est négligeable, l'intensité des courants circulant dans les divers conducteurs est la même que si ces conducteurs étaient indépendants.

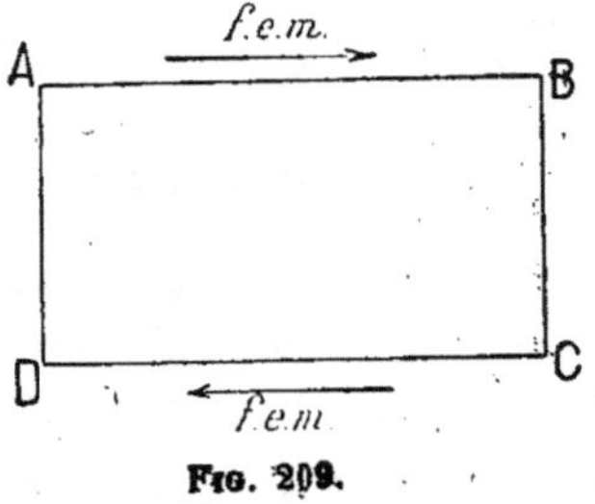

Fig. 209.

Si on considère, comme le fait M. Janet [1], un moteur bipolaire et que l'on sépare par la pensée une spire ABCD (*fig.* 209)

1. Janet, *Leçons sur l'Électricité*, 1ʳᵉ édition, p. 484.

de l'enroulement du rotor à cage d'écureuil et que l'on considère comme nulle la résistance des connexions AD et BC, on voit qu'à la force électromotrice unique qui agit dans cette spire, on peut toujours substituer par raison de symétrie deux forces électromotrices e, chacune d'elles étant égale à la moitié de la force électromotrice totale et agissant l'une dans le conducteur AB, l'autre dans le conducteur CD. C'est pourquoi, si r est la résistance de chacun des conducteurs, l'intensité instantanée du courant dans la spire est

$$i = \frac{2e}{2r} = \frac{e}{r}.$$

La différence de potentiel entre A et B et entre C et D est par conséquent égale à

$$ri - e = 0.$$

Il n'existe donc aucune différence de potentiel entre les pièces métalliques AD et BC et ce phénomène se vérifie également pour l'une quelconque des autres spires élémentaires.

Ceci posé, on sait qu'étant donné un nombre quelconque de circuits isolés entre eux, on peut, sans modifier l'intensité des courants qui y passent, relier électriquement entre eux autant de points se trouvant chacun sur l'un des circuits. Dans ces conditions, si l'on suppose pour un instant que l'on ait supprimé toutes les connexions antérieures reliant les spires entre elles, on peut les remplacer par une pièce métallique unique de résistance très faible, un anneau par exemple. A un moment donné, toutes les extrémités antérieures des conducteurs seront alors au même potentiel. Mais, d'après ce qui précède, on voit que les extrémités postérieures de ces conducteurs se trouveront, au même instant, avoir le même potentiel et l'on pourra également les réunir au moyen d'une pièce métallique de faible résistance, c'est-à-dire à l'aide d'un anneau semblable au précédent, sans modifier en quoi que ce soit la distribution des courants.

En résumé, les courants qui se développent dans les conducteurs d'un rotor à cage d'écureuil ont la même intensité que ceux qui se produiraient si les conducteurs étaient reliés deux à deux pour former une simple spire. Les formules déjà trouvées sont donc applicables dans le cas actuel et, au point de vue du rendement, le moteur ne perd rien à ce dispositif, qui présente, au contraire, des avantages, parce que l'organe mobile y gagne comme solidité mécanique et comme simplicité (voir le dernier alinéa du paragraphe 170). C'est la raison pour laquelle, dans certains cas, on donne encore la préférence à un moteur dont le rotor est à cage d'écureuil, même si la puissance qu'il doit développer est très grande, quoiqu'il soit nécessaire, pour obtenir le démarrage, d'avoir recours à des dispositifs spéciaux.

180. Rendement d'un moteur. — Il convient de rappeler ce qui a été dit paragraphe 171 au sujet d'un induit tournant dans un champ fixe et dans lequel l'énergie mécanique dépensée pour le maintenir en mouvement est intégralement transformée en chaleur, quantité représentée par W,

$$W = C_m \omega_1 = \frac{n}{2} \cdot \frac{\Phi_1^2 r \omega_1^2}{r^2 + \omega_1^2 L_{s_1}^2} = \frac{n}{2r} \Phi_r^2 \omega_1^2.$$

Ce résultat peut être appliqué au cas d'un moteur à champ tournant où $\omega_1 = \omega - \omega'$ représente le glissement.

On peut, par conséquent, dire que, dans un moteur à champ tournant, lorsque la puissance mécanique obtenue est

$$P = C_m \omega',$$

la puissance dépensée est

$$P + W + w,$$

expression dans laquelle W représente la quantité de chaleur qui se développe dans l'induit et w celle due aux pertes par effet Joule dans le stator (négligeable à vide), aux frottements, aux phénomènes d'hystérésis et aux courants de Foucault.

Les deux dernières causes de pertes sont pratiquement constantes, ainsi que les pertes dues aux frottements, la vitesse angulaire diminuant très peu. Si les pertes w sont négligeables par rapport à celles W, on obtient comme expression du rendement électrique du moteur

$$\rho = \frac{P}{P + W} = \frac{C_m \omega'}{C_m \omega' + C_m \omega_1} = \frac{\omega'}{\omega' + (\omega - \omega')},$$

expression qui se réduit à

$$\rho = \frac{\omega'}{\omega}. \tag{63}$$

On voit donc que, par une construction appropriée, on peut rendre le glissement minimum et augmenter ainsi le rendement, qui devient d'autant plus élevé que la vitesse ω' du rotor se rapproche plus de celle du champ inducteur ω. On aura toujours, il est vrai,

$$\rho < \frac{\omega'}{\omega},$$

et cela, à cause des pertes w qui ont été négligées. Ces pertes u sont toujours pratiquement plus considérables que les pertes W, parce que, dans un moteur dont le glissement est de 1 à 2 $^0/_0$, le rendement ne dépasse pas 93 à 94 $^0/_0$.

En admettant que, indépendamment des pertes par effet Joule dans le stator, les autres pertes restent constantes pour toutes les charges en se basant sur les pertes à vide, on a un moyen facile de calculer rapidement le rendement d'un moteur en charge, à la condition que l'on connaisse exactement la valeur du glissement, ce qui est possible comme on le verra paragraphe 189.

181. Représentation du glissement. — On a vu précédemment que

$$\frac{\operatorname{tang} \delta}{\operatorname{tang} \delta_1} = \frac{\sigma}{1 + \sigma}. \qquad \text{d'où} \qquad \operatorname{tang} \delta = \frac{\sigma}{1 + \sigma} \operatorname{tang} \delta_1.$$

Au moment du démarrage, le glissement a pour valeur ω
et, à ce moment,

$$\tan g\, \delta_0 = \frac{\sigma}{1 + \sigma} \cdot \frac{\omega L_{s_1}}{r}$$

et le point C vient en C_{cc} (*fig.* 210).

En prolongeant QC_{cc} jusqu'au
point S et $Q'C$ jusqu'au point M, MS
étant perpendiculaire à OQ', on a

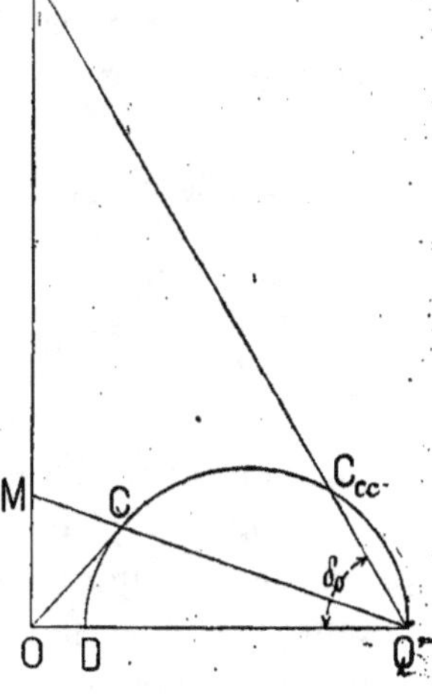

Fig. 210.

$$OS = OQ'\, \tan g\, \delta_0$$
$$= \left(OD + \frac{OD}{\sigma}\right) \frac{\sigma}{1 + \sigma} \cdot \frac{\omega L_{s_1}}{r} = OD\, \frac{\omega L_{s_1}}{r}.$$

Pour le point M, on a, le glisse-
ment étant alors $\omega_1 = \omega - \omega'$,

$$OM = OD\, \frac{(\omega - \omega')\, L_{s_1}}{r}.$$

Par conséquent

$$\frac{OM}{OS} = \frac{\omega - \omega'}{\omega}$$

et

$$OM = \frac{\omega - \omega'}{\omega}\, OS,$$

c'est-à-dire que OM donne la valeur du glissement en tant
pour cent du segment OS. En d'autres termes, si OS, correspondant au moment du démarrage, donne la valeur maximum
du glissement ω (100 %), le segment OM donne la valeur
du glissement correspondant à la charge déterminée par le
point C sur le diagramme.

Tout ce qui précède s'applique au cas où l'on néglige la
résistance du stator. Si on en tient compte, la droite OS n'est
plus perpendiculaire à OQ', mais oblique, comme on va le voir
en étudiant le diagramme de M. Heyland.

182. Diagramme d'Heyland. — L'avantage considérable
que présente l'emploi du diagramme de M. Heyland résulte

de ce fait qu'il permet de représenter facilement non seulement l'intensité des courants dans le rotor et dans le stator, mais encore le couple moteur, le glissement et la puissance développée par le moteur dans différentes conditions de charge, tout en tenant compte aussi bien des fuites magnétiques que de la résistance du stator.

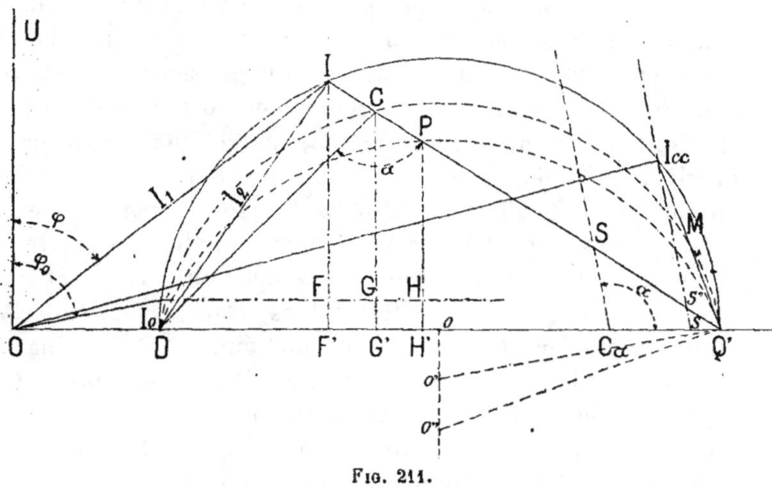

FIG. 211.

Le vecteur OI (*fig*. 211) représente l'intensité du courant primaire, IF' sa composante énergétique et OF' sa composante magnétisante. Partant de l'hypothèse que la tension est maintenue constante aux bornes du stator, le segment IF' donne, à une échelle appropriée, la valeur de la *puissance électrique totale consommée* par le moteur et fournie par la ligne. Il serait avantageux qu'à charge normale le vecteur I_1 restât tangent à la circonférence, parce qu'à cette charge correspondrait également le meilleur facteur de charge.

Soit OI_0 l'intensité du courant fourni au stator lorsque le moteur fonctionne à vide. Le pied de la perpendiculaire abaissée de I_0 se confondant sensiblement avec le point D, on peut admettre que le segment I_0D représente les pertes correspondantes qui sont : les pertes dues aux frottements, les pertes dans le fer et les pertes dans le cuivre.

Les pertes par frottement peuvent être considérées comme constantes, quoique, par suite de l'augmentation du glissement, elles tendent à diminuer à mesure que la charge augmente.

Les pertes dans le fer peuvent aussi être considérées comme constantes, quoique le fait ne soit pas rigoureusement exact. En effet, par suite de l'augmentation de la charge, le flux traversant le stator et les pertes qu'il subit diminuent, comme dans un transformateur, par suite de la présence des enroulements qui ont une certaine résistance. Par contre, dans le rotor, par suite de l'augmentation du glissement, les pertes dans le fer tendent à augmenter. Toutefois on ne peut atteindre une compensation exacte, parce que les courants induits dans le fer du rotor contribuent à augmenter la valeur du couple, mais d'une quantité pratiquement négligeable.

Les pertes dans le cuivre, proportionnelles au carré de l'intensité des courants, croissent rapidement avec la charge; mais, à vide, elles sont négligeables. En se réservant d'en tenir compte séparément lors du fonctionnement sous charge, on peut alors considérer le segment $I_0 D$ comme représentant seulement les pertes dues aux frottements, aux phénomènes d'hystérésis et aux courants de Foucault. Pratiquement, la projection de I_0 vient toujours, comme on l'a dit, au point D, et OD peut être considéré comme représentant la véritable valeur de l'intensité du courant magnétisant à vide (comparer avec le diagramme circulaire des transformateurs, paragraphe 139).

Il résulte de ce qui précède qu'en menant de I_0 une parallèle à OQ', les segments tels que *IF* donnent la valeur de la *puissance recueillie sur l'arbre*, plus encore les pertes dans le cuivre, pertes qu'il y a lieu de déduire pour avoir la valeur de la puissance réelle.

En négligeant ce segment constant, on obtient le diagramme du moteur sans pertes, diagramme parfaitement équivalent à celui des transformateurs sans pertes.

Le segment *IF'*, représente à une autre échelle, la valeur du couple moteur. En effet ce couple est proportionnel au produit de l'intensité dans le rotor par l'intensité du champ résultant dans le rotor, c'est-à-dire proportionnel au produit $ID . IQ'$[1]. Comme l'angle en I est un angle droit, ce produit est proportionnel à la surface du triangle DIQ', surface qui peut être exprimée au moyen de la hauteur IF', la base DQ' étant constante.

En séparant de IF' la partie FF' correspondant aux pertes à vide, le segment restant IF est proportionnel au couple moteur agissant sur l'arbre, toujours en négligeant, pour le moment, les pertes dans le cuivre.

Il serait très difficile du reste de tenir compte de ces pertes dans le diagramme, puisqu'elles varient comme le carré de l'intensité du courant. Toutefois ces pertes se révèlent aussi d'une autre manière, précisément, comme on l'a vu dans l'étude des transformateurs, par un affaiblissement du champ correspondant à l'enroulement dont on considère la résistance. Il est alors facile de modifier le diagramme de manière que l'on puisse, avec une approximation suffisante, tenir compte de ces pertes.

En effet, la chute de tension dans l'enroulement primaire (stator), produit de l'intensité I_1 par la résistance ohmique, doit être retranchée de la tension aux bornes et, par conséquent, le champ n'a pas à produire une force contre-électromotrice égale à la tension aux bornes, mais simplement une force contre-électromotrice correspondant à la différence de potentiel aux bornes moins la chute de tension. Il en résulte que, le champ principal donnant naissance à cette force électromotrice, le champ du rotor diminue d'une valeur correspondant à la chute de tension.

Mais le diagramme a été établi dans l'hypothèse d'un champ principal constant ; toutefois, comme le fait observer M. Heyland, on peut tenir compte de cette différence avec une

____

1. On voit, figure 205 et mieux encore figure 175, que le segment IQ' est proportionnel au flux résultant dans le rotor. Ce flux est représenté par OA ; mais les deux triangles OAF et Q'C'D (*fig.* 175) sont semblables, puisqu'ils ont deux angles égaux ; par conséquent Q'C' est proportionnel à OA et, par conséquent, au flux résultant dans le rotor.

exactitude suffisante. On peut, en effet, tenir compte des pertes ohmiques par l'introduction d'un champ équivalent, en supposant alors la résistance nulle, champ qué l'on déduit de celui dû à l'organe mobile, de manière à obtenir un résultat exact. Puisque, à une valeur donnée de la force électromotrice, correspond toujours un champ perpendiculaire qui lui est proportionnel, on peut tenir compte de toutes les chutes de tension en réduisant proportionnellement le champ dans une direction perpendiculaire à la chute de tension, c'est-à-dire perpendiculaire à la direction du courant.

En admettant que le champ ait une intensité constante (ce qui est l'hypothèse servant de base au diagramme), intensité de champ dont dépend l'intensité des courants dans le rotor, il faut diminuer l'intensité du champ de l'organe mobile d'une valeur correspondant à la chute de la tension, si l'on veut déterminer la valeur du couple moteur et celle de la puissance développée.

Pour effectuer cette opération sur le diagramme, on doit remarquer que l'intensité I_1 peut être considérée comme formée de deux composantes, une OD représentant l'intensité du courant à vide dont les effets sont déjà compris dans les pertes à vide qui sont constantes et l'autre qui est une variable DI; cette dernière donne lieu alors à une chute de tension se manifestant par un affaiblissement du champ de l'induit IQ' qui lui est perpendiculaire, cet affaiblissement étant proportionnel à l'intensité DI[1].

Soit IC la diminution d'intensité de champ correspondante : cette diminution devant être constamment proportionnelle à DI, si I se déplace le long d'une circonférence, il en sera de même de C. On verra dans un prochain paragraphe comment se détermine le centre de cette circonférence.

Le couple moteur sera proportionnel au produit DI . CQ' et, puisqu'il était d'abord donné par le produit DI . IQ', il sera

---

1. Ce raisonnement n'est pas rigoureusement exact, parce que la décomposition réelle de I_1 donne $I_1^2 = I_0^2 + I_2^2 + 2I_0I_2 \cos \psi$, ψ étant l'angle IDQ'. Toutefois, en négligeant le terme $2I_0I_2 \cos \psi$, on ne commet qu'une très petite erreur, parce que, en fonctionnement normal principalement, l'angle ψ est toujours voisin de $\frac{\pi}{2}$.

maintenant réduit dans le rapport

$$\frac{IQ'}{CQ'}.$$

Par suite de la proportionnalité des triangles, CG' est le segment qui représente maintenant la valeur du couple moteur. En déduisant la partie correspondant aux pertes, le segment CG donne la valeur exacte du couple moteur à la même échelle que celle prise pour IF' qui mesure la puissance électrique totale absorbée.

Si la vitesse angulaire restait constante, ce segment donnerait également la valeur de la puissance. Mais la résistance que présente l'organe mobile a pour effet de le retarder par rapport au champ, car, s'il en était autrement, les courants ne pourraient prendre naissance. En raisonnant comme précédemment, on peut admettre qu'il est possible de tenir compte de l'effet de cette résistance par une nouvelle diminution CP du champ de l'induit, de manière que le segment PH donne la valeur vraie de la puissance disponible sur le moteur.

On peut donner l'explication qui précède sous une autre forme. Si la résistance du rotor était négligeable, le glissement le serait également. Au contraire, par suite du glissement dû à la résistance, la puissance est proportionnelle à PH au lieu de CG, P étant un point tel qu'il correspond au rapport

$$\frac{CQ'}{PQ'} = \frac{\text{vitesse angulaire du champ}}{\text{vitesse angulaire du rotor}} = \frac{\omega}{\omega'}$$

et aussi

$$\frac{CP}{CQ'} = \frac{\omega - \omega'}{\omega} = \frac{\omega_1}{\omega} = \text{glissement en } \%.$$

En ce qui concerne le lieu du point P, il faut remarquer que l'intensité du courant dans le rotor est proportionnelle à l'intensité du champ d'induit et au glissement, c'est-à-dire que DI est proportionnel à

$$CQ' \frac{CP}{CQ'} \text{ soit à } CP.$$

D'autre part, comme on l'a vu, le segment IC étant aussi proportionnel à DI, le segment entier IP est également proportionnel à DI; par conséquent, le point P doit se déplacer sur une circonférence passant par les points D et Q' et dont le centre o'' se détermine comme on le verra plus loin.

En ce qui concerne le glissement, on a déjà vu que DI est proportionnel à CQ' multiplié par le glissement. Par conséquent la valeur du glissement est proportionnelle à

$$\frac{DI}{CQ'}.$$

Mais, comme DC est proportionnel à DI, on a également la valeur du glissement proportionnelle à

$$\frac{DC}{CQ'}.$$

Il ne faut pas perdre de vue que l'angle α en C est constant. Donc, si par un point quelconque C_α pris sur la droite DQ' dans le voisinage de Q', on trace une droite faisant avec $C_\alpha Q'$ un angle α, on a

$$\frac{DC}{CQ'} = \frac{C_\alpha S}{C_\alpha Q'}.$$

Mais comme $C_\alpha Q'$ a une valeur constante et que le premier terme du rapport est proportionnel au glissement, il s'ensuit que $C_\alpha S$ est aussi proportionnel au glissement et que la droite tracée peut servir d'échelle pour la mesure du glissement correspondant aux différentes charges. Le point C_α peut aussi coïncider avec O, comme cela se présente paragraphe 181; mais pratiquement ce serait peu commode, parce que le point de rencontre S serait trop éloigné.

Pour évaluer en valeur absolue ce glissement, il faut remarquer que, lorsqu'on applique le frein à un moteur au point de l'arrêter, la puissance devient nulle, le point P vient en Q' et la droite IQ' devient tangente à la troisième circonférence. Le glissement est alors de 100 $^0/_0$. Il en résulte que si du point I_{cv}, point de rencontre de la tangente avec la première circonférence, on mène une parallèle à SC_α et si le segment sI_{cc} donne la valeur du glissement maximum (100 $^0/_0$), le segment ss' mesure le glissement correspondant à la puissance PH.

La droite OI_{cc} représente l'intensité du courant dans le stator, le rotor restant immobile, c'est-à-dire l'*intensité du courant en court circuit*.

Le rendement du moteur est donné par le rapport

$$\rho = \frac{PH}{IF}.$$

Enfin il y a lieu de remarquer que les dimensions du diagramme d'Heyland augmentent en proportion directe avec la tension, parce que l'intensité des courants croît aussi proportionnellement avec cette dernière; d'autre part, les couples moteurs sont proportionnels au produit de la hauteur du diagramme (courant énergétique) par la tension. Donc la valeur des couples moteurs augmente proportionnellement au carré de la tension appliquée.

183. Pour utiliser pratiquement le diagramme d'Heyland, il ne faut pas oublier que, par analogie à ce qui a été fait pour les transformateurs, on suppose que le rapport de transformation m des deux enroulements (rapport entre le nombre de spires du stator et du rotor) est égal à 1, en admettant implicitement que le rotor soit, comme le stator, muni d'un enroulement triphasé. Ce n'est seulement que dans le cas où $m = 1$ que l'on peut déduire directement du diagramme les valeurs de I_1 et de I_2. Dans le cas contraire, ces segments, correspondant aux flux, donnent respectivement les valeurs $n_1 I_1$ et $n_2 I_2$; par conséquent, si le vecteur OI est pris comme mesure de I_1, il faut multiplier le segment DI par $\frac{n_1}{n_2}$ pour obtenir les valeurs réelles de I_2.

Avec un stator ayant ses enroulements montés en triangle au lieu d'être en étoile, il n'y a aucune modification de l'intensité des courants dans la ligne pour une valeur donnée de la tension appliquée; la modification ne se produit que dans les enroulements du stator, parce qu'en passant d'une disposition à l'autre la tension dans chaque circuit reste toujours dans le même rapport $\dfrac{1}{\sqrt{3}}$, tandis que l'intensité du courant augmente dans le rapport inverse.

184. Données expérimentales nécessaires pour la construction du diagramme d'Heyland. — Le grand avantage que présente le diagramme d'Heyland consiste dans ce fait qu'il suffit d'effectuer simplement deux mesures pour avoir tous les éléments nécessaires pour l'établir, quand on connaît déjà la valeur de la résistance du stator.

Les deux mesures fondamentales sont analogues à celles qu'il faut effectuer pour construire le diagramme de Kapp servant à prédéterminer la chute de tension dans un transformateur : une mesure avec fonctionnement à vide et une mesure avec fonctionnement en court circuit.

On fait d'abord fonctionner le moteur à vide et l'on note l'intensité du courant OI_0; puis, à l'aide d'un wattmètre et d'un voltmètre, on détermine le décalage de phase à vide φ_0.

On applique ensuite un frein au moteur jusqu'à ce que son organe mobile reste fixe (en supprimant du circuit du rotor les résistances additionnelles si elles y sont, c'est-à-dire en mettant le moteur dans les conditions normales de fonctionnement), on effectue une nouvelle lecture sur l'ampèremètre et on détermine le point I_{cc} à l'aide de l'intensité OI_{cc} et du décalage de phase correspondant. La première circonférence est alors déterminée, les points I_0 et I_{cc} étant connus et son centre se trouvant situé sur la perpendiculaire au vecteur de la tension.

La troisième circonférence est plus rapidement déterminée, parce qu'elle est tangente à la droite $Q'I_{cc}$, que son centre est sur la ligne oo'', perpendiculaire à la corde DQ' et rencontre cette dernière en son milieu ; enfin que son rayon est $o''Q'$ perpendiculaire à $Q'I_{cc}$.

Enfin, pour tracer la deuxième circonférence, il suffit de remarquer qu'elle coupe la tangente à la troisième circonférence en un point M tel que

$$\frac{I_{cc}M}{MQ'} = \frac{\text{pertes dans le cuivre du stator}}{\text{pertes dans le cuivre du rotor}},$$

et cela, parce que les deux segments dont il est question sont respectivement proportionnels aux segments IC et CP qui tiennent compte précisément de l'effet de la résistance de chacun des deux organes du moteur. Connaissant la résistance de chacun d'eux et l'intensité des courants qui y passent, le point M est facilement déterminé. Mais il suffit de connaître la résistance du stator et l'intensité du courant qui y passe. En effet, on remarque que, OD étant petit par rapport à DQ', dans le voisinage du court circuit l'angle OIQ' est presque droit et, par conséquent, l'angle IQO' est, avec une approximation suffisante, égal à φ. Si on prend alors le segment OQ' pour représenter la tension totale U appliquée aux bornes du stator, le segment $Q'I = U \cos \varphi$. Autrement dit, dans le voisinage du court circuit, le segment IQ' mesure la composante active (§ 50) de la tension à la même échelle que celle de OQ' qui donne la valeur de U. En particulier, dans le fonctionnement en court circuit, ce segment donne la valeur de la tension nécessaire pour que les courants s'établissent avec l'intensité voulue dans les deux circuits (stator et rotor), abstraction faite de la composante active de la tension nécessaire pour compenser les pertes dans le fer qui, en court circuit, peuvent être considérées comme négligeables par rapport aux pertes dans le cuivre. Si on connaît alors la valeur des pertes dues au cuivre du stator, le point M est déterminé (voir plus loin l'application numérique, § 186). Le point M étant connu, on peut tracer la deuxième circonférence ayant son centre en o' et le diagramme est ainsi complété.

Il ne faut pas perdre de vue que, dans l'essai en court circuit, l'intensité du courant absorbé par le moteur peut avoir une valeur très grande et souvent excessive. On peut tourner la difficulté en alimentant le stator sous une tension réduite, ce qui diminue proportionnellement l'intensité du courant et permet d'en déduire la valeur de l'intensité qu'aurait le courant si on alimentait le moteur à la tension normale. Lorsque le stator a ses circuits montés en triangle, on peut facilement limiter l'intensité du courant, lors de l'essai en court circuit, en les groupant momentanément en étoile. Chacun des circuits est alors alimenté sous une tension égale à $\dfrac{U}{\sqrt{3}}$, et l'intensité des courants est réduite en conséquence. L'angle φ ne varie pas, parce que, à fréquence constante, il dépend seulement, comme on le sait, du coefficient de self-induction et de la résistance ohmique, le coefficient de self-induction pouvant être pratiquement considéré comme constant dans les limites de l'induction à laquelle est soumis le fer dans les moteurs à champ tournant.

Pour mieux faire comprendre les explications qui précèdent, on donnera dans le paragraphe 186 quelques exemples d'applications numériques.

185. Le diagramme d'Heyland peut être établi sans qu'il *soit nécessaire d'effectuer l'essai en court circuit*; mais il faut alors déterminer quelques points de la courbe correspondant à autant de points de fonctionnement normal, c'est-à-dire qu'il faut connaître le coefficient de dispersion du moteur, coefficient que l'on peut déduire d'une formule empirique et que l'on peut également déterminer expérimentalement.

On a déjà vu que le diamètre de la circonférence du diagramme circulaire est donné par l'expression

$$DQ = OD \cdot \dfrac{1}{\dfrac{1}{\eta_1\eta_2} - 1} = OD \cdot \dfrac{1}{\sigma},$$

dans laquelle η_1 et η_2 sont les coefficients de dispersion du primaire et du secondaire et σ, le coefficient de dispersion du moteur. On voit aussi comment, dans la pratique,

$$\sigma = k\frac{\Delta}{l}.$$

Par conséquent, en mesurant soigneusement la largeur de l'entrefer, en relevant l et appliquant la valeur minimum de k (10) pour des moteurs puissants de 100 chevaux et plus et la valeur maximum (15) pour des moteurs de 1 à 2 chevaux ou de fractions de cheval, on peut en déduire σ et, par conséquent, le diamètre de la circonférence principale du diagramme d'Heyland, lorsqu'on connaît seulement la valeur de l'intensité du courant magnétisant à vide.

Pour déterminer σ expérimentalement, il faut, comme l'a indiqué M. Heubach [1], faire fonctionner le moteur comme génératrice.

Une autre méthode permettant de déterminer le diamètre de la circonférence d'Heyland a été donnée par M. Rothert[2].

186. Applications pratiques. — 1° Un moteur triphasé à champ tournant, construit par la maison Brown-Boveri, pour une puissance normale de 8 chevaux, a donné aux essais les résultats ci-après :

a) Fonctionnement à vide sous une tension efficace de 104 volts : intensité du courant dans chaque phase, 5,15 ampères ; puissance absorbée par phase, 110 watts ;

b) Fonctionnement en court circuit avec rotor freiné : tension d'alimentation, 88 volts ; intensité du courant, 90 ampères ; puissance absorbée par phase, 2525 watts ;

c) Résistance de chaque phase : 0,16 ohm.

La fréquence étant de 42 périodes par seconde et le moteur possédant deux champs tournants (4 pôles), la vitesse angulaire du rotor, correspondant au synchronisme, est de

$$60 \cdot 21 = 1\,260 \text{ tours par minute.}$$

<hr>

1. Heubach, *Zur Theorie der Asynchronmotoren* (*Elektrotechnische Zeitschrift,* t. XXI, 1900).
2. Rothert, *Elektrotechnische Zeitschrift*, t. XIX, 1898.

Les circuits du stator sont montés en triangle et l'intensité du courant a été mesurée à l'aide d'un ampèremètre intercalé dans l'une des branches.

Les décalages à vide et en court circuit (*fig.* 212) ont les valeurs suivantes :

$$\text{à vide} \qquad \cos \varphi_0 = \frac{110}{104 \cdot 5,15} = 0,21 \qquad \varphi_0 = 78°,$$

$$\text{en court circuit} \quad \cos \varphi_{cc} = \frac{2\,525}{88 \cdot 90} = 0,32 \qquad \varphi_{cc} = 71°.$$

Le segment $OI_0 = 5,15$ ampères, par conséquent le courant énergétique à vide $I_0 D = 5,15 \cdot 0,21 = 1,057$ ampère.

Pour établir le diagramme d'Heyland, qui présuppose que la tension reste constante comme dans le fonctionnement à vide (104 volts dans le cas actuel), il suffit de prendre

$$OI_{cc} = \frac{90}{88} \cdot 104 = 107 \text{ ampères.}$$

Sur la droite ODQ' perpendiculaire à OU, vecteur de la tension, on trouve le centre o de la première circonférence qui doit passer par les points I_0 et I_{cc}.

Cette circonférence étant tracée, on mène la droite $Q'I_{cc}$ et, du point Q', une perpendiculaire à cette corde jusqu'au point de rencontre o'' de la perpendiculaire menée du point o sur OQ'. Le point o'' est le centre de la troisième circonférence qui, une fois tracée, est tangente en Q' à la droite $Q'I_{cc}$.

Pour trouver le point M où doit passer la deuxième circonférence, il faut remarquer qu'à l'échelle qui sert en OQ' à mesurer la tension constante appliquée (104 volts), le segment $Q'I_{cc}$ donne pour valeur 33,3 volts. Prenant alors, à la même échelle, la partie MI_{cc} correspondant à $0,16 \cdot 107 = 17,12$ volts (chute de tension qu'on aurait dans l'un des circuits du stator lors de l'essai en court circuit si la tension était restée constante), on a le point M et, par suite, la deuxième circonférence, sachant que son centre o' se trouve sur la droite oo''.

En menant par le point O la tangente à la première circonférence, on a le point I' auquel correspond la charge ayant le

Icc
M
Charge maximum
Charge normale
Pertes à vide
s
O'
O''
O'''
Q'
U
I'CP
FGH
OIDF'
50mm.
0 10 20 30 40

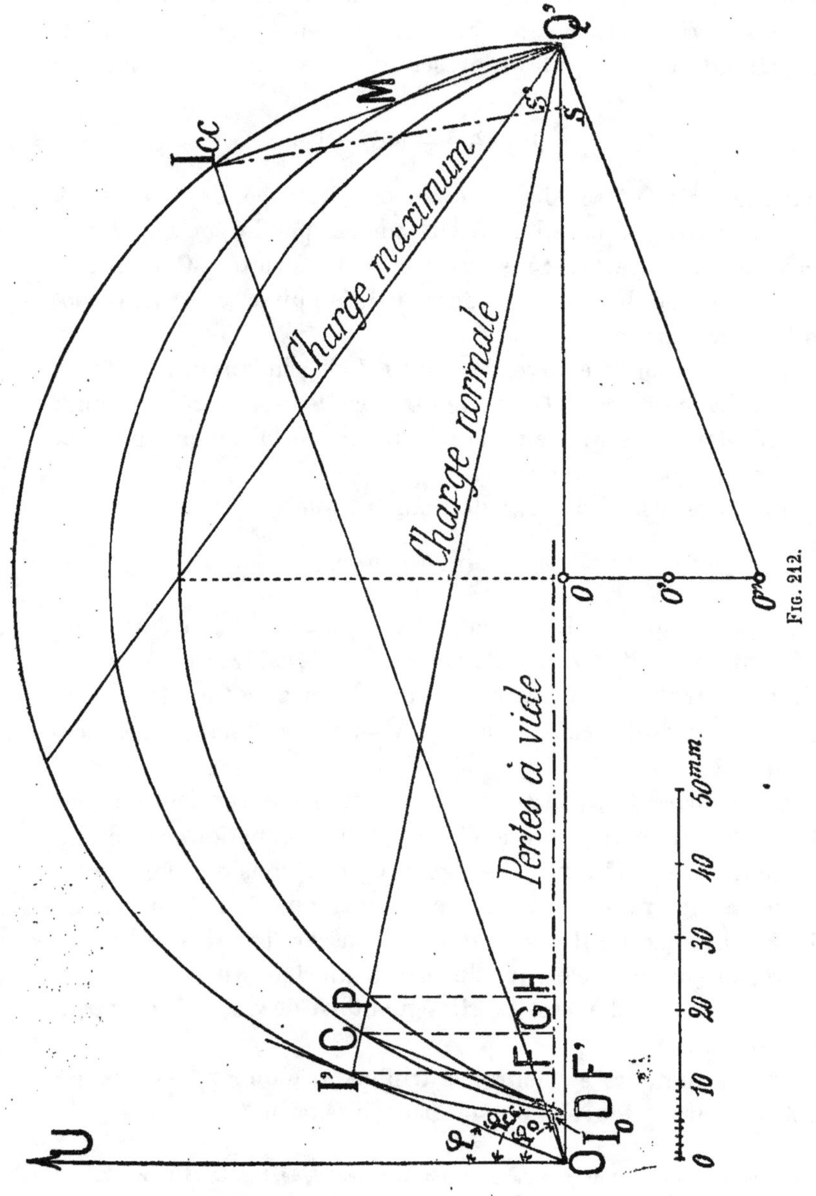

Fig. 212.

plus faible $\cos\varphi$. La droite $I'Q'$ coupe les deux autres circonférences en C et en **P**. La droite $I'F'$ donne la valeur du courant énergétique $= 22,25$ ampères et, puisque la tension est constante, cette droite représente également **la puissance** dépensée :

$$3 \cdot 104 \cdot 22,25 = 6\,942 \text{ watts,}$$

chaque millimètre des ordonnées correspondant ainsi à 156,3 watts. La parallèle à OQ' menée par le point I_0 donne la valeur des pertes constantes FF'. La droite CG donne la valeur du couple moteur et enfin PH, la puissance vraie disponible sur l'arbre.

En correspondance avec le point I' ($\cos\varphi$ maximum $= 0,90$), la puissance disponible est de 6 084 watts, soit 8,25 chevaux, ce qui démontre que le moteur satisfait parfaitement aux conditions de puissance prescrites.

En traçant la droite $I_{cc}s$ de manière que

$$I_{cc}sQ' = DCQ',$$

on a la valeur du glissement maximum en court circuit, glissement qui est de $100\,^0/_0$. Dans ces conditions, les segments ss', limités par CQ', donnent en pour 100 les glissements correspondant aux différentes charges. A charge normale, ce glissement est de $3,7\,^0/_0$.

Les courbes (*fig.* 213) ont été tracées d'après les données fournies par le diagramme et indiquent le fonctionnement du moteur sous différentes charges et sous tension constante. La puissance maximum que peut développer le moteur est de 15,75 chevaux qu'il ne peut pas dépasser, car il s'arrêterait alors, le couple développé devenant inférieur au couple résistant appliqué à l'arbre. Le glissement est de $13,5\,^0/_0$ à charge maximum.

2° Les moteurs asynchrones triphasés, d'une puissance de 500 chevaux[1], fournis par la maison Alioth à la compagnie

---

1. Ces moteurs sont décrits dans *l'Éclairage électrique*, t. XXXVIII, p. 322.

des chemins de fer de l'Ouest pour actionner directement des compresseurs d'air à la vitesse angulaire de 100 tours par

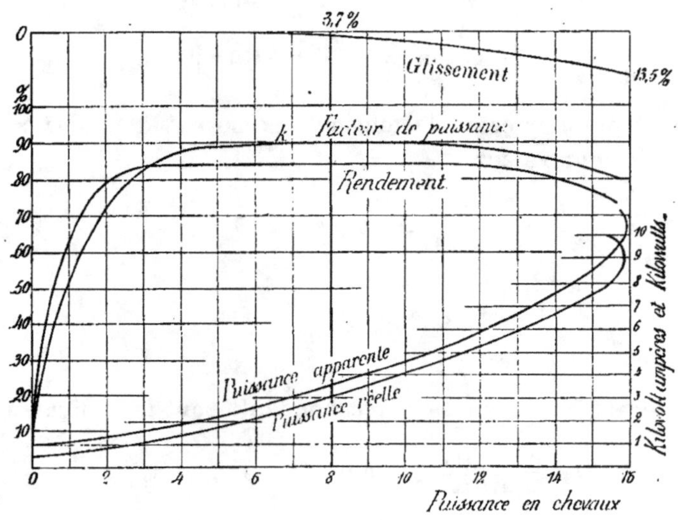

Fig. 213.

minute, sont alimentés normalement par des courants alternatifs sous 5 000 volts de tension efficace et à la fréquence de 25 périodes par seconde. Les circuits du stator sont montés en étoile. Un de ces moteurs a donné aux essais les résultats suivants :

a) Fonctionnement à vide :

Tension...............	5 000 volts
Intensité.............	9,3 ampères
Puissance absorbée...	10 400 watts

b) Fonctionnement en court circuit à tension réduite :

Tension...............	976 volts
Intensité.............	50 ampères
Puissance absorbée...	25 200 watts

c) Résistance de chaque circuit du stator : 1,75 ohm.

La puissance absorbée par chacun des trois circuits dans les deux essais a été de

$$\text{à vide} = \frac{10\,400}{3} = 3\,466 \text{ watts;}$$

$$\text{en court circuit} = \frac{25\,200}{3} = 8\,400 \text{ watts.}$$

Lors du premier essai, la tension aux bornes d'un des circuits avait pour valeur

$$\frac{5\,000}{\sqrt{3}} = 2\,900 \text{ volts}$$

et, lors du second,

$$\frac{976}{\sqrt{3}} = 563 \text{ volts.}$$

Les décalages de phase correspondants sont les suivants :

$$\cos\varphi_1 = \frac{3\,466}{2\,900\,.\,9{,}3} = 0{,}129, \qquad \varphi_1 = 82^\circ\,35';$$

$$\cos\varphi_2 = \frac{8\,400}{562\,.\,50} = 0{,}30, \qquad \varphi_2 = 72^\circ\,30'.$$

En court circuit et sous la tension normale, l'intensité du courant serait de

$$\frac{50}{563} \cdot 2\,900 = 256 \text{ ampères [1].}$$

Avec ces éléments, on a établi le diagramme d'Heyland (*fig.* 214). On voit sur ce diagramme qu'à la charge normale de 500 chevaux, le vecteur de l'intensité du courant primaire reste tangent à la première circonférence, ce qui indique que la construction de ce moteur est rationnelle, puisque l'on obtient pour cette charge la valeur maximum de $\cos\varphi = 0{,}933$. Le rendement est alors de 92 $^0/_0$ et le glissement de 3 $^0/_0$.

187. Remarque sur l'essai en court circuit. — On vient de voir que l'établissement du diagramme d'Heyland exige la

[1]. Ce résultat est bien approché. Voir le paragraphe suivant.

Intensité en court circuit
Charge normale 500 chevaux
Pertes à vide
Glissements en 0/0

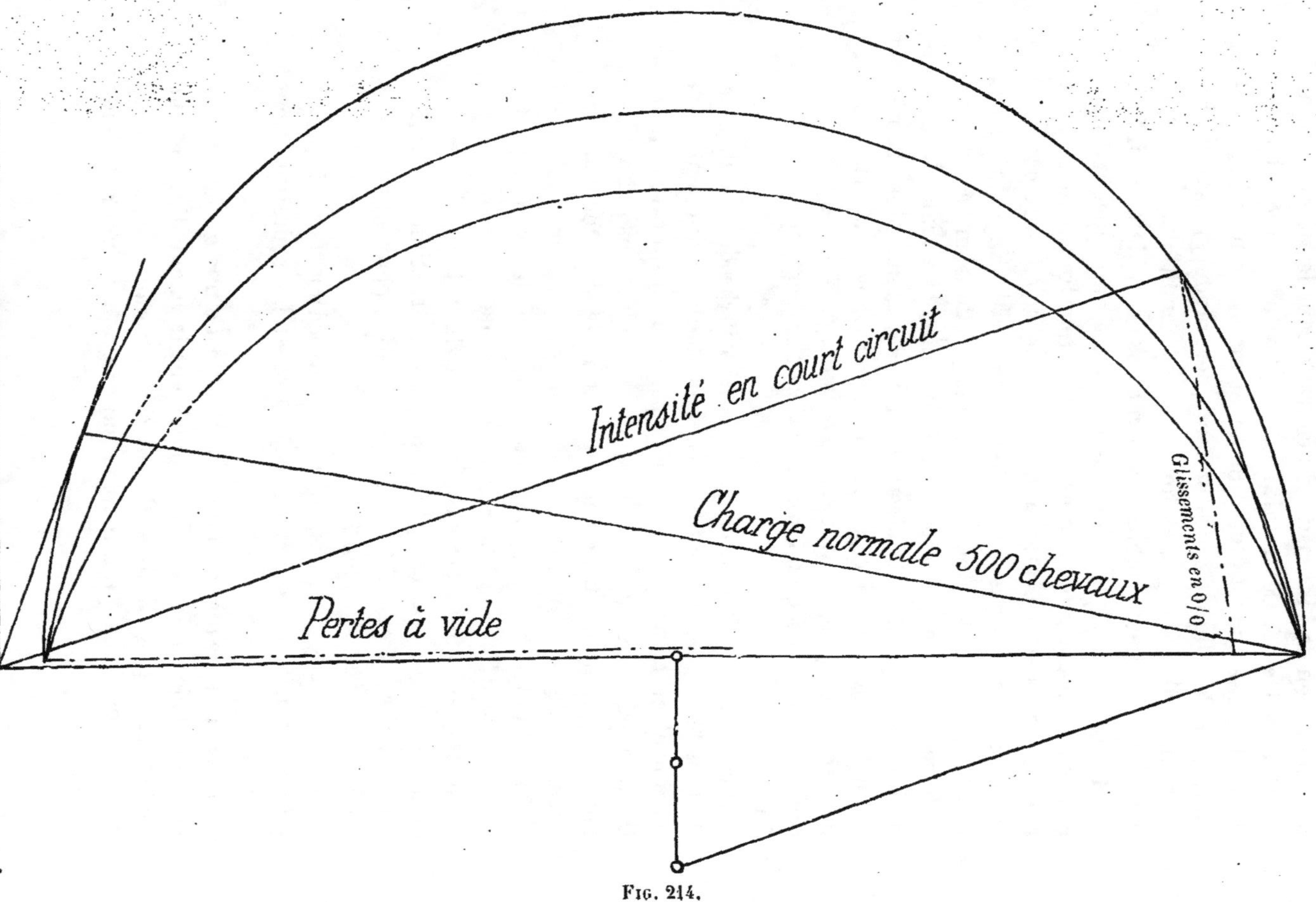

Fig. 214.

détermination de l'intensité du courant dans le stator lorsque le rotor est freiné. Cet essai, facile à effectuer lorsqu'il s'agit de petits moteurs, est plus difficile et même impossible lorsqu'il doit s'appliquer à des moteurs de grande puissance. En effet, pour alimenter le stator dans ces conditions, sans que la tension du réseau de distribution baisse notablement, il faut que le transformateur soit d'une puissance de beaucoup supérieure à celle du moteur à essayer, ce qui ordinairement ne se réalise pas dans la pratique, c'est-à-peine si on peut procéder ainsi dans les usines des constructeurs. M. Heyland admet (§ 184) que l'on peut effectuer cet essai à tension réduite, en déduisant ensuite de cette opération l'intensité vraie du courant en court circuit de la valeur trouvée, augmentée proportionnellement. Mais cette méthode n'est pas suffisamment précise, parce qu'en diminuant la tension, on diminue l'induction et, par conséquent aussi, la valeur des pertes dans le fer.

Il est bien préférable de tracer une courbe des valeurs de l'intensité en court circuit en augmentant graduellement la tension et en commençant d'abord par une tension très faible. On prolonge ensuite la courbe ainsi obtenue jusqu'à ce que l'on atteigne la valeur qu'aurait l'intensité si la tension était normale. Mais il convient de remarquer que la courbe d'intensité ainsi obtenue est peu exacte, parce que la forme de cette courbe varie suivant la forme des trous ou rainures qui reçoivent les conducteurs du stator et du rotor; ainsi deux courbes relevées sur deux moteurs de construction identique, l'un ayant des trous et l'autre des rainures, peuvent avoir des différences très considérables.

De plus, ces courbes, faciles à exécuter dans les ateliers de construction, ne peuvent être établies pratiquement ailleurs.

En résumé, le diagramme d'Heyland est d'une grande utilité parce qu'il permet de vérifier rapidement la valeur d'un moteur asynchrone et ses limites d'applications; mais il est rarement possible, dans la pratique journalière, de l'établir à l'aide

d'un essai en court circuit. C'est pour ce motif que l'auteur
de cet ouvrage a imaginé une autre méthode de tracé de ce
diagramme, beaucoup plus simple, car elle évite l'essai
en court circuit et peut être toujours appliquée. Cette nouvelle méthode ne nécessite pas la détermination préalable de
la valeur de la résistance du stator, ce qui constitue également
un avantage appréciable.

Mais il convient de ne pas oublier que le diagramme d'Heyland
ne représente qu'approximativement le fonctionnement d'un
moteur, parce que, en réalité, le lieu du point I (*fig.* 211) n'est
pas exactement une circonférence, mais bien une courbe qui
peut différer considérablement d'une circonférence, principalement lorsqu'on se rapproche du court circuit. Il arrive que
ce diagramme donne, aussi bien pour les valeurs de cos φ que
pour celles du rendement, des résultats supérieurs à la réalité ;
il importe d'en tenir compte. Ces observations sont également
applicables à la construction du diagramme d'Heyland par la
méthode de l'auteur ; toutefois, comme cette dernière est fondée sur des déterminations faites dans des conditions de fonctionnement normales, elle donne des résultats qui se rap-
prochent davantage de la réalité.

**188. Construction du diagramme d'Heyland par la
méthode Sartori.** — Cette méthode est fondée sur la détermination précise de la valeur du glissement dans deux conditions de fonctionnement déterminées, pour lesquelles,
comme dans la méthode de M. Heyland, il est nécessaire de
connaître l'intensité du courant dans le stator et le décalage
de phase. Une de ces conditions de fonctionnement peut être
la marche à vide ; elle est, dans tous les cas, indispensable, si
l'on veut tracer la droite représentant les pertes constantes. La
circonférence des I est déterminée, si l'on connaît deux de ses
points b et c (*fig.* 215), son centre se trouvant sur la droite OQ'.
Lors de l'essai à vide, on a déterminé le point a, dont la projection est toujours confondue avec D ; en traçant la droite Dc
et en menant par c une ligne qui lui soit perpendiculaire, on a

aussitôt le point Q′, qui est l'autre extrémité du diamètre de la circonférence.

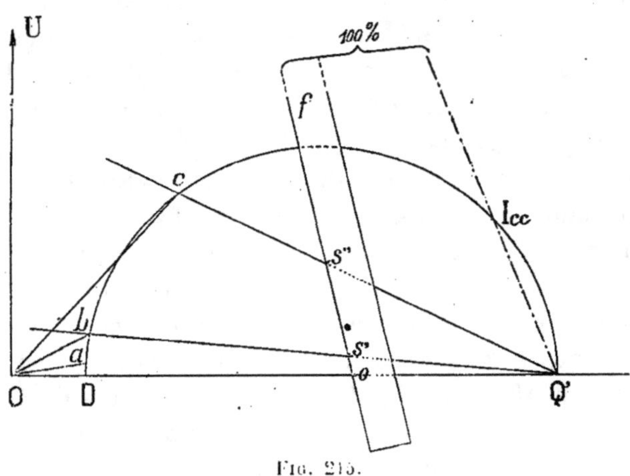

Fig. 215.

Après avoir déterminé le glissement aussi exactement que possible, en procédant comme il est indiqué dans le paragraphe suivant pour les deux conditions de fonctionnement *b* et *c* ou bien *a* et *c*, on trace les droites Q′*b*, Q′*c*. Sur une bande de papier *f*, on trace à une échelle quelconque à partir d'un point *o* deux segments *os′* et *os″* correspondant aux glissements respectifs pour les deux charges *b* et *c*, et l'on marque également, à la même échelle, le point qui correspond à un glissement de 100 %. Cela fait, on place la bande de papier sur le diagramme et, par tâtonnements, on cherche la position pour laquelle les points *o*, *s′*, *s″* viennent respectivement sur les droites Q′*o*, Q′*b*, Q′*c*. Cette position trouvée, on mène la droite *os′s″*. C'est la droite des glissements.

On relie ensuite le point Q′ avec le point correspondant au glissement de 100 % et l'on a ainsi déterminé le point I_{cc}, qui indique la valeur de l'intensité du courant en court circuit.

Pratiquement, il est utile de tracer les segments *os′* et *os″* à une échelle assez grande, afin que la droite représentant les glissements se trouve en deça de O, sauf ensuite à la transporter parallèlement tout près de Q'. Dans ces conditions, les segments *os'* et *os"* sont réduits dans une forte proportion, ainsi que le segment qui limite le point où le glissement atteint 100 $^0/_0$, point qui vient alors tomber dans les limites de la feuille sur laquelle est établi le diagramme.

L'emploi d'une bande de papier présente l'avantage de permettre de déterminer immédiatement la position de la ligne des glissements ; mais on peut aussi obtenir le même résultat par un autre procédé. A cet effet on porte, sur une perpendiculaire à la ligne de base, la ligne OU par exemple et, à une échelle quelconque, deux segments proportionnels aux valeurs des glissements trouvés ; en menant par les points ainsi déterminés deux parallèles à la base, elles rencontrent Q'c et Q'b en deux points qui, reliés entre eux, donnent encore la droite représentant les glissements. Ce fait résulte d'une propriété géométrique qu'il est facile de reconnaître **en** examinant la figure 215.

La ligne $Q'I_{cc}$ une fois tracée, la circonférence tangente passant par Q' et D est la troisième circonférence du diagramme d'Heyland (circonférence de la puissance). Quant à la deuxième, celle du *couple moteur*, on la détermine immédiatement en se rappelant que la corde de cette circonférence qui passe par D et Q' sous-tend un angle égal à Q'*os"*.

En résumé, la méthode de M. Sartori, qui n'exige d'autre instrument spécial qu'un wattmètre que l'on peut au besoin remplacer par le voltmètre et l'ampèremètre du tableau de distribution, à la condition qu'ils aient été dûment et récemment étalonnés[1], consiste à déterminer l'intensité et le cos φ à vide et dans deux autres conditions différentes et quelconques de charge, en déterminant aussi pour ces dernières le glissement correspondant avec autant d'exactitude que possible.

Au besoin, l'essai à vide et un essai en charge seraient suffisants, bien entendu en déterminant pour chacun d'eux le glis-

----

1. L'essai en court circuit exige presque toujours l'emploi d'un ampèremètre spécial.

sement respectif; mais les deux essais sous charge permettent d'obtenir une plus grande précision.

La détermination de la puissance absorbée par le moteur pour une charge donnée ainsi que celle du glissement correspondant exigent que la charge reste constante et sans oscillations au moins pendant quelques minutes. Si la nature de la charge est telle que l'on ne puisse pas réaliser cette condition, il faut alors improviser un frein, ce qui est toujours facile lorsque les moteurs à essayer ne sont pas d'une trop grande puissance, d'autant plus que le frein utilisé, n'étant pas destiné à mesurer la puissance mécanique, peut être établi d'une manière très rudimentaire.

189. Détermination du glissement. — Le glissement d'un moteur à champ tournant dans des conditions déterminées de charge peut être évalué indirectement à l'aide du diagramme d'Heyland. Mais il peut être parfois nécessaire de relever directement la valeur du glissement sur le moteur, parce que cette détermination directe permet, comme on le verra, de calculer le rendement du moteur, rendement (§ 177) qui dépend précisément du glissement. Lorsqu'on veut établir le diagramme d'Heyland en employant la méthode indiquée dans le paragraphe précédent, la recherche de la valeur du glissement constitue une détermination fondamentale.

On peut déterminer ce glissement en relevant, à l'aide d'un compte-tours, la vitesse angulaire du moteur sous une charge donnée. On a, par exemple, un moteur à 4 pôles alimenté par un courant dont la fréquence est de 50 périodes par seconde. La vitesse angulaire de chacun des deux champs tournants du moteur est, par conséquent,

$$50 \cdot \frac{60}{2} = 1\,500 \text{ t : m.}$$

Si, sous charge, la vitesse angulaire du rotor est de 1 455 t : m, on doit en conclure que le glissement a pour valeur :

$$\frac{1\,500 - 1\,455}{1\,500} \cdot 100 = 3,$$

soit 3 $^0/_0$. Mais, si on commet une erreur de 1 $^0/_0$ dans la détermination du nombre de tours, erreur très probable lorsqu'on utilise un compte-tours ordinaire, en admettant que la vitesse angulaire soit alors réellement de 1 440 t : m, le glissement sera :

$$\frac{1\,500 - 1\,440}{1\,500} \cdot 100 = 4,$$

c'est-à-dire de 4 $^0/_0$ et l'erreur commise dans l'évaluation du glissement atteindra 33 $^0/_0$.

Il est donc absolument indispensable d'avoir recours à une méthode plus précise pour effectuer cette détermination de la valeur du glissement; cette méthode est un procédé stroboscopique (voir t. I, Introduction, § 12). On fixe sur l'extrémité libre de l'arbre du moteur un disque de carton de 15 à 20 centimètres de diamètre et on le divise en un nombre de secteurs double du nombre de pôles du moteur. On peint en noir les secteurs de rang impair et en blanc ceux de rang pair ; on a ainsi autant de secteurs noirs qu'il y a de pôles dans le moteur. On éclaire ce disque avec une lampe à arc ou, à défaut, avec une lampe improvisée à l'aide de deux crayons de charbon et on alimente cette lampe avec le même courant que celui qui alimente le moteur.

Si le moteur était synchrone, le disque paraîtrait immobile, parce que le temps mis par un secteur noir pour prendre la place du secteur noir qui le précède immédiatement serait exactement le même que celui qui sépare deux émissions lumineuses maxima consécutives dans la lampe. Le moteur étant asynchrone, on voit les secteurs se déplacer en arrière en sens contraire du mouvement imprimé au disque. Ce mouvement rétrograde donne exactement la mesure du glissement. En fixant le regard sur un secteur déterminé et sans jamais le quitter des yeux, on compte le nombre de tours qu'il effectue en une minute et on a ainsi, très simplement, la mesure de la différence :

$$\omega - \omega' = \omega_1.$$

En divisant ce nombre par la vitesse angulaire du champ

tournant, on a la valeur du glissement évaluée en tant pour 100.

Cette méthode est générale et s'applique aussi bien aux rotors ayant des enroulements ordinaires qu'aux rotors à cage d'écureuil. Pour les rotors à enroulements, on peut aussi procéder d'une autre manière.

A l'un des trois conducteurs qui relient les balais aux résistances de démarrage, on substitue un conducteur ayant plusieurs mètres de longueur et que l'on dispose dans le voisinage d'une aiguille aimantée ou mieux, si possible, en lui faisant faire une spire autour de cette aiguille. Sous l'action des courants alternatifs qui circulent dans les conducteurs du rotor, l'aiguille se met à tourner avec une certaine vitesse angulaire, si on a la précaution de lui donner une certaine inertie en y plaçant un disque de plomb et en ayant soin de bien équilibrer le système. Au début de l'essai, il est nécessaire d'imprimer à la main le mouvement à l'aiguille, c'est-à-dire de la faire démarrer, car le système se comporte comme un moteur synchrone. Le nombre de tours qu'effectue l'aiguille pendant 1 seconde donne la fréquence du courant dans le rotor, fréquence qui est directement proportionnelle au glissement.

L'auteur a constaté que la méthode stroboscopique est de beaucoup la plus précise, surtout si l'on a la précaution de faire l'obscurité dans la salle où l'on opère et de masquer la lampe à l'œil de l'opérateur.

Ces deux méthodes présentent le grand avantage de faire connaître directement la différence $\omega - \omega'$; l'évaluation du glissement en tant pour 100 est aussi beaucoup plus à l'abri de l'erreur due aux variations possibles de la fréquence pendant la durée de l'essai. En effet, en se reportant à l'exemple déjà cité pour lequel le glissement était de 45 t : m, si la fréquence, au lieu d'être égale à 50, avait été de 52, le glissement serait :

$$\frac{45}{52 \cdot \dfrac{60}{2}} \cdot 100 = \frac{45}{1560} \cdot 100 = 2,88\ \% $$

et l'erreur commise atteindrait à peine 4 %.

190. Pour procéder avec exactitude, il faut connaître aussi la fréquence et ne pas prendre une moyenne, telle que celle qui est donnée par la station génératrice qui fournit le courant.

Dans les installations à courants alternatifs, les machines motrices, turbines ou moteurs à vapeur, doivent avoir un coefficient de régularité plutôt faible, parce que le couplage des alternateurs s'effectue plus facilement et se maintient bien (voir tome I, chap. XVII). Dans ces conditions, la variation du nombre de tours entre le fonctionnement à vide et le fonctionnement à pleine charge étant de 5 $^0/_0$, par exemple, la fréquence varie dans les mêmes proportions. Donc, si l'on veut déterminer exactement la valeur du glissement, il est nécessaire de contrôler la valeur de la fréquence.

Ce contrôle peut s'effectuer à l'aide d'instruments spéciaux appelés *fréquencemètres;* mais il est facile d'improviser un de ces appareils pouvant donner, avec une exactitude suffisante,

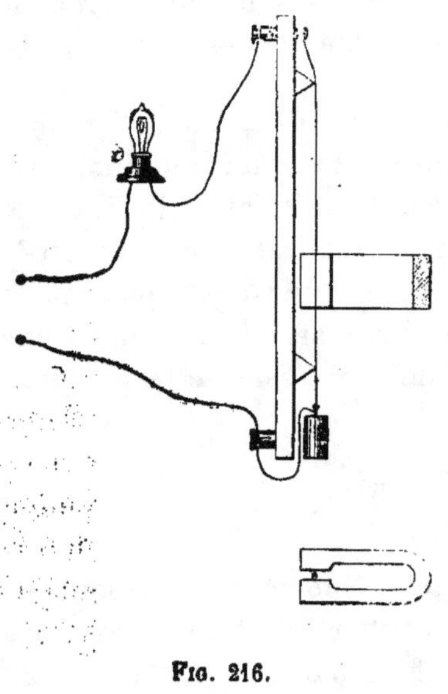

Fig. 216.

la mesure de la fréquence. A cet effet, il suffit de faire vibrer un fil métallique mince, parcouru par le courant, en le tendant entre deux points et en le plaçant entre les deux pôles d'un aimant. En appliquant les lois de l'acoustique, on arrive facilement à déterminer la période du courant alternatif qui passe dans le conducteur.

On suspend verticalement le fil (*fig.* 216) et on lui donne une certaine tension à l'aide d'un poids; à l'aide de deux petits chevalets, dont l'un est fixe et l'autre mobile, on fixe deux points déterminés. On dispose horizontalement un aimant ou mieux un électro-aimant auquel on ajoute, si nécessaire, des pièces polaires afin de rendre le champ magnétique dans lequel se trouve le fil aussi intense que possible. Dans le fil, on fait passer le courant alternatif ayant préalablement traversé une lampe à incandescence de 16 bougies et aussitôt le fil entre en vibration. Lorsque la période propre des vibrations du fil concorde exactement avec celle du courant, il y a *résonance* et l'amplitude des vibrations atteint son maximum. On arrive à ce résultat par tâtonnements en déplaçant lentement le chevalet mobile jusqu'à ce que le fil forme un ventre maximum. La fréquence des oscillations est donnée, ainsi qu'on l'indique en acoustique, par l'expression

$$f = \frac{1}{2l} \sqrt{\frac{F}{m}}.$$

dans laquelle l est la longueur de la partie vibrante du fil, c'est-à-dire la distance qui sépare les deux chevalets, distance exprimée en centimètres; F, la force en dynes avec laquelle le fil est tendu, et m, la masse en grammes du fil par centimètre de longueur.

L'auteur emploie habituellement un fil de laiton d'environ 0,4 mm de diamètre, pesant exactement 938 milligrammes par mètre. Le poids appliqué à l'extrémité inférieure du fil est de 425,5 grammes. Mis à l'essai sur la canalisation qui dessert la ville de Trieste, on a trouvé pour l'une des nombreuses mesures effectuées que la résonance était obtenue pour une longueur vibrante de fil de 811 millimètres. A ce moment la fréquence avait pour valeur :

$$f = \frac{1}{2 \cdot 81,1} \cdot \sqrt{\frac{425,5 \cdot 980}{0,00938}} = 41,1.$$

On peut également obtenir le phénomène de résonance autrement qu'avec la note fondamentale, c'est-à-dire avec les harmoniques correspondants du fil; mais, comme la valeur approximative de la fréquence du courant de l'installation est toujours connue, il est impossible de commettre une erreur de ce chef.

On peut objecter que ce dispositif présente des causes d'erreur dues à la détermination des trois quantités l, F, m, à ce que le fil n'est pas très exactement dans une direction verticale, à ce qu'il n'est pas parfaitement calibré et enfin à la forme des chevalets. Le résultat n'est pas absolument précis ; mais ce dispositif est plus que suffisant pour la pratique.

En tout cas, l'emploi de ce fréquencemètre permet de déterminer quantitativement les variations de la fréquence au cours d'un essai ; qualitativement, ces variations peuvent aussi être constatées par la méthode stroboscopique du disque qui permet d'évaluer le glissement avec une exactitude suffisante pour les besoins de la pratique.

Enfin, il faut noter que la fréquence peut être déterminée indirectement lorsqu'on connaît la valeur du glissement du moteur fonctionnant sous une charge donnée ainsi que le nombre de tours par seconde effectué par le rotor, parce que la somme de ces deux quantités donne le nombre de tours que ferait le moteur s'il atteignait le synchronisme parfait. En multipliant le nombre ainsi obtenu par le nombre de champs magnétiques, on obtient la fréquence.

191. APPLICATION PRATIQUE. — Un moteur asynchrone de la maison Siemens et Halske, d'une puissance normale de 180 chevaux, a été essayé par l'auteur en employant la méthode décrite paragraphe 188.

Sur l'extrémité libre de l'arbre de ce moteur à 10 pôles fut monté un disque de carton ayant 10 secteurs peints en noir alternant avec 10 secteurs peints en blanc.

La fréquence du courant alimentant le moteur, mesurée avec précision, fut trouvée égale à 42 périodes par seconde.

L'enroulement du stator du moteur était établi pour une haute tension de 2 000 volts efficaces. Cet enroulement était constitué par cinq spires en série dans chaque circuit, les trois circuits étant groupés en étoile.

Le wattmètre était intercalé dans le circuit, comme l'indique la figure 123, avec l'ampèremètre et le voltmètre il donna par phase les indications suivantes :

à vide	$U = 2\,000,$	$I = 11,6,$	$\cos\varphi = 0,12$
à demi-charge......	$U = 2\,000,$	$I = 24,5,$	$\cos\varphi = 0,8$
à pleine charge.....	$U = 2\,000,$	$I = 45,8,$	$\cos\varphi = 0,9$

Pour chacune de ces trois conditions différentes de fonctionnement, la vitesse angulaire apparente de l'un des secteurs noirs du disque était respectivement de

$$0,58 \quad t : m$$
$$7,21 \quad t : m$$
$$15 \quad t : m.$$

Pour le synchronisme parfait, le rotor à la fréquence de 42, aurait dû effectuer.

$$\frac{42}{\frac{10}{2}} = 8,4 \text{ tours par seconde,}$$

soit 504 tours par minute. Les glissements étaient donc respectivement de 0,116 $^0/_0$, 1,43 $^0/_0$ et 2,97 $^0/_0$.

D'après les indications du wattmètre et de l'ampèremètre, les points I_0, I' et I'' du diagramme (*fig.* 217) étaient déterminés. En abaissant la perpendiculaire I_0D et traçant la droite I''D, la perpendiculaire à cette dernière rencontre la ligne OD en Q' ; la première circonférence est ainsi déterminée.

On trace ensuite sur une bande de papier, à partir d'un point fixe, les points s_0, s', s'' correspondant aux segments 0,116, — 1,43 et 2,97. On place le ruban de papier sur le diagramme de manière que chacun de ces trois points vienne respectivement sur les droites Qs'_0, $Q's'$ et $Q's''$; l'inclinaison ainsi déterminée, l'angle α est connu. La valeur de cet angle permet aussi de déterminer la circonférence du couple moteur.

Le point S se trouve à une distance de N égale à 100 à l'échelle choisie et il ne reste qu'à transporter la droite NS en N_1S_1, en remarquant que

$$\frac{Q'N_1}{Q'N} = \frac{N_1S_1}{NS},$$

Ioc
M
S1
100%
Glissements en %.
N1
α
Charge normale 160 chevaux
Demi-charge 90 chevaux
Pertes à vide
Io
H
P
I''
I'
C
U
S
s''
s'
s
N
O
D
F
α
0 10 20 30 40 50 60 70 80 90 100 mm
Échelle réduite.

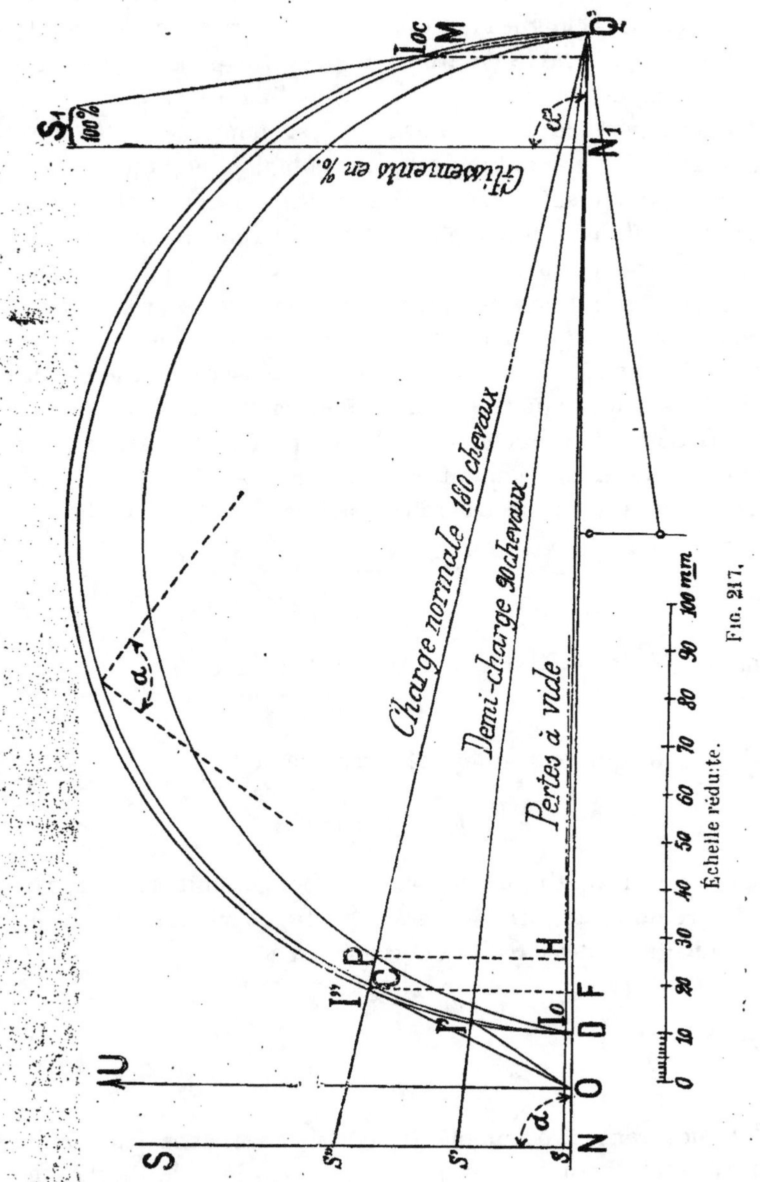

Fig. 217.

pour obtenir le point S_1, qui, relié par une droite à Q', donne le point I_{cc}. Le point I_{cc} se trouve sur la droite $Q'S$; mais le point S est très éloigné et il est difficile de tracer cette droite ; il est donc préférable de trouver un autre point S_1 de cette droite en procédant comme on vient de l'indiquer.

La circonférence de la puissance est tangente en Q' à la droite $Q'S_1$. Le diagramme est ainsi complété et l'on peut en déduire les diverses courbes de la puissance apparente, de la puissance efficace, du couple moteur, du rendement, du facteur de charge et du glissement.

A première vue, on est surpris de constater que la circonférence des couples moteurs est très voisine de celle des intensités ; mais cela est dû aux conditions particulières de ce moteur, dans lequel le stator a une résistance faible.

Pour obtenir indirectement la valeur de cette résistance, il suffit de relever le segment MI_{cc}, qui a 5,6 mm. Or on a, en appelant x la force électromotrice active

$$\frac{Q'I_{cc}}{Q'O} = \frac{x}{\frac{2\,000}{\sqrt{3}}} ;$$

comme $Q'I_{cc}$ égale 33,5 mm et $Q'O = 221$ mm, on a

$$x = 175 \text{ volts.}$$

Il s'ensuit que le segment MI_{cc} représente

$$\frac{175}{33,5} \cdot 5,6 = 29,5 \text{ volts ;}$$

et puisque l'intensité du courant en court circuit est, d'après le diagramme, de 218 ampères, si on représente par r la résistance d'un des circuits du stator, on a

$$r \cdot 218 = 29,5 \text{ volts,}$$

d'où

$$r = 0,135 \text{ ohm.}$$

En mesurant directement cette résistance dans les conditions de température où se trouve le moteur lors de l'essai, on trouve

$$r = 0,14 \text{ ohm.}$$

Si l'on tient compte de la difficulté que l'on éprouve à mesurer avec exactitude le segment MI_{cc}, on voit que l'on arrive à une approximation suffisante.

Le rendement utile du moteur à pleine charge de 180 chevaux est, d'après le diagramme, donné par l'expression

$$\frac{PH}{\Gamma F} \cdot 100 = 0,93.$$

Le moteur s'arrêterait si la surcharge imposée arrivait jusqu'à 400 chevaux, ce qu'il est du reste facile de déduire du diagramme.

192. Action des résistances insérées dans le circuit du rotor. — On a vu (§ 174), au sujet de l'analogie que présente le moteur d'induction avec le transformateur, que les angles formés par les flux primaire et secondaire avec les flux résultants ainsi que les angles qu'ils forment entre eux sont indépendants de la vitesse angulaire ; par conséquent, le couple moteur, pour une intensité déterminée du courant primaire, est indépendant de la vitesse angulaire. Mais, pour que l'intensité ne varie pas aux différentes vitesses angulaires, il faut que le rapport du glissement à la résistance reste toujours le même (§ 170).

Il s'ensuit que le couple moteur maximum que peut développer un moteur à champ tournant, lorsqu'on fait varier la résistance du rotor, reste pratiquement constant, et cela indépendamment de la vitesse angulaire. On a déjà dit (§ 170) que ce résultat pouvait être obtenu avec un moteur théorique et il est utile maintenant de montrer qu'en se servant du diagramme d'Heyland, le même résultat peut être obtenu avec les moteurs industriels.

Il faut d'abord rappeler ici une propriété géométrique : si, des points d'intersection A et B de deux arcs de cercle (*fig*. 218),

on mène les droites AT et BT, le rapport

$$\frac{UT}{AT}$$

reste constant quelle que soit la position des points **T** sur la première circonférence. En effet, en traçant la droite AU et en faisant la même construction pour un autre point T′, on voit que les triangles ATU et AT′U′ sont semblables, puisque l'angle

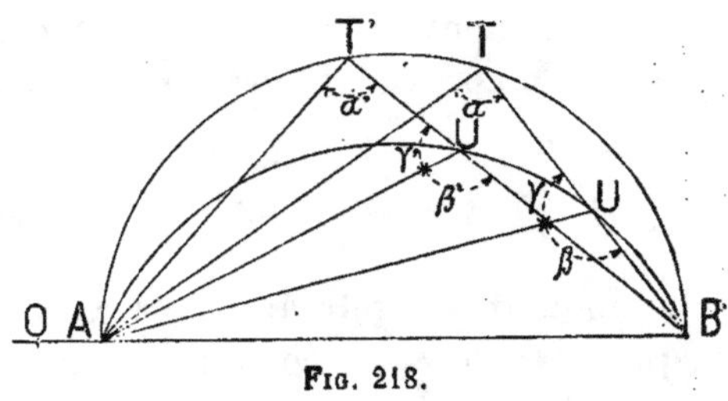

Fig. 218.

$\alpha = \alpha'$ et l'angle $\beta = \beta'$ et que, par conséquent, l'angle $\gamma = \gamma'$. Il s'ensuit que le rapport

$$\frac{UT}{AT} = \frac{U'T'}{AT'} = \frac{U''T''}{AT''} = \text{constante.}$$

Si les droites partaient du point O au lieu de partir du point A, pris sur AB, les rapports

$$\frac{UT}{OT}$$

ne sont plus constants ; mais, pratiquement, on peut les considérer comme égaux si ce point est situé tout près de A, ou mieux si le segment OA est très petit par rapport à AB.

En se reportant au diagramme d'Heyland (*fig.* 211), on voit que, pour un moteur donné, quelle que soit la position de I_{cc}, le rapport

$$\frac{M I_{cc}}{O I_{cc}}$$

peut être pratiquement considéré comme constant, parce que, dans les bons moteurs industriels, le segment OD atteint rarement une valeur égale à 6 $^0/_0$ de celle du segment DQ′.

Le point I_{cc}, qui détermine l'intensité du courant en court circuit, varie lorsque la résistance du rotor vient à être modifiée. Mais, malgré ces variations, on peut admettre pratiquement que les segments OD et DQ′ ne sont pas modifiés, et qu'il en est aussi de même pour la circonférence fondamentale des courants I.

De même, la circonférence des couples moteurs reste également constante, parce que les segments MI_{cc} représentent la chute de tension dans le stator lorsque le rotor est freiné et que la résistance du rotor reste la même ; ainsi, cette chute de tension se trouve, par conséquent, être seulement proportionnelle à l'intensité du courant en court circuit I_{cc}. On peut donc poser

$$MI_{cc} = k \cdot OI_{cc},$$

ce qui veut dire que, quelles que soient les variations de résistance du rotor et, par conséquent, celles de l'intensité du courant en court circuit, le rapport

$$\frac{MI_{cc}}{OI_{cc}} = k$$

reste constant.

Il résulte de la propriété géométrique qui a été démontrée ci-dessus que, pratiquement, en faisant varier dans de très larges limites la résistance du rotor d'un moteur à champ tournant, la circonférence des couples moteurs peut être considérée comme invariable. Quelle que soit la valeur de la résistance, le couple moteur maximum aura constamment la même valeur jusqu'au moment où cette résistance atteint une valeur pour laquelle le couple moteur maximum s'obtient au démarrage ($r = \omega L_{s_1}$; *fig*. 207).

193. Il convient d'examiner maintenant comment on peut établir le diagramme des couples moteurs au moyen du diagramme d'Heyland.

On relève expérimentalement, soit en employant la méthode de l'intensité en court circuit (§ 184), soit en utilisant la méthode de l'auteur (§ 188), les éléments nécessaires à l'établissement du diagramme d'Heyland pour un moteur donné dans ses conditions de fonctionnement normal, à l'exclusion des résistances extérieures, et l'on construit le diagramme suivant le

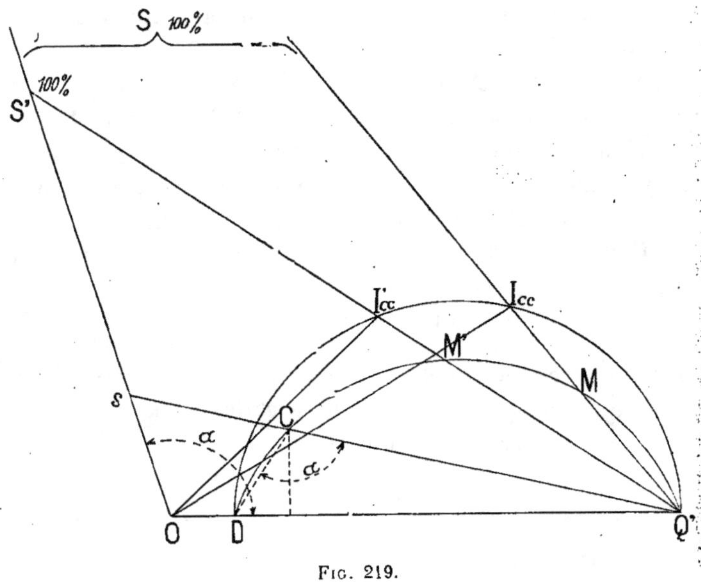

Fig. 219.

mode habituel. On forme en O l'angle α (*fig.* 219); la droite OS donne la ligne des glissements. Pour une valeur donnée du couple C, le segment Os donne, en tant pour 100 du segment OS, le glissement correspondant à cette valeur du couple moteur.

En intercalant une résistance dans le circuit du rotor, le point I_{cc} vient en I'_{cc} et la droite $Q'I_{cc}$ vient déterminer sur la ligne des glissements un point S'. On a maintenant le même couple moteur C pour un glissement Os en tant pour 100 du segment OS'.

Pour trouver ensuite la valeur de la résistance qui permet d'obtenir ce résultat, il suffit de remarquer que le segment MQ' est proportionnel à la chute de tension qui se produit dans le rotor lorsque le motor fonctionne en court circuit. Si r'

représente la valeur de la résistance additionnelle, on a

$$r I_{cc} \text{ proportionnel à } Q'M$$
$$(r + r') I'_{cc} \text{ proportionnel à } Q'M',$$

d'où l'on tire

$$\frac{r I_{cc}}{(r + r') I'_{cc}} = \frac{Q'M}{Q'M'}.$$

Si la valeur de r est connue, celle de la résistance additionnelle r' est aussi déterminée de cette manière. Réciproquement, si la valeur de r' est donnée, on peut immédiatement trouver le point M' et, par conséquent, aussi le point I'_{cc}. En menant de Q' un nombre convenable de droites Q'C pour chacune des valeurs du couple moteur, on peut en déduire le glissement correspondant ; en répétant un nombre suffisant de fois la construction pour différentes valeurs de r', on peut établir par points le diagramme que montre la figure 201.

Il convient incidemment de remarquer que, si le point M' correspond à l'ordonnée maximum de la circonférence des couples moteurs, la valeur de la résistance additionnelle r' indiquée par le diagramme est celle qu'il convient d'intercaler à l'aide du rhéostat de démarrage, étant admis que l'on veut obtenir le couple moteur maximum au moment du démarrage sans se préoccuper de l'intensité du courant primaire.

Le point M correspond à la valeur du couple moteur de démarrage dans les conditions normales, c'est-à-dire lorsque le démarrage s'effectue sans insertion de résistances. Le diagramme montre clairement qu'en insérant des résistances on peut obtenir le même couple moteur au moment du démarrage avec un courant primaire d'intensité plus faible et moins décalé par rapport à la tension.

194. Emploi du moteur asynchrone comme génératrice. — Le moteur à champ tournant présente de nombreux points de ressemblance avec le moteur à courant continu excité en dérivation ; entre autres, il partage avec ce dernier la propriété de fonctionner en génératrice lorsque la vitesse angu laire de l'induit devient plus grande que celle qui correspond au fonctionnement à vide.

Dans un moteur à courant continu excité en dérivation, la ligne fournit non seulement le courant nécessaire à la production du champ magnétique, mais aussi le courant énergétique circulant dans l'induit, c'est-à-dire l'énergie électrique qui est transformée en énergie mécanique. Si la vitesse angulaire de l'induit est supérieure à celle du fonctionnement à vide, la force électromotrice développée devient égale à la tension appliquée aux bornes et le courant dans l'induit prend une valeur nulle. Si l'on vient à augmenter encore la vitesse angulaire, la force électromotrice développée acquiert une valeur qui dépasse celle de la tension appliquée et le moteur fonctionne comme génératrice en fournissant de l'énergie électrique à la ligne. Naturellement cela ne peut se produire qu'à la condition que le moteur consomme de l'énergie mécanique.

Pour fixer les idées, on peut prendre comme exemple un moteur de ce genre installé sur une voiture automotrice de tramway et alimenté à tension constante. En palier ou sur une rampe, le moteur dépense de l'énergie électrique qu'il transforme en énergie mécanique ; mais, dans une descente, la vitesse tend à s'accroître, la force électromotrice développée dans l'induit devient plus grande que la tension appliquée aux bornes et de l'énergie mécanique se trouve ainsi transformée en énergie électrique qui, se rendant sur la ligne, peut être recueillie par un appareil convenable, par exemple par le moteur d'une voiture montant une rampe. Dans ces conditions, le moteur électrique de la voiture qui descend une pente fonctionne comme frein et devient une véritable génératrice, permettant ainsi de récupérer une certaine quantité d'énergie.

Un phénomène analogue se produit dans le moteur à champ tournant si, au lieu de lui faire fournir de l'énergie mécanique, on lui en fournit, tout en alimentant son champ inducteur avec le courant de la ligne. La vitesse angulaire dépasse alors celle qui correspond au synchronisme. Au moment où le synchronisme est établi, l'intensité des courants dans le rotro devient nulle et la ligne ne fournit que du courant magnétisant. Mais, lorsque la vitesse angulaire augmente et devient supérieure à celle du synchronisme, il circule dans le rotor des courants de sens contraire et des courants énergétiques prennent naissance dans le stator d'où ils passent sur la ligne, permettant ainsi d'alimenter un autre récepteur. Il y a donc transformation d'énergie mécanique en énergie électrique lorsque le glissement devient négatif, et l'on se trouve en présence d'une véritable *génératrice asynchrone*, c'est-à-dire d'un alternateur produisant des courants alternatifs de fréquence voulue, égale à celle des courants d'excitation de l'inducteur et ne dépendant nullement de la vitesse angulaire de l'organe mobile.

Des alternateurs asynchrones de ce genre conviendraient tout spécialement pour fournir de l'énergie à un réseau d'alimentation à courant alternatif lorsque les machines motrices qui les actionnent ont une marche irrégulière comme les moteurs à gaz. Mais les difficultés qui s'opposent à cette application sont très nombreuses.

Il ne faut pas perdre de vue qu'il serait nécessaire de fournir des courants magnétisants à cet alternateur en utilisant à cet effet un alternateur synchrone. Théoriquement, la production de ces courants n'entraîne pas une dépense d'énergie ; pratiquement, cette dépense d'énergie consiste seulement à compenser les pertes. Mais, comme on l'a déjà vu, ces courants magnétisants ont une intensité qui n'est guère inférieure au tiers de l'intensité maximum du courant passant normalement dans les spires du stator, et l'excitatrice synchrone doit, par conséquent, pouvoir fournir ce courant sous la tension normale. Donc cette excitatrice, tout en n'exigeant qu'une faible dépense d'énergie mécanique, devra être établie pour produire une puissance apparente égale à environ le tiers de la puissance totale de l'installation et sera, par conséquent, d'un prix trop élevé pour qu'il soit rationnel d'employer ce dispositif.

En outre, la quantité d'énergie électrique développée par une génératrice asynchrone de ce genre est proportionnelle à la valeur du glissement si la vitesse angulaire de l'excitatrice reste constante, c'est-à-dire si le champ tournant inducteur conserve une vitesse angulaire constante, et, dans ces conditions, le moteur mécanique qui actionne la génératrice asynchrone devrait fonctionner à une vitesse angulaire d'autant plus grande que la charge qu'il aurait à supporter serait plus considérable, contrairement à ce qui se produit avec les moteurs mécaniques usuels. Il serait alors indispensable d'étudier des régulateurs automatiques spéciaux fonctionnant dans un sens opposé à celui des régulateurs actuels. Il est vrai que l'on pourrait utiliser des moteurs mécaniques qui, comme d'habitude, prendraient une vitesse angulaire diminuant à mesure que la charge augmenterait et cela en diminuant dans une plus large proportion la fréquence des courants d'excitation, ce que l'on obtiendrait en réglant convenablement la vitesse angulaire de l'excitatrice synchrone. Mais, dans de pareilles conditions, l'installation, n'ayant plus une fréquence constante, perdrait une partie de sa valeur, car de la constance de la fréquence, au moins dans les limites admises en pratique, dépend le bon fonctionnement des transformateurs, des moteurs, des convertisseurs, etc. Les variations subites de vitesse angulaire dépasseraient celles que l'on peut admettre actuellement dans la mesure du glissement.

D'autre part, des génératrices asynchrones de ce genre pourraient être couplées en parallèle sans aucune condition de synchronisme, comme on le ferait pour des dynamos à courant continu, celle qui aurait une vitesse angulaire plus grande absorbant une plus grande quantité d'énergie mécanique et réciproquement. Ce serait là un grand avantage.

195. L'importance de l'excitatrice pourrait être ramenée à celle d'une excitatrice ordinaire pour alternateur synchrone en utilisant une propriété mise en évidence pour la première fois par M. Maurice Leblanc [1]. Cette propriété est fondée sur les considérations suivantes :

____

1. *Éclairage électrique*, t. XVIII.

La puissance apparente nécessaire pour produire dans un circuit un courant magnétisant d'intensité déterminée est d'autant plus grande, par rapport à la puissance vraie transformée en chaleur, que la fréquence est plus élevée (Voir chap. v). Lorsque le circuit magnétique est fixe, il faut que les courants magnétisants aient une fréquence correspondant au synchronisme pour qu'il se produise un champ tournant. Mais il n'est pas indispensable que le champ inducteur soit produit par le stator; il peut très avantageusement être produit par le rotor. Cela n'a rien de paradoxal si on réfléchit à ce fait que le moteur asynchrone est un véritable transformateur et que la fonction des deux circuits est parfaitement réversible, en reliant l'un ou l'autre de ces deux circuits à une ligne d'alimentation qui, à vide, fournit seulement du courant magnétisant et une faible quantité de courant énergétique correspondant aux pertes. Dans le cas du moteur d'induction, pour que le rotor produise un champ tournant inducteur de vitesse angulaire correspondant au synchronisme, il suffit de l'alimenter avec des courants de fréquence correspondant au glissement; le champ produit par ces courants aura, par rapport au rotor, une vitesse angulaire proportionnelle à ce glissement; mais, de plus, ce champ se trouvera continuellement transporté en avant par le rotor. On obtient ainsi une vitesse angulaire qui est la somme des deux et qui est précisément celle du synchronisme.

Mais, puisque la fréquence correspondant au glissement est au minimum de 30 à 40 fois plus faible que celle correspondant au synchronisme, la puissance apparente nécessaire pour faire circuler ces courants dans le rotor sera à peine sensiblement supérieure à la puissance effective correspondant à la quantité de chaleur qu'elle produit. Il s'ensuit que l'excitation destinée à fournir ce travail est ramenée à une intensité normale.

Dans ces conditions, le rotor ne doit plus être, par conséquent, du type à circuit fermé, mais bien du type à enroulement. Pour une génératrice asynchrone, il devient le véritable inducteur, tandis que le stator devient l'induit. La puissance des courants circulant dans le stator et utilisée dans le circuit extérieur correspond à la puissance mécanique fournie à la génératrice et ces courants ont la fréquence correspondant au synchronisme.

La vitesse angulaire du rotor devant être supérieure à celle qui correspond au synchronisme, les connexions doivent être établies de manière que le flux inducteur tourne en sens inverse de celui du mouvement, avec une vitesse angulaire correspondant au glissement.

On renverra le lecteur aux mémoires originaux pour connaître les dispositions imaginées par MM. Leblanc, Boucherot et certains constructeurs pour résoudre pratiquement ce problème. Laissant de côté l'exposé des difficultés qu'il a fallu surmonter, on se bornera ici à faire remarquer que ces génératrices asynchrones, extrêmement intéressantes parce qu'elles peuvent être couplées en tension, ce que l'on ne peut réaliser avec les alternateurs synchrones. ne sont connues que depuis peu de temps et n'ont encore fonctionné qu'à titre d'essai. Il serait donc prématuré de porter encore une appréciation sur l'avenir qui leur est réservé.

196. Montage des moteurs en tandem ou en cascade. — On a déjà donné quelques renseignements, dans le paragraphe 104 du tome I, page 309, sur le montage en cascade des moteurs. Il faut maintenant revenir sur ce sujet pour donner une explication plus complète du fonctionnement et montrer pour quelles raisons ce dispositif ne présente pas pour la traction électrique les avantages que l'on pouvait espérer.

Si les deux moteurs sont reliés entre eux par un joint rigide, la fréquence des courants dans le rotor n° 1, destiné à alimenter le stator du moteur n° 2, est telle qu'elle doit s'accorder avec la vitesse angulaire du rotor du moteur n° 2, vitesse angulaire qui, par suite du joint rigide, est égale à celle du rotor du moteur n° 1. Pour préciser, si l'on représente par s_1 le glissement du moteur n° 1, sa vitesse angulaire est donnée par l'expression

$$(1 - s_1)\,\omega$$

et la fréquence des courants dans le rotor est $s_1\omega n$, n représentant le nombre de champs polaires. Si on représente alors par s_2 le glissement du moteur n° 2, alimenté par les courants provenant du rotor du moteur n° 1, sa vitesse angulaire est donnée par

$$(1 - s_2)\,s_1\omega.$$

Mais, à cause de l'accouplement rigide des deux moteurs, on a

$$(1 - s_1)\,\omega = (1 - s_2)\,s_1\omega,$$

expression de laquelle on déduit

$$s_1 = \frac{1}{2} \cdot \frac{1}{1 - \dfrac{s_2}{2}}.$$

Généralement, le glissement s_2 est faible, de 4 à 5 °/₀; par conséquent $\frac{s_2}{2}$ est négligeable par rapport à l'unité et il en résulte que s_1 est presque égal à $\frac{1}{2}$, c'est-à-dire que les moteurs fonctionnent à une vitesse angulaire qui est presque égale à la moitié de la vitesse angulaire du champ tournant. Si les moteurs n'ont pas le même nombre de pôles, soit qu'ils soient indépendants, soit qu'on les ait reliés entre eux, on peut obtenir différentes vitesses.

D'une manière générale, si le nombre de moteurs groupés en tandem est N, la vitesse angulaire pour tous ces moteurs est approximativement égale à $\frac{1}{N}$ si chacun d'eux a le même nombre de pôles.

Si l'on admet que le rapport du nombre de spires de l'enroulement primaire (stator) et de l'enroulement secondaire (rotor) des deux moteurs soit égal à 1, et si l'ensemble est maintenu immobile en l'empêchant de tourner, les forces électromotrices induites dans les rotors sont égales, de même que les fréquences, en négligeant les fuites et en supposant négligeables les résistances des enroulements. Si on laisse l'ensemble libre de tourner, les forces électromotrices et les fréquences diminuent proportionnellement dans le moteur n° 2 et alors l'intensité du courant magnétisant reste constante. En effet, si on ne tient pas compte de la résistance, l'intensité du courant dans un des enroulements est :

$$I = \frac{E}{\omega L_s}.$$

Il s'ensuit qu'en négligeant toujours les pertes et les fuites, le flux dans le moteur n° 2 reste constant et a une valeur égale à celui qui agit dans le moteur n° 1 ; par conséquent, les couples moteurs développés par les deux moteurs sont aussi égaux.

Afin de déterminer la valeur de ces couples moteurs pour des moteurs industriels, on peut encore utiliser le diagramme d'Heyland ; mais, dans ce cas, il convient de le modifier en s'appuyant sur le raisonnement suivant, raisonnement fondé sur l'analogie existant entre un moteur d'induction et un transformateur.

En court circuit, si on néglige la résistance des enroulements, la tension appliquée aux bornes correspond aux fuites magnétiques des deux systèmes et l'intensité du courant reste, par conséquent, pour une même valeur de la tension appliquée, réduite à peu près de moitié ; au contraire, lors du fonctionnement à vide, la ligne doit fournir le courant magnétisant nécessaire aux deux moteurs. Par conséquent, le diagramme modifié et applicable à ce système est encore celui d'Heyland, avec une valeur de I_0 doublée et avec une valeur de I_{cc} qui n'est plus que la moitié de celle qui est nécessaire lorsqu'il n'y a qu'un seul moteur en fonctionnement. En traçant la circonférence correspondante, on voit immédiatement que les valeurs des couples moteurs, dans ces conditions, sont notablement diminuées et que le décalage de phase est considérablement augmenté. Pratiquement, avec le montage en tandem on obtient un couple moteur maximum composé qui dépasse seulement d'environ 20 $^0/_0$ le couple moteur maximum que chaque moteur, pris séparément, pourrait développer à sa vitesse angulaire normale, et cela en insérant des résistances dans le rotor du moteur n° 2. Si l'on n'intercale pas ces résistances, on n'obtient aucune augmentation du couple moteur résultant total.

Il est donc, par conséquent, beaucoup plus rationnel, à cet effet, de réduire la vitesse angulaire en insérant des résistances non inductives dans le circuit de chaque moteur. Cela donne lieu, il est vrai, à une perte notable d'énergie, mais les avantages qu'on peut tirer du montage en tandem sont peu importants, d'autant plus que, à cause du décalage de phase, il est toujours nuisible pour deux raisons : d'abord l'intensité du courant devient exagérée par rapport à l'effet utile obtenu et, ensuite, la forte chute de tension qui se produit dans les alternateurs agit d'une façon nuisible sur tous les appareils alimentés par ces alternateurs.

Si à tout ce qui vient d'être exposé on ajoute que la possibilité de passer d'un mode de montage à un autre exige des complications notables des appareils de manœuvre, on arrive forcément à cette conclusion que ce dispositif, très intéressant au point de vue théorique, est loin de l'être autant au point de vue pratique.

197. Moteur d'induction Heyland à $\cos \varphi = 1$. — M. Heyland, ainsi que d'autres, tels que MM. Leblanc, Steinmetz, Blondel, etc., ont cherché à améliorer le moteur à champ tournant en élevant la valeur de son facteur de puissance assez bas, conséquence, comme on le sait, de la présence d'un courant magnétisant d'intensité notable et de fréquence égale à celle du courant efficace. S'inspirant des recherches de M. Leblanc et de celles de M. Görges, M. Heyland a eu l'idée de faire produire le champ excitateur par le rotor au lieu de le produire par le stator, en faisant fonctionner le moteur d'induction comme génératrice asynchrone auto-excitatrice (Voir § 194).

Ce type de moteur n'a pas encore reçu la sanction de la pratique et c'est pourquoi on se bornera à en donner seulement le principe.

Afin de fixer les idées, on peut prendre comme exemple le stator d'un moteur à champ tournant, bipolaire, ayant simplement comme rotor un simple cylindre de cuivre porté par deux pièces séparées, montées folles sur l'arbre du moteur et desquelles le mouvement peut être transmis au moyen d'engrenages. A part le rendement, on réalise ainsi un moteur à champ tournant. Le courant qui alimente le stator comporte une composante magnétisante servant à la production du champ tournant et une composante énergétique correspondant au travail mécanique développé par le rotor.

On dispose sur l'arbre du moteur et à l'intérieur du cylindre de cuivre deux électro-aimants diamétralement opposés et on les excite de l'extérieur à l'aide d'un courant continu au moyen de deux bagues fixées sur l'arbre. On peut faire tourner les deux électro-aimants, indépendamment du mouvement de rotation du rotor, jusqu'à ce que l'on atteigne la vitesse angulaire de synchronisme. Une fois cette vitesse atteinte, si on excite ces électro-aimants avec un courant de sens convenable, la composante magnétisante dans le stator diminue de valeur, parce que le champ inducteur doit rester constant afin que la tension appliquée le soit également (§ 175) ; si une partie de ce champ est produite par l'inducteur tournant, l'intensité de la composante magnétisante du courant dans le stator diminuera d'autant. On comprend facilement qu'en excitant convenablement l'inducteur, on puisse arriver à annuler complètement la composante magnétisante, le champ inducteur tournant étant alors entièrement alimenté par le courant continu. Ce dispositif n'influe en rien sur le fonctionnement du rotor, qui continue à tourner avec un glissement proportionnel à la charge qui lui est appliquée.

La composante magnétisante étant ainsi annulée, on comprend que le champ produit par l'inducteur développe dans les spires du stator des forces électromotrices réactives dont la valeur est égale à celles qui primitivement étaient dues à la composante magnétisante, amenant ainsi la force électromotrice résultante à la valeur nécessaire pour produire seulement le courant efficace (cos $\varphi = 1$).

Mais, si l'on vient à augmenter l'intensité du courant dans l'inducteur, la force électromotrice réactive prendra une valeur trop élevée et l'intensité efficace du courant sera affaiblie, à moins de développer de nouveau et spontanément, dans le stator, un courant magnétisant, qui ne doit pas être décalé en retard, mais bien en avance, pouvant rétablir la constance du champ magnétique résultant et ayant une action démagnétisante pour le moteur. Dans ces conditions, les courants alternatifs circulant dans le stator seront encore partiellement énergétiques et partiellement magnétisants, mais le décalage de phase aura changé de signe.

Le champ magnétique inducteur, ayant la vitesse angulaire du synchronisme, peut également être obtenu avec les courants triphasés du réseau d'alimentation. A cet effet, on dispose à l'intérieur du rotor un enroulement fixe en tambour, alimenté par trois points équidistants placés à 120° l'un de l'autre. En faisant varier la tension du courant d'alimentation, on peut faire varier l'intensité du champ inducteur comme auparavant ; mais cette disposition ne présente aucun avantage, parce que la composante magnétisante, au lieu de se produire dans le stator, se produirait dans cet inducteur.

Il n'en serait plus de même si l'inducteur avec enroulement en tambour était muni d'un collecteur sur lequel appuieraient trois balais et si on le faisait tourner, indépendamment du rotor, en l'alimentant comme précédemment avec les courants de l'installation. Il y a lieu toutefois de remarquer que, les balais étant fixes, la vitesse angulaire du champ tournant produit par l'inducteur ne peut pas varier, quelle que soit la vitesse angulaire absolue de l'inducteur ; mais il se produit dans l'inducteur les mêmes effets que ceux qui se produisaient primitivement dans le stator. Tant que l'inducteur est fixe, le champ magnétique tournant développe dans les spires des forces électromotrices réactives pour compenser celles qui se produisent lorsqu'on dispose de toute la tension du réseau d'alimentation. Si l'inducteur tourne, les variations du flux dans les spires sont moindres et la même intensité du courant peut être obtenue avec une tension plus faible. A la limite, lorsque l'inducteur a une vitesse angulaire égale à celle du synchronisme, la tension nécessaire pour produire le courant est réduite à la valeur qu'il faut pour vaincre la résistance des spires. La composante magnétisante est alors totalement annulée et le champ produit est théoriquement identique à celui que peut produire un courant continu amené par l'intermédiaire de deux bagues et de deux balais.

Comme toujours, pour une certaine vitesse angulaire déterminée, on peut augmenter ou diminuer l'intensité du courant en faisant varier la tension du courant alimentant le moteur. On peut obtenir cette tension réduite au moyen d'un auto-transformateur spécial (§ 151) ou bien en utilisant directement quelques spires de l'enroulement du stator.

M. Görges, vers la fin de 1891, avait pensé que le circuit inducteur, tournant avec une vitesse angulaire quelconque, sans que celle du champ soit modifiée, pouvait être placé dans le rotor même et ce dispositif a été réalisé. Mais on s'est aperçu que, par suite du mouvement de translation des différentes bobines intercalées entre les lames du collecteur, la tension aux bornes de ces bobines et, par conséquent aussi, le courant, bien que n'étant plus alternatif (pour les raisons déjà données, si l'on admet que la vitesse angulaire est celle du synchronisme), est pulsatoire, ce qui pourrait être seulement évité en alimentant l'inducteur avec des courants polyphasés ayant un grand nombre de phases. Quoique l'effet de ces pulsations du courant dans l'enroulement inducteur soit partiellement compensé par l'enroulement en court circuit du rotor, il est néanmoins toujours sensible et donne lieu à des dispersions de flux et à une production d'étincelles au collecteur.

Le mérite de M. Heyland est d'avoir supprimé cet inconvénient à l'aide d'une disposition aussi simple qu'ingénieuse. Il n'emploie pas un enroulement spécial pour l'excitation, mais il utilise l'enroulement même en étoile du rotor, dont les trois extrémités d'un côté sont reliées aux bagues de contact par l'intermédiaire des résistances de démarrage (*fig.* 220) et dont les trois extrémités opposées aboutissent à trois points équidis-tants d'un circuit résistant, fermé sur lui-même et mobile avec le rotor. Les courants alimentant le moteur sont amenés à ce circuit, muni de balais convenablement calés, au moyen d'un collecteur, comme dans l'anneau de Pacinotti.

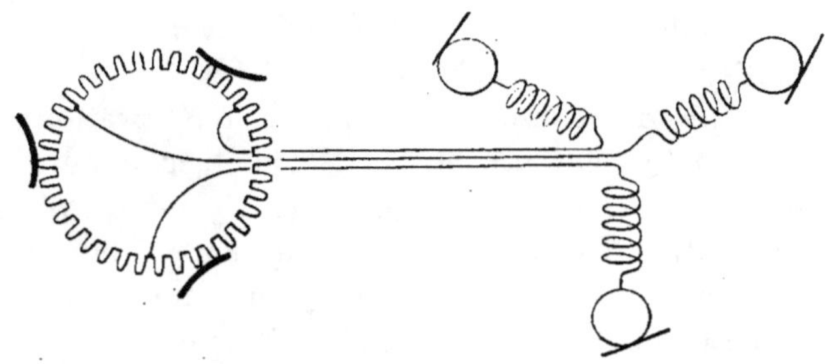

Fig. 220.

Le fonctionnement de ce moteur est identique à celui du moteur imaginé par M. Görges ; mais il ne présente pas les inconvénients de ce dernier ; en réalité, M. Heyland n'a fait qu'intercaler entre les lames du collecteur de M. Görges des résistances non inductives qui donnent passage aux extra-courants et empêchent la production d'étincelles. Ce dispositif entraîne bien une augmentation de dépense de l'énergie néces-saire pour produire l'excitation ; mais, comme cette perte est très petite, puisqu'on peut employer des résistances assez faibles, elle est pratiquement de peu d'importance.

Les faits semblent donner raison à M. Heyland, car les moteurs construits d'après ce principe par différentes maisons se sont comportés comme l'avait prévu l'inventeur et le cos φ était amené à l'unité en réglant convenablement la tension d'ali-mentation et, une fois pour toutes, la position des balais. Dans le moteur Heyland, il n'est pas nécessaire que l'entrefer ait la largeur minimum nécessaire pour le bon fonctionnement au point de vue mécanique ; on peut lui donner une plus grande largeur, ce qui constitue une garantie de sécurité mécanique.

Il n'est pas non plus nécessaire que le collecteur comporte un aussi grand nombre de lames que celui d'une dynamo à courant continu. Il suffit de 4 à 6 lames par pôle, leur rôle étant ici complètement différent. Toutefois, l'addition de cet organe et la nécessité d'avoir une résistance ohmique pour absorber l'énergie, pour si faible que soit cette dernière, enlève à cette invention une partie de sa valeur, de sorte qu'il est assez difficile de prévoir actuellement l'avenir pratique de cette disposition.

Peut-être de nombreuses applications pratiques seront assurées à l'invention de M. Heyland, comme génératrice asynchrone auto-excitatrice, parce que, comme on l'a vu, avec une excitation convenable, on peut non seulement annuler complètement la composante magnétisante du courant dans le stator, composante qu'il faudrait fournir s'il s'agissait d'un moteur asynchrone ordinaire fonctionnant comme génératrice, mais on peut aussi amener l'intensité du courant d'excitation au point que l'intensité se trouve décalée en avance par rapport à la tension. Dans ces conditions, cette composante peut non seulement fournir du courant magnétisant aux appareils du réseau qui en ont besoin, mais encore alimenter le champ propre de la machine qui est ainsi auto-excitatrice. Enfin, en faisant passer le courant principal dans le rotor, on peut compounder l'alternateur et maintenir une tension constante aux bornes du stator ou bien l'augmenter graduellement avec la charge.

On renverra le lecteur qui désirerait de plus amples détails sur cette intéressante machine au mémoire original de M. Heyland[1].

1. *Elektrotechnische Zeitschrift*, 1902, Heft 26.

CHAPITRE XV

MOTEURS ASYNCHRONES
A COURANT ALTERNATIF SIMPLE

198. Couple moteur d'un moteur asynchrone à courant alternatif simple. — Dans le chapitre xv du tome I, en admettant l'hypothèse de la décomposition théorique du champ alternatif en deux champs tournant en sens contraire, on a étudié, au point de vue simplement physique, la valeur que peut atteindre le couple moteur d'un moteur à courant alternatif simple. Il convient maintenant de compléter cette étude et d'arriver à la détermination quantitative des grandeurs qui pratiquement entrent en jeu.

On peut admettre, pour le moment, que le moteur à courant alternatif simple équivaut à deux moteurs à champ tournant accouplés par un joint rigide, les circuits des deux stators étant reliés en tension, de manière à ce qu'ils soient parcourus par un même courant et les connexions étant établies pour que les champs développés tournent en sens inverse (*fig.* 221).

Un système ainsi constitué ne démarre pas spontanément ; mais, une fois le mouvement imprimé dans un sens, il s'établit entre les deux couples moteurs une différence qui favorise le mouvement. Aussi, en négligeant les pertes dues aux frottements ainsi que les pertes dans le fer et dans le cuivre, le couple résultant ne s'annule pas lorsque ce groupe atteint la vitesse angulaire du synchronisme par rapport à un des champs tournants. Dans le cas de la figure 221, le couple serait nul à la vitesse angulaire du synchronisme pour le rotor I ; mais, comme on va le voir, il ne le sera plus pour le rotor II. Il pourrait se produire néanmoins une vitesse angulaire **critique** pour laquelle le couple résultant **serait nul.**

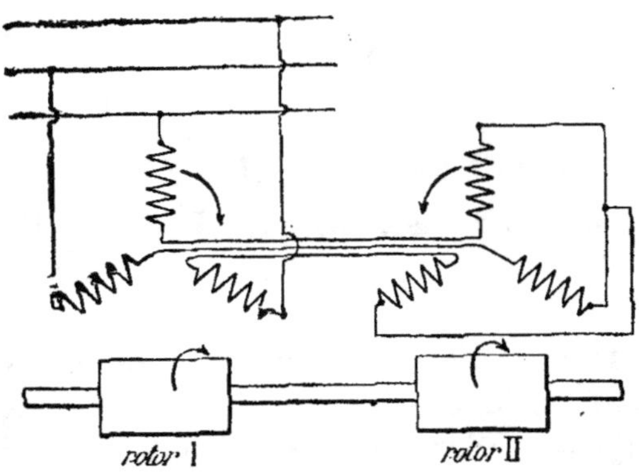

Fig. 221.

Soient ω la vitesse angulaire des champs, égale pour **chacun** d'eux, mais de sens inverse, ω' la vitesse angulaire unique de l'organe mobile ; le glissement en tant pour cent du **premier** moteur est, comme on le sait,

$$s = 100 \frac{\omega - \omega'}{\omega}.$$

Pour le second moteur, au contraire, le champ tournant ayant une vitesse angulaire de sens contraire, le glissement est donné par l'expression

$$100 \frac{\omega + \omega'}{\omega} = 100 \frac{2\omega - (\omega - \omega')}{\omega} = 200 - s,$$

et il en résulte que la somme des deux glissements est constamment

$$200 - s + s = 200.$$

Ferraris [1] a été le premier à montrer l'allure que prend le

1. G. Ferraris, *Di un metodo per la trattazione dei vettori rotanti od alternativi.*

couple moteur résultant en traçant sur un même diagramme
les valeurs des deux couples moteurs (*fig.* 222) :

$$C_1 = \frac{n}{2}\,\Phi_1^2\,\frac{r\,(\omega - \omega')}{r^2 + (\omega - \omega')^2\,L_{s\,1}^2}$$

$$C_2 = \frac{n}{2}\,\Phi_1^2\,\frac{r\,(\omega + \omega')}{r^2 + (\omega + \omega')^2\,L_{s\,1}^2}$$

en fonction du glissement ; en supposant égale l'intensité du
champ Φ_1 pour chacun des deux moteurs élémentaires et, par
conséquent, égale à $2\Phi_1$ pour la valeur maximum du champ
alternatif, le couple résultant est donné par l'expression :

$$C_r = \frac{n}{2}\,\Phi_1^2\,r\left\{\frac{\omega - \omega'}{r^2 + (\omega - \omega')^2\,L_s^2} - \frac{\omega + \omega'}{r^2 + (\omega + \omega')^2\,L_s^2}\right\}.$$

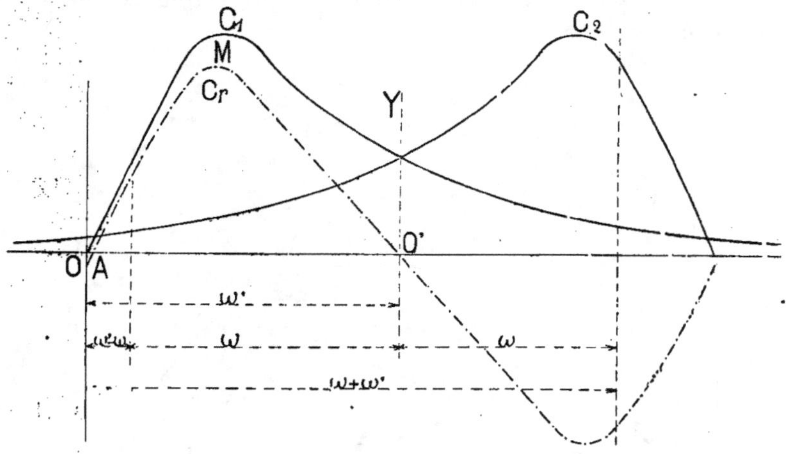

Fig. 222.

La courbe tracée en points et traits (*fig.* 222) et dont les
ordonnées correspondent à la différence $C_1 - C_2$ donne les
valeurs du couple résultant, pourvu que l'on prenne comme
axes O'O et O'Y, O' étant le point d'origine.

Le couple C_r est nul lorsque ω' a pour valeur zéro, c'est-à-
dire lorsque l'induit est au repos ; mais, s'il est en mouvement,
C_r prend différentes valeurs à partir de zéro, valeurs qui restent
positives tant que $\omega' <$ O'A. La partie descendante MA cor-

respond au régime stable, parce qu'alors le couple diminue lorsque ω' augmente.

Le couple s'annule pour une vitesse angulaire O'A légèrement supérieure à celle du synchronisme ; mais, pratiquement, cela se produit quand le glissement est une faible fraction de 1 %, de sorte qu'il est difficile de distinguer, à ce point de vue, un moteur à courant alternatif simple d'un moteur polyphasé.

A l'aide du diagramme d'Heyland, on peut mettre en évidence la véritable propriété d'un système de deux moteurs à champ tournant inversés et accouplés entre eux ; en effet, le diagramme tient compte des fuites magnétiques qui ne sont pas mises en évidence dans la formule qui a servi à déduire la valeur des couples ; en outre, le diagramme suppose que l'alimentation se fait à potentiel constant, ce qui est le cas ordinaire de la pratique.

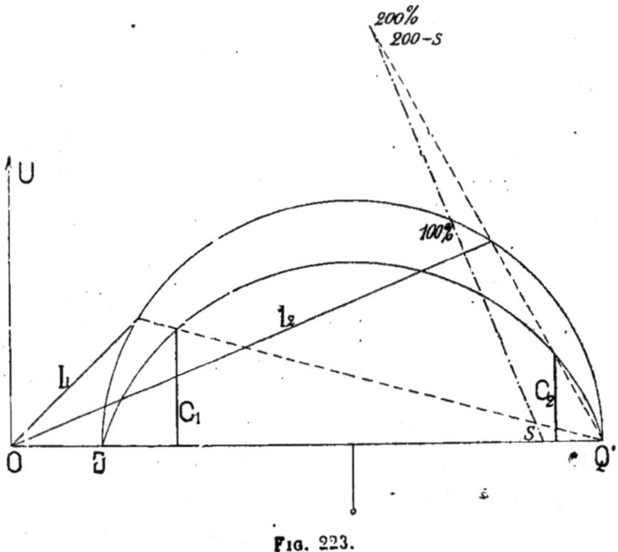

Fig. 223.

Les deux glissements étant s et $s - 200$, les lignes pointillées correspondantes (*fig.* 223) déterminent sur la circonférence moyenne deux points dont les ordonnées donnent la valeur des couples respectifs C_1 et C_2 des deux moteurs; leur diffé-rence donne celle du couple résultant C^r.

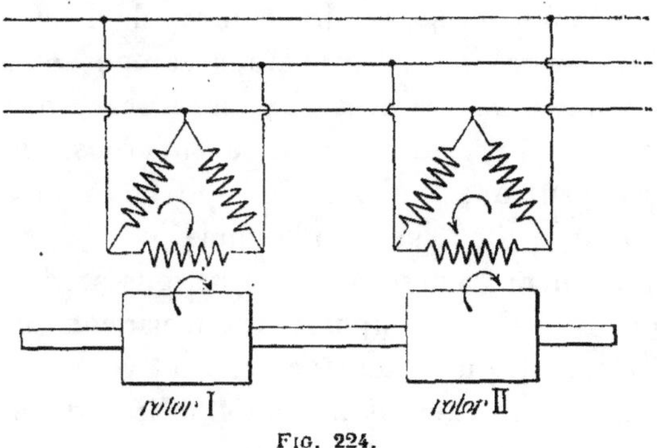

Fig. 224.

Mais il faut remarquer que ce résultat s'obtient seulement dans le cas où les deux moteurs théoriques pourraient être considérés comme montés en parallèle sur la ligne, ainsi que le montre la figure 224, et, comme on le sait, il n'en est pas ainsi.

199. Mais, si la comparaison théorique faite entre un moteur à courant alternatif simple et deux moteurs polyphasés accou-plés par un joint rigide permet de mieux comprendre l'allure des phénomènes, elle n'a aucun intérêt pratique, les phéno-mènes qui se produisent étant en réalité très différents.

En effet, il n'y a qu'un seul sta-tor et l'analogie ne peut être exacte qu'à la condition que l'on supposera deux champs tournants existant si-multanément, comme on l'a sup-posé dans la figure 205, page 318, du tome I, reproduite ici (*fig.* 225). Les enroulements sont alors couplés deux à deux en tension, l'intensité

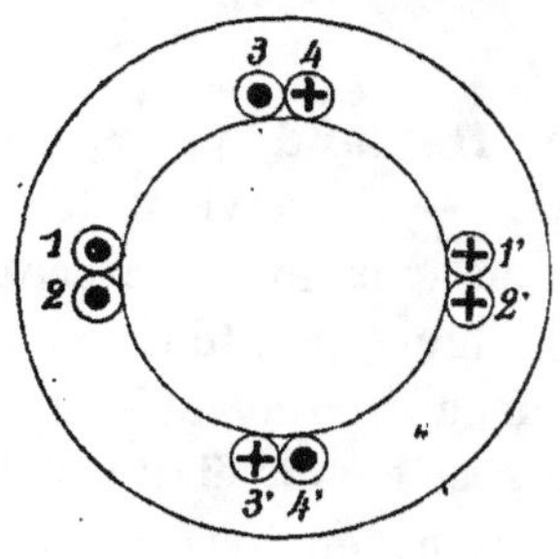

Fig. 225.

des courants qui les parcourent est admise égale pour tous et, par conséquent, les flux Φ_1 sont égaux quelle que soit la charge.

La formule trouvée (Voir paragraphe précédent) et donnant la valeur de C_r peut encore être appliquée, pourvu que l'on considère Φ_1 comme variable.

Il n'est pas facile de se rendre compte de l'action exercée par le courant du rotor sur les champs composants. En effet, ce courant est de nature très complexe, car, pour chaque charge déterminée, il est formé par la superposition de deux courants, un ayant une fréquence $\omega - \omega'$ et dû au champ qui tourne en avant, et l'autre, de fréquence $\omega + \omega'$, produit par le champ qui tourne en arrière. Les réactions produites par ces courants sur les champs composants sont par conséquent différentes et il s'ensuit que la tension alternative nécessaire pour qu'un courant de même intensité s'établisse dans les deux enroulements est forcément différente.

C'est d'après cette interprétation des phénomènes que M. Heubach[1] a montré la possibilité d'utiliser le diagramme d'Heyland, établi pour un moteur polyphasé, pour en déduire un diagramme s'appliquant au même moteur considéré comme étant à courant alternatif simple ; mais ce procédé est trop compliqué pour les applications ordinaires. Pratiquement, il suffit de modifier convenablement le diagramme d'Heyland, en opérant comme on va l'indiquer dans le paragraphe suivant, pour obtenir le diagramme s'appliquant à un moteur à courant alternatif simple.

200. Diagramme approximatif d'Heyland pour un moteur à courant alternatif simple.

— Il convient tout d'abord de remarquer que les différentes actions qui s'exercent entre les courants et les champs magnétiques se réduisent à celle qui se produit entre un champ tournant en avant et les courants du rotor qu'il produit, comme si ce champ était seul, et à l'action exercée par le champ tournant en arrière sur les courants auxquels il donne naissance, champ considéré toujours comme existant seul. Les autres actions, c'est-à-dire

<hr>

1. *Elecktrotechnische Zeitschrift*, 1899, p. 314.

celles produites par les premiers courants sur le second champ et celles produites par les seconds courants sur le premier champ, s'annulent complètement, parce que leurs valeurs instantanées passent successivement par toutes les valeurs possibles, positives et négatives. En réalité, l'action résultante due à un champ tournant et au courant du rotor est une intégrale différente de zéro seulement dans le cas où le champ et le courant ont des valeurs pouvant être représentées à l'aide de vecteurs tournants faisant entre eux un angle déterminé et animés d'une même vitesse angulaire. C'est justement ce qui se produit pour un moteur polyphasé et, dans ce cas, les deux vecteurs ont une vitesse angulaire correspondant au glissement[1].

Il faut également remarquer que, dans un moteur à courant alternatif simple bien construit, le flux du rotor produit par les courants dus au champ tournant en arrière est presque en opposition de phase avec ce champ et cela parce que, avec

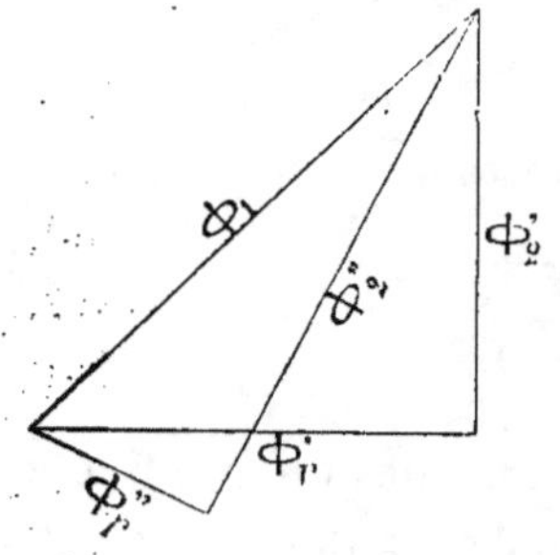

Fig. 226.

un très fort glissement, $200 - s$, il suffit d'un très faible champ résultant pour donner naissance aux courants du rotor. Ce point est parfaitement mis en évidence par le triangle des flux.

S'il ne se produisait pas de fuites, chaque flux particulier Φ_2 propre au rotor (*fig.* 226) (Φ_2' pour le champ tournant en avant et Φ_2'' pour le champ tournant en arrière), se composant avec le flux principal Φ_1 qui est constant pour les deux moteurs, produirait dans l'entrefer un champ résultant Φ_r.

En réalité, par suite des fuites magnétiques, le champ dans l'entrefer est variable ; ce que l'on peut admettre comme constant, à cause de la résistance négligeable à ce point de vue du circuit primaire, c'est le flux résultant OD' du primaire

<hr>

1 Consulter à ce sujet le mémoire déjà cité du professeur Galileo Ferraris : *Di un metodo per la trattazione dei vettori rotanti od alternativi.*

(*fig*. 227). Mais, par analogie avec la formule

$$\tan g\,\delta = \frac{\omega_1 L_{s1}}{r}$$

indiquée au paragraphe 171, on a respectivement dans **le cas**
actuel, pour le moteur n° 1 dont le champ tourne en avant :

$$\tan g\,\delta' = \frac{sL_{s2}}{r_2}\,\frac{\omega}{100}.$$

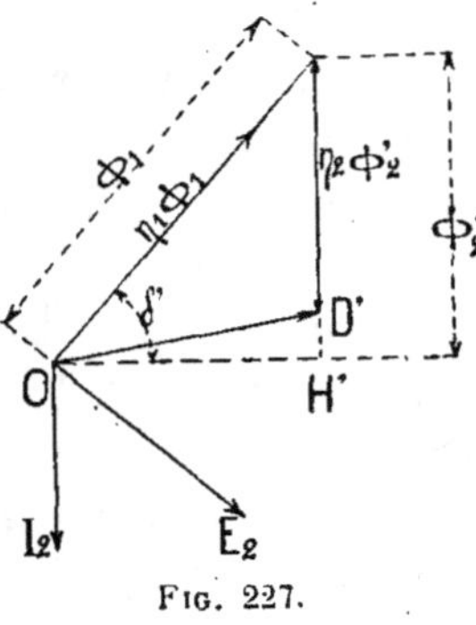

FIG. 227.

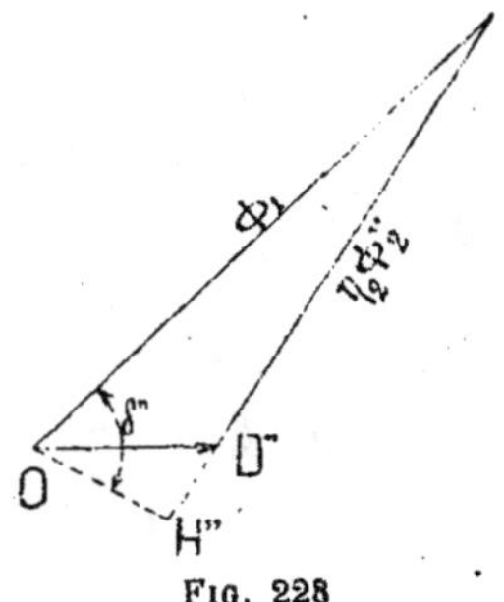

FIG. 228

et pour le moteur n° 2 dont le champ tourne en arrière,

$$\tan g\,\delta'' = \frac{(200 - s)\,L_{s2}}{r_2}\,\frac{\omega}{100}\ (^1),$$

expressions dans lesquelles L_{s2} et r_2 sont des quantités dépendant de la self-induction et de la résistance du rotor. Par suite
de la très faible valeur de s, la grandeur de δ' sera de l'ordre
de celle que l'on trouve pour un moteur polyphasé ordinaire,
tandis que δ'' sera presque égal à $\dfrac{\pi}{2}$.

Le triangle OD''Φ_1 (*fig*. 228) sera, par conséquent, fortement

---

1. L'angle δ, compris entre le vecteur du flux Φ_1 et celui du flux résultant
dans l'entrefer, est le même que celui formé par les vecteurs du courant I_2 et de
la force électromotrice E_2 que produit le flux principal Φ_1 ; c'est donc le décalage
en retard de l'intensité dans le secondaire par rapport à la force électromotrice
qui lui donne naissance ; il est par conséquent exprimé par la formule habituelle.

réduit et l'on aura sensiblement

$$OD'' = (\Phi_1 - OD'') \, \sigma.$$

Pour un moteur polyphasé ordinaire, on a, en réalité (Voir *fig.* 205),

$$OD = DQ' \, . \, \sigma = (OQ' - OD)\sigma.$$

Dans le cas d'un moteur où le glissement a pour valeur $200 - s$, la circonférence devient une droite et, à la limite, le vecteur Φ_1 coïncide avec OQ'.

Dans ces conditions, si le moteur à courant alternatif simple consomme à vide, comme courant magnétisant, un courant d'intensité I_0 (*fig.* 229) et tant que le circuit secondaire, supposé ouvert, ne réagit pas, chacun des deux champs tournants consomme la moitié de ce courant, c'est-à-dire $\frac{1}{2} I_0$. Lors-

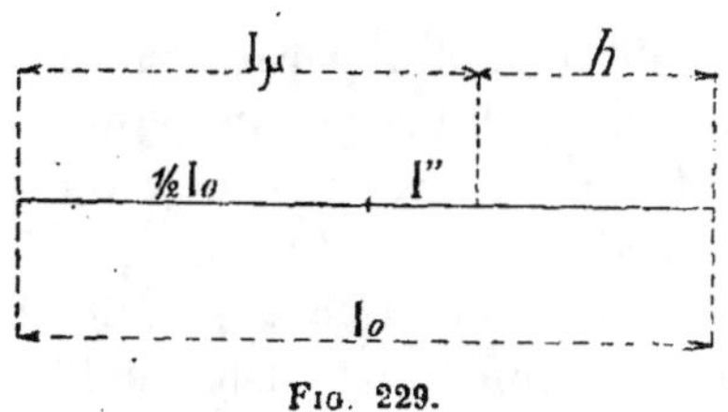

Fig. 229.

que, au contraire, le moteur est en charge, la valeur du courant magnétisant du champ qui tourne en avant peut être encore admise comme égale à $\frac{1}{2} I_0$, mais celle du courant magnétisant absorbé par le moteur qui tourne en arrière diminue peu à peu et devient I''. Il en résulte que la valeur du courant magnétisant absorbé par le moteur en charge est

$$I_\mu = \frac{1}{2} I_0 + I'.$$

Mais, comme on l'a vu,

$$I' = h \, . \, \sigma = (I_0 - I_\mu)\sigma;$$

on a donc aussi

$$\frac{1}{2} I_0 + I_0\sigma - I_\mu\sigma = I_0 \left(\frac{1}{2} + \sigma\right) - I_\mu\sigma,$$

expression de laquelle on déduit rapidement

$$\frac{I_\mu}{I_0} = \frac{1 + 2\sigma}{2 + 2\sigma}.$$

Si $\sigma = 0$, c'est-à-dire si le moteur n'avait pas de dispersion, on aurait

$$\frac{I_\mu}{I_0} = \frac{1}{2} = 0,5.$$

Pour $\sigma = 0,1$, on a, au contraire,

$$\frac{I_\mu}{I_0} = 0,545.$$

Dans le premier cas, le flux secondaire produit par le champ qui tourne en arrière compenserait exactement le champ inducteur ; dans le second cas, qui est celui qui se présente toujours dans la pratique, la compensation n'est, au contraire, que partielle, mais presque complète dans les moteurs bien établis. C'est pour cela que certains auteurs, comme M. Behrend [1], comparent l'action du second champ à une augmentation de la dispersion inhérente au premier.

201. *En considérant le moment où le courant alternatif qui alimente le moteur atteint l'intensité maximum*, moment qui correspond à celui où les deux vecteurs composants ont la même direction, on peut dire que, de l'intensité I_0 du courant à vide OD (*fig.* 230), seul le segment ON est le courant magnétisant, l'action produite par l'autre partie ND étant compensée par celle des courants secondaires dans le rotor qui ont une fréquence correspondante au glissement $200 - s$.

En faisant $\dfrac{ON}{NQ'} = \sigma$, la circonférence ayant son centre sur OQ' et passant par les points N et Q' donnerait le lieu de l'intensité du courant primaire pour un moteur polyphasé ordinaire. Au contraire, pour un moteur à courant alternatif

1. *The induction motor*, p. 58.

simple, l'expérience a prouvé que le lieu de ce courant est encore, approximativement, un arc du cercle qui passe par le point D et aussi par Q', avec son centre situé sur OQ'. En effet, si au courant primaire OP, se rapportant à un moteur polyphasé, on ajoute le courant supplémentaire ND = PI qu'exige le moteur parce qu'il est à courant alternatif simple, on obtient la valeur OI de l'intensité. Si P se déplace le long d'une circonférence, pour un certain arc que comporte toujours le fonctionnement normal, I se trouve sur une courbe qui, pratiquement, se confond avec une circonférence et réciproquement.

L'intensité du courant dans l'induit d'un moteur à courant alternatif simple est égale au vecteur de la somme des courants secondaires

$$\frac{1}{\eta} \cdot NN'$$

et

$$\frac{1}{\eta} \cdot N'I$$

des deux moteurs, en supposant que le rapport de transformation des enroulements soit égal à 1, c'est-à-dire qu'elle soit donnée par l'expression

$$\frac{1}{\eta} \cdot NI.$$

Le vecteur NI donne la valeur de l'intensité du courant dans l'organe mobile et, en y ajoutant ON, on obtient l'intensité totale OI.

Le diagramme (*fig.* 230) se rapporte, comme on l'a dit, à l'instant où le courant dans l'organe fixe atteint sa valeur maximum, lorsque l'intensité

$$\frac{1}{\eta} \cdot N'I$$

dans l'organe mobile, produit par le champ qui tourne en arrière, est en concordance de phase avec lui.

Les conclusions que l'on peut déduire du diagramme sont

générales ; seulement, si on voulait représenter aussi les autres moments de la période, c'est-à-dire ceux où les champs tournants composants sont décalés l'un dans un sens, l'autre en sens opposé par rapport au champ résultant alternatif, l'établissement du diagramme serait alors très compliqué.

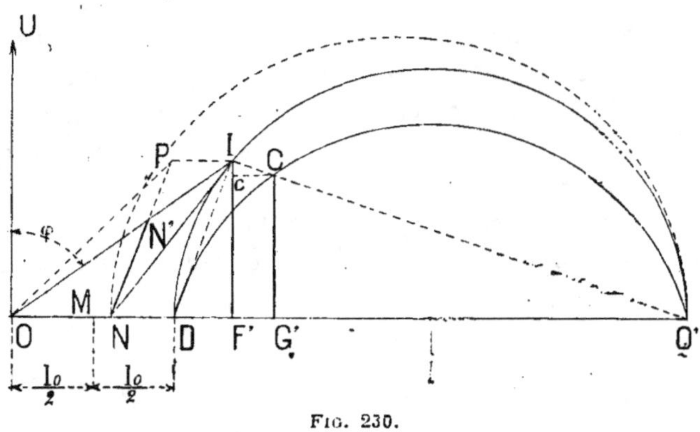

Fig. 230.

A l'inspection du diagramme, on voit immédiatement que le décalage de phase φ entre l'intensité et la tension dans un moteur à courant alternatif simple est plus grand que dans un moteur polyphasé ; c'est, du reste, ce que confirme l'expérience.

M. Heyland, à la suite d'essais effectués sur un grand nombre de moteurs, a trouvé qu'en ce qui concerne la représentation des pertes à vide et de la puissance développée par le moteur, on peut procéder de la même manière que pour les moteurs polyphasés, la circonférence de la puissance restant tangente à la droite qui joint le point Q' à l'extrémité du vecteur de l'intensité en court circuit dans l'organe fixe, le rotor étant immobilisé. La puissance dépensée est proportionnelle au segment IF' ; cela est dû à ce fait que, dans les conditions du fonctionnement normal, le couple développé par le champ qui tourne en arrière est pratiquement négligeable et tout se passe comme si le moteur présentait une grande dispersion, un large entrefer, par exemple.

Mais, pour déterminer la circonférence des couples moteurs, la méthode décrite au paragraphe 184 n'est pas applicable, à cause de la plus grande quantité d'énergie qui se dissipe dans l'organe mobile d'un moteur à courant alternatif simple comparativement à celle qu'absorbe un moteur polyphasé dans des conditions identiques de glissement, d'autant plus que, dans le moteur à courant alternatif simple, le couple est nul lorsque le rotor est freiné, ce qui n'est pas le cas pour le moteur polyphasé. Dans ces conditions, il suffit, pour une charge déterminée, de déduire les pertes I_c (*fig.* 230) dans le cuivre du stator et de les déduire, à une échelle convenable, du segment IF' pour obtenir la valeur du couple moteur électrique. En transportant le segment $F'c$ en $G'c$, on a immédiatement un autre point de la circonférence des couples moteurs, ce qui permet de la déterminer.

Dans le cas du moteur à courant alternatif simple, on n'a plus une droite sur laquelle les lignes partant de Q' et passant par les points I interceptent des segments proportionnels aux glissements. Mais l'exacte détermination du glissement (Voir § 189) permet de calculer, comme on le verra plus loin, les pertes dans le rotor. Donc, en ajoutant aux pertes dans le rotor celles qui se produisent dans le stator, on a la possibilité de déterminer la circonférence des puissances, sans qu'il soit nécessaire de recourir à l'essai en court circuit, chose qui n'est pas toujours possible.

202. On a déjà vu que le fonctionnement d'un moteur polyphasé était comparable à celui d'un transformateur présentant une grande dispersion et dont la résistance extérieure, uniquement ohmique, allait graduellement en diminuant depuis une valeur très élevée (fonctionnement à vide) jusqu'à une valeur très faible (fonctionnement en court circuit); on a vu également que le diagramme circulaire établi pour les transformateurs pouvait servir aussi pour les moteurs. L'analogie existe encore pour deux transformateurs identiques, ayant leurs circuits primaires reliés en série et alimentés à tension

constante, leurs circuits secondaires étant montés en parallèle
sur une résistance ohmique variable. Dans le cas du moteur à
courant alternatif simple, les secondaires des deux transformateurs équivalents doivent être considérés comme indépendants : le premier relié avec une résistance ohmique variable,
correspondant au moteur n° 1 ayant un glissement s, et le
second, constamment fermé en court circuit, correspondant au
moteur n° 2 dont le glissement est égal à $200 - s$. Cette dernière
hypothèse est parfaitement justifiée par ce fait que, lorsque
le glissement est considérable, la résistance ohmique est
négligeable par rapport à la réactance et, dans le cas actuel,
cette réactance peut être considérée comme ayant une valeur
constante.

Lorsque le secondaire du premier transformateur est fermé
sur une très grande résistance, c'est-à-dire lorsque son circuit
est ouvert, cas du fonctionnement à vide du moteur à courant
alternatif simple, le second transformateur, qui représente une
réactance, s'ajoutant au circuit primaire du transformateur n° 1,
n'a de disponible qu'une faible partie de la tension totale. La
valeur de l'intensité du courant empruntée à la ligne, courant
qui est presque entièrement magnétisant, devient supérieure
à celle du courant que consommeraient les deux transformateurs en série, équivalents au moteur polyphasé et alimentés sous une tension U, lorsque les circuits secondaires sont
ouverts.

En diminuant la résistance ohmique du secondaire du
transformateur n° 1 (moteur à courant alternatif simple), la
valeur du courant énergétique est augmentée, mais la différence
de potentiel disponible aux bornes de son primaire va graduellement en diminuant, tandis que la tension augmente aux
bornes du primaire du transformateur n° 2 dans lequel la valeur
du courant magnétisant va en croissant; cette valeur augmente toujours, mais le courant énergétique atteint un maximum et puis diminue de nouveau.

En particulier, lorsque les secondaires des deux transformateurs sont mis tous deux en court circuit (ce qui correspond

au cas d'un moteur à courant alternatif simple fonctionnant avec le rotor immobilisé), l'intensité du courant de court circuit devient presque égale à celle du groupe des deux transformateurs, équivalents au moteur polyphasé et ayant leurs circuits secondaires mis en court circuit.

En construisant les deux diagrammes circulaires correspondants, on arrive précisément à celui de la figure 230, qui met bien en évidence la différence qui existe entre un moteur polyphasé et un moteur à courant alternatif simple. Comme on l'a déjà dit, tout se réduit à une augmentation de dispersion dans le second cas comparé au premier et, pour un moteur à courant alternatif simple, le diagramme d'Heyland reste encore parfaitement applicable ; l'essai en court circuit, pour l'établissement de ce diagramme, est parfaitement justifié.

203. Pertes dans le fer, dans le cuivre et par frottements dans un moteur à courant alternatif simple. — Les pertes dues aux frottements, aux effets d'hystérésis et aux courants de Foucault dans un moteur à courant alternatif simple se calculent par l'essai à vide comme on le fait pour un moteur polyphasé ; l'on peut également, avec une approximation suffisante, considérer ces pertes comme constantes. Au contraire, les pertes dans le cuivre du rotor sont deux fois plus considérables que celles qui se produiraient dans un même moteur polyphasé, étant admis que les glissements sont égaux dans les deux.

En effet, on peut remarquer que les deux courants NN' du champ utile et N'I du champ inverse parasite restent presque égaux et que, par conséquent, les quantités de chaleur qu'ils développent restent aussi égales. Mais, pratiquement, la résistance du rotor d'un moteur à courant alternatif simple est calculée de manière que les pertes dans le cuivre soient égales à celles qui se produiraient dans un moteur polyphasé bien établi ; par suite, le glissement est plus faible, ainsi qu'on l'a déjà fait remarquer.

Sauf pour les très petits moteurs, les rotors des moteurs à courant alternatif simple sont montés en triphasé, afin d'avoir la faculté d'intercaler des résistances au moment du démarrage. Dans ces conditions, soient r_1 la résistance de l'enroulement de l'organe fixe et I_1 l'intensité efficace du courant qui le parcourt ; r_2 la résistance de l'un des circuits du rotor et I_2 l'intensité efficace du courant qui y passe ; si P_1 représente la valeur de la puissance électrique fournie, mesurée à l'aide d'un wattmètre, et w les pertes constantes augmentées de la perte dans le stator $(r_1 I_1^2)$, la puissance disponible P a pour valeur

$$P = P_1 - w - 3r_2 I_2.$$

Si, comme d'ordinaire, ω' est la vitesse angulaire du rotor et C le couple moteur, on a

$$C\omega' = P.$$

Sachant que le glissement est dû à la résistance du rotor, on a pour les deux champs tournants élémentaires, à chacun desquels correspond approximativement la moitié des pertes,

$$C_1 (\omega - \omega') = 3 \frac{r_2 I_2^2}{2}$$

$$C_2 (\omega + \omega') = 3 \frac{r_2 I_2^2}{2},$$

ω étant la vitesse angulaire du champ qui dépend de la fréquence du courant et du nombre de pôles du moteur et C_1, C_2 représentant respectivement les couples moteurs actif et parasite. De ces deux expressions, on déduit

$$C_1 = 3 \frac{r_2 I_2^2}{2} \cdot \frac{1}{\omega - \omega'}$$

$$C_2 = 3 \frac{r_2 I_2^2}{2} \cdot \frac{1}{\omega + \omega'}$$

et, par conséquent,

$$C_1 - C_2 = 3 \frac{r_2 I_2^2}{2} \left(\frac{1}{\omega - \omega'} - \frac{1}{\omega + \omega'} \right) = 3 \frac{r_2 I_2^2}{2} \cdot \frac{2\omega'}{\omega^2 - \omega'^2}.$$

En multipliant les deux membres de cette expression par ω', on a

$$(C_1 - C_2)\,\omega' = 3\,\frac{r_2 l_2^2}{2} \cdot \frac{2\omega'^3}{\omega^2 - \omega'^2}.$$

La différence des deux couples donne la valeur du couple résultant C et, par conséquent,

$$C\omega' = P = 3 r_2 l_2^2\,\frac{1}{\left(\dfrac{\omega}{\omega'}\right)^2 - 1}\,;$$

finalement, on a

$$3 r_2 l_2^2 = P\left\{\left(\frac{\omega}{\omega'}\right)^2 - 1\right\}. \tag{64}$$

A l'aide de cette formule, très importante à retenir, la vitesse angulaire du moteur étant connue, on peut calculer la valeur des pertes par effet Joule dans le rotor. On comprend facilement qu'elle est aussi applicable à un rotor du type à cage d'écureuil.

Ainsi, dans un moteur à courant alternatif simple où le glissement est de 4 $^0/_0$, si $\omega = 50$, ω' sera égal à 48 et, par suite,

$$3 r_2 l_2^2 = 0{,}08 P.$$

204. APPLICATION PRATIQUE. — Un moteur à courant alternatif simple du type Brown, ayant une puissance de 70 chevaux et destiné à l'installation de Francfort-sur-Mein, a donné aux essais les résultats suivants, la tension efficace U étant de 2 850 volts et la fréquence f de 45,3 périodes par seconde :

A vide.......	$U = 2\,850$	$I = 10{,}5$	$\cos\varphi = 0{,}164$	
En charge....	$U = 2\,850$	$I = 23{,}5$	$\cos\varphi = 0{,}77$	$s = 1{,}63\ ^0/_0$
En surcharge.	$U = 2\,850$	$I = 39{,}4$	$\cos\varphi = 0{,}78$	$s = 3\ ^0/_0$

Résistance du stator $r_1 = 2{,}7$ ohms.

On a tracé la circonférence d'Heyland (*fig*. 231) d'après les indications de l'ampèremètre et du wattmètre, en procédant comme il a été indiqué au paragraphe 184.

Les deux autres circonférences ont été facilement construites,

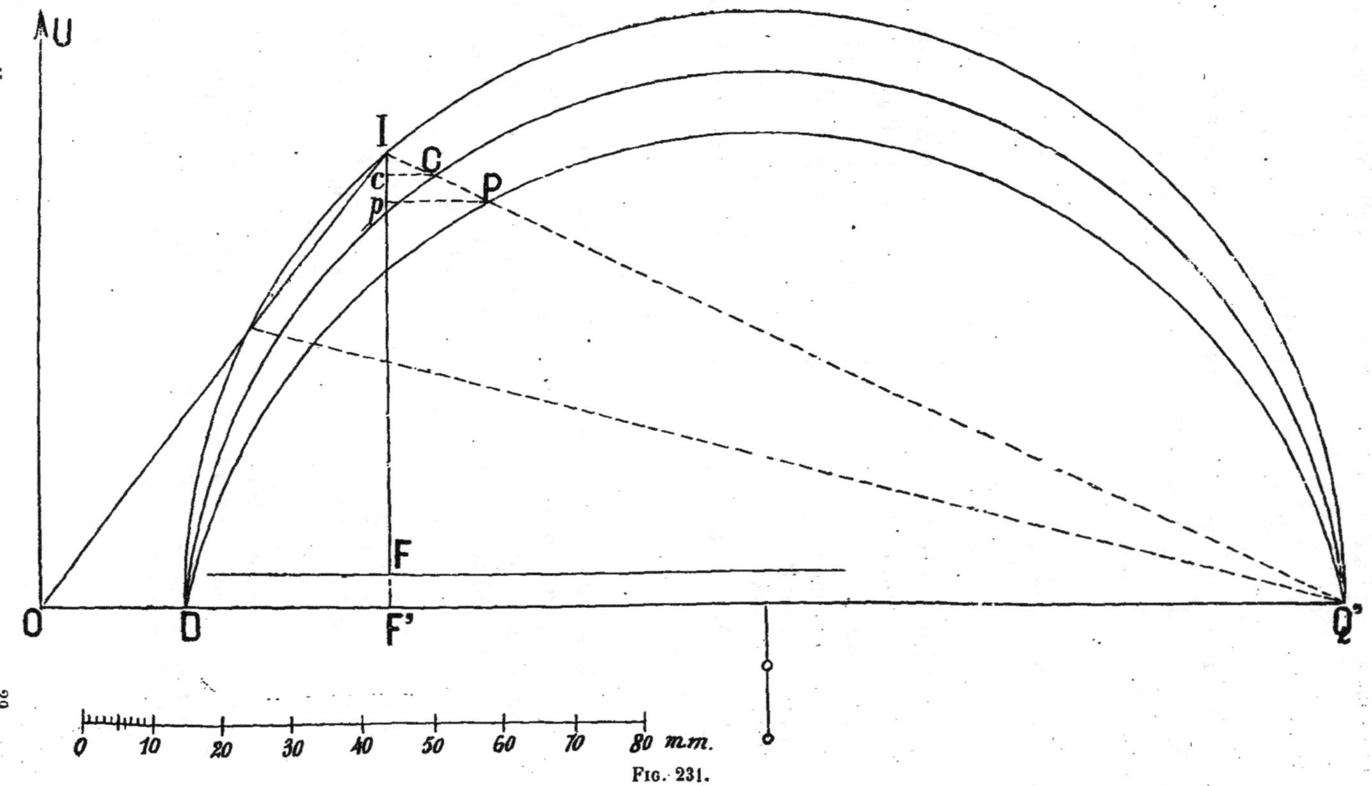

Fig. 231.

en considérant le fonctionnement du moteur sous une charge déterminée. En prenant les conditions de fonctionnement lors de la surcharge, la puissance absorbée est

$$2\ 850 \cdot 39,4 \cdot 0,78 = 87\ 580 \text{ watts,}$$

puissance qui correspond sur le diagramme au segment IF, qui a 63 mm à l'échelle du dessin. Donc 1 mm vaut 1 390 watts.

Les pertes à vide, par frottements et par hystérésis, sont représentées par $FF' = 3,46$ mm et sont

$$2\ 850 \cdot 10,5 \cdot 0,164 = 4\ 900 \text{ watts.}$$

Dans les conditions de surcharge, lorsque $I = 39,4$, les pertes par effet Joule dans le stator sont

$$2,7 \cdot (39,4)^2 = 4\ 191 \text{ watts,}$$

correspondant à $I_c = 3,02$ mm.

En représentant par P_0 la puissance absorbée, par P la puissance recueillie, par p_{v+s} les pertes à vide additionnées avec les pertes dans le stator et par p_r les pertes dans le rotor, on a

$$P = P_0 - p_{v+s} - p_r = P_0 - p_{v+s} - P \left\{ \left(\frac{\omega}{\omega'}\right)^2 - 1 \right\}.$$

Pour $I = 39,4$, le glissement étant de 3 $^0/_0$, on trouve

$$\frac{\omega}{\omega'} = \frac{100}{97}$$

et

$$\left(\frac{\omega}{\omega'}\right)^2 - 1 = 0,0628.$$

En substituant, on trouve

$$P = 87\ 580 - (4\ 900 + 4\ 191) - 0,0628 P,$$

d'où

$$P = \frac{79\ 489}{1,0628} = 74\ 790,$$

ce qui équivaut à 100 chevaux environ. En ce qui concerne les pertes dans le rotor, on a

$$p_r = 0,0628 \cdot 74\ 790 = 4\ 696 \text{ watts,}$$

correspondant sur le diagramme à $cp = 3,29$ mm.

En transportant en C et en P sur la droite $Q'I$ les points c et p, on peut déterminer les circonférences des couples et des puissances.

205. Méthode de démarrage de M. Arno (Voir t. I, § 109). — Pour arriver à déterminer la valeur la plus convenable de la résistance à insérer dans le rotor pour obtenir un couple moteur relativement grand, en donnant une certaine impulsion à l'organe mobile, M. R. Arno a utilisé les équations données au paragraphe 178 pour représenter par la méthode graphique [1] les meilleures conditions de démarrage pour les moteurs polyphasés dans les trois cas où $r > \omega_1 L_{s_1}$; $r < \omega_1 L_{s_1}$ et $r = \omega_1 L_{s_1}$. Il est arrivé à ce résultat que cette résistance doit être légèrement inférieure à celle correspondant à la condition $r = \omega_1 L_{s_1}$.

Ultérieurement, M. Arno a même démontré qu'il était possible de calculer analytiquement la valeur de la résistance à insérer [2]. Soit

$$C_r = \frac{n}{2}\ \Phi_1^2\ r \left\{ \frac{\omega - \omega'}{r^2 + (\omega - \omega')^2 L_{s_1}^2} - \frac{\omega + \omega'}{r^2 + (\omega + \omega')^2 L_{s_1}^2} \right\}$$

l'équation du couple moteur pour un moteur à courant alternatif simple et, en supposant qu'il soit alimenté à tension constante et qu'il ne présente point de fuites magnétiques, on considère C_r comme fonction de la vitesse angulaire ω' du moteur.

1. *Atti dell' Associazione Elettrotecnica Italiana*, vol. I, p. 21.
2. *Bulletin de la Société internationale des Electriciens*, 1897, p. 595.

Lors du démarrage, ω' est nul ainsi que C_r, et l'on veut, pour une variation donnée $\delta\omega'$ et très petite de ω', que la variation δC_r du couple moteur atteigne le maximum possible. La valeur de

$$\frac{\delta C_r}{\delta\omega'}$$

est sensiblement égale à

$$\frac{dC_r}{d\omega'}$$

pour $\omega' = 0$.

En effectuant l'opération, on a

$$\left(\frac{dC_r}{d\omega'}\right)_{\omega'=0} = n\Phi_1^2 r \frac{\omega^2 L_{s_1}^2 - r^2}{(\omega^2 L_{s_1}^2 + r)^2}.$$

Il ne reste plus maintenant qu'à calculer la valeur de r qui rend cette expression maximum ; cette valeur doit satisfaire à

$$\frac{d}{dr}\left(\frac{dC_r}{d\omega'}\right)_{\omega'=0} = 0.$$

En effectuant les calculs, on obtient

$$r^4 - 6r^2\omega^2 L_{s_1}^2 + \omega^4 L_{s_1}^4 = 0,$$

d'où

$$r = \omega L_{s_1} \sqrt{3 - 2\sqrt{2}} = 0,414\,\omega L_{s_1}.$$

La seconde racine ne convient pas au fonctionnement de la machine comme moteur.

Il peut arriver que les calculs faits ne correspondent pas exactement au cas pratique, parce que l'on n'a pas tenu compte des fuites magnétiques, très importantes au moment du démarrage, et que l'on suppose le moteur alimenté à intensité constante, tandis que, pratiquement, c'est la tension qui est maintenue constante. Mais l'erreur commise en effectuant le calcul comme on l'a indiqué ne doit pas être très grande. En réalité, en déterminant expérimentalement la valeur de la résistance qui permet d'obtenir le couple moteur maximum avec une impulsion initiale donnée à un moteur à courant alternatif simple, on reconnaît que r doit avoir une valeur qui est environ la moitié de celle qu'il faudrait utiliser si le moteur était polyphasé.

CHAPITRE XVI

TRANSFORMATEURS TOURNANTS

206. Application aux convertisseurs du diagramme bipolaire de Blondel. — L'emploi de convertisseurs pour transformer les courants alternatifs en courant continu devient de plus en plus fréquent dans la pratique industrielle. Le convertisseur fonctionnant du côté du courant alternatif comme moteur synchrone, on peut, pour étudier son fonctionnement au point de vue quantitatif, recourir au même diagramme bipolaire qui a servi à étudier celui du moteur synchrone.

Il convient de signaler tout d'abord que, si l'on néglige l'influence des fuites magnétiques correspondant au flux produit par le courant alternatif, fuites partiellement compensées par celles du flux dû au courant continu et qui agissent en sens contraire, on peut admettre que, dans un convertisseur, la réactance est nulle. En réalité le champ magnétique produit par les courants alternatifs est pratiquement compensé par le flux dû au courant continu. Comme il n'y a pas, par conséquent, de champ transversal, la réaction correspondante est nulle.

C'est là le résultat que l'on obtient lorsque l'intensité est en concordance de phase avec la tension appliquée. Si, au contraire, l'intensité est décalée en retard par rapport à la tension (*fig.* 232), la réaction n'est plus transversale, mais oblique. Dans ce cas, la réaction peut être divisée en deux composantes, une transversale f_1 qui est compensée par les flux produits par le courant continu et une autre f_2 qui vient renforcer le champ principal. Ce champ sera, au contraire, affaibli lorsque l'intensité sera décalée en avance par rapport à la tension appliquée.

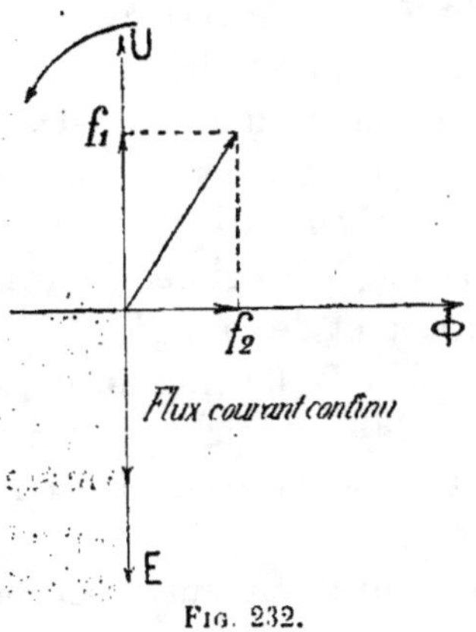

Fig. 232.

Ce décalage de phase entre l'intensité et la tension se produit quand, pour une charge déterminée et une différence de potentiel donnée aux bornes du convertisseur (côté du courant alternatif), on vient à modifier le nombre d'ampères-tours de l'excitation. Dans ces conditions, de même que dans un moteur synchrone, l'intensité est décalée en retard si l'on diminue l'excitation et décalée en avance si cette excitation est augmentée. La composante magnétisante qui se produit alors donne naissance à un flux f_2 ayant une direction telle qu'il tend à ramener l'intensité du champ à sa valeur primitive. La tension aux bornes du côté du courant continu reste constante tant que la différence de potentiel aux balais du côté du courant alternatif ne varie pas.

Mais, si l'excitation du convertisseur n'est pas modifiée, le décalage de phase ne peut être obtenu qu'en introduisant une réactance entre le convertisseur et la ligne. Dans ces conditions, l'intensité du champ magnétique est augmentée ou diminuée et, par conséquent, la tension aux balais du convertisseur est soumise à de très fortes variations. Cette action doit naturellement se produire, parce que la réactance intercalée a précisément pour effet de produire une force électromotrice qui fait varier la tension disponible aux balais du convertisseur du côté du courant alternatif. Par conséquent, comme on l'a déjà dit, la tension aux bornes du côté du courant continu doit aussi varier.

En représentant toujours par

$$Z = \sqrt{R^2 + X^2}$$

l'impédance du circuit complexe, R est la somme des résistances ohmiques de la génératrice, de la ligne, des bobines de
réactance intercalées et de l'induit du convertisseur. La
quantité X représente la réactance complexe de la génératrice, de la ligne et des bobines de réactance additionnelles, la
réactance de l'induit n'étant pas comptée pour les raisons déjà
exposées. Si le convertisseur est monté en dérivation sur un
grand réseau d'alimentation, on peut alors négliger la résistance et la réactance de la génératrice et de la ligne, ce qui
équivaut à considérer comme invariable la tension au départ
du circuit d'alimentation du convertisseur, mais en remarquant que ce circuit comprend les bobines de réactance additionnelles.

Adoptant les mêmes symboles que pour le moteur synchrone
(§ 156), on représen-
tera par E_1 la force
électromotrice de la
génératrice ou la
tension aux extré-
mités du circuit d'a-
limentation, suivant
le cas. Si E_2 est la
tension du conver-
tisseur du côté du
courant alternatif, la
résultante des deux

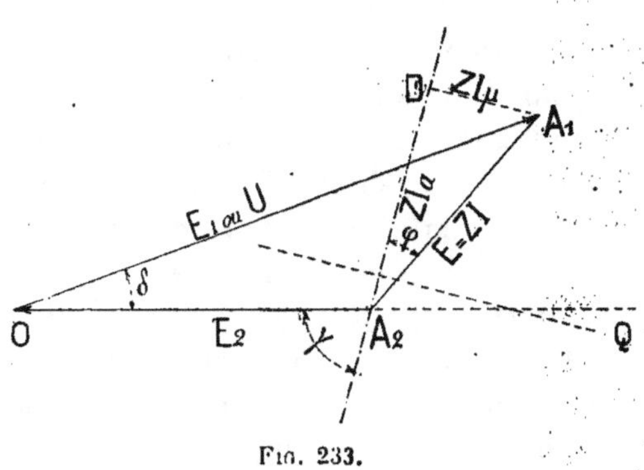

Fig. 233.

forces électriques est $E = ZI$ et, si tang $\gamma = \dfrac{X}{R}$, l'angle φ de la
figure 233 donne la valeur du décalage de phase entre l'inten-
sité et la force électromotrice E_2 prise en la changeant de signe.

Dans ce diagramme, la force électromotrice $E = A_1 A_2$ donne
aussi la mesure des intensités, pourvu que l'on prenne une
échelle Z fois plus grande que pour la force électromotrice ; à la
même échelle, les segments $A_2 D$ et $A_1 D$ donnent respectivement
les valeurs du courant énergétique et du courant magnétisant,
toujours par rapport à E_2. En se rapportant aux considérations

présentées à ce sujet dans le paragraphe 156, on peut dire que, lorsque φ est à droite de A_2D, l'intensité est décalée en retard par rapport à la tension E_2 prise avec un signe contraire, tandis que l'intensité est décalée en avance lorsque φ est à gauche. La composante énergétique du courant est mesurée sur la droite A_2D ; une certaine partie de cette composante, que l'on peut admettre constante, correspond aux pertes par frottements, par effet Joule et par hystérésis dans le fer ; l'autre partie de la composante représente la valeur de l'intensité correspondant à la quantité d'énergie disponible sous forme de courant continu et lui est naturellement proportionnelle.

Pratiquement δ est très petit et les vecteurs $E_1 E_2$ sont presque en opposition lors du fonctionnement normal pour une valeur élevée de $\cos \varphi$.

La tension E_2, en négligeant l'effet de la résistance de l'enroulement du convertisseur, peut être considérée comme égale à la force électromotrice induite due au champ. Ce champ magnétique, comme on l'a déjà dit, est produit par l'action combinée des ampères-tours de l'excitation et de la composante magnétisante.

207. Condition nécessaire pour maintenir E_2 constant lorsque E_1 ne varie pas.

— Si la force électromotrice E_1 ne varie pas (c'est le cas d'un convertisseur alimenté par un réseau de distribution à potentiel constant) et étant admis que la réactance Z a une valeur convenable, si on veut maintenir E_2 constant, le diagramme de fonctionnement est très facile à établir. Du centre O (*fig.* 234) on décrit

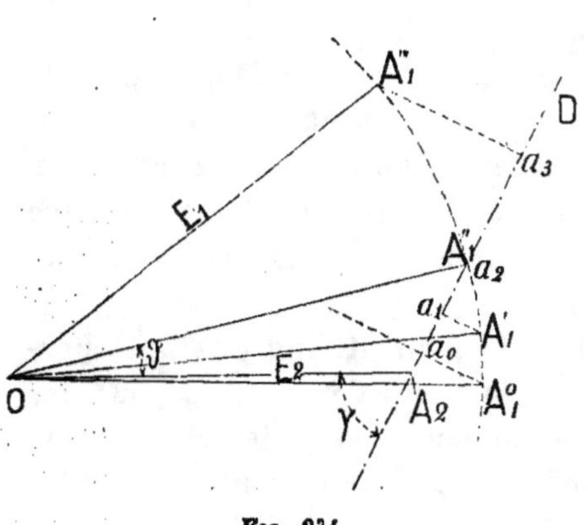

Fig. 234.

un arc de cercle de rayon égal à E_1. A vide, le courant actif sera A_2a_0 et le vecteur E_1 coïncide avec OA_1^0. La charge venant à augmenter, le vecteur E_1 ira en augmentant progressivement avec la charge, parce que l'intensité énergétique du courant devient successivement A_2a_1, A_2a_2, etc. Il y a une certaine valeur de la charge qui correspond à celle de l'intensité pour laquelle il y a concordance de phase entre la tension et l'intensité et l'extrémité du vecteur E_1 vient alors sur la droite A_2D ; la composante magnétisante est alors annulée. Pour toutes les autres valeurs de la charge, la composante magnétisante subsiste ; de grande valeur au début $(a_0A_1^0)$, elle diminue à mesure que la charge augmente, devient nulle en A_1'', pour ensuite augmenter graduellement de nouveau, mais en sens opposé, à mesure que la charge devient plus grande.

Cela prouve que, si l'on ne fait pas varier l'excitation du convertisseur, il n'est pas possible de maintenir E_2 constant. En effet la valeur de E_2 dépend de l'intensité du champ produit par les ampères-tours d'excitation et de ceux dus à la composante magnétisante (Voir § 107).

$$K \frac{N}{2} I\mu \sqrt{2} \text{ ampères-tours.}$$

Pour que E_2 se maintienne constant, il est nécessaire que l'intensité du champ ne soit pas modifiée, tandis que, dans le cas actuel, à faible charge, la composante magnétisante a pour action de renforcer l'intensité du champ (étant décalée en retard par rapport à E_2) ; elle agit en sens contraire lorsque la charge correspondant à l'intensité du courant A_2a_2 est dépassée.

Il s'ensuit, par conséquent, que, pour atteindre le but cherché, il faut diminuer les ampères-tours d'excitation pour les faibles charges et les augmenter pour les fortes charges, de manière à compenser l'action de la composante magnétisante.

Si le convertisseur est excité simplement en dérivation, ce réglage ne peut pas être obtenu automatiquement, mais on peut le réaliser en utilisant l'excitation compound. Dans ces conditions, à mesure que la charge augmente, l'intensité du courant continu augmente également et ce dernier agit sur l'enroulement en série pour augmenter proportionnellement l'intensité du champ. Naturellement, on comprend que l'enroulement en dérivation doit être calculé pour donner la force électromotrice E_2 à vide, en tenant compte de la valeur du flux due à la composante I_μ dans ces conditions de fonctionnement.

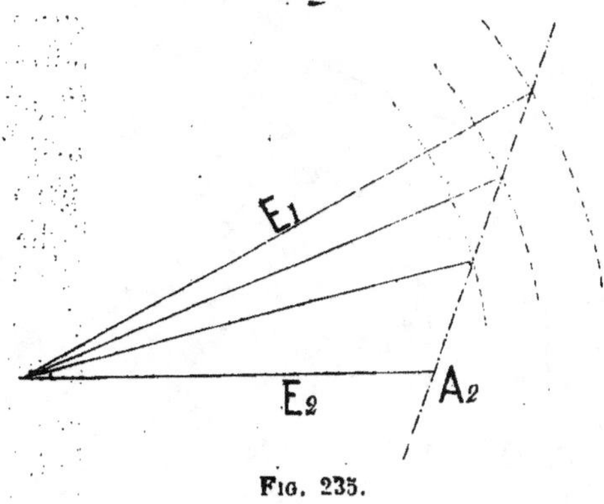

Fig. 235.

Lorsque la tension E_1 est produite par un transformateur statique et c'est, du reste, le cas le plus général, transformateur disposé de manière à ce que l'on puisse utiliser un nombre plus ou moins grand de spires, la tension peut être réglée à une valeur telle que le courant magnétisant soit annulé pour une charge déterminée qui sera, par exemple, la charge normale (*fig.* 235) ; autrement dit, on peut faire varier cette tension suivant la charge de manière à rendre nulle la composante magnétisante, quelle que soit la valeur de la charge. Dans ce cas, la force électromotrice E_2 n'est produite seulement que par les ampères-tours d'excitation.

L'intensité de la composante magnétisante et, par conséquent, le flux qu'elle produit, augmente à mesure que diminue l'angle γ.

La figure 236 montre le cas de deux valeurs différentes de γ, en supposant que tout soit réglé pour que, sous la charge normale, l'intensité soit en concordance de phase avec la tension E_2. Les segments I_μ et I'_μ donnent les valeurs des composantes magnétisantes à demi-charge dans les deux cas.

On voit immédiatement que la valeur de I_μ tend à diminuer lorsque γ devient plus grand, c'est-à-dire lorsque la constante de temps du circuit augmente.

Ce fait est important à constater, parce que, si le fer de l'inducteur du convertisseur travaille à saturation, on ne peut guère augmenter l'intensité du champ avec un enroulement

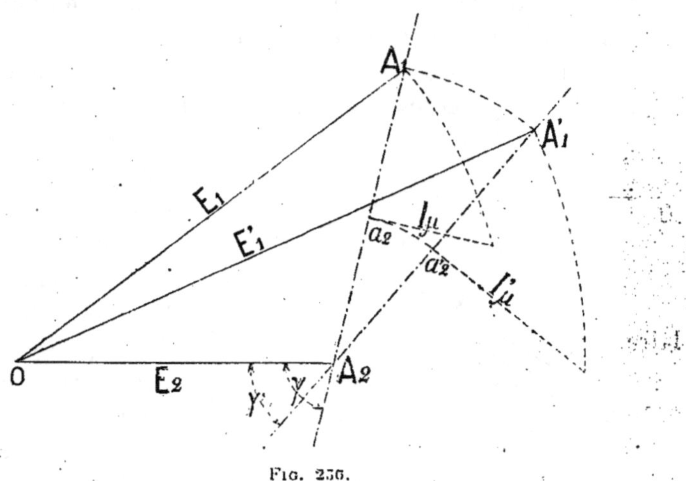

FIG. 256.

compound et compenser l'effet de la composante I_μ si cette dernière varie dans de grandes limites. Toutefois une machine ainsi établie peut encore être réglée, parce que l'angle γ est donné par le rapport

$$\operatorname{tang} \gamma = \frac{X}{R},$$

qu'il est possible de ramener à la valeur voulue en modifiant convenablement la réactance X du circuit. Mais il ne faut pas perdre de vue qu'en modifiant X on fait varier aussi l'impédance $Z = \sqrt{R^2 + X^2}$ du circuit et que l'échelle des intensités est par conséquent modifiée.

Par suite, ce cas est complexe ; il a été traité complètement par M. Blondel [1]. On se bornera ici à déterminer la valeur de la réactance X pouvant annuler φ à une charge donnée pour une valeur E_1 de la tension du réseau d'alimentation.

1. Blondel, *Régulation des convertisseurs rotatifs* (*Éclairage électrique*, t. IV, 1901).

Il faut remarquer que, lorsque $\varphi = 0$, les composantes de ZI (*fig.* 237), c'est-à-dire RI et XI, viennent, l'une le long de E_2 et l'autre dans une direction perpendiculaire. Dans ces conditions, la charge étant établie, on connaît aussi la valeur de I (seul courant énergétique par rapport à E_2 dans ce cas) et, pour R constant, le point P est déterminé. En élevant par le point P une perpendiculaire, le point A_1, où elle rencontre la circonférence décrite avec un rayon égal à E_1, donne le segment $PA_2 = XI$, auquel correspond la valeur de la réactance Z.

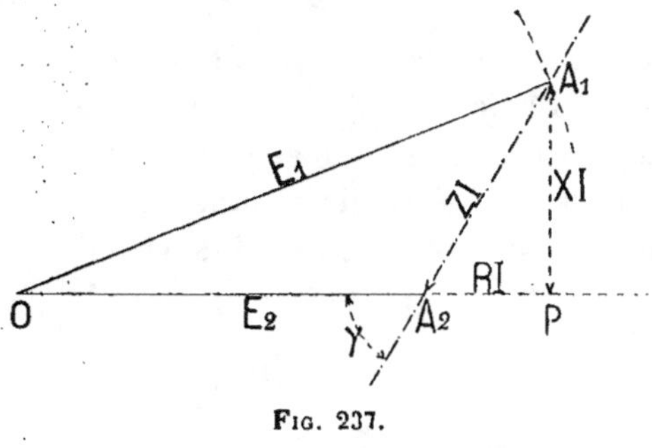

Fig. 237.

Lorsque l'on dispose d'une bobine de réactance variable, il est possible de déterminer, à l'aide du diagramme qui vient d'être indiqué, les valeurs successives que l'on doit donner à la réactance pour annuler φ lors des variations de charge. Ce réglage peut être effectué d'après les indications d'un phase-mètre à lecture directe mis en dérivation aux bornes **du** convertisseur.

208. Fonctionnement d'un convertisseur sous tension constante lorsque E_1 peut varier. — Si, suivant la charge, on peut faire varier la tension du réseau d'alimentation E_1, soit en modifiant le nombre de spires du secondaire du transformateur qui, presque toujours, est utilisé dans l'installation d'un convertisseur, soit en modifiant l'intensité du courant d'excitation de la génératrice lorsque cette dernière ne sert uniquement qu'à fournir le courant nécessaire au convertisseur, il est alors possible, pour n'importe quelle valeur **de** la charge, d'annuler le décalage de phase de l'intensité par rapport à la force électromotrice E_2 du convertisseur, **sans pour** cela faire varier la réactance.

Il suffit que l'extrémité du vecteur E_1 (*fig.* 238) vienne rencontrer la droite A_2A_1, qui, dans ce cas, est fixe, tang $\gamma = \dfrac{X}{R}$ étant constante. On voit que, dans ce cas, on a tout intérêt à réduire autant que possible la valeur de X, parce que, à égalité de chute de tension RI, la tension ou la force électromotrice E_1, nécessaire pour que le courant I s'établisse dans le circuit, est d'autant plus faible que la valeur de X est plus petite.

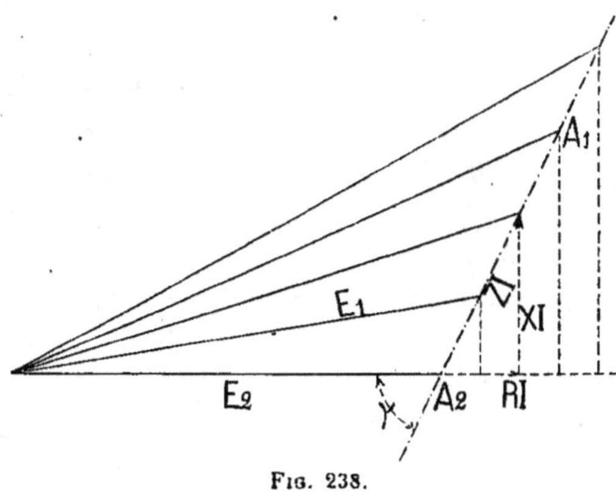

Fig. 238.

Il ne sera donc pas nécessaire d'introduire dans le circuit d'autre réactance que celle Z qui correspond à l'angle γ.

209. Fonctionnement d'un convertisseur sous tension E_2 augmentant avec la charge.

— On a supposé jusqu'à présent que la tension E_2 du convertisseur devait rester constante pour les diverses valeurs de la charge; cette hypothèse a permis d'établir des diagrammes très clairs et très simples par suite de la constance du vecteur $E_2 = OA_2$. Mais, dans la pratique, il est toujours nécessaire que la tension augmente légèrement avec la valeur de la charge, et il ne peut en être autrement, parce que cet excédent de tension sert à compenser la chute de tension plus grande qui se produit dans la canalisation d'alimentation du courant continu, si l'on veut obtenir que la tension reste constante dans les centres de distribution.

Les mêmes diagrammes peuvent encore être utilisés, à la condition que le point A_2 reste fixe et que l'on déplace, au contraire, le point O dans la direction du vecteur. Ainsi, dans le cas où la réactance ne change pas ($\gamma =$ constante) et où la tension du réseau d'alimentation reste constante, si, pour les différentes charges I_a', I_a'', I_a''', etc. (*fig.* 239), la tension aux bornes du convertisseur doit être A_2O', A_2O'', A_2O''', etc., les segments $A_1'O'$, $A_1''O''$, $A_1'''O'''$, etc., de longueur constante, donnent respectivement la valeur du vecteur E_1. Le diagramme

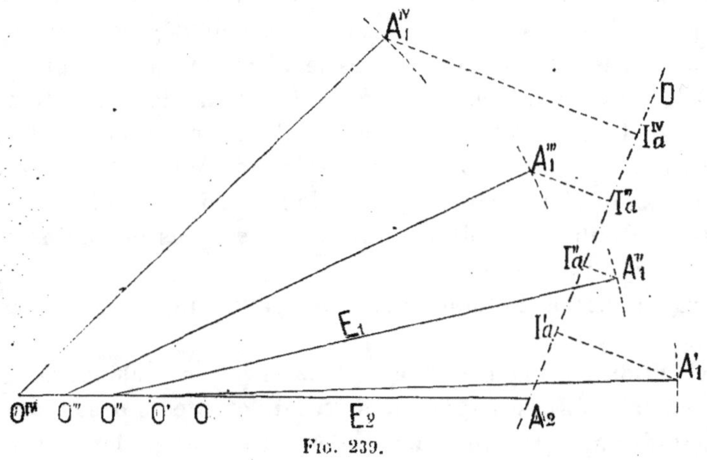

Fig. 239.

montre que la composante magnétisante tend à prendre une valeur exagérée, à tel point qu'il n'est peut-être pas possible d'arriver à compenser son action en agissant seulement sur l'excitation du convertisseur. Dans ce cas, on n'a d'autre procédé à employer que d'améliorer les conditions de fonctionnement en faisant varier progressivement la valeur de la réactance, afin que, pour chaque charge déterminée, on arrive à obtenir une inclinaison convenable de la droite A_2D.

Les considérations exposées précédemment à propos des divers modes de fonctionnement avec E_2 constant sont également exactes lorsque E_2 varie proportionnellement avec la charge; il faut seulement remarquer que, si l'on établit le diagramme en procédant comme on l'a indiqué pour déterminer les variations de la réactance X, afin d'annuler φ pour une charge déterminée (§ 207), le lieu des points A_1, en supposant E_1 constant, n'est plus une circonférence, mais bien une courbe qui peut être tracée point par point.

210. Détermination de l'intensité du courant d'excitation d'un convertisseur.

— Lorsque la caractéristique d'excitation d'un convertisseur (correspondant à la courbe de la force électromotrice à vide) est connue en fonction du nombre d'ampères-tours d'excitation, il est possible de répartir convenablement ces ampères-tours dans le circuit en dérivation et dans le circuit en série, de manière à obtenir la régulation voulue de la tension. C'est une question qui intéresse les constructeurs ; l'ingénieur, au contraire, a tout intérêt à se rendre compte si un convertisseur donné, dont les éléments relatifs à l'excitation sont connus, se prête plus ou moins à obtenir le résultat voulu.

On va maintenant étudier cette question uniquement à ce dernier point de vue.

L'excitation d'un convertisseur, dans le cas le plus général, est due à trois forces magnétomotrices différentes qui sont :

1° Celle due aux ampères-tours de l'enroulement en dérivation et qui est proportionnelle à la différence de potentiel existant entre les balais appuyant sur le collecteur de courant continu ;

2° Celle due aux ampères-tours de l'enroulement en série et qui est proportionnelle à l'intensité du courant continu qui circule dans le circuit d'utilisation ;

3° Celle due aux ampères-tours de l'induit, qui se réduit à l'intensité de la composante magnétisante du courant alternatif d'alimentation. Cette force magnétomotrice produit une augmentation de l'intensité du champ, lorsque l'intensité du courant I est décalée en retard par rapport à la force électromotrice E_2 prise en sens contraire ; elle produit, au contraire, un affaiblissement du champ lorsque I est décalé en avance par rapport à E_2.

On va analyser séparément ces trois forces magnétomotrices.

Si ξ est le rapport de transformation du convertisseur (t. I, § 115), la tension aux balais du côté du courant continu est

$$\frac{E_2}{\xi} ;$$

si n_d représente le nombre de spires de l'enroulement en dérivation et r_d la résistance de l'une des spires, les ampères-tours d'excitation dus à l'enroulement en dérivation sont donnés par l'expression

$$n_d \frac{E_2}{\xi n_d r_d} = \frac{E_2}{\xi r_d}. \qquad (a)$$

Par la valeur que prendra l'intensité du courant dans le circuit à courant continu, il faut remarquer que cette valeur doit être telle qu'elle satisfasse à la loi de la conservation de l'énergie. Au point de vue magnétique, en négligeant la faible quantité de courant énergétique I_a qu'absorbe le convertisseur fonctionnant à vide, le courant continu aura une intensité de valeur équivalente à la *valeur moyenne* de la composante énergétique du courant d'alimentation ; la réaction d'induit étant pratiquement nulle, on peut négliger les fuites magnétiques. Par conséquent, si N représente le nombre de spires de l'induit et I_c l'intensité du courant continu, on a l'égalité

$$NI_c = NI_a \sqrt{2} \frac{\pi}{2} = N \frac{\pi I_a}{\sqrt{2}},$$

$I_a \sqrt{2}$ étant la valeur maximum de l'intensité du courant. En tenant compte de l'intensité du courant énergétique à vide, on a

$$I_c = \frac{\pi}{\sqrt{2}} (I_a - I_{a0}).$$

Cette expression donne la valeur de l'intensité du courant continu dans le cas d'un enroulement en anneau.

Pour l'enroulement en tambour, qui est presque exclusivement employé actuellement, il suffit d'introduire dans cette expression un coefficient de réduction k, afin de tenir compte du chevauchement des spires, et l'expression devient

$$I_c = k \frac{\pi}{\sqrt{2}} (I_a - I_{a_0}),$$

expression dans laquelle k, pour un convertisseur triphasé, a une valeur variant de 1 à 0,958, suivant que le nombre de trous ou rainures du noyau d'induit, par champ polaire, varie de 6 à 24, l'alimentation s'effectuant avec des courants triphasés[1]. Pour un nombre de trous plus grand, on peut prendre $k = 0,955$, parce qu'il est démontré que la valeur limite, pour un nombre infiniment grand de trous, est égale à 0,953.

En représentant par n_s le nombre de spires de l'enroulement en série, le nombre d'ampères-tours correspondant est

$$n_s k \frac{\pi}{\sqrt{2}} (I_a - I_{a_0}). \qquad (b)$$

En ce qui concerne les ampères-tours de la composante magnétisante de l'induit, dont il a été déjà question au paragraphe 107, on a vu qu'ils pouvaient être déterminés à l'aide de l'expression

$$K \frac{N}{2} I \sqrt{2},$$

dans laquelle K est un coefficient variant dans des limites plutôt étendues et N le nombre de conducteurs par phase de l'alternateur. Cette expression est aussi applicable aux convertisseurs ; mais, dans ce dernier cas, il est plus pratique de représenter par N le *nombre total de conducteurs actifs* dans un champ double, c'est-à-dire dans un circuit magnétique, sauf à déterminer convenablement le coefficient K. On peut donc, pour les ampères-tours de l'induit, écrire

$$K \frac{N}{2} I_\mu \sqrt{2},$$

I_μ étant la valeur efficace de la composante magnétisante.

---

1. Blondel, *Propriétés générales des champs magnétiques tournants* (*Éclairage électrique*, août 1895).

Le coefficient K, dépendant du nombre de phases, du nombre de trous ou rainures et des dimensions de l'arc polaire sous-tendu par les pôles, peut être calculé, mais il est toujours préférable, lorsque la chose est possible, de déterminer expérimentalement la valeur de ce coefficient.

M. Blondel a indiqué, à cet effet, la méthode suivante : on fait tourner le convertisseur à sa vitesse angulaire normale en lui fournissant une certaine quantité d'énergie mécanique à l'aide d'un moteur et, sous la tension normale, on lui fait alimenter, du côté alternatif, un circuit extérieur, autant que possible présentant une inductance qui donne au minimum une valeur de cos $\varphi = 0,2$, par exemple un moteur asynchrone mis en court circuit.

La différence entre la tension aux bornes E_2 sous cette charge et celle que l'on mesure à circuit ouvert avec la même excita-

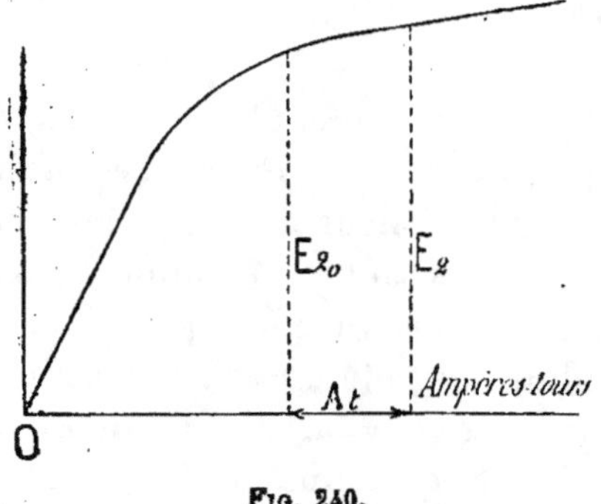

Fig. 240.

tion, donne, exprimée en volts, la réaction d'induit correspondant à l'intensité du courant fourni, courant que l'on peut considérer, sans erreur sensible, comme étant entièrement un courant magnétisant. Portant la valeur de chacune de ces deux tensions sur le diagramme donnant la caractéristique à vide de la machine (*fig.* 240), le segment correspondant A_t donne la valeur des ampères-tours correspondant à la composante magnétisante I_μ lue sur l'ampèremètre.

Par conséquent, on a immédiatement

$$K = \frac{At}{\dfrac{N}{2}\, I_\mu\, \sqrt{2}}.$$

Si l'on connaît la réactance du circuit, on peut procéder d'une autre manière beaucoup plus simple.

On fait fonctionner le convertisseur à un certain régime
avec cos $\varphi = 1$. Alors on connaît E_2, M_1, I_a (*fig.* 241), qui
comprend la valeur du courant utile passant dans le circuit à
courant continu et celle du courant énergétique à vide I_{a0}.

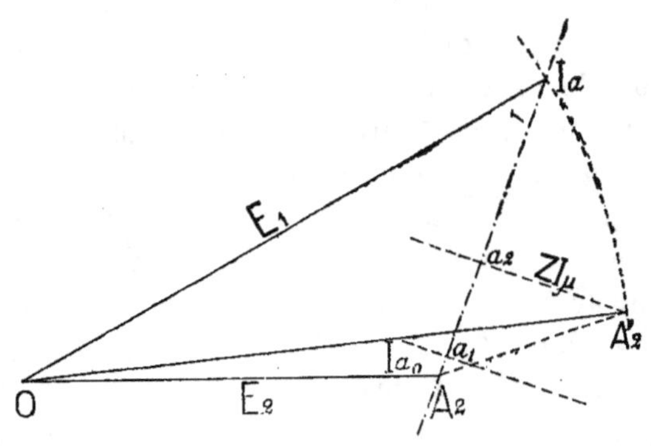

Fig. 241.

Puis l'on modifie la charge en maintenant la tension E_1
constante. Le nombre d'ampères-tours d'excitation nécessaire
pour maintenir E_2 constant donne la valeur des ampères-tours
dûs à la composante I_μ. Cette composante est connue, parce
que le segment $a_1 a_2$, à l'échelle déterminée, donne la valeur
de l'intensité du courant produit du côté du courant continu
multiplié par Z et que le segment $A_2 A_2' = ZI$, expression dans
laquelle I est l'intensité du courant qui alimente le convertisseur. Le segment $a_2 A_2'$ est ainsi déterminé et il suffit de le
diviser par Z pour avoir la valeur de I_μ.

Lorsque la valeur de Z n'est pas connue, on peut la déterminer expérimentalement de la manière suivante :

Pour deux valeurs de charge différentes du convertisseur auxquelles correspondent les intensités de courant énergétique I_a', I_a'',
ayant dans les deux cas cos $\varphi = 1$, on note les tensions E_2 et
E_1 (*fig.* 242). Cela fait, des points O' et O'' pris comme centres,
on décrit deux arcs de cercle ayant respectivement pour
rayons E_1', E_2'', ainsi que le montre la figure. Il ne reste qu'à
déterminer par tâtonnement la droite qui, partant de A_2, coupe

les deux circonférences en des points a_1, a_2, tels que les segments a_1A_2 et a_2A_2 soient proportionnels aux intensités I'_a, I''_a. Cette opération peut se faire très rapidement en traçant sur un morceau de papier à calquer une série de droites partant du même point et coupées par deux parallèles menées à des distances du centre proportionnelles aux segments I'_a, I''; après avoir appliqué cette feuille de manière que son centre coïncide avec A_2, on cherche celle des droites qui correspond au cas du problème à résoudre.

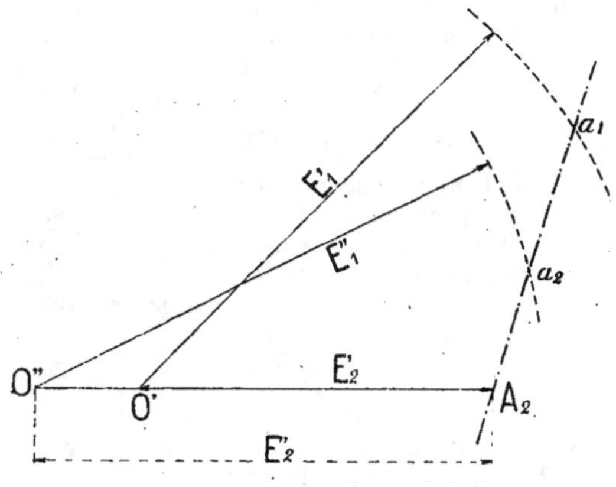

Fig. 242.

Les points a_1 et a_2 étant déterminés de cette manière, l'un ou l'autre des segments a_1A_2 ou a^2A_2, divisé par la valeur de l'intensité du courant correspondant, donne la valeur de Z.

211. Application pratique. — Pour montrer par une application pratique les résultats que l'on peut obtenir, on peut appliquer la méthode à un convertisseur de la *General Electric Company*, pour lequel M. Parshall a, dans l'*Engineering* de 1899 et 1900, fait connaître les différentes données de construction, qui peuvent être résumées comme suit :

Puissance du convertisseur..............   900 kilowatts
Nombre de pôles.......................   12
Vitesse angulaire......................   250 tours par minute
Fréquence du courant triphasé d'alimenta-
    tion...............................   25 périodes par seconde
Tension normale du côté du courant continu.   500 volts

INDUIT

Type de l'enroulement : tambour à circuits
    multiples.
Nombre de balais en charbon sur le collecteur   12
Nombre de circuits en parallèle............   12
Nombre de rainures dans le noyau d'induit.   288
Nombre de conducteurs par rainure.......   4
Conducteurs en parallèle..................   2 par 2
Nombre total de spires...................   576

Nombre de spires comprises entre deux balais $\dfrac{576}{12} = 48$

Résistance de l'enroulement à chaud, me-
    surée entre les pôles + et — ....   0,00493 ohm
Nombre de bagues, côté du courant alternatif.   3
Résistance à chaud de l'enroulement de l'un
    des côtés du triangle [1]................   1,33 . 0,00493 ohms

INDUCTEUR

Nombre de spires en dérivation et par pôle .   912
Résistance totale à chaud de l'enroulement
    en dérivation.........................   78,8 ohm
Nombre de spires en série et par pôle ......   2 $^1/_2$
Résistance à chaud des 12 . 2,5 = 30 spires..   0,000946 ohm

1. Ce rapport 1,33 entre les deux résistances peut être facilement déterminé par un simple calcul. Le convertisseur ayant 12 pôles, il y a 12 circuits en parallèle entre les pôles + et — ; chaque circuit comporte 48 spires. Si r est la résistance totale entre les deux pôles de l'induit, $12r$ est la résistance de chaque circuit de 48 spires. Or, entre deux frotteurs du côté du courant alternatif, il y a $\dfrac{576}{3} = 192$ spires et chaque côté du triangle est constitué par un de ces groupes de spires disposé en 6 circuits parallèles, parce que chaque bague de contact est reliée avec 6 points équidistants de l'enroulement. Donc chacun de ces circuits a, par conséquent, $\dfrac{192}{6} = 32$ spires en série ayant une résistance de $\dfrac{32}{48} \cdot 12r = 8r$. Finalement, il en résulte que, pour 6 de ces circuits en parallèle, compris entre deux frotteurs du côté du courant alternatif, la résistance est $\dfrac{8r}{6} = 1,33r$, résistance d'un des côtés du triangle. Ce résultat est du reste général.

Les spires en série sont shuntées de manière que l'intensité du courant qui y passe ne soit que les 78/100 de l'intensité totale.

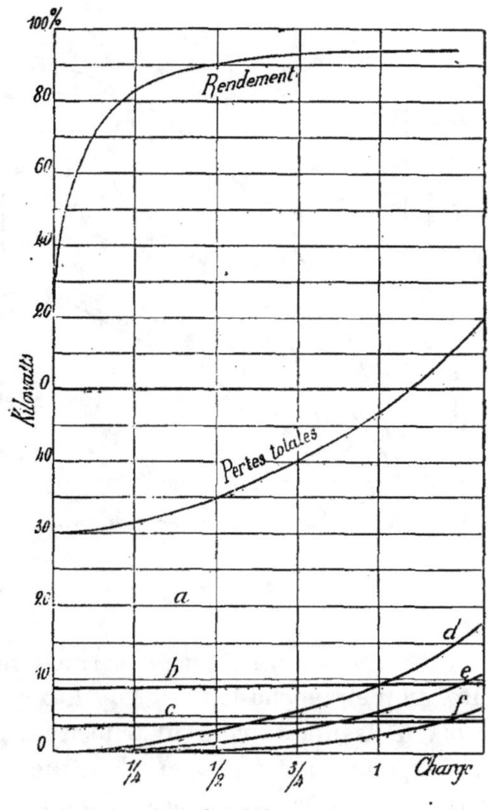

Fig. 243.

a = pertes dans le noyau de l'induit.
b = frottements dans les paliers, frottements des balais et résistance de l'air au mouvement.
c = RI^2 dans l'enroulement en dérivation de l'inducteur et dans le rhéostat.
d = RI^2 dans l'induit.
e = RI^2 dans les balais en charbons.
f = RI^2 dans l'enroulement en série et sa dérivation.
(Pour le courant continu on utilise des balais en charbon et pour le courant alternatif des balais en cuivre.)

Les valeurs des différentes pertes dans le convertisseur sont données par les courbes de la figure 243. La figure 244 donne les courbes de magnétisme relevées en faisant fonctionner le convertisseur à la vitesse angulaire normale de 250 tours par minute avec excitation indépendante.

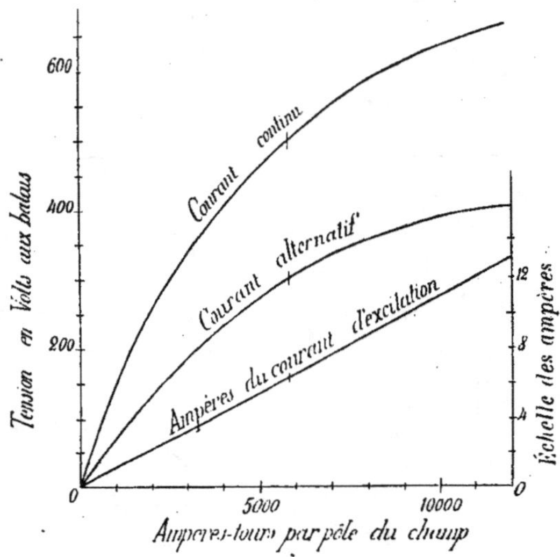

Fig. 244.

M. Parshall a recours à un essai lui permettant de calculer le coefficient k duquel dépend la valeur du flux produit par la composante magnétisante du courant triphasé d'alimentation.

Avec une charge presque nulle pour laquelle, dans les conducteurs du réseau d'alimentation du système triphasé, circule un courant énergétique de 80 ampères avec cos φ voisin de zéro, qui suffit à compenser les pertes, l'intensité du courant d'excitation était de 6,4 ampères et le nombre d'ampères-tours par pôle de $912 . 6,4 = 5800$, l'excitation en série n'étant pas utilisée. Réduisant ensuite le courant d'excitation à 3,2 ampères, la charge et la tension n'étant pas modifiées, le courant alternatif atteint une intensité de 1 000 ampères.

Dans ces conditions, si la tension reste constante, le nombre d'ampères-tours par pôle doit également rester le même et, puisque l'intensité du courant d'excitation de $3,2 = \dfrac{6,4}{2}$ ampères ne donne que $\dfrac{5\,800}{2} = 2\,900$ ampères-tours, les autres $2\,900$ ampères-tours doivent être produits par la composante magnétisante I_μ. La composante énergétique étant encore égale à 80 ampères, la composante magnétisante doit avoir, en conséquence, une intensité de

$$I_\mu = \sqrt{(1\,000)^2 - (80)^2} = 1\,000 \text{ ampères environ.}$$

Ces $1\,000$ ampères correspondent à $\dfrac{1\,000}{\sqrt{3}} = 580$ ampères pour chaque côté du triangle, c'est-à-dire à $\dfrac{580}{6} = 97$ ampères par conducteur de l'induit, puisqu'il y a 6 champs polaires. Sachant que l'enroulement induit a $\dfrac{576}{12} = 48$ spires par pôle (96 conducteurs actifs) et, par conséquent, $\dfrac{48}{3} = 16$ par phase, on a, d'après la formule (54) du paragraphe 107,

$$k = \frac{2\,900}{\dfrac{96}{2 \cdot 3}\,97 \cdot \sqrt{2}} = 1,32.$$

On en déduit que, pour chaque ampère de courant magnétisant dans un des côtés du triangle, on a $\dfrac{2\,900}{580} = 5$ ampères-tours par pôle, de même sens ou de sens inverse suivant que le courant d'alimentation est décalé en retard ou en avance par rapport à la force électromotrice du convertisseur (Voir § 206).

Toutes ces données étant connues, il s'agit de déterminer la valeur qu'il faut donner à la réactance du circuit qui relie le convertisseur au réseau de distribution pour lequel la différence de potentiel entre deux conducteurs reste pratiquement constante et égale à 350 volts, lorsqu'on veut obtenir aux bornes du convertisseur, du côté du courant continu, les tensions suivantes :

à vide........................	500 volts
à demi-charge (450 kw)........	525 —
à pleine charge (900 kw)........	550 —

Il faut calculer la valeur à donner à la force électromotrice à produire correspondant à chacune de ces trois conditions.

A pleine charge, l'intensité du courant sera de 1 640 ampères. On sait (t. I, § 112) que la valeur efficace du courant dans les spires de l'induit, égale à chaque instant à la différence entre l'intensité du courant continu et celle du courant alternatif, est moindre que celle du courant continu distribué. Si ce courant n'était pas décalé de phase, on pourrait admettre le rapport 0,75 pour sa valeur efficace ; mais cette valeur est un peu plus élevée, car il ne faut pas perdre de vue qu'à pleine charge il se produit un certain décalage. On peut alors prendre comme valeur 0,85, ce qui donne comme intensité du courant dans l'induit

$$1\,640 \cdot 0,85 = 1\,400 \text{ ampères.}$$

Ce courant produit une chute de tension de

$$1\,640 \cdot 0,00493 = 8 \text{ volts,}$$

en chiffres ronds. A pleine charge, les balais en charbon produisent une chute de tension de 2,1 volts (Parshall) ; l'enroulement en série exige 1,6 volt et, en admettant enfin une chute de tension de 2 volts pour les connexions, câbles, etc., l'on arrive à un total de

$$8 + 2,1 + 1,6 + 2 = 13,7 \text{ volts.}$$

On prend 13 pour arrondir les chiffres. La force électromotrice à développer et le nombre d'ampères-tours correspondants par pôle sont :

	force électromotrice	ampères-tours par pôle
à vide..............	500 volts	6 000
à demi-charge.......	531,5 —	6 800
à pleine charge.	563 —	7 800

On va maintenant calculer le nombre d'ampères-tours obtenu avec l'excitation dans chacune de ces trois conditions de fonctionnement.

Dans l'enroulement en dérivation, comportant 912 spires par pôle, on a comme valeurs des intensités et comme nombre d'ampères-tours correspondants :

à vide......... $I = \dfrac{500}{78,8} = 6,35$ ampères   Ampères-tours par pôle 5 800

à demi-charge. $I = \dfrac{525}{78,8} = 6,68$ ampères   —   —   6 100

à pleine charge. $I = \dfrac{550}{78,8} =$ 7 ampères   —   —   6 400

Dans l'enroulement en série, à cause du shunt, il ne passe que 0,78 du courant dont l'intensité totale est de 1 640 ampères à pleine charge et de 820 ampères à demi-charge. Dans ces conditions, on a, puisqu'il y a 2,5 spires par pôle (2 spires sur un pôle et 3 sur le suivant) :

		Ampères-tours par pôle
à vide	$I = 0$ ampère	0
à demi-charge ...	$I = 820 . 0,78 = 640$ amp.	1 600
à pleine charge...	$I = 1 640 . 0,78 = 1 280$ amp.	3 200

On aura donc pour l'excitation de l'inducteur :

à vide......... $5 800 + 0 = 5 800$ ampères-tours par pôle
à demi-charge... $6 100 + 1 600 = 7 700$ —   —
à pleine charge.. $6 400 + 3 200 = 9 600$ —   —

Il s'ensuit que la composante magnétisante devra produire :

à vide .... $6 000 - 5 800 = 200$ ampères-tours directs   par pôle
à demi-charge... $7 700 - 6 800 = 900$ —   contraires par pôle
à pleine charge.. $9 600 - 7 800 = 1 800$ —   —   —

pour que le convertisseur soit hypercompoundé de la manière désirée.

On voit que, dans l'essai effectué par M. Parshall, une intensité de 580 ampères de la composante magnétisante dans chaque côté du triangle donne 2 900 ampères-tours par pôle. Il s'ensuit que, pour chaque côté du triangle, l'intensité de cette composante magnétisante doit avoir pour valeur :

à vide .... $\dfrac{580}{2\,900}$ 200 = 40 ampères (en retard de phase)

à demi-charge ... $\dfrac{580}{2\,900}$ 900 = 180 — (en avance de phase)

à pleine charge .. $\dfrac{580}{2\,900}$ 1 800 = 360 — (en avance de phase).

Il faut maintenant calculer la valeur qu'il faut donner à l'impédance des bobines intercalées dans les trois conducteurs qui amènent le courant triphasé au convertisseur, afin d'obtenir le résultat cherché, la tension du courant d'alimentation étant de 350 volts efficaces.

Pour les conditions de fonctionnement à demi-charge, le calcul de l'impédance à donner est le suivant :

Pour cette charge de 450 kilowatts, les pertes totales représentent 35,5 kilowatts (Voir *fig.* 243) ; donc, le courant triphasé doit avoir une puissance totale de 485,5 kilowatts et, pour chacun des côtés du triangle,

$$\frac{485,5}{3} = 161,8 \text{ kilowatts.}$$

La force électromotrice développée a pour valeur 0,613 de celle qui correspond à la tension du courant continu (t. I, § 115), soit

$$532 \ . \ 0,613 = 326 \text{ volts.}$$

L'intensité du courant énergétique dans la branche de l'enroulement du triangle sera, par conséquent,

$$326 I_a = 161\,800 \text{ watts,}$$

d'où $I_a = 500$ ampères.

Mais, à demi-charge, on doit avoir aussi 180 ampères de courant magnétisant ; par conséquent, le courant total dans la branche du triangle aura une intensité de

$$\sqrt{(500)^2 + (180)^2} = 540 \text{ ampères.}$$

Pour simplifier le calcul, on peut supposer que l'enroulement en triangle du convertisseur est remplacé par l'enroulement correspondant en étoile d'un moteur synchrone. Les intensités de courant dans les trois conducteurs de liaison où sont intercalées les bobines de réactance restent les mêmes, si on considère le moteur synchrone comme étant alimenté par un alternateur triphasé monté en étoile pour lequel la tension dans chaque branche serait de

$$\frac{350}{\sqrt{3}} = 202 \text{ volts}$$

et l'intensité totale dans chaque branche de l'étoile du moteur aurait alors pour valeur

$$540 \cdot \sqrt{3} = 930 \text{ ampères,}$$

la proportion entre l'intensité du courant énergétique et celle du courant magnétisant n'étant pas modifiée. Entre le centre de l'étoile et l'une des bornes du moteur, l'on doit avoir une tension de $\frac{326}{\sqrt{3}} = 188,2$ volts. Dans chacun des conducteurs de liaison, l'intensité du courant énergétique sera de

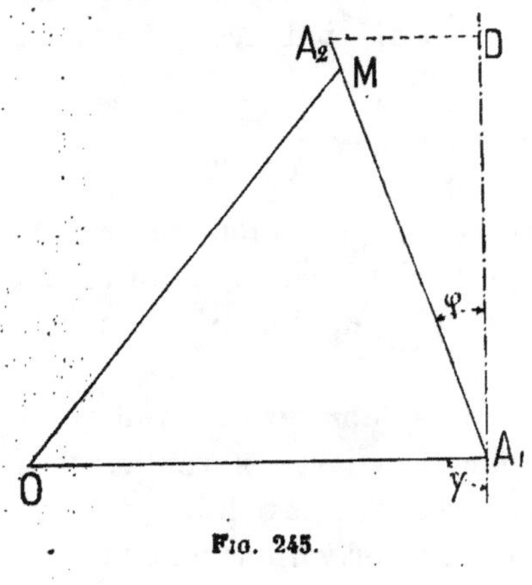

Fig. 245.

$$500 \cdot \sqrt{3} = 865 \text{ ampères,}$$

et celle du courant magnétisant de

$$180 \cdot \sqrt{3} = 312 \text{ ampères.}$$

En se servant du diagramme de M. Blondel et en construisant un triangle rectangle $A_1 A_2 D$ (*fig.* 245) dont les côtés soient respectivement entre eux dans le rapport de

$$930 : 865 : 312,$$

on a trois segments proportionnels à ZI, ZI_a et ZI_μ.

La bobine de réactance devra avoir une résistance ohmique négligeable par rapport à l'inductance et, dans ce cas,

$$\operatorname{tang} \gamma = \frac{X}{R}$$

a une valeur très grande, ce qui permet de négliger aussi la résistance de l'enroulement du convertisseur. Il est possible alors, sans erreur sensible, d'admettre $\gamma = 90°$. Portant alors A_1O, proportionnel à 188,2, perpendiculairement à A_1D, du centre O avec un rayon OM proportionnel à 202 et à la même échelle, on coupe A_1A_0 au point M, et l'on a le segment A_1M qui représente ZI. On trouve que A_1M correspond à 164 et, par conséquent,

$$Z = \frac{164}{930} = 0,176 \, ;$$

puisque la résistance du circuit est négligeable, on a également

$$X = \omega L_s = 0,176,$$

en admettant que la réactance du convertisseur ait une valeur nulle et en ne tenant pas compte des fuites (§ 206).

La fréquence étant de 25 périodes par seconde, l'inductance correspondante pour chacune des trois bobines intercalées est

$$L_s = \frac{0,176}{2 \cdot 3,14 \cdot 25} = 0,001\,15 \text{ henry.}$$

On peut compléter l'étude de cette application en recherchant si cette inductance correspond bien également au cas du fonctionnement à vide, comme à celui du fonctionnement à pleine charge.

Pratiquement, on détermine l'inductance convenable pour obtenir la tension nécessaire sous la charge normale, sauf ensuite à régler la tension pour des charges différentes en agissant sur le rhéostat d'excitation en dérivation dont le convertisseur doit être toujours muni.

On obtient un bon résultat en utilisant un *régulateur d'induction* du type décrit dans le paragraphe 116 du tome I,

d'autant plus que les pertes dues à ces appareils sont très
faibles. Mais il est bien préférable d'avoir recours à une disposition imaginée par M. Field et qui est la suivante : sur le
noyau du transformateur principal, dont le secondaire alimente
le convertisseur, on dispose un certain nombre de spires qui
permettent d'obtenir une force électromotrice plus ou moins
grande en reliant cet enroulement supplémentaire, d'une part,
au commencement de l'enroulement du secondaire et, d'autre
part, à une des spires intermédiaires, déterminée de ce dernier,
à l'aide d'une série de contacts sur lesquels appuie une manette.
Cette force électromotrice agit sur le primaire d'un transformateur auxiliaire, dont le secondaire est monté en série avec
celui du transformateur principal. La force électromotrice
ainsi obtenue, variable dans des limites assez grandes, peut
diminuer ou augmenter la valeur de la force électromotrice
principale, grâce à un inverseur de courant intercalé dans
le circuit primaire du transformateur auxiliaire.

**212. Emploi d'un convertisseur pour l'excitation d'un
alternateur.** — Le dernier alinéa du paragraphe 125 fait men-
tion d'un système de compoundage pour alternateurs fondé
sur l'emploi d'un convertisseur. On va maintenant donner la
description de ce dispositif employé par la *General Electric
Company*.

L'alternateur est directement accouplé par un joint rigide
avec un convertisseur ayant le même nombre de pôles que
lui. Dans ces conditions, la fréquence des courants alternatifs
produits par les deux machines est égale et, si le convertisseur
était séparé de l'alternateur, il pourrait fonctionner comme
moteur synchrone avec une vitesse angulaire égale à celle de
l'alternateur.

Le courant d'excitation nécessaire pour produire le champ
de l'alternateur et celui du convertisseur est pris en dérivation
aux balais appuyant sur le collecteur de courant continu du
convertisseur. L'induit de ce convertisseur est alimenté par
du courant alternatif venant du secondaire du transformateur,

dont le primaire est en série avec l'alternateur qui lui fournit le courant principal.

Dans ces conditions, lorsque l'intensité du courant alternatif augmente sur la ligne, la tension aux bornes du secondaire du transformateur relié au convertisseur augmente et, par conséquent, la tension aux balais du collecteur croît également et renforce l'excitation de l'alternateur et, par suite, l'intensité du champ. On obtient ainsi une excitation compound de l'alternateur lorsque l'intensité **est** en concordance de phase avec la tension.

Lorsque le courant présente une composante magnétisante, cette dernière, dans un rapport dépendant du choix du transformateur, s'établit également dans l'induit du convertisseur et renforce l'intensité du champ si elle est en retard de phase, tandis qu'elle affaiblit cette intensité si elle est en avance de phase; par suite, la tension aux balais du collecteur est augmentée ou diminuée suivant le cas.

En résumé, il s'ensuit que l'intensité du champ de l'alternateur dépend à la fois de l'intensité du courant principal et de sa phase et que l'on obtient dans des limites assez étendues un compoundage automatique de l'alternateur.

Mais l'obligation d'utiliser comme excitatrice un convertisseur ayant le même nombre de pôles que l'alternateur enlève à ce dispositif une grande partie de sa valeur. On pourrait, il est vrai, employer un convertisseur ayant moins de pôles et actionné synchroniquement par l'alternateur à l'aide d'un train d'engrenages ; mais le plus grand inconvénient de ce système, ainsi que d'autres analogues, est la difficulté que l'on éprouve pour coupler les alternateurs en parallèle, à moins que l'on n'ait recours à certains artifices qui seront indiqués à la fin du chapitre suivant.

CHAPITRE XVII

COUPLAGE DES ALTERNATEURS

213. Répartition de la charge sur deux alternateurs couplés en parallèle. — Dans le chapitre xviii du tome I, on a longuement parlé du couplage en parallèle des alternateurs. Reprenant maintenant l'étude de cette question, il convient d'abord d'examiner comment se répartit la charge dans deux alternateurs couplés en parallèle et d'expliquer en même temps l'utilité des manœuvres indiquées dans le paragraphe 128 du tome I, manœuvres nécessaires pour obtenir la meilleure répartition de la charge.

Soient U (*fig.* 246) le vecteur de la tension aux barres du tableau de distribution et I celui de l'intensité du courant dans le circuit extérieur, vecteur décalé en retard de l'angle φ par rapport à celui de la tension. S'il n'y avait qu'un seul alternateur en service et que AB représentât la chute de tension dans l'induit XI, chute due à l'inductance (étant admis que l'on peut négliger la chute de tension due à la résistance oh-

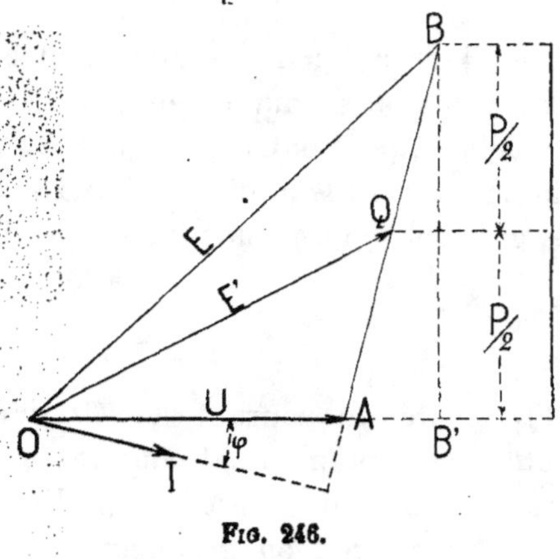

Fig. 246.

mique), OB serait le vecteur de la force électromotrice que devrait fournir l'alternateur pour une charge déterminée.

Il y a lieu de remarquer que, puisque l'on a AB $= XI$ proportionnel à l'intensité I du courant et l'angle ABB' $= \varphi$, le segment BB' à l'échelle X, représente le courant énergétique et, à une autre échelle, il représente aussi la puissance P fournie au circuit par la canalisation de distribution à potentiel constant.

Si la puissance totale est fournie par deux alternateurs couplés et si ceux-ci sont réglés de manière à produire chacun exactement la moitié de cette puissance, la force électromotrice dans chacun des induits doit être alors E' en grandeur et en phase. Mais cette condition est très difficile à réaliser pratiquement, non seulement parce qu'il n'est pas possible d'égaliser les forces électromotrices des alternateurs, mais surtout parce que les moteurs destinés à la commande des alternateurs qui doivent fonctionner à la même vitesse angulaire ne peuvent généralement pas développer exactement la même puissance, et cela pour les motifs déjà exposés dans le paragraphe 122 du tome I.

D'une manière générale, le diagramme de la force électromotrice produite par deux alternateurs couplés en parallèle ne se présente pas comme celui que montre la figure 246, mais bien comme celui de la figure 247 : le premier alternateur développe une puissance P_1 et le second une puissance P_2 qui, ajoutées, donnent

$$P = P_1 + P_2.$$

Proportionnellement à l'intensité du courant d'excitation choisie, les forces électromotrices ont maintenant pour valeurs respectives E_1 et E_2 forcément décalées de phase. Leur différence géométrique $M_1M_2 = e$ représente en grandeur et en phase le vecteur de la force électromotrice résultante dans le circuit interpolaire des deux alternateurs, force électromotrice qui produit le *courant de synchronisation* servant à maintenir le synchronisme, ainsi qu'on l'a expliqué dans le paragraphe 124 du tome I, question sur laquelle il convient maintenant de revenir.

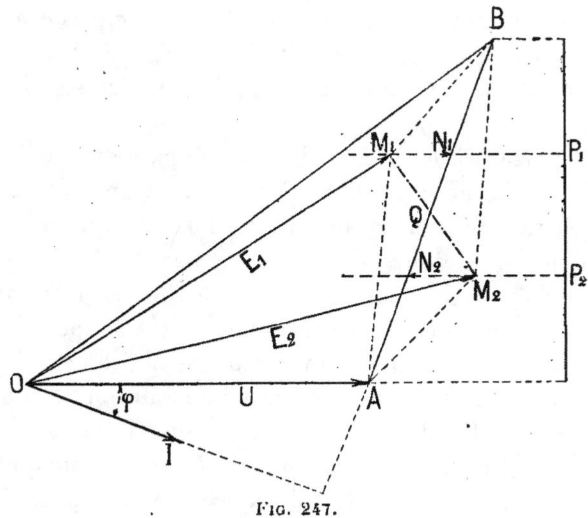

Fig. 247.

Les segments AM_1 et AM_2 représentent en grandeur l'intensité du courant dans chacun des deux alternateurs : les composantes AN_1 et AN_2 représentent respectivement l'intensité du courant fourni au circuit extérieur par chacun des alternateurs et les composantes M_1N_1 et M_2N_2, égales et de sens contraires, représentent le courant unique qui s'établit, dans le circuit interpolaire des deux alternateurs couplés, par suite de la différence des forces électromotrices.

Ce courant de synchronisation est, en ce qui concerne la phase, en avance pour le premier alternateur, dont la vitesse angulaire est plus grande, et en retard pour le second, dont la vitesse angulaire est moindre. Il s'ensuit que, sous l'action de ce courant, la force électromotrice du premier alternateur augmente de valeur et devient ON_1, tandis que pour le second alternateur elle faiblit et devient ON_2 (vecteurs non tracés sur le diagramme), résultat qui a été démontré d'une autre manière dans le tome I (§ 124). En d'autres termes, les forces électromotrices des deux alternateurs qui contribuent à la production du courant dans le circuit extérieur sont ON_1 et ON_2. Le champ magnétique, dû au courant continu d'excitation, développe les forces électromotrices E_1 et E_2; mais la première, par suite de l'augmentation d'intensité du champ due au courant de synchronisation, a sa valeur augmentée de la quantité M_1N_1, et la seconde, pour la raison contraire, diminue d'une quantité égale à M_2N_2.

En se reportant à ce qui a été exposé paragraphe 122, on voit que, si la charge extérieure P reste constante et que l'on vienne à faire varier l'excitation de l'un des alternateurs, l'extrémité M du vecteur de la force électromotrice se déplace sur la ligne d'égale puissance, parallèle à U dans le cas actuel, la résistance intérieure de l'alternateur étant supposée négligeable. L'examen du diagramme montre clairement que, si l'on fait varier dans un sens déterminé l'excitation de l'un des alternateurs, il suffit de faire varier en sens inverse l'excitation de l'autre, parce que la tension U reste constante, la droite M_1M_2. proportionnelle à e, devant toujours rencontrer en son milieu le segment AB proportionnel à I. Par conséquent, si l'on veut réaliser une condition de fonctionnement telle que la somme des intensités des courants qui circulent dans les alternateurs (intensités proportionnelles à AM_1 et à AM_2) reste égale à l'intensité du courant I dans le circuit extérieur (intensité proportionnelle à AB), il faut renforcer l'excitation de l'alternateur qui supporte la plus forte charge jusqu'à ce que M_1 vienne en N_1 et diminuer l'excitation de l'autre alternateur jusqu'à ce que M_2 vienne en N_2. Alors le courant de synchronisation proportionnel à MN est annulé. C'est là évidemment la meilleure condition de répartition de la charge que peuvent permettre les régulateurs des moteurs commandant les alternateurs.

Enfin, si l'on voulait absolument égaliser les charges des deux alternateurs pour obtenir qu'ils débitent des courants de même intensité, il serait indispensable d'agir sur l'organe de distribution des moteurs ; c'est le seul moyen d'atteindre le résultat cherché.

Généralement, le diagramme des forces électromotrices est alors celui que donne la figure 248, dans lequel les points M_1, M_2 coïncident avec Q, cas dans lequel ces forces électromotrices ont des valeurs égales.

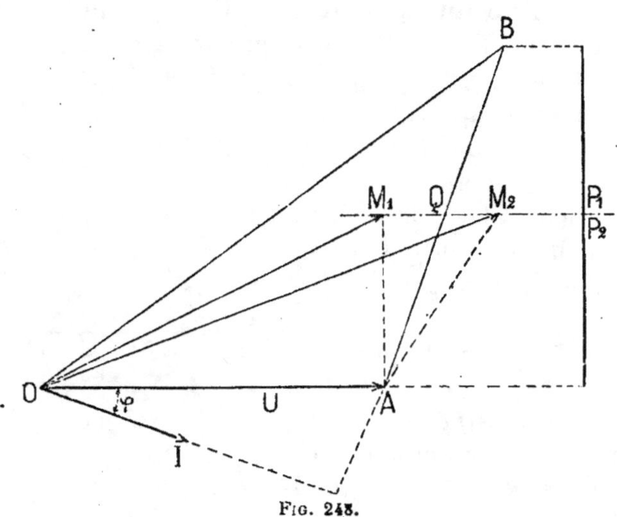

Fig. 248.

Il faut remarquer qu'en faisant varier l'excitation des deux alternateurs de manière que U reste constant, l'intensité du courant débité par le premier alternateur, intensité proportionnelle à AM_1, atteint un minimum lorsque AM_1 est perpendiculaire à U, c'est-à-dire lorsque l'angle $QAM_1 = \varphi$. Cette observation permet de déterminer approximativement le $\cos \varphi$ de l'installation à l'aide du seul ampèremètre du tableau, à la condition, bien entendu, que les alternateurs soient également chargés.

En réalité, les conditions indiquées étant réalisées, on a

$$AM_1 = AQ \cos\varphi$$

et, si I_{min} est l'intensité minimum lue sur le premier ampère-mètre et I l'intensité totale, on a aussi :

$$I_{min} = \frac{I}{2} \cos\varphi,$$

expression de laquelle on déduit

$$\cos \varphi = \frac{2 I_{min.}}{I}.$$

214. Stabilité du couplage. — Il faut maintenant examiner dans quelles limites peut varier le décalage α de la force électromotrice de l'un des alternateurs par rapport à la tension U, sans que la stabilité du couplage soit compromise.

Il convient d'abord de remarquer que la puissance fournie par un alternateur a pour valeur

$$P = E \frac{U}{\omega L} \sin \alpha = U I_{cc} \sin \alpha$$

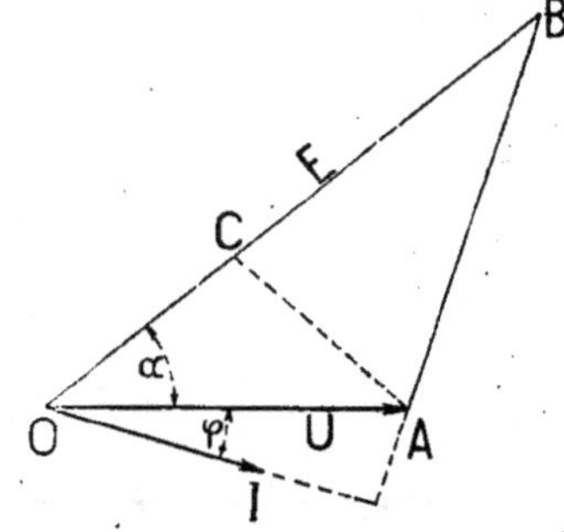

Fig. 249.

si U est constant (*fig.* 249). En effet, on peut, avec une approximation suffisante, prendre $AB = \omega LI$, et l'on a

$$P = EI \cos(\alpha + \varphi) = E \frac{AB}{\omega L} \cos(\alpha + \varphi).$$

Mais, puisque l'angle $BAC = \alpha + \varphi$, si AC est perpendiculaire à OB, on a

$$AB \cos(\alpha + \varphi) = AC.$$

D'autre part,

$$AC = U \sin \alpha$$

et, par conséquent,

$$P = E \frac{U}{\omega L} \sin \alpha = U I_{cc} \sin \alpha,$$

I_{cc} étant l'intensité du courant en court circuit correspondant à l'excitation qui donne une force électromotrice de valeur E.

En coordonnées polaires, c'est l'équation de deux circonférences tangentes au point O et de diamètre égal à $U I_{cc}$ (*fig.* 250).

Si les deux alternateurs sont couplés et si leurs forces élec·
tromotrices sont égales, la puissance développée par chacun
d'eux dépend de la valeur de l'angle α que
le vecteur de la force électromotrice fait
avec le vecteur de la tension.

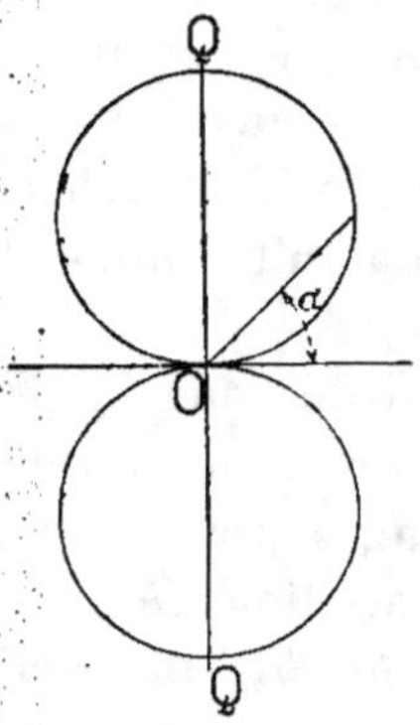

Si la charge du circuit extérieur ainsi
que la vitesse angulaire moyenne des moteurs restent constantes, un des alternateurs subit un écart, par exemple en
avance, et une partie de la charge qu'il
supporte varie de P_1 à

$$(P_1 + \Delta P_1) = UI_{ec} \sin(\alpha + \Delta\alpha)$$

et, puisque pour une valeur de α comprise

Fig. 250.

entre 0 et $\frac{\pi}{2}$ l'augmentation ΔP_1 est positive, il s'ensuit que la puissance augmente ; mais, la puissance du moteur restant la même, le moteur retarde et prend
l'allure de l'autre machine.

Si, au contraire, l'écart est négatif, l'angle α diminue ainsi
que la puissance développée ; l'alternateur tend alors à augmenter sa vitesse angulaire pour se mettre à l'allure de l'autre
machine.

En réalité, si les deux alternateurs en service sont identiques et supportent des charges à peu près égales, à une
augmentation de vitesse angulaire de l'un correspond une
diminution de vitesse angulaire de l'autre et réciproquement.
Par conséquent, pendant le temps que dure cette perturbation,
les deux alternateurs échangent constamment une partie de la
charge ; mais la puissance totale fournie au circuit reste constante à tout instant.

Le courant de synchronisation varie proportionnellement
d'intensité, mais toujours de manière à maintenir le synchronisme des deux alternateurs pour les raisons déjà exposées, à
la condition toutefois qu'il ne se produise pas de mouvement
oscillatoire.

On voit sur le diagramme (*fig.* 250) que la valeur de l'angle α ne peut pas dépasser $\frac{\pi}{2}$, parce que, si elle dépassait cette valeur, à une augmentation de l'angle α correspondrait une diminution de la puissance P et, si cette dernière prenait une valeur négative pour l'un des alternateurs, ce dernier absorberait de l'énergie au lieu d'en fournir et fonctionnerait comme moteur synchrone.

On peut rechercher pour quelle valeur de l'angle α le fonctionnement atteint le degré de stabilité maximum. Évidemment c'est la valeur qui correspond à celle qui, pour une variation $\Delta\alpha$ très petite, produit la plus grande variation ΔP de la puissance. On peut donc définir le *degré de stabilité* du fonctionnement en parallèle d'un alternateur donné par le rapport

$$\frac{\Delta P}{\Delta\alpha} \text{ sensiblement égal à } \frac{dP}{d\alpha},$$

c'est-à-dire par la variation de puissance par unité de déplacement angulaire dans la partie considérée. Or, comme

$$\frac{dP}{d\alpha} = UI_{cc}\cos\alpha,$$

on voit que le degré de stabilité est maximum pour $\alpha = 0$ et diminue graduellement à mesure que croît la valeur de α.

Maintenant, laissant de côté les autres causes de variation de la puissance, on peut dire que la puissance fournie par un alternateur est soumise à des variations périodiques toutes les fois que le moteur qui le commande n'a pas un couple moteur constant, comme c'est le cas pour les moteurs à vapeur et les moteurs à gaz. Des considérations qui précèdent, on peut déduire que, pour une variation donnée de la puissance fournie ΔP, l'écart angulaire $\Delta\alpha$ correspondant est d'autant plus grand que la valeur α est plus grande, c'est-à-dire que la phase de la force électromotrice de l'alternateur est plus en avance par rapport à la phase de la tension. Il peut donc aussi se produire un décrochage lorsque α est plus petit que $\frac{\pi}{2}$, si l'oscillation produite amène le vecteur de la force électromotrice au delà du point Q (*fig.* 250).

Mais cette condition ne se réalise jamais dans la pratique, parce que, les alternateurs actuels ayant une réactance limitée, l'angle α est toujours petit ; en outre, avant que la limite dangereuse soit atteinte, les fortes oscillations des aiguilles des ampèremètres indiquent à l'électricien que les conditions de charge ont varié et qu'il convient, pour maintenir la stabilité, de régler l'excitation des alternateurs ou bien de régler les organes de distribution des moteurs qui actionnent ces alternateurs.

215. Influence du couple moteur. — Les moteurs destinés à la commande des alternateurs peuvent être à couple moteur constant (turbines hydrauliques ou à vapeur) ou à couple moteur variable (moteurs à vapeur ou à gaz). Les premiers sont tout particulièrement indiqués pour la commande des alternateurs destinés à fonctionner en parallèle, pourvu que les régulateurs dont ils sont munis satisfassent à certaines conditions d'isochronisme et de stabilité, comme on le verra plus loin. Les seconds peuvent aussi être parfaitement utilisés, mais à la condition que l'*écart angulaire* que subit l'alternateur par suite des variations du couple moteur ne dépasse pas certaines limites.

Déjà dans le paragraphe 123 du tome I, on a fait remarquer que les conditions nécessaires pour maintenir le synchronisme de deux alternateurs couplés en parallèle ne consistaient pas tant à utiliser des moteurs présentant un grand *coefficient de régularité* qu'à obtenir un faible *écart angulaire*. Par une vieille habitude, les stipulations des marchés pour la fourniture des moteurs à vapeur fixent aux constructeurs le coefficient de régularité ou, ce qui revient au même, le coefficient réciproque d'irrégularité que doivent avoir ces moteurs ; mais les techniciens insistent aujourd'hui avec raison sur la nécessité

de supprimer cette condition et de la remplacer en fixant un minimum d'écart angulaire.

On peut, à ce propos, établir par un calcul approximatif très simple que, si l'écart angulaire dépend du coefficient d'irrégularité, il dépend aussi du nombre d'impulsions par tour ; il s'ensuit que deux moteurs de type différent, ayant le même coefficient d'irrégularité, peuvent présenter des écarts angulaires très différents et, dans ces conditions, l'un des moteurs peut parfaitement convenir pour effectuer un service déterminé, tandis que l'autre ne saurait être utilisé.

216. Pour simplifier cette étude, **on peut supposer que le** diagramme des pressions tangentielles, appliquées au bouton de la manivelle et en tenant compte de l'inertie des pièces animées d'un mouvement alternatif, à une allure presque sinusoïdale (*fig.* 251 *a*). Lorsque la pression dépasse la pression moyenne qui correspond au couple résistant à vaincre à la vitesse angulaire moyenne ω du moteur, on a une accélération (*b*), tandis que l'on a un retard quand la pression tangentielle prend une valeur inférieure à la pression moyenne. La vitesse angulaire est donc variable ; elle passe par un minimum ω_{min} lorsque

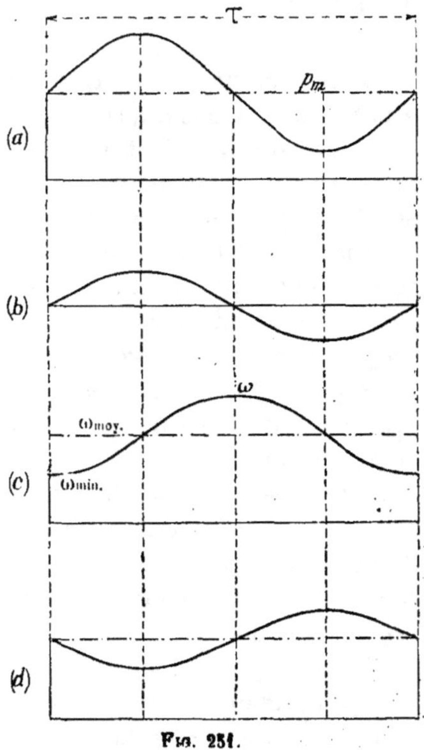

Fig. 251.

l'accélération est nulle et atteint un maximum ω_{max} quand l'accélération cesse d'être positive ; dans la seconde moitié du cycle, le phénomène inverse se produit (c). En représentant par $\omega_{moy.}$ la vitesse angulaire moyenne du moteur, on sait que le coefficient d'irrégularité est, pour les raisons exposées dans le tome I,

$$\delta = \frac{\omega_{max.} - \omega_{min.}}{2\omega_{moy.}}.$$

Par suite de ces variations périodiques de la vitesse angulaire, la manivelle motrice subit des écarts angulaires par rapport à une manivelle qui serait animée d'un mouvement rigoureusement uniforme et égal à la valeur moyenne de la vitesse angulaire de la première manivelle. Ces écarts (d) sont négatifs pendant tout le temps que la vitesse angulaire augmente et positifs lorsqu'elle diminue.

M. Rosenberg[1] a justement fait remarquer qu'en appelant *force pendulaire* l'excès ou la diminution de pression tangentielle par rapport à la pression moyenne, et *vitesse pendulaire* l'excès ou la diminution de vitesse angulaire par rapport à la vitesse angulaire moyenne, les quatre quantités : force pendulaire, accélération, vitesse pendulaire et écart angulaire, par suite de l'hypothèse admise d'une allure sinusoïdale (a), peuvent être représentées par quatre vecteurs tournants OF, OA, OV, OS (*fig.* 252), les deux premiers étant en concordance

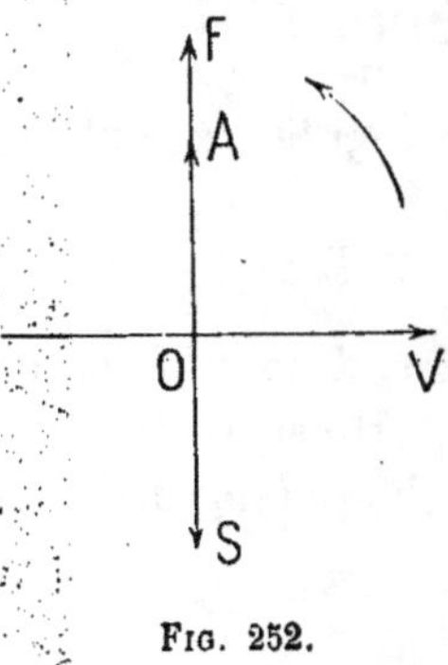

Fig. 252.

de phase, le troisième étant en retard de $\frac{\tau}{4}$ et le quatrième de $\frac{\tau}{2}$ par rapport aux deux premiers, le temps τ étant celui qui correspond à la durée du cycle moteur et, par conséquent aussi, le temps que mettent les vecteurs pour effectuer un tour. On verra plus loin l'intérêt pratique de ce mode de représentation.

1. *Elektrotechnische Zeitschrift*, 1902, nᵒˢ 20, 21 et 22.

L'accélération est directement proportionnelle à la force pendulaire et inversement proportionnelle au moment d'inertie de la masse en mouvement; le diagramme de la vitesse pendulaire se déduit par intégration de celui de l'accélération; enfin, l'intégration du diagramme de la vitesse pendulaire donne celui des écarts angulaires.

En représentant par θ l'écart angulaire maximum, c'est-à-dire l'écart pendulaire maximum, cet écart est atteint dans un temps $\frac{\tau}{4}$ à partir du moment où l'écart est nul, tandïs que la vitesse pendulaire passe d'une valeur maximum à une valeur nulle. Or, si v_0 représente la vitesse pendulaire maximum pendant l'intervalle $\frac{\tau}{4}$, elle aura une valeur moyenne égale à $\frac{2}{\pi} v_0$ et, par conséquent, on peut écrire avec une approximation suffisante

$$\theta = \frac{2}{\pi} v_0 \cdot \frac{\tau}{4} = v_0 \frac{\tau}{2\pi}.$$

Il faut remarquer que le coefficient d'irrégularité peut s'écrire

$$\delta = \frac{\omega_{moy.} + v_0 - (\omega_{moy.} - v_0)}{2\omega_{moy.}} = \frac{v_0}{\omega_{moy.}}.$$

En outre, si n représente le nombre d'impulsions ou de cycles moteurs par tour de manivelle, il est évident que, si $\tau\omega_{moy.}$ est l'espace angulaire parcouru à chaque impulsion, on a

$$\tau\omega_{moy.}n = 2\pi.$$

En substituant, on déduit immédiatement de cette expression

$$\theta = \frac{\delta}{n}.$$

Donc, *le maximum d'écart angulaire dépend directement du coefficient d'irrégularité et inversement du nombre d'impulsions par tour.*

Par conséquent, pour deux moteurs ayant le même coefficient d'irrégularité, grâce à l'adjonction de volants appropriés, l'écart angulaire sera plus grand pour celui qui aura le plus petit nombre d'impulsions par tour.

Il faut remarquer maintenant que cet écart angulaire est une grandeur de l'ordre du degré, même dans les moteurs qui ont un coefficient d'irrégularité faible. Ainsi, par exemple, un moteur à vapeur monocylindrique, pour lequel $n = 2$, a un coefficient d'irrégularité de $\dfrac{1}{150}$, l'écart angulaire est de $\dfrac{1}{300}$ et, par conséquent, égal à

$$\theta = \frac{1}{300} \cdot \frac{360°}{2\pi} = \frac{19}{100} \text{ de degré.}$$

Pour un moteur à gaz à quatre temps et à un seul cylindre $\left(n = \dfrac{1}{2} \right)$ présentant un coefficient d'irrégularité de $\dfrac{1}{80}$, on a

$$\theta = \frac{2}{80} \cdot \frac{360°}{2\pi} = 1,4 \text{ de degré.}$$

L'écart angulaire du vecteur de la force électromotrice par rapport à celui de la tension aux barres du tableau de distribution est donné par N fois θ, si N est le nombre de champs polaires de l'alternateur. En représentant cet écart par θ', on peut écrire

$$\theta' = N\theta.$$

217. On peut objecter et avec juste raison que les diagrammes réels des pressions sur le bouton de manivelle sont, en réalité, assez loin de présenter une allure sinusoïdale ; il en est de même en ce qui concerne la force pendulaire, principalement lorsqu'il s'agit de moteurs à gaz qui, en prenant certaines précautions, peuvent être néanmoins utilisés pour la commande d'alternateurs devant fonctionner en parallèle. Mais, si l'on procède à la détermination de la courbe des accélérations, puis à celle des vitesses pendulaires et enfin à celle des écarts angulaires, on remarque que les irrégularités des courbes vont graduellement en diminuant, de sorte que, lorsqu'on arrive au diagramme des écarts angulaires, on se trouve en présence d'une courbe ayant une allure presque sinusoïdale, même lorsqu'il s'agit d'un moteur à gaz monocylindrique à quatre temps, qui, évidemment, à cause tant du faible nombre d'impulsions que de leur soudaineté, est le moteur réalisant les plus mauvaises conditions.

L'expression qui donne la valeur de l'écart angulaire peut, par conséquent, être considérée comme plus que suffisante pour les besoins de la pratique et suffisamment conforme à la réalité en ce qui concerne le résultat auquel elle conduit. Pour un coefficient d'irrégularité déterminé, l'écart angulaire est d'autant plus faible que le nombre d'impulsions est plus grand, c'est-à-dire qu'*à égalité d'écart angulaire atteint, le coefficient d'irrégularité peut être d'autant plus grand que plus élevé est le nombre d'impulsions par tour.*

Il semble résulter de ce qui précède que, si deux moteurs à vapeur, l'un monocylindrique ou tandem et l'autre à deux cylindres parallèles avec manivelles disposées à 90°, doivent présenter le même écart angulaire maximum, on pourrait utiliser pour le second un volant ayant un moment d'inertie plus faible que celui du premier ; mais il n'est pas difficile de reconnaître que cette déduction est au moins hâtive. En effet, lorsque la charge appliquée varie de manière que le régulateur n'ait plus le temps de fonctionner, le volant doit absorber la quantité d'énergie en excès ou fournir celle qui manque. Dans le premier cas, le volant augmente de vitesse angulaire ; dans le second cas, sa vitesse diminue. Si le moteur est tel que, dans le diagramme des pressions réduites au bouton de la manivelle, l'ordonnée moyenne diffère peu de l'ordonnée maximum, une brusque variation de charge peut entraîner une forte variation de vitesse angulaire si l'inertie de la masse en mouvement n'est pas très grande. Pour expliquer plus clairement ce phénomène, on peut considérer un moteur à gaz à quatre temps et un moteur à vapeur à deux cylindres, type Wolf, tous deux ayant la même puissance et un coefficient d'irrégularité de $\frac{1}{200}$, et destinés à la commande de la même dynamo. Si la charge vient à varier brusquement de 50 °/₀ et si l'énergie produite est destinée à alimenter une installation d'éclairage, lorsque le moteur à gaz actionne la dynamo, on ne constate aucune variation de l'intensité lumineuse des lampes ; au contraire, le moteur à vapeur, dans les mêmes conditions, donne lieu à de très fortes variations de l'éclairage, parce que la machine, augmentant ou diminuant brusquement sa vitesse angulaire, suivant que la charge diminue ou augmente, dépasse la vitesse angulaire qui correspond au nouveau régime de charge ; il en résulte un état oscillatoire qui dure jusqu'au moment où le régime normal est atteint. La durée de cette période d'oscillation dépend de l'efficacité du régulateur et de l'organe modérateur qui lui est toujours adjoint. Ces oscillations ne se produisent pas seulement lors d'une forte variation de charge, il suffit quelquefois d'une simple variation de pression de la vapeur.

C'est pour cela que, dans la pratique, les moteurs à vapeur comportant plusieurs cylindres sont toujours munis de très lourds volants et, par suite, ont des coefficients d'irrégularité très réduits, de beaucoup inférieurs à celui qui serait strictement nécessaire pour assurer une bonne marche en parallèle des alternateurs commandés par ces moteurs.

218. Influence du régulateur. — Dans un régulateur de moteur, il faut distinguer le *degré d'isochronisme* du *degré de sensibilité*. Du premier dépendent les variations de la vitesse angulaire, c'est-à-dire du nombre de tours par minute, entre le fonctionnement à vide et le fonctionnement à pleine charge ; autrement dit, du degré d'isochronisme dépend le coefficient de régularité du moteur dont il a été suffisamment question dans le paragraphe 122 du tome I. On sait que le coefficient de régularité ne doit pas être trop élevé pour qu'un bon fonctionnement en parallèle des alternateurs et une convenable répartition des charges soient possibles. Les régulateurs parfaitement isochrones ne seraient par conséquent pas utilisables sur des moteurs destinés à actionner des alternateurs couplés en parallèle.

Du degré de sensibilité du régulateur dépend son aptitude à fonctionner pour de faibles variations de vitesse angulaire. Pour les moteurs à couple constant, tels que les turbines, on peut arriver à obtenir des régulateurs d'une sensibilité assez élevée en ayant la précaution d'utiliser des paliers à billes ; mais, pour les moteurs à manivelle, la sensibilité des régulateurs ne doit pas être trop grande, parce que, même à charge constante, le régulateur se trouverait normalement dans un état permanent d'oscillation à cause des irrégularités de vitesse angulaire qui se produisent pendant un tour. C'est pour ce motif que, dans un moteur à manivelle, on constate que la caractéristique de la vitesse angulaire n'est pas unique, mais diffère suivant que l'action du régulateur est provoquée par une diminution ou par une augmentation de vitesse angulaire, suivant que la charge augmente ou diminue. C'est là la raison pour laquelle deux moteurs, commandant des alternateurs couplés en parallèle, tendent à échanger une partie de la charge avec une période ordinairement assez longue lorsqu'il se produit une perturbation, par exemple une variation de la charge extérieure ; ce phénomène est accompagné naturellement d'une variation de vitesse angulaire extrêmement faible des alternateurs couplés, variation que l'on ne peut constater qu'à l'aide d'un dispositif stroboscopique. Les deux régulateurs n'agissent pas ordinairement avec la même rapidité et, dans les premiers moments, un des moteurs développe ainsi une partie de la puissance que devrait fournir le second s'il s'agit, par exemple, d'une augmentation de charge ; ce phénomène est oscillatoire. Malgré cela, les machines restent en concordance de phase et cela grâce aux couples électriques synchronisants qui se produisent.

La sensibilité d'un régulateur peut être modifiée dans de grandes limites à l'aide d'un organe appelé *modérateur*, qui fonctionne comme amortisseur énergique lors des variations de vitesse angulaire. Cet appareil est constitué par un piston commandé par le manchon du régulateur et qui se meut, avec un jeu plus ou moins grand, à l'intérieur d'un cylindre fermé rempli d'un liquide (huile) dont la densité est choisie dans chaque cas d'après l'effet à obtenir. Cet amortisseur empêche également les oscillations du régulateur qui tendent à se produire lorsque ce dernier, par suite de l'inertie de ses parties en mouvement, dépasse la position qui correspond au nouveau régime qu'entraîne une variation de la charge.

Le rôle de cet amortisseur est très important au point de vue de la marche en parallèle des alternateurs et c'est d'abord à son emploi qu'il convient de recourir si l'on éprouve des difficultés pour maintenir le couplage. Toutefois, le régulateur lui-même peut être la cause d'un mauvais fonctionnement qui peut être dû aussi à d'autres causes, parmi lesquelles on peut citer des fuites de vapeur dans les cylindres par suite d'imperfections dans les pistons, ce qui amène un des moteurs à développer une puissance excessive.

219. Action du courant synchronisant sur le diagramme des efforts tangentiels. — Soit un alternateur normalement couplé en parallèle avec un autre et soient E_1, E_2 les forces électromotrices développées respectivement par chacun d'eux, forces électromotrices dont les valeurs seront considérées comme égales pour plus de simplification.

S'il se produit des oscillations, on peut admettre que l'un des alternateurs est décalé en avance de $\frac{\alpha}{2}$ degrés électriques (on entend par degré électrique le degré correspondant au décalage réel multiplié par le nombre de paires de pôles n), tandis que l'autre alternateur est décalé en retard de la même valeur ; par suite, les vecteurs des forces électromotrices seront décalés entre eux de l'angle α (*fig.* 253).

La force électromotrice résultante dans le circuit interpolaire des alternateurs a pour valeur

$$e = 2E \sin \frac{\alpha}{2}$$

et, si l'on considère comme négligeable la résistance intérieure des induits, on peut représenter par I_s, en retard de $\frac{\pi}{2}$ sur e,

le vecteur du courant synchronisant qui prend naissance par suite de la différence de phase existant entre les deux forces électromotrices.

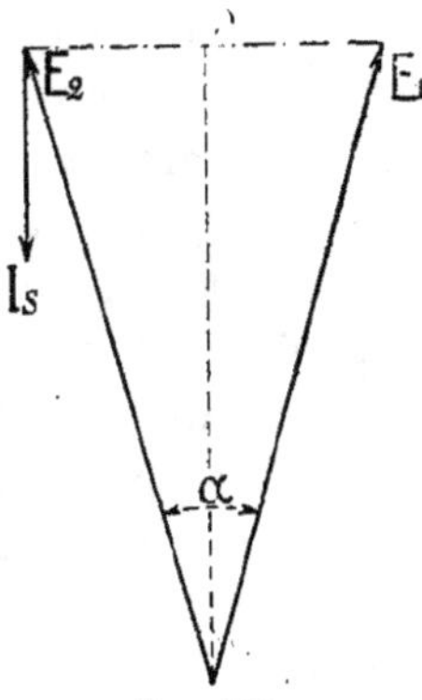

Fig. 253.

On peut admettre, avec une approximation suffisante, que l'intensité de ce courant est simplement proportionnelle à la force électromotrice qui lui donne naissance. Si le décalage de phase atteignait 180°, les deux alternateurs se trouveraient fermés en court circuit l'un sur l'autre et ils ne fourniraient pas d'énergie au circuit extérieur. Le courant I_{cc} qui serait produit serait dû à une force électromotrice $2E$ agissant sur un circuit ayant une réactance de valeur deux fois plus grande que celle qui correspond à un seul alternateur, c'est-à-dire que ce courant aurait l'intensité du courant de court circuit de l'un des alternateurs avec une excitation correspondant à E. On peut donc poser

$$\frac{I_s}{e} = \frac{I_{cc}}{2E}.$$

expression de laquelle on tire

$$I_s = I_{cc}\,\frac{e}{2E} = I_{cc}\,\frac{2E\sin\frac{\alpha}{2}}{2E} = I_{cc}\sin\frac{\alpha}{2}\,(^1).$$

---

1. Il faut remarquer que, la valeur de α étant ordinairement petite, le vecteur de I_s s'éloigne peu de la direction des vecteurs des forces électromotrices E_1 et E_2; par conséquent le courant I_s est presque un courant énergétique et il n'est pas absolument exact qu'il soit proportionnel au courant de court circuit, qui est presque complètement inénergétique. Le courant I_s produit une réaction d'induit transversale ($\S$ 106), tandis que le courant I_{cc} donne lieu à une réaction d'induit directe. La proportionnalité admise implique la constance du coefficient de self-induction de l'alternateur, condition, comme on l'a vu dans le paragraphe 103, qui ne se vérifie pratiquement que dans les alternateurs peu saturés. Toutefois, en négligeant cette considération, on ne commet pas d'erreur notable dans le cas actuel.

La valeur de la puissance mise en jeu par ce courant synchronisant, c'est-à-dire la puissance synchronisante, est, pour l'un comme pour l'autre des alternateurs,

$$EI_s \cos\frac{\alpha}{2} = EI_{cc} \sin\frac{\alpha}{2} \cos\frac{\alpha}{2} = \frac{1}{2} EI_{cc} \sin\alpha$$

et, en multipliant et en divisant par $I \cos\varphi$,

$$P_s = EI \cos\varphi \frac{I_{cc}}{2I \cos\varphi} \sin\alpha = P \frac{I_{cc}}{2I \cos\varphi} \sin\alpha,$$

P étant la puissance de l'alternateur ; I, l'intensité du courant qu'il fournit au *circuit extérieur*, et $\cos\varphi$, *le facteur de puissance de l'installation dans les conditions de charge considérées. Divisant ensuite les deux membres de l'expression par la vitesse angulaire*, on peut introduire les valeurs des couples en représentant par C_s *le couple synchronisant* et par C_n *le couple normal* de l'alternateur et écrire

$$C_s = C_n \frac{I_{cc}}{2I \cos\varphi} \sin\alpha.$$

Ainsi, par exemple, si l'on a $I_{cc} = 4I$ et $\cos\varphi = 0,75$, on aura

$$C_s = C_n \frac{4}{2 \cdot 0,75} \sin\alpha = 2,67 C_n \sin\alpha.$$

On voit d'après cette formule que le couple synchronisant, à conditions égales, est d'autant plus énergique que le facteur de charge de l'installation est plus faible, c'est-à-dire que l'intensité du courant de travail subit un décalage de phase plus considérable par rapport à la force électromotrice de l'alternateur.

La valeur de ce couple synchronisant augmente ou diminue avec la valeur de α et puisque déjà, *par suite* des seules variations du couple moteur dans les moteurs à manivelle, l'alternateur doit forcément subir un écart angulaire, *cet écart angulaire est négatif tant que l'accélération est positive et positif tant que cette accélération est négative* (*fig.* 251). A cet écart angulaire correspond un couple synchronisant, positif pour les écarts positifs (dans le sens du mouvement) et négatif pour les écarts négatifs (en sens contraire du mouvement). Dans ces conditions, la ligne de pression moyenne qui correspond au travail résistant (*fig.* 251, *a*) n'est plus une droite. Au couple résistant que présente

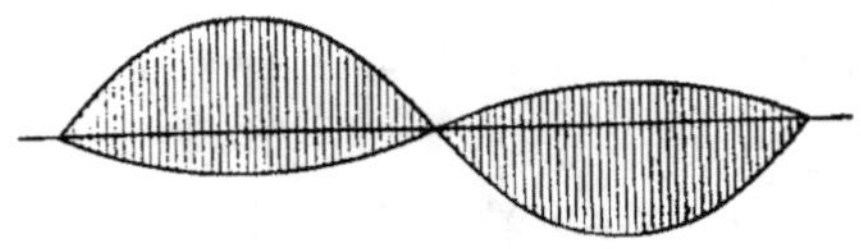

Fig. 254.

l'alternateur, il convient par conséquent d'ajouter le couple synchronisant qui a la même allure que le diagramme des écarts angulaires ; il en résulte en définitive que le diagramme de la force pendulaire subit la modification indiquée figure 254.

220. La force pendulaire devient donc plus grande par suite de l'action électrique, et il en résulte que le courant synchronisant, s'il a pour effet de maintenir les alternateurs en concordance de phase, amplifie l'écart angulaire au lieu de le réduire, ce qui de prime abord, peut paraître paradoxal. La puissance synchronisante agit en retard pour modérer l'accélération et se comporte comme le ferait un régulateur sensible avec lequel on voudrait régler des oscillations très rapides.

Le coefficient d'irrégularité d'un moteur ne reste pas, conséquemment, uniforme, mais augmente de valeur lorsque l'alternateur qu'il commande se trouve couplé en parallèle avec un autre et il est essentiel de tenir compte de ce fait. Comme l'augmentation du coefficient d'irrégularité qui résulte de ce phénomène est d'autant plus grande, par rapport à la force pendulaire initiale relative au groupe fonctionnant seul, que le nombre d'impulsions par tour est plus considérable, il faut choisir des moteurs dont l'écart angulaire soit d'autant plus faible que plus grand est le nombre des impulsions par tour.

M. Rosenberg[1] a donné deux cas typiques différents : celui

1. *Elektrotechnische Zeitschrift*, 1902, n°° 20, 21 et 22.

d'un moteur à vapeur à deux cylindres avec manivelles à 90°
et celui d'un moteur à gaz à quatre temps, destinés tous deux
à commander un alternateur déterminé. Pour le même écart angulaire, correspondant à 15 degrés électriques, la force tangentielle synchronisante est sensiblement égale à la moitié de la
force tangentielle résistante normale ; mais cette force synchronisante a pour valeur 0.84 de la force pendulaire initiale
dans le cas du moteur à vapeur et à peine $\frac{1}{14}$ pour le moteur
à gaz ; la force synchronisante agit donc beaucoup plus faiblement sur le moteur à gaz que sur le moteur à vapeur en ce
qui concerne l'amplitude des écarts.

M. Rosenberg a montré comment, à l'aide d'une méthode
graphique très élégante,
on pouvait arriver à dé-
terminer l'effet résultant
dû au supplément de force
pendulaire, en recourant,
à cet effet, au diagramme
polaire indiqué au para-
graphe 216.

Soit OF (*fig*. 255) un
vecteur représentant la
force pendulaire initiale
déduite du diagramme
des forces tangentielles ;
OV sera la vitesse pendu-
laire maximum, OS l'écart
angulaire maximum. En
supposant que OS per-
mette de mesurer aussi,
à une échelle convenable,
la force synchronisante

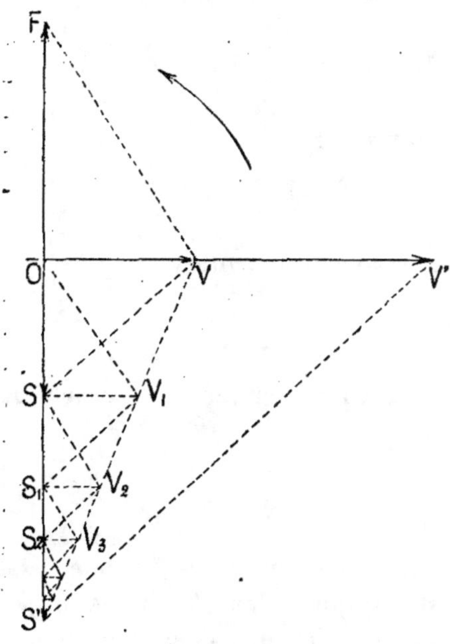

Fig. 255.

qui agira lorsque l'alternateur sera couplé avec un autre, on
peut vérifier l'écart OS. Pour un moment d'inertie déterminé
de la masse en mouvement, OV restera dans un rapport cons-

tant avec OF et OS avec OV. Par suite, en menant par le point O une parallèle à FV, on obtient le vecteur SV_1 qui représente le supplément de vitesse pendulaire dû à la force synchronisante OS. Mais à ce supplément de vitesse pendulaire correspond l'augmentation SS_1 de l'écart angulaire, etc. En poursuivant ce raisonnement, on obtient l'écart angulaire définitif OS' et la vitesse pendulaire définitive OV'.

Le point de convergence est déterminé quantitativement par un rapport facile à établir. On remarque en effet que

$$\frac{OS'}{OS} = \frac{OV}{OV - SV_1}.$$

En posant

$$\frac{SV_1}{OV} = \frac{OS}{OF} = q,$$

c'est-à-dire

$$SV_1 = q \cdot OV,$$

on a

$$\frac{OS'}{OS} = \frac{1}{1 - q}.$$
$$OS' = \frac{OS}{1 - q}.$$

Par conséquent, à des forces synchronisantes

$$\frac{1}{10}, \quad \frac{1}{5}, \quad \frac{1}{3}, \quad \frac{1}{2}$$

de la force pendulaire initiale, correspondent des écarts angulaires définitifs égaux à

$$\frac{10}{9}, \quad \frac{5}{4}, \quad \frac{3}{2}, \quad \frac{2}{1}$$

de l'écart initial dû à la seule force pendulaire initiale, et le coefficient d'irrégularité reste amplifié dans la même proportion. On voit, d'après ce qui précède, que l'augmentation de la valeur du coefficient d'irrégularité est d'autant plus faible que plus petit est le nombre d'impulsions par tour, le rapport q entre la force pendulaire synchronisante et la force pendulaire initiale étant alors très petit.

Dans son mémoire, M. Rosenberg complète ensuite le diagramme polaire du mouvement pendulaire en tenant compte aussi du couple amortisseur produit par les courants induits dans les masses polaires ou dans les circuits amortisseurs. Ce couple, absolument analogue à celui d'un moteur asynchrone, peut être considéré comme proportionnel au glissement, c'est-à-dire à la vitesse pendulaire et à celle qui lui est directement opposée. Mais cet effet amortisseur, sauf dans le cas d'alternateurs munis de circuits amortisseurs, peut être pratiquement négligé.

221. Module de résonance. — Le travail de M. Rosenberg a été complété de la manière suivante par M. le professeur Görges[1], afin de déterminer le temps d'oscillation d'un alternateur couplé.

On a trouvé (§ 216) qu'en appelant τ le temps correspondant à un cycle moteur et v_0 la vitesse pendulaire maximum, on peut poser

$$\theta = v_0 \frac{\tau}{2\pi}.$$

En admettant que le maximum d'accélération atteint soit γ_0 et que le maximum de vitesse pendulaire v_0 ait été atteint grâce à une accélération moyenne $\frac{\gamma_0}{2\pi}$ agissant pendant le temps τ, on a aussi

$$v_0 = \gamma_0 \frac{\tau}{2\pi}$$

et, par conséquent,

$$\theta = \gamma_0 \frac{\tau^2}{4\pi^2},$$

D'autre part, on sait en mécanique que, si K est le moment d'inertie de la masse animée d'un mouvement de rotation, le produit $K\gamma$ représente le moment de la force extérieure. Par conséquent, dans le cas actuel,

$$K\gamma_0 = m_0$$

1. *Elektrotechnische Zeitschrift*, 1902, n° 49.

m_0 étant le moment correspondant à la force pendulaire maximum. Donc, si θ' est l'écart angulaire du vecteur de la force électromotrice de l'alternateur considéré, θ' étant égal à $N\theta$, on peut écrire

$$\theta' = N\gamma_0 \frac{\tau^2}{4\pi^2} = N \frac{\tau^2}{4\pi^2} \cdot \frac{m_0}{K}.$$

Pour remplacer dans cette expression m_0 par la puissance pendulaire maximum P_0, il suffit de faire $m_0 = \dfrac{P_0}{\text{vitesse angulaire}}$.

Mais la vitesse angulaire est $2\pi n$, n étant le nombre de **tours** de la machine par seconde et, puisque $n = \dfrac{f}{N}$, on **a**

$$m_0 = \frac{P_0}{2\pi f} N = \frac{P_0}{\omega} N.$$

En substituant, on obtient

$$\theta' = \frac{N^2 \tau^2}{4\pi^2} \cdot \frac{P_0}{K\omega}.$$

Reprenant maintenant les valeurs de la puissance synchronisante trouvées au paragraphe 219:

$$P_s = P \frac{I_{cc}}{2I \cos\varphi} \sin\alpha = P \frac{I_{cc}}{2I \cos\varphi} \sin 2\theta',$$

α étant égal à $2\theta'$, on voit que l'on peut aussi écrire

$$P_s = P \frac{I_{cc}}{2I \cos\varphi} 2 \sin\theta' \cos\theta' = P \frac{I_{cc}}{I \cos\varphi} \theta' \cos\theta',$$

puisque, pour les écarts qui se vérifient dans la pratique, on peut substituer l'arc au sinus. Si l'on pose pour abréger

$$r = P \frac{I_{cc}}{I \cos\varphi} \cos\theta',$$

alors on **a**

$$P_s = r\theta',$$

r indiquant la puissance synchronisante pour l'unité d'écart angulaire, et

$$\frac{r}{2\pi f g}.$$

donne la valeur du couple synchronisant par rapport au radian exprimé en mètres-kilogrammes.

En se reportant à la figure 255, on voit que OF peut représenter la puissance pendulaire initiale et, dans ce cas, OS représente la puissance synchronisante. Alors, pour les raisons déjà exposées, cette puissance synchronisante a pour effet d'augmenter la perturbation produite par la puissance pendulaire initiale; l'écart angulaire se trouve augmenté dans le rapport $\dfrac{OS'}{OS}$ et, en représentant ce rapport par ξ, on a

$$\xi = \frac{1}{1 - q} = \frac{1}{1 - \dfrac{P_s}{P_0}}.$$

Mais, de la valeur de θ' exprimée en fonction de P_0, on tire

$$P_0 = \frac{4\pi^2}{N^2\tau^2} \cdot K\omega\theta'$$

ou bien encore, en remplaçant θ' par sa valeur $\dfrac{P_s}{r}$,

$$P_0 = \frac{4\pi^2}{N^2\tau^2} \cdot \frac{K\omega}{r} P_s,$$

En conséquence

$$\xi = \frac{1}{1 - \dfrac{N^2\tau^2}{4\pi^2} \cdot \dfrac{r}{K\omega}}.$$

En représentant par τ_0 le temps d'oscillation pour le cas particulier dans lequel on a $P_0 = P_s$, on obtient

$$1 = \frac{4\pi^2}{N^2\tau_0^2} \cdot \frac{K\omega}{r},$$

d'où l'on déduit

$$\tau_0 = \frac{2\pi}{N} \sqrt{\frac{K\omega}{r}},$$

formule que l'on peut établir aussi directement, en remarquant que τ_0 est la période propre d'oscillation du moteur et que ce même temps est obtenu en portant dans la formule générale donnant la période d'oscillation d'un système oscillant

(Voir la note à la fin du chapitre VII), la valeur ci-dessus indiquée pour le couple synchronisant. On a donc en développant

$$\tau_0 = \frac{2\pi}{N} \sqrt{\frac{K\omega}{P \dfrac{I_{cc}}{I \cos\varphi} \cos\theta'}} = \frac{2\pi}{N} \sqrt{\frac{K\omega I \cos\varphi}{P I_{cc} \cos\theta'}}.$$

Cette formule est parfaitement analogue à celle qui a été indiquée (§ 163) pour le temps d'oscillation d'un moteur synchrone.

En effet, étant donné que

$$P = EI \cos\varphi,$$

on peut écrire

$$\tau_0 = \frac{2\pi}{N} \sqrt{\frac{K\omega}{EI_{cc} \cos\theta'}},$$

qui montre bien l'analogie citée.

Il y a lieu de faire remarquer, en ce qui concerne l'emploi pratique de cette formule, que les différentes grandeurs doivent être exprimées en unités du même système. Il suffit, à cet effet, de multiplier le produit EI_{cc} par $\dfrac{1}{g} = 0{,}102$ pour l'exprimer en kilogrammètres par seconde, K étant ordinairement exprimé en mètres²-kilogrammes, ou bien, ce qui revient au même, de multiplier K par g.

On peut encore écrire

$$\xi = \frac{1}{1 - \dfrac{\tau^2}{\tau_0^2}} = \frac{\tau_0^2}{\tau_0^2 - \tau^2}.$$

expression que M. Görges désigne sous le nom de *module de résonance*. Cela montre dans quelle mesure l'oscillation propre de l'alternateur peut être aidée par les oscillations dues aux impulsions du moteur, ce qui a pour effet d'augmenter aussi l'amplitude de ces oscillations propres. Évidemment le cas le plus défavorable est celui pour lequel $\tau = \tau_0$, parce qu'alors $\xi = \infty$, et le décrochage de l'alternateur est alors inévitable, à moins qu'il ne puisse se produire un couple amorlisseur extrêmement puissant qui, en réalité, a pour effet de modifier profondément la période propre d'oscillation de l'alternateur.

Toutefois, sans atteindre cette limite, il peut se produire une forte oscillation lorsque les fréquences de deux oscillations sont telles que le rapport des temps respectifs s'approche de l'unité. Ainsi, si $\frac{\tau}{\tau_0} = 0,7$, le module de résonance sera environ 2. Si les deux temps τ et τ_0 sont dans un rapport tel que 2, 3, 4 ou bien que $\frac{1}{2}$, $\frac{1}{3}$, $\frac{1}{4}$, cela ne présente aucune importance, contrairement à ce que l'on pourrait croire. Si les oscillations propres de l'alternateur et celles du moteur étaient toutes deux des oscillations harmoniques, pouvant, par conséquent, être représentées par des sinusoïdes, il y aurait tout avantage à rendre le rapport $\frac{\tau_0}{\tau}$ petit, en donnant, par conséquent, à l'alternateur une inertie assez faible pour que sa durée d'oscillation reste très inférieure à τ. Mais, en procédant ainsi, il se produirait inévitablement de fortes oscillations avec les moteurs industriels à manivelle, ordinairement utilisés. En effet, dans ces moteurs, la variation des efforts tangentiels est telle que la courbe des écarts angulaires n'est jamais une sinusoïde et comporte toujours des harmoniques de fréquence plus ou moins grande. On pourrait, par conséquent, réaliser une condition de résonance en établissant l'égalité entre la période d'oscillation de l'alternateur et celle de l'un des harmoniques supérieurs du mouvement du moteur. C'est pour ce motif que l'on choisit toujours, pour les alternateurs qui doivent être actionnés par des moteurs à manivelle, un moment d'inertie assez grand, afin que la période propre d'oscillation soit grande comparée à celle des impulsions du moteur (Voir aussi § 217).

Afin de donner une idée plus claire de ces phénomènes, il convient d'étudier un cas concret.

222. APPLICATION PRATIQUE. — Deux alternateurs triphasés

Ganz, installés au printemps de 1902 à la station centrale municipale d'électricité de Trieste, sont actionnés directement à la vitesse angulaire de 105 tours par minute par des moteurs compound tandem Tosi. Ces alternateurs peuvent fournir normalement 375 kilovolts-ampères, soit 300 kilowatts lorsque le facteur de puissance est égal à 0,8. Ils sont du type à inducteur mobile ; mais, pour arriver à obtenir un écart angulaire très faible, car ils sont destinés à alimenter les moteurs synchrones de la sous-station du chemin de fer de Trieste à Opcina, on a monté sur l'arbre du moteur un gros volant ayant comme valeur de $\Sigma M \cdot (2r)^2$ (somme des produits des masses animées d'un mouvement rotatif par le carré du double rayon d'inertie respectif) 279 000 kilogrammes masse-mètre carré.

Le moment d'inertie K est par suite

$$K = \frac{279\,000}{4g} = 7\,100 \text{ unités mécaniques.}$$

Le nombre de pôles étant de 48, la fréquence est de 42 périodes par seconde à la vitesse angulaire normale. Les circuits de l'induit sont montés en étoile et la tension aux bornes est de 2 000 volts efficaces. L'intensité du courant en court circuit avec une excitation correspondant à une charge de 300 kilowatts est environ 4 fois celle de l'intensité normale.

Dans un essai effectué avec l'un des alternateurs mis en charge sur une résistance liquide, la puissance du moteur à vapeur était de 440 chevaux indiqués et, en tenant compte des réactions dues aux masses animées d'un mouvement alternatif, le diagramme des forces tangentielles appliquées au bouton de la manivelle était celui que reproduit la figure 256.

En appliquant exactement la formule donnée par le coefficient d'irrégularité du moteur,

$$\frac{\omega_{max.} - \omega_{min.}}{2\omega_{moy.}} = \delta = \frac{4,025 \cdot 10^6 N_i}{M \cdot (2r)^2 \, n^3} \frac{F_2}{F_1},$$

expression [1] dans laquelle N^i est la puissance indiquée, $M \cdot (2r)^2$

---

1. On ne donne pas ici la démonstration de cette formule, démonstration qui est un peu longue et difficile.

la valeur précédemment indiquée, n le nombre de tours par minute du moteur; $\dfrac{F_2}{F_1}$ le rapport entre l'excédent de travail

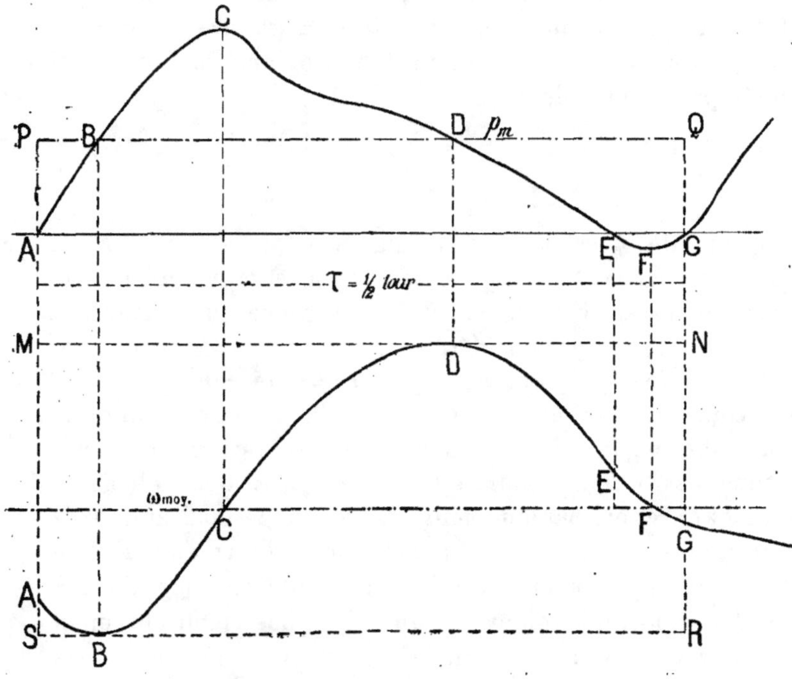

FIG. 256.

emmagasiné par le volant pendant le temps où la vitesse angulaire est supérieure à la moyenne et le travail moyen développé pendant la durée d'un tour. Etant donné que

$$N_i = 440, \qquad M\,(2r)^2 = 279\,000, \qquad n = 105, \qquad \frac{F^2}{F_1} = \frac{1.44}{2,62} = 0,55,$$

on trouve

$$\delta = \frac{1}{331}.$$

On va calculer maintenant la valeur de l'écart angulaire qui doit se produire, étant donné le coefficient d'irrégularité, en laissant de côté pour le moment l'action des couples syn-chronisants qui interviennent lorsque l'alternateur est couplé avec d'autres, et l'on supposera qu'il est seul en circuit.

On sait, en mécanique, que la vitesse angulaire instantanée d'un point quelconque du volant d'un moteur à manivelle est donnée par la formule

$$\omega = \omega_0 + \frac{1}{K\omega_m} \int_0^t (p - p_m)\, dt,$$

dans laquelle ω_0 est la vitesse angulaire pour $t = 0$; K, le moment d'inertie; ω_m, la vitesse angulaire moyenne, et p et p_m, la puissance instantanée et la puissance moyenne dans l'intervalle de temps considéré.

En prenant pour point de départ $t = 0$ le commencement de la course d'aller et en calculant, à l'aide d'un planimètre ou avec du papier au millimètre, l'intégrale correspondant à chacune des valeurs successives de t, on obtient plusieurs points qui, réunis par une courbe, donnent le diagramme de la vitesse de la manivelle ou d'un point du volant, si l'on suppose que le mouvement de la manivelle soit identique à celui d'un point du volant, ce qui n'est pas rigoureusement exact à cause de la torsion de l'arbre et de la flexion des rais.

En effectuant l'opération indiquée, on obtient le diagramme (*fig.* 256). La vitesse atteint un minimum lorsque la puissance instantanée commence à dépasser la puissance moyenne et atteint un maximum lorsque la différence change de sens. L'écart angulaire maximum est donné en degrés par

$$\vartheta_{max} = \pm 180\delta\, \frac{F_2'}{F_1'}\, {}^{(1)},$$

expression dans laquelle F_2' représente la surface CDEFC et F_1' la surface rectangulaire SMNR.

---

1. On ne donne pas ici la démonstration de cette formule, démonstration qui est un peu laborieuse.

Puisque

$$\delta = \frac{1}{331} \quad \text{et} \quad \frac{F'_2}{F'_1} = \frac{52,8}{203} = 0,26,$$

on a

$$\vartheta_{max} = \frac{180}{331} \, 0,26 = 0,141,$$

c'est-à-dire que la manivelle pendant un tour se décale de $\frac{141}{1000}$ de degré par rapport à une manivelle théorique animée d'un mouvement rigoureusement uniforme.

En conséquence, l'alternateur ayant 24 champs polaires, le vecteur de la force électromotrice varie par rapport au vecteur théorique de

$$0,141 \, . \, 24 = 3° 38'$$

Ce qui précède se rapporte au cas où l'alternateur fonctionne seul sur le circuit; mais, lorsqu'il est couplé avec un autre ou avec plusieurs autres alternateurs identiques, installés dans la station, les couples synchronisants agissent et amplifient l'écart angulaire.

On a trouvé au paragraphe 219 que

$$C_s = C_n \, \frac{I_{cc}}{2I \cos \varphi} \, \sin \alpha,$$

expression dans laquelle α est le double de l'écart du vecteur de la force électromotrice d'un alternateur. Dans le cas actuel,

$$\alpha = 3° 38'$$

On sait que l'intensité du courant en court circuit a une valeur égale à environ 4 fois la valeur normale. Par conséquent, $I_{cc} = 4I$. En rappelant que le facteur de charge du circuit extérieur cos $\Phi = 0,8$, on trouve

$$C_s = C_n \, \frac{4}{2 \, . \, 0,8} \, \sin 3° 38',$$

c'est-à-dire

$$C_s = 0,147 \, C_n$$

ou encore, en divisant par le rayon,

$$f_s = 0{,}147\,f_n,$$

formule qui détermine le rapport entre la force synchronisante et la force tangentielle moyenne, si on néglige le rendement de l'alternateur.

Du diagramme des efforts tangentiels, il résulte que la force tangentielle moyenne est à la force pendulaire maximum dans le rapport de 26 à 31. Donc

$$q = 0{,}147\,\frac{26}{31} = 0{,}123.$$

L'écart angulaire définitif en degrés électriques est, par suite, en négligeant l'amortissement,

$$\theta' = \frac{3{,}38}{1 - 0{,}123} = 3° 85'$$

L'amplification de l'écart par suite des effets dus aux couples synchronisants atteint donc 13 $^0/_0$ environ.

On va procéder maintenant au calcul de la période propre τ_0 de l'alternateur couplé. La formule trouvée au paragraphe 221 est

$$\tau_0 = \frac{2\pi}{N} \sqrt{\frac{K\omega I \cos\varphi}{PI_{cc} \cos\theta}}.$$

Pour une charge de 440 chevaux indiqués, les indications des wattmètres donnent 265 kilowatts comme valeur de la puissance électrique. En admettant que l'alternateur fonctionne sous la même charge, non plus sur une résistance liquide, mais bien sur le circuit extérieur dont $\cos\varphi = 0{,}8$, cas pour lequel la valeur de θ' a été trouvée égale à 3° 85', et sachant que la puissance P exprimée en watts doit être multipliée par 0,102 pour être évaluée en kilogrammètres par seconde et que

$$N = 24, \qquad K = 7\,100 \text{ kg-m}^2, \qquad \omega = 2\pi f = 264$$
$$\frac{I_{cc}}{I} = 4, \qquad \cos\varphi = 0{,}8, \qquad \cos\theta = 0{,}997,$$

on a

$$\tau_0 = \frac{6,28}{24} \sqrt{\frac{7\,100 \cdot 264 \cdot 0,8}{265\,000 \cdot 0,102 \cdot 4 \cdot 0,997}} = \frac{976}{1\,000} \text{ de seconde.}$$

La période des oscillations forcées de l'alternateur, dues aux impulsions du moteur à vapeur, est

$$\tau = \frac{60}{210} = \frac{286}{1\,000} \text{ de seconde,}$$

parce que par minute il y a 210 impulsions (2 par tour). On voit d'après ce qui précède que le constructeur a eu le soin de donner à la période propre d'oscillation du moteur une valeur très différente de la période des oscillations forcées, en rendant la première environ 3,5 fois plus grande ; on a évité ainsi tout effet de résonance qui serait nuisible pour des alternateurs destinés à alimenter des moteurs synchrones.

Le module de résonance est exprimé par la formule suivante :

$$\xi = \frac{\tau_0^2}{\tau_0^2 - \tau^2} = \frac{(0,976)^2}{(0,976)^2 - (0,276)^2} = 1,093.$$

223. Couplage en parallèle d'alternateurs compound.

— Dans les alternateurs compound, tout est disposé de manière que, quelle que soit l'intensité du courant débité par l'alternateur et quelle que soit sa phase, la force électromotrice induite reste toujours constante. Donc si, dans certaines conditions de charge, il se produit, pour une cause déterminée, un courant en quadrature avec le courant énergétique, ce courant n'affaiblit ni n'augmente l'intensité du champ magnétique utile de l'alternateur, parce que, simultanément, le champ inducteur augmente ou diminue d'intensité. Les choses se passent tout autrement dans les alternateurs non compoundés et, dans le paragraphe 213 de ce volume ainsi que dans le paragraphe 124 du tome I, on a vu précisément que le courant de circulation (qui est un courant presque en quadrature par rapport à la force électromotrice résultante dans le circuit constitué par les deux alternateurs), grâce à son action qu tend à affaiblir le champ de l'un des alternateurs et à renforcer celui de l'autre, permet à des alternateurs ordinaires de se maintenir couplés en parallèle.

Il y a lieu de faire remarquer également que, lorsque deux alternateurs non compoundés sont couplés en parallèle, indépendamment de la différence de phase, il peut arriver qu'ils présentent des différences de tension, à cause de légères différences dans leur construction, même lorsqu'ils sont d'un modèle identique et excités également. Les différences de phase produisent une force électromotrice e (*fig.* 253) et le courant qui en résulte est un courant énergétique par rapport à la force électromotrice des deux alternateurs. Ce courant agit précisément pour modifier les couples moteurs résistants en les remettant en concordance de phase. Les différences de tension, au contraire, donnent naissance à un courant inénergétique par rapport à la force électromotrice, et ce courant agit sur les champs respectifs pour effectuer la compensation des tensions.

Lorsqu'il s'agit d'alternateurs compound, le courant produit par les différences de phase exerce de même son action ; mais, en ce qui concerne le courant dû aux différences de tension, son action reste indéterminée et son intensité peut prendre une valeur très grande parce que, par suite du dispositif compensateur de l'excitation, la différence des valeurs des tensions n'est pas modifiée, au moins tant que les excitations restent indépendantes.

Les alternateurs compound ne peuvent donc pas être couplés en parallèle ; mais, ainsi que l'a démontré M. Boucherot[1], pour éviter l'indétermination dont il a été question ci-dessus, il suffit de rendre constamment égales les forces électromotrices des deux alternateurs, par exemple en reliant en parallèle les inducteurs des deux alternateurs ou bien, ce qui revient au même, en reliant en parallèle les induits des excitatrices. On peut aussi arriver au même résultat en montant en parallèle

---

1. *Bulletin de la Société internationale des Électriciens*, séance du 4 juin 1902.

les primaires des auto-transformateurs de compensation (Voir
§ 125).

On a déjà signalé précédemment que M. Boucherot a fait
avec succès des installations de ce genre avec les alternateurs
compound de son système. Il est certain que, dans les cas où
l'on a de brusques variations de charge et où, par conséquent,
les tensions subissent de fortes oscillations, l'application du
système de M. Boucherot, exigeant seulement l'emploi d'une
excitatrice spéciale et d'un auto-transformateur, est à recommander, son dispositif réalisant toutes les exigences d'un système d'excitation compound.

$$\text{CHAPITRE XVIII}$$

MÉTHODES INDUSTRIELLES DE MESURE
DU RENDEMENT

224. Instruments et appareils nécessaires pour effectuer des mesures de rendement. — Dans le chapitre v du tome I, on a déjà indiqué sommairement quels étaient les instruments ordinairement employés pour effectuer des mesures d'intensité, de tension et de puissance des courants alternatifs. Il y a lieu de compléter maintenant ces indications en ce qui concerne l'emploi de ces instruments pour effectuer des mesures de rendement.

Lorsque la chose est possible, on peut utiliser, pour effectuer ces essais, les instruments placés sur le tableau de distribution et servant normalement à relever les indications nécessaires pour le service ; mais, dans ce cas, il est indispensable, avant de procéder à une mesure, d'étalonner les instruments dont on veut se servir. Le plus simple consiste alors à envoyer les instruments à vérifier à un laboratoire d'étalonnement, à moins que l'on ne dispose d'instruments étalons pour faire soi-même les vérifications utiles.

Le nombre d'instruments de mesure placés sur le tableau de distribution est assez grand et il est inutile ici de les examiner successivement ; il est beaucoup plus simple et plus rapide, puisqu'on a eu, à plusieurs reprises, l'occasion d'étudier ces instruments dans le cours de cet ouvrage, d'indiquer les conditions qu'ils doivent remplir pour permettre d'effectuer des mesures précises.

Pour mesurer des tensions allant jusqu'à 500 volts, les instruments fondés sur le principe de l'électrodynamomètre (Voir t. I, § 33) sont ceux qui conviennent le mieux, parce qu'ils sont pratiquement indépendants de la fréquence des courants. La Société Siemens et Halske et la Compagnie Weston en construisent d'excellents. Lorsqu'on se sert de ces instruments, il ne faut pas oublier qu'il est indispensable de les installer à une certaine distance des inducteurs des alternateurs si l'on veut obtenir des indications exactes.

Pour mesurer des tensions supérieures à 500 volts, on peut utiliser des instruments fondés sur le principe de l'électromètre, parce qu'ils permettent d'effectuer les mesures quelle que soit la fréquence des courants. Il y a lieu de mentionner tout particulièrement le voltmètre électrostatique multicellulaire de lord Kelvin. Pour de très hautes tensions, de plusieurs dizaines de milliers de volts, il convient d'employer la balance électrostatique constituée par deux plateaux horizontaux et parallèles dont l'un, en bronze, est fixe, et l'autre, en aluminium, mobile et suspendu au fléau de la balance. En reliant respectivement les deux plateaux aux points entre lesquels on veut mesurer la différence de potentiel, le disque mobile se déplace par rapport au disque fixe par suite d'une action électrostatique, et l'on atteint l'équilibre lorsque la force attractive produite par l'action électrique est équilibrée par l'action de la pesanteur agissant sur l'aiguille indicatrice et sur un poids disposé en dehors de l'axe de suspension. En utilisant des poids de valeur différente, on change la constante de l'instrument. Ainsi, dans la balance électrostatique de lord Kelvin, la graduation comporte 50 divisions et, suivant les différents poids utilisés, la valeur de chaque division correspond à 250, 500 ou 1 000 volts.

Un électromètre de construction spéciale, à quadrants fixes pouvant être déplacés et à aiguille suspendue par un fil de bronze, peut être disposé pour effectuer des lectures par réflexion et servir comme instrument universel à la mesure des courants alternatifs en lui adjoignant une pile étalon et une série de résistances convenables. Ce genre d'instrument est susceptible de rendre les mêmes services que ceux que l'on obtient avec le galvanomètre d'Arsonval pour les courants continus.

En effet, en rapprochant convenablement les quadrants de l'aiguille mobile, on peut obtenir une déviation de 100 mm sur une échelle placée à 2 mètres de distance avec une différence de potentiel de 1 volt. En utilisant des résistances non inductives, on peut mesurer des tensions quelconques avec grande précision; il suffit de monter en série avec l'électromètre des résistances de valeur déterminée. On peut aussi arriver à régler l'instrument pour que chaque division de l'échelle corresponde à un nombre donné de volts et, à cet effet, il suffit d'éloigner ou de rapprocher les quadrants de l'aiguille à l'aide d'une vis micrométrique. La pile étalon sert à étalonner l'instrument chaque fois que l'on doit s'en servir.

Cet électromètre, quoique d'un maniement délicat, peut rendre de grands services, parce qu'il peut être utilisé aussi bien comme voltmètre que comme ampèremètre.

Pour mesurer des tensions élevées, on a aussi recours parfois à un voltmètre pour basse tension mis en dérivation sur le circuit secondaire d'un petit transformateur établi spécialement pour les instruments de mesure. On peut également utiliser une bobine d'induction en mettant le voltmètre en dérivation sur un nombre déterminé de spires; mais, dans ce cas, il faut que le courant absorbé par le voltmètre soit négligeable ou bien il faut utiliser un voltmètre électrostatique.

225. Pour mesurer les intensités de courants alternatifs, on ne peut songer à employer la balance de lord Kelvin, qui est un instrument de laboratoire, et il faut avoir recours aux instruments thermiques ou bien électromagnétiques. Les premiers peuvent être utilisés avec n'importe quelle fréquence; il n'en est pas de même pour les seconds (Voir la note, chap. v, t. I). Toutefois les ampèremètres électromagnétiques pour courant alternatif du système Siemens et Halske ne comportant qu'un petit nombre de spires et une très petite quantité

de fer (un très petit disque) donnent des indications toujours
suffisantes, même lorsqu'il y a des variations notables de fréquence. Naturellement les électrodynamomètres peuvent être
employés comme ampèremètres.

Les ampèremètres ne comportent qu'une seule échelle et ne
peuvent, par suite, être utilisés que pour mesurer des intensités
dans des limites assez restreintes par suite même de leur
construction. En outre, dans les instruments thermiques et
électromagnétiques, les indications ne sont bien lisibles que
dans une portion assez limitée de l'échelle. On peut toutefois
se servir du même instrument pour mesurer des intensités
de courant très différentes en les montant sur des transformateurs convenables.

L'électromètre à miroir, utilisé comme ampèremètre, peut
servir à mesurer des intensités quelconques lorsqu'il est
disposé de manière à donner la différence de potentiel aux
bornes d'une résistance non inductive constituée par une
lame de nickeline d'un mètre de longueur et pliée en double.
Si l'instrument permet de mesurer 2 volts dans les conditions
de sensibilité maximum, en utilisant cinq résistances de 1,
$\frac{1}{5}, \frac{1}{25}, \frac{1}{50}, \frac{1}{250}$, on peut mesurer respectivement des intensités
alternatives jusqu'à 2, 10, 50, 100 et 500 ampères. Comme,
dans chaque cas, la chute de tension produite par l'intercalation de la résistance ne dépasse pas 2 volts, on peut être certain
que l'introduction de l'électromètre dans le circuit de l'installation ne modifie que d'une façon insignifiante les conditions
de fonctionnement.

226. Sur les tableaux de distribution, on généralise de plus
en plus l'emploi des transformateurs spéciaux pour les instruments de mesure, voltmètres et wattmètres. Grâce à cette
disposition on peut utiliser des voltmètres à basse tension. En
ce qui concerne les ampèremètres, on emploie avec avantage
des transformateurs lorsque l'intensité du courant primaire
atteint plusieurs centaines d'ampères, comme c'est le cas dans

les applications électrothermiques ; on peut aussi se servir d'ampèremètres directs. Dans tous les cas, l'emploi de transformateurs permet, si l'installation est à haute tension, de mettre les instruments de mesure en dehors du circuit principal ; c'est là un avantage considérable, parce que, en cas de décharges atmosphériques, les fortes tensions qu'elles produisent ne risquent pas de détériorer les instruments qui sont toujours très délicats, quoique construits pour des usages industriels ; du reste leur enveloppe métallique peut être reliée à la terre.

Toutefois l'emploi de transformateurs avec les instruments de mesure n'est pas à recommander lorsqu'il s'agit d'effectuer des mesures de précision, comme celles qui sont nécessaires pour la détermination de rendements, parce que leur emploi introduit toujours une certaine cause d'erreurs. Lorsqu'il n'est pas possible de procéder autrement, il suffit de déterminer préalablement la valeur de l'erreur commise afin d'en tenir compte.

227. Pour mesurer les puissances électriques, on utilise généralement le wattmètre et l'on construit aujourd'hui d'excellents wattmètres de précision à lecture directe, entre autres ceux du système Siemens et Halske et du système Weston.

Les wattmètres utilisés dans l'industrie sont tous à lecture directe ; mais, pour pouvoir s'en servir avec diverses tensions, bien entendu dans les limites du courant maximum qu'ils peuvent supporter, ils sont munis d'une résistance additionnelle à subdivisions égales que l'on intercale dans le circuit en fil fin lorsqu'on dépasse une certaine tension. L'insertion de cette résistance modifie la constante de l'instrument ; mais une table fournie avec le wattmètre fait connaître, pour chacune des valeurs de la résistance intercalée, le nombre de watts, d'hectowatts ou de kilowatts correspondant à chaque division de l'échelle graduée.

Cette résistance additionnelle subdivisée est ordinairement formée de bobines sans self-induction en fil fin de manganin.

ou de platinoïde, ayant un coefficient de température presque négligeable. Mais, par économie, si l'on a à mesurer des tensions supérieures à la tension maximum que permet de déterminer l'instrument, même avec la totalité de ses résistances additionnelles, on peut utiliser des lampes à incandescence montées en série. Toutefois, si l'on veut effectuer des mesures précises, il est indispensable, au préalable, de déterminer la valeur exacte de la résistance de la série de lampes sous la tension de l'installation. Dans ces conditions, ce dispositif n'est pas à recommander, d'autant plus que le prix d'achat d'une série de résistances sans induction n'est pas très élevé.

Afin d'amener au minimum la différence de potentiel entre la bobine fixe et la bobine mobile du wattmètre, il faut relier une des extrémités de la bobine mobile directement avec l'une des extrémités de la bobine fixe intercalée dans un des conducteurs de la ligne. L'autre extrémité de la bobine mobile est mise en communication avec la résistance additionnelle qui, à son tour, est reliée, d'autre part, avec le second conducteur.

Comme le wattmètre absorbe une certaine quantité d'énergie, si l'on veut réduire au minimum l'erreur commise de ce chef, en prenant pour valeur de la puissance consommée dans le circuit d'utilisation celle qu'indique l'instrument, il faut procéder de la manière suivante : pour de basses tensions et de grandes intensités, une des extrémités de la bobine mobile est reliée à la borne de la bobine fixe qui se trouve entre le wattmètre et le circuit d'utilisation ; au contraire, pour de hautes tensions et des courants de faible intensité, cette connexion de la bobine mobile doit être établie sur l'autre borne, c'est-à-dire sur celle qui se trouve du côté de l'alternateur. Ce qui précède s'applique au cas où l'on veut mesurer la valeur de la puissance consommée dans le circuit d'utilisation ; si, au contraire, c'est la puissance fournie par la génératrice que l'on veut mesurer, la même règle est applicable, mais en procédant en sens inverse.

Il y a lieu encore de faire remarquer que le wattmètre indique non seulement la puissance utile fournie par la génératrice au circuit d'utilisation, mais encore toutes les pertes, y compris celles provenant d'isolements défectueux, par exemple entre la masse de fer de la génératrice et les bobines qui l'entourent.

C'est ainsi que, lorsque l'on mesure successivement la puissance des trois circuits d'un transformateur triphasé, à noyaux symétriques et fonctionnant à vide, ou bien encore celle des circuits d'un moteur, il n'est pas rare de trouver de notables différences dans les lectures. L'auteur a eu l'occasion, lors de la vérification d'un transformateur à 3000 volts, de constater précisément des différences de ce genre, dues, ainsi qu'on a pu s'en assurer par un examen attentif, au mauvais isolement d'un boulon qui établissait un contact entre le noyau et l'enroulement, défaut qui donnait lieu à une déviation anormale. Dans

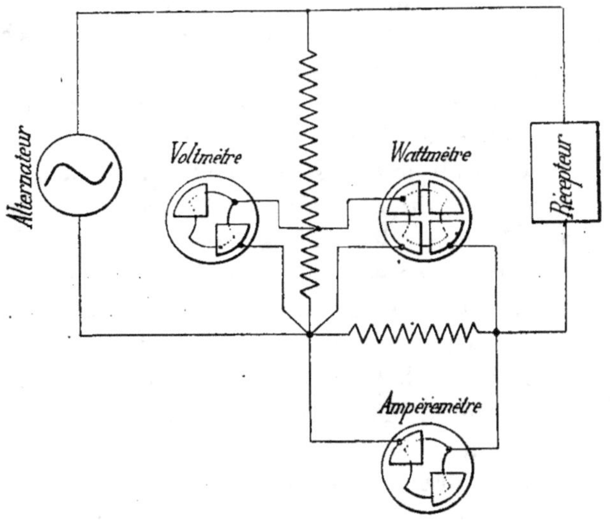

Fig. 257.

un autre transformateur triphasé, l'auteur a eu également l'occasion de constater que la déviation anormale provenait de ce fait qu'une des vis servant à fixer la culasse sur les noyaux n'était pas suffisamment serrée et produisait un contact imparfait.

L'électromètre peut être utilisé comme wattmètre[1]. Dans ce cas, il faut utiliser les quatre quadrants (*fig.* 257) au lieu de deux, comme on le fait lorsque l'instrument sert simplement de voltmètre ou d'ampèremètre. L'électromètre est alors étalonné à l'aide d'un courant continu fourni par une batterie d'accumulateurs. Les indications obtenues doivent être multipliées par le nombre que donne le rapport $\dfrac{U}{u}$, U étant la tension du circuit d'alimentation et u celle indiquée par le voltmètre.

Lorsque les mesures doivent s'effectuer sur une canalisation à haute tension, il est utile de disposer les appareils sur une grande table en bois bien isolée. De plus, celui qui procède aux lectures doit se placer sur un tabouret en bois parfaitement isolé. Une simple table de bois placée sur un tapis en caoutchouc n'offre pas des garanties de sécurité suffisantes.

228. Dans tous les essais de rendement, on a à effectuer des mesures de résistances, mesures qui exigent des précautions toutes spéciales lorsque les résistances à déterminer sont comprises entre des balais frottant sur des bagues ou sur un collecteur, la valeur de la résistance variant suivant la densité du courant et suivant la pression des balais, pression qui, à son tour, varie surtout avec la vitesse périphérique de l'organe mobile.

En pratique, il est assez rare que l'on ait recours au pont de Wheatstone ; en effet, presque toujours les résistances à mesurer sont très faibles et, dans ce cas, le pont ordinaire ne permet pas d'obtenir des résultats suffisamment précis. On emploie ordinairement la méthode de la chute de tension lorsque l'on dispose d'un voltmètre bien étalonné, ou bien la méthode de proportion si l'on peut disposer d'une résistance bien calibrée. La première de ces méthodes nécessite l'emploi d'un ampèremètre de précision et la seconde celui d'un galva-

1. Addembrooke, *Éclairage électrique*, t. XXVIII.

nomètre dont des déviations doivent être sensiblement proportionnelles.

Avec un voltmètre Weston pour courant continu (type
d'Arsonval), à graduation comportant 150 divisions et à trois
sensibilités, de manière que l'étendue de l'échelle corresponde
respectivement à 3, 30 et 150 volts et, d'autre part, avec trois
résistances étalons de 1, 0,1 et 0,01 ohm pouvant supporter

de grandes intensités de
courant, on peut effectuer
des mesures précises de
résistance dans de grandes
limites.

En série avec la résis-
tance R à mesurer, qui doit
être préalablement amenée
à la température à laquelle

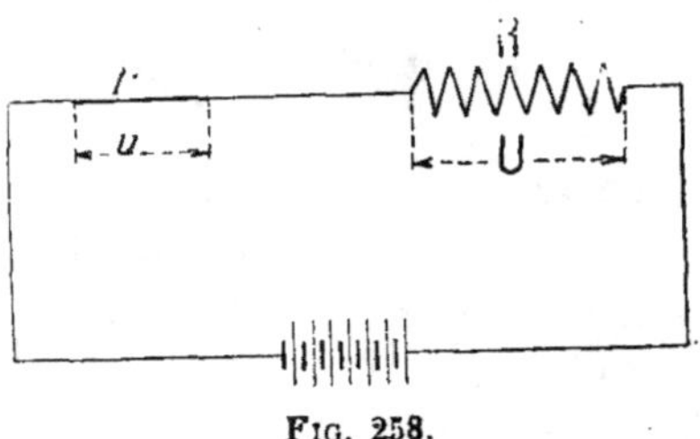

FIG. 258.

doit s'effectuer la mesure, on monte la résistance étalon r
(*fig.* 258), et l'on fait passer un courant continu fourni par
quelques accumulateurs ou par une dynamo à tension constante. En relevant avec le voltmètre les tensions u et U, on a

$$I = \frac{u}{r} \qquad \text{et} \qquad R = \frac{U}{I} = \text{résistance à } x^{\circ} \text{ centigrades.}$$

La résistance à chaud peut se déduire de la mesure faite à
la température ordinaire en tenant compte de l'augmentation
de température, l'augmentation de résistance du cuivre étant
de 0,004 par degré centigrade.

229. Indépendamment des essais électriques, la détermination du rendement comporte également d'autres mesures :
mesure du temps, de la vitesse angulaire, de la puissance
mécanique.

La **mesure** du temps s'effectue à l'aide d'un compte-secondes
permettant d'apprécier le cinquième de seconde. Dans **certains**
cas, il est préférable d'employer un chronographe à **double**
aiguille (Starkmann). En appuyant sur le bouton principal, **les**

deux aiguilles marchent ensemble ; partant simultanément du zéro, elles s'arrêtent en même temps et reviennent ensuite ensemble au zéro. Si, au contraire, on appuie sur le bouton latéral, l'aiguille du dessous s'arrête seule, tandis que l'autre continue sa marche ; en appuyant une seconde fois sur ce même bouton, l'aiguille du dessous rattrape celle du dessus et continue ensuite son mouvement d'accord avec elle. Ce chronographe est indispensable lorsqu'on veut déterminer avec exactitude les durées que met un phénomène pour effectuer ses différentes phases, par exemple s'il s'agit d'établir la loi d'un mouvement accéléré ou retardé (Voir plus loin, détermination du rendement d'un alternateur).

230. Pour mesurer la vitesse angulaire, on se sert de compte-tours ou de tachymètres. L'emploi du premier de ces instruments nécessite toujours simultanément une mesure du temps, ce qui peut parfois contribuer à augmenter les chances d'erreurs ; l'emploi du tachymètre est préférable, car cet instrument indique la vitesse angulaire instantanée, et les indications qu'il fournit, lorsqu'il est bien étalonné, sont généralement très exactes.

Il existe d'autres méthodes permettant de déterminer la vitesse angulaire d'un système animé d'un mouvement de rotation ; une méthode délicate est la méthode stroboscopique (Voir t. I, § 12), qui permet de déterminer les variations de vitesse angulaire en plus ou en moins par rapport à une autre vitesse angulaire connue.

Une dynamo à excitation indépendante peut être utilisée comme tachymètre, parce que sa tension aux bornes est proportionnelle à sa vitesse angulaire.

Un petit moteur électrique de ventilateur, excité en série, peut être facilement transformé en tachymètre de précision. A la place des ailettes du ventilateur on monte une petite poulie ; on détache le circuit d'excitation et on le relie à un ou à deux accumulateurs, de capacité suffisante pour que, pendant la durée de l'essai, l'intensité du courant d'excitation et, par conséquent aussi, le champ magnétique développé **restent** constants. **A l'aide d'une** courroie bien tendue, **on actionne** cette petite dynamo **par la machine dont on** veut déterminer la vitesse angulaire et, à l'aide d'un voltmètre de grande résistance, préalablement **taré à cet effet, on** mesure la différence de potentiel aux bornes.

En utilisant un dispositif potentiométrique, on peut relever l'excès ou le manque de vitesse angulaire par rapport **à la** vitesse angulaire moyenne et, par conséquent aussi, le degré d'irrégularité de la machine.

A cet effet on monte une batterie d'accumulateurs en opposition avec la petite dynamo (*fig.* 259) ; cette batterie doit avoir une tension correspondante à la tension moyenne aux balais, et l'on intercale dans le circuit un millivolt-mètre. Pendant la marche du système, on remarque que

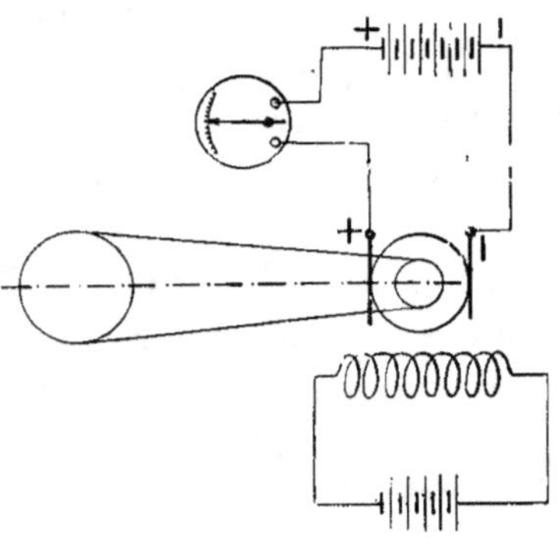

Fig. 259.

l'aiguille du millivoltmètre oscille entre deux divisions déterminées de l'échelle, intervalle correspondant à une fraction de volt ou plus. Soit, par exemple, 0,25 cette fraction, la tension de la batterie étant de 50 volts. Dans ces conditions, le coefficient d'irrégularité est

$$\frac{\Delta U}{U_m} = \frac{0,25}{50} = \frac{1}{200} \qquad \text{ou bien} \qquad \frac{1}{400},$$

si pour ce coefficient on prend la valeur

$$\frac{\Delta U}{2U_m}$$

(Voir § 216).

L'emploi de cette méthode, imaginée par un ingénieur de la *General Electric C°*, donne lieu à cette objection que l'inertie de l'équipage mobile du millivoltmètre peut fausser complètement les indications obtenues ; toutefois, si la période des oscillations de la vitesse angulaire est suffisamment longue, de l'ordre de 1/2 à 1/3 de seconde, et si l'instrument est bien amorti, les résultats obtenus sont suffisamment précis.

Dans les moteurs destinés à la commande des dynamos et particulièrement à celle des alternateurs, ce n'est point tant le coefficient d'irrégularité qu'il est utile de connaître, mais bien la valeur de l'écart angulaire (Voir § 215).

La détermination de la valeur de l'écart angulaire maximum peut s'effectuer par une méthode imaginée par l'auteur[1], en ayant recours à un dispositif stroboscopique et en particulier aux disques de Beddel Moler.

On découpe deux disques dans une feuille de métal très mince et, à l'aide d'une scie guidée par un gabarit métallique, on y pratique des fentes très étroites en suivant une spirale d'Archimède (*fig.* 260). Cette courbe à la propriété bien connue d'avoir un rayon vecteur augmentant proportionnellement avec la valeur de l'arc ($r = a\vartheta$). Si les spirales sont tracées en sens contraires sur chacun des disques, le croisement de deux fentes laisse passer un point lumineux lorsque l'on regarde à travers, et le rayon vecteur correspondant dépend de la position des deux disques. Si, ensuite, l'un des deux disques se déplace d'un certain angle, le rayon vecteur augmente proportionnellement, de sorte que la distance du point lumineux au centre du disque donne la position exacte d'un des disques par rapport à l'autre.

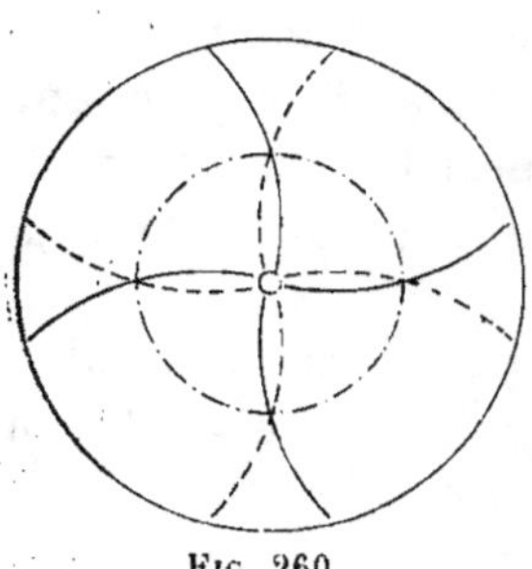
Fig. 260.

On monte un de ces disques sur l'arbre de la machine à étudier ; l'autre est disposé, en regard et à très petite distance, sur l'arbre d'un petit moteur électrique bien centré et pouvant prendre une vitesse angulaire rigoureusement constante, en l'actionnant par une batterie d'accumulateurs. En

1. *Elettricita* 26 janvier 1902

regardant à travers les disques, on voit un point lumineux ; si les disques tournent dans le même sens, les spirales étant placées en sens inverse l'une de l'autre, le point lumineux, en se déplaçant, donne une image lumineuse persistante. Lorsque les disques sont animés de la même vitesse angulaire, l'image forme une circonférence qui paraît fixe dans l'espace ; mais, si l'un des disques, celui qui est fixé sur la machine à étudier, oscille autour de sa vitesse angulaire moyenne, tandis que l'autre conserve un mouvement uniforme, on voit la circonférence s'agrandir ou diminuer suivant que la vitesse augmente ou diminue par rapport à la vitesse moyenne. Les variations du rayon du cercle lumineux sont exactement proportionnelles au décalage d'un des disques par rapport à l'autre. S'il s'agit de mesurer des décalages atteignant un degré au maximum, il est nécessaire de les amplifier si on veut pouvoir les mesurer avec une approximation suffisante. En outre, il convient de tracer sur les disques des spirales très allongées, afin d'obtenir un grand déplacement du point lumineux par rapport au centre pour un faible décalage de l'un des disques par rapport à l'autre.

Dans un essai effectué par l'auteur sur une machine installée à la station centrale électrique de Trieste, la spirale avait pour équation

$$r^{cm} = 0,659.$$

L'amplification du mouvement était obtenue en montant sur l'extrémité libre de l'arbre de l'alternateur une roue de bicyclette qui, au point de vue des efforts de transmission, peut être considérée comme un système pratiquement indéformable, à la condition, pour éviter les erreurs possibles du même ordre de grandeur que les quantités à mesurer, de la centrer sur l'arbre aussi exactement que possible. Le pneumatique qui entoure la roue actionnait par simple frottement une petite poulie en bois sur l'axe de laquelle on avait monté le disque, derrière lequel était disposée une feuille de carton blanc fortement éclairée. Le second disque était monté sur l'arbre d'un petit moteur à courant continu alimenté par des accumulateurs ; sa vitesse angulaire pouvait être réglée avec la plus grande précision, à l'aide d'un rhéostat en fil de manganin.

Dans les essais effectués sur les machines de la station centrale de Trieste, étant données l'équation de la courbe et l'amplitude des irrégularités, un écart de 1 centimètre du cercle lumineux correspondait à un écart angulaire de $\frac{24}{100}$ de degré de l'arbre de la machine. La détermination pouvait, par conséquent, s'effectuer à l'œil nu avec une approximation suffisante, sans qu'il fût nécessaire d'avoir recours à une lunette.

Lors d'un des nombreux essais qui furent faits, on remarqua, les alternateurs étant couplés, un écart du cercle lumineux de 16 mm. En admettant, ce qui n'est qu'approximatif, que l'écart fût de 8 mm de chaque côté de la position moyenne, l'écart angulaire avait pour valeur

$$0,8 \cdot 0,24 = \frac{19}{100} \text{ de degré.}$$

Dans l'article cité plus haut (*Elettricita*), on a indiqué comment les deux disques stroboscopiques peuvent être utilisés comme tachymètre à lecture directe et de haute précision.

231. Pour la détermination de la puissance mécanique, on utilise un frein qui peut être du type à frottement ou du type à courants parasites.

Pour les petits moteurs électriques dont la vitesse angulaire est considérable, le frein Pasqualini à courants parasites donne des résultats exacts.

Ce frein est constitué par un puissant électro-aimant devant les pôles duquel se meut un disque de cuivre monté sur le moteur à essayer. Lorsque le disque tourne, l'électro-aimant tend à être entraîné dans le sens du mouvement sous l'action des courants de Foucault qui sont développés dans le disque ; le couple moteur qui agit sur l'électro-aimant est équilibré par un poids placé à l'extrémité d'un bras de levier. Le produit obtenu en multipliant ce couple par la vitesse angulaire donne la valeur de la puissance utile développée par le moteur. En faisant varier l'intensité du courant d'excitation de ce moteur, on fait également varier sa charge.

On ne peut donner ici une description détaillée de ce frein, description que l'on peut trouver dans la monographie publiée par l'*Officina Galileo* de Florence, qui en est le seul constructeur. Indépendamment de la description de l'appareil, on trouve également dans cette monographie tous les renseignements utiles sur son emploi ainsi que des résultats d'essais effectués sur un moteur de la maison Brioschi et Finzi, de Milan.

Depuis l'invention de M. Pasqualini, presque tous les constructeurs d'instruments de précision ont réalisé des freins, fondés sur l'action des courants parasites ; on en a même établi pour mesurer de grandes puissances jusqu'à 100 chevaux et plus.

En ce qui concerne les petits moteurs, lorsqu'il s'agit d'effectuer des mesures qui n'exigent pas une très grande précision, il est facile de construire un frein de ce genre. Il suffit de monter à l'extrémité d'un levier, mis en équilibre sur un couteau, un électro-aimant entre les pôles duquel on fait tourner un disque de cuivre fixé sur l'arbre du moteur (*fig.* 261).

Lorsque le moteur ne fonctionne pas, on met le système en équilibre à l'aide d'un poids curseur m. Lorsque le moteur tourne et que l'électro-aimant est excité, le levier s'incline dans le sens du mouvement et on rétablit l'équilibre en plaçant des poids M sur le plateau. Le travail développé par le moteur est totalement transformé en chaleur dans le disque et la puissance a alors pour valeur celle du couple résistant ML multipliée par la vitesse angulaire du disque. On a, par conséquent,

$$\text{Puissance en chevaux} = \frac{2\pi n}{60 \cdot 75}\, ML,$$

expression dans laquelle n est le nombre de tours par minute, M est le poids exprimé en kilogrammes et L la longueur en mètres.

Dans ce cas, le couple moteur est ML. Pour avoir sa valeur en kilogrammètres, il suffit d'écrire

$$75 \cdot P = C\omega = C\,\frac{2\pi n}{60} = \text{kgm},$$

P étant la puissance exprimée en chevaux.

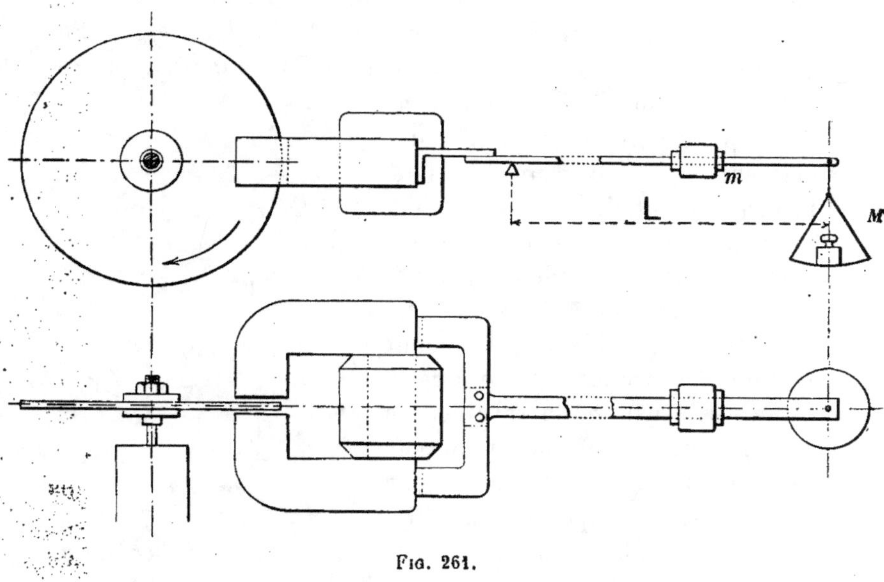

Fig. 261.

Si l'on désire obtenir cette valeur en unités électriques, on a

$$736 \cdot P = C_1\omega \ \text{watts},$$

expression dans laquelle $C_1 = 9,81\,C$.

On peut combiner sur le principe du frein Pasqualini des freins plus puissants pour l'essai des moteurs à vapeur ou à gaz, ainsi que pour l'essai des turbines, en utilisant des électro-aimants très puissants que l'on fait agir sur le volant. Si le type de moteur à essayer ne comporte pas de volant, comme c'est le cas des moteurs électriques et de la plupart des turbines, on en ajoute un à cet effet à l'extrémité de l'arbre. La masse du volant étant considérable et le refroidissement produit par la grande vitesse angulaire étant énergique, l'essai peut se continuer pendant un temps relativement assez long sans qu'il soit nécessaire de recourir à des dispositifs spéciaux pour absorber la chaleur développée par les courants de Foucault.

Dans tous les autres cas, il convient d'avoir recours au frein de Prony. Ce frein est bien connu de tous les ingénieurs et il n'est, par conséquent, pas nécessaire de le décrire ici. Par contre, il ne sera pas inutile de dire quelques mots d'un type spécial de frein à corde qui convient parfaitement pour effectuer des essais sur des machines de 100 chevaux et plus.

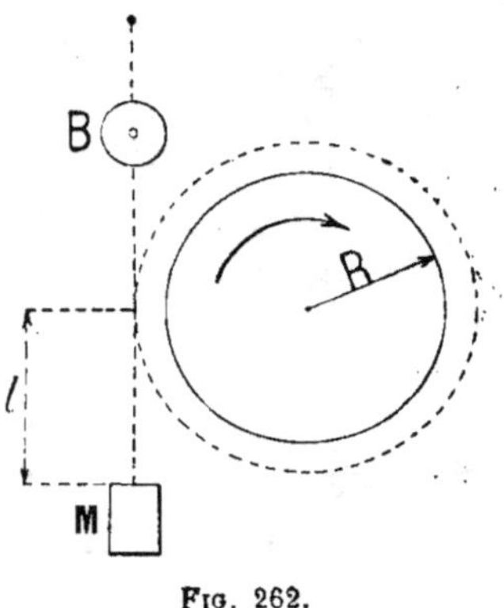

Fig. 262.

La poulie motrice (*fig*. 262) est entourée par une corde en chanvre à une des extrémités de laquelle est suspendu un poids M qui a pour effet de produire le frottement de la corde sur la poulie ; le travail effectué pendant la marche du moteur en essai est transformé en chaleur qui doit être dissipée par un dispositif convenable. Afin de faciliter le réglage de ce frein, l'autre extrémité fixe de la corde est attachée à un peson à ressort.

En soulevant le poids M, qui comprend également le poids de la longueur l de la corde ou des cordes s'il y en a plusieurs, le peson donne une indication faisant connaître en kilogrammes le poids de la corde. Cette valeur doit être déduite de celle m' qui sera indiquée pendant l'essai.

Une fois l'équilibre atteint, la puissance en chevaux est donnée par la relation

$$P = \frac{2\pi (R + r)\, n}{60 \cdot 75}\, [M - (m' - m)],$$

R et r étant les rayons respectifs de la poulie et de la corde, M la valeur en kilogrammes du poids, m' la lecture du peson pendant l'essai et m la même lecture avant l'essai.

Si la puissance à mesurer est considérable, on utilise plu_sieurs cordes. Si, lors de l'essai, le couple moteur subit de brusques variations, comme cela se produit avec un moteur à gaz, on peut remplacer le poids M par un second peson actionné par l'intermédiaire d'un palan. Le frein s'équilibre ainsi plus facilement.

A la suite de nombreux essais effectués avec ce frein, l'auteur a constaté que le diamètre de la poulie devait être au minimum de 2 cm par cheval et, dans tous les cas, ne pas être inférieur à 5 cm. Comme règle, on peut retenir qu'il n'est pas possible d'absorber plus de 2,5 chevaux par décimètre carré de la surface de frottement.

Pour éviter que la ou les cordes abandonnent la poulie pendant la marche du moteur, on peut utiliser une poulie à gorge ou, si l'on n'en possède pas, maintenir la corde sur la poulie à l'aide de petites pièces de bois fixées, à l'aide de boulons, sur les flancs de la poulie et dépassant les bords, ou enfin avec des chevalets à rebords en bois fixés aux cordes.

La chaleur développée par le frottement doit être dissipée avec soin, si l'on veut éviter la destruction de la corde. A cet effet, il faut arroser le frein avec de l'eau et, pour refroidir suffisamment le métal, il faut dépenser environ 1 litre d'eau par seconde et par mètre carré de surface frottante. Afin d'éviter que l'eau se répande dans la salle où l'on opère, il suffit de maintenir l'eau contre la paroi intérieure de la poulie par l'action de la force centrifuge et, à cet effet, on munit intérieurement la poulie de deux rebords et l'on établit la circulation d'eau à l'aide d'un tuyau d'arrivée et d'un tuyau de décharge. On peut encore absorber la chaleur produite en lubréfiant fortement la poulie avec du graphite.

232. Dans les essais de rendement de dynamos génératrices, il est souvent nécessaire de pouvoir absorber l'énergie électrique développée.

Si la puissance n'est pas trop considérable, on peut employer des lampes à incandescence montées en série ou en dérivation suivant les cas; naturellement on peut utiliser à cet effet les lampes de l'installation lorsque la chose est possible, c'est-à-dire lorsque la station génératrice fournit le courant pour l'éclairage. Dans les autres cas, particulièrement lorsqu'il s'agit de hautes tensions, on emploie un rhéostat liquide à circulation, constitué par des lames de fer découpées en pointe et plongeant dans de l'eau pure ou dans de l'eau rendue plus ou moins conductrice. On peut ainsi faire varier la résistance dans de très grandes limites, soit en rapprochant les lames, soit en les immergeant plus ou moins dans l'eau. On ne peut donner de règles fixes pour les dimensions à donner aux lames de fer; mais, en règle générale, il faut leur donner au minimum une surface de 1,5 cm² par ampère de courant alternatif, afin d'éviter un fonctionnement défectueux du rhéostat et un grand bouillonnement de l'eau autour des lames.

Dans le cas de très hautes tensions, les lames peuvent être remplacées par de simples conducteurs en fer ou en cuivre, et le liquide est de l'eau pure. Le récipient, qui est ordinairement une cuve en bois, doit être parfaitement isolé du sol.

Dans les installations hydraulico-électriques, il n'est pas nécessaire d'employer de dispositif spécial et l'on se contente d'immerger sans autre précaution les lames métalliques dans le canal d'amenée ou de fuite en les fixant à une traverse en bois. Dans ce cas particulier, la distance qui sépare les plaques est plus grande que lorsqu'on utilise une cuve en bois isolée du sol, car, indépendamment de la conductance de l'eau, une partie du courant est dérivée dans le sol par le fond et les parois du canal, si ce dernier est simplement creusé dans la terre sans revêtement en pierres ou en ciment.

Lorsqu'il s'agit d'essais à effectuer sur des alternateurs à basse ou à moyenne tension, si la puissance à absorber est considérable, l'emploi de lames immergées dans l'eau comme résistance n'est pas applicable. Il faut alors avoir recours à du ruban ou à du fil de fer de section et de longueur convenables; le rhéostat ainsi constitué est placé dans une cuve ou dans un baril disposé pour que l'eau circule sans interruption afin de dissiper complètement la chaleur développée. Il est bon d'entourer ces résistances d'une sorte de tube constitué par quatre planchettes assemblées par des clous, afin que la circulation de l'eau soit plus active autour des conducteurs.

Pour donner une idée des dimensions d'encombrement d'un rhéostat de ce genre, on peut prendre comme exemple un de ces appareils qui a permis d'effectuer l'essai d'un alternateur de 350 kilowatts. Il a été constitué par un fil de fer de 30 mètres de longueur et de 2 mm de diamètre, enroulé en deux spirales que l'on immergeait dans un baril où l'eau, arrivant par le bas, s'échappait par le haut ; ce rhéostat a permis d'absorber un courant de 220 ampères sous 320 volts. L'eau arrivant à la température de 15° en sortait à 60°. Il est facile de calculer, pour chaque cas particulier, la quantité d'eau qu'il faut débiter par seconde, en tenant compte de ce fait que la température de l'eau à la sortie doit être d'environ 50°, température qu'il convient de ne point dépasser.

Les rhéostats liquides qui viennent d'être décrits présentent le grand avantage d'être pratiquement exempts de réactance et de capacitance ; il est donc par suite possible de mesurer la valeur de la puissance uniquement en faisant le produit de l'intensité par la tension.

Lorsqu'on veut appliquer une charge plus ou moins inductive, ce qui est nécessaire pour pouvoir déterminer la chute de tension d'un alternateur, on utilise, indépendamment du rhéostat liquide ou d'une résistance métallique (pouvant présenter une certaine inductance si elle est roulée en spirale), un ou plusieurs moteurs asynchrones dont on empêche le rotor de tourner et dont le circuit secondaire est ouvert, ou bien, à défaut, on emploie un transformateur puissant dont on desserre les pièces reliant les noyaux. Si l'on dispose d'un autre alternateur, il est préférable de l'employer en le faisant fonctionner comme moteur synchrone à vide et en le surexcitant de manière que le courant soit décalé en retard par rapport à la tension. Avec un moteur synchrone, il est également possible d'obtenir une charge avec décalage en avance du courant sur la tension si on le surexcite convenablement.

Il va de soi que, lorsque la valeur de cos φ diffère de l'unité, la puissance ne peut être mesurée qu'à l'aide d'un wattmètre, principalement celle qui alimente l'appareil ou la machine absorbant ou produisant le courant inénergétique.

En ce qui concerne les autres déterminations que comporte un essai de rendement, il en sera parlé dans les paragraphes suivants.

233. Détermination du rendement d'un alternateur.

— Les méthodes permettant de déterminer le rendement d'un alternateur sont assez nombreuses; on ne s'occupera ici que de quelques-unes d'entre elles qui sont vraiment industrielles.

a) MÉTHODE DIRECTE. — La méthode directe consiste à déterminer simultanément l'énergie mécanique fournie à l'alternateur et l'énergie électrique produite et à calculer ensuite le rapport de la seconde valeur par rapport à la première. Cet essai implique l'emploi d'un dynamomètre intercalé entre le moteur et l'alternateur, ce qui, le plus souvent, est impraticable. On peut éviter cette difficulté, à la condition toutefois que les conditions mécaniques du groupe électrogène s'y prêtent, en relevant exactement la puissance fournie par l'alternateur et en immobilisant le régulateur du moteur dans la position correspondant à cette charge. Cela fait, on arrête le groupe électrogène et l'on désembraye l'alternateur, puis l'on applique un frein sur le moteur et l'on amène le moteur à développer exactement la même puissance que dans l'essai précédent, en se plaçant dans des conditions identiques de travail et en produisant une charge sur le moteur à l'aide du frein, jusqu'à ce que la vitesse angulaire voulue soit atteinte.

Indépendamment de la difficulté que l'on éprouve pour placer un moteur quel qu'il soit dans des conditions identiques de charge après un intervalle de temps qui, en pratique, peut être assez considérable, cette méthode n'est applicable que dans le cas de puissances limitées et est de plus d'une exactitude relative. La mesure de la puissance mécanique à l'aide d'un frein, quoique paraissant très simple, exige des opérateurs habiles et exercés, des erreurs de 2 à 3 $^0/_0$ pouvant être commises très facilement.

Toutefois, cette méthode, convenablement modifiée, se prête bien à la mesure cherchée lorsqu'il est possible de relever à l'aide d'un *indicateur* la puissance fournie au moteur; on en déduit la puissance qu'absorbe le moteur lui-même pour développer la puissance effective fournie à l'alternateur.

Ainsi, pour un moteur à vapeur commandant un alternateur, on relève la puissance électrique développée sous une charge déterminée et simultanément la puissance indiquée. Cela fait, on arrête le fonctionnement du groupe et, en opérant avec la plus grande rapidité possible, on désembraye l'alternateur; on remet le moteur en marche en agissant sur le régulateur et non sur la valve d'admission principale et on l'amène à tourner à la même vitesse angulaire que lorsqu'il commandait l'alternateur. On relève ensuite le diagramme à l'aide d'un indicateur, et la puissance indiquée est celle qui représente les pertes par frottement du moteur à cette vitesse angulaire.

En déduisant de la valeur de la puissance relevée dans le premier essai celle obtenue dans le second, on a la puissance effective réellement transmise à l'alternateur. Il convient de remarquer que cet essai n'est qu'approximatif, parce que les frottements sont plus considérables lorsque l'alternateur est en charge que quand il fonctionne à vide, même à une vitesse angulaire identique. On admet que la puissance effective réellement transmise à l'alternateur est les 97,5 $^0/_0$ de celle qui résulte de la différence des deux essais. En n'effectuant pas cette réduction, on trouverait pour l'alternateur un rendement inférieur à sa valeur vraie. On procède quelquefois d'une autre manière en ajoutant à la puissance indiquée à vide un certain pourcentage, et l'on prend alors, comme représentant exactement la puissance transmise, la différence entre les deux essais.

Il est également utile de faire remarquer que le diagramme relevé pendant la marche à vide et à la pression normale présente des incertitudes dans l'évaluation ; l'auteur, pour les éviter, relève le diagramme à vide avec une pression réduite en changeant le ressort de l'indicateur.

Lorsqu'on opère sur un alternateur volant, le rendement déterminé comme on vient de le dire ne comporte plus les pertes par frottement, qui sont naturellement comprises dans la valeur de la puissance relevée à vide. Enfin, suivant le mode de montage de l'excitatrice de l'alternateur, on devra régler ce dernier pour déterminer le rendement.

La méthode dite de l'indicateur convient aussi parfaitement lorsqu'on a à déterminer le rendement d'un alternateur commandé par un moteur à gaz, à la condition que l'on prenne certaines précautions spéciales dans l'emploi de l'indicateur, précautions que l'on ne peut indiquer ici.

Enfin, lorsque l'alternateur est actionné par une turbine, la méthode de l'indicateur est également applicable, mais les causes d'erreur augmentent dans une large mesure. En effet, pour déterminer la puissance hydraulique fournie à la turbine, il faut relever séparément la charge de l'eau sur l'organe mobile ainsi que la quantité d'eau qui l'actionne. Comme on le sait, cette dernière évaluation ne peut être effectuée avec une exactitude suffisante que dans des cas spéciaux bien déterminés. Sans entrer dans le détail des autres causes d'erreur que présente cette méthode, on peut conseiller de ne pas l'employer lorsqu'on se trouve en présence d'alternateurs commandés par une turbine hydraulique.

D'une manière générale, il est nécessaire, pour chacune des valeurs de la charge à laquelle on soumet l'alternateur, de faire plusieurs lectures et de prendre ensuite leur moyenne. Enfin, il faut que, pour les essais, la machine se trouve dans des conditions normales de fonctionnement ; par conséquent il est indispensable qu'elle ait fonctionné déjà pendant quelque temps avant de commencer les essais de rendement ; les opérations ne doivent être effectuées qu'après plusieurs heures de fonctionnement à pleine charge, afin que les enroulements aient eu le temps de prendre la température du régime normal.

b) Méthode indirecte en faisant fonctionner l'alternateur comme moteur synchrone. — Cette méthode, imaginée par M. Blondel, est certainement la plus simple et la plus pratique, parce qu'elle permet de se faire une idée de la valeur des pertes totales dans le fer à différentes excitations. Toutefois elle ne peut être appliquée que dans le cas où l'on dispose au moins de deux alternateurs, et lorsque l'on a la possibilité de découpler entièrement l'alternateur à essayer du moteur qui le commande.

On relie électriquement l'alternateur à essayer à un autre alternateur que l'on met lentement en marche pour faire fonctionner l'autre comme moteur. On augmente graduellement la vitesse angulaire jusqu'à ce qu'elle ait atteint son régime normal. Une difficulté qui se présente dans l'emploi de cette méthode est le démarrage de l'alternateur lorsqu'il est à courant alternatif simple ; si le courant d'excitation, à moins qu'il ne soit fourni par une autre machine, n'est pas suffisant pour produire le démarrage, on est dans la nécessité de recourir à un dispositif mécanique. Lorsqu'on opère sur des alternateurs de petite puissance, le démarrage peut se faire à la main.

Une fois la vitesse angulaire normale atteinte, on fait varier l'excitation du moteur synchrone jusqu'à ce que l'intensité du courant qui passe dans l'induit devienne minimum. Dans ces conditions, les volts-ampères fournis à l'induit donnent directement la valeur de la puissance, en watts (puisque $\cos \varphi = 1$), absorbée par la machine pour compenser les pertes par frottements, hystérésis et courants parasites ainsi que par effet Joule dans l'induit. Mais il est nécessaire que les deux alternateurs soient identiquement du même modèle. S'il n'en était pas ainsi, si, par exemple, la forme des expansions polaires, le nombre et la forme des trous ou rainures dans lesquels sont logés les enroulements de l'induit n'étaient pas identiques, il est probable que la force électromotrice des deux machines n'aurait pas la même allure, l'intensité minimum du courant à vide ne serait plus celle pour laquelle $\cos \varphi = 1$, et l'essai ne présenterait plus aucun degré d'exactitude.

En faisant varier l'excitation et la machine tournant toujours à vide à sa vitesse angulaire normale, on peut déterminer l'augmentation des pertes dans le fer correspondant à l'augmentation d'intensité du courant d'excitation ; mais, dans ces conditions, cos φ n'est plus égal à l'unité et il est nécessaire de mesurer la valeur de la puissance fournie au moteur à l'aide d'un wattmètre. On peut, toutefois, se dispenser d'employer un wattmètre en augmentant simultanément la valeur des deux excitations et en maintenant toujours l'intensité minimum du courant.

Connaissant la résistance de l'induit, on peut en déduire les pertes par effet Joule ; le reste donne la valeur des pertes par frottement et dans le fer.

Pour déterminer séparément chacune de ces pertes, on peut tracer un diagramme (*fig*. 263), qui fait connaître la valeur de ces deux natures de pertes en fonction de l'intensité du courant d'excitation. Prolongeant ensuite convenablement la courbe jusqu'à la rencontre de l'ordonnée correspondant à l'origine, on peut admettre, avec une approximation suffisante, que le segment intercepté donne la valeur des pertes par frottement qui sont constantes, la vitesse angulaire étant aussi constante.

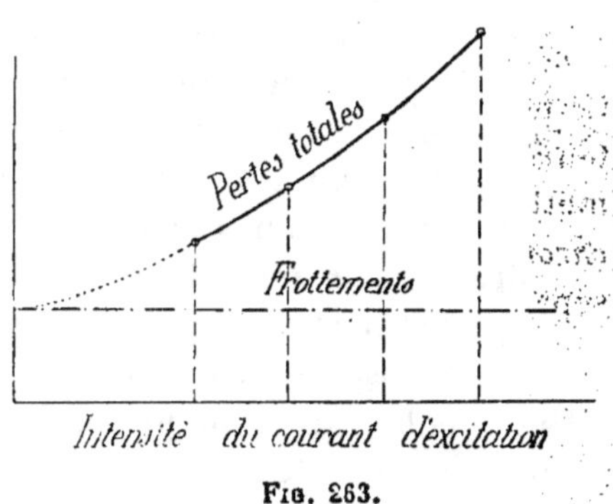

Fig. 263.

Mais il ne faut pas perdre de vue que la valeur des pertes dans le fer ainsi obtenue dépend absolument de l'intensité du courant dans l'induit et aussi de sa phase par rapport à la tension appliquée et que, si le courant est décalé en retard, lorsqu'il s'agit d'un moteur, il y a augmentation de l'intensité du champ, tandis que, s'il est décalé en avance, il se produit un affaiblissement du champ. C'est pour cela, ainsi qu'on l'a dit au commencement de ce paragraphe, que ces déterminations

ne donnent que des valeurs approximatives des pertes aux
différentes excitations. Pour effectuer une détermination exacte,
il faudrait connaître le nombre d'ampères-tours résultant, ce
que l'on obtient en ayant recours à la méthode de M. Potier
pour déterminer la chute de tension qui permet d'obtenir la
valeur des coefficients α et λ nécessaires. Mais, dans ces conditions, l'essai serait trop laborieux et l'on se contente de l'essai
correspondant à $\cos \varphi = 1$. En ajoutant ensuite les pertes par
effet Joule en fonctionnement normal aux autres pertes,
pour tenir compte approximativement des courants parasites
dans le fer, on en déduit le rendement, excitation non comprise. Si l'on ajoute à ces pertes celles dues à l'excitation, on
a le rendement complet industriel de l'alternateur.

c) MÉTHODE INDIRECTE AVEC ÉVALUATION SÉPARÉE DES PERTES. —
Cette méthode est pratique, principalement pour les alternateurs dont l'organe mobile a une masse considérable. Cette
méthode, imaginée par M. Roulin, porte le nom de *méthode
chronométrique*. Elle se prête parfaitement à l'évaluation
séparée des pertes par frottement et des pertes dans le fer à
différentes excitations. Elle ne donne pas lieu aux mêmes cri-
tiques que la précédente, parce que, l'induit n'étant pas parcouru par des courants, le champ inducteur n'est pas influencé
par ces courants et par leur phase.

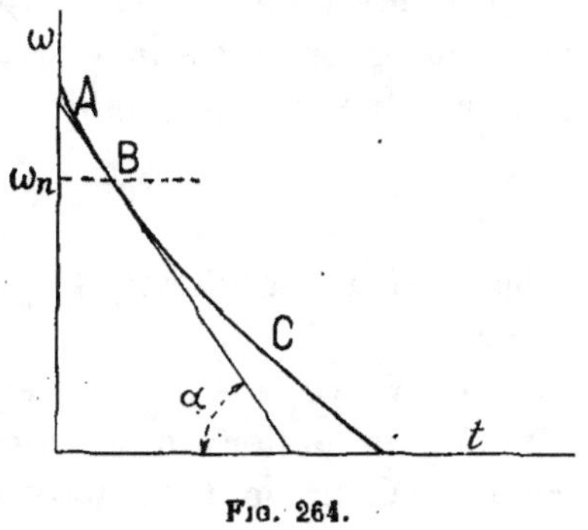

Fig. 264.

Si on met en marche l'al-
ternateur par un procédé
quelconque, mécanique ou
électrique, à une vitesse angulaire supérieure à la normale et, après avoir aban-
donné à lui-même l'alternateur, si l'on vient à exciter
séparément l'inducteur avec
un courant d'intensité déterminée, l'organe mobile
sous l'action de forces retardatrices prend une vitesse angulaire inférieure à la normale.

Soit ABC (*fig.* 264) la courbe représentant les variations de la vitesse angulaire de l'alternateur en fonction du temps et ω_n la vitesse angulaire normale. A un instant quelconque, l'énergie cinétique du système tournant est $\frac{1}{2} K\omega^2$, K étant le moment d'inertie ; si le moment statique des forces retardatrices est C, le théorème des forces vives donne

$$\frac{1}{2} K\omega^2 - \frac{1}{2} K\omega_0^2 = \int_0^s Cdl,$$

expression dans laquelle l est l'espace angulaire parcouru pendant le temps que met la vitesse angulaire pour passer de ω à ω_0. Puisque $dl = \omega dt$, on a aussi

$$Cdl = C\omega dt = - d\left(\frac{1}{2} K\omega^2\right),$$

expression de laquelle on déduit le travail des forces retardatrices à la vitesse angulaire ω :

$$C\omega = - K\omega \frac{d\omega}{dt},$$

ainsi que la valeur du couple retardateur :

$$C = - K \frac{d\omega}{dt}.$$

Si α est l'angle que fait avec l'axe des temps la tangente géométrique à la courbe au point correspondant à la vitesse angulaire normale ω_n, angle que l'on relève sur le graphique, on a

$$C_n = - K \tang \alpha,$$

d'où l'on déduit immédiatement les pertes à la vitesse angulaire normale en multipliant C_n par ω_n.

Si maintenant on effectue à plusieurs reprises le même essai avec différentes valeurs d'excitation, on obtient différentes courbes. Puisque les pertes par frottement sont constantes pour une vitesse angulaire déterminée, on a la possibilité de déterminer par différence les pertes dans le fer (hystérésis et

courants parasites) pour les différentes valeurs de l'excitation.
Les pertes par frottement se déterminent par la même méthode
en supprimant l'excitation ou même en appliquant parfois des
ampères-tours négatifs, afin de supprimer le magnétisme
rémanent ; on vérifie expérimentalement cette excitation négative en faisant tourner l'alternateur et en s'assurant que la
tension aux bornes est nulle.

Il est indispensable, pour appliquer la méthode, de connaître
la valeur du moment d'inertie de l'organe mobile et comme,
habituellement, elle n'est pas donnée par le constructeur, il
faut la calculer ou la déterminer expérimentalement. Ce calcul
est très laborieux et ne donne qu'une valeur incertaine; lorsque
la chose est possible, il est toujours préférable de recourir à
l'expérience.

Cette détermination expérimentale peut s'effectuer de différentes manières.

M. Routin, auteur de la méthode, applique une charge
additionnelle, à l'aide d'un frein à corde, de manière à connaître exactement la puissance absorbée lorsque la vitesse
angulaire est normale, ω_n. On relève alors les courbes de retard,
d'abord à vide, puis avec le frein qui donne un couple retar-
dateur additionnel connu C_0 à la vitesse angulaire ω_n. Si α_1 et α_2
sont les angles que la tangente à la courbe, au point corres-
pondant à ω_n, fait avec l'axe horizontal, on a

$$C = - K \tang \alpha_1$$
$$C + C_0 = - K \tang \alpha_2,$$

d'où l'on tire

$$K = \frac{C_0}{\tang \alpha_1 - \tang \alpha_2}.$$

Ce mode d'opérer n'est pas très commode à appliquer et, en
outre, le poids de la poulie du frein introduit une cause d'erreur
dans la valeur de K à cause des frottements plus considérables
sur les coussinets. La méthode est suffisante pour déterminer K
dans un moteur à vapeur, à gaz ou dans une turbine, etc.,
mais, avec un alternateur, on peut procéder d'une ma-

nière plus simple, tout en atteignant un plus grand degré d'exactitude.

Le couple résistant additionnel, lors du second essai, est obtenu en faisant travailler l'alternateur sur un circuit extérieur déterminé et ne présentant pas de self-induction, en ayant le soin de relever préalablement l'intensité I du courant fourni par l'alternateur avec une excitation déterminée et maintenue constante pendant la durée de l'essai, la vitesse angulaire étant normale ω_n. La puissance absorbée est, par conséquent, égale à RI^2, si R représente la résistance de la totalité du circuit, y compris celle de l'enroulement de l'alternateur. Lorsqu'on opère sur un alternateur triphasé, on peut, pour simplifier, n'effectuer l'essai que sur une des phases. Si P_0 est la puissance dissipée par effet Joule à la vitesse angulaire ω_n, on a évidemment $P_0 = C_0\omega_n$. [Pour avoir K en unités $C.\,G.\,S.$, (grammes-cm²), il suffit d'exprimer aussi C_0 en unités $C.\,G.\,S.$ c'est-à-dire qu'il suffit de multiplier P_0 par 10^7 et la puissance résistante est alors donnée en ergs par seconde.]

Le mode de procéder est identique au précédent.

On peut également déterminer C d'une autre manière. On fait fonctionner l'alternateur à essayer comme moteur synchrone à la vitesse angulaire ω_n et avec $\cos\varphi = 1$. On note la puissance absorbée en déduisant de cette valeur la puissance dissipée par effet Joule, ordinairement négligeable ; le reste donne la puissance nécessaire pour vaincre les différentes forces retardatrices à cette vitesse angulaire, c'est-à-dire $P = C\omega_n$.

Cela fait, on maintient constante l'excitation nécessaire pour avoir $\cos\varphi$ égal à l'unité, on relève la seule courbe retardatrice et puis $\tan\alpha$, et l'on a

$$C = -K\,\tan\alpha = 10^7\,\frac{P}{\omega_n},$$

ce qui donne en valeur absolue

$$K = \frac{P}{\omega_n\,\tan\alpha} \cdot 10^7 \text{ grammes-centimètres carrés.}$$

Quelques indications à propos de l'application de cette méthode chronométrique sont ici indispensables.

Lancer un alternateur à une vitesse angulaire supérieure à la normale pour ensuite l'abandonner à lui-même n'est pas toujours chose facile. L'opération est toujours possible; mais il ne faut pas perdre de vue qu'un essai que l'on peut effectuer dans un laboratoire ou dans les ateliers d'un constructeur ne sera pas probablement réalisable dans une installation lorsque l'alternateur est solidement fixé sur son massif et couplé avec son moteur.

Lorsqu'il s'agit d'alternateurs de petite puissance actionnés par une courroie, le problème ne présente pas de difficulté, parce qu'il est facile de désembrayer la machine rapidement dès que la vitesse angulaire atteinte dépasse de 10 $^0/_0$ la normale.

Si l'on dispose de deux alternateurs, la solution du problème est encore facile, puisqu'il suffit de faire fonctionner celui qui est en essai comme moteur synchrone et que, pour obtenir le supplément de vitesse angulaire, il n'y a qu'à augmenter proportionnellement celle de la génératrice. Dès que la vitesse angulaire voulue est atteinte, on enlève rapidement les connexions de l'induit; pour déterminer la valeur de la force retardatrice, on interrompt l'excitation et, pour les autres essais, on la maintient en réglant son intensité à la valeur voulue. Ce mode d'opérer est préférable à celui qui consiste à lancer l'alternateur à l'aide de son excitatrice, parce qu'il arrive fréquemment que cette dernière n'a pas la puissance nécessaire et que l'on court le risque de la détériorer.

Lorsque l'alternateur est relié à son moteur par un joint rigide ou élastique, on peut alors supprimer ce joint et le remplacer par un simple joint en corde. Dès que la vitesse angulaire voulue est atteinte, à l'aide d'un couteau bien affilé, on coupe la corde et, en même temps, le mécanicien, si le moteur est une turbine n'ayant pas de régulateur, ferme rapidement l'admission pour éviter qu'elle ne prenne une vitesse dangereuse; c'est, du reste, la seule précaution à prendre.

Pour relever exactement les diverses valeurs de la courbe des retards, il faut avoir à sa disposition un tachymètre de précision. Lorsqu'on procède à l'essai avec un inducteur excité, l'alternateur peut servir de tachymètre en utilisant un voltmètre, le courant absorbé par cet instrument étant négligeable et les indications qu'il donne étant proportionnelles à la vitesse angulaire ; mais, pour chaque degré d'excitation, il est nécessaire de faire un nouvel étalonnage de l'instrument, opération assez longue ; en outre, la méthode ne peut s'appliquer pour déterminer les seuls frottements et il est alors indispensable d'avoir recours soit à un bon tachymètre à force centrifuge, soit à un petit moteur électrique transformé en dynamo à excitation séparée (Voir § 230).

Un simple chronographe est suffisant pour les mesures de temps ; mais il faut deux opérateurs : l'un observant le tachymètre et l'autre le chronographe. Quand l'aiguille du tachymètre passe sur une division déterminée, le premier opérateur signale le fait à l'autre en frappant un coup et le second fait la lecture du chronographe à ce moment précis et en prend note. Si le chronographe est à deux aiguilles (Voir § 229), un seul opérateur suffit.

L'emploi du tachymètre présente l'avantage de donner immédiatement la courbe de la vitesse angulaire en fonction du temps. On peut toutefois faire usage d'un simple compteur de tours, et l'on obtient alors la courbe de l'espace parcouru en fonction du temps (*fig*. 265), la courbe de la vitesse angulaire se déduisant de la première en traçant la ligne

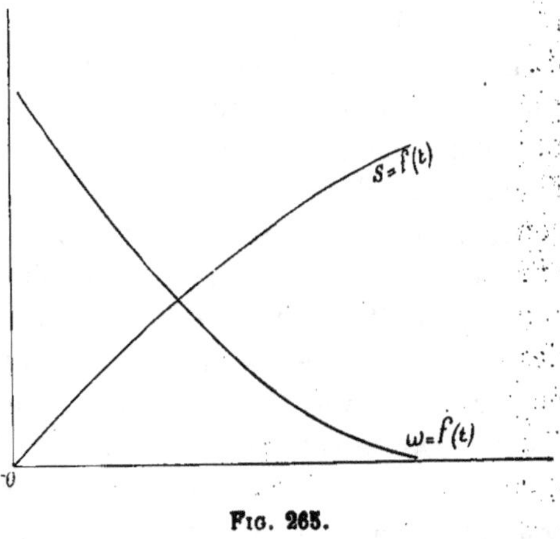

Fig. 265.

dérivée de l'espace parcouru (Voir § 4), parce que $\omega = \dfrac{ds}{dt}$.

Pratiquement, on note le temps employé par la machine pour effectuer successivement un certain nombre de tours déterminé, nombre qui doit être plus ou moins grand suivant que la machine tourne normalement à faible ou à grande vitesse. Sur l'axe des ordonnées, on porte l'espace parcouru par un point placé à distance unitaire du centre à partir de l'origine des temps. Dans ces conditions, la ligne dérivée, tracée comme on l'a indiqué au paragraphe 4, donne la courbe $\omega = f(t)$.

Comme on le voit, la détermination du rendement d'un alternateur par la méthode chronométrique peut se faire à l'aide d'un seul des instruments du tableau, d'un compteur de tours et d'un chronographe.

234. Détermination du rendement d'un transformateur statique. — L'emploi de la méthode directe pour la détermination du rendement d'un transformateur, surtout s'il est de grande puissance, n'est guère applicable, car elle donne des résultats très inexacts, ainsi qu'on l'a expliqué au paragraphe 132 du tome I ; en outre, elle exige l'emploi de wattmètres de précision très soigneusement étalonnés. Il est plus simple et plus pratique de mesurer les pertes à vide de préférence dans l'enroulement à basse tension et, considérant ces pertes comme constantes, d'y ajouter les pertes par effet Joule dans les enroulements, pertes qu'il est facile de calculer lorsqu'on connaît la résistance à chaud de ces enroulements et l'intensité des courants qui y passent. On a ainsi la totalité des pertes et on peut en déduire le rendement aux différentes charges.

Pratiquement, on peut considérer comme négligeable l'erreur que l'on commet en admettant que les pertes à vide sont constantes ; en réalité elles tendent à diminuer à mesure que la charge augmente, la tension aux bornes restant invariable, et cela parce que l'induction résultante dans le noyau diminue (Voir § 132).

Lorsqu'on veut mesurer les pertes dans les conditions normales de fonctionnement, on peut utiliser deux transformateurs identiques disposés de manière que le courant de l'un alimente l'autre, c'est-à-dire en établissant entre eux une circulation d'énergie, l'énergie nécessaire pour compenser les pertes étant fournie par un troisième transformateur auxiliaire de faible puissance préalablement étalonné et dont on mesure la charge. Cette méthode, décrite par M. Kapp, dans son ouvrage déjà cité[1], donne certainement des résultats plus exacts que la précédente ; mais on ne dispose pas toujours de deux transformateurs identiques et d'un troisième de faible puissance (environ 10 $^0/_0$ de la puissance de ceux que l'on veut essayer), préalablement étalonné avec la plus grande exactitude.

Dans les essais de transformateurs, il est absolument nécessaire de les amener préalablement à la température de régime, température que l'on mesure en plaçant la boule d'un thermomètre sur l'un des enroulements, boule que l'on a le soin de couvrir d'une couche de coton et de maintenir en place à l'aide d'une ligature. Le thermomètre doit être à l'alcool et non au mercure, parce que les courants parasites qui pourraient prendre naissance dans le mercure fausseraient les indications.

Pour amener un transformateur à sa température de régime normal, il faut le faire fonctionner sous charge assez longtemps, pendant même plusieurs jours consécutifs et sans interruption, s'il a une puissance supérieure à 500 kilowatts. On peut aussi, si ses dimensions le permettent, le réchauffer artificiellement en le plaçant dans une étuve. Lorsqu'on utilise le courant, on peut accélérer l'échauffement du transformateur en l'enfermant dans une caisse en bois ou bien en l'entourant d'étoffes de laine.

On peut déterminer directement les pertes par hystérésis d'un transformateur de grande puissance en appliquant la

____

1. Gisbert Kapp, *les Transformateurs*.

méthode très ingénieuse imaginée par M. Scott et dont on trouvera la description dans l'*Electrical World*[1].

Les pertes par effet Joule peuvent être déterminées approximativement à l'aide d'un wattmètre, en fermant le secondaire du transformateur en court circuit sur un ampèremètre et en appliquant aux bornes du primaire la tension normale alternative nécessaire pour produire dans le secondaire un courant ayant l'intensité normale (Voir § 136). Le circuit primaire est alors parcouru également par un courant d'intensité normale. En intercalant un wattmètre dans le circuit, les indications qu'il fournit peuvent être admises comme représentant la valeur des pertes par effet Joule à charge normale, parce que, à tension réduite, les pertes dans le fer sont négligeables, l'induction dans le noyau restant minime. On peut aussi ne pas utiliser d'ampèremètre pour fermer le circuit secondaire, car cet instrument consomme une certaine quantité d'énergie et les résultats, par suite, ne sont pas rigoureusement exacts; il suffit de placer cet ampèremètre dans le circuit primaire. L'intensité du courant dans le secondaire se déduit facilement des indications obtenues, sachant que, dans ces conditions, les intensités sont dans le rapport $\frac{1}{m}$, m étant le rapport de transformation des tensions.

Lorsque l'on opère sur des transformateurs triphasés, on met les trois circuits sous tension et, pour déterminer les pertes à vide, on mesure avec un wattmètre la puissance absorbée par l'un des trois circuits dont la valeur est ensuite multipliée par 3. Mais il est nécessaire de faire remarquer que cette multiplication par 3 ne donne des résultats précis que seulement dans le cas où les trois circuits magnétiques du transformateur sont symétriques, les tensions du courant d'alimentation étant égales. Sinon il suffit de mesurer la puissance composée à l'aide de deux wattmètres, comme on le ferait pour un simple circuit triphasé non équilibré.

1. *Electrical World*, t. XXXVII, n° 25, p. 1083.

235. Détermination du rendement d'un moteur synchrone. — La méthode directe peut être employée lorsque l'on dispose d'un wattmètre bien étalonné et d'un frein de construction appropriée.

Comme les moteurs synchrones de faible puissance sont très rarement employés, les petites installations utilisant presque exclusivement des moteurs asynchrones, il s'ensuit que la méthode directe n'est presque jamais employée et souvent même impossible à appliquer. D'autre part, l'emploi de la méthode directe peut donner lieu à des contestations lorsque le moteur est alimenté par une génératrice actionnée par une machine dont le coefficient de régularité est peu élevé, parce que, dans ces conditions, il y a des tendances à la production d'oscillations.

Le moteur ne se décrochera pas, surtout si l'on a pris des dispositions pour amortir les oscillations; mais cet amortissement entraîne une certaine perte d'énergie, et cela au détriment du rendement.

Par conséquent, il est beaucoup plus pratique d'employer la méthode indirecte. A cet effet, on relève les pertes à vide en faisant fonctionner le moteur comme génératrice (§ 233) et en y ajoutant ensuite les pertes par effet Joule que l'on calcule et celles dues aux courants de Foucault que l'on admet égales à ces dernières. Il faut remarquer que l'observation faite précédemment relativement au décalage de phase du courant dans les alternateurs est applicable dans le cas actuel, mais en sens inverse, parce que, lorsque, dans un moteur synchrone, le courant est décalé en retard par rapport à la tension appliquée, le champ magnétique a son intensité augmentée, tandis que cette dernière est affaiblie lorsque le courant est décalé en avance. A égalité d'ampères-tours d'excitation, les pertes dans le fer dépendent donc de l'intensité du courant dans l'induit et de sa phase. Pour vérifier ce fait, il suffit, comme l'a fait l'auteur, de faire fonctionner à vide un moteur synchrone en maintenant l'excitation constante, mais en faisant varier la tension alternative aux bornes de l'induit; dans ces conditions (§ 165), l'intensité et la phase du courant sont modifiées.

En mesurant soigneusement la puissance fournie à l'aide d'un
wattmètre et en retranchant la partie des pertes produites par
effet Joule, le reste des pertes est une valeur qui devrait rester
constante si les pertes dans le fer dépendaient seulement de
l'excitation, les pertes dues aux frottements ne variant pas.
On constate, au contraire, que les pertes varient dans le sens
indiqué, c'est-à-dire augmentent en même temps que le retard ;
ces variations sont telles que l'on ne peut certainement pas les
imputer seulement aux courants de Foucault.

Pour éviter toute contestation, il est bon de déterminer avec
le constructeur une valeur déterminée pour le rendement,
lorsque le moteur fonctionne dans des conditions normales et
avec une excitation correspondant à cos $\varphi = 1$. Alors la
méthode chronométrique permet de déterminer ce rendement,
dans ces conditions, avec une exactitude plus que suffisante
dans la pratique.

236. Détermination du rendement d'un moteur asynchrone polyphasé ou à courant alternatif simple.

— Tout
ce qui a été dit au sujet du diagramme d'Heyland dans les
chapitres xiv et xv dispense de donner ici des indications
détaillées au sujet de la détermination du rendement de cette
catégorie si importante de moteurs. On a déjà eu à plusieurs
reprises l'occasion d'indiquer comment il fallait procéder pour
relever avec exactitude la fréquence des courants d'alimentation ainsi que le glissement et, par conséquent, il est inutile
de revenir sur ce sujet.

Il suffit seulement de dire, comme on le comprend du reste,
que la détermination du rendement peut s'effectuer par la
méthode directe, en mesurant la puissance électrique consommée à l'aide d'un wattmètre et la puissance mécanique recueillie
avec un frein. On peut également, comme pour les transformateurs, déterminer le rendement par la méthode consistant
à évaluer seulement les pertes. Dans ce cas, la connaissance
de la valeur du glissement permet d'éviter les mesures de la
résistance et de l'intensité du courant dans le rotor, mesures

impossibles à faire lorsque le rotor est du type à cage d'écureuil. En effet (Voir § 180), sauf les pertes dans le fer et dans le stator considérées comme constantes, **le rendement du moteur serait**

$$\rho = \frac{\omega'}{\omega} = \frac{P}{P + P_c},$$

expression dans laquelle ω' est la vitesse angulaire du rotor et ω celle du champ, P la puissance recueillie et P_c la puissance dissipée sous forme de chaleur dans le rotor. Mais, si P_1 est la puissance fournie au stator et mesurée avec un wattmètre et p la puissance absorbée par les frottements, par les pertes dans le fer (ces deux pertes étant déterminées lors de la mesure de la puissance absorbée à vide) et par les pertes dans le stator $= 3r_1 I_1^2$ (les valeurs de r_1 et de I_1 étant connues), **on a**

$$P_c = P_1 - (P + p)$$

et, par conséquent, en substituant,

$$\frac{\omega'}{\omega} = \frac{P}{P + P_1 - (P + p)} = \frac{P}{P_1 - p},$$

d'où l'on déduit la valeur de P. **Le rendement réel du moteur** est alors $\dfrac{P}{P_1}$.

Dans le cas d'un moteur à courant alternatif simple, **on a** (§ 203)

$$P = P_1 - p - 3r_2 I_2^2;$$

mais on sait que les pertes ont pour expression

$$3r_2 I_2^2 = P \left\{ \left(\frac{\omega}{\omega'} \right)^2 - 1 \right\}.$$

Par conséquent,

$$P = P_1 - p - P \left\{ \left(\frac{\omega}{\omega'} \right)^2 - 1 \right\}.$$

Les valeurs de P_1, p, ω et ω' étant connues, la puissance recueillie P est ainsi déterminée. Le rendement réel est, comme précédemment, $\dfrac{P}{P_1}$.

237. Détermination du rendement d'un transformateur tournant. — Si la transformation du courant alternatif en courant continu est obtenue au moyen d'un groupe moteur-génératrice, on peut mesurer la puissance fournie et la puissance recueillie et faire le rapport pour obtenir le rendement du transformateur. On peut également déterminer séparément les deux rendements et les appliquer aux puissances respectives pour déduire de la quantité de puissance fournie au moteur celle qui reste disponible sur la génératrice.

Dans le cas d'un convertisseur proprement dit, la détermination par la méthode directe est plus difficile, surtout parce qu'il s'agit d'une machine à rendement élevé et qu'une légère erreur commise dans la mesure de la puissance fournie et de la puissance recueillie peut entraîner une erreur considérable lorsqu'on en déduit le rendement. En outre, la tendance que présentent les convertisseurs à effectuer des oscillations, tendance d'autant plus grande qu'il n'y a pas de couple résistant appliqué à l'arbre, peut être aussi une cause d'erreur : un convertisseur qui donne un rendement de 94 $^0/_0$ sur la plate-forme d'essai du constructeur peut très bien ne donner que 91 à 92 $^0/_0$ lorsqu'il fonctionne sur le réseau auquel il est destiné, précisément par suite de l'énergie dissipée sous forme thermique dans les circuits amortisseurs par le fait des oscillations, au sujet desquelles on a donné des explications complètes dans le paragraphe 118 du tome I.

Par conséquent, il est préférable de mesurer séparément les pertes, soit en opérant sur le convertisseur comme on le ferait pour un moteur synchrone, soit en opérant comme on le ferait pour une dynamo à courant continu et en réduisant ensuite les pertes par effet Joule dans l'induit suivant le nombre de phases du courant d'alimentation. Le tableau ci-après donne les valeurs efficaces de l'intensité de ce courant dans l'induit suivant le nombre de phases, lorsque le courant continu a une intensité de 100 ampères et qu'il n'y a pas de décalage de phase dans les courants alimentant le convertisseur :

Courant alternatif simple..........	70,7 ampères
Courants triphasés...............	54,5 —
— diphasés (4 conducteurs)..	50,0 —
— à six phases..............	47,2 —

En utilisant la méthode chronométrique, on peut évaluer séparément les pertes par frottement, celles dues aux coussinets et à la résistance de l'air en ce qui concerne l'organe mobile, celles dues aux balais, pertes qui, dans un convertisseur, deviennent notables par suite du grand nombre de balais. On ne peut négliger la quantité de puissance dissipée sous forme de chaleur dans les balais que du côté du courant continu, parce que ces balais sont toujours en graphite. Le collecteur s'échauffe également (indépendamment de la chaleur due aux frottements), parce que chaque lame coupe les flux de force dus aux courants qui passent dans les balais et qu'il se produit, par suite, des courants parasites dans les lames.

Les considérations qui précèdent suffisent pour montrer que la détermination du rendement industriel d'un convertisseur exige une grande attention et une grande pratique, les causes de pertes étant très nombreuses, quoique la machine ait toujours un rendement élevé [1].

---

1. Consulter à ce sujet la note de M. R. Salvadori, *Le correnti ondulate* (*Atti della A. E. I.*, vol. VII, fasc. 1), à propos des précautions qu'il faut prendre dans l'emploi des ampèremètres thermiques pour mesurer l'intensité du courant continu débité par un convertisseur tournant.

CHAPITRE XIX

LIGNES DE TRANSMISSION
SYSTÈMES DE DISTRIBUTION

238. Résistance des lignes de transmission. — On renverra le lecteur au chapitre xix du tome I pour tout ce qui concerne les indications générales et qualitatives relatives aux lignes de transmission. On ne s'occupera ici que des calculs des diverses grandeurs électriques qu'il est indispensable de connaître pour pouvoir établir les projets concernant cette partie importante de toute installation de transmission électrique d'énergie.

Les pertes d'une ligne se réduisent à celles dues à la résistance des conducteurs, si l'on néglige les phénomènes de dispersion à travers le diélectrique et de dérivation à la terre par les isolateurs et les appuis. Les phénomènes d'inductance qui seront examinés plus loin n'influent que sur la phase des courants par rapport à la tension alternative appliquée; on peut en dire autant de la capacitance des lignes et des câbles, étant admis que, pour ces derniers, les phénomènes d'hystérésis diélectrique peuvent être considérés comme négligeables.

On a déjà dit (§ 136 du tome I) et l'on a aussi expliqué pourquoi les conducteurs généralement employés (principalement en Europe) étaient en cuivre. Pour ce métal, on sait que le poids en kilogrammes m d'un kilomètre de fil, lorsque le diamètre d est exprimé en millimètres, est

$$m = 6{,}98 d^2,$$

c'est-à-dire en chiffres ronds $= 7d^2$. La résistance en ohms d'un kilomètre de fil de diamètre d à la température de 0° est donnée par l'expression

$$R = \frac{20.4}{d^2}$$

Cette résistance augmente à raison de 0,004 ohm pour chaque degré d'augmentation de température. Ainsi, par exemple, si l'on admet que, par les chaudes journées d'été, lorsque toute la ligne est exposée au soleil, elle atteint une température de 40° C., son augmentation de résistance sera de 16 $^0/_0$, augmentation qui est loin d'être négligeable comparée à la résistance que la ligne peut avoir par les froides journées d'hiver.

Comme on le sait, la résistance en ohms d'une ligne est donnée par la formule

$$R = \rho \frac{l}{s} 1\,000,$$

dans laquelle l est la longueur en kilomètres du conducteur, s sa section en mm² et ρ le coefficient de résistivité :

$$\rho = 0,016\,(1 + 0,004\theta),$$

θ étant la température du conducteur. Le coefficient 0,016 s'applique au cuivre électrolytique pur. Celui que l'on trouve dans le commerce sous cette désignation ne l'est pas toujours ; c'est pourquoi il est utile, principalement lorsqu'il s'agit de grandes installations, de faire déterminer la conductivité du cuivre avant son emploi en prélevant des échantillons que l'on fait examiner dans un laboratoire de mesures électriques.

Lorsqu'il s'agit de lignes de transmission d'énergie, l'augmentation de température due à l'effet Joule peut toujours être négligée.

Pour des conducteurs de section supérieure à 50 mm² en ligne aérienne, il est préférable d'employer des câbles nus au lieu de fils ; dans ce cas, il suffit de connaître le nombre de fils composant le toron et leur diamètre pour pouvoir calculer le poids du conducteur et sa résistance.

En ce qui concerne l'aluminium, on sait (t. I, § 136) que, pour obtenir la même résistance qu'avec le cuivre, le conducteur d'aluminium doit avoir un diamètre de 1,27 fois celui du cuivre et une section 1,64 fois plus grande. Par contre le poids est réduit dans le rapport de 1 à 0,504 ; quant à la résistance mécanique, à égalité de section, elle est à peine égale à 0,63 de celle du cuivre.

Pratiquement on ne tient jamais compte de l'augmentation de résistance, due à l'effet Kelvin (t. I, § 139), des conducteurs parcourus par des courants alternatifs, sauf dans le cas où il s'agit de canalisations de faible longueur et donnant passage à des milliers d'ampères pour les applications électrothermiques, canalisations pour lesquelles on prend la précaution d'atténuer les effets du phénomène autant que possible, en employant des lames rectangulaires ou des tubes de cuivre. Il n'est pas toutefois inutile, afin de se rendre compte de la grandeur du phénomène, de donner, dans le tableau suivant, les augmentations pour cent de résistance que subissent les fils cylindriques de cuivre et d'aluminium de différents diamètres, lorsque les fréquences sont de 20, 50 et 75 périodes :

DIAMÈTRE DES FILS en millimètres	CUIVRE			ALUMINIUM		
	$f = 25$	$f = 50$	$f = 75$	$f = 25$	$f = 50$	$f = 75$
5	0,0027	0,0109	0,0246	0,0009	0,0039	0,0087
10	0,043	0,175	0,394	0,015	0,062	0,142
15	0,22	0,88	1,99	0,08	0,31	0,71
20	0,7	2,8	6,3	0,2	1,00	2,2

On pourra tout au plus tenir compte de ce phénomène dans le cas de gros câbles constitués par des fils nus toronnés.

239. Section la plus économique à donner aux conducteurs de ligne. — La section à donner aux conducteurs d'une ligne de transmission d'énergie est d'autant plus faible que plus grande est la chute de tension admise. On peut ainsi réaliser une économie dans les dépenses de premier établissement ; mais, par contre, l'énergie dissipée sous forme thermique dans la ligne représente une dépense permanente; faible ou élevée suivant le prix de revient de l'unité d'énergie à la station génératrice. Il importe donc de choisir la section des conducteurs pour laquelle on obtient la somme minimum des trois quantités : coût de l'énergie perdue sous forme de chaleur, intérêts et amortissement du capital nécessité pour l'installation de la ligne.

Lord Kelvin, MM. Kapp, Forbes, Perrine et autres ont établi des formules qui permettent de calculer rapidement la densité de courant qu'il convient d'adopter pour les conducteurs de ligne ; toutefois ces formules, établies pour des conditions particulières d'installation, perdent beaucoup et même toute valeur si on veut les appliquer pratiquement à une installation dont les conditions particulières ne sont pas exactement les mêmes.

Néanmoins le problème comporte toujours une solution et, pour le résoudre, M. G. Semenza a récemment proposé une méthode éminemment pratique qui présente l'avantage d'indiquer non seulement la valeur de la chute de tension qu'il est le plus avantageux d'admettre, mais fait connaître, en outre, de combien varie cet avantage pour les différentes valeurs de la chute de tension. Pour donner une idée de cette méthode, on résumera ici la notice publiée à ce sujet par M. Fumero dans l'*Elettricista* du 22 mars 1903.

Soit le cas d'une installation hydraulico-électrique, dont la tension a été déjà déterminée d'après les conditions de l'exploitation que l'on a en vue ; soit P la puissance, exprimée en kilowatts, à transmettre à une distance l. On représente par A le coût de l'installation, par B + C celui de la ligne, B étant la dépense fixe nécessitée par les appuis, les isolateurs et la pose, et C la dépense variable proportionnelle au poids du cuivre qui sera employé. On admet que le kilowatt-an puisse être vendu à forfait (ce qui supprime la variable du temps d'utilisation) à un prix unitaire a et que les frais d'exploitation et d'entretien sont évalués à une somme annuelle b, tandis.

que le prix du cuivre (qui doit être considéré comme variable)
est représenté par d; si on peut encore disposer de P_2 kilowatts
disponibles à l'extrémité de la ligne, le bénéfice qu'il est possible de réaliser f s'obtient en divisant la somme représentant
la recette nette par celle du capital engagé. On a, par conséquent,

$$f = \frac{aP_2 - bd}{A + B + C}.$$

À l'aide de cette formule, on peut facilement déterminer la
valeur en tant pour 100 de la chute de tension x qui permettra
d'obtenir f maximum, puisque A, B et b ont une valeur
constante, tandis que P_2, d et C peuvent être exprimés, en
fonction de la perte admise, respectivement sous la forme
algébrique

$$P_2 = P - xP$$
$$d = \alpha C$$
$$C = \frac{h}{x},$$

α étant le taux d'amortissement, intérêt et entretien du fil de
cuivre, et h une quantité dépendant de plusieurs constantes :
nombre de conducteurs, longueur de la ligne, résistivité du
cuivre, son poids spécifique, son prix unitaire, intensité du
courant correspondant à la charge P et tension normale.

Mais M. Semenza, au lieu d'employer le calcul algébrique
pour déterminer la valeur maximum de f, trouve plus pratique
de construire la courbe représentant la fonction f, courbe que
l'on obtient en traçant la droite représentant B et la courbe
de C en fonction de x, ce qui donne une hyperbole équilatère;
en faisant la somme des trois ordonnées et en procédant de
même pour aP_2, b et αC, on obtient deux courbes résultantes;
on établit ensuite les rapports des ordonnées correspondantes
de ces courbes, ce qui permet de déterminer facilement les
ordonnées de la courbe cherchée.

Il suffit d'examiner cette courbe pour déterminer exactement
la valeur de la chute de tension permettant de réaliser le
bénéfice maximum; l'inspection de cette courbe permet aussi

de se rendre compte des résultats que l'on obtiendrait pour les différentes valeurs de cette chute de tension, que ces valeurs diffèrent peu ou beaucoup de la valeur critique maximum.

Cette méthode graphique est d'une application générale, mais elle exige que chaque cas particulier soit examiné tout spécialement. En outre, on ne peut pas affirmer que la section la plus économique soit toujours celle qui convient le mieux, parce que l'on doit tenir compte de la chute de tension d'après la charge, d'après les nécessités de l'installation, etc., de telle sorte que le calcul de la section la plus économique ne peut être considéré que comme une indication utile.

240. Effets produits par l'inductance. — Les phénomènes d'inductance que présentent les conducteurs agissent seulement sur la phase des courants par rapport à celle de la tension appliquée en décalant la première en retard ; c'est pour cela qu'il est nécessaire d'augmenter de quelques pour cent la valeur de la tension au départ, afin de compenser les forces électromotrices d'induction se produisant dans les conducteurs (Voir t. I, § 139).

Il est donc nécessaire de calculer la valeur des effets d'inductance et l'on examinera successivement les cas qui se présentent le plus fréquemment dans la pratique.

241. A. Ligne comportant un seul circuit a courant alternatif simple. — Il convient d'abord d'examiner comment se distribue le champ magnétique à l'intérieur et autour d'un conducteur rectiligne indéfini, lorsque le courant qui y passe a une intensité I (en unités $C.\ G.\ S.$) à l'instant considéré, courant que l'on suppose uniformément distribué dans la section circulaire d'un fil de rayon r, cas dans lequel les lignes de force sont circulaires et concentriques à l'axe ; mais, en ce qui concerne les effets magnétiques, on suppose que le courant est concentré le long de l'axe.

On sait, d'après la loi de Biot et Savart, loi déduite de l'expérience, que l'intensité du champ magnétique produit

par un courant rectiligne filiforme I (concentré dans l'axe) a
pour valeur, à une distance x de l'axe (*fig.* 266):

$$\mathcal{K}_e = \frac{2I}{x},$$

expression qui s'applique au champ magnétique en dehors du
conducteur.

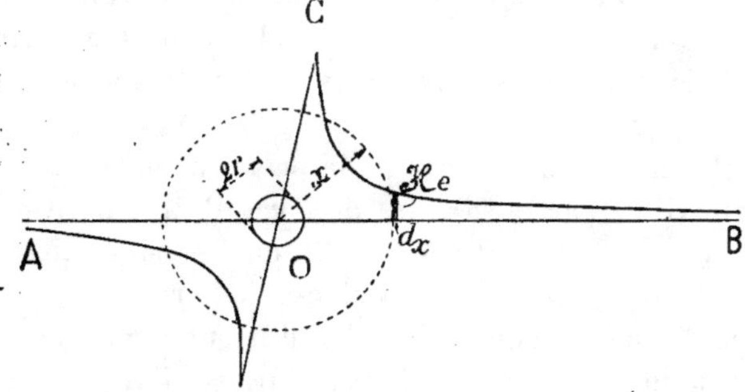

Fig. 266.

En ce qui concerne l'intérieur du conducteur, l'intensité du
champ est nulle en son centre et devient

$$\mathcal{K} = \frac{2I}{r}$$

à la périphérie. Dans l'espace compris entre le centre et la
périphérie, l'intensité du champ augmente continuellement
par suite de la distribution uniforme du courant dans toute la
section du conducteur. En réalité la fraction de courant con-
tenue dans une circonférence de rayon $x < r$ est

$$I = \frac{\pi x^2}{\pi r^2},$$

et, par conséquent, l'intensité du champ magnétique le long
de la circonférence de rayon x, champ produit par cette fraction de courant, est

$$\mathcal{K}_i = \frac{2}{x} I \frac{\pi x^2}{\pi r^2} = \frac{2I x^2}{r^2},$$

puisque, comme on peut le démontrer, on peut toujours

considérer cette fraction de courant comme filiforme et concentrée le long de l'axe.

Il s'ensuit que, si on considère un plan quelconque contenant l'axe du courant, le champ magnétique perpendiculaire à ce plan est distribué comme l'indique la figure 266, c'est-à-dire que son intensité augmente suivant une droite allant du centre à la périphérie et puis décroît suivant une ligne asymptotique à ce plan, cette droite et cette ligne étant dans un plan normal qui est celui dans lequel se trouve la section considérée du conducteur.

Pour calculer la valeur du flux Φ compris dans le circuit que coupe le plan AB de part et d'autre de l'axe, il faut multiplier d'abord les valeurs respectives des intensités des champs magnétiques $\mathfrak{IC}_i$ et $\mathfrak{IC}_e$ par les coefficients de perméabilité des milieux respectifs dans lesquels ils se produisent et puis faire la somme de la quantité $\mathfrak{IC}\,l\mathrm{d}x$, $l\mathrm{d}x$ étant la surface d'un rectangle dont l est la longueur du fil et $\mathrm{d}x$ l'augmentation élémentaire de la distance x à l'axe. Le flux total est, par conséquent,

$$\Phi = l \int_0^r \mu_i \mathfrak{IC}_i \mathrm{d}x + l \int_r^\infty \mu_e \mathfrak{IC}_e \mathrm{d}x.$$

Pour le cas où les conducteurs sont en cuivre ou en aluminium et tendus dans l'air, on peut prendre $\mu_i = \mu_e = 1$, et alors le flux Φ devient proportionnel à la surface BOC. On peut donc écrire

$$\Phi = 2lI \left\{ \int_0^r \frac{x}{r^2}\,\mathrm{d}x + \int_r^\infty \frac{\mathrm{d}x}{x} \right\}.$$

Dans une ligne à courant alternatif simple, cas qui vient d'être étudié, il y a un second conducteur, ordinairement de même diamètre, qui se trouve tendu parallèlement au premier à une distance l' et est parcouru par un courant de même intensité, mais de sens contraire. Le champ magnétique produit par ce courant a la même direction que celui qui est dû au premier dans l'espace compris entre les axes des deux conduc-

teurs et le flux total compris dans le circuit formé par ces
conducteurs est proportionnel à la surface que montre la
figure 267. Ce flux a évidemment une valeur double de celle
qu'indique la formule précédente, lorsque la seconde intégrale
est comprise dans les limites r et l'. On a, par conséquent,

$$\Phi = 2 \cdot 2lI \left\{ \frac{1}{r^2} \int_0^r x\,dx + \int_r^{l'} \frac{dx}{x} \right\},$$

c'est-à-dire

$$\Phi = 4lI \left\{ \frac{1}{2} + \log_e \frac{l'}{r} \right\}$$

ou bien

$$\Phi = 2lI \left\{ 1 + 2 \log_e \frac{l'}{r} \right\}.$$

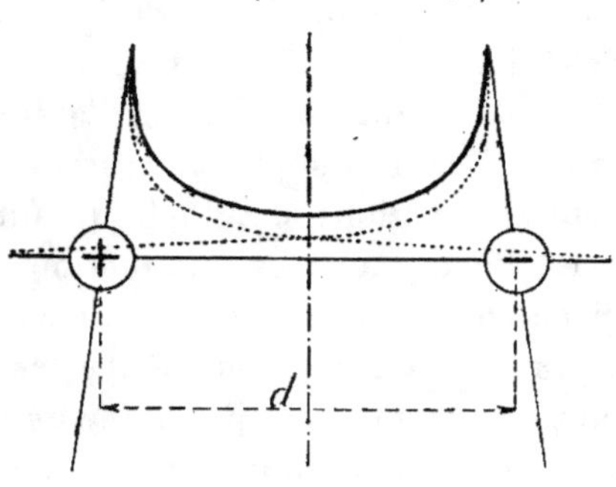

Fig. 267.

Mais il n'est pas exact que le courant soit uniformément
distribué, ni qu'il soit localisé dans une couche infiniment
petite à la surface des conducteurs ; dans ce dernier cas, le flux
compris dans le circuit serait seulement

$$\Phi = 2lI \cdot 2 \int_r^{l'} \frac{dx}{x} = 2lI \cdot 2 \log_e \frac{d'}{r}.$$

Pratiquement, on prend, comme valeur du flux embrassé
par le circuit, la valeur moyenne qui est

$$\Phi = 2lI \left\{ \frac{1}{2} + 2 \log_e \frac{l'}{r} \right\}.$$

Pour avoir le coefficient de self-induction, il suffit de prendre. $I = 1$ dans la formule qui donne la valeur du flux ; par suite, dans le cas d'une ligne à courant alternatif simple, on a

$$L_s = 2l \left\{ \frac{1}{2} + 2 \log_e \frac{l'}{r} \right\} \text{ en unités } C.\ G.\ S. \qquad (65)$$

Pour exprimer cette grandeur en unités pratiques, c'est-à-dire en henrys, il suffit de multiplier L_s par le facteur 10^{-9}, à la condition que l (longueur d'un conducteur), l' et r soient exprimés en centimètres.

242. B) Ligne comportant plusieurs circuits a courant alternatif simple. — Si les mêmes appuis portent les conducteurs de plusieurs circuits à courant alternatif simple, chacun d'eux, considéré séparément, présente un coefficient de self-induction dont la valeur se calcule à l'aide de la formule précédente ; mais les courants qui parcourent les autres conducteurs exercent des actions d'induction mutuelle et développent des forces électromotrices d'induction dans le circuit considéré, précisément parce que ce circuit coupe une partie plus ou moins grande du flux produit par les autres. Ce cas n'a pas une grande importance au point de vue pratique, parce que ces phénomènes d'induction mutuelle n'ont une action quelque peu sensible que sur de longues lignes, cas dans lequel on utilise toujours le système triphasé.

Dans le cas où l'on aurait à effectuer un calcul de ce genre, on pourrait employer la méthode générale décrite dans l'*Appendice II* placé à la fin de ce volume.

243. C) Ligne triphasée a un seul circuit. — Un circuit triphasé n'est pas un circuit fermé de la même manière qu'un circuit à courant alternatif simple, parce que chaque conducteur a comme retour les deux autres conducteurs du système, disposés généralement à des distances différentes et ne se trouvant pas ordinairement dans un même plan. Pour déterminer la valeur de l'inductance, il convient alors d'examiner séparément chacun des conducteurs, de calculer la valeur moyenne de la force électromotrice induite, dans le conducteur considéré, par les variations de flux dues au courant qui le parcourt et à celles produites par les courants circulant dans les autres conducteurs du système; de la valeur moyenne de la force électromotrice ainsi déterminée, on déduit ensuite les coefficients de self-induction et d'induction mutuelle. Le calcul algébrique est développé dans l'*Appendice II*. On arrive ainsi à établir qu'en général, dans un système à courants variables dont la somme, à tout instant, est constamment nulle, le coefficient de self-induction d'un conducteur est donné, en unités *C. G. S.*, par la formule

$$L_s = l\left(\frac{1}{2} - 2\log_e r\right), \tag{66}$$

en supposant que tous les conducteurs aient le même rayon r. Quant au coefficient d'induction mutuelle de l'un des autres $n-1$ conducteurs par rapport au premier, il a pour valeur

$$L_m = -2l\log_e l', \tag{67}$$

l' étant la distance, exprimée en centimètres, qui sépare le centre des deux conducteurs considérés.

En particulier, si on se trouve dans le cas de trois courants variables ayant une allure sinusoïdale, on démontre (Voir l'*Appendice II*) que les effets combinés de la self-induction et de l'induction mutuelle peuvent se réduire à un seul effet de self-induction, pourvu que l'on prenne un *coefficient de self-induction apparente* donné par l'expression

$$L^2_1 = \left\{ L_s - \frac{1}{2}\left(L_{m\,1\cdot2} + L_{m\,1\cdot3}\right) \right\}^2 + \left\{ \frac{\sqrt{3}}{2}\left(L_{m\,1\cdot2} - L_{m\,1\cdot3}\right) \right\}^2,$$

dans laquelle L_s et L_m sont les valeurs indiquées précédemment, les chiffres placés au bas de L_m indiquant entre lesquels des trois conducteurs du système s'exercent les effets d'induction mutuelle.

La force électromotrice d'induction due à l'inductance est

généralement décalée en retard, par rapport au courant qui passe dans le conducteur considéré, non pas seulement de $\frac{\pi}{2}$, mais bien d'un angle $\frac{\pi}{2} + \delta$, la valeur de l'angle δ étant donnée par

$$\tan g\,\delta = \frac{\frac{\sqrt{3}}{2}\,(L_{m_{1\cdot2}} - L_{m_{1\cdot3}})}{L_s - \frac{1}{2}\,(L_{m_{1\cdot2}} + L_{m_{1\cdot3}})}.$$

On voit que, si les trois conducteurs du système occupent les sommets d'un triangle équilatéral, $L_{m_{1\cdot2}}$ et $L_{m_{1\cdot3}}$ ont des valeurs égales, l'angle δ est nul et le décalage en retard de la force électromotrice due à l'inductance de la ligne est égal à $\frac{\pi}{2}$.

244. D) Ligne triphasée comportant plusieurs circuits. — Lorsque, pour chacun des trois conducteurs d'un système triphasé, on utilise deux ou plusieurs fils, le problème devient alors assez complexe ; mais la solution générale, déjà citée plusieurs fois, permet de calculer rapidement le coefficient de self-induction apparente de l'un quelconque des conducteurs ainsi que le retard correspondant δ_1. Les formules générales à appliquer dans ce cas sont les suivantes :

$$\left.\begin{aligned} L_{s_1}^2 &= \left\{ A - \frac{1}{2}\,(B + C) \right\}^2 + \left\{ \frac{\sqrt{3}}{2}\,(B - C) \right\}^2 \\[2mm] \tan g\,\delta_1 &= \frac{\frac{\sqrt{3}}{2}\,(B - C)}{A - \frac{1}{2}\,(B + C)} \end{aligned}\right\} \qquad (68)$$

formules dans lesquelles, en désignant par $x'y'z'$, $x''y''z''$, $x'''y'''z'''$, etc., les conducteurs de chaque circuit triphasé, la lettre A représente le coefficient de self-induction du conducteur x' auquel on ajoute la somme des coefficients d'induction mutuelle qu'exercent sur lui les autres conducteurs x'', x''', etc. ; la lettre B est la somme des coefficients d'induction mutuelle qu'exercent sur le conducteur x' les conducteurs y', y'' y''', etc., et enfin la lettre C est la somme des coefficients d'induction mutuelle qu'exercent toujours sur le conducteur x' les conducteurs z', z'', z''', etc.

En modifiant les indices, on trouve les valeurs de A, B et C pour les autres conducteurs ; le calcul doit être effectué pour chacun des conducteurs ; il faut le reprendre pour tous les autres ou tout au moins pour ceux qui, par rapport aux $n - 1$ autres conducteurs, n'occupent pas la même position. Le calcul est unique lorsque les conducteurs occupent les sommets d'un polygone régulier, puisque, dans ces conditions, l'un quelconque des conducteurs occupe une position identique par rapport aux autres, pourvu toutefois que les courants se succèdent sur le pourtour du polygone dans l'ordre suivant : $x'y'z'$; $x''y''z''$; $x'''y'''z'''$, etc. On voit que dans ce cas, B $=$ C. L'inductance reste constante pour tous les conducteurs et a sa valeur minimum possible, parce que B $=$ C, ce qui annule le terme de l'expression qui donne la valeur de $L_{s_1}{}^2$; on a aussi tang $\delta_1 = 0$. Dans ces conditions, le système de n conducteurs est équilibré si les charges sont également réparties sur les trois phases et les tensions à l'arrivée se maintiennent avec la même différence de phase qu'au départ.

Lorsque les conducteurs ne sont pas disposés aux sommets d'un polygone régulier, l'inductance et la force électromotrice qui en résultent varient d'un fil à l'autre et produisent un décalage δ_1 qui, pratiquement, est toujours assez faible.

La chute de tension produite par l'inductance est alors différente dans les trois phases ; mais cette différence ne dépasse jamais pratiquement 5 $^0/_0$, même si les coefficients de self-induction apparente diffèrent entre eux de 30 $^0/_0$, parce que les vecteurs des forces électromotrices de self-induction sont décalés en retard de $\dfrac{\pi}{2} + \delta_1$ par rapport aux vecteurs des courants.

245. Position à donner aux conducteurs d'une ligne multiple. — Lorsqu'il s'agit de déterminer la position à donner aux conducteurs, on doit se préoccuper principalement de ce fait que, si dans les conducteurs appartenant à la même phase les forces électromotrices induites ont des valeurs différentes, il se produit des courants parasites qui peuvent faire baisser notablement le rendement de la ligne, la chute de tension produite par l'inductance ne devant être considérée qu'en second lieu. En plaçant les conducteurs aux sommets d'un polygone régulier, indépendamment de l'inductance minimum (étant supposé qu'on a comparé la valeur de l'inductance avec celle que l'on obtiendrait avec les autres dispositions possibles), on obtient d'avoir une inductance égale pour tous les conducteurs et, par suite, aussi pour tous ceux d'une même phase. On obtient toujours l'inductance égale pour les conducteurs d'une même phase lorsqu'il est possible de disposer les fils de la ligne de manière que, par rapport aux conducteurs d'une phase, ceux des autres phases se trouvent dans des positions identiques.

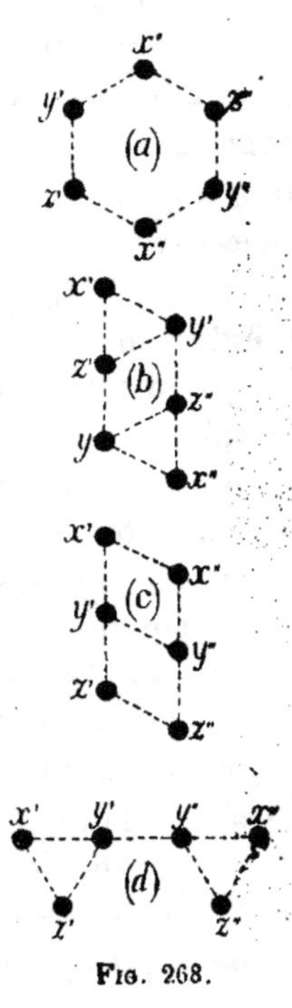

Fig. 268.

Pour faire mieux comprendre les considérations qui précèdent, il suffit de prendre un exemple tel que celui d'une ligne triphasée double constituée par 6 conducteurs de 8 mm de diamètre, distants l'un de l'autre de 60 cm. On peut examiner les quatre dispositions (a), (b), (c) et (d) que montre la figure 268.

Avec la disposition (a), l'inductance est la même pour tous les conducteurs et égale à

$$L_{s_1} = 10{,}23,$$

exprimée en unités absolues par centimètre de longueur.

L'inductance reste également la même pour tous les conducteurs si on les dispose de la manière suivante sur les sommets de l'hexagone : $x'z''y'x''z'y''$. Dans ce cas, la valeur de l'inductance apparente unitaire et constante est encore 10,23.

Avec la disposition (b), l'inductance n'a pas la même valeur pour les trois conducteurs d'un même système triphasé et l'on a :

$$L_{s_1 x'} = 9,9, \quad L_{s_1 y'} = 10,18, \quad L_{s_1 z'} = 11,08,$$

la valeur moyenne étant 10,38. Les valeurs de l'inductance dans les conducteurs x'', y'', z'' du second système triphasé sont respectivement égales à celles des conducteurs x', y', z' du premier système ; on empêche ainsi la production de courants parasites dans les conducteurs d'une même phase tels que $x'x''$; $y'y''$; $z'z''$.

La disposition (c) est celle qui donne lieu à la valeur la plus élevée de l'inductance moyenne. On trouve

$$L_{s_1 x'} = 12,88 \quad L_{s_1 y'} = 11,08, \quad L_{s_1 z'} = 11,65$$

avec 11,87 comme valeur moyenne. Cette disposition ne serait pas avantageuse à adopter à cause de cette valeur moyenne élevée, à moins qu'il n'y ait intérêt à placer les trois conducteurs d'un système triphasé sur un même côté de l'appui. Toutefois il serait alors possible de prendre la disposition (d), qui présente une inductance moins élevée.

La disposition (c), qui n'est pas à conseiller lorsqu'il y a 6 conducteurs, devient la seule possible lorsqu'un même appui doit recevoir 9, 12 ou 15 conducteurs, parce que, dans ce cas, les courants parasites développés par les différentes forces électromotrices d'induction dans les conducteurs d'une même phase sont réduits à leurs valeurs minima, ces conducteurs se trouvant rapprochés les uns des autres (Voir t. I, *fig.* 247, p. 422).

Avec la disposition (d), les inductances ont pour valeur

$$L_{s_1 x'} = 9,99, \quad L_{s_1 y'} = 11,77, \quad L_{s_1 z'} = 10,68,$$

dont la valeur moyenne est 10,81. Avec cette disposition (d), de même qu'avec celles (a), et (b), on obtient ce résultat que les inductances sont égales pour les conducteurs d'une même phase.

246. Suppression de l'induction mutuelle entre les divers circuits. — Pour supprimer les phénomènes d'induction mutuelle entre divers circuits, afin que chaque circuit à courant alternatif simple ou triphasé se comporte, au point de vue de l'inductance, comme s'il était seul, il faut diviser la ligne en sections et changer la position des conducteurs dans chacune d'elles. Ce dispositif a été longuement décrit dans le tome I, pages 423 et 424, et il n'y a pas à revenir ici sur ce sujet, vu le peu d'intérêt pratique que présente ce mode d'installation. On fera seulement remarquer qu'il permet d'annuler les courants parasites dont il a été précédemment question.

247. Chute de tension dans une ligne aérienne de transmission d'énergie. — Le calcul de la chute de tension due aux effets combinés de la résistance et de l'inductance, en négligeant pour le moment l'action de la capacitance de la ligne, peut s'effectuer aussi bien par la méthode graphique que par la méthode analytique, le choix de la méthode dépendant du cas que l'on a à traiter. On décrira les deux méthodes, en commençant par la méthode graphique qui permettra de mieux faire comprendre ensuite la méthode analytique.

Lorsqu'il s'agit d'un circuit à courant alternatif simple, on doit considérer la valeur de la tension à l'arrivée ; on y ajoute géométriquement la chute de tension (en phase avec le courant) due à la résistance complexe de la ligne et celle $\left(\text{décalée d'un}\right.$ angle $\dfrac{\pi}{2} + \delta_1$ par rapport au courant$\left.\right)$ produite par l'inductance de la canalisation entière ; on obtient ainsi la valeur à donner à la tension au départ. Si, au contraire, c'est la valeur de la tension au départ qui est connue, on en retranche géométriquement les deux chutes de tension qui viennent d'être indiquées et l'on obtient ainsi la valeur de la tension disponible à l'extrémité de la ligne.

Si la ligne est triphasée, on opère de la même manière en considérant un circuit à courant alternatif simple imaginaire, constitué par un des fils de ligne et par un fil neutre hypothétique dont la réactance et la résistance auraient une valeur nulle. En d'autres termes, on considère la tension d'un montage en étoile au départ ou bien à l'arrivée, et respectivement on retranche ou l'on ajoute les chutes de tension dues, d'une part, à la résistance ohmique du conducteur et, d'autre part, à sa réactance apparente $2\pi f L_{s_1}$, le coefficient de self-induction apparente L_{s_1} ayant été préalablement calculé par la méthode indiquée dans le paragraphe 244.

Dans les longues lignes de transport électrique d'énergie, lorsqu'on utilise de très hautes tensions, on dispose toujours au point d'arrivée de transformateurs qui réduisent la tension avant que le courant soit envoyé dans le réseau de distribution. Il n'est pas rare, lorsque la tension dépasse 20000 volts, qu'au départ se trouvent aussi des transformateurs qui élèvent la tension du courant fourni par les génératrices à la valeur de la tension de la ligne. L'influence de ces transformateurs sur la valeur de la chute de tension dans la ligne ne peut pas être négligée.

On a vu au paragraphe 142 comment on pouvait substituer à l'action du transformateur celle de simples impédances : l'une en dérivation sur la différence de potentiel du primaire et destinée à tenir compte des pertes qui se produisent lorsque le transformateur fonctionne à vide ; l'autre, en série avec le circuit alimenté. Donc le circuit à courant alternatif simple qu'il faut considérer dans le cas d'une transmission triphasée doit être constitué comme l'indique la figure 269, lorsqu'il y a des transformateurs tant à l'arrivée qu'au départ. Les quantités r_e, x_e, $(r_1 + r'_2 m^2)$, (x/m_2) représentent les valeurs indiquées dans le paragraphe 142.

Sauf pour les applications pratiques inhérentes à la détermination que l'on étudie actuellement, on peut négliger le fonctionnement à vide des alternateurs et l'on supprime ainsi les deux dérivations (r_e, x_e) qui y correspondent ; l'on simplifie ainsi notablement les calculs. En opérant ainsi, on tient compte seulement des effets dus à la résistance des enroulements des transformateurs et à la dispersion magnétique, dont l'action sur la chute de tension n'est pas négligeable. Quant aux pertes à vide des transformateurs, on en tiendra compte dans le calcul des rendements.

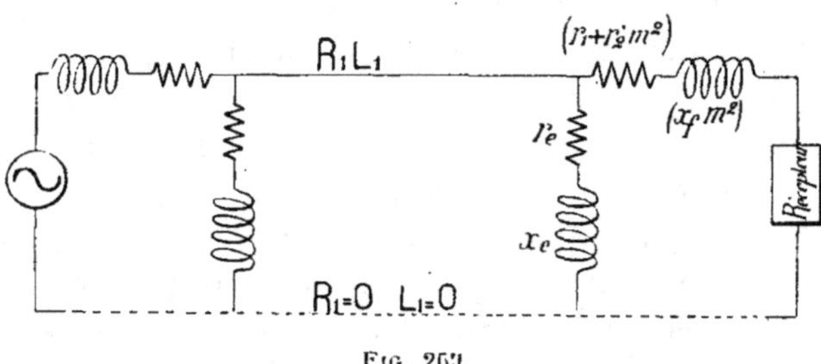

Fig. 269.

Après les explications nécessaires qui précèdent, on peut maintenant examiner comment on doit procéder pour la détermination de la valeur de la chute de tension.

248. Méthode graphique. — Soit U_a (*fig.* 270) le vecteur de la tension étoilée que l'on veut obtenir à l'arrivée s'il s'agit d'un circuit triphasé ou bien le vecteur de la tension dans le cas d'un circuit à courant alternatif simple ; l'on suppose momentanément pour simplifier qu'il n'y a pas de transformateurs. Soit I le vecteur de l'intensité du courant dans le circuit du récepteur auquel correspond la tension U_a, décalée d'un angle φ, par suite de la réactance du circuit d'utilisation.

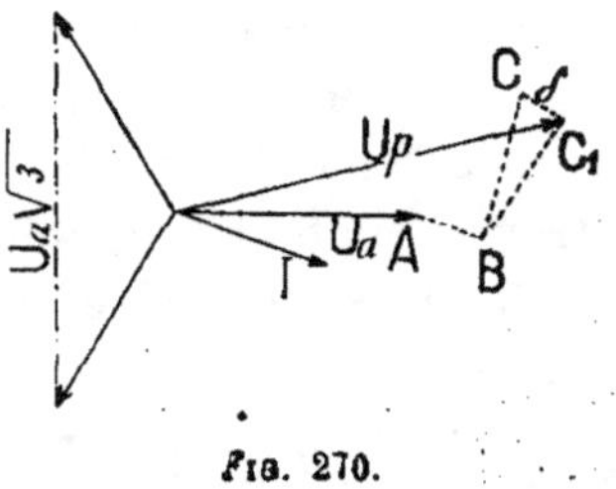

Fig. 270.

En AB, en concordance de phase avec I, on porte un segment, à l'échelle choisie pour les tensions, représentant la chute ohmique de tension $R_1 I$ dans la ligne, R_1 étant la résistance d'un seul conducteur si le circuit est triphasé ou bien celle de la ligne (aller et retour) si le circuit est à courant alternatif simple. Cela fait, on porte en BC un segment $\omega L_{s_1} I = 2\pi f L_{s_1} I$ dans une direction perpendiculaire au vecteur de l'intensité, en prenant pour L_{s_1} (qui doit être exprimé en henrys) une valeur convenable, comme on l'a déjà dit, suivant que le circuit est triphasé ou à courant alternatif simple. Dans le cas d'un circuit triphasé et si l'inductance apparente de chacun des conducteurs n'est pas égale pour tous, on fait tourner le vecteur BC de l'angle δ correspondant en le portant en BC_1. Dans ces conditions, le vecteur $OC_1 = U_p$ donne la valeur en grandeur et en phase de la tension qu'il faut établir au départ pour obtenir à l'arrivée la tension U_a, lorsque la charge est telle qu'elle nécessite l'intensité I avec un facteur de puissance égal à cos φ.

Si la ligne comporte un transformateur à l'arrivée, ou bien un à l'arrivée et un au départ, les résistances et les réactances correspondant aux impédances que l'on substitue aux transformateurs doivent être ajoutées à la résistance et à la réactance apparente de la ligne. Il faut seulement remarquer que la force électromotrice réactive, due à la réactance des transformateurs, est en retard de $\frac{\pi}{2}$ par rapport au vecteur de l'intensité, tandis que celle qui est produite par la réactance de la ligne est en retard de $\frac{\pi}{2} + \delta$ lorsqu'on est en présence d'un circuit triphasé présentant des inductances apparentes différentes pour chacun des conducteurs.

249. Méthode analytique. — Pour résoudre analytiquement le même problème, on décompose le courant en ses deux composantes énergétique et magnétisante $I \cos φ$ et $I \sin φ$ et, pour chacune d'elles, on détermine la chute de tension due à l'impédance $Z_l = \sqrt{|R_l^2 + \omega^2 L_l^2|}$, R_l étant la somme de toutes les résistances et L_t la somme de toutes les inductances. L'impédance totale de la ligne, transformateurs compris, est exprimée en valeur symbolique par

$$Z_t = - R_t - j\omega L_t$$

et $Z_t I$ représente la chute de tension qui en résulte (*fig.* 271).

La valeur de la tension à l'arrivée étant donnée, cette chute de tension doit en être retranchée géométriquement pour obtenir la valeur de la tension au départ ; ou bien la tension au départ doit être donnée par la somme géométrique de la

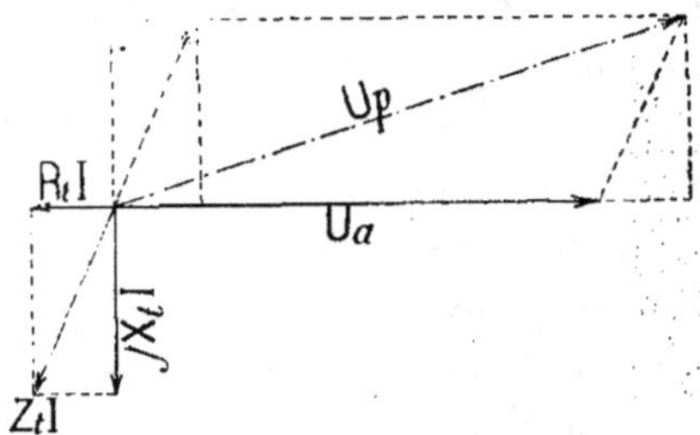

Fig. 271.

tension à l'arrivée et de la force électromotrice qui **compense** exactement la chute de tension et qui est

$$Z_t I = (R_t + j\omega L_t)\, I.$$

On a donc, dans le cas du courant en concordance de **phase** avec la tension à l'arrivée (*fig.* 271),

$$U_p = U_a + (Z_t)\, I.$$

Dans le cas général, lorsque I est décalé par rapport à U_a d'**un** angle φ, on a

$$(U_p) = U_a + (Z_t)\, (I \cos\varphi - jI \sin\varphi)$$

ou bien, en développant,

$$(U_p) = U_a + I \cos\varphi\, (R_t + j\omega L_t) - jI \sin\varphi\, (R_t + j\omega L_t). \quad (69)$$

Cette formule ne tient pas compte de l'angle δ dont il **faut** faire tourner le vecteur correspondant à la force électromotrice réactive due à l'inductance de la ligne ; mais l'erreur ainsi commise est négligeable, car elle est très petite et les résultats que donne la formule **sont** pleinement suffisants. L'angle δ,

même dans le cas d'une disposition irrationnelle des conducteurs, ne dépasse pas en effet 6° à 7°.

Après avoir examiné les divers cas qui se présentent dans
la pratique et les méthodes qu'il convient d'employer pour
résoudre les problèmes qu'ils soulèvent, il ne reste plus qu'à
développer quelques applications pratiques.

250. APPLICATIONS PRATIQUES. — 1° Une ligne de 15 kilomètres de longueur, constituée par deux fils de 6 mm de diamètre, distants l'un de l'autre de 50 cm, est utilisée pour la
transmission électrique de l'énergie à une installation d'éclairage par lampes à incandescence. La tension efficace à l'arrivée
est de 5 000 volts et la fréquence de 50 périodes par seconde.
Il s'agit de déterminer les variations de tension au départ pour
des charges variant de zéro à 150 kilowatts, en admettant, pour
simplifier, que le courant à l'arrivée est constamment en concordance de phase avec la tension.

La résistance d'un fil de cuivre de 6 mm de diamètre à la
température de 0° est de 0,565 ohm par kilomètre. La résistance
totale de la ligne à 0° est de $0,565 \cdot 30 = 16,95$ ohms. Par
suite de l'impureté du cuivre et de la température supérieure
à 0°, on peut admettre que la résistance est augmentée de $10 \, ^0/_0$,
ce qui porte la résistance totale à 18,64 ohms. A pleine charge,
l'intensité du courant dans la ligne est

$$I = \frac{150\,000}{5\,000} = 30 \text{ ampères}$$

et, par conséquent, la perte en ligne par suite de l'effet Joule
est, dans ces conditions,

$$18,64 \cdot (30)^2 = 16\,770 \text{ watts,}$$

soit $11,2 \, ^0/_0$ de la puissance transmise.

L'inductance de la ligne se calcule d'après la formule (65) :

$$L_s = 2l \left\{ \frac{1}{2} + 2 \log_e \frac{l'}{r} \right\} \text{ unités } C.\ G.\ S.$$

Dans le cas actuel, on a

$$2l = 3\,000\,000 \text{ cm.}$$
$$\log_e \frac{l'}{r} = \log_e \frac{50}{0,3} = 5,11.$$

Par conséquent

$$L_s = 3\,000\,000 \left\{ \frac{1}{2} + 2 \cdot 5,11 \right\} = 32\,160\,000 \text{ unités } C.\ G.\ S.,$$

soit, en unités pratiques,

$$L_s = 0,032\,16 \text{ henry.}$$

A pleine charge, c'est-à-dire lorsque l'intensité du courant est de 30 ampères, la chute de tension produite par la résistance ohmique est

$$18,64 \cdot 30 = 559,2 \text{ volts,}$$

soit 560 volts en nombre rond. La chute de tension due à l'inductance de la ligne est

$$\omega L_s I = 2\pi \cdot 50 \cdot 0,03216 \cdot 30 = 300 \text{ volts.}$$

Il s'ensuit que, dans ces conditions, la tension **au départ** devra être

$$\sqrt{(5\,000 + 560)^2 + (300)^2} = 5\,568 \text{ volts,}$$

c'est-à-dire que la chute totale de tension est **de**

$$\frac{568}{5\,568} = 10,2\ \%.$$

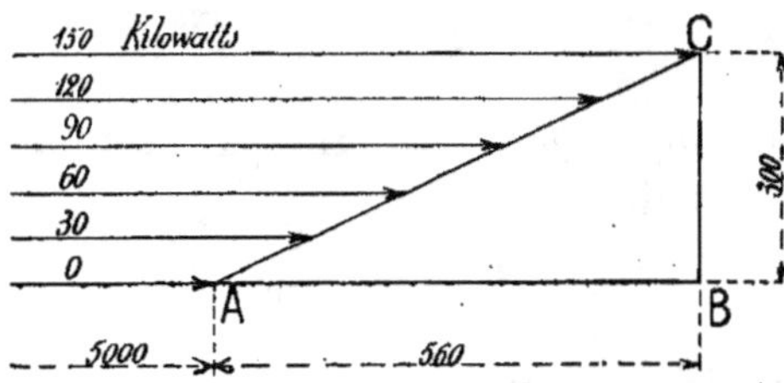

Fig. 272.

Donc, si à partir de A (*fig.* 272), extrémité du vecteur OA (le point O tombe en dehors de la feuille) qui donne la valeur

de la tension à l'arrivée et qui doit rester constante, on porte
sur son prolongement un segment AB correspondant, à l'échelle
choisie, à 560 volts ; que, d'autre part, on élève par le point B
une perpendiculaire BC correspondant à 300 volts, OC donne
la valeur de la tension au départ dans les conditions de la pleine
charge et AC donne le lieu de l'extrémité des vecteurs correspondant aux différentes charges comprises entre zéro et
150 kilowatts.

2° Avec les mêmes constantes et données de l'exemple qui
précède, tracer le diagramme permettant de trouver les valeurs
à donner à la tension au départ pour obtenir à l'arrivée une
tension constante de 5 000 volts pour des charges variant
de 25 en 25 kilowatts, le facteur de charge du réseau de
distribution pouvant pour certaines charges prendre les valeurs
suivantes :

$$\cos \varphi = -\,0,7 \quad -\,0,8 \quad -\,0,9 \quad 1 \quad +\,0,9 \quad +\,0,8 \quad +\,0,7.$$

La construction de ce graphique s'obtient immédiatement,
si l'on remarque que l'impédance de la ligne

$$Z = R + j\omega L_s$$

est constante et que, pour un facteur de charge $\cos \varphi$ du réseau
de distribution, l'intensité du courant dans la ligne est

$$I_1 = \frac{I}{\cos \varphi},$$

si, pour $\cos \varphi$, I est l'intensité du courant qui corres-
pond à la charge moyenne.

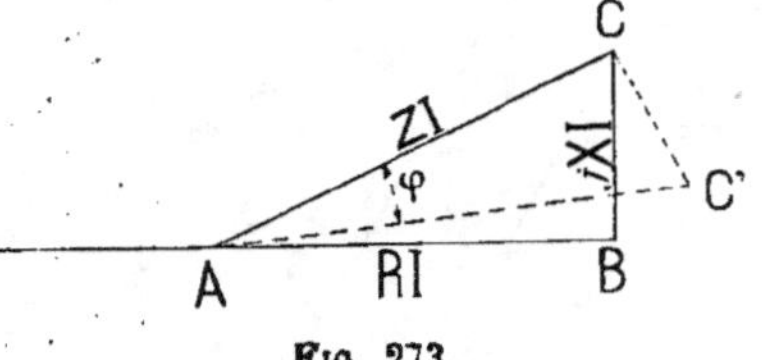

Fig. 273.

La chute de tension due à l'inductance est alors (*fig.* 273)

$$AC' = ZI_1 = Z\,\frac{I}{\cos \varphi},$$

si la droite AC' fait un angle φ avec AC et que CC' soit perpendiculaire à AC. En effet, comme on l'a vu [formule (69)],

les composantes de la chute de tension sont maintenant

$$I_1 \cos \varphi (R + j\omega L_s)$$
$$jI_1 \sin \varphi (R + j\omega L_s).$$

Il suffit donc de construire le triangle fondamental ACB et de faire partir de A (*fig.* 274) des lignes faisant avec AC des angles dont les cosinus correspondent à ceux qui ont été donnés ; puis on divise la ligne AC en cinq parties égales et on trace, par les points de division qui correspondent aux différentes charges, des lignes parallèles à CC'. Les points d'intersection des droites ainsi tracées donnent, pour chaque valeur de cos φ et pour les différentes charges déterminées, les extrémités des vecteurs de la tension à appliquer au départ. On trace ces vecteurs en reliant les points d'intersection avec O.

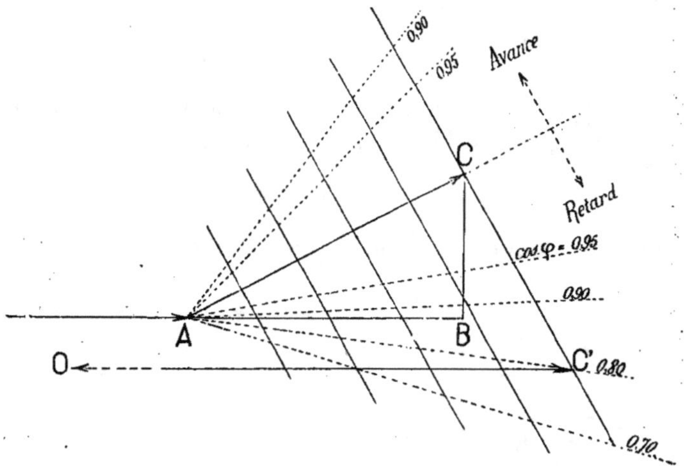

Fig. 274.

Ce procédé est général et peut être toujours appliqué quelle que soit la nature du circuit, toutes les fois que l'impédance du circuit de ligne peut être considérée comme constante aux différentes charges.

3° On veut pouvoir disposer d'une puissance de 500 kilowatts à l'extrémité d'une ligne triphasée de 20 kilomètres de longueur, la tension composée à l'arrivée devant être de 5 000 volts et la perte en ligne de 10 %. L'inductance des réceptrices correspond à cos $\varphi = 0,8$ et la fréquence est de 50 périodes par seconde. Calculer la valeur de la tension nécessaire au départ et déterminer également le nombre convenable de conducteurs.

On suppose en premier lieu que la ligne triphasée est double (6 conducteurs). Chaque ligne devra alors transporter 250 kilowatts et l'intensité du courant dans chaque conducteur sera alors donnée par la formule

$$P = \sqrt{3}UI \cos \varphi = 250\,000 \text{ watts,}$$

d'où, si $U = 5\,000$, on déduit

$$I = 36 \text{ ampères.}$$

La perte d'énergie dans chaque conducteur étant fixée à

$$\frac{250\,000 \cdot 0,1}{3} = 8\,330 \text{ watts,}$$

la résistance à donner à chacun d'eux doit être

$$R = \frac{8\,330}{(36)^2} = 6,4 \text{ ohms.}$$

Dans ces conditions, un fil de cuivre électrolytique de 20 kilomètres de longueur, pour présenter une résistance de 6,4 ohms, doit avoir une section de

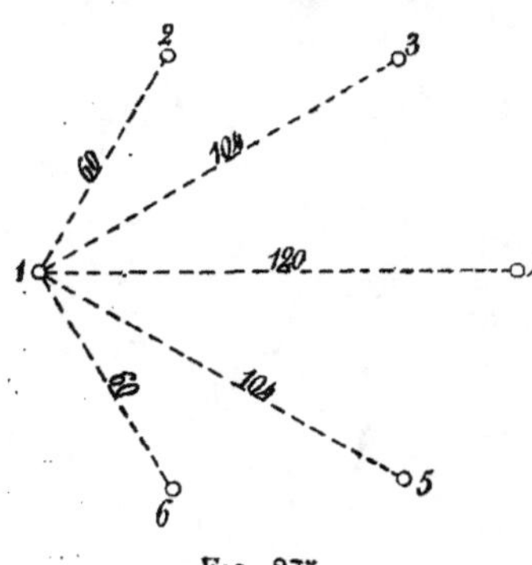

Fig. 275.

$$s = 0,018 \frac{20\,000}{6,4} = 56 \text{ mm}^2,$$

ce qui correspond à un diamètre de 8,5 mm, soit un rayon $r = 0,425$ cm.

Cette section de conducteur convenant parfaitement, on voit qu'il n'y a aucun inconvénient à employer une ligne double en plaçant les 6 conducteurs aux sommets d'un hexagone dont les côtés ont 60 cm de longueur (*fig.* 275).

Il faut maintenant calculer le coefficient de self-induction d'un conducteur (le n° 1 par exemple) et séparément ensuite le coefficient d'induction mutuelle du conducteur **1 par rapport** aux 5 autres.

On utilise à cet effet les formules (66) et (67) ;

$$L_s = \frac{1}{2} - 2\,\log_e r$$
$$L_m = -\,2\,\log_e l'$$

En remplaçant les symboles par leur valeur, on a

$$L_s = 0,5 - 2\,\log_e 0,425 = 0,5 - 2\,(2,30\,\log_{10} 0,425) = 0,5 - 4,6\,(-0,3736)$$
$$= 0,5 + 1,70 = +2,20$$
$$L_{m1 \cdot 2} = L_{m1 \cdot 6} = -2 \cdot 2,30\,\log_{10} 60 = -2 \cdot 4,09 = -8,18$$
$$L_{m1 \cdot 3} = L_{m1 \cdot 5} = -2 \cdot 2,30\,\log_{10} 104 = -2 \cdot 4,64 = -9,28$$
$$L_{m1 \cdot 4} = -2 \cdot 2,30\,\log_{10} 120 = -2 \cdot 4,78 = -9,56.$$

En calculant maintenant les valeurs A, B et C, **on a**

$$A = L_s \quad + L_{m1 \cdot 4} = +2,20 - 9,56 = -\,7,36$$
$$B = L_{m1 \cdot 2} + L_{m1 \cdot 5} = -8,18 - 9,28 = -17,46$$
$$C = L_{m1 \cdot 3} + L_{m1 \cdot 6} = -9,28 - 8,18 = -17,46.$$

Par conséquent

$$L_{s_1}^2 = \left\{ A - \frac{1}{2}(B + C) \right\}^2 + \left\{ \frac{\sqrt{3}}{2}(B - C) \right\}^2 =$$
$$\left\{ -7,36 - \frac{-(17,46 + 17,46)^2}{2} \right\}^2 + \left\{ \frac{\sqrt{3}}{2}(0) \right\}^2 \cdot$$

d'où

$$L_{s_1} = (-7,36 + 17,46) = 10,1.$$

En ce qui concerne le retard δ, la formule

$$\tan \delta = \frac{\dfrac{\sqrt{3}}{2}(B - C)}{A - \dfrac{1}{2}(B + C)}$$

donne dans le cas actuel

$$\tan \delta = 0,$$

puisque $B = C$ et, par conséquent, $\delta = 0$.

Le coefficient d'induction apparente, exprimé en unités absolues et par centimètre de longueur du conducteur est 10,1. Pour toute la longueur du conducteur, ce coefficient exprimé en unités pratiques est

$$10,1 \; \frac{2\,000\,000}{10^9} = 0,020\,26 \text{ henry.}$$

La force électromotrice due à l'inductance dans le conducteur considéré a pour valeur efficace $\omega L_{s_1} I$.

Si le circuit d'utilisation ne présentait pas de self-induction, c'est-à-dire si $\cos \varphi = 1$, l'intensité du courant dans la ligne serait

$$I = \frac{250\,000}{\sqrt{3} \cdot 5\,000} = 29 \text{ ampères.}$$

Dans ces conditions, la chute de tension produite par la résistance ohmique et par l'inductance dans chaque circuit particulier constitué par un fil de ligne et par un fil neutre hypothétique pour lequel $R = 0$ et $L_s = 0$, serait

$$RI = 6,4 \cdot 29 = 186 \text{ volts}$$
$$\omega L_{s_1} I = 314 \cdot 0,020\,26 \cdot 29 = 184 \text{ volts.}$$

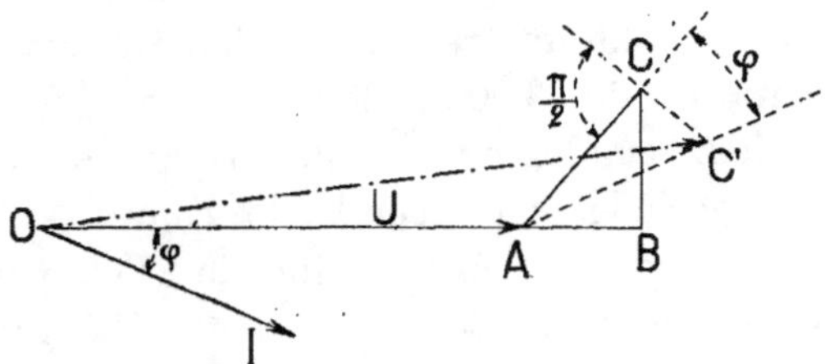

Fig. 276.

Donc, si OA (*fig.* 276) représente la tension étoilée à l'arrivée de $\dfrac{5\,000}{\sqrt{3}} = 2\,890$ volts et si, à la même échelle, on représente par $AB = 186$ volts et par $BC = 184$ volts les composantes de la chute de tension lorsque $\cos \varphi = 1$, le vecteur OC' donne la valeur de la tension au départ lorsque la charge est de 500 ki-

lowatts et que le facteur de puissance du circuit d'utilisation
est cos $\varphi = 0,8$.

Ce graphique conduit au même résultat que celui qui a été
indiqué au paragraphe 248 ; toutefois, comme on le voit par
l'exemple qui vient d'être donné, il permet de calculer plus
rapidement les valeurs de la tension au départ, lorsque, faisant
varier la charge ainsi que cos φ, la tension à l'arrivée doit
rester constante.

On peut contrôler, tant par la méthode graphique que par
la méthode analytique, que, dans les conditions de charge
données, la tension au départ doit être de 3 216 volts et que
le décalage supplémentaire produit par l'inductance de la
ligne se réduit, à 2° 29′, puisque au départ l'intensité est décalée
de 39° 22′ par rapport à la tension appliquée.

La chute de tension totale est donc de

$$\frac{326}{3\,216} = 10,14\ \%.$$

4° Une ligne double triphasée a ses 6 conducteurs placés,
comme l'indique la figure 268 (b), de manière que les conducteurs de la même phase présentent la même inductance ;
sa longueur est de 60 kilomètres et elle doit transmettre une
puissance maximum de 3 000 kilowatts. La différence de
potentiel entre deux conducteurs est de 20 000 volts et la fréquence est de 40 périodes par seconde. Le courant est produit
à la station génératrice sous une tension de 2 000 volts et la
même tension doit être utilisée à l'arrivée. Un groupe de
6 transformateurs, montés par trois en étoile, aussi bien en ce
qui concerne les circuits primaires que les circuits secondaires,
sert à élever la tension dans la station génératrice ; un groupe
identique est utilisé à l'arrivée pour ramener la tension à
2 000 volts.

Les conducteurs de la ligne sont en cuivre et ont un diamètre de 8 mm. La distance séparant deux conducteurs voisins
est de 60 cm.

Les transformateurs, ayant chacun une puissance de 500 kilowatts, ont un primaire de 4 ohms de résistance et un secondaire de 0,03 ohm. Le rapport de transformation $m = 10$; ils présentent une dispersion de 3 $^0/_0$. La tension aux bornes de l'enroulement du côté de la haute tension (montage en étoile) est de $\dfrac{20\,000}{\sqrt{3}} = 11\,600$ et varie de quelques centièmes suivant la charge.

Il faut calculer la tension à appliquer au départ, pour la pleine charge, ayant à l'arrivée cos $\varphi = 0,8$.

Afin de résoudre ce problème, on substituera aux transformateurs les impédances équivalentes (Voir § 247), en négligeant les pertes à vide ; on effectuera les calculs en prenant la valeur de la tension étoilée sur la ligne, sauf ensuite à diviser par m la tension et à multiplier par m les intensités, afin de pouvoir établir les valeurs de ces grandeurs à l'arrivée (réseau de distribution) et au départ (alternateurs). Les décalages de phase sont ceux qui résultent de la totalité du circuit avec les impédances correspondant aux transformateurs intercalés et sous la tension en ligne.

La résistance d'un fil de ligne, à la température maximum de 30°, est de 21 ohms.

L'inductance apparente des trois conducteurs x', y', z' (*fig.* 268, *b*), calculée comme dans l'exemple précédent, a les valeurs respectives 9,9 ; 10,18 et 11,08, en unités absolues par centimètre de longueur. Pour les trois autres conducteurs x', y', z', les inductances sont respectivement identiques.

En prenant 10,4 comme valeur moyenne, la réactance apparente d'un conducteur de la ligne est

$$\omega L_{s_1} = 2\pi \,.\, 40 \,.\, \frac{10,4 \,.\, 6\,000\,000}{10^9} = 16 \text{ ohms}$$

en nombre rond.

L'angle δ dans le cas actuel n'est pas nul, mais on peut le négliger, car il est très petit.

Quant à l'impédance dont la valeur doit être substituée à un transformateur, on a comme résistance ohmique (Voir § 142)

$$4 + m^2\, 0,03 = 4 + (100 \cdot 0,03) = 7 \text{ ohms},$$

et la valeur approximative de la réactance, à pleine charge, est

$$\frac{0,03}{500\,000}\,(11\,600)^2 = 8 \text{ ohms}.$$

On a donc, en résumé :

Résistance correspondant au transformateur
au départ.................... 7 ohms
— d'un fil de ligne................ 21 —
— correspondant au transformateur
à l'arrivée.................... 7 —

$$R_t = 35 \text{ ohms.}$$

Réactance correspondant au transformateur
au départ.................... 8 ohms
— apparente moyenne d'un fil de ligne...................... 16 —
— correspondant au transformateur
à l'arrivée.................... 8 —

$$\omega L_t = 32 \text{ ohms.}$$

Dans ces conditions, à pleine charge, chaque conducteur transportant 500 kilowatts mesurés à l'arrivée, l'intensité en ligne sera donnée par

$$11\,600 I \cos\varphi = 500000$$

et, puisque $\cos\varphi = 0,8$, on a

$$I = 54 \text{ ampères.}$$

Il s'ensuit que la tension au départ devra avoir pour valeur, facteur de réduction laissé de côté [formule (69)],

$$(U_p) = 11\,600 + \left\{ 54 \cdot 0,8\,(35 + j32) \right\} - j54 \cdot 0,6\,(35 + j32)$$
$$(U_p) = 11\,600 + 43,2\,(35 + j32) - j32,4\,(35 + j32)$$
$$(U_p) = 14\,200 + j250$$

et, en valeur absolue,

$$U_p = \sqrt{\left\{ (14\,200)^2 + (250)^2 \right\}} = 14\,202 \text{ volts.}$$

Le décalage de phase entre le vecteur de U_u et celui de U_a est

$$\tan\vartheta = \frac{250}{14\,200} = 0,018 \qquad \vartheta = 1°2'.$$

En réalité, il faudra obtenir aux barres du tableau de distribution une tension de $\dfrac{14\,300}{10}\sqrt{3} = 2\,470$ volts.

Pour calculer rapidement les valeurs respectives à donner à la tension pour différentes charges et pour d'autres décalages de phase, il suffit d'avoir recours à la construction graphique indiquée précédemment pour l'exemple 2°.

5° Dans un réseau de distribution à courant alternatif simple sous 120 volts de tension efficace sont installées des lampes à incandescence, des lampes à arc, ainsi que deux moteurs asynchrones et un moteur synchrone. Le réseau est alimenté par un transformateur de 100 kilowatts de puissance, ayant un rapport de transformation $m = 30$; ce dernier est alimenté à son tour par une ligne ayant une résistance de 12 ohms et une réactance de 15 ohms, à la fréquence normale de 42 périodes par seconde.

On veut calculer la valeur de la tension efficace qu'il faudra appliquer à la station génératrice, lorsque la charge sur le réseau de distribution exige 865 ampères de courant énergétique et 80 ampères de courant magnétisant décalé en retard, charge distribuée de la manière suivante :

	I_a	I_μ
Lampes à incandescence	350	0 ampère.
Lampes à arc.....................	75	$+$ 25 —
Un moteur synchrone surexcité.....	200	— 60 —
Moteur asynchrone nº 1	140	$+$ 85 —
Moteur asynchrone nº 2	50	$+$ 30 —
Totaux...........	815	$+$ 80 ampères.

La puissance que doit fournir le transformateur dans ces conditions est, par conséquent,

$$815 \cdot 120 = 97\,800 \text{ watts}$$

et il fonctionnera par suite presque à pleine charge. Comme il doit fournir également le courant magnétisant décalé en retard, il se produira une chute de tension plus grande que celle que l'on aurait constatée si le courant avait été purement énergétique et cela par suite de la dispersion ; mais, la quantité de courant magnétisant étant petite, on peut négliger cette majoration de la chute de tension. En effet, l'intensité totale a pour valeur

$$\sqrt{(815)^2 + (80^2)} = 819 \text{ ampères,}$$

et, par conséquent,

$$\cos \varphi = \frac{815}{819} = 0,995.$$

Afin de tenir compte aussi de la résistance de l'enroulement primaire, il faut remarquer que, dans les conditions de charge indiquées, la tension aux bornes du primaire doit être de

$$120m + 2,5 \text{ %} = 3\,690 \text{ volts.}$$

Si le transformateur ne présentait pas de pertes dans le fer, l'intensité du courant énergétique dans le primaire aurait pour valeur

$$\frac{815}{30} = 27,17 \text{ ampères ;}$$

si les pertes dans le fer sont de 2,5 % de la puissance totale, c'est-à-dire de 2 500 watts, pour compenser les pertes dues à l'hystérésis et aux courants de Foucault dans le noyau il faudra un courant énergétique de

$$\frac{2\,500}{3\,690} = 0,675 \text{ ampère.}$$

Par conséquent l'intensité totale du courant énergétique dans le primaire sera de

$$27,17 + 0,675 = 27,85 \text{ ampères,}$$

en chiffres ronds.

L'intensité du courant magnétisant aura pour valeur

$$\frac{80}{30} = 2,67,$$

valeur à laquelle il faut ajouter l'intensité du courant magnétisant à vide. Dans un transformateur de grande puissance, on peut admettre que cette intensité est égale à $3\,^0/_0$ de l'intensité totale.

En prenant 30 ampères comme valeur de l'intensité maximum, on peut estimer à 0,9 ampère la valeur de la composante magnétisante à vide. On aura donc comme intensité définitive dans la ligne :

$$I_a = 27,17 + 0,675 = 27,85 \text{ ampères}$$
$$I_\mu = 2,67 + 0,9 = 3,57 \text{ ampères.}$$

L'intensité totale et le décalage de phase sont

$$I = 28 \text{ ampères}$$
$$\varphi = 7^o\,30'.$$

Aux bornes du transformateur, la tension appliquée de 3 690 volts peut se décomposer en une tension active de

$$3\,690 \cos\varphi_t = 3\,690 \cdot 0,9914 = 3\,658,2 \text{ volts}$$

et en une tension réactive de

$$3\,690 \sin\varphi = 3\,690 \cdot 0,139 = 480 \text{ volts.}$$

Mais, d'autre part, par suite de la résistance ohmique et de la réactance que présente la ligne, on aura une chute de tension active de

$$12 \cdot 28 = 336 \text{ volts.}$$

et une chute de tension réactive de

$$15 \cdot 28 = 420 \text{ volts}$$

Il s'ensuit qu'à la station génératrice la tension, au départ, devra avoir pour valeur

$$\sqrt{\left\{ (3\,658,2 + 336)^2 + (480 + 420)^2 \right\}} = 4\,094 \text{ volts,}$$

et le décalage de phase de l'intensité par rapport à la tension sera

$$\varphi = \operatorname{arc\,tang} \frac{480 + 420}{3\,658,2 + 336} = 12^o\,45'.$$

251. Effets dus à la capacité. — Pour calculer les effets produits par la *capacité de la ligne*, effets qui, ainsi qu'on l'a fait remarquer au paragraphe 139 du tome I, présentent seulement une certaine importance dans le cas de très longues lignes, on peut recourir à une simple considération qui, comme l'a démontré l'auteur[1], permet de déterminer promptement la capacité d'un conducteur par rapport à la terre et par rapport aux autres conducteurs qui lui sont parallèles.

Il convient d'abord de faire remarquer que la valeur de la capacité ainsi obtenue ne tient pas compte de la capacité des isolateurs qui supportent le fil et que, dans le cas de très hautes tensions exigeant des isolateurs de grandes dimensions, cette capacité peut être du même ordre de grandeur que celle du conducteur considéré isolément. On ne tient pas compte non plus de l'influence des appuis métalliques lorsque la ligne en comporte.

La capacité d'un conducteur cylindrique, par rapport à un plan indéfini métallique qui lui est parallèle, cas identique à celui d'un conducteur ordinaire par rapport à la terre, a pour valeur, par unité de longueur, lorsqu'elle est exprimée en unités électrostatiques et que le fil se trouve dans l'air dont la constante diélectrique est égale à l'unité :

$$c = \frac{1}{2 \log_e \frac{D}{r}}.$$

r étant le rayon du conducteur et $\frac{D}{2}$ la distance de son axe au plan métallique ou à la terre (*fig.* 277). Cette capacité a une valeur double de celle que le même conducteur présenterait par rapport à un autre conducteur parallèle, placé symétriquement à la même distance $\frac{D}{2}$ du plan, mais du côté opposé et ayant une charge contraire à celle à celle du premier.

1. *Elettricista*, février 1902.

Alors', avant de considérer l'action de la terre, on peut, dans les cas de la pratique, considérer celle du second conducteur pris comme image virtuelle du premier, en supposant un miroir étendu à la surface du sol, étant admis que la capacité de ce conducteur par rapport à son image est exprimée par

$$C = \frac{1}{2 \log_e \frac{D}{r}},$$

et non par

$$C = \frac{1}{4 \log_e \frac{D}{r}},$$

comme cela serait si le second conducteur était réel au lieu d'être une simple image virtuelle.

Fig. 277.

Dans ces conditions, si le conducteur par unité de longueur possède une charge d'électricité de quantité q que l'on suppose répartie le long de l'axe du fil, le potentiel U à la surface du conducteur dépend de $q = CU$ et, par conséquent,

$$U = \frac{q}{\frac{1}{2 \log_e \frac{D}{r}}} = 2q \log_e \frac{D}{r}.$$

Les surfaces équipotentielles en dehors du fil vont graduellement en se déformant, et la déformation maximum se trouve au voisinage de la terre qui, considérée comme un plan, constitue ainsi une surface de niveau $U = 0$.

Dans les régions voisines du conducteur considéré, si celui-ci est suffisamment éloigné de la terre, les surfaces équipotentielles dues à la charge q peuvent être considérées comme cylindriques et concentriques au fil et cela avec une approximation bien suffisante au moins pour le $\frac{1}{10}$ de la distance qui sépare le conducteur de la terre. Pratiquement on rencontre dans cet intervalle les autres conducteurs de la ligne.

Ceci dit, on peut admettre que le potentiel au point P dû à la charge q est

$$U_1 = 2q \, \log_e \frac{D}{d}.$$

Si en P se trouve un conducteur de faible diamètre tendu parallèlement au premier, on peut admettre alors que le potentiel U, dû à la charge q, se répartit uniformément sur sa surface ; donc ce conducteur reçoit une charge, par unité de longueur, d'une quantité d'électricité q_p, charge que l'on suppose concentrée le long de son axe. Dans ces conditions, le potentiel à la surface de ce conducteur aura pour valeur

$$U_1 + 2q_p \, \log_e \frac{D_p}{r_p},$$

D_p étant la distance qui le sépare de son image virtuelle et r_p étant le rayon de sa section. Si autour du point P se trouvent d'autres conducteurs cylindriques, placés parallèlement et chargés, le potentiel aura pour valeur définitive

$$U_p = 2q_p \, \log_e \frac{D_p}{r_p} + \Sigma 2q \, \log_e \frac{D}{d}. \tag{70}$$

Cette équation peut être établie pour chacun des conducteurs de la ligne et, puisque la valeur du potentiel de chacun des différents conducteurs est connue, dans les conditions de fonctionnement normal, on a ainsi un nombre d'inconnues q égales à celles des équations. U et q étant connus, la capacité de chaque conducteur peut être immédiatement déterminée.

En se référant à la définition du potentiel, l'expression donnée représente le travail à effectuer en opposition aux forces électriques pour transporter l'unité de quantité d'électricité du point où le potentiel est zéro jusqu'à la surface du conducteur considéré. Il s'ensuit que la valeur de la capacité donnée par la formule représente la capacité de ce conducteur par rapport à un plan hypothétique où le potentiel peut être considéré comme nul (zone neutre). Ainsi, dans le cas d'une ligne à courant alternatif simple (*fig.* 278), la capacité serait représentée par celle du condensateur constitué par un conducteur et le plan RS par rapport auquel les deux conducteurs sont symétriquement placés.

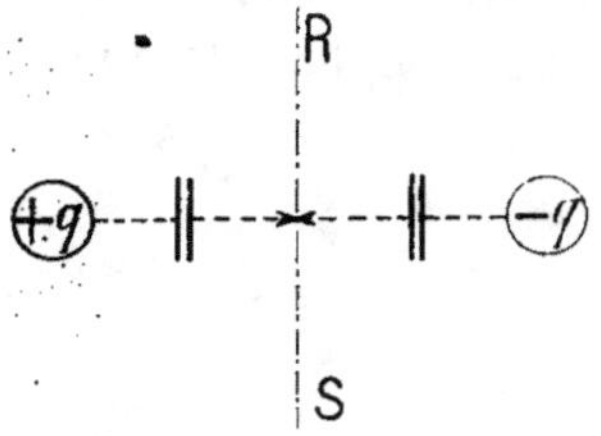

FIG. 278.

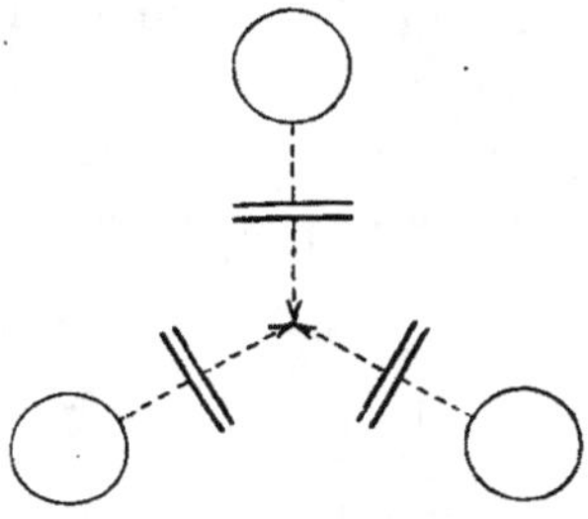

FIG. 279.

Dans le cas d'une ligne triphasée, la capacité serait exprimée par rapport à une ligne imaginaire de potentiel nul (intersection de trois plans de potentiel nul) occupant le centre du triangle (*fig.* 279). Ces deux cas et particulièrement le second présentent un grand intérêt, c'est pourquoi on va les développer.

252. CAS D'UNE LIGNE A COURANT ALTERNATIF SIMPLE. — Les deux conducteurs ayant à tout instant des potentiels égaux, mais de sens opposés. et, par conséquent, les charges étant égales et de sens contraires, on peut exprimer la valeur instantanée du potentiel pour l'un comme pour l'autre des deux conducteurs par

$$u = 2q \log_e \frac{D}{r} + 2(-q) \log_e \frac{D_1}{d},$$

expression qui donne, en supposant que les conducteurs soient situés dans un plan horizontal ($D = D_1$),

$$u = 2q (\log_e d - \log_e r) = 2q \log_e \frac{d}{r}.$$

La capacité d'un des conducteurs, considérée comme on l'a

indiqué précédemment, est par conséquent

$$ C = \frac{q}{u} = \frac{1}{2 \log_e \dfrac{d}{r}}. $$

La capacité de l'autre conducteur a la même valeur. Les deux condensateurs étant montés en cascade, la capacité complexe, c'est-à-dire la capacité de la ligne par unité de longueur, a une valeur moitié de la précédente, soit

$$ C = \frac{1}{4 \log_e \dfrac{d}{r}}, $$

résultat bien connu.

253. Cas d'une ligne triphasée. — Le problème relatif à une ligne triphasée est beaucoup plus simple à résoudre lorsque, au lieu des distances D_1, D_2, D_3 séparant les conducteurs de leurs images virtuelles, on prend une distance unique, D, correspondant à la valeur moyenne des précédentes. L'erreur que l'on commet ainsi est pratiquement négligeable.

On a, en général,

$$ u = 2\,(Q \sin \omega t) \log_e \frac{D_1}{r} + 2\left[Q \sin\left(\omega t - \frac{2\pi}{3}\right)\right] \log_e \frac{D_2}{d} + $$
$$ + 2\left[Q \sin\left(\omega t - \frac{4\pi}{3}\right)\right] \log_e \frac{D_3}{d}. $$

En mettant dans les trois termes la distance unique D et en développant, on obtient

$$ u = 2Q\left\{ \sin \omega t \, \log_e \frac{D}{r} + \left(-\frac{1}{2}\sin \omega t - \frac{\sqrt{3}}{2}\cos \omega t\right)\log_e \frac{D}{d} + \right.$$
$$ \left. \left(-\frac{1}{2}\sin \omega t + \frac{\sqrt{3}}{2}\cos \omega t\right)\log_e \frac{D}{d} \right\} $$

c'est-à-dire

$$ u = 2Q\left\{ \sin \omega t \, \log_e \frac{D}{r} - \sin \omega t \, \log_e \frac{D}{d} \right\} $$
$$ u = 2Q \sin \omega t \, \log_e \frac{d}{r} $$

et, par conséquent, la capacité d'un des conducteurs d'une ligne triphasée par rapport à la zone neutre est exprimée par

$$\frac{Q \sin \omega t}{u},$$

c'est-à-dire par

$$C = \frac{1}{2 \log_e \frac{d}{r}}$$

par unité de longueur, correspondant au double de la capacité du condensateur formé par deux conducteurs seulement.

254. Pour appliquer la formule qui vient d'être établie, il faut exprimer la capacité en farads, les tensions en volts et les intensités en ampères. On sait que l'unité électromagnétique absolue de capacité vaut $(3 \cdot 10^{10})^2$ unités absolues électrostatiques et que le farad a pour valeur 10^{-9} de l'unité absolue. Le rapport entre le farad et l'unité absolue électrostatique est donc

$$(3 \cdot 10^{10})^2 \cdot 10^{-9} = 9 \cdot 10^{11}.$$

Si ensuite on rapporte la capacité au kilomètre de longueur $(10^5 \, \text{cm})$ et que l'on réduise les logarithmes naturels en logarithmes décimaux, on a, une fois les opérations effectuées :

Pour une ligne à courant alternatif simple :

$$C = \frac{0{,}0242 \cdot 10^{-6}}{2 \log_{10} \frac{d}{r}} \quad \text{farad par kilomètre de ligne ;}$$

Pour une ligne triphasée et par rapport à la zone neutre :

$$C = \frac{0{,}0242 \cdot 10^{-6}}{\log_{10} \frac{d}{r}} \quad \text{farad par kilomètre de conducteur.}$$

La capacité étant connue, on trouve immédiatement la valeur efficace de l'intensité du courant de charge dans le condensateur à l'aide de la formule (32) (Voir § 65) :

$$I_e = \omega C U,$$

U représentant la valeur efficace de la différence de potentiel entre les armatures du condensateur, différence de potentiel normale pour le cas d'une ligne à courant alternatif simple et différence de potentiel entre un conducteur et le centre de l'étoile (tension correspondant à une phase) dans le cas d'une installation triphasée.

Ainsi, dans l'exemple — 4° — donné page 581, dans lequel $d = 60$ cm et $r = 0,4$ cm, on a

$$= \frac{0,0242 \cdot 10^{-6}}{\log_{10} \frac{60}{0,4}} = 111,25 \cdot 10^{-10} \text{ farad par kilomètre,}$$

et pour 60 kilomètres de conducteurs,

$$C = 6675 \cdot 10^{-10} \text{ farad.}$$

La fréquence étant de 40 périodes par seconde, l'intensité du courant de charge pour chaque conducteur est

$$I_c = 2\pi f C U = 250 \cdot 6675 \cdot 10^{-10} \cdot 11600 = 1,94 \text{ ampère.}$$

Il en serait ainsi si la totalité de la capacité se trouvait en un seul point sous la tension alternative U; mais les phénomènes sont bien différents.

La capacité n'est pas en effet placée en un point unique, mais est uniformément répartie sur toute la longueur de la ligne ; c'est pourquoi on examinera dans un des paragraphes suivants le moyen d'établir des formules générales qui tiennent compte des phénomènes de réactance et de capacitance de la ligne ainsi que des dérivations d'un fil à l'autre ; on se bornera à indiquer la méthode à suivre pour obtenir une solution approximative qui, dans la pratique, est plus que suffisante pour se rendre compte de la grandeur du phénomène.

255. Capacité répartie en quelques points. — La capacité totale de la ligne ou du conducteur, suivant qu'elle est à courant alternatif simple ou triphasé, peut être subdivisée en un certain nombre de capacités égales et l'on peut admettre qu'elles sont placées en quelques points seulement de la ligne. Prati-

-quement, il est plus que suffisant de concentrer en un point
la capacité correspondant à 10 kilomètres de ligne, 5 kilomètres de chaque côté de ce point. On voit alors immédiatement que l'impédance de la dernière section APQB du circuit
(*fig.* 280) est en dérivation avec l'impédance du condensateur
AB et on trouve alors la valeur résultante. Cette impédance
est en outre en série avec l'impédance de la section ACBD du
circuit et, à son tour, cette impédance totale ainsi trouvée
est en dérivation par rapport à celle du condensateur CD. En
procédant ainsi jusqu'au point de départ de la ligne, on peut
calculer la valeur approximative de l'impédance de la totalité
de cette ligne. Naturellement on peut aussi calculer, section
par section, les tensions et intensités correspondant à une
charge déterminée.

Il est évident que l'on peut établir des formules générales
pour chaque section d'une ligne divisée en un nombre plus ou
moins grand de parties. Le calcul n'est point compliqué et
constitue un excellent et utile exercice d'application ; mais
il est préférable de développer graduellement le problème
numérique du cas considéré, parce que l'on peut ainsi suivre
les variations des valeurs de la tension et de l'intensité.

Pour la rapidité des calculs, l'emploi de l'hyperbole équilatère, exposée au paragraphe 37, est d'un grand secours, précisément parce qu'il est constamment nécessaire de trouver la
valeur de l'admittance correspondant à une certaine impédance
et réciproquement. Mais il ne faut pas perdre de vue qu'avec
les grandeurs en jeu dans le cas d'une ligne aérienne, le degré
d'approximation que l'on peut atteindre par l'emploi de la
méthode graphique est très faible.

256. APPLICATION PRATIQUE. — Dans une installation de transport d'énergie par courants triphasés à lignes multiples, la
résistance d'un conducteur est de 20 ohms et la réactance
apparente de 25 ohms. La capacitance totale de la totalité
du conducteur par rapport à la zone neutre (conducteur idéal
reliant les centres des étoiles) est de 3160 ohms. La tension

étoilée à l'arrivée est de 15 000 volts efficaces et l'on admet que, par suite de dérivations d'un conducteur à l'autre, chaque branche du circuit triphasé absorbe environ 2,5 ampères.

On veut calculer la tension qu'il faudra appliquer au départ de la ligne, lorsque la charge à l'arrivée exige 94 ampères de courant énergétique et 42 ampères de courant magnétisant décalé en retard.

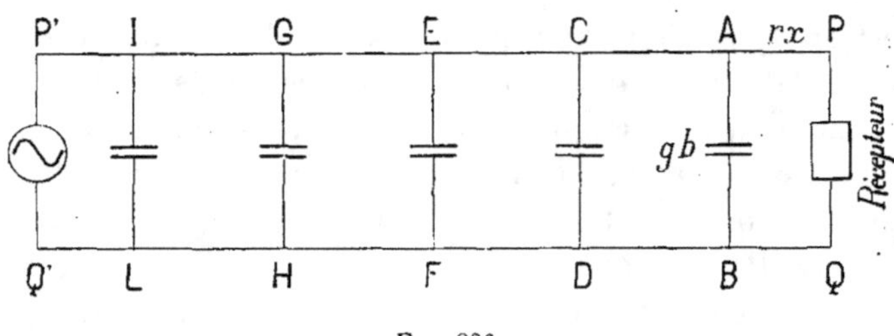

Fig. 280.

On peut admettre que la ligne correspond à un circuit élémentaire divisé en 5 sections et que la cinquième partie de la capacité totale est placée au centre de chacune de ces sections. Alors l'impédance présentée par les deux sections extrêmes de la ligne AP et P'I (*fig.* 280) est $2-j2,5$, tandis que, dans les sections intermédiaires AC, CE, EG, GI, cette impédance a pour valeur $4-j5$.

En dérivation entre les points AB, CD, etc., on suppose qu'il y a des condensateurs, chacun d'eux présentant une capacitance de

$$\frac{1}{\omega C} = 3\,160 \cdot 5 = 158\,000 \text{ ohms.}$$

De plus, pour tenir compte des dérivations existant entre les divers conducteurs, on admet que chacun de ces condensateurs absorbe un courant énergétique de $\dfrac{2,5}{5} = 0,5$ ampère, correspondant à une résistance ohmique de 30 000 ohms sous une tension de 15 000 volts, de sorte que l'impédance de chaque condensateur est exprimée par

$$(Z) = 30\,000 + j15\,800$$

correspondant à une admittance

$$(\mathbf{Y}) = 0,000\,025 - j0,000\,013,$$

ce qui résulte de calculs effectués à l'aide des formules (23) et (24).

L'intensité totale et le décalage de phase à l'arrivée sont

$$I = \sqrt{\left| (94)^2 + (42)^2 \right|} = 103 \text{ ampères}$$
$$\tang \varphi = \frac{42}{94} = 0,445, \quad \varphi = 24°.$$

Par conséquent, l'impédance du circuit du récepteur PQ est, d'après la formule (29),

$$(\mathbf{Z}) = \frac{U \cos \varphi}{I} - j \frac{U \sin \varphi}{I} = 133 - j60.$$

En ajoutant à cette impédance celle de la partie AP de la ligne, on a

$$(\mathbf{Z}) = 133 - j60 + (2 - j2,5) = 135 - 62,5j$$

comme expression de l'impédance dans la section APQB, du circuit

A cette impédance correspond une admittance

$$(\mathbf{Y}) = 0,006\,094 + j0,002\,827,$$

à laquelle il faut ajouter l'admittance du premier condensateur :

$$0,000025 - j0,000013$$

Par conséquent, l'admittance totale entre les points A et B est la suivante :

$$(\mathbf{Y}) = 0,006\,094 + j0,002\,827 + (0,000\,025 - j0,000\,013) = 0,006\,119 + j0,002\,807.$$

A cette admittance correspond une impédance

$$(\mathbf{Z}) = 135,01 - j61,93$$

à laquelle il faut ajouter l'impédance $4 - j5$ de la partie AC. On continue à opérer comme il vient d'être indiqué et ainsi de suite, en remontant jusqu'au départ de la ligne. En effectuant les calculs, on trouve :

Inpédance de la partie CAPQBD du circuit :

$$(Z) = 139,01 - j66,93,$$

l'admittance correspondante étant

$$(Y) = 0,005\,840 + j0,002\,811,$$

En y ajoutant l'admittance du condensateur CD, on a l'admittance totale du circuit considéré, qui est maintenant

$$(Y) = 0,005\,865 + j0,002\,798,$$

et l'impédance correspondante est

$$(Z) = 138,89 - j66,26.$$

On ajoute l'impédance de CE, et l'on a

$$(Z) = 142,89 - j71,26$$

pour expression de l'impédance de EC...DF, à laquelle correspond une admittance de

$$(Y) = 0,005\,603 + j0,002\,794.$$

En ajoutant à cette dernière admittance celle du condensateur EF pour avoir l'admittance totale dudit circuit, le résultat est

$$(Y) = 0,005\,628 + j0,002\,781.$$

A cette admittance correspond une impédance

$$(Z) = 142,87 - j70,56,$$

à laquelle on ajoute l'impédance que présente EQ, ce qui donne

$$(Z) = 146,87 - j75,56$$

comme valeur de l'impédance du circuit GE...FH, à laquelle correspond une admittance

$$(Y) = 0,005\,385 + j0,002\,771.$$

En y ajoutant l'admittance du condensateur GH, on trouve

$$(Y) = 0,005\,410 + j0,002\,758,$$

qui est l'expression de l'admittance totale de ce circuit, dont l'impédance est

$$(Z) = 146,71 - j74,79.$$

On ajoute à cette impédance celle de la partie GI, ce qui donne

$$(Z) = 150,71 - j79,79,$$

dont l'admittance correspondante est

$$(Y) = 0,005\,182 + j0,002\,743.$$

On y ajoute l'admittance du condensateur IL, et l'on a

$$(Y) = 0,005\,207 + j0,00273,$$

à laquelle correspond l'impédance

$$(Z) = 150,64 - j78,98.$$

Enfin, en ajoutant l'impédance de la partie IP', qui est égale à $2 - j2,5$, on a

$$(Z) = 153 - j82,$$

expression donnant l'impédance totale de la ligne, réceptrice comprise, dans les conditions de charge indiquées.

A la rigueur, pour trouver la valeur de la tension au départ, il faudrait maintenant calculer les intensités de courant dans chacune des parties de la ligne et, après avoir déterminé les chutes de tension active et réactive, les ajouter aux tensions correspondantes précédentes. Mais on peut procéder d'une manière plus rapide à l'aide d'un calcul approximatif. On peut admettre que, pour chaque condensateur, la tension est la même et que chacun d'eux consomme 0,5 ampère de courant énergétique et 0,95 ampère de courant magnétisant en avance, 0,95 étant égal à $\dfrac{15\,000}{15\,800}$. L'alternateur devra donc débiter

$$94 + (5 . 0,5) = 96,5 \text{ ampères}$$

de courant énergétique et

$$42 - (5 . 0,95) = 37,25 \text{ ampères}$$

de courant magnétisant. Par conséquent l'intensité totale a pour valeur

$$I = \sqrt{\{(96,5)^2 + (37,25)^2\}} = 103,4 \text{ ampères.}$$

La valeur absolue de l'impédance étant

$$Z = \sqrt{\{(153)^2 + (82)^2\}} = 174 \text{ ohms,}$$

il s'ensuit que la tension nécessaire pour obtenir un débit de 103,4 ampères est de

$$U = ZI = 174 . 103,4 = 17\,991 \text{ volts,}$$

ce qui donne la solution du problème.

Il convient de faire remarquer qu'en négligeant la capacité et les dérivations entre conducteurs, l'impédance totale de la ligne est de

$$(Z) = 133 - j60 + (20 - j25) = 153 - j85,$$

et, en valeur absolue,

$$Z = \sqrt{\{(153)^2 + (85)^2\}} = 175 \text{ ohms}$$

L'intensité totale étant

$$I = \sqrt{\{(94)^2 + (42)^2\}} = 103 \text{ ampères,}$$

la tension à appliquer au départ pour obtenir 15 000 volts dans les conditions de charge indiquées est

$$U = 175 . 103 = 18\,025 \text{ volts.}$$

On peut en conclure que la capacité de la ligne considérée peut parfaitement bien être négligée dans les conditions de charge normale. Cette capacité, donnant lieu à un courant de charge décalé en avance de $\frac{\pi}{2}$ par rapport à la tension, peut produire des effets sensibles à vide ou lorsque la ligne vient à être brusquement interrompue ; c'est ce qui a été expliqué complètement dans le paragraphe 139 du tome I.

257. Capacité uniformément distribuée. — Dans une ligne de transmission électrique d'énergie, la capacité n'est point répartie en des points déterminés, mais bien uniformément distribuée. Ce n'est que pour faciliter les explications que l'on a admis, dans le paragraphe précédent, que les capacités étaient réparties en plusieurs points déterminés, afin de montrer, par un exemple pratique, le peu d'influence qu'exerce la capacité dans le cas de tensions de 15 000 à 20 000 volts et d'une longueur de ligne de 60 à 80 kilomètres. Il faudrait maintenant, pour préciser, développer le cas général pour arriver à établir les formules pratiques permettant d'éviter les calculs intermédiaires, afin de déterminer, étant donné la tension à l'arrivée, la valeur de celle à appliquer au départ.

Le calcul à faire est un peu laborieux, soit que l'on ait recours à l'analyse, soit que l'on utilise la méthode des quantités complexes.

Avec la méthode analytique, on part toujours des équations différentielles aux dérivées partielles relatives à l'augmentation élémentaire de l'intensité et de la tension dans un conducteur de longueur égale à l'unité, présentant de la résistance, de l'inductance, de la capacitance et de la conductance d'isolement, et l'on suit la méthode ordinaire de l'analyse en représentant les grandeurs vectorielles par leurs expressions trigonométriques, comme le fait M. Heaviside.

La méthode des quantités complexes, adoptée par MM. Steinmetz, Lacour et autres, consiste à représenter les grandeurs vectorielles par des quantités complexes.

Il n'entre pas dans le cadre du présent ouvrage d'exposer ces deux méthodes, ni de donner les formules établies par les auteurs qui viennent d'être cités, parce qu'elles exigeraient de longues explications. Du reste les résultats que l'on peut obtenir à l'aide de ces formules sont les mêmes que ceux que l'on déduit du développement graphique du problème, étant admis que la capacité est placée en des points déterminés. Le degré d'exactitude que permet d'obtenir la méthode graphique est évidemment d'autant plus grand que plus nombreux sont les points de répartition de la capacité.

Donc, pour effectuer le calcul, il suffit de supposer la capacité répartie en un nombre suffisamment grand de points différents, c'est-à-dire à diviser le circuit en un certain nombre de sections. Soient U_a (*fig.* 281) la tension à l'arrivée et I_1 l'intensité du courant pour des conditions de charge déterminées. Par suite de la résistance et de l'inductance que présente la première partie du circuit, le vecteur de la tension en AB (*fig.* 280) est U_2. L'intensité du courant dans la première dérivation, dérivation due à la conductance d'isolement, a pour valeur i; ce courant est en concordance de phase avec U_2 et son intensité est proportionnelle à la tension U_2. Dans le condensateur, il passe un courant i_c décalé de $\frac{1}{4}$ de période en avance par rapport à la tension U_2 et d'une intensité proportionnelle à cette dernière. Dans la deuxième partie

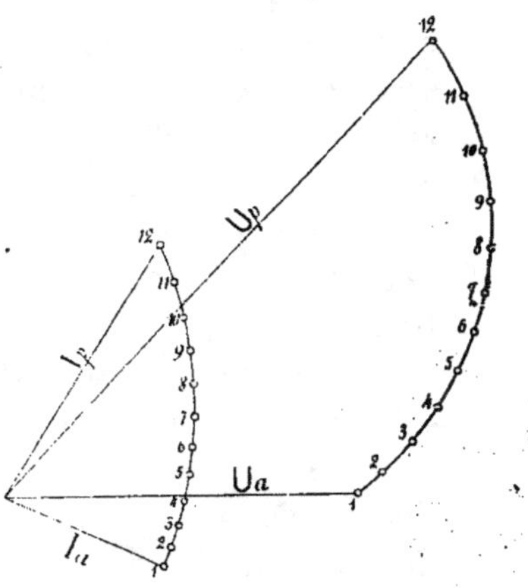

Fig. 281.

du circuit, l'intensité du courant est, par conséquent, I_2; en ajoutant à U_2 la chute de tension produite par la résistance ohmique de la ligne et par l'inductance, on trouve que la tension dans la partie CD (*fig.* 280) est représentée par U_3, et ainsi de suite jusqu'à l'extrémité de la ligne. Les extrémités des vecteurs se trouvent situées sur deux courbes qui diffèrent d'autant moins de celles qui correspondent à une répartition uniforme de la capacité que plus nombreux sont les points de répartition de cette capacité.

La figure 281 est intéressante parce qu'elle montre les variations, en 12 points successifs de la ligne, de la tension, de l'intensité et du décalage de phase. On voit immédiatement que, dans le cas examiné, tandis que l'intensité est décalée en retard par rapport à la tension à l'arrivée, elle est, au contraire, décalée en avance au départ. L'intensité du courant non seulement n'est plus constante dans la ligne, mais diminue uniformément ; il en est de même de la tension. Toutes les grandeurs variant comme des ondes, on peut trouver facilement par la méthode graphique les valeurs de l'intensité et de la tension, en 12 points considérés de la ligne, aux différents instants successifs de la période. Il suffit, à cet effet, de supposer qu'une ligne partant de O (origine des temps) tourne d'un mouvement uniforme et correspondant à la période. En marquant les diverses positions qu'elle prend à différents moments successifs de la période et en projetant au-dessus de la ligne les points 1, 2, 3, 4, ..., 12 des deux courbes pour chacune de ces positions, on construit le diagramme de l'intensité et de la tension, en portant les valeurs de ces grandeurs comme ordonnées et en prenant pour abscisses la distance des points considérés à l'extrémité réceptrice.

On peut aussi construire un autre diagramme en traçant une droite représentant la ligne de transmission et, aux points considérés, porter en ordonnées les valeurs efficaces de la tension, de l'intensité et de la grandeur du décalage. On obtient alors un diagramme comme celui que montre la figure 282 qui correspond au diagramme figure 283. Au point d'arrivée de la ligne, I_a étant égal à zéro, le cas représenté est celui du fonctionnement à vide.

Il est évident que le diagramme est modifié suivant les différentes charges. Le diagramme du fonctionnement à vide présente une grande importance pour le technicien, parce que les phénomènes de capacitance ne peuvent produire des effets notables que dans ces conditions, comme on l'a expliqué au paragraphe 139 du tome I, et que l'on peut ainsi se rendre compte de la valeur du courant de charge nécessaire pour mettre la ligne en tension. La solution du problème est alors beaucoup plus simple à trouver par suite de ce fait que, si l'on supprime la capacité due aux grands transformateurs, servant

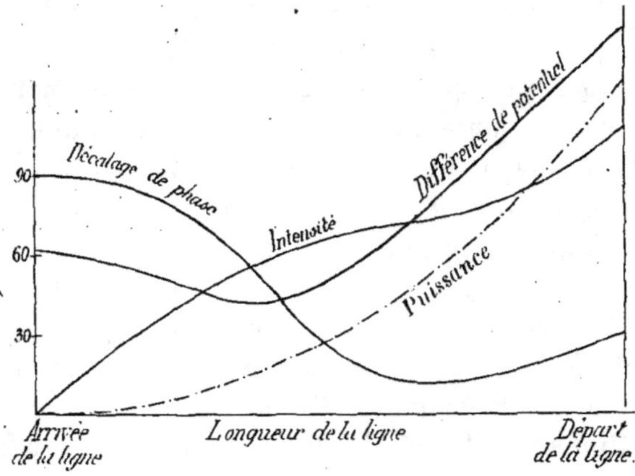

FIG. 282.

à abaisser la tension à l'arrivée, en les mettant hors circuit, la capacité des lignes souterraines et celle que présentent les

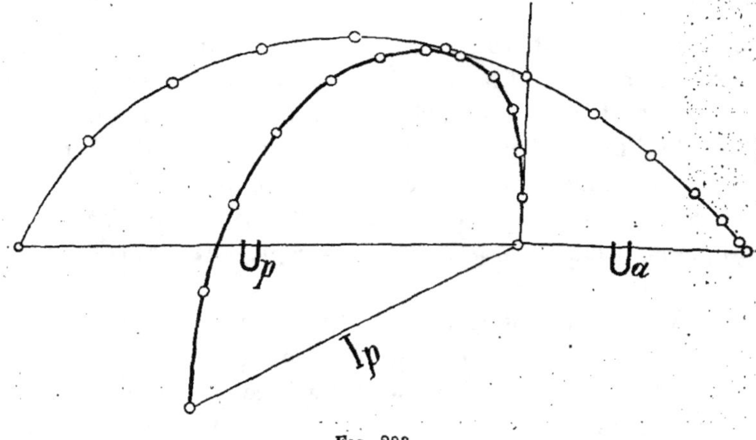

FIG. 283.

moteurs synchrones surexcités restent seules, capacités qui doivent être déterminées.

Les effets de la capacitance ne sont pas ordinairement d'une grande importance ; mais, lorsque la ligne atteint une longueur d'une centaine de kilomètres et que la tension dépasse 20 000 volts, ces effets ne sont plus négligeables. On peut rappeler à ce sujet les indications données, à propos de la ligne de Saint-Georges dans le département de l'Aude, dans le paragraphe 139 du tome I.

Par conséquent il est indispensable, lorsqu'il s'agit de très longues lignes de transmission, d'installer à l'arrivée des coupe-circuit fusibles ou automatiques qui ne soient pas trop sensibles, parce que leur fonctionnement pourrait entraîner une surélévation de tension dans la génératrice. En effet, lorsqu'il y a une certaine charge, la génératrice exige une excitation déterminée pour pouvoir fournir le courant sous la tension nécessaire. Si la ligne ne présentait pas de capacité, une brusque interruption du circuit aurait pour conséquence une subite élévation de la tension au départ ; cette augmentation de tension correspondrait à la chute de tension dépendant des conditions de charge. Si, au contraire, la ligne présente une capacité notable, le courant de charge annule plus ou moins le courant magnétisant, décalé en retard, dû à l'inductance de la ligne et des réceptrices lorsque cette ligne est en charge. Si les réceptrices sont brusquement retirées du circuit, le courant magnétisant décalé en retard a son intensité réduite au minimum, mais le courant de charge qui circule sur la ligne reste constant. Ce courant a alors pour effet de renforcer l'excitation, ce qui entraîne une augmentation de tension qui peut atteindre une valeur dangereuse (Voir t. I, § 139).

Il ne faut pas oublier non plus qu'à la suite d'une brusque interruption du circuit, la tension peut aussi atteindre une valeur dangereuse par suite de l'augmentation de vitesse angulaire que tendent à prendre l'alternateur et le moteur qui le commande, la charge étant supprimée.

258. Distribution au moyen d'un réseau souterrain. — Les phénomènes produits par l'inductance et par la capacité qui, dans le cas de longues lignes aériennes, ont pour effet de modifier dans un sens ou dans l'autre les grandeurs en jeu, agissent également dans le cas d'une distribution effectuée par un réseau de câbles souterrains. Ce réseau souterrain constitue pour ainsi dire le prolongement ou l'expansion des barres omnibus du tableau de distribution de la station centrale, lorsque cette dernière est installée à côté de la zone à alimenter, ou bien il constitue le prolongement d'une longue ligne aérienne lorsque la station centrale est très éloignée. Dans un cas comme dans l'autre, le réseau souterrain est relié à des transformateurs qui présentent une certaine inductance et qui, en outre, lorsqu'ils sont de grande puissance, ont une capacité qui n'est pas négligeable.

L'inductance que présentent les câbles est toujours faible ; elle est négligeable dans le cas où l'on utilise des câbles concentriques, quoiqu'elle ne soit pas nulle, au moins en ce qui concerne le conducteur central ; cette inductance est aussi assez faible dans les câbles à conducteurs toronnés qui, maintenant, pour les canalisations triphasées, sont d'un emploi général. En effet, dans ces câbles, les conducteurs se trouvent assez rapprochés, et l'on a vu dans le paragraphe 241 que de cet écartement dépend la valeur de la force électromotrice due à la self-induction et que, plus rapprochés sont les conducteurs, plus faible est le flux (produit par l'unité du courant) qui coupe ces conducteurs. Mais, comme on l'a déjà dit, la présence des transformateurs auxquels, dans les calculs, on peut substituer des impédances équivalentes, ajoute aux canalisations souterraines une inductance qui doit être calculée dans chaque cas particulier.

Dans les câbles concentriques, la capacité, au contraire, est assez élevée. Elle a pour valeur

$$C = \frac{0,0242}{\log_{10}\frac{R}{r}} \, \varepsilon \, . \, 10^{-6} \text{ farad}$$

par kilomètre, expression dans laquelle R représente le rayon intérieur du conducteur extérieur, r le rayon du conducteur central et ε la constante diélectrique, qui est d'environ 2,4 pour le papier imprégné de substances résineuses ; cette constante est de 2,7 pour le jute imprégné de résines, de 2,34 pour le caoutchouc pur, de 3 pour le caoutchouc vulcanisé et de 4,2 pour la gutta-percha.

Pour les câbles ordinaires à plusieurs conducteurs toronnés, la capacité a encore une certaine valeur, mais elle est plus faible que pour les câbles concentriques. Elle est approximativement de $\frac{1}{5}$ à $\frac{1}{6}$ de la valeur de la capacité que l'on constate entre le conducteur extérieur et l'enveloppe de plomb (le conducteur central non compris) dans les câbles concentriques formés de conducteurs ayant la même section et isolés avec le même diélectrique.

On a parlé brièvement des effets produits par la capacité des lignes souterraines dans le paragraphe 142 du tome I. Les calculs relatifs aux actions produites par ces phénomènes doivent être effectués pour chaque cas particulier, car les longueurs des câbles constituant un grand réseau de distribution et les emplacements des transformateurs sont très différents. Dans ces conditions, on renverra le lecteur pour cette étude à l'ouvrage déjà cité de M. Gisbert Kapp sur les transformateurs, dans lequel on trouvera des applications numériques relatives à quelques cas pratiques intéressants pouvant servir de type pour l'étude de cas analogues.

259. Essais à effectuer sur les lignes de transmission. — Dès que la construction d'une ligne est terminée et qu'elle est prête à être mise en service, il est utile de procéder à des essais pour déterminer les valeurs de sa résistance, de son inductance et de sa capacité. Quant à la mesure de la résistance d'isolement, elle doit être faite fréquemment, tous les jours si possible, et de préférence lorsque la ligne est en charge.

On mesure facilement la résistance ohmique en reliant métalliquement deux conducteurs de la ligne à une des extrémités, en faisant passer dans ce circuit un courant continu dont on mesure très exactement l'intensité et en relevant simultanément la tension aux extrémités de la boucle. Le rapport $\dfrac{U}{I}$ fait connaître la résistance du circuit, résistance qui est égale à deux fois celle d'un des conducteurs de la ligne, à la condition qu'ils soient de même longueur et de même diamètre. La tension U à laquelle on opère étant relativement assez faible, on peut considérer comme nulles les dérivations d'un conducteur à un autre par les isolateurs. En mettant de même en court circuit l'extrémité de la ligne à l'arrivée, on peut déterminer la valeur de l'inductance de cette ligne en relevant la valeur de la tension alternative qui, à la fréquence normale, doit être appliquée au départ pour obtenir une intensité déterminée du courant dans la ligne. Le rapport $\dfrac{U}{I}$ donne la valeur de l'impédance Z et, comme l'essai précédent a fait connaître la résistance de la ligne, on peut en déduire immédiatement la valeur de ωL et par conséquent celle de l'inductance, ω étant connu.

Si la ligne comporte des conducteurs multiples, l'essai effectué pour déterminer la valeur de l'inductance peut aussi servir pour calculer l'induction mutuelle d'un circuit sur un autre. On boucle également à son extrémité le second circuit et, pendant que le premier est en charge et parcouru par un courant d'intensité déterminée, on mesure la différence de potentiel aux extrémités du second.

On peut procéder directement à la mesure du courant de charge d'abord à vide et puis avec la ligne en charge, mesure que l'on effectue sans difficulté par la méthode des trois ampèremètres (Voir § 86, exemple 5°). On établit une dérivation entre deux conducteurs de l'installation à l'aide d'une résistance purement ohmique [lampes à incandescence ou rhéostat liquide (Voir § 232)] et, avec trois ampèremètres soigneusement étalonnés, on mesure l'intensité du courant, d'abord en avant de la dérivation, puis après la dérivation et enfin dans la dérivation même. Ces trois intensités I_1, I_2 et I_3 se représentent

au moyen de trois vecteurs (*fig.* 284), qui constituent les côtés
d'un triangle. Mais le vecteur I_3 est en concordance de phase
avec le vecteur de la tension ; en décomposant I_2 en i_d en

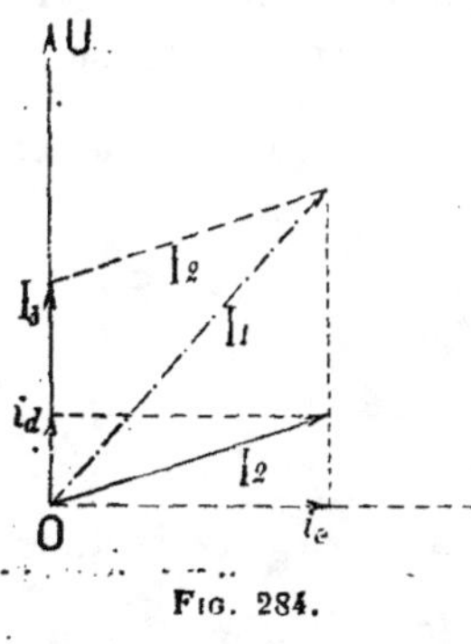

Fig. 284.

phase avec U et en i_e en quadrature
avec U, on a la valeur du courant énergétique et celle du courant de charge
au point de la ligne où s'effectue l'essai. Si la ligne est isolée au point
d'arrivée, i_d donne la valeur du courant dérivé entre les conducteurs au
delà du point où l'on opère

En répétant l'essai en différents
points de la ligne, à vide et sous différentes charges, on peut tracer les
diagrammes respectifs des courants de charge.

Il est utile que les divers essais qui viennent d'être indiqués
puissent être également effectués sur les lignes souterraines.

260. Surélévations subites de tension. — Dans les paragraphes 140 et suivants du tome I, on a expliqué pourquoi la
brusque interruption d'un circuit ou la formation fortuite d'un
court circuit pouvait causer une très forte élévation de la
tension dans les circuits, surélévation dangereuse à plusieurs
points de vue. Il ne reste donc maintenant qu'à déterminer
approximativement la limite maximum que peut atteindre
cette surélévation de tension.

Puisque le phénomène est dû à l'échange qui se produit
entre l'énergie électromagnétique du circuit (correspondant
au flux développé par la ligne) et l'énergie électrostatique (due
à la capacité) et en laquelle se transforme cette énergie électromagnétique, on peut admettre que, dans la première transformation d'énergie, il n'y a pas de pertes et que la totalité de
l'énergie $\frac{1}{2} LI^2$, emmagasinée dans le champ magnétique, est
utilisée pour charger le condensateur formé par la ligne. Si C
est la capacité de cette ligne, lorsque cette dernière aura reçu

la totalité de la charge, les armatures du condensateur que forme la ligne se trouveront portées à une différence de potentiel U', indépendante jusqu'à un certain point de la différence de potentiel U à laquelle se trouve la ligne sous l'action de l'alternateur ou du transformateur. L'énergie d'un condenseur chargé étant $\frac{1}{2} CU'^2$, on peut poser, d'après l'hypothèse faite,

$$\frac{1}{2} LI^2 = \frac{1}{2} CU^2,$$

d'où l'on déduit

$$U' = I \sqrt{\frac{L}{C}} \text{ volts.}$$

La quantité $\sqrt{\frac{L}{C}}$ ne peut être qu'homogène à une résistance pour produire une différence de potentiel lorsqu'elle est multipliée par une intensité. En effet la dimension de l'inductance L étant une longueur l et celle de la capacité étant $l^{-1}t^2$ dans le système électromagnétique, on a comme dimensions de la quantité $\sqrt{\frac{L}{C}}$

$$\left(\frac{l}{l^{-1}t^2}\right)^{\frac{1}{2}} = lt^{-1},$$

qui est l'équation de dimensions de la résistance dans le système électromagnétique.

Cette résistance spéciale, inhérente à l'oscillation libre du circuit (Voir t. I, § 140), est, dans le cas hypothétique admis où les pertes sont nulles, indépendante de la longueur du circuit, parce que, aussi bien L que C augmentent de valeur en proportion directe avec la longueur de la ligne et leur rapport reste, par conséquent, indépendant de cette longueur. Mais, en réalité, ce rapport en dépend parce que, plus le circuit est long, plus grandes sont les pertes d'énergie et, lors de la première transformation, il peut se produire un notable déficit. Par conséquent, lorsqu'on veut déterminer la valeur limite supérieure, il faut admettre une distribution uniforme de la tension.

Dans le cas d'un réseau aérien, la capacité est faible, tandis que l'inductance est notable; dans ces conditions, le rapport $\frac{L}{C}$ peut être assez grand et il est à craindre qu'il ne se produise une forte surélévation de tension. Au contraire, une canalisation souterraine se trouve dans des conditions opposées et ce phénomène produit rarement des effets nuisibles, quoique l'inductance des transformateurs placés dans le circuit puisse rendre le phénomène sensible. Dans les câbles, il peut se manifester aussi des effets de résonance avec une élévation de tension qui en est la conséquence, lorsqu'un seul des conducteurs de l'installation vient à être interrompu à la suite, par exemple, de la fusion d'un coupe-circuit (Voir t. I, § 144).

Pour faciliter l'intelligence des indications qui précèdent, on peut développer un exemple numérique. Soit une ligne aérienne dont les deux conducteurs, ayant chacun 7 mm de diamètre, se trouvent placés à 40 cm l'un de l'autre. On a trouvé 0,95 millihenry comme valeur de l'inductance par kilomètre et 0,0049 microfarad comme valeur kilométrique de la capacité. On a dans ces conditions, en prenant la valeur de la capacité en millièmes de farad,

$$\sqrt{\frac{L}{C}} = \left(\frac{0.95}{0,000\,0049}\right)^{\frac{1}{2}} = 450 \text{ ohms environ.}$$

Si les deux conducteurs sont parcourus par un courant de 50 ampères au moment de l'interruption d'un des conducteurs, la surélévation de tension qui peut alors se produire a pour valeur

$$U' = 50 . 450 = 22\,500 \text{ volts.}$$

Pratiquement, la résistance due à l'oscillation libre du circuit varie de 400 à 900 ohms dans les canalisations aériennes, suivant la section des conducteurs et la distance qui les sépare. Pour les câbles, on peut admettre 40 ohms comme valeur moyenne.

On a déjà fait remarquer dans le tome I que, pour le cas

du courant alternatif, le plus grand danger existe lorsque l'interruption se produit à l'instant précis où l'intensité atteint sa valeur maximum $(I_0 = I_e \sqrt{2})$; donc, dans la pratique, le phénomène peut se présenter avec toutes les valeurs intermédiaires comprises entre zéro et le maximum.

En ce qui concerne la nature du phénomène, cette question a été traitée d'une manière complète par M. Steinmetz, qui l'a exposée d'une façon magistrale.

Il peut se produire aussi des surélévations de tension, non seulement à la suite d'une interruption du circuit, mais aussi par suite d'un court circuit sur la ligne ; dans ce cas, il faut tenir compte de l'inductance et de la capacité des appareils qui se trouvent en circuit. Un court circuit sur la ligne détermine une brusque augmentation de l'intensité en avant du point où il se produit et une brusque diminution après ce point. Il se produit, par conséquent, d'un côté comme de l'autre, une perturbation de l'énergie due au flux existant dans le circuit, et la surélévation de tension manifeste son action aussi bien à la station génératrice qu'à la station réceptrice.

261. Pour terminer cette étude, on peut chercher à déterminer la fréquence des oscillations qui se produisent dans le cas particulier d'une surélévation de tension.

Puisqu'il s'agit d'oscillations libres, la fréquence dépendra des conditions particulières du circuit. Négligeant encore les pertes, on peut dire que l'intensité efficace étant i, la tension efficace qui fait circuler ce courant est celle qui existe entre les armatures du condensateur ; par conséquent, on a

$$\omega L i = \frac{I}{\omega C},$$

d'où l'on tire

$$\omega = \frac{1}{\sqrt{LC}}.$$

comme on l'a déjà vu au paragraphe **68**, la pulsation des oscillations libres pour le circuit étant exprimée en radians par seconde.

En représentant par l la longueur de la ligne et respectivement par L' et C' l'inductance et la capacité par unité de longueur, on peut aussi poser

$$\omega = \frac{1}{l\sqrt{L'C'}}.$$

Les dimensions de lL' et de lC' étant respectivement l et $l^{-1}t^2$,
expressions dans lesquelles l est une longueur et t un temps,
on a comme équation de dimensions de $l\sqrt{L'C'}$

$$(l \cdot l^{-1}t^2)^{\frac{1}{2}} = t,$$

c'est-à-dire un temps, et, puisque $\dfrac{l}{t}$ représente une vitesse v, on a

$$\omega = \frac{v}{l}.$$

Dans le cas actuel, la quantité v est la vitesse avec laquelle
l'onde électromagnétique se propage dans l'air. On sait que
cette vitesse est celle de la lumière, c'est-à-dire 300 000 km par
seconde. Donc, dans une ligne de 50 kilomètres de longueur,
la pulsation sera

$$\omega = \frac{300\,000}{50} = 6\,000 \text{ radians par seconde,}$$

ou bien, ce qui revient au même, la fréquence de l'oscillation
sera

$$f = \frac{\omega}{2\pi} = \frac{6\,000}{6,28} = 960.$$

Les échanges d'énergie se produiront donc à raison de
$960 \cdot 2 = 1\,920$ par seconde.

APPENDICE

DIVISEUR DE TENSION POUR COURANTS ALTERNATIFS

La représentation des grandeurs électriques alternatives au moyen de *nombres complexes* permet de résoudre très rapidement un très grand nombre de problèmes ; ce mode de représentation est particulièrement utile quand il s'agit de grandeurs différant très peu entre elles et faiblement décalées l'une par rapport à l'autre, la méthode graphique étant, dans ce cas, incertaine et confuse.

Le but de cette note est d'appliquer la méthode des nombres complexes au diviseur de tension pour courants alternatifs, appareil qui a reçu de nombreuses applications, principalement dans les installations d'éclairage par lampes à arc.

Cet appareil se compose essentiellement d'une bobine d'induction ayant plusieurs bornes de prise de courant. Entre ces différentes prises de courant, on a une tension disponible à peu près égale à $n\dfrac{U}{N}$, n étant le nombre de spires comprises entre les deux bornes considérées, U la tension aux bornes de l'appareil et N le nombre total de spires. Chaque partie de la bobine agit non seulement comme une simple bobine d'induction, mais encore comme bobine d'induction mutuelle sur l'autre partie de l'enroulement. Son action est donc double.

Il y a lieu d'abord de remarquer que, si les diverses parties de la bobine, au lieu d'être roulées successivement le long du circuit magnétique, sont superposées les unes aux autres, on peut admettre que le flux est identique pour toutes les spires, ce qui permet de faire abstraction dans le calcul des fuites magnétiques qui, quoique très faibles avec un circuit magnétique fermé, existent néanmoins.

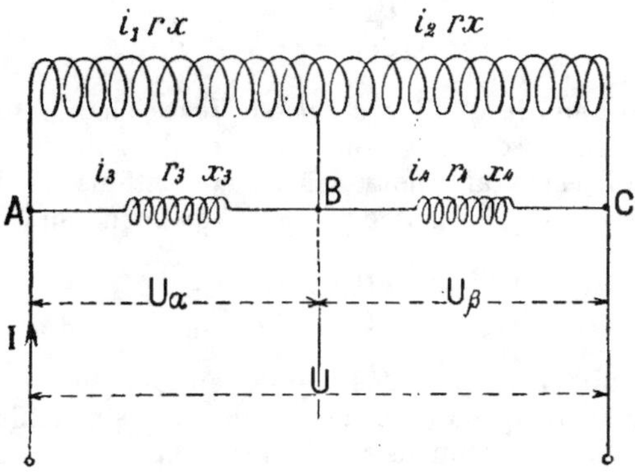

Fig. 285.

Soit un diviseur de tension à trois bornes (*fig.* 285) : deux bornes extrêmes et une borne intermédiaire reliée au milieu de l'enroulement, ce qui est le cas le plus fréquent, c'est-à-dire celui où il faut diviser la tension en deux parties égales. Les deux parties de la bobine sont identiques : elles ont la même résistance, même coefficient de self-induction et leur coefficient d'induction mutuelle est égal à celui de self-induction. Par conséquent, si ω représente la pulsation, on a

$$x = \omega L_s = \omega L_m,$$

et la pulsation est

$$\omega = \frac{2\pi}{T}.$$

Si on intercale entre les points A et B et entre B et C deux résistances inductives dont les impédances sont

$$z_3 = \sqrt{r_3^2 + x_3^2}$$
$$z_4 = \sqrt{r_4^2 + x_4^2}$$

et représentées symboliquement par

$$z_3 = r_3 - jx_3$$
$$z_4 = r_4 - jx_4,$$

il s'établit entre ces deux points deux tensions U_α et U_β, et les enroutements du diviseur de tension sont parcourus par deux courants i_1 et i_2. D'après les données du problème, le flux ayant la même valeur dans les deux enroulements, on a, en se servant de la notation symbolique,

$$[U_\alpha] = r[i_1] + [e] \tag{1}$$
$$[U_\beta] = r[i_2] + [e], \tag{2}$$

expressions dans lesquelles e est une force électromotrice qui tient compte de l'action de la self-induction et de celle de l'induction mutuelle et qui est égale pour les deux sections de l'enroulement, puisque $\omega L_s = \omega L_m$. D'autre part, on remarque que

$$[U_\alpha] = [z_3][i_3] \tag{3}$$
$$[U_\beta] = [z_4][i_4]. \tag{4}$$

Pour simplifier, on peut dès maintenant supprimer les parenthèses en se rappelant que toutes les grandeurs sinusoïdales ainsi que l'impédance sont exprimées symboliquement.

Des formules (1) et (2), on déduit

$$U_\alpha - U_\beta = r(i_1 - i_2).$$

Mais, comme

$$I = i_1 + i_3 = i_2 + i_4, \tag{5}$$

il s'ensuit que

$$i_1 - i_2 = i_4 - i_3$$

et l'on peut poser

$$U_\alpha - U_\beta = r(i_4 - i_3) = r\left(\frac{U_\beta}{z_4} - \frac{U_\alpha}{z_3}\right),$$

d'où

$$U_\alpha\left(\frac{1}{r} + \frac{1}{z_3}\right) = U_\beta\left(\frac{1}{r} + \frac{1}{z_4}\right)$$

et l'on a finalement

$$\frac{U_\alpha}{U_\beta} = \frac{\dfrac{1}{r} + \dfrac{1}{z_4}}{\dfrac{1}{r} + \dfrac{1}{z_3}} = \frac{(r + z_4)z_3}{(r + z_3)z_4} = \rho.$$

Cette expression montre que, *pour obtenir pratiquement $U_\alpha = U_\beta$, quelles que soient les valeurs de z_3 et z_4, il faut rendre r, résistance ohmique de la moitié de la bobine, très faible* et que, dans tous les cas, le rapport des tensions dépend de la résistance du diviseur et de l'impédance des deux circuits d'utilisation.

Cette expression peut se mettre également sous la forme suivante :

$$\frac{U_\alpha}{U_\beta} = \frac{\dfrac{r}{z_1} + 1}{\dfrac{r}{z_3} + 1}.$$

On voit immédiatement que, si z_3 est très grand, le dénominateur est très près de l'unité et que, par suite,

$$\frac{U_\alpha}{U_\beta} = \frac{r + z_1}{z_1},$$

ce qui montre également que, même dans le cas le plus défavorable ($z_3 = \infty$), le rapport entre les tensions sera presque égal à 1 pourvu que r soit très petit par rapport à z_1. C'est ce qui se vérifie toujours pour les diviseurs utilisés dans la pratique.

Il faut calculer maintenant le rapport $\dfrac{i_1}{i_2}$ des intensités dans les deux branches du circuit.

En désignant par z' et z'' deux impédances convenables, on peut toujours poser, étant convenu que les grandeurs sont exprimées symboliquement,

$$U_\alpha = (z - z') \, i_1$$
$$U_\beta = (z - z'') \, i_2,$$
$$z = r - jx$$

étant l'impédance de chacune des deux moitiés de l'enroulement. On peut, par conséquent, poser

$$U_\alpha = r i_1 - j x i_1 - z' i_1$$
$$U_\beta = r i_2 - j x i_2 - z'' i_2.$$

La partie de tension absorbée par la résistance ohmique est $r i_1$; $x i_1$ est la force électromotrice de self-induction et $z' i_1$ ne peut qu'être égal à la force électromotrice d'induction mutuelle.

Mais cette dernière a pour valeur

$$j \omega L_m i_2 = j x i_2.$$

En substituant, on a, en remarquant que le cas est analogue pour la tension U_β,

$$U_\alpha = z i_1 - j x i_2$$
$$U_\beta = z i_2 - j x i_1,$$

d'où

$$\frac{U_\alpha}{U_\beta} = \rho = \frac{zi_1 - jxi_2}{zi_2 - jxi_1}.$$

En substituant à ρ sa valeur déjà trouvée, on a

$$\frac{zi_1 - jxi_2}{zi_2 - jxi_1} = \frac{(r + z_1)\, z_3}{(r + z_3)\, z_4}$$

$$zi_1 - jxi_2 = \rho zi_2 - \rho jxi_1$$
$$i_1(z + \rho jx) = i_2(jx + \rho z)$$

et, par conséquent,

$$\frac{i_1}{i_2} = \frac{jx + \rho z}{z + \rho jx} = \eta.$$

On peut en conclure que *les intensités dans les deux parties du diviseur sont presque égales si le rapport ρ est voisin de l'unité*.

Ayant ainsi déterminé les rapports entre les tensions U_α et U_β et entre les intensités i_1 et i_2, il faut maintenant calculer chacune de ces quantités en grandeur et en phase.

En désignant par

$$z_\alpha = z - z'$$
$$z_\beta = z - z''$$

les impédances apparentes des deux branches du diviseur, pour une condition de charge donnée, étant déjà déterminées par les calculs précédents, on a

$$z'i_1 = jxi_2$$
$$z''i_2 = jxi_1,$$

d'où l'on tire

$$z' = jx\,\frac{i_2}{i_1} = jx\,\frac{1}{\eta}$$

$$z'' = jx\,\frac{i_1}{i_2} = jx\eta.$$

On a donc les équations suivantes :

$$\begin{cases} U_\alpha = z_\alpha i_1 \\ U_\beta = z_\beta i_2 \end{cases}$$
$$\begin{cases} U_\alpha = z_3 i_3 \\ U_\beta = z_4 i_4 \end{cases}$$
$$\frac{U_\alpha}{U_\beta} = \rho$$
$$\frac{i_1}{i_2} = \eta,$$

qui permettent de trouver les valeurs de U_α, U_β, i_1, i_2. On a aussi

$$i_1 + i_3 = i_2 + i_4$$

et, en substituant, on obtient, par conséquent,

$$U_\alpha \left(\frac{1}{z_\alpha} + \frac{1}{z_3} \right) = (U - U_\alpha) \left(\frac{1}{z_\beta} + \frac{1}{z_4} \right);$$

en posant $U_\beta = U - U_\alpha$, en développant et en conservant le facteur commun U_α, on a

$$U_\alpha \left\{ \left(\frac{1}{z_\alpha} + \frac{1}{z_3} \right) + \left(\frac{1}{z_\beta} + \frac{1}{z_4} \right) \right\} = \left(\frac{1}{z_\beta} + \frac{1}{z_4} \right) U,$$

et finalement on en déduit

$$U_\alpha = U \cdot \frac{1}{1 + \dfrac{\dfrac{1}{z_\alpha} + \dfrac{1}{z_3}}{\dfrac{1}{z_\beta} + \dfrac{1}{z_4}}}.$$

En rappelant, comme on l'a dit précédemment, que

$$U_\beta = U - U_\alpha,$$

on voit que les deux tensions sont parfaitement déterminées en grandeur ainsi qu'en phase.

Dans le cas où $z_3 = \infty$, on a alors

$$U_\alpha = U \frac{1}{1 + \dfrac{z_\beta z_4}{z_\alpha (z_\beta + z_4)}}.$$

Les valeurs des deux tensions, exprimées en grandeurs symboliques, sont données par des équations de la forme suivante :

$$U_\alpha = u'_\alpha + j u''_\alpha$$
$$U_\beta = u'_\beta + j u''_\beta;$$

leurs valeurs absolues seront donc

$$U_\alpha = \sqrt{u'^2_\alpha + u''^2_\alpha}$$
$$U_\beta = \sqrt{u'^2_\beta + u''^2_\beta}.$$

Les valeurs symboliques des intensités sont :

$$i_1 = \frac{U_\alpha}{z_\alpha} = i'_1 + j i''_1$$

$$i_2 = \frac{U_\beta}{z_\beta} = i'_2 + j i''_2$$

et en valeurs absolues :

$$i_1 = \sqrt{i'^2_1 + i''^2_1}$$
$$i_2 = \sqrt{i'^2_2 + i''^2_2}.$$

En ce qui concerne les phases respectives, il faut remarquer que les impédances apparentes z_α et z_β sont de la forme

$$z_\alpha = R_\alpha - jX_\alpha$$
$$z_\beta = R_\beta - jX_\beta$$

et que leurs valeurs absolues sont

$$z_\alpha = \sqrt{R^2_\alpha + X^2_\alpha}$$
$$z_\beta = \sqrt{R^2_\beta + X^2_\beta}.$$

Dans ces conditions, les intensités i_1 et i_2 font avec les tensions respectives U_α et U_β des angles φ_1 et φ_2 dont la valeur est donnée par

$$\tan \varphi_1 = \frac{X_\alpha}{R_\alpha}$$
$$\tan \varphi_2 = \frac{X_\beta}{R_\beta}.$$

Au contraire, les courants i_3 et i_4, par rapport aux mêmes tensions U_α et U_β, sont décalés des angles φ_3 et φ_4 dont la valeur est donnée par

$$\tan \varphi_3 = \frac{x_3}{r_3}$$
$$\tan \varphi_4 = \frac{x_4}{r_4}.$$

Les deux tensions U_α et U_β, comme on l'a déjà fait remarquer, forment entre elles un angle tel que la relation, bien entendu symbolique,

$$U_\alpha + U_\beta = U$$

doit être toujours satisfaite.

Les phases respectives de la tension U et de ses composantes U_α et U_β sont ainsi déterminées.

Il ne reste maintenant qu'à déterminer I et sa phase par rapport à U. Il faut remarquer que l'impédance composée entre les points A et C est

$$Z_l = \frac{1}{\frac{1}{z_\alpha} + \frac{1}{z_3}} + \frac{1}{\frac{1}{z_3} + \frac{1}{z_4}} = R_l - jX_l.$$

Par conséquent

$$I = \frac{U}{Z_t} = \frac{U}{R_t' - jX_t'}.$$

L'intensité totale I est décalée en retard par rapport à U d'un angle Ψ dont la valeur est donnée par

$$\tan g\, \Psi = \frac{X_t'}{R_t'}.$$

II

INDUCTANCE DANS LES LONGUES LIGNES DE TRANSMISSION [1]

Les transmissions d'énergie, dans lesquelles les conducteurs se trouvent placés sur les mêmes appuis ou bien sur deux rangées d'appuis rapprochées l'une de l'autre, constituent des systèmes de courants dont la somme algébrique, à tout instant, est constamment nulle en un point placé à une distance déterminée de l'origine ou de l'extrémité de la ligne. Ce fait s'applique naturellement aussi bien au courant continu qu'aux courants alternatifs, que ces derniers soient simples ou polyphasés.

Dans le cas d'un circuit à courant alternatif simple, la détermination du coefficient de self-induction est simple ; mais la détermination de ce même coefficient pour une ligne triphasée est un peu plus complexe, parce que chaque conducteur de la ligne peut être considéré comme conducteur de retour pour les courants qui circulent dans les deux autres. On doit aussi tenir compte des phénomènes d'induction mutuelle et, en traitant le problème dans sa généralité, on doit calculer la force électromotrice induite dans chacun des conducteurs par les variations du flux propre des courants qui le parcourent ; de cette force électromotrice on déduit les valeurs des coefficients de self-induction et d'induction mutuelle en se rappelant que

$$e = -\left(L_s \frac{dI_t}{dt} + \Sigma L_m \frac{dI_c}{dt} \right),$$

---

1. Extrait d'une note de l'auteur publiée dans l'*Elettricista*, mars 1900.

I_i étant l'intensité du courant dans le conducteur considéré et I_e les intensités dans les autres conducteurs.

Soient deux conducteurs parallèles (*fig.* 286) de rayon r dont les centres de leurs sections respectives soient à une distance d; un des conducteurs est parcouru par un courant d'intensité I_i et l'autre par un courant d'intensité I_e et l'on suppose que ces deux courants ont le même sens.

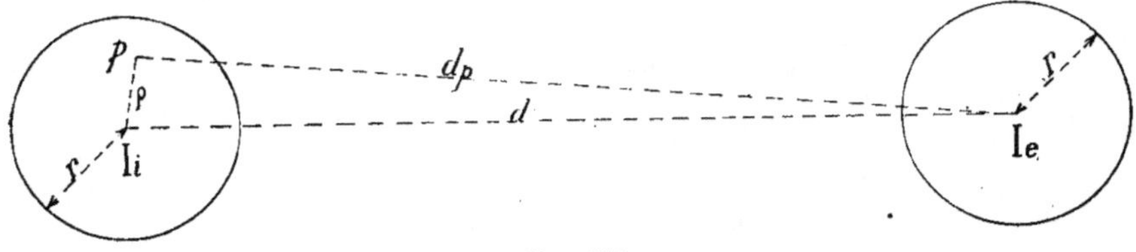

Fig. 286.

On considère dans le premier conducteur un élément filiforme p. Si les deux courants, en un temps déterminé, se réduisent à zéro, on peut admettre que les lignes de force sont absorbées par leurs conducteurs respectifs; un certain nombre N de ces lignes viendront couper l'élément filiforme p pendant leur absorption et de leur nombre dépendra la grandeur de la force électromotrice induite de self-induction et d'induction mutuelle. Il est évident que ce nombre N comporte les lignes de force comprises entre les circonférences de rayons ρ et r et entre celles de rayons r et R_i pour le premier de ces courants, en supposant qu'à la distance R_i le champ magnétique devienne pratiquement nul et, pour le second courant, les lignes de force comprises entre les circonférences de rayons d_p et R_c.

Il faut remarquer que le champ magnétique de ρ à r a sa valeur exprimée par

$$\mathcal{H} = 2I_i \frac{\rho}{r^2}.$$

tandis que les intensités des champs magnétiques entre r et R_i et entre d_p et R_e ont pour valeur

$$\mathcal{H} = 2I \frac{1}{x}.$$

et cela en prenant $\mu = 1$ et en admettant toujours pour ces longues lignes de transport d'énergie des conducteurs en cuivre ou en aluminium.

Les flux élémentaires correspondant aux augmentations élémentaires des distances considérées sont

$$\text{de } \rho \ \text{à } r \qquad d\varphi = \mathfrak{IC} \cdot d\rho \qquad \varphi_1 = \int \mathfrak{IC} \cdot d\rho$$

$$\text{de } r \ \text{à } R_i \qquad d\varphi = \mathfrak{IC} \cdot dx \qquad \varphi_2 = \int \mathfrak{IC} \cdot dx$$

$$\text{de } d_p \ \text{à } R_e \qquad d\varphi = \mathfrak{IC} \cdot dx \qquad \varphi_3 = \int \mathfrak{IC} \cdot dx.$$

Le flux total est

$$N = \varphi_1 + \varphi_2 + \varphi_3.$$

En intégrant dans les limites indiquées, on a

$$\varphi_1 = \int_\rho^r \mathfrak{IC} \cdot d\rho = \int_\rho^r \frac{2I_i}{r^2}\, \rho \cdot d\rho = \frac{2I_i}{r^2} \left(\frac{1}{2}\rho^2\right)_\rho^r = 2I_i \frac{r^2 - \rho^2}{2r^2},$$

$$\varphi_2 = \int_r^R \mathfrak{IC} \cdot dx = \int_r^R 2I_i \frac{dx}{x} = 2Ii\, (\log x)_r^{R_i} = 2I_i \log \frac{R_i}{r},$$

$$\varphi_3 = \int_{d_p}^{R_e} \mathfrak{IC} \cdot dx = \int_{d_p}^{R_e} 2I_e \frac{dx}{x} = 2I_e\,(\log x)_{d_p}^{R_e} = 2I_e \log_e \frac{R_e}{d_p}.$$

Par suite

$$N = I_i \frac{r^2 - \rho^2}{r^2} + 2I_i \log R_i - 2I_i \log r + 2I_e \log R_e - 2I_e \log d_p.$$

Mais il y a en général plus d'un courant I_e ; il y aura donc autant de termes en I_e qu'il y aura de courants moins un et l'expression de N devient dans ce cas

$$N = I_i \frac{r^2 - \rho^2}{r^2} + 2I_i \log R_i - 2I_i \log r + 2\Sigma I_e \log R_e - 2\Sigma I_e \log d_p.$$

Si on prend pour R une grande distance, on peut admettre qu'elle est approximativement la même pour tous les conducteurs et alors on peut poser

$$2I_i \log R_i + 2\Sigma I_e \log R_e = 2 \log R\, (I_i + \Sigma I_e).$$

Mais puisque dans un pareil système, la somme de tous les courants $I_i + \Sigma I_e$ reste constamment nulle,

$$N = I_i \frac{r^2 - \rho^2}{r^2} - 2I_i \log r - 2\Sigma I_e \log d_p.$$

Pour trouver la valeur de la force électromotrice moyenne induite dans le conducteur pendant l'absorption des lignes de force, il faut considérer la valeur moyenne de N étendue à tous les éléments fili-formes p du conducteur.

Les termes variables de N sont le premier et le troisième.

La valeur moyenne du premier terme est

$$\frac{\dfrac{I_i}{r^2} \displaystyle\int_0^r 2\pi\rho \, (r^2 - \rho^2) \, d\rho}{\pi r^2} = \frac{I_i}{2}.$$

La valeur moyenne de log d_p pour un conducteur déterminé parcouru par le courant I_e est log d. On peut donc finalement écrire

$$N_m = \frac{I_i}{2} - 2I_i \log r - 2\Sigma I_e \log d.$$

La force électromotrice moyenne (de self-induction et d'induction mutuelle) induite pendant l'absorption des lignes de force sera, par conséquent,

$$e = - \frac{dN_m}{dt} = - \left(\frac{1}{2} - 2 \log r\right) \frac{dI_i}{dt} + 2\Sigma \log d \cdot \frac{dI_e}{dt}.$$

Cette formule montre que, dans le cas d'un système de courants dont la somme est nulle à tout instant, le coefficient de self-induction d'un conducteur a pour valeur

$$L_s = \frac{1}{2} - 2 \log_e r,$$

et que le coefficient d'induction mutuelle due à l'action de l'un des autres conducteurs $n - 1$ sur le premier est

$$L_m = - 2 \log_e d,$$

expression dans laquelle d est la distance qui sépare les centres des deux conducteurs considérés.

Ces valeurs, bien entendu, sont exprimées en unités absolues par centimètre de longueur du conducteur considéré. Par conséquent, dans un système de conducteurs de longueur l,

$$L_s = l \left(\frac{1}{2} - 2 \log r\right)$$
$$L_m = - 2l \log_e d.$$

L'exactitude des résultats ainsi obtenus peut être contrôlée en les appliquant au cas d'un circuit à courant alternatif simple, parce que les deux courants (aller et retour) sont égaux et de sens contraire et constituent un système de courants dont la somme est toujours nulle à chaque instant, ainsi qu'on l'a déjà fait remarquer.

Pour le premier des conducteurs, la force électromotrice induite due aux variations du courant est, par centimètre de longueur,

$$e_1 = -\left(L_s \frac{dI}{dt} + L_m \frac{d(-I)}{dt}\right),$$

I et $(-I)$ étant les deux intensités de courant; on a, pour le premier conducteur,

$$e_1 = -\left(L_s \frac{dI}{dt} - L_m \frac{dI}{dt}\right)$$

et, pour le second, la valeur de la force électromotrice analogue est

$$e_2 = -\left(L_s \frac{d(-I)}{dt} + L_m \frac{dI}{dt}\right).$$
$$e_2 = -\left(-L_s \frac{dI}{dt} + L_m \frac{dI}{dt}\right).$$

Cette seconde force électromotrice est, par rapport à la première, dirigée en sens contraire. Dans le circuit complexe, ces forces électromotrices s'ajoutent et c'est pourquoi la force électromotrice totale due à l'induction et agissant sur le circuit est

$$e = -\frac{dI}{dt}\left\{L_s + L_s - 2L_m\right\} = -2\left\{L_s - L_m\right\}\frac{dI}{dt}.$$

En remplaçant L_s et L_m par leurs valeurs données précédemment, on a

$$e = -2\left(\frac{1}{2} + 2\log_e\frac{d}{r}\right)\frac{dI}{dt},$$

et, pour la totalité du circuit, de longueur l,

$$e = -2l\left(\frac{1}{2} + 2\log_e\frac{d}{r}\right)\frac{dI}{dt}.$$

Or le facteur $2l\left(\frac{1}{2} + 2\log_e\frac{d}{r}\right)$ est précisément la valeur du coefficient de self-induction d'un circuit constitué par deux conducteurs parallèles [Voir formule (66)].

On **va** appliquer maintenant les résultats obtenus à **un système triphasé** unique et équilibré. Soient

$$I_1 = I_0 \sin(\omega t - \varphi) = I_0 \sin\alpha$$
$$I_2 = I_0 \sin\left(\omega t - \varphi - \frac{2\pi}{3}\right) = I_0 \sin\left(\alpha - \frac{2\pi}{3}\right)$$
$$I_3 = I_0 \sin\left(\omega t - \varphi + \frac{2\pi}{3}\right) = I_0 \sin\left(\alpha + \frac{2\pi}{3}\right)$$

les trois intensités et soient a, b et c les distances de centre à centre des trois conducteurs (*fig.* 287) que l'on admet avoir le même rayon r.

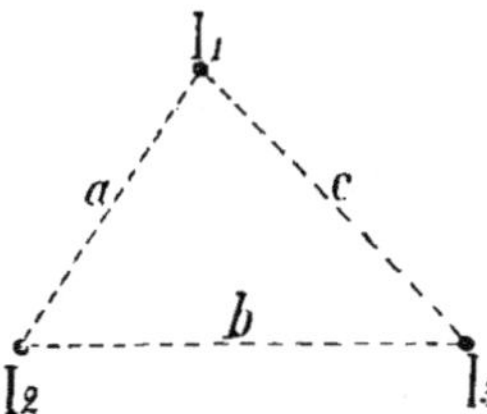

FIG. 287.

On a immédiatement pour le premier conducteur

$$e_1 = \left\{ -L_s\omega I_0 \cos\alpha - \omega I_0\left[L_{m_1 \cdot 2}\cos\left(\alpha - \frac{2\pi}{3}\right) + L_{m_1 \cdot 3}\left(\cos\alpha + \frac{2\pi}{3}\right) \right] \right\}\frac{d\alpha}{dt}.$$

expression dans laquelle L_s est le coefficient de self-induction du conducteur n° 1 et $L_{m_1 \cdot 2}$, $L_{m_1 \cdot 3}$ les coefficients d'induction mutuelle entre les conducteurs n°^{os} 1 et 2 et n°^{os} 1 et 3. Mais, puisque

$$\cos\left(\alpha - \frac{2\pi}{3}\right) = -\frac{1}{2}\cos\alpha + \frac{\sqrt{3}}{2}\sin\alpha$$
$$\cos\left(\alpha + \frac{2\pi}{3}\right) = -\frac{1}{2}\cos\alpha - \frac{\sqrt{3}}{2}\sin\alpha,$$

on a aussi

$$e = -\omega I_0\left(L_s\cos\alpha - \frac{L_{m_1 \cdot 2}}{2}\cos\alpha + L_{m_1 \cdot 2}\frac{\sqrt{3}}{2}\sin\alpha - \right.$$
$$\left. - \frac{L_{m_1 \cdot 3}}{2}\cos\alpha - L_{m_1 \cdot 3}\frac{\sqrt{3}}{2}\sin\alpha \right)\frac{d\alpha}{dt}.$$

Si les trois conducteurs occupent les sommets d'un triangle équilatéral, alors $a = b = c$, et l'on a

$$L_{m_1 \cdot 2} = L_{m_2 \cdot 3} = L_{m_3 \cdot 1} = L_m,$$

et l'expression donnant la valeur de e_1 se réduit à

$$e_1 = \left\{ - \omega I_0 \left\{ L_s \cos\alpha - L_m \cos\alpha \right\} \right\} \frac{d\alpha}{dt} = - (L_s - L_m)\, \omega I_0 \cos\alpha \, \frac{d\alpha}{dt},$$

qui, en posant $L = L_s - L_m$, peut s'écrire

$$e_1 = - L \frac{dI_1}{dt}.$$

Par analogie, on peut aussi admettre

$$e_2 = - L \frac{dI_2}{dt}$$

$$e_3 = - L \frac{dI_3}{dt}.$$

Evidemment ces trois forces électromotrices constituent un système triphasé. Leurs valeurs moyennes sont identiques et il en est de même de leurs valeurs efficaces.

C'est pourquoi l'on peut dire que, dans le cas particulier où les trois conducteurs sont équidistants, les effets combinés de la self-induction et de l'induction mutuelle peuvent se réduire à une simple action de self-induction, parce que l'on prend un coefficient de self-induction *apparente* donné par l'expression $L_s - L_m$.

Cet important résultat fait pressentir la possibilité de trouver un résultat analogue pour un cas général.

On va examiner maintenant s'il est possible d'obtenir que l'égalité suivante soit satisfaite :

$$e_1 = \left\{ - \omega I_0 \left\{ L_s \cos\alpha + L_{m1.2} \cos\left(\alpha - \frac{2}{3}\right) + L_{m1.3} \cos\left(\alpha + \frac{2\pi}{3}\right) \right\} \right\} \frac{d\alpha}{dt} =$$
$$= - L_{s_1} \frac{d}{dt} I_0 \sin(\alpha - \delta),$$

expression dans laquelle L_1 et δ sont des valeurs convenables. On devra avoir

$$L_s \cos\alpha + L_{m1.2} \cos\left(\alpha - \frac{2\pi}{3}\right) + L_{m1.3} \cos\left(\alpha + \frac{2\pi}{3}\right) = L_1 \cos(\alpha - \delta),$$

c'est-à-dire, en développant,

$$L_s \cos\alpha - \frac{1}{2} L_{m1.2} \cos\alpha + \frac{\sqrt{3}}{2} L_{m1.2} \sin\alpha - \frac{1}{2} L_{m1.3} \cos\alpha - $$
$$- \frac{\sqrt{3}}{2} L_{m1.3} \sin\alpha = L_{s_1} \cos\alpha \cos\delta + L_{s_1} \sin\alpha \sin\delta.$$

Pour que l'identité puisse exister, il faut que

$$L_s - \frac{1}{2}(L_{m1\cdot2} + L_{m1\cdot3}) = L_{s_1}\cos\delta$$

$$\frac{\sqrt{3}}{2}(L_{m1\cdot2} - L_{m1\cdot3}) = L_{s_1}\sin\delta.$$

De ces deux équations de condition, on déduit, en portant au carré et en faisant la somme,

$$L_{s_1}^2 = \left\{L_s - \frac{1}{2}(L_{m1\cdot2} + L_{m1\cdot3})\right\}^2 + \left\{\frac{\sqrt{3}}{2}(L_{m1\cdot2} - L_{m1\cdot3})\right\}^2,$$

et, en divisant la seconde par la première,

$$\operatorname{tang}\delta = \frac{\dfrac{\sqrt{3}}{2}(L_{m1\cdot2} - L_{1\cdot3})}{L_s - \dfrac{1}{2}(L_{m1\cdot2} + L_{m1\cdot3})}.$$

On peut dire, par conséquent, en généralisant les résultats trouvés dans le cas particulier où $a = b = c$, que les effets combinés de la self-induction et de l'induction mutuelle se réduisent à un seul effet de self-induction, de sorte que

$$e_1 = -L_{s_1}\frac{d}{dt}I_0\sin(\alpha - \delta_1)$$

$$e_2 = -L_{s_2}\frac{d}{dt}I_0\sin\left[\alpha - \frac{2\pi}{3} - \delta_2\right]$$

$$e_3 = -L_{s_3}\frac{d}{dt}I_0\sin\left[\alpha + \frac{2\pi}{3} - \delta_3\right]$$

expressions dans lesquelles L_{s_1}, L_{s_2} et L_{s_3} sont trois coefficients de self-induction apparente, et δ_1, δ_2, δ_3 sont les trois retards de phase. Les autres valeurs se trouvent immédiatement en changeant les indices.

Si les conducteurs, au lieu d'être au nombre de trois (ligne triphasée simple), étaient au nombre de six (ligne triphasée double), le résultat serait le même, pourvu que l'on ajoute les inductions mutuelles des autres conducteurs, et l'on aurait

$$L_{s_1}^2 = \left\{(L_s + L_{m1\cdot4}) - \frac{1}{2}(L_{m1\cdot2} + L_{m1\cdot5} + L_{m1\cdot3} + L_{m1\cdot6})\right\}^2 +$$
$$+ \left\{\frac{\sqrt{3}}{2}[(L_{m1\cdot2} + L_{m1\cdot5}) - (L_{m1\cdot3} + L_{m1\cdot6})]\right\}^2$$

$$\operatorname{tang}\delta_1 = \frac{\dfrac{\sqrt{3}}{2}\left\{(L_{m1\cdot2} + L_{m1\cdot5}) - (L_{m1\cdot3} + L_{1\cdot6})\right\}}{(L_s + L_{m1\cdot4}) - \dfrac{1}{2}(L_{m1\cdot2} + L_{m1\cdot5} + L_{m1\cdot3} + L_{m1\cdot6})}$$

et ainsi de suite.

En général, pour un nombre quelconque de conducteurs, on peut poser

$$L_{i_1}^2 = \left\{ A - \frac{1}{2}(B + C) \right\}^2 + \left\{ \frac{\sqrt{3}}{2}(B - C) \right\}^2,$$

$$\operatorname{tang} \delta_i = \frac{\dfrac{\sqrt{3}}{2}(B - C)}{A - \dfrac{1}{2}(B + C)},$$

expressions dans lesquelles, en désignant les courants $x'\,y'\,z'$, $x''\,y''\,z''$, $x'''\,y'''\,z'''$, etc., le nombre A est la somme des coefficients de self-induction du conducteur x' augmentée de tous les coefficients d'induction mutuelle entre ce conducteur x' et tous les autres x'', x''', etc...; le nombre B est la somme des coefficients d'induction mutuelle entre x' d'une part et y', y'', y''',..., d'autre part, et enfin C est la somme de tous les coefficients d'induction mutuelle entre x' et $z'\,z''\,z'''$, ..., etc.

Lorsque l'on a effectué le calcul pour l'un des conducteurs, il faut le faire aussi pour tous les autres ou, tout au moins, pour ceux qui, par rapport aux $n - 1$ restant, n'occupent pas une position équivalente. Le calcul se limite à un seul conducteur lorsque les conducteurs occupent les sommets d'un polygone régulier, parce que, dans ces conditions, l'un quelconque des conducteurs occupe par rapport aux autres une position identique.

Il serait également facile de démontrer que, dans ce cas, l'inductance a sa valeur minimum, toutes autres conditions restant égales, puisque e et δ sont constants pour tous les conducteurs. Dans ces conditions aussi, le système de n conducteurs est équilibré si l'on a une exacte répartition de la charge sur les trois phases et les tensions à l'arrivée conservent la même différence de phase qu'au départ.

FORMULES USUELLES CITÉES DANS L'OUVRAGE

Période (page 5) :

$$\omega T = 2\pi, \qquad \text{d'où} \qquad T = \frac{2\pi}{\omega}. \tag{1}$$

Fréquence (page 5) :

$$T = \frac{1}{f} \qquad \text{d'où} \qquad \omega = 2\pi f. \tag{2}$$

Valeur symbolique d'une grandeur alternative (page 13) :

$$(I_0) = a + jb \text{ (en grandeur et en phase)} \tag{3}$$

Amplitude (page 13).

$$\text{amplitude} = \text{valeur réelle } I_0 = \sqrt{a^2 + b^2} \text{ (en grandeur seulement)} \tag{4}$$

Phase (page 13) :

$$\alpha = \text{arc tang } \frac{b}{a}. \tag{5}$$

Expression symbolique d'une grandeur sinusoïdale d'amplitude I, et de phase α (page 13) :

$$(I_0) = I_0 e^{j\alpha}. \tag{6}$$

Travail électromagnétique élémentaire (page 25) :

$$\Delta W = I \Delta \Phi. \tag{7}$$

Valeur de la force électromotrice d'induction (page 32) :

$$e = \frac{d\Phi}{dt}. \tag{8}$$

Valeurs des coefficients d'induction dans le cas où $i = 1$ (page 38) :

$$L_{s1} = \frac{4\pi n_1{}^2}{\sum \frac{1}{\mu}\frac{l}{s}} \qquad L_{s2} = \frac{4\pi n_2{}^2}{\sum \frac{1}{\mu}\frac{l}{s}} \qquad L_m = \frac{4\pi n_1 n_2}{\sum \frac{1}{\mu}\frac{l}{s}}. \tag{9}$$

Energie intrinsèque du courant (page 45) :

$$\frac{1}{2}\,L i^2. \tag{10}$$

Perte d'énergie par cycle et par cm³ de matière due à l'hystérésis (page 47) :

$$\frac{W}{V} = \eta\,\mathfrak{B}^{1\cdot6} \tag{11}$$

Variations successives de l'intensité dans les circuits (page 48) :

$$\left.\begin{array}{l} E = r_1 i_1 + L_{s1} i'_1 + L_m i'_2 \\ O = r_2 i_2 + L_{s2} i'_2 + L_m i'_1. \end{array}\right\} \tag{12}$$

$$i'_1 = \frac{L_{s2}E + L_m r_2 i_2 - L_{s2} r_1 i_1}{L_{s1} L_{s2} - L_m{}^2}. \tag{12 bis}$$

$$i'_2 = \frac{L_m E - L_m r_1 i_1 + L_{s1} r_2 i_2}{L_{s1} L_{s2} - L_m{}^2}. \tag{12 ter}$$

Equation de l'intensité du courant dans le cas d'un seul circuit (p. 53) :

$$E = ri + Li', \qquad \text{d'où} \qquad i' = \frac{E - ri}{L}. \tag{13}$$

$$i = \frac{E}{r} - \frac{E}{r}e^{-\frac{r}{L}t}. \tag{14}$$

Equation de l'intensité du courant lorsque le circuit est interrompu (page 53) :

$$i = \frac{E}{r}e^{-\frac{r}{L}t}. \tag{15}$$

Valeur de l'intensité du courant à un instant t (page 55) :

$$i = I_0 \sin(\omega t - \varphi). \tag{16}$$

Valeur de la force électromotrice principale (page 55) :

$$e = E_0 \sin \omega t. \tag{17}$$

Valeur de l'intensité du courant induit (page 56) :

$$i = \frac{E_0}{\sqrt{r^2 + \omega^2 L^2}} \sin(\omega t - \varphi). \qquad (18)$$

Valeur du décalage en retard φ (page 59) :

$$\operatorname{tang} \varphi = \frac{\omega L}{r}. \qquad (19)$$

Représentation symbolique de l'impédance (page 63) :

$$Z = r - jx. \qquad (20)$$

Représentation symbolique de l'intensité (page 64) :

$$(I) = \frac{(E)}{(Z)}. \qquad (21)$$

$$(I) = (E)\,(Y) \qquad (22)$$

Représentation symbolique de l'admittance (page 65) :

$$(Y) = g + jb \qquad (23)$$

Composantes de l'admittance (page 65) :

$$g = \frac{r}{Z^2}$$

$$b = \frac{x}{Z^2}. \qquad (24)$$

Hyperbole équilatère (page 67) :

$$YZ = 1 \qquad (25)$$

Valeurs des grandeurs sinusoïdales (p. 76)

Force électromotrice moyenne :

$$\frac{2}{\pi}\text{ f. é. m. maximum.}$$

Force électromotrice efficace :

$$\frac{1}{\sqrt{2}}\text{ f. é. m. maximum.}$$

$$(26)$$

Force électromotrice moyenne et intensité moyenne :

0,637 f. é. m. maximum, intensité maximum.

Force électromotrice efficace et intensité efficace (p. 76) :

$$0,707 \text{ f. é. m. maximum, intensité maximum.} \tag{26}$$

Puissance moyenne (page 77) :

$$P = E_e I_e. \tag{27}$$

Puissance, travail par seconde (page 79) :

$$P = E_e I_e \cos\varphi \tag{28}$$

Composantes de la force électromotrice alternative (p. 86) :

$$r = \frac{E \cos\varphi}{I} = Z \cos\varphi$$

$$g = \frac{I \cos\varphi}{E} = \frac{r}{Z_2}$$

$$x = \frac{E \sin\varphi}{I} = Z \sin\varphi$$

$$b = \frac{I \sin\varphi}{E} = \frac{x}{Z_2} \tag{29}$$

Quantité d'électricité d'un condensateur (page 115) :

$$q = CU. \tag{30}$$

Valeur instantanée du courant de charge ou de décharge d'un condensateur (p. 116) :

$$i = \frac{dq}{dt} = C\frac{du}{dt}. \tag{31}$$

Différence de potentiel produite par un condensateur intercalé dans un circuit (p. 117) :

$$U_0 = \frac{I_0}{\omega C}. \tag{32}$$

Intensité du courant dans un circuit présentant de la self-induction et de la capacité (p. 120) :

$$i = \frac{E_0}{\sqrt{r^2 + \left(\omega L - \dfrac{1}{\omega C}\right)^2}} \sin\omega t - \varphi \tag{33}$$

Retard φ de l'intensité dans un circuit présentant de la self-induction et de la capacité (p. 120) :

$$\tan\varphi = \frac{\omega L - \dfrac{\omega C}{1}}{r}. \tag{34}$$

Réactance totale d'un circuit (p. 121) :

$$\omega L - \frac{1}{\omega C}. \tag{35}$$

Impédance totale d'un circuit (p. 121) :

$$(Z) = r - j\left(\omega L - \frac{1}{\omega C}\right). \tag{36}$$

Condition de résonance (p. 123) :

$$T = 2\pi \sqrt{LC}. \tag{37}$$

Valeur de l'intensité totale dans un circuit comprenant une bobine de self-induction et une capacité en dérivation (p. 126) :

$$I_{t_0} = U_0 Y. \tag{38}$$

Différence de phase entre l'intensité totale et la tension U_0 dans un circuit comprenant une bobine de self-induction et une capacité en dérivation (p. 126) :

$$\operatorname{tang}\varphi = \frac{\omega L - \omega C\,(r^2 + \omega^2 L^2)}{r}. \tag{39}$$

Composantes du courant équivalent dans un circuit comportant du fer (p. 143) :

$$I \cos\alpha \text{ (magnétisante)} \tag{40}$$
$$I \sin\alpha \text{ (énergétique)} \tag{41}$$

Valeur efficace de la composante magnétisante (p. 146).

$$I_\mu = \frac{\Phi_0 \mathfrak{N}}{1,78n}. \tag{42}$$

Valeur efficace de la composante énergétique (p. 147) :

$$I_a = 2,25\,\frac{\eta_i \mathfrak{B}0.6}{n_1} \tag{43}$$

Valeur de la perte de puissance due à l'hystérésis (p. 147) :

$$W_h = 126,6\eta f \mathfrak{B}^{1,6}m\,10^{-7} \text{ watts.} \tag{44}$$

Retard produit par l'hystérésis (p. 147) :

$$\operatorname{tang}\alpha = \frac{4\mu n}{\mathfrak{B}0,4}. \tag{45}$$

Composantes de l'admittance correspondant à l'hystérésis (p. 148) :

$$g = \frac{I_a}{E_{\text{eff.}}} = \frac{1}{2} \cdot \frac{r_i l}{\pi^2 f n^2 \cdot 30.4 s} \, 10^9.$$

$$b = \frac{I_\mu}{E_{\text{eff.}}} = \frac{1}{0,8\pi^2 \mu s n_1{}^2 l} \, 10^8. \tag{46}$$

Valeur absolue de l'admittance correspondant à l'hystérésis (page 148) :

$$Y = \frac{I_{eff}}{E_{eff}} = \sqrt{\frac{I_a{}^2}{E_{eff}{}^2} + \frac{I_\mu{}^2}{E_{eff}{}^2}}. \tag{47}$$

Valeur approximative de l'admittance lorsque le circuit magnétique n'est pas homogène, I_a étant négligeable (page 148) :

$$Y = \frac{\mathscr{R} \, 10^{-8}}{0,8\pi^2 f n^2}. \tag{48}$$

Valeur approximative de l'admittance lorsque le circuit magnétique comprend un entrefer (page 149) :

$$Y = \frac{10^{-8}}{0,8\pi^2 f n^2} (\mathscr{R}_1 + \mathscr{R}_2). \tag{49}$$

Valeur du courant magnétisant total (page 150) :

$$I_\mu = \frac{\mathscr{B}}{1,78n} \left(\frac{l}{\mu} + \delta \right). \tag{50}$$

Augmentation de la composante g de l'admittance due à la résistance ohmique du circuit (page 151) :

$$g_r = \frac{P}{E_{\text{eff}}^2} = \frac{r I_{\text{eff}}^2}{E_{\text{eff}}^2}. \tag{51}$$

Pertes dues aux courants de Foucault dans le fer par cycle et pour un volume donné de fer (page 153) :

$$p_f = 0,164 l^2 f^2 \mathscr{B}^2 V 10^{-10} \text{ watts.} \tag{52}$$

Pertes dues aux courants de Foucault dans le fer par cycle et pour un poids donné de fer exprimé en kilogrammes (page 153) :

$$p_f = 20,7 l^2 f^2 \mathscr{B}^2 m 10^{-10} \text{ watts.} \tag{53}$$

Tensions et intensités dans un système triphasé non équilibré à trois conducteurs (p. 171) :

$$[1] \quad \begin{cases} U_1 - R(I_1 - I_2) - u_1 = 0 \\ U_2 - R(I_2 - I_3) - u_2 = 0 \\ U_3 - R(I_3 - I_1) - u_3 = 0. \end{cases}$$

$$[2] \quad \begin{cases} u_1 = r_1 i_1 \\ u_2 = r_2 i_2 \\ u_3 = r_3 i_3. \end{cases}$$

$$[3] \quad \begin{cases} I_1 = i_1 - i_3 \\ I_2 = i_2 - i_1 \\ I_3 = i_3 - i_2. \end{cases}$$

$$[4] \quad \begin{cases} I_1 - I_2 = 2i_1 - i_2 - i_3 \\ I_2 - I_3 = 2i_2 - i_3 - i_1 \\ I_3 - I_1 = 2i_3 - i_1 - i_2. \end{cases}$$

$$[5] \quad \begin{cases} u_1 = U_1 - R(2i_1 - i_2 - i_3) = U_1 + R(i_2 + i_3 - 2i_1) \\ u_2 = U_2 - R(2i_2 - i_3 - i_1) = U_2 + R(i_3 + i_1 - 2i_2) \\ u_3 = U_3 - R(2i_3 - i_1 - i_2) = U_3 + R(i_1 + i_2 - 2i_3). \end{cases}$$

$$[6] \quad \begin{cases} u_1 = \dfrac{(U_2 - U_3)q_2 + (U_1 - U_3)Q_1}{q_2 q_3 + Q_1 q_1} \\[3mm] u_2 = \dfrac{(U_3 - U_1)q_3 + (U_2 - U_3)Q_2}{q_1 q_3 + Q_2 q_2} \\[3mm] u_3 = \dfrac{(U_1 - U_2)q_1 + (U_3 - U_1)Q_3}{q_1 q_2 + Q_3 q_3}. \end{cases}$$

$$[7] \quad \begin{cases} e_1 = E_0 \sin \omega t \\[2mm] e_2 = E_0 \sin \left(\omega t - \dfrac{2\pi}{3} \right) \\[2mm] e_3 = E_0 \sin \left(\omega t - \dfrac{4\pi}{3} \right). \end{cases}$$

$$[8] \quad \begin{cases} U_1 = U_0 \sin(\omega t - \varphi) \\[2mm] U_2 = U_0 \sin \left(\omega t - \dfrac{2\pi}{3} - \varphi \right) \\[2mm] U_3 = U_0 \sin \left(\omega t - \dfrac{4\pi}{3} - \varphi \right). \end{cases}$$

$$[9] \quad \begin{cases} U_1 - U_2 = U_0 \sqrt{3} \cos \left(\omega t - \dfrac{\pi}{3} - \varphi \right) \\[2mm] U_2 - U_3 = U_0 \sqrt{3} \cos(\omega t - \varphi) \\[2mm] U_3 - U_1 = U_0 \sqrt{3} \cos \left(\omega t - \dfrac{2\pi}{3} - \varphi \right). \end{cases}$$

$$[10] \quad \begin{cases} u_1 = \dfrac{U_0 \sqrt{3}}{q_1 Q_1 + q_2 q_3} \sqrt{\left(\dfrac{\sqrt{3}}{2} Q_1 \right)^2 + \left(\dfrac{1}{2} Q_1 - q_2 \right)^2} \sin\left(\omega t - \varphi + \theta_1 \right) \\[4mm] u_2 = \dfrac{U_0 \sqrt{3}}{q_2 Q_2 + q_2 q_3} \sqrt{\left(\dfrac{\sqrt{2}}{2} Q_2 \right)^2 + \left(\dfrac{1}{2} Q_2 - q_3 \right)^2} \sin\left(\omega t - \dfrac{2\pi}{3} - \varphi + \theta_2 \right) \\[4mm] u_3 = \dfrac{U_0 \sqrt{3}}{q_3 Q_3 + q_1 q_2} \sqrt{\left(\dfrac{\sqrt{3}}{2} Q_3 \right)^2 + \left(\dfrac{1}{2} Q_3 - q_1 \right)^2} \sin\left(\omega t - \dfrac{4\pi}{3} - \varphi + \theta_3 \right). \end{cases}$$

$$[11] \quad \begin{cases} u_{\text{eff}_1} = \dfrac{\sqrt{3}}{\sqrt{2}} \cdot \dfrac{U_0}{q_1 Q_1 + q_2 q_3} \sqrt{\left(\dfrac{\sqrt{3}}{2} Q_1\right)^2 + \left(\dfrac{1}{2} Q_1 - q_2\right)^2} \\[2ex] u_{\text{eff}_2} = \dfrac{\sqrt{3}}{\sqrt{2}} \cdot \dfrac{U_0}{q_2 Q_2 + q_1 q_3} \sqrt{\left(\dfrac{\sqrt{3}}{2} Q_2\right)^2 + \left(\dfrac{1}{2} Q_2 - q_3\right)^2} \\[2ex] u_{\text{eff}_3} = \dfrac{\sqrt{3}}{\sqrt{2}} \cdot \dfrac{U_0}{q_3 Q_3 + q_1 q_2} \sqrt{\left(\dfrac{\sqrt{3}}{2} Q_3\right)^2 + \left(\dfrac{1}{2} Q_3 - q_1\right)^2} \end{cases}$$

Expressions des ampères-tours équivalents (page 211) :

$$At_c = K n I_e \sqrt{2} \tag{54}$$

Equations symboliques des deux diagrammes vectoriels se rapportant aux deux circuits d'un transformateur et correspondant aux deux intensités I_1, I_2 décalées d'un angle ψ (page 252) :

$$\begin{cases} U_1 = r_1 I_1 - j x_1 I_1 - j x_0 I_2 = Z_1 I_1 - j x_0 I_2 \\ 0 = r_2 I_2 - j x_2 I_2 - j x_0 I_1 = Z_2 I_2 - j x_0 I_1 \end{cases} \tag{55}$$

Expression de la tension aux bornes du secondaire d'un transformateur en fonction de la tension aux bornes du primaire et de tous les autres éléments connus (page 255) :

$$U_2 = \frac{x_0 U_1}{\sqrt{R^2 + X^2}} \cdot \frac{\sqrt{(r'_2)^2 + (x''_2)^2}}{\sqrt{(r'_2 + r''_2)^2 + (x'_2 + x''_2)^2}} \tag{56}$$

Rapport des tensions dans le primaire et dans le secondaire d'un transformateur (page 256) :

$$\frac{U_1}{U_2} = \frac{n_1}{n_2}. \tag{57}$$

Expression du transformateur autorégulateur pour tension constante (page 257) :

$$\frac{U_1}{U_2} = k \frac{n_1}{n_2} \tag{58}$$

Rendement des transformateurs (page 308) :

$$R = \frac{1}{1 + \dfrac{F}{P} + \zeta P}. \tag{59}$$

Conditions de stabilité des moteurs synchrones. Valeur de la puissance de la génératrice et du moteur (page 326) :

$$P_1 = \frac{E_1}{Z} \left\{ E_1 \cos \gamma - E_2 \cos (\gamma + \delta) \right\}$$

$$P_2 = \frac{E_2}{Z} \left\{ E_1 \cos(\gamma - \delta) - E_2 \cos \gamma \right\} \tag{60}$$

Expression du couple moteur dans les moteurs à champ tournant (page 367) :

$$Cm = \frac{n}{2} \cdot \frac{\Phi_1^2 r (\omega - \omega')}{r^2 + (\omega - \omega')^2 L_{s_1}^2}$$

$$\tan \delta = \frac{n L_s (\omega - \omega')}{2r} = \frac{L_{s_1} (\omega - \omega')}{r}. \tag{61}$$

Puissance d'un moteur à champ tournant (page 367) :

$$P = C_m \, \omega' = \frac{n}{2} \cdot \frac{\Phi_1^2 r (\omega - \omega') \, \omega'}{r^2 + (\omega - \omega')^2 L_{s_1}^2}. \tag{62}$$

Rendement d'un moteur asynchrone polyphasé (page 382) :

$$\rho = \frac{\omega'}{\omega}. \tag{63}$$

Valeur des pertes par effet Joule dans le rotor d'un moteur asynchrone à courant alternatif simple (page 448) :

$$3 r_2 I_2^2 = P \left\{ \left(\frac{\omega}{\omega'} \right)^2 - 1 \right\} \tag{64}$$

Valeur du coefficient de self-induction d'une ligne à courant alternatif simple (page 563) :

$$L_s = 2l \left\{ \frac{1}{2} + 2 \log_e \frac{l'}{r} \right\} \text{ en unités } C.\ G.\ S. \tag{65}$$

Valeur du coefficient de self-induction d'un conducteur dans un système à courants variables dont la somme, à tout instant, est constamment nulle (page 564) :

$$L_s = l \left\{ \frac{1}{2} - 2 \log_e r \right). \tag{66}$$

Valeur du coefficient d'induction mutuelle de l'un des autres conducteurs $(n - 1)$ **par rapport au premier** (page 564) :

$$L_m = - 2l \log_e l'. \tag{67}$$

Valeur du coefficient de self-induction apparente de l'un des conduc-

teurs d'une ligne triphasée comportant plusieurs circuits (page 565) :

$$L_{s_i}^2 = \left\{ A - \tfrac{1}{2}(B + C) \right\}^2 + \left\{ \tfrac{\sqrt{3}}{2}(B - C) \right\}^2.$$

$$\operatorname{tang} = \delta_i \, \frac{\dfrac{\sqrt{3}}{2}(B - C)}{A - \tfrac{1}{2}(B + C)}. \tag{68}$$

Valeur de la chute de tension dans une ligne aérienne de transmission d'énergie par la méthode analytique (page 573) :

$$(U_p) = U_a + I \cos \varphi \, (R_t - j\omega L_t) - jI \sin \varphi \, (R_t - j\omega L_t). \tag{69}$$

Valeur du potentiel à la surface d'un conducteur par rapport à d'autres conducteurs placés parallèlement et chargés (p. 589) :

$$U_p = 2q_p \log_e \frac{D_p}{r_p} + \sum 2q \log_e \frac{D}{d}. \tag{70}$$

TABLE DES MATIÈRES

CHAPITRE V

VALEURS PARTICULIÈRES DES GRANDEURS ÉLECTRIQUES PÉRIODIQUES
INSTRUMENTS DE MESURE

CHAPITRE VI

FORME DES COURBES DES GRANDEURS ALTERNATIVES

CHAPITRE VII

EFFETS PRODUITS PAR UNE CAPACITÉ
DANS UN CIRCUIT PARCOURU PAR UN COURANT ALTERNATIF

CHAPITRE VIII

BOBINES DE RÉACTANCE

CHAPITRE IX

SYSTÈMES DE COURANTS ALTERNATIFS ET MESURES S'Y RAPPORTANT

CHAPITRE X

CHAMPS MAGNÉTIQUES PRODUITS PAR LES COURANTS ALTERNATIFS

CHAPITRE XI

ALTERNATEURS

CHAPITRE XII

TRANSFORMATEURS STATIQUES

CHAPITRE XIII

MOTEURS SYNCHRONES

CHAPITRE XIV

MOTEURS ASYNCHRONES POLYPHASÉS

CHAPITRE XV

MOTEURS ASYNCHRONES A COURANT ALTERNATIF SIMPLE

CHAPITRE XVI

TRANSFORMATEURS TOURNANTS

CHAPITRE XVII

COUPLAGE DES ALTERNATEURS

CHAPITRE XVIII

MÉTHODES INDUSTRIELLES DE MESURE DU RENDEMENT

CHAPITRE X

LIGNES DE TRANSMISSION. — SYSTÈMES DE DISTRIBUTION

APPENDICE

Tours. — Imprimerie DESLIS FRÈRES.

L'électricité industrielle mise à la portée de l'ouvrier. *Manuel pratique à l'usage des monteurs-électriciens, mécaniciens, élèves des écoles professionnelles, etc.*, par E. ROSENBERG. Traduit par A. MAUDUIT, professeur à l'Institut électrotechnique de Nancy. 4e édition. In-8° 12 × 18 de x-520 pages avec 325 figures. Broché, 8 fr. 50 ; cartonné.................... 10 fr.

Manuel pratique de l'ouvrier électricien-mécanicien. *Principes, fonctionnement, conduite et entretien des machines électriques.* Adaptation française de l'ouvrage de E. SCHULZ, avec nombreuses additions par J.-A. MONTPELLIER, rédacteur en chef de l'*Électricien*. In-8° 13 × 21 de 324 pages, avec 175 figures. Broché, 6 fr. ; cartonné .... 7 fr. 25

Guide élémentaire du monteur électricien, par Von GAISBERG, traduit par E. BOISTEL. In-8° 13 × 21 de 356 pages, avec 206 figures. Broché, 6 fr. ; cartonné... 7 fr. 25

L'électricité à la portée de tout le monde, par Georges CLAUDE. 6e édit. In-8° 16 × 25 de 520 pages, avec 236 figures. Br., 7 fr. 50 ; cartonné.   9 fr. 50

L'électricité à l'Exposition de Liège de 1905, par J.-A. MONTPELLIER, rédacteur en chef de l'*Électricien*, avec une introduction par M. Eug. SARTIAUX, président du Comité Français du groupe V à l'Exposition. Grand in-8° 16 × 25 de 616 pages, avec 288 figures .... 18 fr.

L'électrotechnique exposée à l'aide des mathématiques élémentaires, par N.-A. PAQUET et A.-C. DOCQUIER, ing. des Mines, et J.-A. MONTPELLIER, rédacteur en chef de l'*Électricien*.
TOME I : *L'énergie et ses transformations. Phénomènes magnétiques, électriques et électromagnétiques. Mesures usuelles.* In-8° 16 × 25 de XIV-328 pages, avec 194 figures. Broché, 7 fr. 50 ; cartonné .... 9 fr.
TOME II : *Production de l'énergie électrique.* In-8° 16 × 25 de XIV-584 pages, avec 546 figures. Broché, 15 fr. ; cartonné .... 16 fr. 50

Manipulations et études électrotechniques. Manuel pratique à l'usage des ingénieurs-électriciens et des élèves des Écoles techniques, par L. BARBILLION, ingénieur-électricien, professeur et directeur de l'Institut électrotechnique de Grenoble. In-8° 16 × 25 de 304 pages, avec 162 figures. Broché, 12 fr. 50 ; cartonné................................. 14 fr.

Recueil de problèmes avec solutions sur l'électricité et ses applications pratiques, par H. VIEWEGER, professeur d'Institut électrotechnique, traduit par G. CAPART, ingénieur civil des Mines. 3e édit. In-8° 16 × 25 de XVII-400 pages, avec 269 figures et 2 planches. Broché, 9 fr. ; cartonné.. 10 fr. 50

Électromoteurs, par G. ROESSLER, professeur d'École supérieure technique, traduit par E. SAMITCA, ingénieur des Arts et Manufactures.
I. *Courant continu.* In-8° 16 × 25 de 155 p., avec figures. Broché, 6 fr. 50 ; cartonné... 8 fr.
II. *Courants alternatifs et triphasés.* In-8° 16 × 25 de 239 pages, avec 89 fig. Broché, 10 fr. ; cartonné .... 11 fr. 50
Les deux volumes pris ensemble : br., 15 fr. ; cart.................. 18 fr.

Unités électriques, par le comte DE BAILLEHACHE, ingénieur des Arts et Manufactures, ancien élève de l'École supérieure d'électricité. In-8° 16 × 25 de x-202 pages. Broché, 6 fr. ; cartonné .... 7 fr. 50

Moteurs électriques à courant continu et alternatif. *Théorie et construction*, par Henry M. HOBART, traduit de l'anglais et annoté par F. ACHARD, ingénieur à la Société alsacienne de constructions mécaniques. Gr. in-8° 18 × 28 de 450 pages, avec 526 figures et 2 planches. Br., 25 fr. ; cartonné....   **27 fr.**

Génératrices électriques à courant continu, par Henry M. HOBART, M. Inst. C. E., et F. ACHARD, ingénieur à la Société alsacienne de constructions mécaniques. Gr. in-8° 18 × 28 de 275 pages, avec 141 fig. Broché, 15 fr. ; cartonné ....   **17 fr.**

Les dynamos. Principes, description, installation, conduite, entretien, dérangements, par J.-A. MONTPELLIER, rédacteur en chef de l'*Électricien.* In-8° 16 × 25, avec 305 figures. Cartonné ....   **16 fr.**

La technique pratique des courants alternatifs. à l'usage des électriciens, contremaîtres, monteurs, etc., par G. SARTORI, ingénieur, professeur d'électrotechnique à l'Institut royal technique supérieur de Milan, traduit de l'italien par J.-A. MONTPELLIER, rédacteur en chef de l'*Électricien.*
TOME I : *Exposé élémentaire et pratique des phénomènes du courant alternatif.* 3e édition revue et augmentée. In-8° 16 × 25 de x-642 pages, avec 311 fig. Broché, 15 francs ; cartonné...................   **16 fr. 50**
TOME II : *Développements théoriques et calculs pratiques.* 2e édit. In-8° 16 × 25 de VIII-644 pages, avec fig. Broché, 20 fr. ; cartonné.........   **24 fr. 50**

Théorie et calcul des phénomènes du courant alternatif, par Ch. Pr. STEINMETZ, traduit sur la 3e édition américaine, revue et augmentée, par H. MOUZET, ingénieur des Arts et Manufactures. In-18° 16 × 25 de XX-526 p., avec 210 figures. Broché, 20 fr. ; cartonné ....   **21 fr. 50**

Guide pratique des mesures et essais industriels. Instruments et méthodes de mesures, applications, par J.-A. MONTPELLIER, rédacteur en chef de l'*Électricien,* et M. ALIAMET, inspecteur des services électriques de la Cie du Nord.
TOME I : *Instruments et méthodes de mesure des grandeurs fondamentales, géométriques et mécaniques.* In-8° 16 × 25 de 432 pages, avec 275 figures. Broché, 17 fr. ; cartonné ....   **18 fr. 50**
TOME II : *Instruments et méthodes de mesure des quantités magnétiques.* In-8° 16 × 25 de VI-162 p., avec 73 fig. Br., 6 fr ; cartonné......   **7 fr. 50**
TOME III : *Mesures électriques industrielles, instruments et méthodes de mesure.* In-8° 16 × 25 de 468 p., avec 328 fig. Br., 18 fr. ; cart..........   **19 fr. 50**

Comparaison et essai des machines et transformateurs électriques. *Règles normales* suivies des commentaires de G. DETTMAR, ingénieur en chef, traduit par F. Loppé, ingénieur des Arts et Manufactures, et A. THOUVENOT, directeur de la Société « La Lutèce Électrique ». In-16 13 × 19 de 72 pages.   **2 fr. 50**

Les maladies des machines électriques. Défauts et accidents qui peuvent se produire dans les génératrices, moteurs et transformateurs à courants continus et à courants alternatifs, par E. SCHULZ, traduit par HALPHEN, ing.-électricien. In-16 13 × 19 de 92 p., avec 42 figures Cartonné.....   **2 fr. 50**

Les accumulateurs électriques. *Théorie et technique. Descriptions. Applications,* par L. JUMAU, ingénieur-électricien. *Ouvrage couronné par l'Académie des Sciences.* 2e édition. In-8° 16 × 25 de 1.900 pages, avec 682 figures. Broché, 29 fr. ; cartonné ....   **31 fr.**

Traité pratique du transport de l'énegie par l'électricité, par Louis BELL, ingénieur-électricien, traduit sur la 3e édition américaine, revue et augmentée, par A. LEHMANN, ingénieur des Arts et Manufactures. In-8° 16 × 25 de 735 pages, avec nombreuses fig. et pl. Br., 25 fr. ; cartonné ..... 26 fr. 50

La houille verte, par Henri BRESSON, avec une préface de MAX DE NANSOUTY. 2e édition, augmentée d'un supplément. In-8° 16 × 25 de XXII-335 pages, avec 129 figures............ 8 fr. 50

L'éclairage électrique économique. Les nouveaux modes d'éclairage électrique : arc, incandescence, vapeur de mercure, par A. BERTHIER, ingénieur. In-8° 16 × 25 de 270 pages, avec 105 figures. Broché, 9 fr : cartonné .... 10 fr. 50

La lumière électrique et ses différentes applications au théâtre. *Installation et entretien*, par V. TRUDELLE, électricien. In-8, 16 × 25 de VI-296 pages, avec 80 figures. Broché, 10 fr. ; cartonné........ 11 fr. 50

Les fours électriques et leurs applications industrielles, par Jean ESCARD, ingénieur, avec une préface de H. MOISSAN, membre de l'Institut. In-8° 16 × 25 de XIII-535 pages, avec 221 figures et planches en couleurs. Br. 18 fr. : cartonné .... 19 fr. 50

Les distributions publiques d'énergie électrique en France, par J.-A. MONTPELLIER, rédacteur en chef de l'*Electricien*. In-4° 19 × 28 de 568 pages, avec plus de 100 cartes et figures. Cartonné .... 25 fr.

Téléphonie pratique, par L. MONTILLOT, inspecteur des postes et télégraphes. 2e éd. 2 vol in-8° 16 × 25 de 918 p., avec 723 fig. et 10 planches. Cartonné........ 30 fr.

La téléphonie et les autres moyens d'intercommunication dans l'industrie, les mines et les chemins de fer, par P. MAURER, ingénieur-électricien. In-8° 16 × 25 de VIII-232 pages, avec figures. Broché. 9 fr. ; cartonné........ 10 fr. 50

La téléphonie, par Émile PIÉRARD, ingénieur honoraire des mines, directeur du service à l'administration des télégraphes belges. 3e édition.
TOME I. — *Les lignes téléphoniques.* In-8° 16 × 25 de 254 pages, avec 174 figures........ 7 fr. 50
TOME II. — *Appareils commutateurs, tables standards.* In-8° 16 × 25 de VIII-334 pages, avec 328 figures........ 7 fr. 50

Traité pratique de télécommunication électrique. (*Télégraphie-Téléphonie*), par Ed. ESTAUNIÉ, ancien élève de l'École polytechnique, ingénieur en chef des Télégraphes. In-8° 16 × 25 de 670 pages, avec 528 figures. Br. 20 fr. ; cartonné .... 21 fr. 50

Installations téléphoniques. *Notions spéciales d'électricité. Description et fonctionnement des appareils. Montage des postes d'abonnés et des postes centraux,* par J. SCHILS, inspecteur des Postes et Télégraphes. 3e édit. In-8° 13 × 20 de VIII-326 pages, avec 208 figures. Cartonné .... 4 fr. 50

La télégraphie sans fil, par le professeur Domenico MAZZOTTO, traduit de l'italien par J.-A. MONTPELLIER, rédacteur en chef de l'*Electricien*. In-8° 16 × 25 de X-432 pages, avec 250 figures. Br., 12 fr. 50 ; cart........ 14 fr.

La télégraphie sans fil, la télémécanique et la téléphonie sans fil à la portée de tout le monde, par E. MONIER, ingén. Préface du Dr E. BRANLY. 8e édition. In-16 12 × 18 de VIII-250 pag., avec 35 fig........... 2 fr. 50

9 782019 955373